电子信息工程系列教材

现代通信技术与系统

（第二版）

陆韬 编著

图书在版编目(CIP)数据

现代通信技术与系统/陆韬编著.—2版.—武汉:武汉大学出版社,2012.11
电子信息工程系列教材
ISBN 978-7-307-10267-5

Ⅰ.现… Ⅱ.陆… Ⅲ.①通信技术—高等学校—教材 ②通信系统—高等学校—教材 Ⅳ.TN91

中国版本图书馆CIP数据核字(2012)第264725号

责任编辑:黎晓方　　责任校对:黄添生　　版式设计:支　笛

出版发行:武汉大学出版社　(430072　武昌　珞珈山)
(电子邮件:cbs22@whu.edu.cn 网址:www.wdp.whu.edu.cn)
印刷:通山金地印务有限公司
开本:787×1092　1/16　印张:26　字数:662千字
版次:2008年7月第1版　2012年11月第2版
2012年11月第2版第1次印刷
ISBN 978-7-307-10267-5/TN·56　定价:45.00元

前言（第2版）

距离本书第1版的出版（2008年），时光匆匆又过去了4年。这期间，随着通信技术的飞速发展，以“大容量”、“可编程”、“动态优化网络资源”、“物联网、云计算”、“光纤到户（FTTH）”的新一代的互联网通信技术与应用，自上而下逐渐地登上了通信领域的大舞台——昭示着通信行业又一次“升级换代”到了基于CNGI的新一代“智能化、IPv6”为特点的互联网技术。本教材的内容，就是在这种通信技术迅猛发展的形势下，加快步伐“升级换代”的产物——全面地对各章内容，从基本概念、基本原理和技能，进行了较大的改动和补充。另外，在“理论与实践密切结合”的现代高等教育方针指导下，本教材也进一步加强了实验与实践方面的探索与内容设置。

本书作为浙江省教育厅2010年度重点立项建设的教材之一，仍然保持并深化了原书的基本特点，即作为全面介绍现代通信技术与系统组成的“入门型”大学教材，结合了2012年以来的通信技术与系统的最新发展情况，为初次接触通信专业的本（专）科大学生，全面地、深入浅出地论述“现代通信技术与系统”的基本概念、基本理论、主流应用技术系统，以及通信专业的基本技能。在内容编排上，仍然保持了第1版的技术原理和实验内容两个部分的结构。并且，第1部分的通信原理内容，仍保持了原有的9章的结构，但加强了第二部分的通信实验与实践的内容——分为11个基本认知性实验项目和3个综合性设计性实践项目，供使用本书作为教材的广大师生选用。

另外，本教材作为浙江省教育厅2010年度重点立项建设的教材之一，力求展现4个方面的特色。第一，是内容紧密联系通信行业的实际使用技术的特点——本书的内容，真实地反映了通信行业的主流发展技术和面向未来的发展方向。第二，就是上面提到的理论内容与实践内容相应设置的特点。第三，是本教材的“通俗易懂性”的写作原则——图文并茂、认真详尽地解释各类通信技术的基本概念、基本原理、基本应用，辅以“讲故事、讲历史”的写作方式，介绍通信技术发展的历史和演变情况，使读者“从无到有”地理解并建立起通信系统的基本知识和技能，并认识了解技术发展的来龙去脉。从而增加了本书的可读性——起到了专业教材的基本功能。第四，是充分利用当今网络应用原理（云计算）的“配套网站”同步并举性，读者只要登录本教材的配套网站http://xdtx.lsxy.com，就能读到本教材的相关其他配套信息——这也是作者开设“现代通信技术”课程（丽水学院精品课程）的一个对外开放的窗口，读者可以全天候地登录该网站，了解作者的实际授课情况，或与作者联系，以及获取其他信息等。

在基础理论部分，本书仍旧分为9个部分（章），内容包括：现代通信网概述、通信基本业务概论、通信光电缆系统、现代数字通信原理、数字光纤通信系统、现代数字交换技术、数字移动通信系统、计算机通信网系统、有线通信综合接入网技术等，各章内容简介如下。

第1章是通信行业与技术系统综述，是本书“提纲挈领”式的内容展示：第2版增加了“物联网、云计算的概念”、“通信工程规划设计”的内容。

第2章是对“通信基本业务”的系统综述；根据现代通信行业的具体发展情况，第2版增加了“中国新一代互联网示范工程CNGI项目”、“计算机互联网通信技术与业务”的内容。

第3章，在第2版进行了系统的升级改造——由单纯的“通信光电缆”的系统论述，加入“通信机房系统简介”的内容，从而完整的组成“有线通信系统的网络构成”的硬件系统；从现代通信光电缆传媒、通信的管线路由建筑和通信机房系统等3个方面，全面构建了现代通信“物理媒介层”的系统组成与常规的工作原理。第2版增加了“有线通信系统的网络构成”的系统概念，以及“通信机房系统简介”的内容。

第4章是对数字通信原理的基本论述；第2版增加了“多协议标记交换方式MPLS”的系统内容。

第5章是对光通信传输系统的论述，删除了原有的“多协议标记交换方式MPLS”的相关内容。

第6章，在第2版进行了系统的升级改造——由单纯的“程控交换”为主的系统论述，组合成“现代通信交换系统”的内容。改写了原有的“程控交换”的内容，特别增加了常用的“(企业)用户虚拟程控交换机”的内容，改写了新一代综合交换机的相关内容，形成了“基于NGN的现代交换”的系统结构。

第7、8章保留了原有内容。

第9章，在第2版进行了系统的升级改造——重点突出了接入网的概念、2个国际标准模型，以及当今常用的EPON、GPON和FTTH的相关内容。

本书可作为自动化、电气工程、电子信息、计算机科学与技术、测控技术与仪器、机械电子工程、电子商务、信息管理等非通信类专业的本科、专科及高等职业技术学院学生的教材或参考书，也可作为信息产业技术人员，企事业单位、党政部门有关从事信息网络的技术人员、维护及管理人员进行通信技术培训、继续教育的教材或参考书，同时还可作为通信及互联网技术业余爱好者的自学教材或参考书。

由于本人水平有限，时间仓促，错误与不足在所难免，敬请广大读者不吝批评指教。以促使本书在今后的版本中，进一步改进与提高。谢谢大家的支持。

作　者

2012年10月于浙江丽水学院

目 录

第一部分 通信原理部分

第二部分　通信技术实践部分

第一部分　通信原理部分

第1章 通信基本技术概论

本章是对“通信信号”与“信号传递系统”的基本知识的概述，是全书内容的一个预先的展开。共分为四个部分：1.1节讲述了通信信号、通信业务与通信网的概念、历史起源与发展情况，以及通信系统的组成、分类和特点；1.2节讲述了通信行业的企业分类与组成情况，通信行业员工的基本素质要求；使读者对整个通信业务与网络的系统组成建立清晰的概念，并对现代通信企业的工作性质和运行机制有一个基本了解；1.3节介绍了五个基本的通信系统概念与原理，使读者对现代通信的系统原理和研究方法有一个初步认识；1.4节专门介绍了通信工程的基本内容，以及工程规划设计的基本方法与实施过程，使读者对现代通信工程的运作方式有一个基本的认识。整章内容全面地构成了通信网络、通信行业和通信工程建设的基本系统组成与基本工作要点。

1.1 通信网技术概论

人类社会进入 21 世纪，通信技术和信息产业的长期高速发展，不仅将我们带入了信息时代，并且深刻地影响和改变着我们的生活、工作方式，各种通信方式的广泛使用已成为我们这个时代的显著标志；使人足不出户，真正感受到“小小地球村”的魅力；以数字化、光纤化、移动化、网络智能化和技术水平不断发展为特征的现代通信行业，正逐步带您进入五彩斑斓的未来信息世界，不仅使您的生活越来越充分地享受信息社会的丰富多彩，并且为您的事业打下坚实的基础。我们将从最基本的“通信网”的概念入手，进入这个多姿多彩的信息化的世界。

1.1.1 通信的发展史与通信网络的概念

1. 通信的概念

所谓通信的过程，就是人们依靠各类通信服务公司的信息传递网络，将各种“信息”进行远距离传递的过程。例如人们打电话的过程、发送短信的过程、通过电脑登录某个互联网网站的过程等，都是“通信的过程”，要传递的物质就是各类“信息”——电话、短信或是登录某个网站的指令，如图 1.1 所示。由此我们可以发现：通信的过程需要两个内容组成，即通信的内容（信息本身）和有效可靠的通信渠道——由各类通信公司设立的，传递各类信息的“通信系统”。这就是通信这个过程的必须具备的条件——也就是事物矛盾的双方。在通信系统中，按照组成的不同，分为“通信终端系统”、“通信传输媒介系统”（如有线的光纤光缆、网线，以及无线传媒等）和“通信（机房）控制转换系统”等三大类系统组成。

(1)“打电话”的通信过程

(2)“发送短信”的通信过程

(3)“宽带登录网站”的通信过程

图 1.1 现代通信的各类通信方式示意图

人们需要远距离传递的各类信息，是通信过程这个“矛盾”的主要方面，而通信企业、通信系统则是承接和传送信息的服务载体，是矛盾的次要方面。人们通信的信息是多种多样的，实际上早在古代，我们的祖先就通过“邮驿”的方式，开展了远距离邮寄信函等“邮政通信”的业务。下面，让我们首先回顾一下通信的发展史，来具体分析一下通信在历史的长河中的发展情况。

2. 通信的发展史

(1) 古代的通信方式——“邮驿（邮政）”通信（古代—1883 年）。

通信的过程就是将人类的某种信息，经过专门的“通信系统”，进行远距离传送和处理的过程。人类建立和使用通信网络，其实早在古代就开始了——古时候的各种文书传递、邮路驿站、边关的烽火台、狼烟设施等，都是“通信网络”的使用经历，也反映了当时社会生产力的发展水平——经过人力和马匹的邮政传递传送信息。杜甫诗中的“烽火连三月，家书抵万金”，就是古人收到远方家信时，欣喜若狂的真实写照；“大漠孤烟直，长河落日圆”的诗句，更是直接反映了古代的“数字化”通信系统——烽火台的通信效果。而“八百里加急传信”等快速通信的方式，更是古代皇帝与各地官府和边关衙门专用的通信方式；而“一骑红尘妃子笑，无人知是荔枝来”的邮政传递，也充分反映了封建社会奢侈糜烂的宫廷生活。

所以，在古代，限于社会科技发展水平的限制，只能采用邮政的方式，传递各类书信和小包裹之类的信息和邮件。

(2) 近代电信时代的开始——人工“电话、电报”通信（1884 年—1910 年）。

到了 19 世纪末期，英国人莫尔斯发明了无线电电报装置、美国人贝尔发明了电话系统，标志着“电讯时代”的开始——将信息转换成某种电磁波信号，并进行远距离传送。此时，在欧美各个资本主义国家，逐步开展了电讯通信的业务：通过长途电报，和城市里的电话业务，将人们的信息，随时随地地传播到远方。这种新的技术发展带来的“电信”信息业的创立和飞速发展，给人们带来了极大的便利，从而推动了社会生产力的快速发展，成为社会不可缺少的重要组成部分。

(3) 自动通信时代的到来——“自动电话”通信（1911 年—1974 年）。

在 20 世纪初的 1911 年，德国西门子公司的电磁式自动交换机的诞生，则标志着“通信自动化”时代的开始。自动交换机取代了“人工交换”的通信方式，大大加快了人们打电话的便利程度和转接速度。所以，很快就普及欧美各国的电话网，引起了第 1 次电话技术的“升

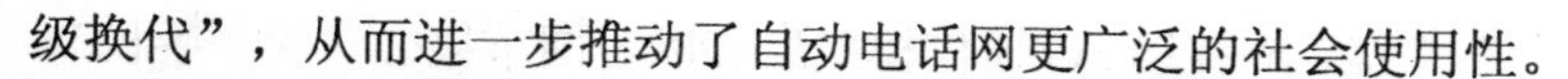

级换代”，从而进一步推动了自动电话网更广泛的社会使用性。

电报和电话通信业务，大约是 20 世纪初传到我国，起初是在北京、上海等大城市“流行”开来；其后，很快在其他大中城市发展起来，逐渐形成全国性的通信网络。不仅为人们带来了信息交通的极大便利，也成为一种“城市里的时尚设施”——各类有钱人的身份的标志。

（4）光纤与程控交换通信时代——通信技术与业务大发展的时代（1975 年—1999 年）。

1975 年，光纤技术进入实用化阶段，为通信的大容量、远距离传输带来了技术体系的重大变革；同时，世界各国也相继研发了自己的程控交换机——用计算机软件技术进行电话交换的过程，为智能化的交换技术提高带来了技术上的重大飞跃。

随着光纤化、通信信号数字化、交换技术程控化（计算机），以及 20 世纪 80 年代兴起的移动通信技术的开发使用，全塑电缆交接配线技术等一系列新技术和“多声道高保真立体声”音乐欣赏的业务的兴起，引起了第 2 次的通信技术体制的“升级换代”，将通信技术推向了一个更高的水平，迎来了通信业务的大发展。

国际电信联盟组织（ITU）——全球性的通信专业标准化制定组织，通过及时推出各类通信标准，对世界通信技术水平的推动，作出了巨大的贡献。20 世纪 70 年代末期，ITU 组织及时提供了基于第一代数字传输信号（PDH）的世界性的数字传输通信规范——ITU-T-703：数字传输链路技术规范。在 80 年代中后期，则推出了 GSM 欧洲第 2 代移动通信标准。到了 90 年代，则推出了多媒体通信标准和通信接入网建设的网络结构技术规范——为人们欣赏“磁带式多声道立体声”音乐、歌曲，VCD 式光碟的影视歌曲与电影节目，带来了划时代的震撼效果。同时，为“现代城市通信二级（接入网）网络体系结构”的建立，起到了决定性的推动作用。

我国在 1982 年—1999 年，在改革开放的大好形势推动下，通信技术水平和业务也得到了前所未有的高速发展：1983 年在福州，开创了我国第 1 台数字程控交换机的建设项目；1984 年在武汉，开通了第 1 条局间中继数字信号系统试验段的建设，并投入了使用。在 20 世纪 80 年代中后期，全面采用全塑电缆和交接式配线方式，取代了原有的“架空铅包纸绝缘电话电缆”的通信用户电缆接入方式。

1994 年在浙江嘉兴市，开通了第 1 个数字移动通信（GSM）系统。所有这一切，掀起了我国通信技术和通信业务的大发展时期，以“固定电话安装使用”为标志的通信技术水平迅速得到了提高。

（5）新世纪的通信时代——宽带互联网与新一代通信体制时代（2000 年—2011 年）。

在 21 世纪的曙光中，随着宽带互联网技术的迅猛发展，以 ADSL/ADSL2+ 接入技术为特色的中国互联网宽带接入模式席卷大地。新一代移动通信（3G）、光纤综合接入和网络电视（IPTV）技术的崛起，以及电信行业“向综合信息服务商”方向的全面转型，则昭示着下一代通信技术与体制的全面展开。

特别是 2008 年初见成效的“中国下一代互联网示范工程（CNGI 项目）”的建设，以容量更大、速度更快、运营更安全为特征的网络模型，昭示着中国新一代互联网技术和实用化走在了世界的前列。也体现着“以互联网技术为代表的新一代通信网络技术与系统，逐渐升级替代了原有传统的以电话通信为主要业务特征的通信网络系统”。

新一代通信网络系统，对原有的通信网络，是一种“全面兼容、平稳升级、内核（交换）技术改造”的关系，保证了通信运营网络的内涵式发展技术与体制的发展模式。

在2011年，“光纤到用户”工程、“移动3G通信模式”和以美国苹果公司的“手机和上网笔记本电脑系列产品”为代表的新一代通信技术和系统的全面启动，昭示着“光纤通信网络”、“高速互联网络”新技术的又一次全面发展，引领着通信行业向新一代通信技术的迈进。“更高、更快、更强”这个体育界的口号，在日新月异、迅猛发展的通信行业，也越来越得以体现。

3. 对通信发展史的总结

由此可见，通信技术的历史经历了“原始时代（古代）”、“电信（人工）时代”、“自动化通信时代”和“光纤数字化时代”；现代通信网络仍处在不断的发展过程中，通信的内容、种类和技术都在随社会技术水平的进步而不断地变化发展。通信系统，是以社会化的“全程全网”的方式工作的，因而“通信网络”就成为了重要的信息传递途径。纵观通信产业的发展历史，我们有理由得出以下四条结论：

第一，通信产业的社会服务性：通信是一种服务性的信息产业，人们的通信信息与实际的社会通信系统能力，构成了通信产业的一对矛盾体。通信产业主要的社会责任，就是根据通信技术能力和社会大众的信息传送与消费需求，提供合适的通信方式，引导和满足人们发送和接收各种信息的消费能力，为社会大众和各类企事业单位提供合适的各类通信服务。

不同的时代，人类信息的种类是不同的：在古代，人们通信的方式主要是信件；在近代，有电报、电话、传真、电视图像、短信BB机、窄带（ISDN）上网等；现在，则改为电话（有线和移动两种）、宽带上网（1Mb/s以上，IP技术）和有线电视等；在不远的未来，通信信息技术将表现出“IP技术数字化（IP网络承载所有种类的通信业务）”、“宽带互动化”、“图像多媒体化”和“无线移动化”等多重特性；远程教育、远程医疗、网络商店与购物、远程监控与报警、网络银行与支付以及各种网络产品，将改变人们的生活方式；“SOHO（在家上班）一族”将成为普遍现象，人们普遍利用“QQ聊天通信、QQ空间个人网站、QQ微博”等各种方式，通过互联网，开展“网络生活”。所以，不同的社会时期，通信的内容、信息传播方式（电话、宽带互联网、无线移动等）和技术都不同，是随社会当代的通信技术水平的进步而不断地变化而发展的。

从另一方面来说，由现代科技技术武装起来的现代通信系统，传播信息的能力也越来越强大——能通过有线电视、上网电脑和移动电话等各种通信终端，随时随地地从世界各个角落，高速、无失真地传递各种通信信息，这反过来，也推动了通信产业的迅速发展。

第二，通信行业的时代技术先进性：通信是一种服务性的信息产业；从本质上说，是属于一种“现代化、应用型”的工业技术体系。从时间因素上，以及技术发展走势来看，她不依赖于哪一项具体的技术产业，而是与时间有关——使用时代最佳的科技技术，来“武装”自己的一种应用型、服务社会大众型的工业产业，随着时代的社会科技水平的发展而不断发展，代表着时代的先进生产力发展水平。

当前，通信行业全面采用“现代光纤和无线传输技术+计算机编程技术”，建立以“智能化编程技术的互联网通信体系”为特征的现代通信网络。尽管经历了许多次的技术换代发展，现代通信系统仍保持着强盛的持续发展活力，仍处在不断地发展与完善的过程中。

第三，通信产业推动社会进入“信息化时代”：通信技术是以“全程全网”的方式，为社会大众提供“随时随地”的通信服务，使人类社会由工业化时代推进到“信息化时代”：各类客观发生的新闻事件和人类主观思想的决策，无时无刻都通过通信网络影响甚至决定着人们的生活、工作和学习；而且，代表着时代最先进科技水平的“信息化、智能化”工业电子控制技术作为新兴的科学技术，正逐步改变和提升社会工业化的科技水平，直接推动着社会生产力的发展步伐。而各类通信业务提供者——电信公司、移动公司等，则是引导各类企事业单位网络化的积极推动者——对外引导企业上网，对内引导企业使用和维护信息化技术改造企业的技术发展。

第四，通信系统的网络性：现代电信网络是由专业机构以通信设备（硬件）和相关工作程序（软件）有机建立的通信系统，为个人、企事业单位和社会提供各类通信服务的总和。现代通信系统，是以社会化的“全程全网”的方式工作的，为社会提供“随时随地”的通信服务，因而“通信系统的网络化”就成为了通信系统结构的必然选择。现代通信网络，通常是以“星形网络”为用户接入的形状，以保证每个用户都以自己独立的传输媒介接入通信系统；而对于城市里的通信骨干网和长途网，则以“环形网”和“网状网”的形状建设和发展，以满足“网络保护”与“通信业务的大容量传输”的需要。如图 1.2（2）、（3）所示。

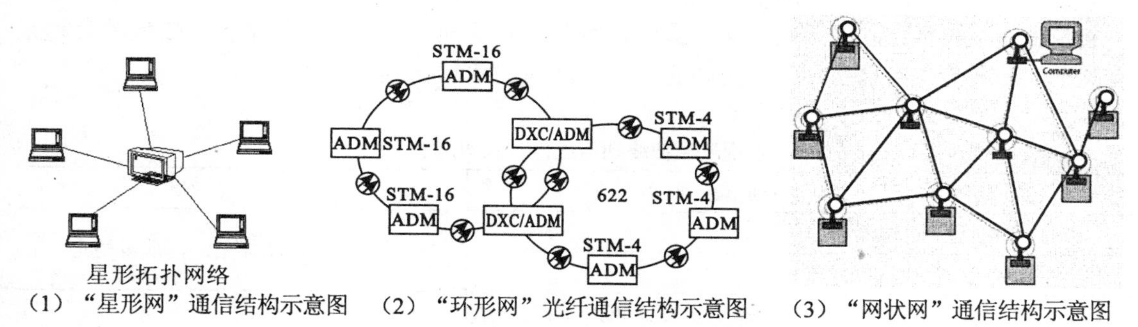

（1）“星形网”通信结构示意图　（2）“环形网”光纤通信结构示意图　（3）“网状网”通信结构示意图

图 1.2　通信系统的三种常用网络结构示意图

1.1.2　现代通信方式和技术组成

1. 现代通信方式概述

现代通信的业务，目前主要是“电话通信”、“看电视”和最流行的“电脑宽带上网”三种类型——分别采用不同的“通信终端”设备：电话、电视机和上网的电脑。下面，简单叙述一下这三种通信方式（如表 1.1 所示）。

第 1 种是电话通信的方式，就是指“两人同时通话”的过程，这是传统的通信方式。在我国，自 1992 年前后“家庭装电话热”的现象，推动了电话通信的大发展。2000 年以来，移动电话便以“手机小巧、外观时尚、使用便捷、功能强大”等优势，逐步占领了电话通信的主流市场，其用户的拥有量，早已超过了固定电话，成为电话市场的主力军。目前，利用互联网，实现两人同时通电话——在线交流，甚至在线视频交流的现象，也很普遍。当前的 QQ 聊天、QQ 视频等网络电话，也是各类“网迷”们经常使用的“电话”交流方式——既可听到声音又可看到对方（多媒体的方式），还不花钱！所以，未来的电话通信的发展，肯定是基于互联网的通信方式。

第 2 种是看电视的通信方式，就是指“坐在沙发上，拿着遥控器，舒舒服服地观看电视节目”的过程。我国的电视通信网络，是 20 世纪 80 年代初普及起来的，最早进入家庭的是 9 寸、12 寸的黑白电视机，采用的是“无线电传输”的方式——利用电视机天线，接收电视信号。现在，早已改为各类“平板式高清液晶屏”等方式，采用“有线电视”的通信方式，传输稳定可靠的电视节目信号了。这种方式的不足就是，信号是单项传输的，我们只能选择不同的电视台，每个台的节目，都是电视台事先编辑设定好的，所以其组网的结构方式，与电话网相比，非常简单，无需“信号的交换”功能。

第 3 种是目前最热门的“电脑上网”的通信方式，就是利用互联网（Internet），登录浏览各类网站所设置的网络平台——也就是浏览各类网页，观看各类“新闻消息”，包括各类“八卦消息”，并进行网络交流（如 QQ 交流）、收发邮件、网上购物，特别是不少的“网迷”们热衷于进行网上游戏、设置自己的网上（QQ）空间——在网上，发布自己的心得日记、喜欢的人、歌和其他内容：在网上重新塑造了一个新的“自我”。

如今，各大通信公司，如中国电信、中国移动、中国联通等公司，设置的用户接入互联网的网络速度，主要在 1~4Mb/s 之间。随着互联网应用的增强，网速会越来越快，互联网的功能和各类应用，会越来越强大，互联网所提供的“个性化通信服务”的功能，会越来越多。现实社会的各种内容，会逐渐地“搬到”互联网上来。人们越来越感到——没有互联网这样一个通信交流的平台，生活是无法想象的，对互联网这样一个综合通信平台的依赖，会越来越强烈。未来的“信息社会”，正朝着基于互联网的信息化方式向前发展。

表 1.1　　现代通信终端与通信方式对应表

序号	终 端	通 信 业 务	通 信 特 征
1	固定电话	打电话	传统通信终端，功能单一，质量稳定
2	电视机	观看电视节目	
3	手 机	打电话、收发短信、无线上网、拍照、拍视频	新型通信终端，功能越来越丰富，质量越来越好
4	上网电脑	上网、QQ 综合应用、购物、游戏、看电视电影等	
—	总 结	现代通信行业，应用互联网络，推动社会进入到“信息化”的时代中，通信终端，朝着功能多样化发展：网上通信交流、工作、购物、游戏、学习、欣赏文艺节目、电影电视节目、发表文章、议论等	

2. 通信系统的网络组成原理

现代通信，最主要的通信系统（通信网络）一般是由“用户终端系统”、“信号转换、传输与汇聚系统”和“通信服务交换系统”以及“通信质量监控保障系统”等四大系统，有机连接组成的通信网络系统。“信号的转换与传输”和“通信交换服务”是通信网络的两个主要工作模式，分别控制信息的“高质量、无失真”的传递和通信过程的完成。下面，我们分析一下通信系统的基本组成情况。

如图 1.3 所示，构成现代通信过程的元素有：信息源、通信终端（信息转换装置)、通信传输信道、通信交换系统、通信质量监控保障系统，以及对应的信息终点（信宿）。各部分的系统组成与工作原理如下所述。

（1）信息源：各类信息的产生源——可以是人的说话声音，也可以是计算机（PC 机）发出的某条指令。

（2）通信终端：最常见的就是电话机或手机——将话音信息转换成适合于信道传输的电

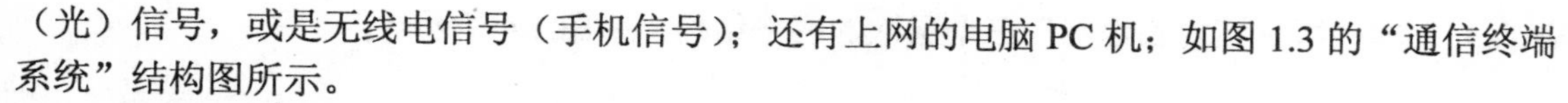

（光）信号，或是无线电信号（手机信号）；还有上网的电脑PC机；如图1.3的“通信终端系统”结构图所示。

（3）通信传输信道：由信号的传输媒介，和相应的传输技术方式（协议）组成，在交换系统的统一指令下，负责将用户发出的信息快速、完整（无失真）地传送到对端，如图1.3的“通信传输信道系统”结构图所示。

（4）通信交换指挥系统：由“通信交换指挥”设备和相应的交换技术方式组成，负责将信息传递到对端“信息接收者（信息宿）”，并负责指挥、协调与监控通信的全过程。如程控交换机，负责将主叫电话用户与被叫电话用户沟通，并负责控制整个电话通信的全过程和计费。还有宽带路由器和交换机，负责传递互联网上的各类用户信息，如图1.3的“通信指挥交换系统”结构图所示。

（5）通信质量监控保障系统：负责对通信网络的各个系统，进行实时的监控和通信过程的质量监控，以保证通信的各个系统，每时每刻都处在正常工作状态；每次通信的过程，都是正常完整的过程。从而保证每次的通信质量，如图1.3的“通信监控系统”结构图所示。

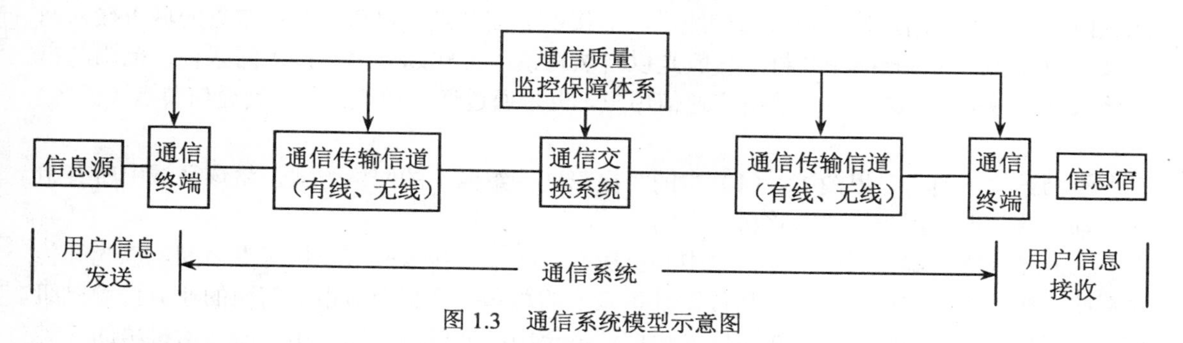

图1.3　通信系统模型示意图

1.1.3　现代通信系统组成

如上所述，现代通信系统，是由“通信网络系统（实体的通信网络“硬件”）”、“通信传输系统”和“通信交换系统”以及“通信实时监控系统”等四大系统组成的，下面分别加以简要的介绍。

1. 现代通信网络系统

“现代通信网络系统”，就是指遍布世界各地的“通信信号传输网”，通过光电缆或无线网络，连接所有通信终端（用户），形成一个巨大的通信信息传播的“网络传媒实体”。其作用是为各类通信用户，提供一个信息传输的“实体的信息通道”，随时随地地保证用户信息传递的通畅。现代通信网络，是一个社会化的、（通信）专业化的、巨大的信息传输网络。网络的主人，在中国，当前主要是“中国电信”、“中国移动”、“中国联通”和“有线电视公司”等四家通信和广电公司——分别建有各自的通信网络和有线电视网络系统。这类“提供基本通信业务”的公司，被称为“通信运营商”，是最主要的通信信息业务服务公司。其通信服务目的，是为社会大众和各企事业单位，提供优质的通信业务和服务——就是及时提供电话、宽带上网和有线电视等的信息业务。

鉴于现代通信网络的巨大规模性，和提供每个用户的优质的通信服务性（清晰的通话、高速的网络带宽等），所以通信网络通常被设计成“用户接入网”、“城市骨干网（又称为城域网）”和“国际国内长途网”三个层次的网络结构，如图 1.4 所示。

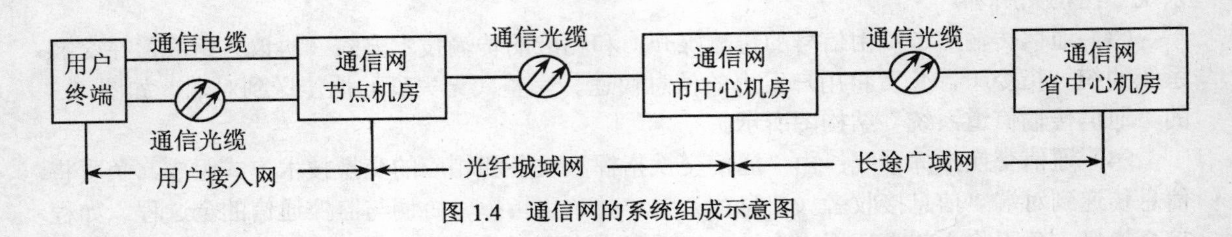

图 1.4　通信网的系统组成示意图

各网络系统的组成与工作原理如下：

（1）通信用户接入网：是用户接入通信节点机房的设备总和；是由各区域的通信汇聚节点（无人值守机房）；相关通信光缆、电缆；光电缆分线设备；以及用户终端设备等通信设施组成。是组成城市和乡村通信网络的基础部分。一个城市的通信网，就是由若干个“用户接入网”的集合所组成；在市区，一般按照自然道路等形成的区域，组成一个接入网区域，该区域内的所有通信用户，均通过通信线缆，汇接到通信节点（机房）中；常见的城市接入网区域半径为 0.5~3.0km；在乡村，一般是以自然村镇的形式划分用户接入网区块，范围与市区接入网区域类似，该区域内的所有通信用户，也是通过通信线缆，汇接到通信节点（机房）中。

组网结构，通常是以图 1.2（1）中的“星形连接组网”的网络方式，将该区域中所有用户，都连接、汇聚到“中心节点机房”的。

（2）光纤通信城域网：指通信“中心机房”与各个“接入网节点机房”之间，以光纤传输系统连接组成的城市通信线路和传输设备系统的总和；是整个城市通信网的业务传输枢纽部分。其作用，一是汇聚各个接入网的通信业务至中心通信局；二是由中心通信机房的各类交换系统，形成通信业务的交换功能；三是形成至长途通信、其他业务通信的出口转接功能，如本地电话用户呼叫长途用户、本地固定电话用户呼叫移动用户等通信业务的转接。

组网结构，通常是以图 1.2（2）中的“环形光纤组网”的网络方式，将该城市中所有节点机房所汇聚的通信信息流，经转换为“数字光信号”之后，都连接、汇聚到“中心节点机房”的。

（3）长途光纤通信网：主要是指电话通信网的业务。形成国内和国际之间的“长途通信网络”，或者形成不同的通信业务（如有线电话与移动电话）之间的通信网络，或是不同的通信公司（如电信公司与移动公司）之间的通信网络。通常是采用“长途区号+市内电话号码”的方式，形成电话通信。

长途电话通信网，一般是以网状网的方式，形成通信网络的。

2. 现代通信传输系统和交换系统

当建立起了“遍布各地”的通信网络系统后，通信信息流，就在专业的“通信传输系统”和“通信交换系统”两个系统的统一操作之下，形成了遍及世界各地的“信息化世界”了，就像人体内的血液一样，在“心脏系统”的导引下，在体内“血管系统”内正常地流畅。下面，分别介绍一下“通信传输系统”和“通信交换系统”的作用和工作原理。

（1）通信传输系统：通信传输系统的作用，一是负责将“每个”通信用户发出的信息快速、完整（无失真）地传送到对端；二是满足社会化“大容量”的通信信息的传输。

所以，选择大容量的、高效可靠的传输方式与传输媒介，一直是通信传输系统所追求的目标。当前，通信传输系统使用最多的传输媒介是光纤光缆（有线方式）和无线传媒空间（移动通信），当前采用的“主流的”信号传输方式，主要是将各类通信信息，统一转换为“一组一组”的“IP 数字信号流”的方式，在统一的 IP 宽带通信的模式下，传递到各个通信终端。

通信的传输技术，是在不断地探索中，发展起来的。当前的 2011 年，被称为“光纤到用户的元年”。即各通信公司从 2011 年开始，在“通信接入网”的建设中，普遍采用了“光纤到用户”的接入技术，加上原有的“光纤城域网”和“光纤长途网”，不仅为每个通信用户提供了基于光纤传输的 1000Mb/s 以上的巨大通信容量，而且为下一步整个通信系统的“全光信号网络”技术和系统的发展，奠定了物质基础。

（2）通信交换系统：这是一个容易被人忽视的十分重要的通信系统，其作用一是负责寻找一条通道，将发信端的信息，传送到收信端——交换信息的功能；二是作为“通信服务员”的功能，引导完成通信的整个过程，如电话通信的过程：A 用户开始发出电话请求、B“主叫用户”拨“被叫用户”号码、C 被叫用户应答-双方开始通话、D 双方挂机-通话完毕等四个过程，就是由“通信交换系统”指挥相应的通信设备实施完成的。最常见的交换系统，就是“数字程控交换机”，是专门为电话通信设计的交换系统。

当前主流的通信交换模式，就是如前所述的“基于宽带互联网通信平台的-IP 数字分组交换”模式：将所有种类的通信信号，“打包配置”成一组组的“宽带互联网”式的数字信息流，在宽带互联网的通信模式的平台上，按照分组交换的模式，高效率地传递到对端（被叫用户端）。

3. 通信网络的现状与未来发展方向

（1）通信网络的现状。

截至 2011 年 6 月，我国的通信网络是由不同的通信公司，根据不同的通信业务种类，分别建立起来的电话通信网、第 2 代数字移动通信网（GSM/CDMA 制式）和第 3 代数字移动通信网（第 2 代通信模式并存）、各种数据（宽带）通信网和有线电视传送网等各种“独立传输”的通信业务网络；其中电话网和宽带数据网由“工业与信息化部”统一管理，电视网由广播电影电视部管理；用户的通信接入分别由相关的通信公司（运营商）和（有线）电视台经营。主要是“中国电信”、“中国移动”、“中国联通”和“有线电视公司”等四家通信和广电公司，向社会大众提供电话通信、宽带互联网接入和有线电视通信业务，如表 1.2 所示。

表 1.2　　各通信公司建立的各“专业通信网络系统”汇总表

序号	通信公司	通信业务网络	公司业务特征
1	电信公司	有线电话网、移动电话网、宽带互联网（“工业与信息化部”统一管理）	“有线电话、宽带互联网”业务是传统强项
2	移动公司		“移动电话”业务是传统强项
3	联通公司		
4	有线电视台	有线电视网、少量的互联网（“广播电影电视部”统一管理）	“有线电视”业务是传统强项

值得注意的是，以“深圳市腾讯计算机系统有限公司”开发的“QQ 信息平台”等为典型代表的网络公司，是建立在中国电信等公司提供的互联网内的“大众化网络应用平台”，

为社会大众提供免费的各类通信服务和网站信息发布服务（QQ 空间、QQ 微博等平台）等，其中的“QQ 聊天”平台，提供了“打字聊天”、“声音聊天”和“视频聊天”三种类似“电话通信”效果的通信方式，还提供了两人电话通信、“群聊（多人在线电话通信）”等多种免费的电话通信方式（如图 1.5 所示）。

这种新型的通信方式，不仅强烈地冲击了传统的通信公司提供的各类通信业务，并且还带来了通信信息传递的新模式——统一采用“互联网通信方式”，传播各类通信业务信息。昭示着未来通信行业的技术发展方向——多样化、个性化的通信方式；高效率、统一化的信息传输技术与传播系统（平台）；越来越低廉的通信费用。

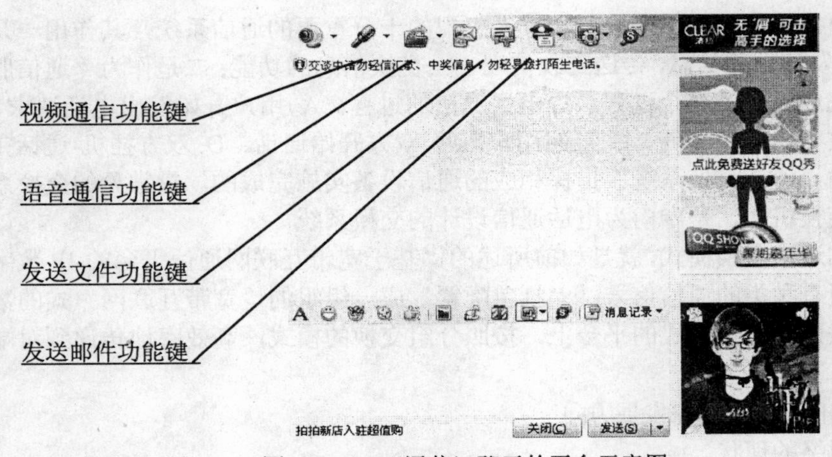

图 1.5　QQ（通信）聊天的平台示意图

（2）通信网络的未来发展方向。

根据当前的通信业务提供模式，我们不难看出，通信网络的未来发展方向，是以电信级的 IP 宽带网络，汇聚承载以上各类数字化的通信业务信息流——即电话、宽带和电视业务等汇聚于一个通信模式，形成单一的“电信级 IP 数据信息综合通道”的方式。即“电信级 IP 分组交换宽带网络”作为统一的通信平台，承载电话业务、宽带数据业务和交互式视频业务（IPTV）等各种通信信息流，形成具有“三重业务（triple-play）”传播能力的综合信息 IP 传送网络。通信信息将呈现为“声音、图像等多种媒体播放（即“多媒体传播”　）”为特色的越来越“丰富多彩”的表现方式。

中国下一代互联网示范工程专家委主任、中国工程院院士邬贺铨认为：“互联网已经发展到宽带化、移动化、泛在化为表征的下一代互联网时代。”以中国下一代互联网示范工程（CNGI）网为模型，以 IPv6 地址，云计算、三网融合、移动互联网、智慧城市、物联网等技术特征的新一代通信网络，正徐徐拉开其神秘的面纱，踏着时代的脚步，向我们走来。

4. 通信系统的分类

按照通信技术各专业系统的不同，目前通信系统可划分为以下八个子系统：

（1）光纤传输通信系统：主要指电信机房内光通信系统、各类光电缆配线架与走线架系统。

（2）通信交换系统：主要指电信机房内的程控交换通信系统、各类电缆配线架与走线架系统。

（3）移动通信系统：主要指电信机房内的移动通信系统、各个移动基站设备系统、各类配套的光电缆传输系统与配线设备系统。

（4）有线通信接入网系统：主要指电信节点机房到用户之间的节点通信系统、各类光电缆线路敷设系统以及配套的通信管道与综合布线系统。

（5）计算机通信系统：主要指通信机房内的计算机路由器、汇聚交换机等通信系统以及配套的光电传输系统。

（6）通信电源系统：主要指电信机房内的各类配套电源设备系统、配电线缆系统以及地线系统。

（7）卫星通信系统：主要指电信机房内的卫星通信系统、各种卫星移动通信设备系统等。

（8）电视通信系统：主要指市内各种有线电视通信设备与线缆系统。

5. 通信系统性能的衡量与质量保障体系

（1）通信系统性能的主要参数。

现代通信均为数字系统，故从数字通信系统的“有效性”和“可靠性”两方面加以评价。所谓“有效性”，就是指通信传输系统，传输信息量的多少。电话通信业务，可以用“同时容纳打电话的数量多少”来加以衡量，也可以用其数字信号的“传码率”的多少加以衡量；对于宽带上网业务而言，也是用“传码率”的大小加以衡量。所以，通信系统的有效性，统一用“传码率”就可以衡量了。

传输信息的有效性：用“传信率”、“传码率”评价。

传输系统的可靠性：用“误码率”、“丢包率”评价。

（2）通信质量的衡量与参数设置。

专业上，从通信交换和传输两个方面进行衡量。

a. 通信交换接续质量：用“接通率（百分比）”评价，即100次接续的接通比率。

b. 通信传输质量：用信道上的“信噪比”评价。

通信系统的性能与质量参数体系，如表1.3所示。

表1.3　**通信质量与参数分类表**

类 别	有 效 性	可 靠 性	其　他
通信用户	平均每百人拥有通信终端数	平均每百次通信接通率（百分比）	每个用户每月平均通信消费值（元）ARPU
传输系统	传信率、传码率（通信带宽）	误码率、丢包率、传输信噪比	
交换系统	平均每日、每月无故障通信时长	平均故障间隔时间、恢复时间	平均最小接续（通）时间；通信系统信息交换效率

（3）电信级质量保障体系。

用“通信业务质量保障QoS”参数系列，保证每一种通信业务的传输与交换系统服务质量；用“流量工程”体系，随时随地监控通信网络的业务流量情况，并随时动态调整和优化网络的参数指标，以保证通信网络的畅通无阻，及时杜绝各种中断通信的故障发生。

1.1.4 现代通信网络的技术特点

通信系统的技术与发展较快，初步总结起来，具有以下6大特点。

1. 通信技术的时代先进性

现代通信技术代表着当代先进的生产力和科技发展水平，形成了以信息处理的“计算机编程化”、信息传输的“光纤数字化”、“IT宽带网络化”和“网络资源的实时智能监控优化”等为标志的国际统一的技术体系；并以“后向兼容升级”的方式不断发展，演进；是当代先进科技水平的重要标志之一；目前的通信技术发展趋势是以电信级的“IP分组交换宽带网络”作为统一的承载话音业务、数据业务和交互式视频业务（IPTV）的通信平台，形成具有“三重业务（triple-play）传输能力”的综合信息IP传送网络。

2. 通信传播的网络化和四维时空性

通信技术具有全程全网的特征；是以网络化的结构开展“信息传递”的工作的。信息在通信网络中被转换成最适合于通信信道传输的数字化的电（光）信号的方式，及时地传递到被叫端。有了覆盖世界各个角落的有线和无线通信网络，人们在地球上通信网所能覆盖的任何地方，都可以将信息传送出来。这就是“网络化”和实时传播性，地域的广泛性等“四维时空性”的传播特征。

3. 通信业务优质的服务性

现代通信系统具有以下几个优质的服务特征：

（1）高可靠性：通信业务无间断，故障率极低。

（2）传播对象的大众化：传播用户多、容量大；通信网络的覆盖范围广、技术手段多样化（有线、无线）。

（3）质优价廉的商业模式：各通信运营公司的竞争，引起通信消费价格不断下降。

（4）通信产品的多样性：各通信运营公司根据自身的特点和用户需求，推出各种“适销对路”的通信产品（电话+宽带+短信等综合业务“套餐”），以满足各种消费者的通信需求。

4. 国民经济的基础产业性

这从两个方面来理解：首先，通信行业是一个信息化社会的基础产业，本身就产生巨大的经济财富，属于国民经济的组成部分；第二，在信息化社会中，通信系统作为信息传递的中枢神经系统，又是一种特殊的生产力，对国民经济的发展具有巨大的推动作用。

5. 通信系统的分层结构性

按照其专业功能，分为“通信网络（媒介）层”、“通信传输层”和“通信交换层”等三层系统结构；按照通信服务的区域性，又分为“用户终端网络”、“用户接入网”、“（光纤）城域汇聚传输网”、“长途交换网”等4个部分。

6. 通信网技术的持续高速发展性

用奥运体育口号来形容一点也不为过：技术水平“更高”、网络速率“更快”、网络性能“更强”。通信网络目前正面临着从技术到服务的“全面转型”：技术上，网络体制的发展速度是十分惊人的，从20世纪80年代初期开始的“纵横制交换机+同轴长途电缆+铅包市话电缆”到90年代开始的“程控数字交换机+长途单模光缆+全塑市话电缆”，到目前正向着以IP/MPLS网络技术为基础的“NGN交换网+长途智能多业务综合传输网+多制式综合业务接入网”的方向转化；以及中国电信等运营商的企业转型，正向着“现代通信综合服务商”的方向转化——电信行业的技术和系统，是在不断升级换代的过程中，当前的技术特征，就是实现了“以互联网技术网络，承载、传递和处理多种通信业务”的高效率通信的目的。

1.2 通信产业的系统构成

通信业务的开展，离不开各类通信企业的有机运作和协调发展，本节从“通信系统与体制发展”的话题出发，系统讲授通信产业的企业组成，并分析各企业的作用与业务发展情况，使读者对长期、高速、持续发展的“通信行业”中的各种企业有一个系统的认识，对自己在通信行业的职业定位与未来发展，奠定基础。

1.2.1 通信产业的概念与系统组成

1. 通信产业的概念

现代通信行业属第三产业，是通信企业运用由时代的先进科技水平组成的专业通信网络系统，为个人、企业和社会提供各种信息的实时传输需求的服务行业。目前的通信系统是由电话通信网、各种数据（宽带）通信网和电视传送网（主要是有线电视网）组成。通信的企业，分为通信运营商、通信管理与研发机构、通信设备制造商和通信工程服务提供商等4大类。

2. 通信产业的系统组成

通过以上介绍可知，通信过程是在专业的通信运营公司（电信公司、移动公司等）开办的通信网络上实现的，实际的通信产业结构如表1.4所示。

表1.4 通信产业结构分类表

通信的过程	分层结构	通信的过程（事件）：人类各种信息源（发送端）———通信系统———（接收端）接收者	
通信系统组成	1层	硬件部分	（1）用户终端：电话机，电脑，电视机、用户网关等；（2）通信设备及网络系统
	2层	软件部分	直接软件：（1）各种设备、系统软件；（2）电话网各种信令；（3）数据通信网各种协议（TCP/IP等）
			间接软件：（1）通信业务受理开通流程；（2）系统运营维护流程；（3）计费流程等
通信产业机构	3层	通信运营商	（1）为社会大众建立通信网络，开办运营各类通信业务，进行维护建设，收取服务费用； （2）中国电信、移动、联通、有线电视台、中国卫星通信、QQ网、淘宝网等公司、网络
	4层	通信服务商	（1）工程服务商；（2）通信设备、器材供应商；（3）科研院所、大专院校——技术、人才提供机构
		管理机构	（1）行政管理：工业与信息化部；各省信息产业厅；（2）技术指导：国际电信联盟组织（ITU）

如上表所示，通信的过程，可以看作 “通信系统”服务的过程，而通信系统与通信产业机构的关系，可以以“分层区别”的概念来看待之。

第1层，是由“通信器件和实体网络”组成的，直接伸展到千千万万的通信用户，将通信信息，通过“通信系统（硬件）”，传递到信息的接收端。

第2层，是由通信软件组成。其中的“通信软件”，直接完成通信的过程；而运维软件、通信业务受理等“通信业务服务流程软件”，则是为通信业务的开展、通信过程的维护，起到间接的作用。

第3~4层，是由通信产业机构组成。其中的通信系统的“业主”，即通信运营商，是“直接提供通信业务，为社会大众服务”的通信过程主导者和直接参与者，是属于第3层的结构。而为通信运营商的技术指导、设备器材提供商以及工程建设服务商，是直接为“通信运营商”服务的，处于第4层的位置。

1.2.2 通信行业企业划分

为明确通信企业的主要业务功能和服务对象、企业性质，通常通信行业将各种通信企业划分成4类企业，下面分别加以简要介绍。

1. 通信行业的行政、技术管理机构

通信行业的行政、技术管理机构，分为国内的“政府行政管理机构”和“国际技术协调机构”两大类，分别负责国际的通信技术发展方式，和每个国家的通信行业行政管理与组网技术体制与标准的制定。

（1）政府行政管理机构。

国内的“国务院”下属的国家管理机构，曾经有邮电部（1950年—1996年）、信息产业部（1997年—2008年）和当前的工业与信息化部（2008年至今），各省对应的管理机构是”省邮电管理局（1950年—1996年）”和“信息产业厅（1997年至今）”；对信息产业和各通信企业（不含各地广电企业和电视台）进行行政管理与协调，并根据国际通信标准机构的相关标准，结合本国的通信发展实际情况，负责分析制订国内通用的通信产业发展计划，和各类通信技术体制与标准。

特别要指出的是：负责建设、监管和维护“中国下一代互联网示范工程（CNGI项目）”的专家指导委员会，也是由我国政府资助下的一个“新一代互联网专家智囊团”——国外称为“智库公司”。该项工程由工业与信息化部、科技部、国家发展和改革委员会、教育部、国务院信息化工作办公室、中国科学院、中国工程院和国家自然科学基金委员会等八个部委联合发起，并经国务院批准，于2003年启动，该项目的主要目的，是组建中国的“下一代互联网的试验平台”——以IPv6为特征的CNGI网。以此项目的启动为标志，我国的IPv6互联网技术和网络实体模型的研究和推广，进入到了实质性发展的阶段。

中国的有线电视业务，则是由国务院下属的“广播电影电视部”统一管理，各地的“有线电视（台）公司”负责建设和经营“有线电视传输网络”，连接到千家万户的用户家中。

（2）国际技术协调机构。

国际的通信行业管理机构，主要是“国际电信联盟（ITU）”，“国际通信标准化组织（ISO）”和“国际互联网结构委员会（IAB）”等国际通信技术机构，负责分析、研究和制订国际通用的各类通信技术（含“互联网通信协议族”）体制与建议，引导国际通信体制和技术的发展，统一规划通信系统的组网、通信过程（流程）的结构与协议等事宜。从而保证了世界各国的通信网络的互联互通、通信网络和技术的协调发展。下面逐个进行简单的介绍。

ITU（International Telecommunication Union，国际电信联盟）成立于1932年，1947年成为联合国下属的一个专业机构，是由各国政府的电信管理机构组成的，目前会员国约有170多个，总部设在日内瓦。

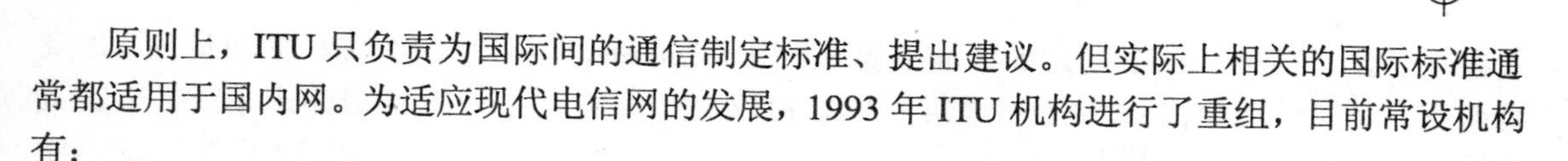

原则上，ITU 只负责为国际间的通信制定标准、提出建议。但实际上相关的国际标准通常都适用于国内网。为适应现代电信网的发展，1993 年 ITU 机构进行了重组，目前常设机构有：

① ITU-T：电信标准化部门，其前身是国际电报电话咨询委员会(CCITT)，负责研究通信技术准则、业务、资费、网络体系结构等，并发表相应的建议书。

② ITU-R：无线电通信部门，研究无线通信的技术标准、业务等，同时也负责登记、公布、调整会员国使用的无线频率，并发表相应的建议书。

③ ITU-D：电信发展部门，负责组织和协调技术合作及援助活动，以促进电信技术在全球的发展。

在上述三个部门中，ITU-T 主要负责电信标准的研究和制定，是最为活跃的部门。其具体的标准化工作由 ITU-T 相应的研究组 SG(study group)来完成。ITU-T 主要由 13 个研究组组成，每组有自己特定的研究领域，4 年为一个研究周期。 为适应新技术的发展和电信市场竞争的需要，目前 ITU-T 的标准化过程已大大加快，从以前的平均 4~10 年形成一个标准，缩短到 9~12 个月。ITU-T 制定并被广泛使用的著名标准有：局间公共信道信令标准 SS7，综合业务数字网标准 ISDN，电信管理网标准 TMN，光传输体制标准 SDH、多媒体通信标准 H.323 系列等。

ISO（International Organization for Standardization，国际标准化组织）　是一个专门的国际标准化组织，正式成立于 1947 年。它的总部设在瑞士日内瓦，它是国际电工委员会(IEC)的姊妹组织。其工作宗旨是“促进国际间的相互合作和工业标准的统一”，其标准化的工作包括了除电气和电子工程以外的所有领域。

ISO 技术工作是高度分散的，分别由 2700 多个技术委员会(TC)、分技术委员会(SC)和工作组(WG)承担，其中与信息相关的技术委员会是 JTC1(Joint Technical Committee 1)。

ISO 制定的信息通信领域最著名的标准/建议有开放系统互连参考模型 OSI/RM、高级数据链路层控制协议 HDLC 等。

IAB (Internet Architecture Board)，即国际互联网（Internet）结构标准化委员会，主要任务是负责设计、规划和管理 Internet 互联网，其工作重点是 TCP/IP 协议族及其扩充。它最初主要受美国政府机构的财政支持，为适应 Internet 的发展，1992 年一个完全中立的专业机构 ISOC(Internet Society，Internet 协会)成立，它由公司、政府代表、相关研究机构组成，其主要目标是推动 Internet 在全球的发展，为 Internet 标准工作提供财政支持、管理协调，举办研讨会以推广 Internet 的新应用和促进各种 Internet 团体、企业和用户之间的合作。ISOC 成立后，IAB 的工作转入到 ISOC 的管理下进行。IAB 由 IETF 和 IESG 两个机构组成。

① IETF(Internet Engineering Task Force)：负责制定 Internet 相关的标准。现在 IETF 有 12 个工作组，每个组都有自己的管理人。IETF 主席和各组管理人组成 IESG(Internet Engineering Steering Group)，负责协调各 IETF 工作组的工作，目前主要的 IP 标准均由 IETF 主导制定。

② IRTF(Internet Research Task Force)：负责 Internet 相关的长期研究任务。IRTF 与 IETF 一样也有一个小组，叫 IRSG，是制定研究的优先级别和协调研究活动的。每个 IRSG 成员主持一个 Internet 志愿研究工作组，类似于 IETF 工作组，IRTF 是一个规模较小的、不太活跃的工作组，其研究领域没有进一步划分。

IAB 保留对 IETF 和 IRTF 等两个机构建议的所有事务的最终裁决权，并负责向 ISOC 委员会汇报工作。Internet 互联网及 TCP/IP 相关标准建议均以 RFC(Request for Comments)的形

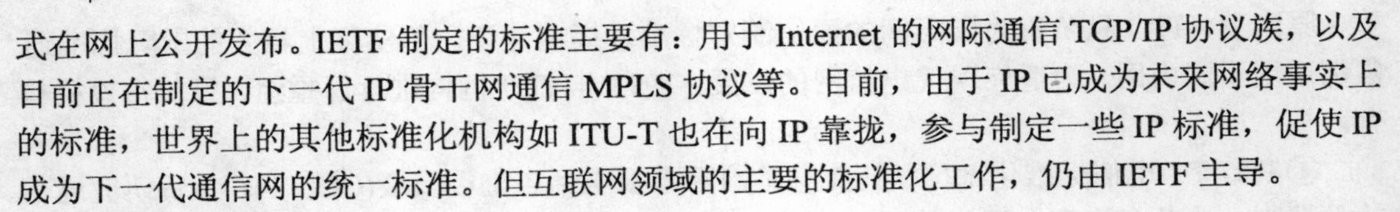

式在网上公开发布。IETF 制定的标准主要有：用于 Internet 的网际通信 TCP/IP 协议族，以及目前正在制定的下一代 IP 骨干网通信 MPLS 协议等。目前，由于 IP 已成为未来网络事实上的标准，世界上的其他标准化机构如 ITU-T 也在向 IP 靠拢，参与制定一些 IP 标准，促使 IP 成为下一代通信网的统一标准。但互联网领域的主要的标准化工作，仍由 IETF 主导。

2. 通信运营商

专指“开办各类通信业务，直接为社会大众和各类企事业单位提供各类通信业务服务”的大中型通信公司，提供的通信业务，包括有线电话、移动电话、互联网接入服务、有线电视服务、基于互联网的“QQ 聊天”通信与各类网站建设、“淘宝网”式的网络购物等。这类通信与网络公司，统称为“通信运营商”。分为“基础通信运营商”和“（基于网络的）增值通信运营商”两大类，下面分别予以简介。

（1）主要的基础通信运营商（Logo 如图 1.6 所示）。

（1）中国电信公司标识图（Logo）　（2）中国移动公司标识图（Logo）　（3）中国联通公司标识图（Logo）

图 1.6　中国主要的“基础通信运营商”公司的企业标识图（Logo）

建设维护和经营“各类通信网络”，直接将通信线缆或终端（手机、终端器），接入通信用户的通信公司。经历了两次通信公司与通信网络的重组，当前的基础通信运营商，是指中国电信公司、中国移动通信公司、中国联合通信公司、中国卫星通信公司、广电部有线电视公司五家通信企业。这类公司的特点是：采用当代先进通信技术与设备，直接为社会上的各类通信用户提供各类通信服务（业务），并收取资费回报的国有通信运营公司，是对通信行业的运营和技术发展，起主导作用的通信行业龙头企业。

中国电信公司，就是过去的“邮电局”的南方部分，是老牌的传统电信运营商，近期收购了联通公司的“CDMA 移动网络”，形成了其电话业务和互联网业务的“全业务经营”权利。其主要的实力是传统的有线电话通信和互联网宽带通信业务，其固定电话业务由于受到“移动通信电话业务”的强烈冲击，业务收入有所下滑；但其互联网业务的实力是最强劲的，这一方面得益于其“传统电信公司”的地位——最早开始经营和建设相关的通信业务，网络实力最为雄厚；另一方面，许多的互联网的主流网站，都将其服务器放在电信公司机房中“代维”，故登录互联网的许多网站页面，速度会很快。

中国移动通信公司，也是传统的“移动通信”运营公司，原来是从中国电信公司分离出来的移动业务通信部分，是最早建设移动通信网络与开办移动通信业务的通信公司。近期合并了原来的中国铁道通信有限公司，也形成了其电话业务和互联网业务的“全业务经营”权利。其主要的实力自然是传统的移动通信业务。其固定电话业务和互联网宽带通信业务，也

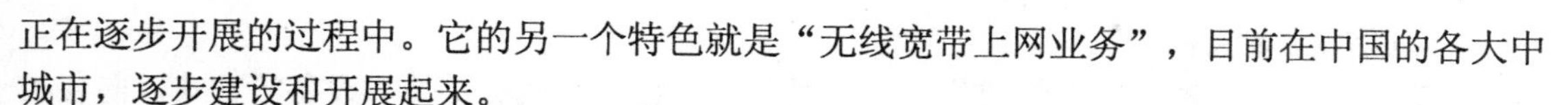

正在逐步开展的过程中。它的另一个特色就是“无线宽带上网业务”，目前在中国的各大中城市，逐步建设和开展起来。

中国联合网络通信公司，简称“中国联通公司”，是原有的中国联通公司，与原中国电信公司的北方十个省市自治区分公司，以及原来的中国网通公司合并而成的。以原联通公司的移动通信网络业务、原中国电信的固定电话和宽带互联网业务等为基础，形成了其电话业务和互联网业务的“全业务经营”权利。以北方十个省市自治区为依托，在全国范围内开展通信的各类业务服务。

以上三家中国“超大型”通信运营商公司分享了三张 3G 移动通信业务牌照，在全国范围内形成“三分天下”、“有序竞争”的“通信全业务”发展的格局。

（2）增值通信网络运营商。

在原有的通信网络上开办各类增值通信业务的各类通信、网络运营公司，一般是新兴的通信或网络公司，如网上通信十分红火的“QQ 通信窗口”的经营公司——深圳腾讯计算机系统有限责任公司、中国最大的“淘宝”购物网络——由杭州阿里巴巴网络责任有限公司建成，还有深圳盛大网络公司等。特别是 QQ 通信平台，既具有即时聊天、视频功能，又有“QQ 空间”等个性化网站综合信息发布和“微博”功能，极大地满足了众多网民“粉丝”个性化展示自己的作用。截至 2011 年 3 月 31 日，QQ 网络的注册用户的总数，已达到 6.743 亿户，最高同时在线账户数达到 1.372 亿用户，被网民戏称为“世界人口第三大国”！这种“免费式”的互联网络“即时通信+ QQ 空间（博客）”的方式，逐渐地影响和改变着众多“网民”的现代通信方式和生活习惯，并为中国互联网行业开创了广阔的应用前景！下面，简要介绍一下这两个著名的网络增值应用情况。

免费的“即时通信 QQ 窗口”，是当前人们使用最多的互联网络通信平台，由“深圳市腾讯计算机系统责任有限公司”建立。该公司成立于 1998 年 11 月，是目前中国最大的互联网综合服务提供商之一，也是中国服务用户最多的互联网增值企业之一。通过即时通信 QQ 窗口、腾讯网（QQ.com）、腾讯游戏、QQ 空间等多个“基于互联网的增值业务网络平台”，腾讯公司成功地打造出了中国最大的网络应用平台，满足了众多的互联网用户沟通、交流、资讯、娱乐等多个方面的需求。

“淘宝（购物）网”成立于 2003 年 5 月 10 日，由浙江省杭州阿里巴巴集团投资创办。建立和推动“多家选择、物美价廉、网络交易、送货上门”的“网络购物”方式是淘宝网的特色。截至 2009 年底，淘宝网拥有注册会员 1.7 亿；2009 年的全年实际购物交易额达到 2083 亿元人民币，是亚洲最大的“网络购物平台”。已经有超过 80 万人通过在淘宝开店实现了就业（国内第三方机构 IDC 统计），带动的物流、支付、营销等产业链上间接就业机会达到 228 万个。目前每天全国 1/3 的“宅送快递”业务，都因淘宝网的购物交易而产生。通过缩减渠道成本、时间成本等综合购物成本，淘宝网一方面帮助更多的人——购货方，享用网络购物，获得更高的生活品质；另一方面，通过提供销售平台、营销、支付、技术等全套服务，淘宝网帮助更多的企事业单位——售货方，开拓内销市场、建立品牌，实现产业升级。从另一个方面开拓和丰富了互联网的应用领域，极大地推动了社会信息化的进程。

由此可见，未来的通信技术发展方式，应该是建立在互联网基础上的各种应用内容的交汇，互联网络越来越成为我们生活和工作的“另一个表现方式”，以各类网络应用为服务特点的网络公司，将逐渐成为通信行业的“领军人物”。

3. 通信设备制造商

生产通信设备、器材的各类通信技术公司。以工程承包或提供技术设备等方式，向各类“通信运营商”提供工程和技术服务；并且，是通信新技术发展的生力军和积极倡导者。国内著名的有深圳华为技术有限公司、深圳中兴通讯股份有限公司、上海贝尔-阿尔卡特-朗讯通信有限公司、大唐电信股份有限公司、武汉邮科院系列的烽火网络股份有限公司等。

4. 通信工程服务商和设备维护单位

这是指直接为通信运营商提供“工程技术咨询、工程规划设计、工程施工与维护、工程监理”之类的通信工程公司和工程设计院等，开展各类基于通信工程的项目建设的工程技术公司。主要有通信咨询设计公司（院）、通信工程（施工）公司和通信工程监理公司等；为各类“通信运营商”提供工程和技术服务；其主要业务，主要是通过“工程招投标”的方式，在各类通信过程中，发挥作用。

关于通信工程设计机构，在通信行业内部，国内原有八所甲级通信工程规划设计院，分别是：原邮电部郑州设计院、原邮电部北京设计院、原邮电部上海东方设计院、黑龙江邮电通信设计院、浙江省邮电通信设计院、湖南省邮电通信设计院、湖北省邮电通信设计院、中国通信建设西安设计院等。乙级设计院所约 20 余所，负责承担国内和国际的通信工程建设的专业设计和技术咨询任务，现在也都改制为“提供设计、技术咨询服务”的“责任有限公司”。

国内通信行业施工单位有中国通信建设总公司及下属的第一至第五工程公司；各省具有通信工程公司（或称为“实业公司”）。

国内通信行业“专业长途光缆维护单位”的，有各省的长途维护传输局，负责维护省内的所有通信光电缆，保障长途通信线路的畅通无阻。市区的各类通信光电缆则由各电信局委托其“电信实业公司”或其他的通信工程服务公司，也是通过工程招投标的方式，开展日常的监控和技术维护工作。

5. 相关科研机构

这是指各类通信研究院，各类大专院校；进行通信技术、产业规范的研发和各类技术人才培养。

著名的研究院有：工业与信息化部“通信产业研究院”、中国电信公司所属的“电信研究院”、中国移动公司所属的“移动通信研究院”等。

通信高级专业人才的培养，主要是分布在清华大学、上海交通大学、西安电子科技大学等综合大学的相关通信类、网络工程类专业内，以及北京邮电大学、南京邮电大学、重庆邮电大学等相关的通信专业的高等院校中。

1.2.3 通信与信息产业的发展与体制转换

通信产业一直是由国家主导的基础产业之一，新中国成立之后，国家相继成立了以邮电部和各省邮电管理局为领导部门的全国邮电通信产业机构，形成了以各地“邮电局”为行政和企业性质的综合单位，全面建设和管理社会的邮政通信与各级党政机关为主体的电话通信系统，保证了我国行政管理体制下，邮电通信事业的起步和发展。

历史进入了 20 世纪 90 年代，在国民经济和现代通信技术高速发展的同时，我国通信产业的企业改革也如火如荼地进行着。从 1998 年开始，到 2011 年为止，我国的通信行业，经历了两次重大的管理机构的体制改革，下面是这两次具体改革的情况简介。

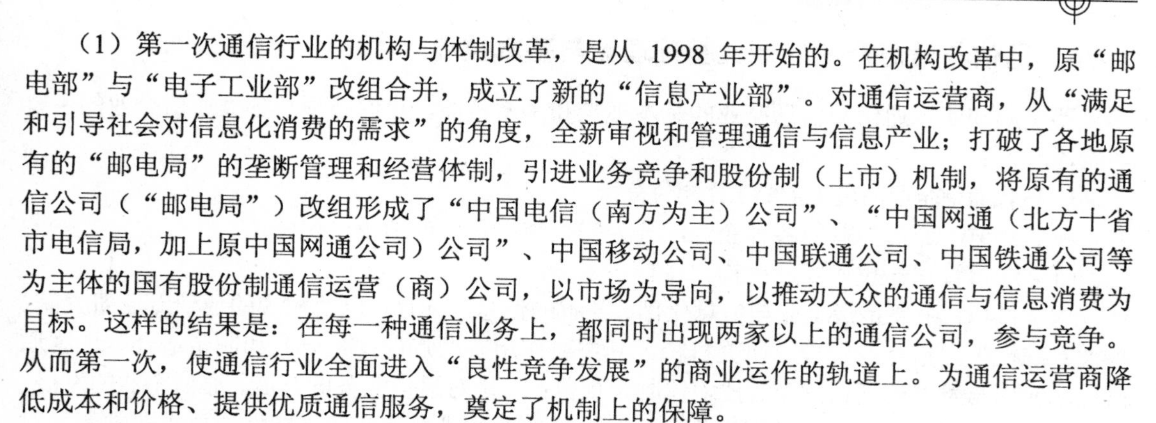

（1）第一次通信行业的机构与体制改革，是从 1998 年开始的。在机构改革中，原“邮电部”与“电子工业部”改组合并，成立了新的“信息产业部”。对通信运营商，从“满足和引导社会对信息化消费的需求”的角度，全新审视和管理通信与信息产业；打破了各地原有的“邮电局”的垄断管理和经营体制，引进业务竞争和股份制（上市）机制，将原有的通信公司（“邮电局”）改组形成了“中国电信（南方为主）公司”、“中国网通（北方十省市电信局，加上原中国网通公司）公司”、中国移动公司、中国联通公司、中国铁通公司等为主体的国有股份制通信运营（商）公司，以市场为导向，以推动大众的通信与信息消费为目标。这样的结果是：在每一种通信业务上，都同时出现两家以上的通信公司，参与竞争。从而第一次，使通信行业全面进入“良性竞争发展”的商业运作的轨道上。为通信运营商降低成本和价格、提供优质通信服务，奠定了机制上的保障。

进入 21 世纪的 2003 年，通信产业管理部门，更是提出了通信运营商企业的转型目标：是由“通信业务提供商”向“通信综合服务商”的角色转换，强调以“为用户提供全方位、全业务的通信服务”为己任，以服务为目的！从而保证了我国通信行业，以每年平均 25%以上的业务发展速度和 10%以上的业务收入增长速度，高速、健康地不断发展；同时，也保证了我国通信业务，在数量和技术水平上，不仅处于国际先进行列的位置，也保证了通信业务的发展，与当时的社会大众的经济水平的发展相适应。

截至 2007 年底，我国电话装机容量达到 9 亿户以上，互联网接入用户达到 1.2 亿户以上，分别在世界国家通信容量排名中列第 1 位和第 2 位，电话网络遍及所有的城镇和 98%以上的农村地区。

（2）第二次通信行业的机构整合方案，是2002 年初出台的：中国电信收购原联通公司的 CDMA 移动通信网；中国网通公司与中国联通公司（GSM 移动通信网）合并成新的“中国联合网络通信有限公司”；中国移动公司与原铁通公司合并；同时，信息产业部与广电部的相关通信业务放开，即在全国范围内全面开放电话、互联网和有线电视等信息产业综合业务，使各家新的通信公司可以充分发挥自己的信息资源或网络优势，形成新的通信基础产业“全业务、大发展”的格局。

（3）通信设备制造商、通信工程服务商的发展情况：以深圳华为通讯技术有限公司、深圳中兴通讯公司、中微星电讯公司、武邮烽火网络公司、大唐电信公司、上贝-阿尔卡特公司等国内“通信设备生产企业”为代表的通信生产行业，也得到迅猛发展。在充分满足国内通信需求的前提下，在国际上的技术水平和政治经济地位不断提升，不仅成功地为雅典奥运会建设了通信网络（ADSL 技术），而且成功地“登录”包括英国、法国等在内的欧洲、拉丁美洲等世界各地的通信市场。“中国制造”的通信产品遍及世界各地，技术实力得到了包括美国、日本、英国、法国等技术发达国家的通信行业的赞赏与认可。全面加入国际电信联盟的各个专业研究小组的工作，并在多个专业委员会中，处于“领导国际通信技术发展方向”的有利地位。

值得注意的是，2005 年以来，随着我国互联网络应用的大发展，以“QQ 即时通信+QQ 空间”为代表的网络通信应用和以“淘宝网购物”为代表的网络购物应用等网络业务的开展，使得“互联网的应用”逐渐地占据了现代通信领域的主导地位，推动着社会信息化的不断发展。昔日的通信行业的主导公司——中国电信公司、中国移动公司和中国联通公司等“基础通信运营商”在通信领域的主导地位，将会逐渐让位于各类“网络增值应用服务公司”，以专业化的各类网络应用技术，将推动通信与信息化产业，不断向前发展。

1.2.4 通信与信息产业的专业基础理论与基本技能

要了解和认识通信与信息产业的基本理论和基本技能，我们必须从各类通信企业的主要功能谈起。

1. 现代通信企业的员工主要工作岗位分析

我们知道，通信产业的各种企业，分为四大类，我们分别予以说明。

（1）通信管理与技术发展机构。

这类机构，主要是指工业与信息化部、各省的信息产业厅，以及相应的通信专业研究院、各大专院校等通信行业管理、研究机构。其主要作用有两点：一是研究和制定适合本地区通信技术应用与发展的通信规章、技术体制和规范；二是对通信业务的开展、通信企业的发展，进行针对性地引导、技术协调等工作。所以，其专业技术性和实践技能性的要求非常高，对人员的专业学历、专业资历的要求也较高。应具备通信专业的非常丰富的工作经历和中高级以上职称的专家型人士，开展相应的工作。

（2）通信网络基础运营商。

主要是指中国电信公司、中国移动通信公司、中国联通公司、中国卫星通信公司和有线电视公司等五家基础通信运营商。其主要作用也有三点：一是提供通信网络接入的传输媒介，将所有的通信用户都纳入到通信网络中来，保证每位客户的每次通信过程的通畅和完成；二是不断采用新技术，引导用户开展新的通信业务，促进社会信息化的全面普及和深化开展。三是开展有效的营销措施，积极引导客户加入到自己公司的网络，开展业务服务。

所以，基础通信运营商的各家公司，对员工有两类要求，第一类是对通信设备和网络的监控维护、技术升级和工程改造与管理的能力；第二类是通信业务“市场营销”的能力。

（3）通信网络增值运营商。

主要是指“QQ 网”的深圳腾讯计算机系统公司、“淘宝网”的杭州阿里巴巴网络集团之类的网络公司，开展各类基于互联网的应用项目。这类公司，有两个特点，一是属于“大中型民营企业”，企业的用人机制灵活；二是其专业，通常都属于“计算机软件工程、网络工程”专业，主要是从事“基于网络的”各类网站的建设，各类功能性应用软件的开发，以及计算机局域网的建设等业务。这类通信业务的开拓，主要是通过“网上功能性销售”的方式进行。

这类公司，其实是需要计算机软件工程，或是网络工程类专业的具有实干能力、工程开拓能力的新一代高级人才（含有能力的大学生）。

（4）通信设备、器材生产商。

主要是指传统的“深圳华为通讯有限公司”、“深圳中兴通讯公司”之类的大型通信公司，开展各类基于互联网的应用工程项目的设备建设、方案研发。对员工的能力要求，除了通信设备的“市场营销”功能外，主要就是“电子信息工程”专业的设备研发、和计算机“网络工程”专业的基本知识与技能。

（5）通信工程服务商。

主要是指直接为通信运营商提供“工程技术咨询、工程规划设计、工程施工、工程监理”之类的通信工程公司和工程设计院等，开展各类基于通信工程的项目建设的工程技术公司。

2. 通信与信息产业的基本理论和基本技能

对于通信与信息行业的从业人员来说，所需掌握的专业知识与技能，总结为以下四条：

（1）现代通信的基本原理与系统结构组成知识。

现代通信的基本系统，是一个分层的结构，包含了电路与传媒网络（硬件）层、传输原理层、交换原理层、应用（软件）层和表示（软件）层。所以，这里主要是包含了网络层、传输与交换层的知识与技能。

（2）计算机的基础知识与互联网的知识与编程技能

现代通信技术，越来越以计算机互联网的知识，作为自己的传输与交换的技术。形成了“基于web的网络编程”知识和网站建设的知识与能力这两大专业知识。

（3）通信专业的工程知识与技能。

这是指“通信专业工程建设与管理”的基本知识与实践技能。涉及的内容主要有两个方面：第一是指通信设备电路的设计制作技能——当前主要是基于各类软件编程的电路设计与制版工艺；第二是指通信工程的新建、改建和扩建工程项目的设定（含招投标过程）、工程设计、工程实施与管理（监理）等一系列通信工程的建设过程。

（4）通信市场营销的专业知识与技能。

这里主要是指四类通信企业的“市场开拓”与“业务开展”的市场营销行为过程。不同的企业类别，销售的“产品”的内容、表现方式、销售渠道都不尽相同。具体如表1.5所示。

表1.5　通信企业的市场营销分类表

序号	企业类别	产　品	销售途径
1	通信基础运营商	各类通信业务与服务	电话、营业网点、直销、网购
2	通信增值运营商	网上增值业务	网购、电话、直销、营业网点
3	通信设备、器材商	各类通信设备、器材	直销、招投标方式
4	通信工程服务商	工程设计、施工、监理	招投标方式、直销

1.3　基本的通信概念

要理解通信系统的基本概念和基本组成情况，首先就要认识和理解“通信系统的分层结构”的概念，然后按照“由浅入深”的认识原则，逐步地认识和理解“现代通信系统”的基本组成，主要是“通信硬件网络系统”、“通信（数字）传输系统”和“通信交换系统”等三大类（三层）系统。

另外，“国际通信标准化组织”和“电信服务质量保障协议SLA”等概念，也是组成现代通信系统的基本要素，故而在此列出，以专题的形式进行论述与解释。

1.3.1　通信技术的分层结构特征与协议

1. 通信系统的分层结构

通信的过程，是由三层“通信系统”共同作用完成的。所以，实际的通信系统是由三层系统“组合而成”的，系统结构如表1.6“通信系统结构组成表”所示。

表 1.6　　　　通信系统结构组成表

分层结构	通信分层系统	内 容	功 能
第 1 层	通信专用配套设施	通信机房、线路管道、槽道等	形成通信设施的环境
	通信网络系统层	通信硬件：终端、传媒、设备等	形成通信网络系统硬件
第 2 层	通信传输系统层	通信信号完好的传输过程	按照通信信号的传输设定的协议：形成通信信号的传输通道
第 3 层	通信交换系统层	A 通信信号准确、高效传递到对端； B 设定的通信流程正确执行	按照通信信号的传输设定的协议：A 形成通信信号路由； B 形成通信过程的正确完成

第一层是“通信网络（硬件）”层，负责建立连接“收信端”的信息通道；第二层是“通信传输层（传输协议，软件）”层，负责将信号按照“传输的标准”、规定的时间和电气指标，“完好无损”地传递到对端；第三层是“通信交换（协议）”层，负责将主叫和被叫用户的通道连接起来，并负责完成整个通信流程的完成。

如何理解“通信系统的分层结构”的作用——可以从四个方面来理解。第一，通信的过程，是在“同层系统”之间，按照“通信协议的规定程序”进行的。低层的设施和内容，都是为高层的系统服务的。例如，通信机房、通信专用通道等“低层设施”，是为其上一层的通信设备的安置与正常工作、通信线路的安全敷设服务的。有了通信专用机房，通信机架设备才能够有序地排列起来，形成通信的工作能力。有了通信“专用管道、槽道路由”，通信的各种光缆、电缆才能沿着该路由，敷设到千家万户的“通信终端（电话机、上网电脑等）”上，发挥通信网络的作用。如图 1.7 所示。

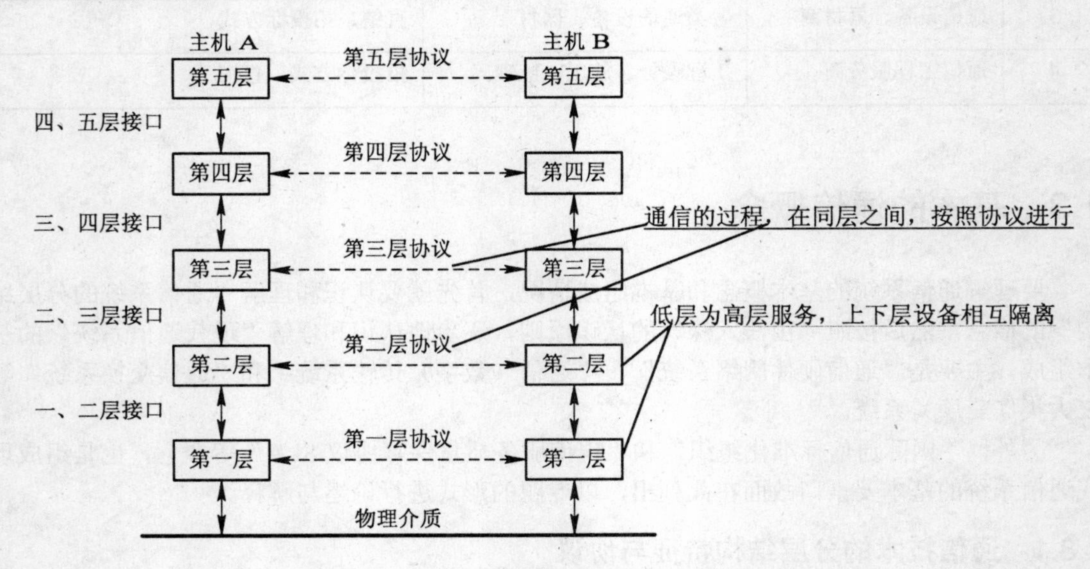

图 1.7　通信系统的层、协议、接口示意图

第二，分层结构，细化了各层系统的作用，从而大大降低了通信网络的设计复杂度，并且也方便了不同层次网络设备间的互连互通。当前的通信网络功能越来越复杂，在单一模块

中实现全部功能过于复杂，也不可能。每一层在其下面一层提供的功能之上构建，则简化了本层的系统功能。同时，用户可以根据自己的需要，很方便地决定采用哪个层次的设备实现系统连通。

第三，分层结构，增强了通信网络的灵活性和可升级性。我们知道，层与层之间的工作原理，是相互“屏蔽”的——上层系统只要“享用”其低层的工作效果就可以了，不需要了解低层是如何具体工作的——层次之间的独立性和良好的接口设计，使得下层设施的更新升级不会对上层业务产生影响，从而提高了整个通信网络的系统稳定性和灵活性。

第四，分层结构，促进了竞争和设备制造商的分工。分层思想的精髓，是要系统的“开放”：任何制造商的产品，只要遵循接口标准进行设计，就可以在网上运行，这打破了以往专用设备的易于形成垄断性的缺点。另外，制造商可以分工制造不同层次的设备，例如软件提供商可以分工设计应用层软件和专用的办公软件，硬件制造商也可以分工设计不同层次的设备，开发设计工作可以并行开展。网络运营商则可以购买来自不同厂商的设备，并最终将它们互连在一起。

所以说，通信系统的分层结构，是现代通信系统的特征，也是认识和理解通信系统各自工作原理的重要思路，希望大家认真理解和掌握之。

2. 通信网络分层的具体模型——电话系统、OSI 和 TCP/IP 模型

（1）电话通信系统的分层模型。

传统的电话通信系统，分为 3 层系统，如图 1.8 所示。

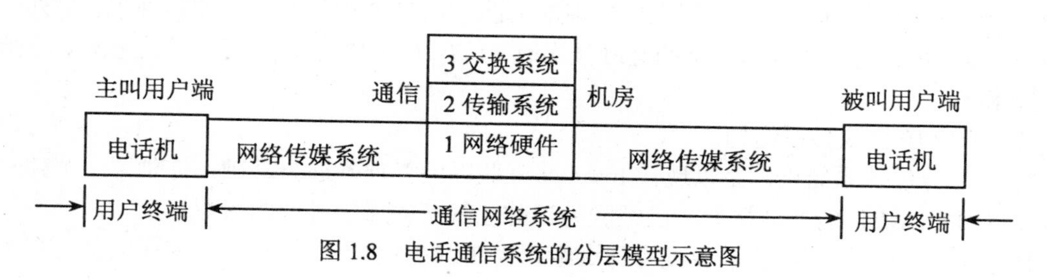

图 1.8　电话通信系统的分层模型示意图

由图中可知，传统的“电话通信网络系统”也分为三层结构：第一层为“网络硬件层”，包括各类传输线路（光、电缆、无线传媒等）、通信机房里的各种传输硬件设备等，为顺利沟通电话通信信息的传递，创造了实际的“硬件通道”。第二层为“传输系统层”，包含了各段的传输协议(信令)和电话信号的转换协议，如“说话的机械声波”转换为“电磁波信号”、“电信号与光信号”的相互转换，等等。其目的就是通信各种传输手段，将“说话”的机械声波信号，远距离地、相对无失真地传送到收信人耳边，从而搭起了一条“信号传输”的通道。而第三层为“程控交换系统”，其目的就是在整个通信的大系统中，按照“交换协议”规定的流程，选择合适的路由，将主叫用户的通道与被叫用户的通道连接起来，并且管理和完成整个“通电话”的过程。

（2）OSI —— 通信系统的分层体系模型。

目前，在计算机通信领域，影响最大的分层体系结构有两个，即“OSI 开放系统互连（分层）模型”和“TCP/IP（互联网）协议族”。它们已成为设计“可互联互通操作”的通信标准的基础理论。

网络通信系统的 OSI（开放系统互连：Open SystemInter connect）模型，是一个七层系统结构的分层模型，是由国际标准化组织 ISO 于 1981 年为“数据通信”系统制定的一个开放式的、标准化的分层体系结构，常被用来“描述”通信系统的分层功能，但在实际的通信网络中却几乎未被执行实施。它的主要意义就在于：从理论上首先提出了“开放式的分层结构”、“接口和服务分离”等的通信网络建设思想，已成为通信网络系统设计的基本指导原则——通信领域通常采用 OSI 的标准术语，来描述系统的通信功能。其具体的各层内容如下。

① 应用层：为用户提供到 OSI 环境的接入和分布式信息服务。

② 表示层：将应用进程与不同的数据表示方法独立开来。

③ 会话层：为应用间的通信提供控制结构，包括建立、管理、终止应用之间的会话。

④ 运输层：为两个端点之间提供可靠的、透明的数据传输，以及端到端的差错恢复和流量控制能力。

⑤ 网络层：使高层与连接建立所使用的传输和交换技术独立开来，并负责建立、保持、终止一个连接。

⑥ 数据链路层：发送带有必需的同步、差错控制和流量控制信息的数据块（帧），保证物理链路上数据传输的可靠性。

⑦ 物理层：负责物理介质上无结构的比特流传输，定义接入物理介质的机械的、电气的、功能的特性。

OSI 的目标是用这一模型取代各种不同的互连通信协议，不过以 OSI 为背景虽已经开发了很多协议，但七层模型实际上并未被接受。相反，TCP/IP 却成为通信网络的工业标准。其中一个原因是 OSI 过于复杂，它用七层实现的功能，TCP/IP 用很少的层就实现了。另外一个原因是，当市场迫切需要异构网络的互联技术时，只有 TCP/IP 技术是经过了世纪网络检验的成熟技术。

（3）TCP/IP 协议体系结构。

TCP/IP 分层体系结构，是以现代 Internet 互联网的互连互通为基础，提供了一个建立不同计算机网络间通信的标准框架，已经成为当前互联网的通信过程的工业标准。

TCP/IP 与 OSI 模型不同，并没有什么组织为 TCP/IP 协议族定义一个正式的分层模型，然而根据分层体系结构的概念，TCP/IP 可以被很自然地组织成相关联的五个独立层次，如图 1.8 所示。下面是各层的具体功能简介。

① 应用层：是采用不同的模式，来完成用户不同种类的通信内容的需求。每一种不同的应用层需要一个与之相对应的独立的通信模式来支持——在用户端（上网电脑中）完成。

② 运输层：为上层（应用层）提供可靠的数据传输分组模式。对每一个应用，运输层保证所有的数据都能到达目的地应用，并且保证数据按照其发送时的顺序到达——也在用户端（上网电脑中）完成。

③ IP 交换层：定义了“不同的局域网之间的 IP 分组通信信息的转发和路由的选择”模式。其中使用 IP 协议执行转发，使用 RIP、OSPF、BGP 等协议来发现和维护路由，人们习惯上将该层简称为 IP 层——在通信网络上（路由器中）完成。

④ 网络接入层：定义了“一个终端系统和它所在的网络之间的数据交换”的模式——在通信网络上（网络交换机中）完成。

⑤ 物理层：定义了“硬件传输设备”、“物理传输介质”以及所连接的网络之间的“物理接口”。

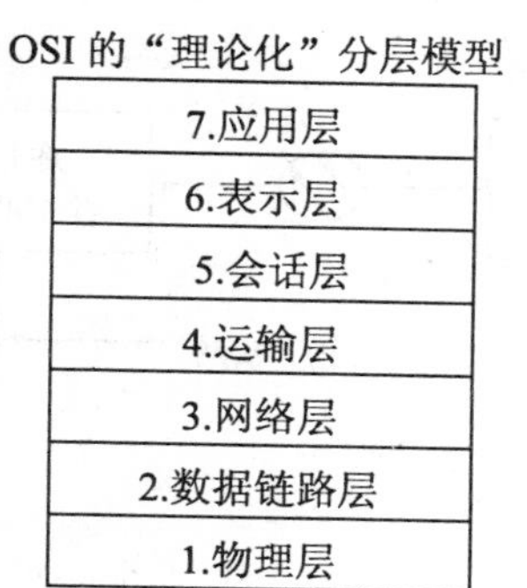

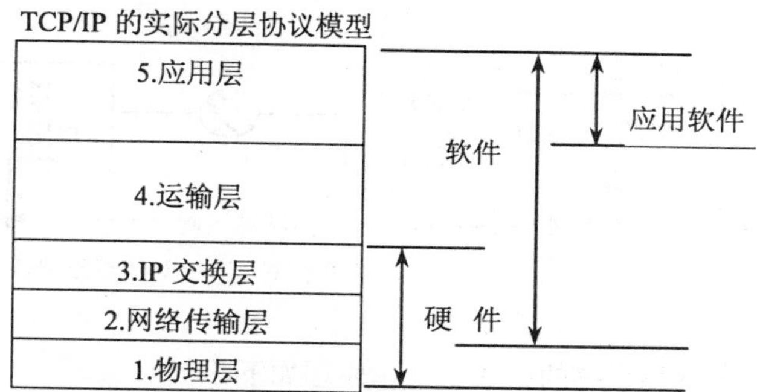

图 1.9　OSI 与 TCP/IP 协议分层结构示意图

可以说，Internet 今天的成功，主要应归功于 TCP/IP 协议的简单性、分离性和开放性。从技术上看，TCP/IP 的主要贡献在于：明确了异构网络之间应基于网络层实现互连的思想。实践中可以看到，上下层的应用分离，使得网络的互连和扩展变得容易了，从而大大增强了网络的开放性。

3. 通信网络中的协议

关于“通信协议”，是由国际通信联盟或其他国际组织规定的，对各种通信过程所提出的具体的、规范化的标准流程，是各种通信系统开展工作的依据和准则，也是当今“编程化”设计通信系统工作方式的主要依据。在以往的电话通信的“程控交换系统”中，又被称为“信令”。

常用的通信信令和协议，如表 1.7 所示。

表 1.7　　常见的通信信令和协议分类与功能表

使用种类	具体名称	主要功能
程控交换机通信	用户信令	“用户——交换机”之间的通信方式
	计发器信令	“交换机——交换机”之间的通信方式
	局间 7#数字信令	程控交换机之间的数字通信规范格式
数字电话通信	ITU-G.703	PCM 数字传输协议，规定了电话数字信号的通信方式
计算机局域网通信	ITU-G.802.3	有线局域网-以太网的通信模式协议
	ITU-G.805	无线局域网的通信模式协议
计算机互联网通信	BGP、RIP、OSPF	宽带互联网的路由转发规程的协议

1.3.2　通信系统的网络结构概述

现代通信系统的网络组成，是针对社会大众的“公众通信系统”，具有用户数量巨大、系统组成复杂、全程全网性高、技术升级快、智能化程度高等特点。从一个城市的通信组网的“地域结构”的角度来分析，现代通信网络可以分为“通信接入网”、“通信城域网”和“通信长途广域网”三个部分。如图 1.10 所示。

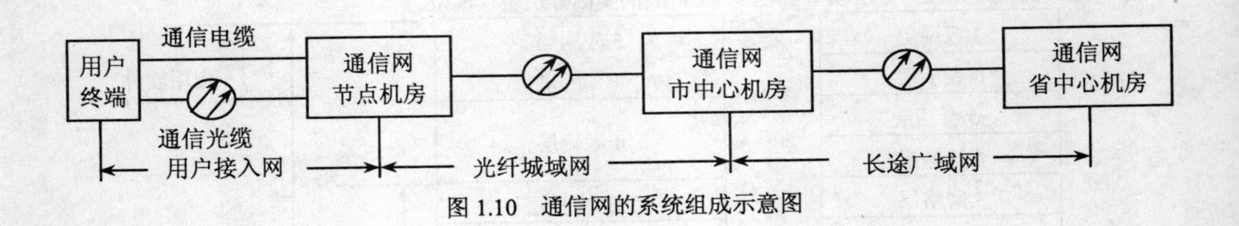

图 1.10　通信网的系统组成示意图

各网络系统的组成与工作原理如下：

1. 通信网络布局概述

通信网络的目的，是要采用“区域全覆盖”的方式，将城市和农村中的“通信用户”全部纳入到通信系统中。由于用户数量非常多，在网络敷设上，必须采取2级收容组网的方式——即在一个城市中，首先将各处的用户，按照自然区域的分布，组成一个个的网络“小集团（接入网）”，每一个小集团，都由一个“网络汇聚节点（接入网节点机房）”来汇聚本小区内的各种通信的业务。这样的若干个“网络小集团”，汇聚起来，就组成了城市里的网络整体系统。每一个接入网的节点（机房）通过光纤光缆，与城市的中心机房相连，组成高层的“城市光纤光缆网”，将各接入网汇聚来的通信业务，在中心机房的交换层系统中进行通信处理。如图1.11“城市通信二级网络布局图”所示。

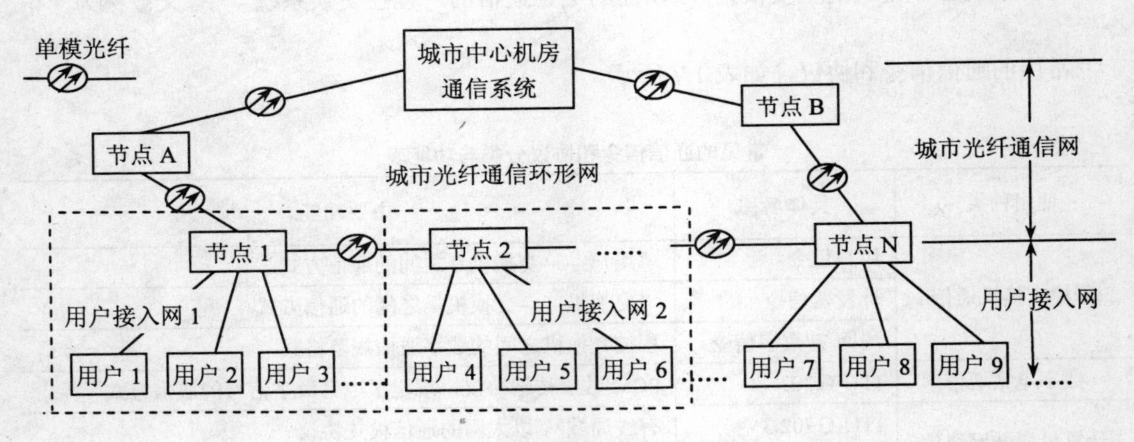

图 1.11　城市通信二级网络布局图

2. 通信接入网

如上所述，通信接入网，是由城市中各区域的通信用户接入网节点（无人值守机房）；相关通信光缆、电缆；光电缆分线设备；通信管道或杆路等路由设施；以及用户终端设备等通信设施组成的，是组成城市和乡村通信网络的基础部分。一个城市的通信网，就是由若干个“用户接入网”的“集合”所组成的。

在市区，“通信接入网”一般是按照自然道路等形成的“区界明显”的固定区域，组成一个接入网区域，该区域内的所有通信用户，总数最多不超过2000户，均通过通信线缆，汇接到通信节点（机房）中；常见的城市接入网区域半径为 0.5~3.0km；通信节点机房与用户之间，通常都要设置专门的通信线缆路由设施，城市里目前都规定设置“通信管道”，沿着

道路路由，连接到每栋建筑物的每个单元中。通信接入网的线缆，从2011年开始，统一按照“光纤到户（FTTH）”的模式设置，如图1.12所示。

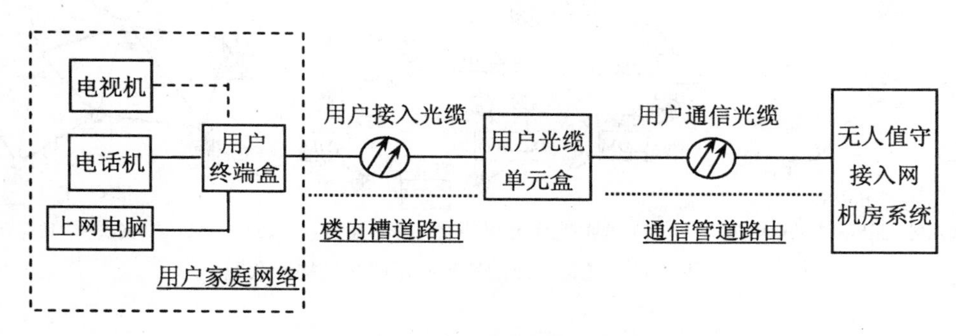

图1.12　“光纤到户”通信接入网组网格局示意图

在乡村，一般是以自然村镇的形式划分用户接入网区块，范围与市区接入网区域类似，该区域内的所有通信用户，也是通过通信线缆，汇接到通信节点（机房）中。

通信接入网到用户的组网结构，通常是以图1.13（1）中的“星形连接组网”的网络方式，将该区域中所有用户，都连接、汇聚到“中心节点机房”的。

3. 光纤通信城域网

指通信“中心机房”与各个“接入网节点机房”之间，以光纤传输系统连接组成的城市通信线路和传输设备系统的总和；是整个城市通信网的业务传输枢纽部分。其作用，一是汇聚各个接入网的通信业务至中心通信局，二是由中心通信机房的各类交换系统，形成通信业务的交换功能；三是形成至长途通信、其他业务通信的出口转接功能，如本地电话用户呼叫长途用户、本地固定电话用户呼叫移动用户等通信业务的转接。

该网络的组网结构，以“光纤环形网络”的组网形式，串起各个接入网节点机房，汇聚到城市中心机房中，如图1.12和图1.13（2）中所示。将该城市中所有节点机房所汇聚的通信信息（数字电信号）流，经转换为“数字光信号”之后，都连接、汇聚到“城市中心机房”中。

4. 长途光纤通信网

主要是指电话通信网的业务。形成国内和国际之间的“长途通信网络”；或者形成不同的通信业务（如有线电话与移动电话）之间的通信网络，或是不同的通信公司（如电信公司与移动公司）之间的通信网络。通常是采用“长途区号+市内电话号码”的方式，形成电话通信。

长途电话通信网，一般是以网状网的方式，形成通信网络的。如图1.13（3）所示。

1.3.3　通信系统的传输层

通信传输系统是通信两大基本系统之一，其任务是将通信信号（光/电信号或无线信号）进行高效率的、远距离的、透明的、无失真的传输。根据网络结构和信号业务种类的不同，传输系统主要有基带电缆传输系统（ADSL系统）、无线移动传输系统以及光传输系统等三大类，在不同的网络节结构中传输各类信号，如表1.8所示。

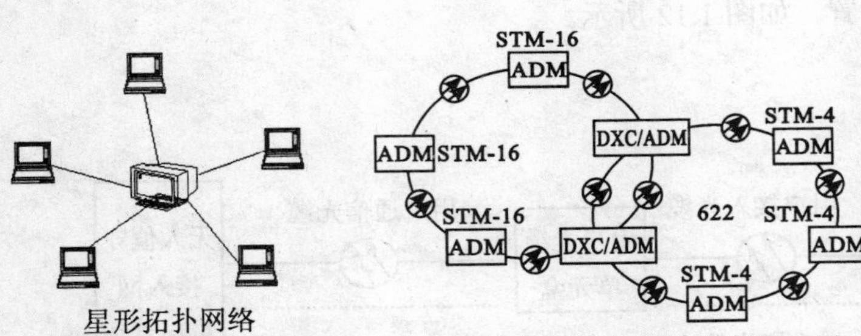

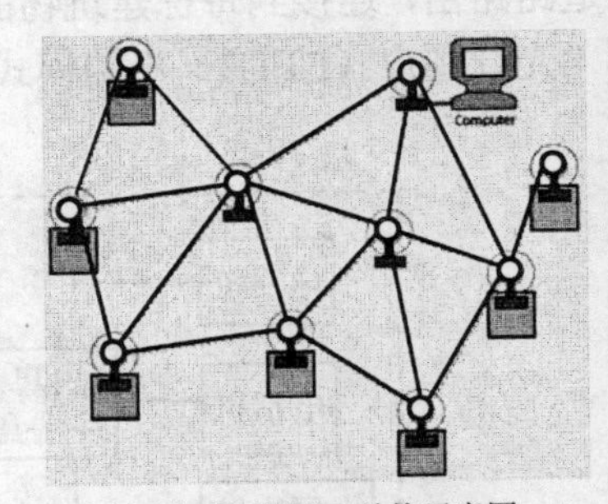

（1）接入网“星形网”结构示意图　（2）城域网“环形网”光纤结构示意图　（3）长途通信“网状网”结构示意图

图 1.13　通信系统的三种常用网络结构示意图

表 1.8　　**传输技术在通信业务网络中的应用分类表**

<table>
<tr><th>种 类</th><th>接 入 网</th><th>城 域 网</th><th>长途广域网</th></tr>
<tr><td>固定电话业务</td><td>1.“光纤到户”型综合接入方式
2. 全塑电话电缆（双绞线）（模拟信号）</td><td colspan="2" rowspan="2">单模光传输系统（SDH 系统）
（数字信号）</td></tr>
<tr><td>移动电话业务</td><td>无线移动通信(数字信号)</td></tr>
<tr><td>宽带互联网业务</td><td>1. 全塑电话电缆+ADSL 综合传输系统
2. 光/电转换器+LAN 宽带传输系统</td><td colspan="2">（1）光/电转换器+IP 宽带传输系统；
（2）SDH 单模光传输系统+MSTP 综合传输系统</td></tr>
</table>

由表 1.8 可知，常用的通信传输系统主要有电话电缆综合传输系统、SDH 光纤传输系统和单模光纤光电转换器通信传输系统三大类。下面分别予以简介。

1. 电话电缆综合传输系统

由全塑通信电话电缆系统形成通道，以不同的频率划分成不同的信道，同时传送电话信号和 ADSL 宽带互联网数据信号，考虑到宽带速率要求达到 10Mb/s 以上，目前的电缆传输距离在 2.5km 之内；该系统的组网主要采用星形结构。

2. SDH 光纤传输系统

这是传统的数字光纤传输系统，将模拟电话信号转换成同步数字传输制式（SDH）后，再转换成相应速率的光传输信号，在单模光纤信道上传输。该方式可以形成电话信号和宽带互联网信号的综合传输制式，最长距离可达 3000km 以上，是目前通信行业主要的城域网和长途网的传输方式，由光端机、通信单模光缆和再生中继器等设备组成；其中，光端机进行数字电信号与光信号之间的相互转换。

3. 光电转换器通信传输系统

一般采用单模光纤光缆作为传输导线，直接将 IP 数字电信号转换成光信号，用于点到点方式的宽带互联网信号的传输，最长距离可达 15km 以上。

1.3.4　通信交换系统

1. 交换系统的作用与方式

传输系统完成了信号的无失真传播，交换系统的作用就是指挥通信用户，完成通信的全过程。传统的通信交换系统设备，是指在电话网中，将主叫用户与被叫用户连通起来的局内

通信设备，它经历了“人工交换”、“机电制自动交换”、“程控（模拟信号）空分交换”和“程控数字交换”等几个技术发展过程，现代通信交换的概念不仅包括电话通信网，也包括所有数字传输的通信网，特别是宽带互联网数据信号。通信网络是面向社会大众的“公共通信”网络，其服务容量是巨大的，在接入网层面，必然是以“星形网络”的形式汇聚大量的用户，形成“交换式”通信网络的格局，如图1.14、图1.15所示。下面，以“电话通信”的四个步骤为例，说明交换系统的工作过程。

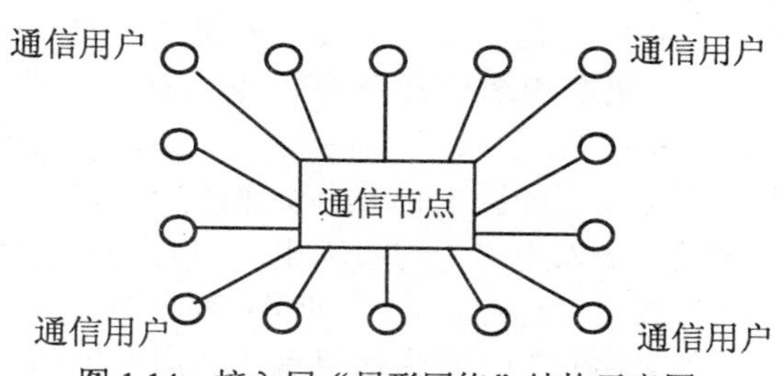

图1.14　接入层“星形网络”结构示意图

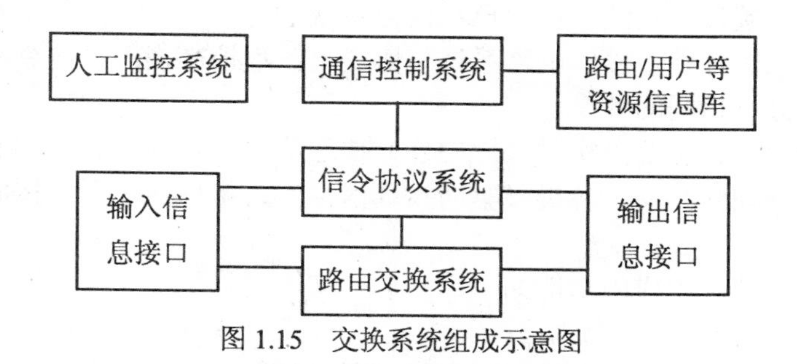

图1.15　交换系统组成示意图

（1）主叫用户拿起话机—听到拨号音。

交换系统7×24小时监控用户的电话状态，一旦接收到该用户“要打电话”的信息（信令），立即展开通信服务：送出拨号音信号，并做好“接收被叫用户号码”的准备；

（2）主叫用户拨被叫号码—听到被叫用户回铃音。

交换系统根据被叫用户号码，查找被叫用户；然后，向被叫用户送出振铃（彩铃）信号，向主叫用户送回铃音信号。

（3）被叫用户拿起话机—双方通话。

一旦被叫用户取机通话，立即接通双方的通话信道，并保持对双方通话状态的监控。

（4）双方挂机—拆除通话信道。

一旦收到“通话完毕”的信令，立即拆除双方的通话信道，并保持对双方电话机状态的监控；重新开始下一个轮回的通信状态的服务准备。

如上所述，对电话用户而言，交换系统的作用就是为客户提供“随时随地”的各种通信服务：随时接受用户通话的请求，然后及时接通并保持用户的通话，直至双方挂机。

2. 宽带数据“分组交换”的通信方式

宽带数据通信均采用“分组交换”的通信方式：将要传送的数据流以字节（8bit）为单位，按不同的协议方式分组（信息包），并在包头或尾部冠以地址信息和其他传送管理信息，形成一个个“信封”的方式，一组一组地经过数据交换系统（通常由“网关路由器”和“宽带交换机”等设备组成）网络传输到目的地。对宽带上网用户来说，随时接受用户宽带上网的请求，及时为用户传输（发送和接收）相应的各类数据信号流。

对通信系统本身而言，交换系统的作用就是：要用最经济合理的技术手段，满足和发掘用户“随时随地”的各种通信业务需求。

3. 通信交换的概念与系统组成

根据现代通信网中广义的交换路由的实施情况，其基本概念如下：

通信交换是利用先进的硬件与软件设备系统，实时监控用户的各种通信状态，并随时协助通信用户，完成通信的全过程；是建立在通信传输系统之上的，直接面向用户的，体现通信服务特征的核心通信系统。交换的通信业务有“电话话音”业务和“宽带数据信息包（IP）”业务；它是由“路由交换系统”、“信令协议（接口）系统”和“通信控制系统”等几个子系统组成，分层系统示意图如图 1.15 所示，相关的各部分系统说明如下：

（1）路由交换系统：选通“输入用户”与“输出用户”之间的信息传递路由；通信种类有“电话话音”业务和“宽带数据信息包（IP）”业务，对应的话音信息交换路由技术有“固定路由时隙交换（即 TST 程控交换）”，宽带信息有“面向连接的信息包分组交换”和“面向无连接的 IP 路由交换”等技术。

（2）信令协议（接口）系统：对用户和内部系统进行实时监控，并及时传送用户和内部通信状态与通信信息的各种“接口电路系统与协议”；程控交换的“信令系统”，与计算机通信中的“协议”具有相同的效果。

输入：将各种用户状态信息实时（周期性）传送给“通信（中央）控制系统”；

输出：及时（周期性）输出各类“驱动指令信息”，指挥通信系统按照设定的流程正常运转。

（3）通信控制系统：完成的功能如下：

① 预先设定好各种通信功能流程；

② 设置用户信息库、路由信息库等各类资源信息库；

③ 根据用户通信状态实时信息，控制通信流程的正常运转。

（4）路由/用户等资源信息库：存储用户姓名、住址、通信服务等级（是否长途有权、是否 IP 宽带用户等信息）等的用户资源信息库、下一级路由走向信息库（静态或动态）等资源，及时为用户通信过程的查询服务。

电话交换系统　“电话话音交换系统”是最传统的通信交换系统，是由“程控交换机”来完成交换工作的，其结构原理框如图 1.16 所示。

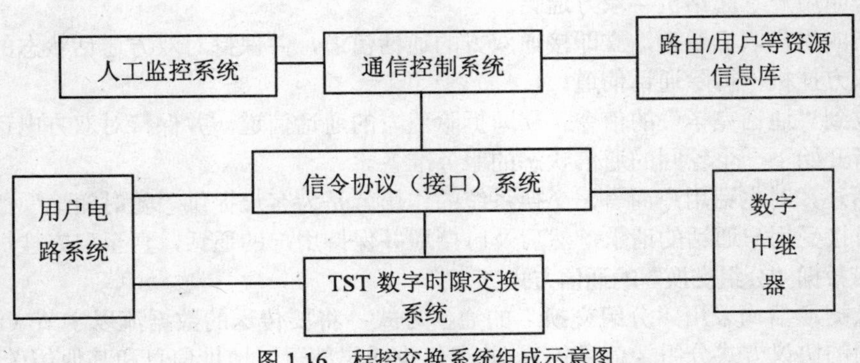

图 1.16　程控交换系统组成示意图

4. 交换系统的技术种类

通信系统的交换传输方式一般有如表 1.9 所示的三种组网方式。

表 1.9　　　　　　　　　　　　　　交换技术分类表

交换传输种类	交 换 方 式	应 用 场 合	信道使用效率
预先建立连接路由的交换方式	1．固定数字信道（时隙）方式	程控数字电话交换网	低
	2．统计时分复用信道方式（STDM）	ATM、其他分组交换网	较高
3．面向终点的无连接交换方式		IP 宽带数据分组交换网	高

（1）固定数字信道交换方式。

主要用于电话业务的程控交换系统。用户在通信（通话）之前，系统预先分配 1 个信道（复用时隙）给它们在通信期间专用，无论通信期间是否有信息传输，其他用户均不能使用。如程控数字电话交换系统中，预先占用的“数字中继线”，在通话期间由用户单独享用；通话结束，该中继线才能被下 1 次通话专用。

（2）统计时分复用信道方式（STDM，Statistical Time －Division Multiplexing）。

为改善信道资源利用效率，在数据交换系统提出了动态分配（或称“按需分配”）信道传输资源的组网设计思想：不再把信道资源固定分配给某个通信过程，而是根据信息组（包）到达的时间顺序，分配给需要传输的数字信息组（包），这样当用户暂时不传送信息时，就不再占用信道资源；这种“按需分配信道资源”的方式称为统计时分复用信道（STDM）方式。数据传输的“帧中继”、“ATM”等交换形式都属于这类方式。

以上（1）（2）两种“面向连接的交换方式”中，通信交换的过程都包含了：预先建立连接路由，保持通信传输和释放通信路由三个过程。

（3）面向无连接的交换方式。

主要用于宽带互联网业务的路由交换系统。此时不需要事先建立通信连接或虚电路就可直接通信，不管是否来自统一数据源，交换系统将每个分组信息看成互不依赖的基本单元，独立地处理每一个分组，为其寻找最佳的转发路由，因而来自同一数据源的不同分组可以通过不同的路径到达目的地，故而可以最大限度地使用整个交换网络的信道资源，目前发展十分迅猛的“互联网 IP 协议交换”就属于这种方式。

（4）移动通信交换方式。

移动通信，由于用户随时随地都可能“移动”，所以通信交换系统首先要检测该用户是否还在原来的基站小区内：如果还保持原状，则一切照旧；如果在通信的过程中移动到了新的基站小区内，此时移动交换系统在新的基站小区内，先“交换”接上一条新的信道，再拆除原小区里的信道，以保持通信不被中断。这称为“用户越区切换”通信方式，是移动通信特有的交换方式——移动通信比固定通信方式，要复杂得多。

以上四种交换方式各有特点：面向连接交换方式传输性能稳定，通信质量得到充分保证，适用于大批量、可靠的数据传输，但网络转发控制机制复杂；无连接交换方式对信道的利用率最高，交换控制方式简单，适用于突发性强、对网络速度要求高的数据业务，特别是作为宽带互联网的主要路由交换技术，是目前甚至未来都被看好的数字通信交换技术。而移动通信，则有自己特殊的交换方式。

1.3.5 云计算、物联网、电信服务质量保障协议

目前，随着互联网应用的进一步发展，基于宽带互联网应用的三个热门词语，为人们津津乐道。它们是：云计算、物联网和电信服务质量保障协议 SLA。下面，分别予以叙述。

1. 云计算（cloud computing）

就是指基于互联网这朵“云”形状图案的各类应用，最初是指基于“多台电脑的分布式计算”的一种计算方式。以前的通信网络，常常以一朵云状图案来描述，由此得名。其实，主要是指通过互联网上的丰富资源，来提供动态、易扩展且经常是虚拟化的各类网上信息化服务。如图 1.17 所示。

图 1.17　云计算结构示意图

2. 物联网（The Internet of things）

物联网指基于互联网的信息传播的实用化的事务性应用网络，其实“物联网就是物物相连的互联网”。这有两层意思：第一，物联网的核心和基础仍然是互联网，是在互联网基础上的延伸和扩展的网络应用；第二，其用户端延伸和扩展到了任何物品与事物之间，进行信息交换和通信。因此，物联网的定义是：通过射频识别（RFID）、红外感应器、全球定位系统、激光扫描器等信息传感设备，按约定的协议，把任何物品与互联网相连接，进行信息交换和通信，以实现对物品的智能化识别、定位、跟踪、监控和管理的一种网络。最典型的，如家庭内部的各类应用：家庭医疗终端、家庭教育终端等，如图 1.18 所示。

（1）物联网的特征。

和传统的互联网相比，物联网有其鲜明的特征。

首先，它是各种感知技术的广泛应用。物联网上部署了海量的多种类型传感器，按一定的频率周期性地采集环境信息，不断更新数据。

其次，它是一种建立在互联网上的信息传递系统，通过各种有线网络和无线网络与互联网融合，将物体的大容量信息实时准确地传递出去。

再次，物联网不仅仅提供了传感器的连接，其本身也具有智能处理的能力，能够对物体实施智能控制。物联网将传感器和智能处理相结合，利用云计算、模式识别等各种智能技术，加工和处理出有意义的数据，以适应不同用户的不同需求，并不断发现新的应用领域和应用模式。

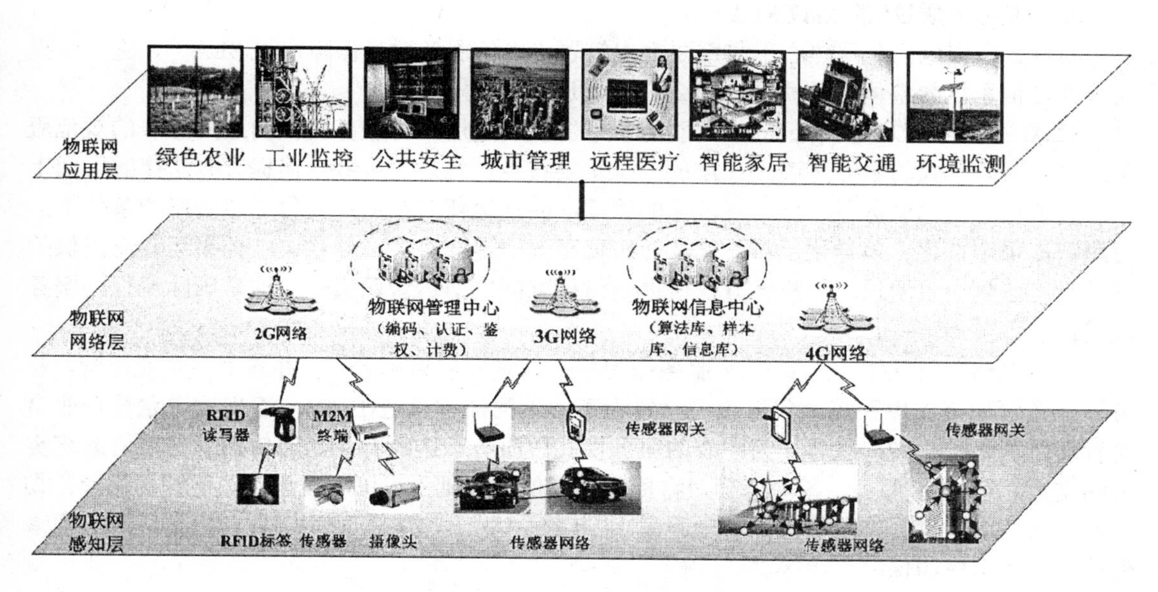

图 1.18　物联网组成结构示意图

综上，物联网的特征，主要体现在三个方面：一是互联网特征，即对需要联网的物一定要能够实现互联互通的互联网络；二是识别与通信特征，即纳入物联网的“物”一定要具备自动识别与物物通信（M2M）的功能；三是智能化特征，即网络系统应具有实时性与自动化、自我反馈与智能控制的特点。如图 1.17 所示。

（2）物联网的组成原理。

这里的“物”要满足以下条件才能够被纳入“物联网”的范围：要有数据传输通路；要有一定的存储功能；要有 CPU；要有操作系统；要有专门的应用程序；遵循物联网的通信协议；在世界网络中有可被识别的唯一编号。

物联网是在计算机互联网的基础上，利用射频识别（RFID）、无线数据通信等技术，构造一个覆盖世界上万事万物的“物联网（Internet of Things）”。在这个网络中，物品（商品）能够彼此进行“交流”。其实质是利用射频自动识别（RFID）技术，通过计算机互联网实现物品（商品）的自动识别和信息的互联与共享。在“物联网”的构想中，射频识别（RFID）标签中存储着规范而具有互用性的信息，通过互联网络，把它们自动采集到中央信息系统，实现物品（商品）的识别，进而通过开放性的计算机网络实现信息交换和共享，实现对物品的“透明”管理。

（3）物联网的分类。

① 私有物联网（Private IoT）：一般面向单一机构内部提供服务；

② 公有物联网（Public IoT）：基于互联网（Internet）向公众或大型用户群体提供服务；

③ 社区物联网（Community IoT）：向一个关联的“社区”或机构群体（如一个城市政府下属的各委办局：如公安局、交通局、环保局、城管局等）提供服务；

④ 混合物联网（Hybrid IoT）：是上述两种或以上的物联网的组合，但后台有统一运维实体。物联网本质。

3. 电信服务质量保障协议 SLA

目前，中国电信公司热心于与重要客户签署“电信服务质量保障协议 SLA”，进一步提高了其通信系统的整体服务质量。那么，什么是 SLA 协议呢？

SLA（Service Level Agreement，服务水平协议）是用户与服务提供商之间签署的规范服务水平、服务方式的服务协议。SLA 的一个重要特点，就是把服务承诺提升到法律的层面上来。它通过对电信服务科学化、规范化的管理，促使运营商在用户支付一定费用的条件下，对用户提供个性化、差异化、精品化、等级化服务的专业服务；并承诺：如果运营商提供的服务没有达到协议要求，用户就有权依据赔付标准向电信运营商索赔；这是国际流行的服务模式。

中国电信在前几年，就将 SLA 服务作为战略规划发展目标之一；并着手在企业运营、业务、财务管理等支撑系统上狠下工夫，致力于本地网流程再造(BPR)，逐步改进完善企业自身管理运营结构，转向以客户为中心的服务模式。服务承诺的背后是通信技术与通信系统实力的支撑。对 SLA 服务，各电信公司将提供如下保障基础：①优质线路、优质设备保障；②专家队伍、专门人力维护保障；③全天候（7×24 小时）服务保障；④重点检测、预检预修保障；⑤备用资源保障，等等。

客户为何需要 SLA？通信网络与商机须臾不可分离。商机稍纵即逝，容不得有丝毫的闪失和疏忽。比如，一部分企业的产品订单等经营信息都是通过网络传递来获知的，如果网络中断 1 分钟，就可能造成几百万元的损失；证券行情瞬息万变，一刻之间就可能使股民完成贫与富的角色转换……。这就使市场对高效安全的网络产生了迫切的需求：大客户希望运营商提供的服务能够万无一失，以便他们的利益得到“保险”。

客户与运营商签订 SLA 服务协议后，用户享用的服务品质便得到了明确的承诺，用户还能够对运营商服务的性价比作出准确的判断，从而更好地为自己创造价值。以上海伟创力集团为例，该公司向中国电信购买了最高等级的 SLA 服务产品，上海电信为此制定了详细的技术保障措施，为其提供光缆接入和双局向互为主备份方案，本地和长途路由均采用 SDH 方式，对通信电路实施 7×24 小时监控。正是在电信 SLA 的保障下，伟创力集团成功地在中国为客户生产尖端的产品如微软的 X-box 等。在伟创力集团针对全球供应商的评选中，中国电信连续三年被授予最佳供应商称号。

目前，一些发达国家已经把 SLA 提到非常重要的位置。在美国，将近 30%的用户已经同他们的网络服务商签订了类似的协议。

SLA，双赢的协议。过去一个时期，我国电信运营商对用户的服务承诺往往只是停留在口头上，如果没有相应的协议制约，即便有承诺也总是流于形式。四川电信推出 SLA 可谓首开国内电信服务模式变革的先河，受到了商业用户的青睐和推崇则是意料之中的事情。显然 SLA 是一个双赢的协议，可同时提高电信运营商和客户的竞争优势。

随着电信市场竞争日趋激烈，价格战一度成了运营商在竞争中最先也最多用到的手段。SLA 的推行还有利于促使运营商自觉摒弃价格战等低层次的竞争，进入一个良性循环的轨道，改变过去“有钱买不到服务，客户有需求做不到”的局面。推行 SLA 同时表明，中国的电信运营商的“用户至上、用心服务”的服务理念取得了巨大成效，同时也标志着其网络运维水平上了一个新的台阶。

如何办理 SLA 业务？及时与当地的相关的“通信运营商”联系，按照下列步骤办理就可以了：

（1）客户向电信客户经理，提出使用 SLA 业务的服务申请。

（2）电信公司确定客户现有业务情况，明确客户的服务水平协议需求，进而与客户协商服务水平协议(SLA)内容，直至签订协议。

（3）电信公司调集资源，建立 SLA 的执行环境和档案。

（4）电信公司执行服务水平协议，并定期向客户报告执行情况，双方根据协议执行情况和服务质量进行确认理赔与否。

1.4 通信工程与规划设计概述

“工程”的概念，是指人们遵循和利用自然规律，主动改造自然，以建成“为人类服务的某种项目”的过程。如著名的“三峡水利枢纽工程”、各类常见的建筑工程，甚至自己家里的房屋装修“工程”等。同样，通信专业也包含在各类“工程项目”中。广义来说，工程项目的建设过程，是隶属于“某投资项目”的其中一个阶段，即“工程建设阶段”的。本节首先介绍“通信工程”的基本知识与概念，然后就通信工程的 3 个重要过程：“通信工程的设计过程”、“通信工程的招标与投标”和“通信工程的实施过程”，简单地进行介绍，使读者初步地认识和了解通信工程的实施过程和应遵循的基本规则。

1.4.1 通信工程概述

1. 通信工程

通信工程，主要是针对“通信运营商（中国电信、中国移动、中国联通公司等），建设通信网络系统”而言的，是各家通信运营商，应通信客户的要求（外在要求），或为了自身的通信业务的扩展（内在要求），而对自身的通信网络系统的范围、规模和容量进行新建、改建和扩建的过程；是将科学技术转化为实际生产力的重要转换方式——将新的组网设备和技术融入到实际的通信网络中去，从而提高通信系统的相关性能和指标。是国家工程建设的重要专业分支。

关于我国“工程行业的专业分类”问题，在新版的“全国一级建造师执业资格考试规范”的划分中，“通信与广电工程”是归类为同一个专业（考试）科目。该教材将工程建筑行业，共划分为 14 个（考试的）专业科目；如表 1.10 所示。

表 1.10　　工程项目分类表

1. 房屋建筑工程	2. 公路工程	3. 铁路工程	4. 民航机场工程	5. 港口与航道工程
6. 水利水电工程	7. 电力工程	8. 矿山工程	9. 冶炼工程	10. 石油化工工程
11. 市政公用工程	12. 通信与广电工程	13. 机电安装工程		14. 装饰装修工程

以上列表，涵盖了我国工业与民用建筑专业、道路桥梁专业、石化冶炼专业、矿山机械专业、水电专业等各行各业的相关专业的工程建设范围，不失为一个合适的我国“工程专业划分方法”。

广义来说，工程（包括通信工程）项目的建设过程，其实是隶属于“某投资项目”的其中一个阶段，即“工程建设阶段”。投资项目，就是指“由业主采用金钱，建设和使用（或经营）一个事先规划设计好的个体或社会服务项目”的过程。投资项目的过程，按时间进程分为“立项规划研究阶段”、“工程建设阶段”和“投产服务（运行）阶段”三个阶段，如表 1.11 所示。

表 1.11　投资项目进展流程示意表

阶段划分	项目各阶段内容	举例说明：某女大学生“个体创业”项目
1.立项规划研究阶段	A．项目的可行性研究与规划； B．项目的结论	调研报告：销售本地产服装、采用实体店和网络销售结合形式、自筹资金若干万元、店址选定为××服装市场、设定销售止损点。
2.工程建设阶段	A．工程设计； B．工程建设与设备招投标； C．施工的过程； D．工程验收与试运行	1．“店”的建设规划书：实体店，开网店； 2．选择开店的位置，与租店的方式；开设“淘宝”网店； 3．实体店的装饰、装修等建设内容；然后进货； 4．小店开张、试运行。
3.投产服务（运行）阶段	A．项目运行（服务）； B．项目的调整与改进、升级； C．项目的继续运行（服务）	1．每天卖货； 2．销售分析、总结； 3．改进销售产品和模式后的新的“销售过程”。赚钱啦！哈哈。

如上表所述，“通信工程”的过程，其实可以分为“工程的准备期”和“工程的实施期”。其中，工程的准备期，包括“A. 工程设计阶段”和“B. 工程建设的招标、投标阶段”两个过程。工程的实施期则包括“工程实施的过程”和“工程验收与试运行”两个过程。

2. 通信工程的阶段划分

根据工程投入的“资金”的多少，或是根据工程规模的大小，通信工程通常可分为“大中型工程项目”和“小型工程项目”两种情况：一般“县级以下”的小型工程项目，或是“应用户要求的小型接入网”通信工程项目——就属于“小型通信工程”项目；通常分为“了解用户需求”、“设计工程方案并确认”、“组织项目实施并验收投产”等三个步骤就可简单地、及时地完成。而除此以外的、规模较大的、“地市级以上的”或是包含两个以上的专业的综合通信工程项目，通常被称作“大中型工程项目”。

“大中型通信工程”的建设流程通常比较规范而复杂，通常按时间的进程分为“工程准备阶段”、“工程建设实施阶段”和“工程验收与试运行阶段”三个阶段，加上前期的“项目的可行性研究阶段”，实际共分为四个阶段，下面分别予以简述：

（1）项目的可行性研究阶段，解决“为什么要建、能否建、如何建”的问题；包括编制“项目建议书”、提出“项目可行性研究报告”、业主组织“项目决策会审”和“编制设计任务书”四个内容。

（2）工程建设的准备阶段，包括“组织工程项目设计”和“工程建设准备”两个内容。

（3）工程建设的实施阶段，主要是以工程项目的施工和安装工作为中心，通过项目的施工，在规定的造价、工期和质量要求范围内，按照设计文件要求实现项目目标，将项目从蓝

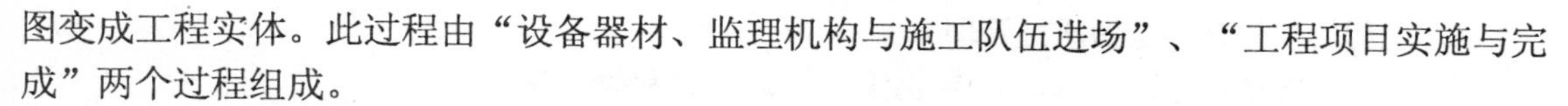

图变成工程实体。此过程由“设备器材、监理机构与施工队伍进场”、“工程项目实施与完成”两个过程组成。

（4）工程建设的验收与试运行阶段，包括“工程的测试验收与试运行”、“工程项目的交付使用”两个过程，是业主组织验收该工程项目，并逐渐试运行通信系统、开创新业务、验证创造新的生产能力的过程。

3. 建设项目管理体制

改革开放以来，我国在基本建设领域进行了一系列的改革，将计划经济体制下设计、施工采用行政分配的管理方式，改变为“以项目法人为主体的工程招标、发包体系（甲方）”；“以设计、施工和设备材料采购为主体的投标、承包体系（乙方）”；“以专业监理单位为主体的技术咨询、监理服务体系（丙方）”的三元主体。三者之间以经济为纽带，以合同为依据，相互监督、相互制约，构成建设项目管理体制的新模式。工程的主体建设单位（甲方）与工程设计施工单位、监理单位简述如下：

（1）工程项目的建设单位，一般是通信运营商，主要是指中国电信公司、中国移动通信公司和中国联合网通公司等大型通信运营公司，是工程投资方和项目所有者。对于大型建设项目，应实行项目法人责任制，由项目法人对项目的策划、资金筹措、建设实施、生产经营、债务偿还和资产的保值增值，实行全过程负责的制度。

（2）工程的监理单位，即通信监理公司；应业主的邀请，按通信行业相关工程规范，为业主代行工程全过程或部分过程的监督管理职责，并收取相应监理费用。这类单位，属于“通信技术专业单位”，可以是原来的“工程设计单位”，根据自身的技术实力，增加的工程服务项目；也可以是新兴的专门的工程监理公司。

（3）工程的投资咨询单位，即“投资咨询公司”；是应业主单位的邀请，按通信行业相关的工程投资咨询规范，开展“工程项目的投资咨询（项目建议书）”和“通信工程可行性研究（报告）”，以文件的形式提供给业主，并收取相应投资咨询费用的专业化的“技术有限公司”。这类单位，可以是原来的“工程设计单位”等，也可以是新兴的专门的工程投资咨询公司。

（4）工程的规划设计单位，通常是传统的“通信专业规划设计院（公司）”；应业主的邀请或以招投标等方式，以工程勘测设计合同的形式，按通信行业相关工程规划设计规范，在工程项目的前期投资咨询和可行性研究基础上，进行工程的勘测与规划设计，以规划设计文件的形式提供给业主，参与业主召开的规划设计会审和设计修正。这类公司，属于老牌的通信专业工程设计院所，工程技术实力通常较强，有时也兼营工程的投资可行性研究项目，以及工程的监理（针对设计或施工）项目。

（5）工程的设备制造商、器材供应商，即通信设备制造商、工程器材供应商；应业主的邀请或以招投标的形式，在工程项目的设计文件指导下，以销售合同的形式为工程项目提供设备和器材。

国内著名的有“深圳华为通信技术有限公司”、“深圳中兴通讯技术有限公司”、“武汉烽火网络通信有限公司”等；著名的国际通信设备商，有美国“摩托罗拉通信有限公司”、“阿尔卡特通讯有限公司”、德国“西门子通信有限公司”等。

（6）工程的施工单位，即通信专业工程公司；应业主的邀请或以招投标等方式，以工程施工合同的形式，按通信行业相关工程施工规范，在工程的设计文件指导下，进行工程的设备安装和外线敷设，系统的测试与试运行；接受业主组织的工程初验和终验。

4. 工程的规范化和全面质量管理

从以下三个方面保证工程项目专业化，规范化和科学先进性：

（1）工程参加单位与人员的专业资质化

工程服务企业（设计、施工、监理）的专业资质化，规范化；工程人员的专业资质认证（投资咨询工程师、工程监理工程师、工程建造工程师、项目经理等）。

（2）工程专业建设的各个阶段、各项工序、工艺流程的规范化

工程规划设计、施工和监理等项目，严格按照专业工程技术规范，概预算标准、定额等规范文件执行。而在工程施工方面，有ISO-9000等工程标准化流程系列，规范整个通信工程的每一道工序的标准化的实施。

（3）设备器材的规范化与标准化

设备、器材按照通信产业的“入网许可证”制度执行。指通信设备和器材，取得了通信行业入网许可证。才能在通信系统中销售和使用。

5. 通信工程专业特点

与其他的专业的工程建设相类似，通信工程有以下四个特点：

（1）实施过程上严格的政策性

国家规定：

① A工程项目的立项必须经过充分的论证和审批。

② B工程的管理单位、投资咨询单位、设计单位、施工单位和监理单位必须具备相应的工程资质。

③ C工程人员必须具有相应的工程建设国家资格证：“投资咨询工程师（规划设计）”、“工程建造师（工程施工）”、“监理工程师（工程监理）”、“通信专业工程概预算资格证”。

④ D工程的实施过程必须按照“有效的”相关通信工程文件规定的流程严格执行，工程的规划设计和施工必须遵照“有效的”通信工程设计规范、通信工程施工与验收规范进行。

（2）工程实施的不可逆转性与临时性

工程一旦实施，具有不可更改的特性，否则会造成时间上、功能要求上、经济效益上等各方面的巨大损失。这就是“工程实施的不可逆转性”。所以，在工程实施之前，必须慎之又慎地进行设计和各种实施之前的准备，确保工程实施的正确性。

同时，工程中各方的关系是由相关的“工程合同”联系起来的阶段性的临时关系，一旦合同完成，工作关系自然解除。这就是“工程实施中，各方面关系的临时性”。

（3）较强的专业性和实施计划性

通信工程有自己专业上的独特要求和建设规律，必须遵守；同时，工程项目在实施前必须作出周密的计划方案，在实施过程中管理方、设计方、施工方和工程监理方必须遵照计划方案，协同进行。

（4）严格规范的投资管理性

从两个方面得到体现：一是计划性方面：工程的概预算（造价）必须由“通信工程概预算”持证人员，按照相关的工程概预算文件和工程定额，进行准确、细致的编制，并且在工程的招投标过程中或工程合同的谈判中得到调整和确认；同时，工程的投资回报率（效益）也是建设方十分关注的指标，直接关系到工程项目是否值得立项；二是实施性方面：工程的决算不得突破概预算的5%，并由工程管理或监理单位监督执行。

1.4.2 通信工程规划设计

1. 通信工程设计

工程的设计过程，是指在充分的现场勘测与调查的基础上，由具有相应资质的设计咨询单位，依据当时的通信工程设计规范，针对性地设计出该工程项目的实施计划方案，用来具体指导通信工程建设的方式和内容。工程设计文件，是采用“设计图纸、设计概预算和设计说明三部分内容组成的设计文件”来反映出设计成果的过程。

如上所述，工程设计分为两个实施的过程：一是工程设计（咨询）单位根据“设计任务书”所规定的目标任务、设计范围、技术系统要求和其他要求，通过“现场勘测和基础资料调查”，在充分勘查了解用户情况、工程建设环境和现场资料的基础上，依据相关的工程专业设计规范要求，为工程项目设计最合适的专业通信方案；二是在此基础上进行针对性的具体设计，并以“设计文件”的形式反映出设计成果，设计文件由“工程设计图”、“工程概预算表”和“设计说明”等三部分文件所组成。

2. 通信工程设计原则

通信工程规划设计人员，应该对通信技术基础有比较深入的理解和掌握，对现行的通信工程建设与设计方式，具有比较全面的认识和掌握，并应站在国家“设计规范”的公正立场上，才能设计出合适的通信工程建设方案。故而，这是一项专业理论性与实践创造性的要求都很高的综合性工作。在设计过程中，需要遵守下列几条原则：

（1）国家政策性

必须贯彻执行国家基本建设方针和通信技术经济政策，合理利用资源，重视环境保护；认真执行国家的工程专业建设规范和行业标准。

（2）技术经济性

工程设计必须广泛采用适合我国国情的国内外成熟的先进技术，应进行多方案比较，兼顾近期与远期通信发展的需求，合理利用已有的通信网络资源，做到技术先进，安全适用，能够满足施工、生产和使用要求；同时，必须兼顾经济合理性，尽量降低工程造价和维护费用，以最大程度的发挥建设项目的经济效益和社会效益。

（3）规划设计的专业规范化

通信规划设计是专业性、规范性很强的综合技术工作，遵守国家和行业现行的设计规范、施工规范、概预算定额规范等技术文件，按照规划设计的专业内容与流程，制定出符合要求的通信工程设计文件。

（4）产品标准化

设计中采用的产品必须符合国家标准和行业标准（通信入网许可证），未经鉴定合格和试验的产品不得在工程中使用。

（5）原有设施的兼容性

扩建、改建工程项目，必须充分考虑原有设施，合理利用原有设备，提高工程建设的整体效益。

3. 通信工程的专业划分

目前的通信工程，一般分为室外管线敷设项目和（室内）设备安装项目两大类，具体可分为十种专业项目，如表1.12所示。

表 1.12　　通信工程专业项目分类表

室外管线敷设项目	（室内）设备安装项目
1．通信管道工程建设项目 2．通信光（电）缆敷设安装工程项目	1．通信节点机房设备安装综合工程项目 2．光通信系统工程项目 3．（程控）交换系统工程项目 4．计算机宽带网络系统工程项目 5．移动通信系统工程项目 6．通信电源系统工程项目 7．电视通信系统工程项目 8．建筑物自动化与综合布线系统工程项目

4．通信工程设计的依据文件

按照不同的通信专业，通信工程必须在各自的国家法规和行业工程规范的要求下进行；这些依据文件主要有三类：一是相关的国家或专业部委颁布的工程设计规范、施工验收规范；二是相关的通信概预算文件和工程量计算定额；三是相关的工程制图标准与绘图规范，通信工程的绘图一般采用 Auto-CAD 软件进行。要注意的是，随着技术和国家对信息产业政策的不断变化，设计依据文件也在经常更新，特别是第一类的工程设计与施工规范标准，往往 3~5 年就有所更新；所以，在具体工程中，要注意使用最新版的依据文件，避免使用已经过期失效的规范或文件。常用的通信接入网工程依据文件如表 1.13 所示。

表 1.13　　通信接入网工程依据文件表

序号	文 件 名 称
1	中国通信行业标准：有线接入网设备安装工程设计规范（YD/T 5139——2005）
2	中国通信行业标准：本地通信线路工程设计规范、验收规范（YD/T 5137、5138——2005）
3	中国通信行业标准：通信工程概预算规范文件与相关定额

5．通信工程设计的工作流程

（1）分析“设计任务书”

认真分析“设计任务书”所规定的目标任务、设计范围、技术要求和其他要求，制定初步的现场勘测、调查方案和设计方案。

（2）工程的现场勘测与调查

现场勘测目标（用户分布）情况、业务配置要求和建设单位提供的其他（概预算等）基础资料和要求，作出初步的设计方案和设计草图，与建设单位进行现场交流后，以“工程勘察纪要”的方式确定现场初步设计方案，并作为后续工程设计的依据。

（3）工程设计的过程

根据前期勘察资料、现场初步方案和相关设计规范文件的要求，作出相应设计文件：用 Auto-CAD 绘图软件，绘制工程设计图纸；进行工作量统计并作出工程概（预）算；写出设计文件说明等。

（4）工程设计的会审

参加工程建设单位组织的设计会审，简介设计方案、设计主导思想、项目概预算与单位投资指标以及其他工程事项，回答和解释与会代表提出的各种工程相关问题；参与设计会审纪要的编写；并负责修正设计文件工作；向施工单位进行技术交底和现场交底。

（5）指导工程的施工与验收

在施工过程中审核施工过程的规范性和变更设计等事项，应建设单位的邀请参与工程的验收工作。

1.4.3　通信工程的概预算

1. 工程概预算的概念

工程的概预算，就是该工程的各类造价和总投资额的具体计算文件，是工程“可行应研究文件”和“设计文件”的重要组成部分；是由具有相关“工程概预算编制资格”的专业人员，在工程设计图纸的基础上，如实统计出（该工程）实际工作量，然后依据国家工程专业管理部门制定的“工程概预算定额”所规定的每项“工程量子项”的工日数量和器材数量，用专用的表格统计得出该工程项目的“人工劳动力价值”和“设备、器材价值”以及“其他必须支出的费用价值”等工程价值的总和的过程；是对整个工程项目总费用的准确、科学的统计计算，是控制工程造价的基础数据。

通信工程项目的概预算，分为“工程概算”、“工程预算”和“工程决算”3 个种类。“工程概算”是工程“可行性研究”阶段和工程“初步设计”阶段，对工程方案的统计计算的过程；是工程项目投资贷款和项目招投标的依据文件。“工程预算”是工程“施工图设计”阶段，对工程具体施工设计的统计计算的过程；是预付工程款项的依据文件；“工程决算”是施工单位完工之后，对实际的用工情况和实际器材消耗的统计计算的过程，是支付工程款项（尾款）的依据文件。

通信工程概预算，由“概预算说明”和“概预算表格”两部分组成；每个单项工程，应单独编制该项目的概预算，一个综合工程项目包含若干个单项工程的，应编制一张“综合工程汇总表”；国家对概预算表格的形式和作用也作了明确规定，共有“五类八张表格”，如表 1.14 所示。

表 1.14　　通信工程概预算表格分类组成表

表格编号	表 格 名 称	表 格 作 用
表一	概、预算总表	编制建设项目总费用或单项工程总费用
表二	建筑安装工程费用概、预算总表	编制建筑安装工程费使用
表三（甲）	建筑安装工程量概、预算总表	编制建筑安装工程量使用
表三（乙）	建筑安装工程施工机械使用费概、预算总表	编制工程机械台班费使用
表四（甲）	器材概、预算总表	编制设备、材料、仪表、工具和施工图材料清单使用
表四（乙）	引进工程器材概、预算总表	引进工程专用
表五（甲）	工程建设其他费概、预算总表	工程建设其他费使用
表五（乙）	引进工程其他费概、预算总表	引进工程专用

2. 工程定额的概念

（1）工程定额的定义，是指完成某项专业工程项目，所需要花费的社会平均专业劳动力价值和所需要的专业设备、器材消耗量，它是以某单位工程量作为基本单位量。不同的专（行）业工程项目，具有不同的工程定额；在同一个专业内，则必须使用相同的专业定额和相同的概预算表格，如表 1.14 所示。每一个定额项目，都列出该项目实施所需要的劳动力工日数量和专业设备与材料的使用种类与消耗量。其中，劳动力工日数量是不可改变的，而使用的器材种类和数量，可能会随着技术规范的进步和现场情况的不同、甚至设计方案的不同而有所变化，是可变化的工程量。

（2）通信建设工程预算定额

分为 3 类：A.电信设备安装工程；B.通信线路工程；C.全国统一机械施工台班定额。图 1.19 是“通信线路工程”中，“立水泥电杆”项目的定额实例。

由图中的列表可以看出，该项目有固定的、全国统一的“定额编号”，每立 1 根“9 米以下水泥”电杆，需要技工和普工各 0.61 个工作日；材料：水泥电杆 1 根、水泥 0.2 公斤以及汽车起重机0.04个“台班”的工作量。——这只是其中的一个“工序”的“单位工作量(立 1 根电杆）”。

一、立水泥电杆　　工作内容：打洞、清理、立杆、装 H 杆腰梁、回填夯实、号杆等。

项目类别	项目说明	项目举例
定额编号	章-编号	TX3-001
项目名称	该子项目名称	立 9m 以下水泥杆（综合土）
计量单位	该项目单位	根
定额工作量	技工、普工工日	技工 0.61；普工 0.61 工日
完成项目各类材料	各类材料名称、数量	水泥电杆 1.003 根；水泥 0.2 公斤
机械台班使用情况	机械种类、台班数量	汽车起重机（5T 以下）0.04 台班

图 1.19　通信工程定额内容举例示意图

根据设计图纸，统计出来的所有工序和每个工序的实际的工作量累加起来，就形成了表三的“人工工作量（汇总）”和表四的“设备、器材汇总表”，以货币的形式，再汇总到表二，就形成了“单项工程汇总表”，就计算出了该工程项目的投资额，如图 1.20 所示。

3. 通信工程概预算的工作流程

通信工程项目的概预算，分为“工程量统计汇总”、“ 工程量计算”和“编制该预算说明”3 个部分组成，下面分别予以说明。

（1）通信工程量的统计汇总，就是在相关专业定额的划分子目指导下，根据具体的“设计图纸”所反映出来的工作量情况，用表格的方式，列出该工程项目的所有组成子目和对应的工程数量，以及每个工程子目所需要的设备材料数量。为了与下一步“工程概预算”的协调一致性，一般使用概预算的表三（甲）和表四（甲）作为统计表。如图 1.20（表三、表四）所示。

（2）通信工程量的计算，就是依据相关专业定额，根据设计图纸所反映出来的工作量和工程器材统计表，计算出工程各类投资费用的过程；是由概预算说明和概预算标准表格组成，

建筑安装工程量概、预算表（表三）甲

单项工程名称：　　建设单位名称：　　表格编号：　　第　页

序号	定额编号	项目名称	单位	数量	单位定额值（工日）		概、预算值（工日）	
					技工	普工	技工	普工
1	TX3-001	新立水泥电杆	根	4	0.61	0.61	2.44	2.44
2	TX3-025	新立H型水泥杆	座	1	1.54	1.54	1.54	1.54
3		本页小计					3.98	3.98
4								
5		表三合计					3.98	3.98

（1）人工工程量概预算表（表三）示意图

建筑安装工程量概、预算表（表四）甲

（设备或器材 表）

单项工程名称：　　建设单位名称：　　表格编号：　　第　页

序号	名称	规格程式	单位	数量	单价（元）	合计（元）	备注
1	水泥电杆	8m	根	6	121	726	
2	H杆腰梁	小号	套	1	58	58	
3	H杆站台	（含雨篷）	套	1	136	136	
4	水泥	325#，袋装	吨	0.5	350	175	
5	小计	1~4项和				1095	
6	杂项费用	小计×4%				44	采保费、运输费、保险费等
7	合计					1139	

（2）器材概预算表（表四）示意图

图1.20　人工工程量概预算表（表三）和器材概预算表（表四）内容举例示意图

是通信工程设计不可缺少的组成部分。

工程设计的概预算，首先应根据“工程量统计表”的内容，计算出项目的劳动力使用情况（表三）和配套的设备器材使用情况（表四）。第二步，然后汇总到“工程费用概、预算总表（表二）”。第三步，计算“工程建设其他费概、预算总表（表五）”。最后汇总到“概、预算总表（表一）”中，得出该项目的总投资情况。并进行必要的说明。

（3）编制该预算说明

各类概预算表格都编制好之后，就要根据实际的概预算的计算情况，编制“概预算说明”的内容。主要分为四个部分：第一部分，简要说明工程情况、概预算的情况、工作量情况和单位造价情况。第二部分，通常是列表说明该项目概预算的各个分项的总投资和每个分项的单位造价情况。第三部分，是相关的其他问题的说明，包括重要设备、器材单价的取定情况，人工调遣费的计算办法，其他无规范依据的费用的计算方法，等等。第四部分，是对该工程概预算的技术经济参数和各项投资的比例分析，通常是采用列表的方式，具体列出相关的工程费用和占总投资的百分比。

具体的实例，可参看第 10 章的相关内容。

1.4.4 通信工程的招投标

1. 通信工程的招标与投标

工程建设的招标、投标过程，是一个紧密相连的三部曲过程：首先，在设计文件的指导下，由业主（工程建设单位）公布该工程的建设计划方案书，该文件称为“业主工程招标书”；其次，相关的工程施工单位、通信设备制造单位等，根据招标书的内容和要求，以及自身的工程资质条件等实际情况，提出对该工程进行建设的计划承诺书，该文件称为“投标单位的投标书”，包括了投标单位资质简介、工程（或设备）建设内容、建设计划、建设技术与人员组织情况等，特别要提出包括整个工程的总造价值。第三，展开招标的业主单位，根据收到的“有效的投标书”的各项指标情况，择优选取工程建设单位和工程设备、器材供应单位。这样就保证了工程建设过程的规范性和合理优化性。

2. 通信工程的招标与招标文件

如上所述，通信工程的招标，就是指业主单位，根据某工程项目的需要，而向相关的通信设备供应商和工程建设单位发出的“工程建设邀请函”，邀请具备相应资质和实力的通信工程建设单位，参与该项目的工程建设的过程。这是“通信工程招投标三部曲”的第一步的过程。

通信工程的招标，可以是“工程总包”，将工程的设计、设备器材供应、工程实施等，统一发包给一家工程建设公司，这种发包的方式，称为“交钥匙工程”——将工程的所有分项目全部完成。此时的工程建设公司，又称为“系统承包商”——具有工程设计、工程实施和工程设备采购的所有相应资质，可以胜任相关的所有工程分项的工作。也可以将整个工程，分为若干个“分项目”，分别发包给不同的专业工程服务商。种类如表 1.15 所列。

表 1.15 通信工程招标分类表

序号	0	1	2	3	4	5
类别	工程总承包	工程设计	工程施工	工程设备供应	工程监理	工程运营维护

其中，工程的总承包，属于“统一发包”项目的类型，由具备资质的工程“系统承包商”统一承包；而其余 1~5 项，属于“分别发包”项目的类型，分别由相应专业资质的通信工程服务公司承包执行。

通常，每项工程的“有效投标承包书”，应在两份以上，也就是说，至少应有两家以上的投标单位，在规定的时间，投出两份以上的“有效标书”，该招投标过程才算有效，否则该招投标过程属于无效过程，必须重新进行。

由业主单位负责拟定的“工程项目招标书”，应包括以下五项内容：

（1）工程的名称、地点、种类（参考“通信工程专业分类表”）、性质、业主单位。

（2）工程的资质要求、工程的具体内容和主要工程量、工程的质量要求、工期要求。

（3）工程的设计文件，或工程的概预算文件，工程的投资上限。

（4）工程的招标书的销售方式与时间地点，工程投标书的递交时间要求。工程的开标方式与时间安排。

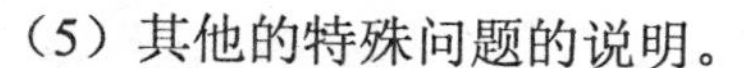

（5）其他的特殊问题的说明。

要说明的是，工程招标，有“公开招标”和“邀请招标”等几种方式。通常，通信工程专业性很强，采用“邀请招标”的方式较多，也就是，专门邀请相关的通信工程专业资质单位，前来投标。

3. 通信工程的投标与投标文件

通信工程服务单位，接到招标信息之后，通常首先要与招标的业主单位联系，以便确认自己是否有资格参加该工程项目的投标；其次，就是开展“工程投标”的工作。该项工作分为“现场调查”和“投标书的制作”两个步骤。现场调查，就是派出工程技术人员，到工程现场，调查了解工程的要求和全部情况，包括购买招标文件等“现场调查”的全部工作。然后，开始针对性地制作“工程投标书”，并在规定的时间内，送达业主单位指定的地点。

通信工程的投标书，通常包括以下内容：

（1）工程的名称、地点、种类、性质、业主单位、工程服务单位（投标单位自己）。

（2）投标单位的资质、工程背景、单位技术实力、工程设备实力介绍，以往的类似工程完工情况介绍。

（3）本项工程的组织介绍：具体人员、队伍安排介绍，工程技术情况介绍。

（4）工程的具体工期计划安排、时间安排的介绍；本单位工程实施的优势、特点介绍。

（5）工程的预算表，本单位该项工程的投标总价值。

4. 通信工程的评标与工程前的准备

（1）评标的过程

业主单位收到相关单位的投标书，并确定此次招投标项目为“有效招投标过程”之后，应该组织由各方专家组成的“评标小组”，对收到的投标书进行评判。

评标的过程是这样的，通常是采用对各项重要的“内容”或“指标”进行人为“打分”的方式，为每一份投标书进行“打分（通常是百分制）”，然后，根据得分的多少，确定“中标单位”和“备选单位”各一家，首先与中标单位签订工程合同，与“备选单位”签订“备选工程合同”。通常的评标标准如下：

① 投标单位的工程资质情况、以往工程的实施情况、工程技术实力等综合情况（占20%）。

② 本项工程的具体人员组织情况、技术实力、工程设备的组织情况（占20%）。

③ 本其工程的具体工序安排、时间安排等情况，工程实施的优势条件、特点介绍（占30%）。

④ 本其工程的预算情况、投标的总价值等（占30%）。

评标的标准表格，示例如表1.16所示。

各位通信工程专业的评标专家，根据以上表格所列内容，在认真审阅了投标书之后，在每个投标单位的自我简介和回答问题之后，相信都会做出客观公正的“评标打分”，专家的平均分值，就是实际的得分评标结果。

（2）工程展开的准备

评标结果公布之后，业主单位，将分别与中标单位，签订“工程施工委托合同”、“工程设备供货合同”、“工程施工的监理委托合同”及其他的相关合同。同时，还会与“第一备选单位”签订相关备选合同或类似的内容协议。以保证工程按期、保质保量地完成好。

表 1.16　　通信工程评标计分表

序号	项目内容	各项比例	投标的评分标准					得分汇总
			非常好（100%~80%）	较好（79%~60%）	一般（59%~40%）	较差（39%~0%）	无内容 0	（比例*得分）
1	工程资质情况	10%						
2	技术实力、以往相关工程经验	10%						
3	本项目的人员、设备组织情况	20%						
4	本项目的工序安排、时间安排、特点	30%						
5	项目概预算及总投资	30%						
6	评分合计							

同时，业主单位还要为工程的顺利开展，出面办理必要的市政手续等，并协助签约单位，做好工程队伍进场、设备到货的仓储保管、交接开箱等相关事宜。应责成监理单位或自身，及时建立常规的工程管理机构，监管工程的及时展开。

1.5　内容小结

本章是对通信系统、通信行业及其发展、通信技术与通信工程的基本知识的概述，共分为 4 节。

1.1 节通信网技术概论，简述了通信系统的概念，技术组成与发展情况，通信网络的系统组成，以及通信系统的特点，使读者对通信系统和技术组成建立初步的认识和概念。要求掌握通信系统的技术组成、现状与未来技术发展趋势，掌握接入网、光纤城域网以及长途广域网等通信网络的组成概念；认识通信的基本业务、通信网络的特点、通信系统的专业组成和通信的质量与保障等概念。

1.2 节通信产业的系统构成，介绍了通信行业的企业组成、分类与体制改革发展等情况，使读者对整个通信企业的分类、工作性质和运作方式以及发展情况建立基本的认识。要求掌握通信企业的分类情况；认识通信运营商由“通信业务提供商”向“通信综合服务商”的角色转换的意义，各通信运营商的主要业务特点。

1.3 节通信系统基本概念，描述了 7 个基本的通信系统概念和基本原理，使读者对现代通信技术和标准有一个基本认识。要求掌握通信传输、通信交换等基本通信概念；认识主要的国际通信标准化组织及其作用；认识云计算、物联网的概念；认识通信系统的分层结构与通信协议的作用和意义。

1.4 节通信工程概述，介绍了通信工程与规划设计的基本概念与原理，使读者对现代通信工程和规划设计的内容、性质和运作方式有一个基本认识。要求掌握通信工程与规划设计的概念、通信工程项目的 4 大过程以及通信工程设计的基本原则。认识建设项目管理体制的概

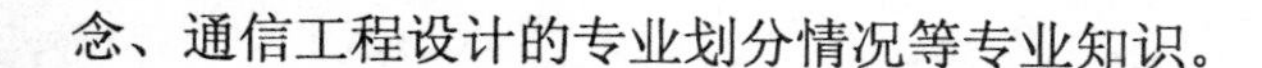

念、通信工程设计的专业划分情况等专业知识。

思　考　题

1. 通信技术的发展经历了哪几个时代？现在与未来的发展情况怎样？谈谈你对通信行业的感受。

2. 简述通信网络与通信产业的概念，并简述通信行业的主要任务。

3. 简述通信网的概念，通信系统的现状和发展方向，并绘出“城市通信网的系统组成示意图”。

4. 简述通信系统的技术组成和技术特点，并简介通信性能的衡量方式。

5. 简述电信级质量保障体系的概念和组成，并简述“通信业务质量保障 QoS”和“流量工程”的含义。

6. 简述通信行业的概念、通信企业的类别划分情况。

7. 举例说明“通信基础运营商”和“通信设备制造商”有哪些？

8. 简述通信基础运营商的通信业务种类和产业主导地位特征，并说明通信运营商由“通信业务提供商”向“通信综合服务商”的角色转换的意义。

9. 简述通信工程服务商的种类、作用与特征。

10. 简述通信传输系统的基本概念、组成部分与常见的系统与技术种类。

11. 简述通信交换系统的基本概念、组成部分与常见的系统与技术种类。

12. 简述主要的国际通信标准化组织的基本概念、组成部分与常见的系统与技术种类。

13. 简述通信网络的分层与协议的基本概念、组成部分与常见的系统与技术种类。

14. 简述电信服务质量保障协议 SLA 的概念、内容和作用，并简述通信企业推行“电信服务质量保障协议 SLA”的重要意义。

15. 简述通信工程的概念，项目类别与阶段划分情况；并简述我国的工程行业分类情况。

16. 简述我国工程建设项目管理体制和工程项目的主体单位，并简述工程的规范化和全面质量管理的措施。

17. 简述通信工程规划设计的概念、原则与工作流程；设计文件包含哪几个主要部分？

18. 简述我国通信工程规划设计的专业划分与依据文件。

19. 名词解释

根据书中所讲内容，按照“内容、组成（或结构）、作用和特点”四个方面，解释名词。

（1）1.1 节：通信网络、现代通信方式（业务）、通信网络组成、通信网的理想发展模式、通信系统的评价方式、通信系统的保障方式。

（2）1.2 节：通信产业、通信企业、通信运营商、通信业对人才的要求、ITU、IAB 与 IETF。

（3）1.3 节：通信传输系统、通信交换系统、通信协议、通信的分层结构、云计算、物联网、SLA。

（4）1.4 节：通信工程、建设项目管理体制、通信工程设计、工程概预算、工程定额、工程招投标。

第2章 通信基本业务概论

从“通信用户端”的角度而言，现代通信行业的基本任务，就是努力地满足和引导社会大众对各类“实时信息（电话、宽带互联网业务等）”和“展示信息（网站的建设、信息的及时发布与更新）”及时、准确、高效地传播与网络系统的建设。

现代通信行业的“基本通信业务”大致可分为两类，第一类就是电话等传统的“实时信息”的传播；第二类就是基于互联网的各类网站信息的发布与及时更新。本章就是从“用户终端”的角度，对这两大类“通信基本业务”的概述，共分为三节：2.1 节、2.2 节是对传统的“实时通信业务”以及“多媒体通信”的信号产生和转换方式的概述；2.3 节从宽带互联网的原理开始，简要介绍了现代通信的“展示信息”的业务产生和转换原理，使读者对现代通信业务的种类与分析方法有一个基本了解；整章内容构成了现代通信基本业务的系统理论要点。

2.1 通信网基本业务概论

“电讯时代”通信业务的种类也是不断发展的，很长一段时间里，只是电报和电话这样的单独信道（媒体）的通信方式。19 世纪 70 年代，电视业务的出现，给惊喜的人们打开了“看到”外部世界的小小“窗口”。20 世纪 80 年代逐渐兴起的“多声道立体声高保真音频”技术，使人类亲身体验到“高清晰度电视”和“多声道高保真立体声”节目带来的多信道（媒体）视觉和听觉的震撼感受。

随着 21 世纪的到来，世界范围内逐渐兴起的计算机互联网技术，则将整个世界带到了人们的电脑显示屏中——通过互联网，人类不仅能感受到网络电话、QQ 互动交流的畅快，第一时间浏览世界各地发生的各类图文信息，还亲身体验到“高清晰度网络电视”和“博客”、“微博”等自我发挥、个性展示的畅快！企事业单位则利用互联网（技术）构筑自己的办公网、生产监控网和对外的宣传、在线销售等多重事物。

通信与信息行业的发展，正逐渐将人类社会带入到“多媒体视听享受”、“网络信息无处不在”和“个性化、自主化地通信”时代——无不昭示着“信息社会”的逐渐到来。可见，通信与信息业务的种类和传播方式，也是随着社会生产力和技术的进步而不断发展，越来越成为现代社会的主要特征。下面，让我们从用户端出发，仔细认识和感受一下“现代通信与信息业务”的种类和传播的方法。

2.1.1 通信网基本业务分类

现代通信网基本业务，在中国，主要分为三大类：第一类是以“传统”的有线电话和移动电话网为特征的电话业务为主的通信业务；第二类是基于计算机互联网传输的“宽带数据信息业务”，这是一个集电话、图像（照片等）、电视与视频节目等多种“信息表现方式”为一体的通信业务传送系统，也是当前和未来继续发展的“主流”通信业务。第三类是由“广电部”管辖之下的“有线电视传送系统”，供大多数家庭，以“观看电视”的方式享受信息的一种传播方式，下面将分别加以简述。

1．电话业务，指住宅电话和移动电话业务两种，住宅电话即传统的电话线接入通信方式；移动电话即人们常用的移动手机通信方式，由于“移动电话”的方式满足了社会大众“随时随地通信”、“功能丰富多样”以及“携带小巧方便”等诸多要求，目前得到迅速的发展——是当前主流的“电话通信”方式。

2．宽带互联网多媒体信息业务，即通过计算机接入宽带互联网的信息传输方式，其本质是计算机各类指令与程序的执行情况的展示，和各类文件的传递；随着 QQ、MSN 等通信模式的开发，各类“博客、微博”等个性化互联网产品以及多媒体音视频节目（文件）等逐步出现，在计算机网络上可“在线通话”和“视频聊天”、看电影、写博客与微博、网上购物、网上报名填志愿，等等——网络的内容和功能不断地得到丰富。所以，基于计算机和高速互联网（IP 网）的信息传递模式，是目前和未来通信行业高速发展的主流通信方式。

3．电视图像信息业务，分为传统的有线电视台传播的“有线电视”方式和基于高速互联网 IP 模式的“网络电视”两种方式：前者是有线电视台接入的“单向信息传送模式”（又称为“单工通信”）的通信业务，后者是基于电信部门的宽带互联网络接入的可随意点播的交互式电视通信业务，可在计算机上播放，也可通过“机顶盒”的信号转换与控制，在现有的家庭电视机上播放。

2.1.2 通信信号的编码与分组传送

1．信号的编码

如上所述，各类通信信号，必须转换为适合于通信信道传输的数字信号，在信息传输的过程中，还要保证信号不丢失、不变形（造成误判别），在全世界的通信系统范围内都可以“畅通无阻”。所以，信号的编码，必须遵循统一的数字编码原则进行，这就是课程后面讲到的信号传输的“PDH、SDH 及 OTN 模式”的数字编码传输原则。从另一个方面来说，数字通信系统包括“信源编码”和“信道编码”两个部分。

（1）信源编码

作用在“用户终端网络”中，如图 2.1（1）所示，在移动通信手机上，将信息源产生的语音模拟（各类正弦波组合）信号，转换为适合于通信信道传输的模拟或数字信号，从而提高通信信道的传输效率。它一般包括信号的数字化和压缩编码两个过程。

信源编码一般可分为“波形编码”和“参数编码”两大类，波形编码即直接对模拟信号（电话话音信号）的数字化编码方式，它是直接对信号的“波形幅度”进行编码处理；而参数编码是先从信号中提取出其“特征参数值”，再对该参数值进行编码和传输，所以它比“波形编码”的形式具有更高的信道传输效率。

（2）信道编码

作用在“通信传输网络”中，如图 2.1（2）所示，是将各类信息的信号，变换为与通信系统的数字调制方式和传输信道相匹配的形式，如数字多路通信传输的 PDH、SDH 及 OTN 的传输编码方式，以降低误码率，提高通信的传输可靠性，适合“现代数字传输系统”的高效、可靠地传输。

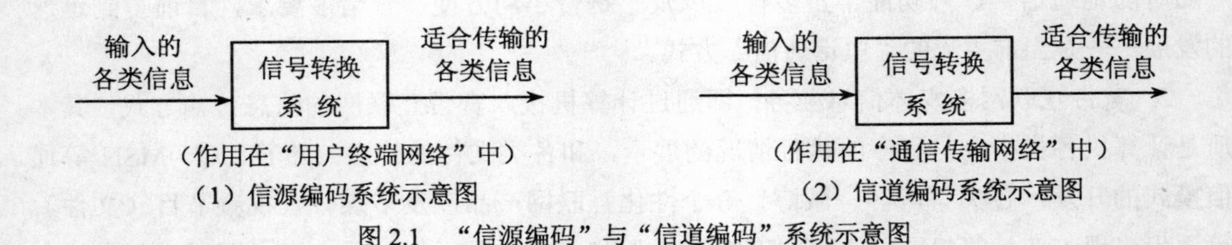

图 2.1 “信源编码”与“信道编码”系统示意图

2. 信号的 IP 分组通信技术

随着 IP 技术的应用，利用 IP 数据网络承载和传输各类（包括话音信号）信号的通信模式越来越受到重视，将各类信号转换为 IP 信号也属于“信源编码（参数编码）”。信号的转换过程如下：

（1）信源组装

首先将完整的数字信息流分成一个个“分组”；然后装入一个个相应的“信封”：加上分组头（IP 目的地地址、信号种类等信息）和分组尾（通信质量要求信息）的信息，形成“IP 信息分组包”的形式。

（2）信道传送

将一封封“分组信（IP 信息分组包）”在规定的通信质量保证下，通过计算机 IP 互联网络（即 Internet 互联网)的各个节点，传送到对端。

（3）信宿接收

将一封封“分组信（IP 信息分组包）”，还原“组装”成完整的数字信息流，供接收者使用信息。

信息的分组转换、IP 传送和在收信端的还原过程，如图 2.2 所示。分为“信息的分组”、“信息的一组组传递”和“收信端的信息接收与还原”三个步骤。

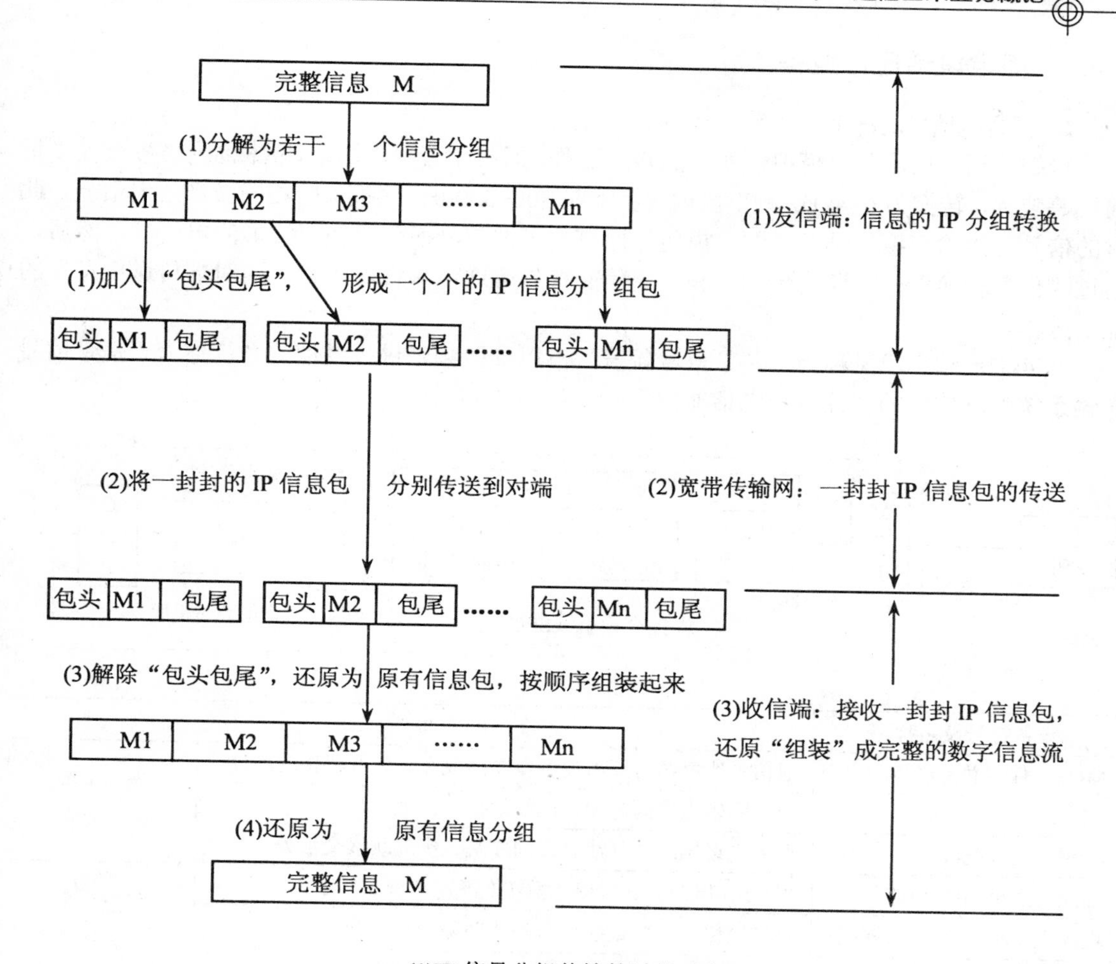

(1)IP信号分组传输的过程示意图

(2)基于“用户端”的IP互联网组成结构示意图

图2.2 信号的IP分组通信的三个过程和通信系统组成示意图

2.2 电话通信业务

通信行业提供的业务分为“基本业务”和“组合业务”两大类，所谓“组合业务”，就是针对各类通信用户，“量身定做”的各类基本业务的“组合套餐”。目前最新的基本业务，主要是指“话音业务（含VoIP）”、“数据传输业务（含宽带上网）”和“交互式网络电视业务（即IPTV）”；本节主要介绍三种电话业务信号的产生与转换过程，即传统的固定电话信号、新一代IP电话信号和移动数字电话信号，下面分别予以介绍。

2.2.1 固定电话通信业务

1. 话音电信号的产生

传统的话音信号是"模拟信号"的转换过程，即将话音声波（属于机械波）信号通过"话筒"等装置，转换为 0~4kHz 频率段内（实际在 300~3400Hz 之间）的相同波形的电信号，此时的信号称为"模拟信号"，即"模仿"原有的声波信号而变成相似波形的电信号。然后，通过"信号转换"、"通信传输"和"通信交换"等通信系统，进行"向对端传送信息"的通信过程。

0~4kHz 频率段又称为"基带信号频段"，以该段频带进行通信的系统称为"基带信号传输系统"。传统的程控有线电话通信系统，如图 2.3 所示。

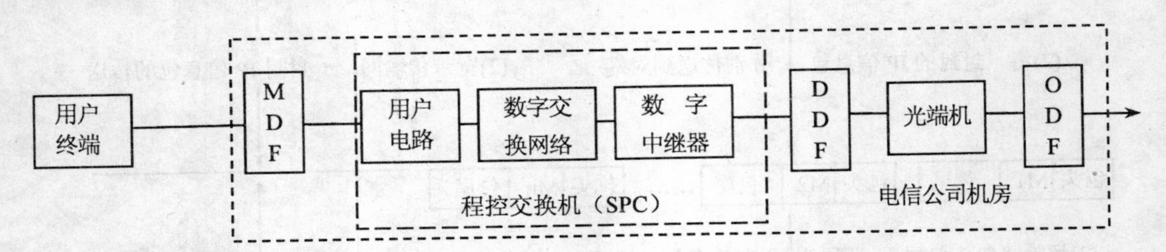

设备符号及名称	设备功能	备注
MDF：保安总配线架	通信外线电缆与局内设备电缆的成端、配线跳接交汇处	光、电缆配线设备
DDF：数字配线架	数字同轴电缆的成端、配线跳接交汇处	
ODF：光纤配线架	局内光缆尾纤与外线光缆的成端、配线跳接交汇处	
程控交换机-用户电路	用户接口电路，完成模 / 数转换等 BORSCHT 功能	程控交换系统
程控交换机-数字交换网络	TST 网络：完成数字信号的"时隙转换"功能	
程控交换机-数字中继器	出局接口，完成数字码型、信令接收转换功能	
SDH 光端机	完成数字电信号的码型转换、光 / 电信号转换功能等	光传输系统

图 2.3 程控有线电话通信系统组成示意图

2. 话音信号的传输过程

人的声音通过电话机（用户终端）被转换成模拟电信号，经过通信电话电缆（双绞线）的配线系统进入到"电信机房总配线架（MDF）"上成端；然后，经过电信局内的用户话音电缆，传送到程控交换机的"用户电路"中；在此，模拟电话信号被转换成 PCM 数字信号；然后沿着程控交换机确定的传播路径，经过光传输系统，到达被叫用户的交换机和"用户电路"，然后又还原成模拟电信号，经过通信电缆到达被叫用户电话机，形成电话声音信息传送给被叫者，构成了完整的单向通话过程；这个过程，如图 2.3 所示。

被叫端"电话用户"的说话声音，也被转换成相应的"电信号（电话信号）"，沿着相同的路径与传递方式，输送到电话系统的"主叫端"，形成了双向通信的过程、双向通信的方式，即"交互式"通信方式，又叫做"双工通信"。

3. 话音信号的数字化（PCM）转换

在通信传输的过程中，为适应"电信号信道"和"光纤信号信道"的通信传输需求，将模拟的电信号转换为相应的"电（光）数字信号"的形式。语音信号的基本数字化的转换过

程，遵循国际电信联盟的ITU-T G.711协议，即通过脉冲编码调制（PCM）技术，将每一路4kHz的模拟话音信号转换为64 kHz的数字信号（流）。

脉冲编码调制，就是在信号发送端，将300~3400Hz范围的模拟话音信号经过“抽样、量化和编码”三个基本过程，变换为二进制数字信号。通过数字通信系统进行传输后，在接收端进行相反的变换，由译码器和低通滤波器完成“数/模转换”，把数字信号恢复为原来的模拟信号。这个转换过程，如图2.4所示。

（1）抽样的过程

“奈奎斯特”抽样定理告诉我们：当标准抽样脉冲信号的频率大于被调制模拟信号的频率的2倍时，则原模拟信号成分可被无失真的保留在调制信号中；所以这里采用“信号抽样”的方法，就是用标准的周期抽样脉冲信号，与话音（模拟）信号相“与”，形成周期性的断续的“脉冲调幅信号（PAM）”的过程。故每一路电话信号的抽样脉冲的频率为：F_H = 2×4kHz＝8000 bit/s

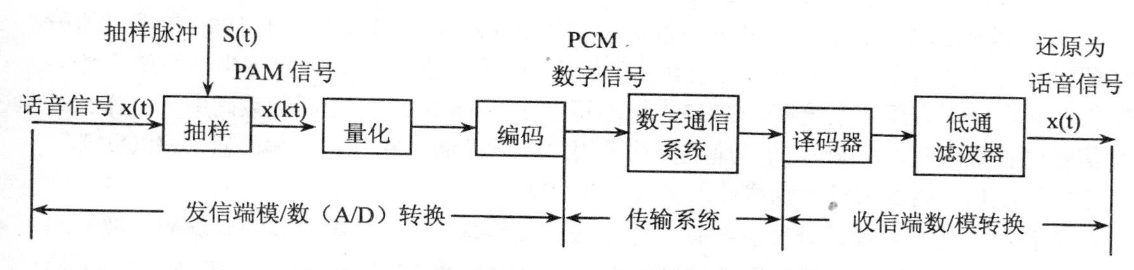

图2.4 电话信号数字化（抽样-量化-编码）转换系统示意图

（2）量化的过程

就是把以上“经抽样得到的脉冲调幅信号”值，进行幅度离散，取定某个量化级单位（如1mW=1Δ 为1级），将脉冲信号编为某个数量级的过程；以“量化范围”和“量化级 Δ”2个值衡量。中国采用的“PCM量化范围为±2048Δ”。

（3）编码的过程

PCM制式采用“逐次反馈比较”型编码器，将PCM信号编为8位码；由于抽样频率是8KHz，故每话路的速率为：8KHz×8位=64kbit/s。

CCITT（国际电报电话委员会，即国际电信联盟ITU的前身）关于电话数字信号的标准建议“G.711”，规定了两种“数字非均匀量化编码”的方法为国际标准，一种是“A律13折线压扩编码”标准；另一种是“μ律15折线压扩编码”标准。我国的数字电话传输系统采用A律13折线压缩律标准的“PCM 30/32路基群”的编码方式进行数字化的通信传输；该标准还用于英、法、德等欧洲各国的数字电话通信传输系统中。

2.2.2 话音信号的IP模式转换

随着IP技术的应用，利用IP数据网络承载和传输话音信号的模式越来越受到重视，在2011年已经实现了“将电话业务纳入IP技术的网络中传输”的电信设想。目前的转换方式主要有两种：

1. PCM 间接转换

这是一种"信道编码"的转换方式，此时将模拟电话信号在电信局首先转换为 PCM（64kb/s）的数字信号，然后再转换为相应的 IP 数据流信号，信号的转换过程如下：①声波信号—②模拟电信号—③PCM 数字信号（模/数转换）—④VoIP 数据流信号—⑤IP 数据网络传送—⑥VoIP 解码—⑦恢复模拟信号（数/模转换）—⑧还原为声波信号。

G.726 协议就是相应的转换协议：G.726 是 CCITT(ITU 前身)于 1990 年在 G.721 和 G.723 标准的基础上提出的关于把 64kb/s 非线性 PCM 信号转换为 40kb/s、32kb/s、24kb/s、16kb/s 的 ADPCM 信号的标准协议，它算法简单，语音质量高，多次转换后语音质量有保证，能够在低比特率上达到网络等级的话音质量，从而在语音存储和语音传输领域得到广泛应用。

2. IP 信号的直接转换

这是一种"信源编码"的转换方式，在用户端将模拟电话信号直接转换为相应的 IP 数据流信号，其转换的过程如下：①声波信号—②模拟电信号—③VoIP 数据流信号—④IP 数据网络传送—⑤VoIP 解码—⑥恢复模拟信号—⑦还原为声波信号

G.723.1 编码标准就是此种方式的协议标准：G.723.1 标准是 ITU 组织于 1996 年推出的一种低码率编码算法。主要用于对语音及其他多媒体声音信号的压缩，如可视电话系统、数字传输系统和高质语音压缩系统等。G.723.1 标准可在 6.3kb/s 和 5.3kb/s 两种数码率下工作。对激励信号进行量化时，6.3kb/s 的高速率算法采用"多脉冲激励线性预测编码器（MPC）"，而低速率算法则采用"矢量激励线性预测（ACELP）"。

IP 语音信号的压缩编码处理主要有三种方法：波形编码、参数编码和混合编码。波形编码可获得较高的语音质量，但数据压缩量较小；常用的是 PCM（64kb/s）/ADPCM（32kb/s）的"信道编码"方式；参数编码可获得较低的传码率，但传输质量很低；近几年来出现的混合编码方法，结合了两者的优点，形成了"激励线性预测编码（CELPC）、""规则脉冲激励编码（LPC）"等，广泛应用于公共通信网、移动电话网及多媒体通信网，取得了较好的通话效果，表 2.1 是三种语音压缩处理的常用编码方式列表汇总。

表 2.1　　电话业务信源编码分类表

编码类型	编码方案	标准	使用情况	编码速率 kb/s	MOS 评分	备注
波形编码	PCM	G. 711	常规数字通信标准	64	4.3	常规话音通信方案
	ADPCM	G. 726	差值脉冲编码标准	32/24/16	4.0	长途通信编码方案
	SB-ADPCM	G. 722	子带自适应增量调制	64/48		多媒体语音编码方案
参数编码	LPC		线性预测编码	2.4		
混合编码	RPE-LTP	GSM	GSM 移动通信标准	13	3.47	GSM 移动通信编码方案
	VSELP	IS-54	北美 CDMA 移动通信标准	8	3.45	CDMA 移动通信编码标准
	MPC/ACELP	G. 723.1	（in H.323 and H. 324）	6.3/5.3	3.98	新一代 IP 电话推荐方案
	LD-CELP	G. 728	IP 长途电话优秀推荐协议	16	4.0	
	CS-ACELP	G. 729	多媒体通信，VoIP	8	4.1	

（注：MOS 评分是一种常用的电话语音主观评价方法，共分为 1~5 个等级分，最高分为 5 分。）

对于在保证一定的通话质量下，提高带宽利用率是通信技术的不断追求，以上的话音信号的 VoIP 数据流信号的编码方案中，除了 PCM 和 ADPCM 属于“信道编码”之外，其余均为“信源编码”。

2.2.3　移动电话通信业务

1. 移动电话通信概述

移动通信，是指通信的一方或双方可以在移动中进行的通信过程，移动通信系统主要是由移动手机（MS）、移动基站（BS）、移动交换机（MSC）和用户信息库（HLR/VLR 等）组成的，其显著的特征就是移动手机与基站之间是通过无线方式连接的——这是属于“电话通信接入网”的范畴。

移动通信满足了人们无论在何时何地都能进行通信的愿望，20 世纪 80 年代以来，特别是 90 年代以后，移动通信得到了飞速的发展。到 2006 年底，我国移动电话用户数量不仅超过 4 亿户，成为全球最大的移动通信网络，并且其用户数量和发展速度也超过了固定电话网络，取代固定电话的趋势越来越明显。目前的主要业务是电话和数据短信两种。

我国的移动电话，目前主要是采用第 2 代数字时分多址技术（GSM）和码分多址技术（CDMA），使用的无线频段主要是 900MHz 和 1800MHz，中国移动公司是我国最大的移动通信运营商，采用 GSM 技术；另外两家分别是中国联通公司和中国电信公司，分别采用 GSM 和 CDMA 两种制式，各组成 1 个移动通信网络。在这 3 家移动通信网络中，中国移动公司的“移动电话通信”网络规模和用户数量是最大的。在组网技术上，我国主要采用大区制移动通信（交通干线和农村）和小区制移动通信（城市里）技术，小区制移动通信网络，因其组成形状为正六边形的组合，类似蜂窝状，故又称蜂窝移动通信网络，如图 2.5 所示。

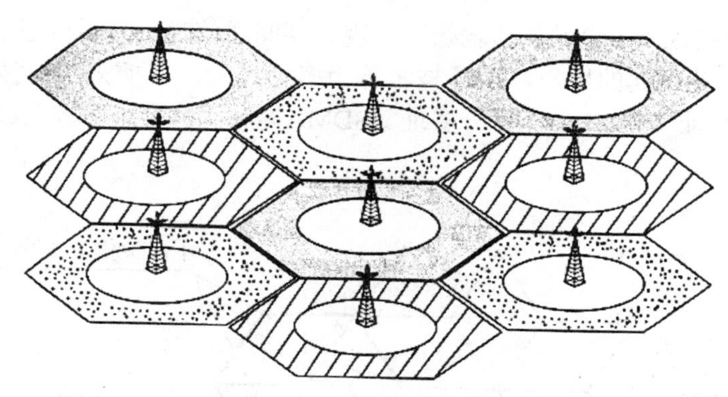

图 2.5　移动通信典型的“蜂窝小区制”组网结构示意图

2. 移动通信的信道环境

相比固定通信而言，移动通信不仅要给用户提供与固定通信一样的通信业务，而且由于用户的移动性，其管理技术要比固定通信复杂得多。同时，由于移动通信网中依靠的是无线电波的传播，其传播环境要比固定网中有线媒质的传播特性复杂，因此移动通信有着与固定通信不同的信道环境特点。

（1）用户的移动性。要保持用户在移动状态中的通信，必须是无线通信，或无线通信与有线通信的结合。因此，系统中要有完善的管理技术来对用户的位置进行登记、跟踪，使用户在移动时也能进行通信，不因为位置的改变而中断。

（2）电波传播条件复杂。移动台可能在各种环境中运动，如建筑群或障碍物等，因此电磁波在传播时不仅有直射信号，而且还会产生反射、折射、绕射、多普勒效应等现象，从而产生多径干扰、信号传播延迟和展宽等。因此，必须充分研究电波的传播特性，使系统具有足够的抗衰落能力，才能保证通信系统正常运行。

（3）噪声和干扰严重。移动台在移动时不仅受到城市环境中的各种工业噪声和天然电噪声的干扰，同时由于系统内有多个用户，因此移动用户之间还会有互调干扰、邻道干扰、同频干扰等。这就要求在移动通信系统中对信道进行合理的划分和频率的再用。

（4）系统和网络结构复杂。移动通信系统是一个多用户通信系统和网络，必须使用户之间互不干扰，能协调一致地工作。此外，移动通信系统还应与固定网、数据网等互连，整个网络结构是很复杂的。

（5）有限的频率资源。在有线通信网中，可以依靠多铺设电缆或光缆来提高系统的带宽资源。而在无线网中，频率资源是有限的，ITU 对无线频率的划分有严格的规定。如何提高系统的频率利用率是移动通信系统需要重点解决的一个问题。码分多址（CDMA）技术是普遍认为比较优越的一项提高无线频率利用率的技术，在面向下一代（3G）移动通信系统中，得到广泛的采用。

3. 移动通信的特征技术

针对移动通信的环境特点，通常的移动通信系统具有以下的 7 项特征技术：

（1）电话信号的“信源编码”与“蜂窝式全覆盖”组网：通过“数字化”与“参数编码”，GSM 和 CDMA 两种制式的电话信号，分别以 13kb/s 和 8kb/s 的速率与“移动基站”之间进行信息的传输。在城市区域，采用“定向天线+蜂窝小区制”结构组网，如图 2.6 所示。

（2）多址技术

当把多个用户接入一个公共的传输媒质实现相互间通信时，需要给每个用户的信号赋以不同的特征，以区分不同的用户，这种技术称为多址技术。目前采用的技术有：频分多址（FDMA）、时分多址（TDMA）、空分多址（SDMA）和码分多址方式（CDMA）以及它们的组合技术。

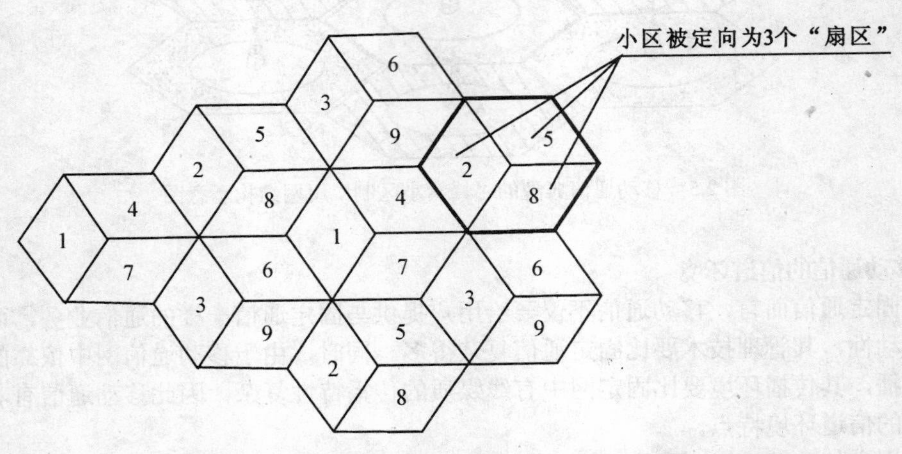

图 2.6 移动通信“蜂窝小区-定向分区”组网结构示意图

（3）位置登记

移动通信中，用户的位置是随时可以变动的——不像固定电话网，用户的位置是固定不变的。移动通信中的“位置登记”技术措施，就是指移动通信网，对系统中的移动用户位置信息的“确定”和“更新”的过程，它包括旧位置区的删除和新位置区的注册两个过程。移动台的信息存储在用户信息库（HLR、VLR 两个存储器）中。当移动台从一个“蜂窝”位置区“移动”到另一个“蜂窝”位置区时，就要向网络报告其位置的移动，使网络能随时登记移动用户的当前位置，利用用户的位置信息，移动通信网可以实现对漫游用户的自动接续，将用户的通话、分组数据、短消息和其他业务数据送达“移动中”的通信用户——以保证通信的过程不被中断。所以，移动通信中，“位置登记技术”是常用的措施之一。

（4）越区切换

越区切换是指当通话中的移动台从一个小区进入另一个小区时，网络能够把移动台从原小区所用的信道切换到新小区的某一信道，而保证用户的通话不中断。移动网的特点就是用户的移动性，因此保证用户的成功切换是移动通信网的基本功能之一，也是移动电话通信网与固定电话通信网的重要不同点之一，如图 2.7（1）所示。

用户的“越区切换”分为三个步骤：首先，当用户到达 2 个移动通信小区的交界处时，感受到 2 个小区的基站天线都发出的“无线导频信号”，便开始比较 2 个导频信号的“功率强弱”，但仍采用第 1 个基站的信号为主；第二步，当新小区的导频信号强度，大于原有基站信号导频的功率时，用户手机便主动更换为新基站小区的导频信道信号，同时，仍保持与原有基站的信道的通信——此时该用户手机，其实同时占有 2 个不同的基站的通信信道；第三步，当与新小区基站的通信稳定可靠之后，再放开与原有小区的基站的新道的使用。这样，就保持了“越区切换”时，通信信号的不中断——短暂的同时占用 2 个不同小区的信道通信。

（5）无线信号的分级（Rake）接收技术

移动通信信道是一种多径衰落信道，Rake 接收技术就是分别接收每一路的信号进行解调，然后叠加输出达到增强接收效果的目的，这里多径信号不仅不是一个不利因素，反而在 CDMA 系统中变成了一个可供利用的有利因素。如图 2.7（2）所示。

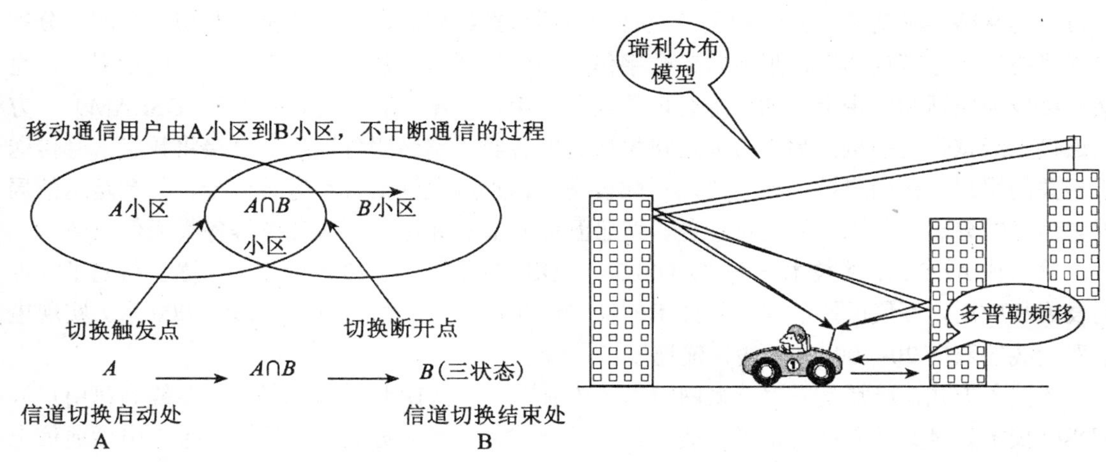

(1)移动通信“越区切换”示意图　　(2)移动通信的“无线信号的分集接收”示意图

图 2.7　移动通信的越区切换与信号分集接收示意图

（6）话音信号的收发功率控制技术

信号的功率控制技术是 CDMA 系统的核心技术。CDMA 系统是一个自干扰系统，所有移动用户都占用相同带宽和频率，“远近效用”问题特别突出。CDMA 功率控制的目的就是克服“远近效用”，使系统既能维持高质量通信，又不对其他用户产生干扰。

（7）异地漫游技术

这是指移动通信用户携带手机，通过 SIM 卡，被同一个技术的移动通信网络所识别，在其他地区和国家也能正常通话的技术。

2.3 互联网通信业务

2.3.1 宽带互联网概述

我国的“宽带互联网”业务的开展和普及是从 2000 年后兴起的。这里的宽带上网业务，是指通过“中国电信公司”、“中国联通公司”等传统通信运营商的“用户接入网”，接入中国宽带互联网（CHINANET）的宽带网络通信方式。通常以接入的数据传输速率（传码率）作为“带宽”的衡量标志，主要有 0.5Mbit/s、1~10 Mbit/s 等几种“传输带宽”模式。通常认为，1Mbit/s 以上网速的接入网上网速率，就被称为“宽带上网”的起步速率了。

我国的互联网用户的接入，按照技术发展的前后过程，主要有“电话双绞线 ADSL 接入方式”、“光纤到大楼的 FTTB 接入方式”和 2011 年才推广开展的“光纤到户 FTTH 接入方式”3 种。分别予以简述。

1. 电话双绞线 ADSL 上网方式

ADSL（Asymmetrical Digital Subscribe Line：非对称数字用户线）接入方式，是利用原有的电话双绞铜线（即普通电话线）电缆，以上、下行不同的传输速率（非对称）接入互联网的上网方式。理论上的研究表明，ADSL 传输模式中，上行（从用户到电信机房网络）为低速的传输，最高可达 1Mb/s；而下行（从电信机房网络到用户）为高速传输，可达 8Mb/s，如图 2.8 所示。这是 2000 年—2005 年，电信部门主要推荐使用的“上网方式”。电信公司根据自己的网络实际情况，充分利用了原有的电话双绞线资源，在电信机房和用户之间，分别设置“终端信号转换器”，形成宽带数字信号的传输通道，从而为广大原有的电话用户，直接升级成为电话和宽带上网的“综合电信业务”用户。图 2.8 中，局端设备（DSLAM）一方面连接上级宽带交换机，另一方面连接机房内的各类“宽带服务器”，直接将数字信号传送给相关的用户。在用户端，通过“用户端设备”，形成电话信号和宽带信号、甚至是电信局视频信号的分离，分别产生电话业务、宽带互联网业务和电信视频业务等各类通信业务。

第二代 ADSL 上网技术——“ADSL2+/ VDSL2 技术”自 2005 年以来，逐步得到了业内的发展和应用，不仅保持了第一代技术的优势，并且可在短距离内（500 米/1000 米）实现电话双绞线的双向 20~100 Mb/s 的传输速度。

该接入方式，通常是采用以太网技术（普通用户）或 IP 地址接入技术（专线高速用户），ADSL 技术只是其接入网“信道编码”的传输方式。由于充分利用了原有的市内电话通信电缆系统，并且不影响原有的电话通信业务开展，形成了“电话+宽带”的综合通信的接入效果。其业务特征如下所述：

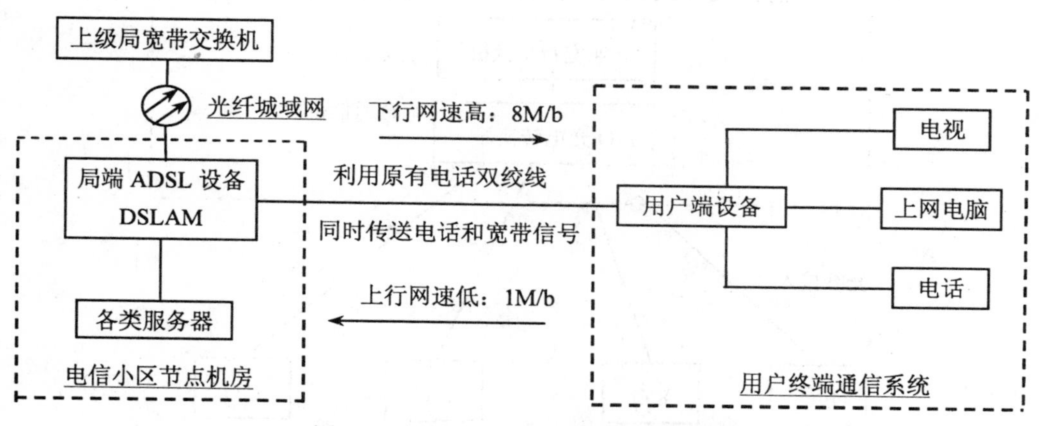

图 2.8 ADSL 方式接入系统结构示意图

（1）安装方便快捷。普通电话用户申请办理 ADSL 业务后，只需在普通电话用户端安装相应的 ADSL 终端设备（modem）就可享受宽带业务，原有电话线路无须改造，安装便捷，使用简便，避免用户因线路改造而引起的布线困难和破坏室内装修等诸多问题的困扰；

（2）高速上网。ADSL 是速率非对称的接入技术，传输速率上行可达 1Mb/s、下行理论上可达 8Mb/s，符合用户使用互联网的使用特点，浏览或下载多、上传少。

（3）带宽独享。ADSL 是点到点的星形网络结构，用户的 ADSL 线路直接与中国电信的 IP 城域网骨干相连，保证了用户独享线路和带宽。

（4）上网、打电话互不干扰，安装 ADSL 业务后，用户便可直接利用现有电话线同时进行上网和打电话（电话保持原有号码不变），两者互不干扰；

（5）ADSL 专线接入具有固定的 IP 地址。ADSL 接入方式目前可提供虚拟拨号接入和专线接入两种接入方式。

2. 光纤到大楼（FTTB）接入方式

光纤到大楼的FTTB 宽带接入方式，又被称为（Local Area Network）“局域网接入方式”，这是自 2007 年—2011 年，电信部门开始推荐采用的主流宽带接入方式和技术。主要是直接采用“以太网”技术，以“信息化小区”的形式为用户服务。在中心节点使用高速交换机，将“用户宽带交换机”配置到用户的办公大楼、住宅小区等地，从而为用户提供“FTTB（光纤到大楼）+LAN（网线到用户）”模式的宽带接入，如图 2.9 所示。

宽带用户只需一台电脑和一块自适应网卡，就可“通过网线”高速接入互联网。其特点是：（1）高速，基本做到千兆到小区、百兆到居民大楼、十兆到用户；（2）便捷，接入设备成本低、可靠性好，用户只需一块 10~100Mb/s 的网卡即可轻松上网。

3. 光纤到用户（FTTH）接入方式

自 2011 年以来，随着通信技术和业务的不断发展，对“信号带宽”的需求越来越强烈。在这种情况下，光纤到户（FTTH）的接入方式应运而生。光纤到户（FTTH）的方式，就是利用光纤媒介的“远距离、大容量信号传输能力”，为每一位宽带用户提供 100Mb/s 以上的宽带互联网接入方式，如图 2.10 所示。

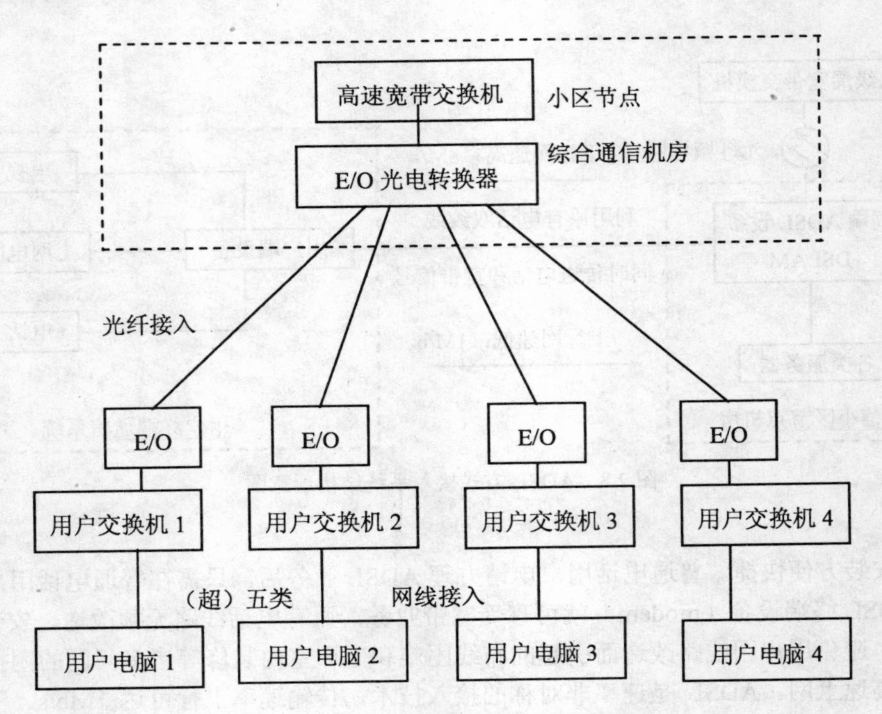

图 2.9 LAN 方式接入系统结构示意图

光纤到户的传送模式中，用户端的电话信号和宽带信号，都被“用户端设备”中的通信系统，组合转换成统一的“数字光信号”，直接传送到电信公司的机房“局端 FTTH 接口设备”中，以新一代 NGN 通信交换系统的数字通信方式，统一传送到信号对端。用户在家中，可以同时上网和打电话，不同的业务之间，互不干扰，保证了通信信号的稳定、高速、可靠地传送。这是目前各家通信公司都在大力推广的“新的通信接入方式”。具有光纤传输系统的“信号容量大、传输距离远、信号传输稳定可靠、不受雷电和环境电磁波干扰”等诸多优点，是当前和未来时期的通信发展新方向，为将来的“全光通信系统”的建立和发展，奠定了物质基础。

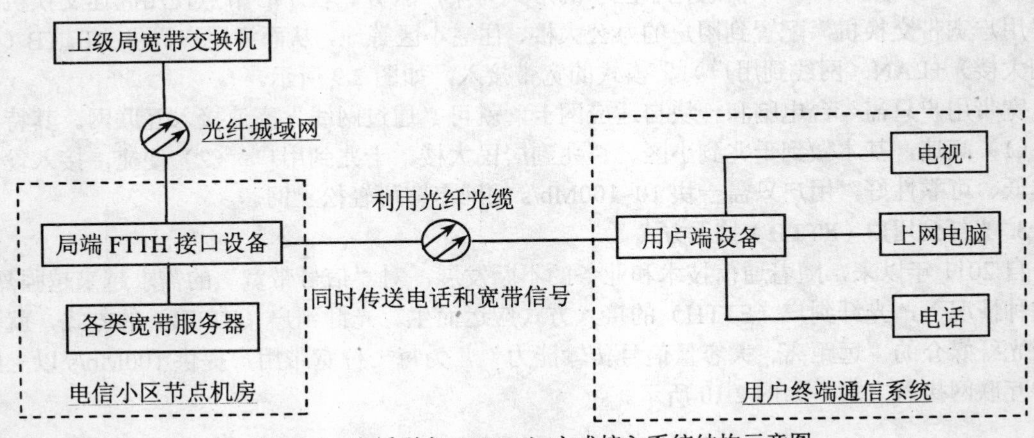

图 2.10 光纤到户（FTTH）方式接入系统结构示意图

2.3.2 互联网络的通信与信息业务

互联网作为现代信息的最大载体，它的出现带给人们实时的海量的信息，也促成了人们利用互联网及时传递信息的欲望。随着各类应用的实现和开发，互联网越来越成为信息社会的实际载体，下面分 3 点介绍互联网的实际作用。

1. 互联网的基本业务应用

互联网的基本业务应用，主要有"网站（页）的浏览"（Http）、"在线下载与在线视屏传播"、"传送邮件"和"远端登录（Telnet）"四种类型。其中，人们使用最普遍的是第一种——通过"软件浏览器（IE）"，或其他类型的浏览器软件，登录各类专业的网站，进行QQ 综合通信（在线）；浏览各类新闻及八卦消息；在线观看各类影视剧；写博客、微博等。

互联网对社会大众而言，其实就是一个汇集了各类网站的信息平台，每个网站都具有独立的"网址"和相关的"网页（展示的页面）"，随着网络功能的不断开发，人们发现，在社会上的绝大多数功能，通过互联网络，都能够实现。人们在网络上开展的各类活动，列表2.2 举例如下。

表 2.2　　基于网站登录的网上信息业务种类表

序号	功能	网站举例
1	浏览新闻、各类消息	各类新闻网站、论坛网站等
2	通信交流功能	QQ 在线：免费视频、音频和"打字式"通信、群聊等
3	网上看电影、电视	各类影视网站：可下载或"在线观看"电影电视节目，非常方便
4	网上购物	淘宝网、当当网等各类购物网站
5	在线上课	专业教学网站内进行，通常是"预约在线上课"的方式
6	银行服务	网上银行转账、付款、接收工资性收入——自己操作
7	网络游戏	相关专业网站设置，可在线娱乐
8	网络听音乐	
9	网络自我诊疗	通过终端设备，将自身生病信息、参数及时告诉在线的专家——物联网的应用
10	网络信息搜索	专业搜索网：百度网、谷歌网等；网站内搜索：各设立了搜索引擎（软件）的网站
11	网络收发电子邮件	通过网上的专业邮箱网站（如 163、126 等网址）进行。

2. 社会企业使用网络的主要业务

企业的主要业务功能是：通过网站，开展业务，如淘宝网的网购、腾讯网的 QQ 聊天（通信）、百度网的搜索信息、各类企业网、学校网的宣传以及内部网的办公功能（文件传递）、监控功能、生产线的精密控制功能、物联网的各类终端在线交流等。

3. 通信运营商、网络公司的作用

通信运营商、网络公司的作用：提供硬件平台，组网——各类用户接入。为企业、用户建立、维护网络和各类应用网站。

2.3.3 中国新一代互联网示范工程 CNGI 项目

1. 概述

中国下一代互联网示范工程(CNGI)项目，是国家级的战略项目，该项目由工业与信息化部、科技部、国家发展和改革委员会、教育部、国务院信息化工作办公室、中国科学院、中国工程院和国家自然科学基金委员会，共 8 个部委联合发起，并经国务院批准于 2003 年启动。

该项目的主要目的是搭建下一代互联网的试验平台，以 IPv6 为核心。以此项目的启动为标志，我国的 IPv6 进入了实质性发展阶段。

CNGI：中国下一代互联网（China's Next Generation Internet)，Next Generation Internet 即为 NGI。CNGI 项目的目标是打造我国下一代互联网的基础平台，这个平台不仅是物理平台，相应的下一代研究和开发也都可在这一平台上进行试验，目标是使之成为产、学、研、用相结合的平台及中外合作开发的开放平台。根据当时的网络发展规划，我国将会在 2005 年底建成一个覆盖全国的 IPv6 网络，该网络将成为世界上最大的 IPv6 网络之一。

目前，CNGI 项目实际包括六个主干网络，分别由赛尔网络（负责 CERNET 的运营)、中国科学院、中国移动等各大电信运营商负责规划建设。

2. 内容及进展

中国下一代互联网示范网络核心网：CNGI-CERNET 2/6IX 项目已通过验收，宣布取得四大首要突破：（1）世界第一个纯 IPv6 网，开创性提出 IPv6 源地址认证互联新体系结构；（2）首次提出 IPv4 over IPv6 的过渡技术；（3）首次在主干网大规模应用国产 IPv6 路由器；（4）在北京建成国内/国际互联中心 CNGI－6IX，实现了 6 个 CNGI 主干网的高速互联，实现了 CNGI 示范网络与北美、欧洲、亚太等地区国际下一代互联网的高速互联。

鉴定委员会成员、中国工程院副院长邬贺铨曾透露：“到 2008 年北京奥运会期间，中国将开始提供 IPv6 的商用服务。”上海电信一位高层也表示，在 2010 年上海电信在世博会期间，会提供更具规模和实际意义的 IPv6 相关商用服务。事实上，2008 年北京奥运会已首次在奥运史上采用 IPv6 建立了主页。

3. 下一代互联网的示范效应

所谓“下一代互联网”，是相对于目前人们使用的互联网而言的，虽然目前学术界对于下一代互联网还没有统一定义，但对其以下的 3 个主要特征，已达成共识：

（1）空间更大，下一代互联网具有非常巨大的地址空间。

（2）速度更快，是现在网速的 1000 倍。

（3）更安全，身份识别与唯一 IP 地址捆绑，防黑客和病毒攻击更有章可循。

众所周知，在电话通信中，电话用户是靠电话号码来识别的。同样，在网络中为了区别不同的计算机，也需要给计算机指定一个号码，这个号码就是“IP 地址”。因此，IP 地址在互联网的发展过程中起着举足轻重的作用。

目前互联网使用的是 IPv4(Internet Protocol version 4)地址协议，即 IP 地址协议的第四版，它是第一个被广泛使用，构成现今互联网技术的基石的协议。其地址为 32 位编码，可提供的 IP 地址大约为 40 多亿个，但由于美国先占用了大量地址，目前已经分配完了 70%，预计 2010 年左右将全部分配完毕。与此形成对比，截止 2008 年底中国的网民人数已达到 2.9 亿，居世界第一位，且增速没有减缓的趋势，IP 地址不足将严重制约中国及其他国家互联网的应用和发展，因此中国急需发展下一代互联网。中国国家发展和改革委员会张晓强副主任介绍说：

"首先我国面临 IP 地址资源短缺的严重问题，必须发展下一代互联网，IP 地址从某种意义上来说是像国土资源一样重要的战略资源。"

与目前普遍使用的互联网 IPv4 协议相比，IPv6 协议是下一代互联网使用的协议，采用 128 位地址长度，几乎可以不受限制地提供地址。按保守方法估算 IPv6 实际可分配的地址，整个地球的每平方米面积上可分配 1000 多个地址。在下一代互联网的研究进程中，IPv6 解决了当前最紧迫的可扩展性问题。

因此，IPv6 在全球越来越受到重视，美国、加拿大、欧盟、日本等发达国家都相继启动了基于 IPv6 的下一代互联网研究计划。为主动迎接全球互联网技术变革的挑战，中国国家发展和改革委员会、中国科学院等部门早在 2003 年就联合酝酿并启动了中国下一代互联网示范工程(CNGI)建设。国家发展改革委张晓强副主任介绍说："总体目标是：建成下一代互联网示范网络，推动下一代互联网的科技进步，攻克下一代互联网关键技术，开发重大应用，初步实现产业化。"

在互联网应用中，路由器把网络相互连接起来。路由器英文名为 Router，其作用一个是连通不同的网络，另一个是选择信息传送的线路。

4. 初步的成果

经过 5 年建设，目前中国以 IPv6 路由器为代表的关键技术及设备产业化初成规模，已形成从设备、软件到应用系统等较为完整的研发及产业化体系。而且中国下一代互联网示范工程项目，也使中国在下一代互联网研究及关键技术方面走到了世界前列。中国目前已经向互联网标准组织 IETF 申请互联网标准草案 9 项，已获批准 2 项，这是中国第一次进入互联网核心标准领域。

清华大学教授、中国教育部计算机网络技术工程研究中心主任吴建平说："在国内外 CNGI 有很大的影响，像美国互联网之父，去年年初参观了我们的研究之后有很大的感慨，认为我们的研究在世界上走在前列，另外对我们提供的两项的技术，给予肯定，认为将对全球互联网发展有重大贡献。"

此外，中国下一代互联网示范工程项目启动之初，就把产业发展摆到了第一位，并取得了丰硕成果，从关键设备 IPv6 路由器到相关软件及应用，初步形成了仅次于美国的下一代互联网产业群，彻底改变了第一代互联网时期受制于人的被动局面。中国的华为等公司的 IPv6 路由器等产品均在中国下一代互联网示范工程中担当了主力，并形成了系列的产业化格局。目前，中国下一代互联网示范工程中的相关国产设备及产品占 50%以上，部分甚至达到 80%。

目前，依托中国下一代互联网示范工程，中国开展了大规模的应用研究，如视频监控、环境监测等，并成功服务于北京奥运，开通了基于 IPv6 的奥运官方网站。中国地震局还建成了"基于 IPv6 的地震传感器示范网络"。

中国下一代互联网示范工程很好地将科学研究、技术开发、网络建设和产业发展结合，将高技术产业化项目与科学工程结合，为科学研究提供了一个通用平台，也为制造商提供了试验平台，成为可商用的网络，为下一步大规模应用打下了坚实基础。国家发展改革委张晓强副主任说："应用是发展的源泉，对用户来讲最重要也是最直接的就是新型业务的效果，只有提供突出体现下一代互联网特征与优势的业务，才能真正有效地推动下一代互联网的发展。"

2.3.4 互联网的通信特征

以互联网为代表的现代通信网络，最早是由"民间组织"发起和不断发展壮大的，它以简单、易用赢得了广大民众和社会的强烈追捧，逐渐成为了引领通信与信息行业发展的技术方向和新的业务增长点。专业的通信行业和各类“通信运营商”在这种信息的大潮中，也接受和发展了这一新的技术与市场。互联网在中国壮大发展的短短十几年间，是各种“民间的（非通信专业的）”网络公司，不断发展出许多的网络应用，极大地推动了互联网的规模和技术的不断发展，真正是“取之于民、发展于民、用之于民”。下面，是对互联网技术与发展特征的几点总结。

1. 技术发展来自于民间（非通信专业）

现有的互联网，只是提供了一个“连接千家万户”的巨大的网络平台，“互联网应用”的许多新内容、新功能和新技术，都是由各类网络公司（非通信运营商）引导和开发的。这样，就造就了“全民参与网络发展”的信息行业新格局，对每一家具有实力的网络公司而言有机会，发挥自身的技术优势和独特之处，寻找新的技术和业务增长点，不断推动互联网信息行业的壮大和发展，呈现出“百花齐放、百家争鸣”的繁荣发展的新格局。也造就了更多的网络公司，进入到“通信增值运营商”的行列中来。

2. 互联网应用的发展依靠社会大众的广泛参与

互联网应用和技术的发展，离不开广泛的人民群众参与性。所以，网上推出的各类销售购物、网络游戏、QQ（博客）空间和微博等各类应用的成功实施，主要是坚持了“操作简单易用”和“功能实用性强”等特点，充分满足了社会大众的各类需求，从而获得了社会的广泛认可和追捧。

3. 互联网应用的未来发展是向社会需求的深度和广度不断前进

互联网的发展是非常迅速和广泛的，但是社会和企事业单位的各种需求还有待于网络公司继续去开拓和发展，社会信息化的各个领域，还有待于有识之士的不断开拓和努力。所以，互联网应用的未来发展是将社会信息化的需求的深度和广度不断前进，努力将“各类信息化技术”武装我们社会的各个方面，从而大力推进我们社会信息化的程度不断深化。

4. 互联网技术的发展重点是智能编程化和实时优化网络资源

现代互联网技术的发展重点是不断改进的网络编程技术。主要是体现在“基于互联网（web）的编程技术”和“网络通信的网站建设（编程）”，所以未来网络技术的重点发展方向，自然是基于互联网的智能化编程技术。并且编程技术的升级也会越来越快——反映出技术方向的智能化编程发展。

同时，互联网内的路由器的各种通信机制，体现出实时优化网络路由资源的特征，使得互联网系统始终处在一个“高效、高速传播”的动态优化状态中。

2.4 多媒体通信系统概述

多媒体技术，是自改革开放以来，国人接触最多的、包括“音乐立体声”、“高保真音视频播放效果”的一项令人激动、给人音视频“震撼效果”的现代化技术！与通信行业的其他单项技术类似，多媒体通信技术，也正处在“经久不衰，长期发展”的过程中——是下一代的“通信信息”追求的表现方式！

20 世纪 70 年代末期，是“电子技术”大行其道的时代。当时，适逢我国改革开放之初，“时髦青年”们戴着“蛤蟆镜”，拎着日本“三洋牌”双卡双声道收录机，播放着邓丽君的歌曲，或是“太阳岛上”之类的时尚歌曲，招摇过市——那种“时髦”的“典型场景”，至

今仍给人留下深刻的印象。还有些“音乐发烧友”们，为了追求高质量的音乐视听效果，自制“多声道功放器”电子电路，形成了多声道（喇叭）的“环绕立体声”信号功率放大系统，形成逼真的、震撼的音乐效果，至今仍是老一代的人们“想当年”时，津津乐道的话题。

本节首先介绍通用的“多媒体”的概念、种类和表现方式；然后，按照“音频效果”、“静态图像（图片）效果”和“连续视频播放效果”的顺序，由浅入深地介绍“当前多媒体信号的组成与通信”的技术和国际标准，特别是我国自行开发的AVS视频标准。另外，国际上最新推出的“蓝光多媒体播放国际标准”的系统组成和工作原理，也是本节要介绍的特色内容之一。“追寻历史起源，分析实际应用”是本教材坚持的两大特点，在本节也得到充分的体现。

2.4.1　多媒体技术概述

1. 多媒体的概念

能同时提供多种媒体（信道）效果的信息传送系统，称为“多媒体系统”。如多路音响视听系统、可视电话系统、网络电视系统等。而多媒体信息技术则是对信息进行“表达”、“存储”和“传输”处理技术的总称，主要分为两个部分的内容：一是通过计算机技术对信息本身进行制作与处理的过程，即多媒体信息制作技术；二是通过现代通信技术进行传输和表达（播放）的过程，即多媒体通信系统。

多媒体通信技术的特点有三点：其一是依靠和充分应用计算机技术和现代网络通信技术，对信息进行统一格式的数字化、标准化编程，便于存储和反复使用多媒体信息产品——如磁带、CD/VCD/DVD光盘、电脑硬盘中的存储节目和数码相片等；其二是信息量大与表现形式的多种信道的感受，带给人们充分的视听震撼效果；第三是制作与使用过程的实时互动性，可以通过计算机硬盘、网络或多媒体产品，随时随地点播欣赏或使用之，因而它将逐渐成为现代信息处理与传播表达的主要方式之一，也是组成现代信息社会的基础技术之一。

这里的“媒体”是指信息传递和存取的最基本的技术和手段，而不是指媒体本身。例如，我们日常使用的语音、音乐、报纸、电视、书籍、文件、电话、邮件等都是媒体。

2. 多媒体的种类和特点

根据国际电联（ITU-T）的定义，信息传播的媒体（信道）共分为以下五类：

（1）感觉媒体(Perception Medium)：由人类的感觉器官直接感知的一类媒体。这类媒体有声音、图形、动画、运动图像和文本等。

（2）表示媒体(Representation Medium)：为了能更有效地处理和传输各类信息，而将信息转换形成的一种媒体，也就是用于数字信息通信的各类编码处理技术，如图像编码、文本编码和声音编码以及压缩技术等。

（3）显示媒体(Presentation Medium)：进行信息输入和输出的媒体，如显示屏、打印机、扬声器等输出媒体和键盘、鼠标器、扫描仪、触摸屏等输入媒体。

（4）存储媒体(Storage Medium)：进行信息存储的媒体，有硬盘、光盘、软盘、磁带、ROM、RAM等。

（5）传输媒体(Transmission Medium)：用于承载信息，将信息进行通信传输的媒体，也就是由通信电缆、无线链路、通信设备等组成的各类通信系统等。

多媒体技术所涉及的“媒体”的含义，在这里特指“表现的方式”，而且主要是指“数字化的信号表现方式”。因此，也可以说，多媒体就是多样化的数字信号的表现方式。

和多媒体概念相对应的是“单媒体”表现方式，以往的信息技术，基本上是以“单媒体”的方式进行的，如有线电话、单声道广播等媒体技术，大多都是如此。人们在获取、处理和交流信息时，最自然的形态就是以多媒体方式进行——往往表现为视觉、听觉、甚至嗅觉等感觉器官的并用，共同感知信息的表现效果。单媒体方式只是一种“最简单的”、“初级的”信息交流和处理的方法，而多媒体方式才具备“丰富多彩”的信息表现方式，是人们交流的理想、真实的表达方式。

多媒体信息的通信网络，主要是传统的电话通信网、广播电视网以及日益发展的IP宽带互联网。其传输，主要表现为语音、图形和视频信息等的传播，表2.3是几种信号传播方式的特征参数。

表2.3　**多媒体信号传输的特征参数一览表**

媒体类型	最大延迟（S）	最高速率（Mb/s）	最高误码率BER
图形、图像	1	2~10	10^{-4}
语音	0．25	0．064	10^{-1}
视频	0．25	100	10^{-2}
视频压缩	0．25	2~20	10^{-6}

多媒体技术不仅使计算机应用更有效，更接近人类习惯的信息交流方式，而且将开拓前所未有的应用领域，使信息空间走向多元化，使人们思想的表达不再局限于顺序的、单调的、狭窄的一个个很小的范围，而有了一个充分自由的空间，并为这种自由提供了多维化空间的交互能力。总之，多媒体技术将引领信息社会逐渐进入到新一代的信息传播和表达的美好境界。

2.4.2　多媒体通信的关键技术

主要有“信息压缩处理技术”、“有线网络通信技术”、“移动多媒体通信技术”、“多媒体数据库技术”等。

1. 多媒体信息源处理（信源编码）技术

目前，在多媒体信息压缩技术中最为关键的就是音/视频压缩编码技术。一般来说，多媒体信息的信息量大，特别是视频信息，在不压缩的条件下，其传送速率可在140Mb/s左右，至于高清晰度电视（HDTV）可高达1000 Mb/s。为了节约带宽，让更多的多媒体信息在网络上传送，必须对视频信息进行高效的压缩。

经过了20多年的努力，视频压缩技术逐渐成熟，出现了H.261~ H.264、MPEG-1~4、MPEG-7等一系列音/视频压缩的国际标准。即使是高清晰电视影像节目（HDTV），经过压缩后的传输速率只需20 Mb/s。至于普通的“可视电话”信息，在现有的电话网络（PSTN）上传送时，也可压缩为20 kb/s左右的数码流。语音信号的压缩技术也得到了重大的发展，一路语音信息如不压缩，需要64 kb/s的速率；经过压缩后，可以降到32 kb/s、16 kb/s、8 kb/s甚至移动电话传输的5~6 kb/s。为了提高“通信信道利用率”这个重要的指标，“视频与音频压缩编码”是通信行业十分重视、也是想方设法必须解决的多媒体信源编码技术课题。

2. 多媒体通信的宽带网络传送技术

在多媒体通信系统中，网络上传输的是多种媒体综合而成的一种复杂的数字信息流，它不但要求网络对信息具有高速传输能力，还要求网络具有对各种信息的高效综合处理能力。按照目前的通信网络技术看来，以“单模光纤传输技术”和“电信级的IP网络通信技术”为特征的下一代通信网络（NGN）是实现多媒体通信的主要技术手段。

通信技术发展到2011年，中国的通信行业以接入网“光纤到户（FTTH）启动元年”为技术特征的现代通信技术，正逐步迈向信息传播的“大容量、高速度”时代，光纤以它“传播速度快、传输距离长、优异的通信特性、稳定的技术特征”的种种技术优势，正成为现代通信传输的主要手段，引领通信系统，稳健地进入到未来的“全光通信网络”的系统中。

在交换技术方面，2006年已逐步展开的以“电信级的IP网络通信技术”为特征的下一代通信交换网络（NGN），已逐步在全国各地开花结果，自上而下的拓展方式，已经形成了“开放式的、灵活调度式的、面向未来的”通信网络新格局。未来的发展方向，应是努力实现“光信号的处理与交换”的新技术。

综上可知，现代通信网络的发展，“从网络硬件”上，已经形成了“大容量传输和交换处理”的整体格局，未来网络的发展，将转向到“发掘各类网络功能应用——物联网的发展”上面来。这是一项“全民参与”的社会化应用工程，相信在不久的将来，会出现越来越多的QQ、淘宝、百度、网上在线健康咨询等各类适合社会大众的应用功能。

3. 多媒体通信的终端技术

“多媒体通信终端”是指能集成多种媒体信息，并具有网络交互功能的用户通信终端。它必须完成信息的采集、处理、同步、显现等多种功能，必须具备小型化、可靠、低价的产品，因此“大规模集成电路（VLSI）”和“电子设计自动化（EDA）”技术也是必不可少的。无疑，这些问题的解决将会推动多媒体通信终端技术的迅速发展。

随着网络应用的逐渐开拓和发展，以各类家庭“在线应用”的网络终端设备，将会越来越受到社会和人们的青睐。下面的表2.4中，列出了部分未来热门的“网络终端”产品的种类，供大家参考。

表2.4 **未来热门的“网络终端”产品的种类示例表**

序号	热门在线功能名称	产品功能说明
1	专业购物	专门的购物在线网络，具有“视频”、“团购打折”功能，可靠性高
2	交通旅游服务	出行交通旅游顾问、在线订票、具有“视频”、“团购打折”功能
3	在线健康检查咨询	具备家庭检查身体功能，同时具备在线视频医疗咨询，家庭医院功能
4	在线上学	网络学校，专为各类学生开设的各类教学项目。具备1对1、1对多人教学功能
5	在线电脑、信息服务	专为“电脑故障”、网络故障、终端故障开设的在线服务功能
6	在线各类技术服务	为企事业单位，提供各类技术设计方案和服务的功能
7	在线订餐	为单位、家庭、个人提供餐饮服务，或送餐、或预订餐饮

4. 移动多媒体通信技术

由于移动多媒体通信需要信息的无线传输技术的支持，其关键技术除了上面介绍的三点，还包括以下三个方面的移动多媒体信息传输技术：

（1）射频技术。从射频技术的角度来看，它的发展不很明显，但新频段的开发和应用却是日新月异的，第三代移动通信系统规定使用 2 GHz 频段，因此移动接入系统使用的频段要做相应的调整。有些提议移动多媒体通信系统使用 2.5 GHz 频段和 5 GHz 频段，但这些频段传播特性不是很好。现在很多机构都在研发 17 GHz、19 GHz、30 GHz、40 GHz、60 GHz 频段的应用。

（2）多址方式。CDMA 是第三代移动通信的代表性多址方式，数据传输速率达到 2 Mb/s，能够实现多媒体通信。应当说多址方式可以作为移动多媒体通信的接入方式。

（3）调制方式。要实现移动多媒体通信，就现有的各种调制技术而言，正交频分多路（OFDM）技术是最优的选择。这种技术方式不需要特别高的宽带线性功率，也不必担心高功率信号对常规信号功率的影响。OFDM 的数字信号处理比工作在相应速率的均衡技术简单，由于载波频率正交，OFDM 有较好的多路干扰抑制能力。

5. 多媒体数据库技术

数据库是指与某实体相关的一个可控制的数据集合，而数据库管理系统(DBMS)则是由相关数据和一组访问数据库的软件组合而成的，它负责数据库的定义、生成、存储、存取、管理、查询和数据库中信息的表现（Presentation）等。传统的 DBMS 处理的数据类型主要是字符和数字。传统的数据库管理系统在处理结构化数据、文字和数值信息等方面是很成功的。

多媒体数据库的基本技术主要包括：多媒体数据的建模、数据的压缩 / 还原技术、存取管理和存取方法、用户界面技术和分布式技术，等等。为了适应技术的发展和应用的变化，多媒体数据库应该具有开放的体系结构和一定的伸缩性，同时它还需要满足如下要求：具备传统数据库管理系统的能力；具备超大容量存储管理能力；有利于多媒体信息的查询和检索；便于媒体的集成和编辑；具备多媒体的接口和交互功能；能够提供统一的性能管理机制以保证其服务性能，等等。

2.4.3 多媒体语音编码技术

1. 多媒体声音源与数字化

声音按频率可分为次声波（20Hz 以下）、可听声波（20~20000Hz）和超声波（20kHz 以上）三类，人类说话的声音频率通常在 300~3000Hz 之间，这个频率范围之内的信号称为“语音信号”，也是多媒体系统传播的第 1 类声音信号，通常通过传统的电话通信（手机、固定电话等）系统传输，这类信息通常是不需要存储的即时信号。多媒体系统传播的第 2 类信号，是各种影视作品，以广播、CD/VCD/DVD 光盘以及通信宽带网络等方式传播，表 2.5 是多媒体声音制品的特征分类。

表 2.5　**多媒体业务语音传输特征分类表**

声音类别		频率范围（Hz）	应用范围	单声道传码率（kb/s）
1 类	一般语音信号	300~3000	电话传输	64（电话），88.2（影视作品）
2 类	歌曲、电视、广播	50~7000	广播、电视伴音	172.24 / 344.48（8/16 位量化）
	高保真音乐欣赏	50~20000	DVD、高保真音乐欣赏	344.56 / 705（8/16 位量化）

语音信号通过“采样、量化、编码”等标准的数字化处理步骤之后，转换为“0、1代码”的数字信号流，第1类电话语言信号经数字化编码后，转换为64kb/s的数字信息流；第2类影视作品，根据信号效果的不同，采样频率分为11.025kHz、22.05kHz和44.1kHz、量化级分别为8位和16位，分为上表中的3级信息传码率；在计算机中，数字语音信号的存储文件主要有wave、mp3、wma和midi等4种格式，专业的音乐人士一般喜欢使用无信号压缩的高质量wave格式进行操作，而普通大众则更乐意接受压缩率高、文件容量相对较小的mp3（11倍压缩率）或wma（20倍以上压缩率）格式。

2. 多媒体语音编码标准

普通调幅广播质量的音频信号频率范围是50~7000Hz，当使用16kHz的采样频率和14位数字量化编码时，形成的多媒体语音信号速率为224kb/s。1988年CCITT(ITU前身)制订了G.722标准，专门负责将该多媒体音频信号转换为64kb/s。

高保真立体声音频信号质量的频率范围是50~20000 Hz，在44.1kHz的采样频率下用16位数字量化编码时，语音信号速率为705kb/s。国际上流行的高保真立体声音频信号采用MPEG-1（即mp3）标准，它提供3种编码速率：一是384 kb/s，主要用于小型盒式磁带（DCC）模式的数字信号存储；二是192~256 kb/s，主要适用于数字广播音频、CD/VCD/DVD等信号模式的存储和播放；三是64 kb/s速率，主要应用于通信网络上的音频信号的传输。

在计算机上，可以通过相应专用软件对音频信号的格式进行转换，例如通常使用豪杰公司的“豪杰超级解霸3000”软件中的一个实用工具——MP3格式转换器，进行MP3格式与其他几种格式之间的转换。

另一种十分流行的语音编码模式是“AC-3（Audio Code Number 3）”系统，这是由美国Dolby（杜比）公司推出的高保真立体声音频编码系统，它采用了指数编码、混合前/后向自适应比特分配及耦合等一系列新技术；测试结果表明，AC-3系统的总体性能要优于MPEG模式，在实际生活中得到广泛的采用。

2.4.4　多媒体静止图像编码技术

多媒体图像/视频信号分为“静止图像”和“动态视频流图像”两大类，下面首先介绍几个与图像有关的概念，然后对静态和动态的视频信号分别予以叙述。

1. 与图像有关的几个概念

（1）图像像素与图像分辨率、系统分辨率

在多媒体图像中，一幅图像是由纵横（XY坐标）2维空间上的图形元素组合而成的，基本的图形组成元素称之为“像素”，一幅图像的总像素数量一般是由“横向像素总数×纵向像素总数”的模式表现出来的，图像的总像素数量即称为“图像分辨率”；除了每一幅多媒体图形具有各自的“分辨率”之外，还有“系统分辨率”的说法，是指图像产生、显示设备所具有的“图形分辨率”；例如，某数码相机对数字照片的表现（产生）能力，也用“相机分辨率”表示，电脑显示器也有“显示分辨率”的指标，常用的电脑显示分辨率模式为320×200、640×480、800×600、1024×768、1280×1024、1600×1200等。

（2）像素的颜色

多媒体像素的颜色指每个像素所使用的颜色的二进制位数，对于彩色图像来说，颜色深度值越大，显示的图像色彩越丰富，画面越逼真、自然，但数据量也随之激增，常用的颜色二进制位数分别是4位、8位、16位、24位和32位，其颜色评价如表2.6所示。

表 2.6　多媒体图像颜色组成与评价表

颜色深度/位	像素颜色数值	颜色数量	颜色评价
4	2^4	16	简单色图像
8	2^8	256	基本色图像
16	2^{16}	65536	增强色图像
24	2^{24}	1677216	真彩色图像
32	2^{32}	4294967296	

对 8 位/字节的存储单元而言，一幅图像的存储字节数计算公式如下：图像的存储字节数==图像分辨率×颜色深度位数/ 8。

（3）视频与帧速率

人的眼睛具有“视觉暂留”的生物现象，即被观察的物体消失后，其影像在人眼中仍保留一个非常短（约 0.1 秒）的时间，利用这一现象，将一系列画面以足够快的速率连续播放，人们就会感觉该移动的画面变成了连续活动的场景，这就是“放电影”的原理；所谓“视频”的概念，也就是指利用人类“视觉暂留”现象的一系列快速连续播放的画面，达到“放电影”的视觉效果这一过程。这里一幅幅单独的画面图像就称为“帧”，单位时间内连续播放的画面速率称为“帧速率”，典型的帧速率为 25 帧/秒（中国）和 30 帧/秒（美国、日本等）。

（4）电视制式

所谓“电视制式”，指电视播放的标准，目前的电视播放仍然采用“模拟信号”的方式，常用的电视播放制式如表 2.7 所示。

表 2.7　多媒体电视业务传输特征分类表

电视制式	系 统 特 点	使 用 情 况
PAL	25 帧/秒，每帧 625 行，场扫描频率 50 Hz，宽高比 4：3，隔行扫描	英国、德国等西欧国家，中国、朝鲜
NTSC	30 帧/秒，每帧 525 行，场扫描频率 60 Hz，宽高比 4：3，隔行扫描	美国、日本、韩国、台湾、菲律宾
SECAM	25 帧/秒，每帧 625 行，场扫描频率 50 Hz，宽高比 4：3，隔行扫描	法国、前苏联、东欧国家
HDTV	每帧 1000 行，场扫描频率较高，宽高比 16：9，逐行扫描，数字信号	—

2. 多媒体静止图像（照片）

多媒体静止图像指针对图像传真、彩色数码照片等“静止的图像”多媒体信息进行产生、存储和远距离传送通信的处理，主要采用 ITU-T 联合图像专家组（JPEQ）制订的 JPEQ 和 JPEQ 2000 标准压缩模式，该模式是压缩比为 25：1 的有损压缩方式，通过“正向离散余弦变换（DCT）”、“最佳 DCT 系数量化”和“霍夫曼可变字长编码”等 3 个压缩步骤，形成相应的数字信息模式，存储在电脑硬盘或其他存储器中，利用专门的图像编辑软件，非常便

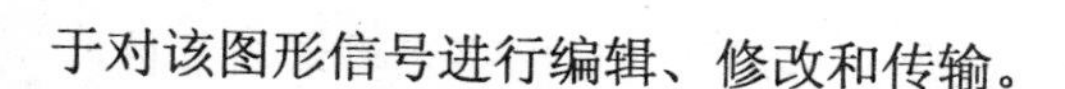

于对该图形信号进行编辑、修改和传输。

2.4.5 多媒体运动视频流图像编码技术

运动视频流图像指针对影视作品、IPTV 等“动态视频流图像”信息，进行产生、存储和远距离传送通信的处理，由于其信息量非常大，根据 CCITT-601 协议，广播质量的数字视频（常规电视）的传码率就达到 216Mb/s，而高清晰度电视则在 1.2Gb/s 以上，如果没有高效率的信号压缩编码技术，是很难传输和存储如此庞大的视频流图像信息的。按照实际的需求和通信质量，视频流图像信号可分为 3 类：低质量可视电话级、中等质量视频信号级和高清晰度电视信号级，表 2.8 分三类予以说明。

表 2.8 多媒体电视业务质量等级分类表

视频质量等级	系统特征	典型应用
低质量可视电话级	画面较小，帧速率较低（5~10 帧/s）,	可视电话、会议电视
中等质量视频信号级	画面合适，帧速率较适中（25~30 帧/s）	普通数字电视、IPTV
高清晰度电视信号级	画面较大，帧速率较高（大于 30 帧/s）	高清晰度电视

国际电信联盟制订了一系列的运动视频流图像处理标准，其中最典型的是 H.261 和 ITU-T 运动图像专家组（MPEG）制订的 MPEG-1、2、4 等标准压缩模式，下面分别予以说明各自的用途。

1. H .261 标准

H .261 是 CCITT（ITU-T 的前身）于 1990 年 12 月公布的第 1 个国际视频流压缩标准，主要用于电视电话和会议电视，以满足当时（1991 年）ISDN 通信网络的发展需要。其特点是以 P×64kb/s（P=1~30）为传输速率，当 P=1~2 时仅用于可视电话；当 P=6~30 时支持会议电视系统，可以在电话通信网中传输。

2. MPEG–1 标准

MPEG-1 是 CCITT 于 1991 年 11 月公布的关于传码率为 1.5Mb/s 以下的国际标准（ISO/IEC 11172），其设计指标如下：

（1）在存储媒体上，达到 VCD 的标准，可以通过 CD/VCD 等光盘录制信息节目。

（2）在图像质量方面，帧速率为 25 帧/秒和 30 帧/秒；达到普通电视画面的效果。

（3）在通信方面，采用类似于 H.261 标准的编码方式，能适应多种通信网络的传输方式，如 ISDN 电话网和 LAN 计算机局域网；在传输速率上，为 1~1.5Mb/s，以 1.2Mb/s 为合适，这是当时计算机通信网络的传输速度。

MPEG-1 编码系统包括 MPEG 系统、MPEG 视频和 MPEG 音频三部分，将压缩后的视频信号、语音信号及其他辅助数据统一“包装”起来：将它们划分为一个个 188 字节长的分组，以适应不同的传输或存储方式。在每个分组的字头设置时间标志参数，为解码提供“图声同步”的功能；形成便于存储和网络传送的文件格式。

MPEG-1 标准的公布，极大地推动了 Video-CD（VCD）影视盘的发展，尽管它本身只设计了双声道的音频信号的传播，在当时的环境下，也达到非常“震撼”的豪华视听效果。同时，对影视作品的网络化传播与下载，也开创了技术模式上的先河，其压缩数据能以文件的形式，在视频服务器和电信宽带网络上传送、管理和接收，客户能通过网络点播该类节目，形成了 VOD 的效果。

3. MPEG−2 标准

MPEG-2 是由 MPEG 工作组于 1994 年 11 月推出的国际标准（ISO/IEC 13818），是对 MPEG-1 标准的继承和升级，传码率为 10Mb/s，适用于更广泛的多媒体视听领域；以后又对该标准进行了扩展。

MPEG-2 编码系统延续了 MPEG-1 的编码原则，也包括 MPEG“系统”、“视频”和“音频”三部分，同时又增加了一个“性能测试”部分。其中，系统模块定义了编码的语句和语法，以实现一个或多个信息源的音视频数据流的形成；视频模块引入了“分级服务质量”的概念，为了适应不同的应用需要，该标准制订了 5 种不同的档次，每种档次又分为 4 个质量服务等级，因而具有较强的分级编码能力，其压缩比可变且最高可达 200∶1，具体的等级分类应用情况如表 2.9 所示。

表 2.9　MPEG−2 视频等级标准与分类应用一览表

服务等级	图像标准（分辨率×帧速率）	应　用
低级 Low	352×288×30	面向 VCR，并与 MPEG-1 全面兼容
基本级 Main	720×460×30 或 720×576×25	面向现有的 PAL / NTSC 电视广播模式
高 1440 级 High-1440	1440×1080×30 或 1440×1152×25	面向各种制式 HDTV
高级 High	1920×1080×30 或 1920×1152×25	

音频处理模块，提供了 8 个声道，包括 5 个全频段声道，2 个环绕立体声声道和 1 个超重低音声道。真正实现了“家庭影院”和“影视剧场”中高保真环绕立体声的音频“震撼”效果。

MPEG-2 的应用领域很广，它不仅支持面向存储媒介的应用，而且还支持各种通信环境下多媒体数字音视频信号的编码和传输，如数字电视、IPTV 和 DVD（数字视频光盘），以及面向未来的高清晰度电视（HDTV）的应用和普及。为信息化社会的发展，奠定了技术基础。是目前应用广泛的主流多媒体标准。

4. 其他多媒体视频标准

（1）H.263 标准，是 ITU-T 为低比特率应用而特定的视频压缩标准。这些应用包括在 PSTN（公共电话网）上实现可视电话或会议电视等。

（2）H.264 标准，是 ITU-T 和 ISO/ICE 的 MPEG 的联合视频组（JVT）开发的标准，也称为 MPEG－4 Part 10。H.264 因其更高的压缩比、更好的 IP 和无线网络信道的适应性，在数字视频通信和存储领域得到越来越广泛的应用。

（3）MPEG-4 标准，是为视听数据的编码和交互播放而开发的第 2 代 MPEG 标准，于 1998 年 11 月公布，是一个全新概念的、使用范围很广的多媒体通信标准。

MPEG-4 的目标是为多媒体数据压缩提供了一个更为广阔的平台。它更多定义的是一种格式、一种结构系统，而不是具体的算法。MPEG-4 的最大创新在于为用户提供具体的、个性化的综合系统业务能力，而不是仅仅使用面向应用的固定标准。此外，MPEG-4 将集成尽可能多的数据类型，例如自然的和合成的数据，以实现各种传输媒体都支持的内容交互的表达方法。通过 MPEG-4，我们能够建立一个家庭音响合成中心、一个通信网关或是一个个性化的视听系统。MPEG-4 可用于移动通信和公用电话交换网，支持可视电话、视频邮件、电子报纸和其他低数据传输速率场合下的应用，是目前国际主流的多媒体传输应用标准。

在 MPEG-4 中，采用了发送多媒体综合信息流框架 DMIF（Drlivery Multimedia Integration Framework）的结构，用来整理一系列的音视频数码流。该结构独立于具体的通信接入网络。对用户而言，DMIF 是一个灵活的应用接口，它还需要申请到通信所需的业务质量 QoS（带宽、时延要求等）参数。

MPEG-4 的数据流分为两大部分，即与传输网络有关的输出数据流和与各类媒体信道有关的上层数据流，如图 2.11 所示。

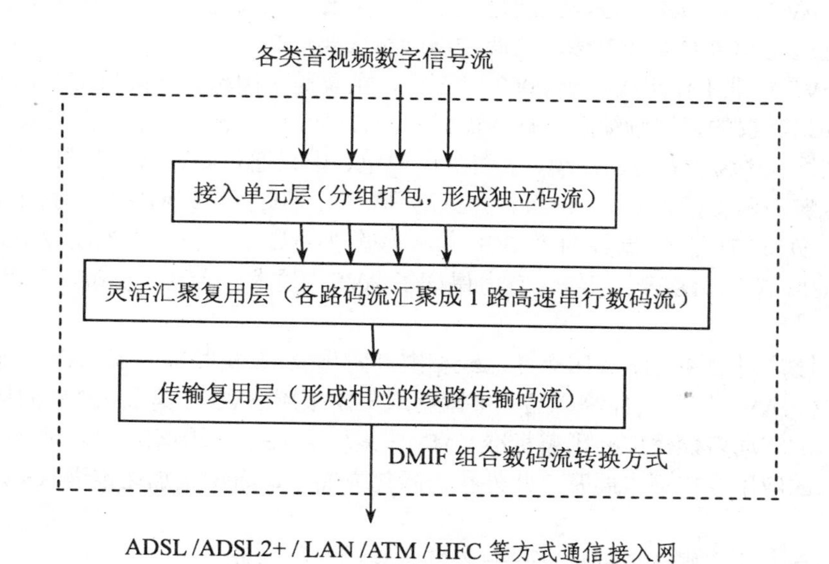

图 2.11　MPEG-4 数码流 DMIF 组合框架示意图

由图 2.11 可看出：各多媒体音视频数码流经过 3 个步骤形成统一的信息流，进入通信接入网发接口电路中。首先，各基本银视频信息进入“接入单元层”，在此分组打包，形成独立的数码流；然后进入“灵活汇聚复用层”，将各路码流汇聚成 1 路高速串行数码流，到达“传输复用层”单元；最后，经过传输复用层的数据适配处理，传入到通信网络中，形成多媒体信息流。

（4）MPEG-7 多媒体内容描述接口

MPEG-7 的工作于 1996 年启动，名称为多媒体内容描述接口(Multimedia Content Description Interface)，其目的是制定一套描述符标准，用来描述各种类型的多媒体信息及它们之间的关系，以便更有效地检索信息。这些媒体“材料”包括静态图像、3D 模型、声音、电视及其在多媒体演示中的组合关系。MPEG-7 的应用领域包括：数字图书馆、多媒体目录服务、广播媒体的选择、多媒体编辑，等等。

（5）AVS 标准

正式名称为《信息技术先进音视频编码》，是由我国推出的，第一个具有自主知识产权的数字音视频编解码技术标准。AVS 标准的数字视频编解码技术标准已于 2006 年 2 月被公布为中国国家标准，它是我国第一个具有自主知识产权、达到国际先进水平的数字音视频编解码标准，是高清晰度数字电视 、高清晰度激光视盘机、网络电视、视频通信等重大音视频应用所共同采用的基础性标准。在编码效率上，AVS 比传统的 MPEG-2 效率高了二至三倍，在计算资源的消耗上降低了 30%~50%。尽管如此，AVS 还是选择了与 MPEG-2 系统兼容的道路。主要是因为，MPEG-2 已有较长的发展历史，在产业链的上游设备生产环节中形成了一定的规模效应；在下游的接收设备中，其关键芯片也都是遵循 MPEG-2 标准。短时间内很难扭转这样巨大的产业惯性。因此，为了实现平滑过渡，在设计 AVS 时，对 MPEG-2 实行兼容而非取代。

此外，AVS 除了技术先进、性能稳定之外，重要的是其拥有完全自主知识产权，在专利费用方面远远比 MPEG-4 和 H.264 这两种国际标准要低。

我国 AVS 标准工作组成立于 2002 年 6 月，主要是中国部分研究机构及彩电企业为研发拥有自主知识产权的音视频编解码技术而成立的。AVS 这一标准一直得到包括 TCL、北京海尔广科、创维、华为、海信、浪潮、长虹、上广电、中兴通讯等通信企业与厂家的大力支持，广电总局也曾表示支持。AVS 工作组有“三驾马车”，即负责组织研究制定技术标准的“AVS 工作组”、负责知识产权事务的“AVS 专利池管理委员会”和负责推动 AVS 产业应用的“AVS 产业联盟”。这三个组织，有力保证了 AVS“技术、专利、标准、产品、应用” 的协调发展。

AVS 国家标准颁布后，我国企业已经相继开发出 AVS 实时编码器、AVS 高清解码芯片、AVS 机顶盒、AVS 解码软件等产品。中国网通集团采用 AVS 作为其 IPTV 的标准。国家广电总局组织的移动多媒体广播国家标准 CMMB 采用 AVS 视频国家标准，地面广播数字电视等其他领域的应用也在逐步展开；此外在国际化方面，该组织正加速推进 AVS 国际化产业化进程。

（6）最新一代多媒体视频标准——蓝光多媒体视频标准

对 DVD 说再见吧！新一代多媒体视频标准——蓝光的时代终于到来了，韩国著名的三星公司已经宣布在 2006 年 6 月 25 日正式推出世界上第一款市场化的蓝光播放器 BD-P1000，如图 2.12 所示。

“蓝光音视频传播技术”体制（Blu-ray），或称蓝光盘（Blu-ray Disc，缩写为 BD），是利用波长较短(405nm)的“蓝色激光（Blu-ray）”读取和写入数据，并因此而得名。

传统的 DVD 是用激光器（LD）光头发出的红色激光(波长为 650nm)，来读取或写入数据的，通常来说，波长越短的激光，能够在单位面积上记录或读取的信息就越多。因此，蓝光光盘的存储容量远远高于普通的现行 DVD 光盘。该光盘制式是三菱等公司联合提出的“新一代 DVD 音视频传播”标准，与传统的 DVD 标准相比，容量提升了数倍，支持 25~200G 的容量，远大于现在的 DVD-9 制式的 8.4G。包括美国著名的华纳兄弟电影公司（WB）、福克斯电影广播公司（FOX）等六家世界著名电影制作企业，都表示将会出版“蓝光格式”的电影，蓝光播放器就是为这个准备的。

“蓝光音视频传播技术”制式，是目前世界上最先进的大容量光碟制式，也是一个播放视频的新标准（软件），比 DVD 画面清晰。可达到 1080p 画面，影像完全没有“失真”的感觉，而且一些细节也更加清晰，特别在高速动态画面的时候，同样能保持很好的表现，容量也大。与传统的 CD 或是 DVD 存储方式相比，BD 光盘显然带来更好的反射率与存储密度，这是其实现容量突破的关键。蓝光产品的巨大存储容量，为高清电影、游戏和大容量数据存储提供可能和方便，将在很大程度上促进高清娱乐的发展。

图 2.12 蓝光多媒体播放器和光盘示意图

蓝光制式作为新一代的多媒体播放与传输的标准格式，其根本原因就在于技术的领先和强大的企业生产-销售联盟，同时也就更受消费者青睐。蓝光刻录机系统可以兼容此前出现的各种光盘产品。蓝光光碟还拥有一个异常坚固的表层，来保护光碟里面重要的记录层，可以经受住频繁地使用、指纹、抓痕和污垢，以此保证蓝光产品的存储质量和数据安全。

蓝光播放器能够通过 HDMI 接口实现采用 1920×1080 分辨率的蓝光碟片的 1080p 高清格式输出，并且能够支持包括 Mini-SD 和 MMS 短棒在内的多钟记忆卡的读取功能，理论上完全显示将近 4.4 万亿种颜色。

2.4.6 流媒体通信技术

流媒体（Streaming Media）音视频通信技术，是指通过宽带 Internet 互联网，提供即时点播影像和声音的新一代多媒体通信技术，最典型的应用就是“视频点播 VOD（Video On Demand）”。它近乎实时的交互性和即时性，使其迅速成为一种崭新的多媒体通信传输渠道。

1. 流媒体的工作方式

在网络上传输视频、音频等多媒体信息，目前主要采用“下载（Download）”和“流式传输（Streaming）”两种工作方式。

（1）下载方式，是将全部音/视频文件通过网络传输到客户电脑，经保存后，才能开始播放。所以下载方式要考虑对客户端的存储需求和播放时延两个因素；同时受到网络传输带宽（速率）的限制，下载常常要花费数分钟甚至数小时，如像 avi、mpg、mp3、wav 等格式的“音/视频文件”。

（2）流式传输，是把“音/视频媒体信息”由流媒体服务器通过网络连续、实时传输到客户电脑，在这个过程中，客户不必等到整个文件全部下载完毕，而只需经过几秒或十几秒钟的启动时延即可播放。当音/视频媒体在客户端播放时，其流媒体的余后部分将在后台继续下载。流式传输方式不仅使启动时延成十倍、百倍地缩短，而且不需要太大的缓存容量。在Internet（或Intranet）上使用流式传输技术的连续时基媒体就称为流媒体，通常也将其视频与音频称为“视频流”和“音频流”。显然，流媒体实现的关键技术就是流式传输。

2. 流式传输技术

（1）流式传输实现的途径与过程

首先，将音/视频信息数据预处理成流媒体以适应流式传输，同时也适应网络带宽对流媒体的数据流量的要求。预处理主要包括采用先进高效的压缩算法和降低通信质量等。

其次，流式传输的实现需要“缓存装置”，在 Internet 上是以“分组交换（信息报）”传输方式为基础，进行断续的异步传输。为此，使用缓存系统来弥补网络传输过程中的延迟和抖动所带来的影响；不会因之出现播放停顿。在用户电脑中，通常使用“系统操作盘（C盘）”的多余存储空间，作为“缓存系统”，所以通常电脑操作系统盘（C 盘），应设定较大的多余存储空间，作为流媒体传输之用，保证 VOD 即时点播的影视作品的流畅播放，中途不至于中断。

（2）流式传输协议

流式传输的实现，一般采用“HTTP/ TCP”网络协议来传输控制信息，使用 RTP/ RTCP/ RTSP 协议支持实时传输流媒体数据；用 HTTP 中的 MIME 标记和识别流媒体的类型。

流式传输的格式（软件），目前主要有 3 种：Real-Media、MediaPlayer 和 ASF 格式。使用较多的是前面 2 种，本身均支持 windows 操作系统，在个人电脑（PC 机）中安装该类软件也较方便。

2.5 内容小结

本章是对 3 种主要通信业务和多媒体通信技术的基本论述，共分为 4 节。

2.1 节通信网基本业务概论，简述了通信业务的分类和通信信号的数字化编码与转换方式，使读者对通信业务组成和通信信号的转换方式建立初步的认识。要求掌握通信业务的 3 种基本方式的概念；认识通信信号的 3 种转换方式等概念。

2.2 节电话通信业务，详细介绍 3 种电话业务信号的产生与转换过程，即传统的固定电话信号、新一代 IP 电话信号和移动数字电话信号，使读者对 3 种电话通信信号的产生、信号的调制技术和各自的信道环境情况建立基本的认识。要求掌握固定电话的信号产生与转换过程、固定电话的通信系统构成以及移动电话的 2 种传输制式与使用的无线频道；认识 IP 电话的信号产生与 2 种转换方式，移动电话的组网技术与信道传输特点。

2.3 节互联网通信业务，从接入方式的角度，描述了 2 类常见的互联网通信系统的基本系统组成和工作原理：普通互联网通信系统和 IPTV 互联网通信系统；使读者对现代互联网通信系统的接入和传输有一个基本认识。要求掌握 LAN 方式和 ADSL 接入方式的互联网通信系统组成原理；认识 IPTV 互联网通信系统的基本概念和系统特征。

2.4 节多媒体通信系统概述，论述了多媒体通信系统的基本概念与基本技术，从声音信号和图像信号两个方面分别介绍了多媒体通信系统的各个组成部分与常用的基本概念；使读者对现代多媒体通信系统的概念、通信系统的内容和使用技术有一个基本认识。要求掌握多媒

体通信系统的概念与特点、多媒体语音编码技术与格式、多媒体图像通信系统的概念相关概念（如“图像像素与分辨率”、“像素的颜色”、“视频与帧速率”等）以及主要的多媒体通信标准等基本技术。认识各类多媒体通信的传输标准、流媒体通信的概念与传输技术等专业知识。

思　考　题

1. 试说明通信业务的分类，并简单介绍对每种通信业务的认识情况。

2. 简单介绍用户端通信信号的编码原理与方式，并介绍 IP 分组编码与传输的基本原理。

3. 试说明话音信号在通信系统中的转换过程，基本的数字信号标准，并说明电话通信系统的组成结构与各自的功能。

4. 新一代 VoIP 话音调制方案有哪些？试举例说明其使用功能。

5. 简述移动通信的系统与技术体制组成、信道环境与特征技术。

6. 简述宽带互联网数据业务的技术形式与特征。

7. 简述 IPTV 业务的技术形式与特征。

8. 简述 LAN 宽带互联网数据业务的基本组成、技术特征与工作原理。

9. 简述 ADSL 宽带互联网数据业务的基本组成、技术特征与工作原理。

10. 简述 IPTV 宽带互联网数据业务的基本组成、技术特征与工作原理。

11. 简述多媒体通信的基本概念，并简述多媒体通信的关键技术。

12. 简述音频多媒体通信的基本概念与相关的编码原理与编码国际标准。

13. 多媒体通信的基本概念与相关的编码国际标准：图像像素与分辨率、像素的颜色、视频与帧速率、电视制式、流媒体音视频通信技术、MPEG-1、2 音视频编码通信标准、AVS 音视频编码通信标准等。

14. 已知 2 幅数码相片的参数分为 360×1024×24B，1024×1960×16B，它们各为多少像素？在电脑中存储时需多少存储空间？

15. 绘图介绍 MPEG-4 音视频编码通信标准的概念、编码原理和在用户终端的作用。

16. 基本知识填空

（1）在通信网中，基本的通信业务是__①__、__②__和多媒体__③__；基本的通信系统是由__④__和__⑤__组成的；通信控制方式分为__⑥__和__⑦__两类。

（2）IP 电话是指__⑧__，目前的 2 种信号转换模式有__⑨__和__⑩__；移动电话的 2 种技术是__⑪__和__⑫__；宽带互联网的 2 种接入技术是__⑬__和__⑭__。

（3）适用于 VCD 和 DVD 多媒体音视频作品的编码标准分别是__⑮__和__⑯__，我国具有自主产权的多媒体视频国家标准是__⑰__，多媒体静止图像，采用__⑱__标准信号压缩模式，我国电视信号帧速度为__⑲__，模拟语音信号转换为 PCM 数字信号的三个步骤是__⑳__、__㉑__和__㉒__。流媒体的典型应用是__㉓__，常用工作方式是__㉔__和__㉕__。

17. 通信专有名词解释

根据书中所讲内容，按照“内容、组成（或结构）、作用和特点”4 个方面，解释下列名词。

（1）2.1 节：通信网基本业务分类、宽带互联网多媒体业务、电视图像信息业务、信源编码、信道编码、信号的 IP 分组通信技术。

（2）2.2 节：固定电话通信业务、MDF 保安总配线架、电话信号的 PCM 转换、话音信号的 IP 转换、移动通信、多址技术、移动通信用户的位置登记、移动通信的用户越区切换、移动通信用户的信号分集接收、移动通信用户的异地漫游技术、移动通信的交换技术。

（3）2.3 节：FTTB、FTTH、ADSL2+、ADSL、互联网通信的基本应用、CNGI。

（4）2.4 节：多媒体技术、多媒体语音编码格式与标准、图像像素与分辨率、像素的颜色、视频与帧速率、电视制式、MPEG-2 标准、AVS 标准、蓝光音视频传播技术制式 BD、流媒体通信技术。

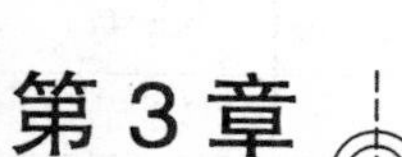

第3章　有线通信系统的网络构成

通信系统的“硬件层”，是由传输媒介（通信光、电缆、无线通道）和通信机房内的设备系统共同组成的。本章就是对现代通信系统的实际设备组成，进行规范化、专业化地系统简述。按照“先概述，后具体论述”的方式，本章共分为3个部分：第1部分即3.1节，是对通信系统组成的技术概论；第2部分是对通信电缆、光缆和通信路由等“有线通信媒介（线缆与路由系统）”的叙述，为3.2、3.3、3.4节；第3部分即3.5节，是对通信机房内设备组成系统的全面论述。整章内容，完整地构成了“现代有线通信网络”系统组成。

3.1　通信系统的硬件组成概论

3.1.1　通信系统的网络组成概述

现代通信系统的“硬件层”，是由通信传输媒介（“通信线缆”或“无线信道”）系统和通信机房设备系统两部分，有机的组合而成的。如下图3.1所示。

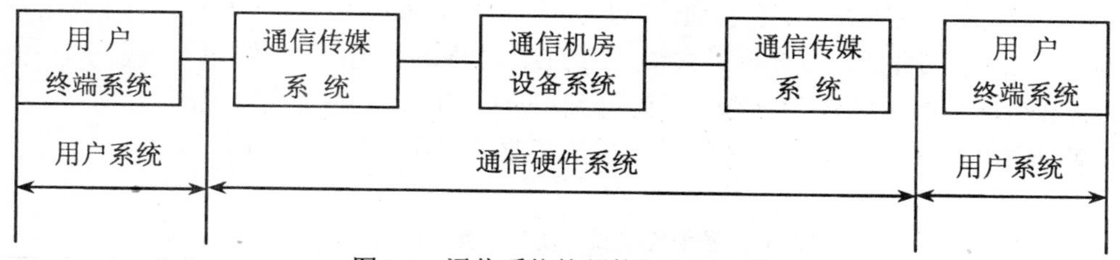

图3.1　通信系统的硬件组成示意图

其各部分组成，如表3.1所述。

通信传媒系统：是由“通信有线系统（通信光缆、电缆等）”、“通信无线信道（移动通信信道、卫星通信信道等）系统和“线缆专用路由系统”组成。

通信机房设备系统：由“机房配线架与路由系统”、“机房通信业务设备系统”、“机房通信电源系统”、“机房监控与防护系统”以及“机房房屋”等5个部分，有机地组合而成的。表3.1是各个系统的组成内容和简要说明。

通信网络，主要是由通信传媒组成的各类“信道”，将用户的信息，传输到通信机房内的设备中，再传输到对端的用户终端设备。

按照通信业务的种类，特别是“2011年以来的”通信技术的发展情况，主要是“电话业务”和宽带互联网“宽带上网业务”2大类，所使用的传媒主要是“电话线电缆”——传递有线电话业务和开展ADSL模式的宽带上网业务；“900Mb/s频带的无线通道”——传递移动

表 3.1　　　　通信硬件系统组成简介表

系统组成	各类子系统	系统情况说明	本章安排
通信传媒系统	通信有线系统	分为电话线电缆、通信双绞线电缆（常用三类线、五类线）、通信光缆系统	3.1、3.2、3.3 节
	通信无线系统	移动通信无线系统，常用 900MHz 和 1800MHz 两个频段	3.1 节
	通信线缆专用路由系统	分为通信管道系统、架空杆路系统、沿墙壁路由系统和楼内槽道路由系统等 4 种。城市里，常用通信管道系统作为“外线通信路由”	3.4 节 通信线缆路由系统
通信机房设备系统	机房内配线架与线缆路由系统	配线架系统：分为电话线总配线架（MDF）、同轴线数字配线架（DDF）、光缆配线箱（ODF）等。线缆路由系统，指机房内的各类线缆路由通道。有“走线架”式和“地槽内布放”式 2 大类	
	通信业务设备系统	分为通信传输设备、通信交换（含互联网交换）设备 2 大类；传统电话传输交换设备，通常由专用机架组成，而计算机网络光电转换设备、交换机设备等，通常由 19 英寸内宽的通用机柜装载组成	3.5 节 通信机房设备系统
	通信电源系统	专为通信业务设备供电的电源设备。分为直流型（-48V）开关电源和交流型（220V）UPS 电源供电 2 种	
	监控告警系统	指故障监控与告警防护系统	
	机房房屋	分为有人值守的“城市通信中心机房（专业型）”和无人值守的“通信节点机房（综合型）”2 类。前者分为配线测量室、交换机房、（光）传输机房、集中监控机房等；而后者通常仅为 1 间通信综合设备节点机房	

电话和短信、低速上网等“移动套餐通信”业务；“宽带 4 对双绞线（三类、五类双绞线）”——传递互联网高速上网业务，以光纤到大楼（FTTB）等模式实现；“单模光纤光缆”——传递电话和互联网高速上网“综合”业务，以光纤到用户（FTTH）的模式实现。

为学习上的直观性，列出各种常用传媒及其业务和作用如表 3.2 所示。

表 3.2　　　　当前常用通信传输媒介及其业务、作用一览表

常用传媒种类	传递的通信业务	传输模式	特　点
电话线电缆（1 对双绞线）	有线电话	基带传输（0~4KHz）	传统的电话和互联网上网方式，正逐渐被光线到户方式取代
	宽带 2Mb/s 上网业务	ADSL 模式上网	
无线信道	移动电话和短信、低速上网等“移动套餐通信”	移动通信 GSM、CDMA 和 3G	当前的通信模式，大部分为第 2 代移动通信方式，正开展第 3 代移动通信业务
宽带 4 对双绞线	宽带互联网上网业务	光线到大楼、网线到用户	当前已开展的互联网上网通信方式
（单模）光纤光缆	有线电话和宽带互联网上网“综合业务”	光纤直接敷设到用户	当前正推广开展的上网通信方式，光信号不受电磁干扰，传输距离长，传输容量大

3.1.2 通信传输的介质

1. 信息的传输

任何信息（话音、数据信号）的传输，都是将其转换为电信号或光信号的形式在传输介质中进行；所谓传输介质，是指传输信号的物理通信线路。信息能否成功传输依赖于两个因素：被传输信号本身的质量和传输介质（信道）的特性。1865年，英国物理学家麦克斯韦 (James Clerk Maxwell) 首次预言电子在运动时会以电磁波的形式沿导体或自由空间传播。1887年，德国物理学家赫兹通过实验证明了麦克斯韦电磁场理论的正确性，该理论奠定了现代通信的理论基础。

就信号而言，无论是电信号还是光信号，本质都是电磁波。实际中用来传输信息的信号都由多个频率成分组成。信号包含的频率成分的范围称为频谱，而信号的带宽就是频谱的绝对宽度。由于信号所携带的能量并不是在其频谱上均匀分布的，因此又引入了有效带宽的概念，它指包含信号主要能量的那一部分带宽。现代通信系统中，数字信号的形式以其优良的传输性能在传输和处理系统中得到广泛的使用，而单模光纤传输系统以其远距离、大容量和低成本等诸多优点，已成为通信系统最主要的传输系统。

2. 信号与传输介质

通信信号是在“通信介质”组成的“通信信道”上传输的，所以要求通信介质对信号的传递，要具备以下几个特征：

（1）信息容量大：指同时传递的信息速度快，容纳的通信用户数量多；

（2）信息传播的距离远；

（3）受到周围环境的干扰尽量小；

（4）通信介质制作的原材料丰富，制作工艺简单。

最早使用的通信介质是“空气”——无线通信传输的方式，随着通信传输技术和业务种类的不断发展，通信介质的种类也在不断地创新和发展——成长为现在的“有线和无线通信方式的共存”状态。

无线通信介质的特点是使用方便，但技术复杂些，使用成本高些，适合于不固定环境中的通信，如带在身上的手机、小型笔记本电脑、新一代“苹果公司上网产品”等便携式通信终端。

有线通信介质——指“使用通信电缆和光纤光缆，传输各类通信信号”的方式，特点是传输质量稳定、传输容量大、上网速度快、传输距离远，适合于“固定场所”的工作和休闲使用。从1970年开始发展起来的“光纤光缆”作为有线通信介质的优秀代表，正越来越占据“通信介质”主导地位。当前的“有线通信介质”发展趋势是：逐渐推广光纤到用户（FTTH）的通信传播方式。

3. 有线通信传输介质

有线通信介质，目前常用的有双绞线电缆、同轴电缆和光纤光缆；本章主要介绍双绞线电缆和单模光缆的特性，这里仅简单介绍“同轴电缆”和“通信光纤光缆”的概况。

（1）同轴电缆

同轴电缆的结构图如图3.2所示是贝尔实验室于1934年发明的，最初用于电视信号的传输，它由内、外导体和中间的绝缘层组成。内导体是比双绞线更粗的铜导线，外导体外部还有一层护套，它们组成一种“同轴结构”，因而称为“同轴电缆”。由于具有特殊的同轴结构和外屏蔽层，同轴电缆抗干扰能力强于“通信双绞线”，适合于高频信号的宽带传输。

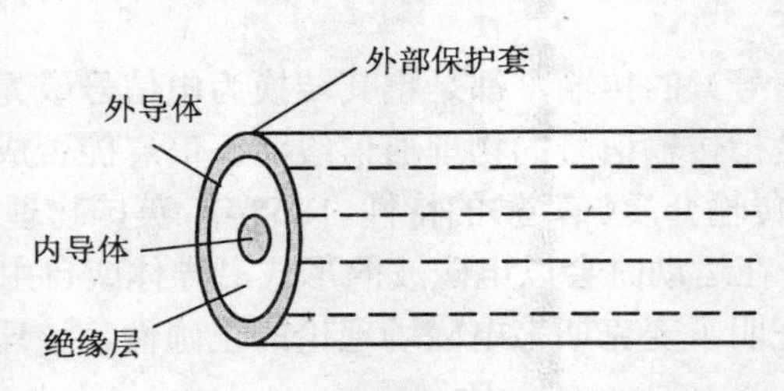

图 3.2　同轴电缆结构示意图

其主要的缺点是成本高，不易安装埋设。同轴电缆通常能提供 500~750MHz 的带宽，目前主要应用于有线电视（CATV）和光纤同轴混合接入网（HFC）模式的通信传输中，电信系统中主要是应用在“局内数字信号短距离传输中继线”——即机房内部电话通信“交换系统至光传输系统之间”的数字传输线路；在室外局域网和局间中继线路中，已不再使用。

（2）光纤光缆

近年来，通信领域最重要的技术突破之一就是光纤通信系统的大发展。光纤是一种很细的可传送光信号的有线介质，其物理结构如图 3.3 所示，它可以用玻璃、塑料或高纯度的合成硅制成。目前使用的光纤多为石英光纤，它以“二氧化硅（砂子）”材料为主，为改变折射率，中间掺有锗、磷、硼、氟等。光纤也是一种同轴性结构，由纤芯、包层和外套三个同轴部分组成，其中纤芯、包层由两种折射率不同的玻璃材料制成。

利用光的全反射性能，可以使光信号在纤芯中传输，包层的折射率略小于纤芯，以形成光波导效应，防止光信号外溢。外套一般由塑料制成，用于防止湿气、磨损和其他环境破坏。其特点如下。

A. 大容量　光纤系统的工作频率分布在 1014~1015Hz 范围内，属于近红外区，其潜在带宽是巨大的。目前 10 Tb/s/100 km 的实验系统已试验成功，通过密集波分复用(DWDM)在一根光纤上实现 40 Gb/s/200 km 传输的实际系统已经在电信网上广泛使用，相对于同轴电缆和双绞线的传输容量而言，光纤比铜导线介质要优越得多。

B. 体积小、重量轻　与铜导线相比，在相同的传输能力下，无论体积还是重量，光纤都小得多，这在布线时有很大的优势。

C. 低衰减、抗干扰能力强　光纤传输信号比铜导线衰减小得多。目前，在 1310 nm 波长处光纤每千米衰减小于 0.35 dB，在 1550 nm 波长处光纤每千米衰减小于 0.25 dB，并且由于光纤系统不受外部电磁场的干扰，它本身也不向外部辐射能量，因此信号传输很稳定，同时安全保密性也很好。

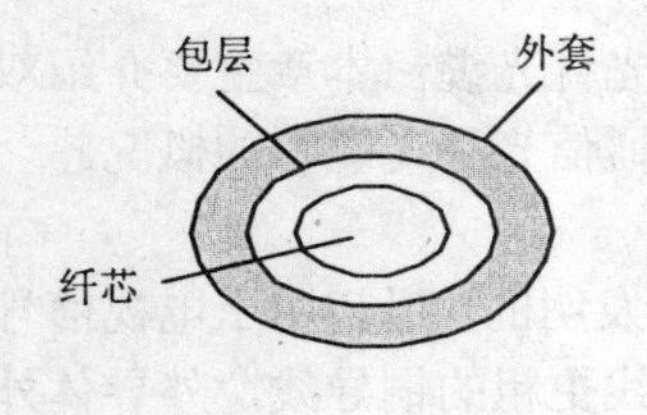

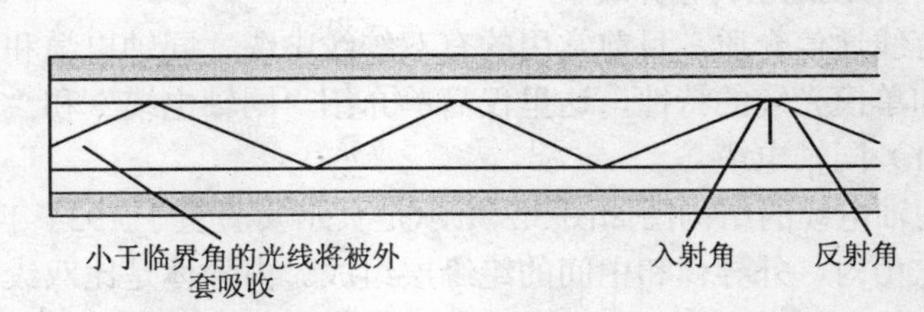

图 3.3　通信光缆结构示意图

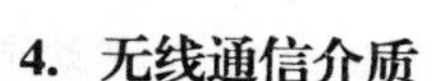

4. 无线通信介质

无限通信传输介质，按照其传输频率范围和使用途径，可分为无线电广播频率（段）、微波频率（段）和红外线频率（段）三个频率段，其频率段分布如图 3.4 所示。下面分别简述其频率段组成和基本作用：

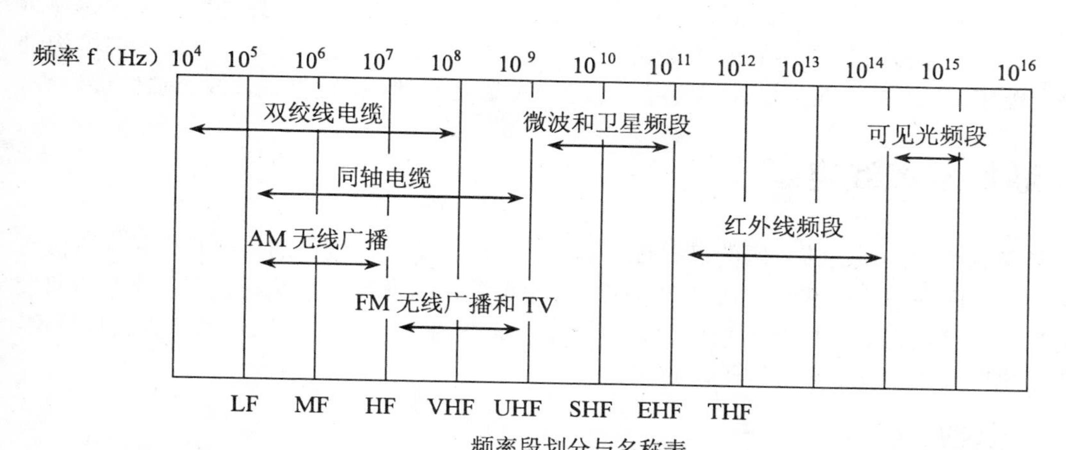

频率段划分与名称表

英文简称	英文名称	中文名称	具体频率段
LF	Low Frequency	低频段	30~300KHz
MF	Medium Frequency	中频段	300~3MHz
HF	High Frequency	高频段	3~30MHz
VHF	Very High Frequency	甚高频段	160~470MHz
UHF	Ultre High Frequency	特高频段	300~3000MHz
SHF	Super High Frequency	超高频段	3~30GHz
EHF	Extremely High Frequency	极高频段	30~300GHz
THF	Tremendously High Frequency	红外线频段	1~390THz

图 3.4　电磁波频谱及其在通信中的应用示意图

（1）无线电广播频率（段）

无线电又称广播频率(RF：Radio Frequency)，其工作频率范围在几十兆赫兹到 200 兆赫兹左右。其优点是无线电波易于产生，能够长距离传输，能轻易地穿越建筑物，并且其传播是全向的，非常适合于广播通信。无线电波的缺点是其传输特性与频率相关：低频信号穿越障碍能力强，但传输衰耗大；高频信号趋向于沿直线传输，但容易在障碍物处形成反射，并且天气对高频信号的影响大于低频信号。所有的无线电波易受外界电磁场的干扰，由于其传播距离远，不同用户之间的干扰也是一个问题。因此，各国政府对无线频段的使用都由相关的管理机构进行频段使用的分配管理。

（2）微波频率（段）

微波指频段范围在 300 MHz~30 GHz 的电磁波，因为其波长在毫米范围内，所以产生了“微波”这一术语。微波信号的主要特征是：在空间沿直线传播，因而它只能在视距范围内实现点对点通信，通常微波中继距离应在 80 km 范围内，具体由地理条件、气候等外部环境决定。微波的主要缺点是信号易受环境的影响（如降雨、薄雾、烟雾、灰尘等），频率越高影响越大，另外高频信号也很容易衰减。微波通信适合于地形复杂和特殊应用需求的环境，目前主要的应用有专用网络、应急通信系统、无线接入网、陆地蜂窝移动通信系统，卫星通信也可归入为微波通信的一种特殊形式。

（3）红外线频率（段）

红外线指 10^{12}~10^{14}Hz 范围的电磁波信号。与微波相比，红外线最大的缺点是不能穿越固体物质，因而它主要用于短距离、小范围内的设备之间的通信。由于红外线无法穿越障碍物，也不会产生微波通信中的干扰和安全性等问题，因此使用红外传输，无需向专门机构进行频率分配申请。红外线通信目前主要用于家电产品的远程遥控，便携式计算机通信接口等。

3.2　通信双绞线电缆

在通信网络中，通信接入网的“有线传输介质”主要是“双绞线通信电缆”和“通信光缆”两大类，而在通信城域网和长途广域网中，主要的通信介质就是光纤光缆。通常“双绞线电缆”中，使用最普遍的是传统的“电话通信（双绞线）全塑电缆”和“计算机局域网-双绞线电缆”两大类，下面分别予以介绍。

3.2.1　电缆双绞线概述

1. 双绞线电缆

通信双绞线电缆(TP：Twisted Pair-wire)，是通信工程布线中最常用的一种传输介质。双绞线一般由两根直径为 0.4~0.6mm 的具有绝缘保护层的铜导线，按一定长度，采用互相“扭绞”的方式缠绕组成的，由于每一根导线在传输中产生的电磁波，会被另一根导线上的电磁波抵消，故而可以大大降低信号干扰的程度——“双绞线”的名字也是由此而来。从原理上说，扭绞线对的“单位扭绞节距”越密，其抗干扰能力就越强。

按照屏蔽层结构，双绞线可分为非屏蔽双绞线(UTP：Unshilded Twisted Pair)和屏蔽双绞线(STP：Shielded Twisted Pair)两大类；根据电缆接口电阻规格，又可分为 100 欧姆电缆、大对数电缆和 150 欧姆屏蔽电缆等。按照“单位线对数”和使用情况，通信双绞线，又可分为 2 芯为 1 对的“电话双绞线（电缆）”和计算机通信中使用的 4 芯为 1 个单位（对）的“互联网双绞线”两大类。目前计算机通信网络中，使用较普遍的是非屏蔽双绞线(UTP)。

2. 双绞线电缆规格型号

双绞线电缆分为“电话通信双绞线”和“计算机通信双绞线”；电话通信双绞线电缆是成 1 对出现的，主要是传统的电话通信行业，用来传输模拟声音信息的，但同样适用于较短距离的数字信号的传输。如采用 VDSL2 技术时，传码率可达 100~155Mb/s。

计算机通信双绞线电缆是每个用户成 4 芯线为单位出现的，并进一步纽绞处理。美国电子和通信工业委员会 （EIA）为双绞线电缆定义了五种不同质量的型号标准，包含了上述全部的双绞线种类。目前的电话业务，采用第一类线的标准，而计算机网络通信，则使用第三、四、五类线标准，介绍如下：

（1）第一类

主要用于传输语音，即“电话通信全塑电缆”，不直接用于计算机数据传输；在国外，主要用于 20 世纪 80 年代初之前的电话线缆，我国于 1985 年之后大量引进该技术和生产线，之后在通信接入网领域广泛使用；目前的 ADSL 系列技术也是针对该电缆使用的。

（2）第二类

传输频率为 1MHz，用于语音传输和最高传输速率 4Mb/s 的数据传输，常见于使用 4Mb/s 规范令牌传递协议的旧的令牌网，目前基本不使用。

（3）第三类

这是指目前在 ANSI 和 EIA/TIA568 标准中指定的电缆；该电缆的传输频率为 16MHz，用于语音传输及最高传输速率为 10Mb/s 的数据传输，主要用于 10base-T 网络通信模式。

（4）第四类

该类电缆的传输频率为 20MHz，用于语音传输和最高传输速率 16Mb/s 的数据传输，主要用于基于令牌的局域网和 10base-T/100base-T 通信模式。

（5）第五类

该类电缆增加了绕线密度，外套一种高质量的绝缘材料，传输频率为 100MHz，可用于语音传输和最高传输速率为 100Mb/s 的数据传输。主要用于 100base-T 和 10base-T 通信模式，这是目前最常用的以太网双绞线电缆。

“双绞线电缆”是通信网里使用最广泛的通信线缆，并且随着 ADSL 技术等的发展，为原有的双绞线电缆开发了新的业务能力，下面分别予以介绍。

3.2.2　电话通信（双绞线）全塑电缆系统

电话通信（双绞线）全塑电缆是 20 世纪 80 年代末期进入我国通信市场的优秀通信电缆品种，它由“铜芯导线”、“塑料绝缘层”、“金属（铝带）复合屏蔽层”和“（铠装保护层）+塑料外护层”等四部分组成。

它由于全部采用“塑料”作为绝缘保护层，故称之为“全塑电缆”，如图 3.5 所示。

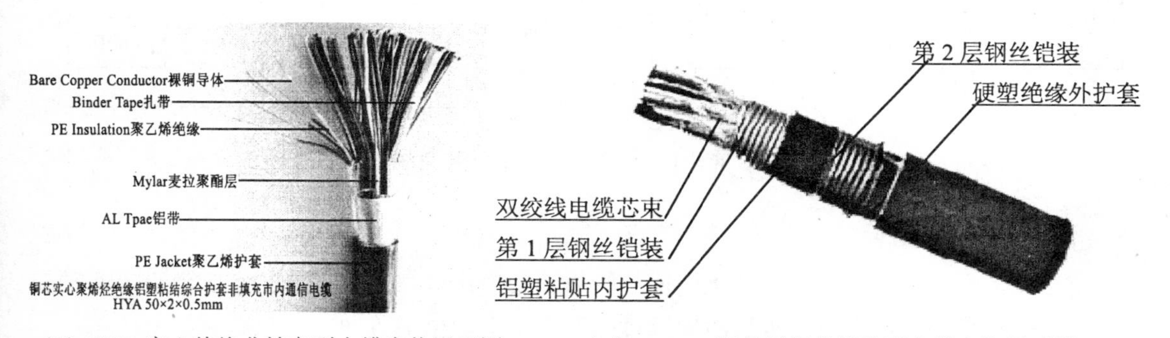

（1）HYA 实心绝缘非填充型电缆实物展示图　　（2）HYA53 型单层钢带铠装型电缆实物展示图

图 3.5　市内电话通信电缆实物展示图

1. 室外通信电缆主要性能简介

（1）产品种类　按照使用环境的不同需要，市内通信电缆分为六类，如表 3.3 所示。

其中，最常用的 HYA 型音频通信电缆，全称是“铜芯实芯聚烯烃绝缘挡潮层聚乙烯护套市内通信电缆”，是按照国标及原邮电部标准生产的，被广泛应用于城市、近郊及厂矿的通信线路中。

（2）导线　铜线，直径有：0.32, 0.4, 0.5, 0.6, 0.8 mm 等五种，现统一采用 0.4 mm 线径。

（3）绝缘层　高密度聚乙烯（塑料），按照标准的节距扭绞成对，以最大限度减少串音，并采用规定的彩色色谱组合配置线对颜色。

表 3.3　市内通信全塑电缆分类表

型 号	电 缆 名 称	使 用 环 境	电缆标称线对
HYA	普通（充气型）市话通信电缆	室外通信管道、架空及槽道、钉固等方式。	10、20、30、50、100、200、300、400、600、800、1200、1600、2000、2400
HYAT	普通石油膏填充型市话通信电缆		
HYAC	普通（充气型）自承式市话通信电缆	室外架空（自带吊线）。	
HYA_{553}	普通双层钢带铠装型市话通信电缆	野外直埋式	
$HYAT_{43}$	普通石油膏填充粗钢丝铠装型市话通信电缆	水底敷设	
HJVV	普通局用（音频）通信电缆	局内使用	
电缆表示法：HYA 300×2×0.4mm	含义：300 对 0.4mm 线径的 HYA 型普通（充气型）市话通信电缆		

（4）屏蔽层　在一根铝带（铝带厚 0.2mm）的一面涂以塑料，铝带沿纵向包在缆芯上，屏蔽外界电磁波的干扰。

（5）铠装保护层　分为钢丝和钢带铠装两种材料，结构上又分为单层和双层两种；用于直埋和水底敷设环境中。

（6）外护套　黑色低密度或中密度聚乙烯（塑料）材料制成。

2. 市内电话通信电缆敷设成端系统

如图 3.6 所示，市话通信电缆敷设于电信局“总配线架（MDF）”至用户单元的“电缆分线盒”之间，然后通过“用户馈线”进入用户家中；电缆敷设成端系统分别介绍如下：

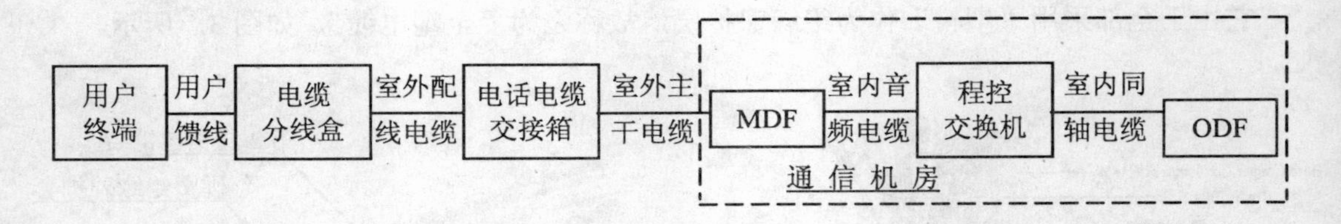

图 3.6　市内电话通信电缆敷设连接系统图

（1）室外敷设方式

市话通信电缆在道路上，主要采用通信管道、架空吊线、地下直埋、水底敷设等四种建筑方式，在建筑物内，则主要采用沿墙壁钉固或通信专用槽道等两种方式敷设。

（2）电缆分线与终端设备简介

电缆分线与终端设备是指“用户终端设备”、“外线配线设备”和“局内线缆成端配线设备”，主要是为外线通信光缆和通信电缆的敷设与成端而设置的，分别介绍如下：

外线配线设备：主要是电缆分线盒、交接箱和光缆交接箱，以及综合信息接入箱。

局内配线设备：主要是电话电缆总配线架（MDF）和数字配线架（DDF）、计算机双绞线配线架（IDF）和光缆配线架（ODF）等四种。

（3）用户终端系统

原来仅为 1 部电话机，现在以“ADSL-Modem”、“LAN 方式+双绞线接入”和“FTTH 光纤到户”等多种方式的“用户网关”的形式逐步发展起来。一个单位内部的计算机局域网，也是一个“用户终端系统”。

(4)电缆分线盒

电缆分线盒是一种“固定连接”设备，是市内电话配线电缆的成端设备，为每个通信用户单元提供通信接入馈线；一般每个用户住宅单元设置1个。

(5)综合信息接入箱

综合信息接入是每个建筑物的通信光电缆综合成端设备，由光纤法兰盘、光电转换器、市电电源盘、宽带用户交换机、电缆接线排等装置组成；由电信局机房或光电缆交接箱引入的光电缆在此成端，再由该箱分配给本建筑物内的所有用户电话线和宽带双绞线。

(6)光、电缆交接箱

光、电缆交接箱是一种“跳线连接”设备，是“外线主干、配线光电缆”的成端汇接设备，是“交接配线”的关键设备，主干、配线光电缆在此通过“跳线”连接，为新申请的用户开通通信业务；同时，也使主干光电缆提高“芯线使用率(90%以上)”。

(7)总配线架(MDF)

总配线架是一种“跳线连接”设备，外线主干电缆成端在纵列(V 列)，局内设备电缆成端在横列(H 列)，二者通过跳线连接；该设备装有“防强电保安装置”，对外线电缆进行强电流(压)过载保护。一般安装在“电信节点机房”和“电信局一楼测量室”中，如图 3.7 所示。

(1)电缆交接箱展开图

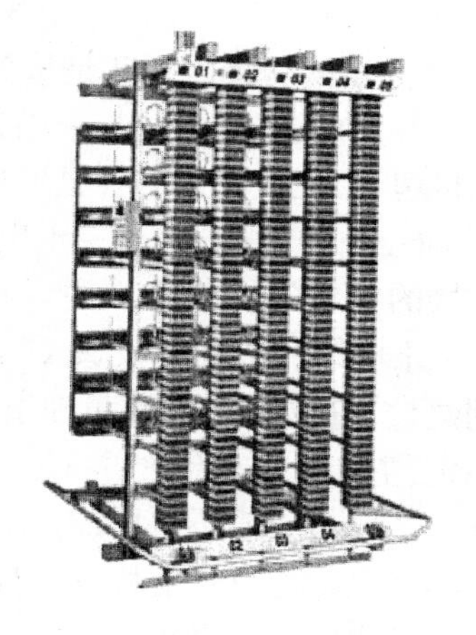

(2)电缆总配线架

(3)电缆分线盒展开图

(4)电缆接头盒外观图

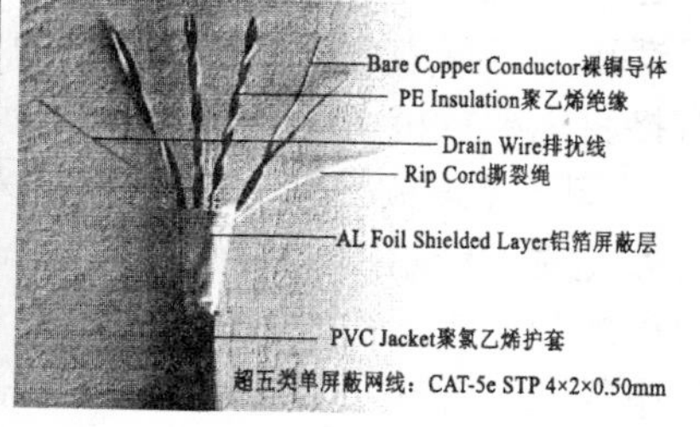

(5)超五类屏蔽双绞线(STP)

图 3.7 通信室外电缆与分线设备实物展示图

(8)数字配线架(DDF)

数字配线架是一种“跳线连接”设备，传送经交换机数字化调制的 2Mb/s 数字信号到光端机；信号采用同轴电缆，在DDF上成端和跳线，一般安装在“电信局三楼光传输室”中。

（9）成端设备

①局内：总配线架（MDF）纵列；②局外：交接箱；③用户单元：分线盒、综合信息箱等。

（10）电缆接续材料

①接线子（1对）、接线模块（25对）；②电缆接线套管（分为热熔式和重复开启式）；

（11）配线方式

①交接配线（最常用）；②直接配线；③复合配线（已不采用）。

3.2.3 市话全塑电缆配线技术

通信电缆的配线，指从机房总配线架（MDF）到用户分线盒之间的市内通信电缆分配系统，配线的总体要求和思路是“将整个配线区域进行全覆盖式的完全配置”；根据不同的用户性质和地域情况，传统的配线有2种方式：“直接配线”与“交接配线”；另外，“电缆接头”也将予以介绍。

1. 交接配线

交接配线是最常用的配线方式，适用于广大城市的住宅小区范围，是根据用户“逐步申请安装电话”的情况，采用“电缆交接箱”设备，按照自然地域情况，划分“固定交接配线区”：一个固定的交接区通常是按照周围道路所围成的区域，或是某行政单位的自然区域，服务半径一般为3km以内，几个相邻的固定配线区形成一个大型的“用户接入区”，设置“用户节点机房”，汇聚用户的各类通信业务流量。

交接配线的电缆分为“主干电缆（机房MDF到各交接箱）”和“配线电缆（交接箱到各个住宅楼的单元分线盒）”两种，两者成端在交接箱的不同端子板上，通过“电缆跳线”相互连接；主干电缆一般距离较长（2~5km），要求沿通信管道敷设，根据用户的接入情况，采用“分期建设”的方式，其数量随着用户数的增长而增加，其“芯线使用率”要达到90%以上；配线电缆则要求“按照终期容量”一步到位的方式布置，即按照交接区内用户数的1.2~1.5倍配置，故以后一般不再增加；配线电缆的长度一般在3km以内，最常见的是1.5km左右；交接箱和节点机房位置的优选是很重要的问题，要根据现场的建筑结构情况、电缆设计路由情况，以及电缆的“最短路径用量”情况进行合理的最佳选择。

2. 直接配线

适用于区域内为固定用户的情况，如“大学校园网”、“办公大楼通信网”等场合。此时可直接将电缆从机房的MDF（总配线架）配置到用户的单元“分线盒”中，故称为“直接配线”，在新一代的ADSL宽带综合接入系统中，直接配线具有较好的效果。

3. 电缆配线的技术参数

电缆使用年限：主干电缆：3~5年，配线电缆：10年，配线/用户比：1.2~1.5线/每户。

电缆的芯线线径：一般为0.4mm，超过5km可用0.6mm。

通信电缆的技术参数：通信电缆的设计长度取决于以下三个参数：

（1）电缆传输衰耗值：标准为7dB；

（2）交换机“用户电路”对线路环路电阻的要求值：一般为1200~1500Ω；

（3）通信电缆接入网新技术ADSL、ADSL2+/ VDSL2等“速率-长度要求”值：如表3.4所示：

表 3.4　　通信电缆接入网 ADSL2+/ VDSL2 等“速率-长度要求”值设计表

通信电缆长度值 m	300	600	900	1200	1800	2200	2800
传输速率值 Mb/s	160	120	20	16-20	5-10	4	3

4. 电缆的接头

在通信电缆的配线敷设过程中，经常要对其进行分线、配线等设置，这时需要使用“电缆接头”的施工工序。电缆接头分为“分歧接头”和“直接头”两种类型，电缆接头的具体工作分为“芯线接续”和“封焊电缆（外包）套管”两个步骤，具体方式如下：

（1）通信电缆芯线接续

电缆芯线接续采用接线子（单对，用于 50 对以下的芯线接续）或接线模块（25 对/块，用于 100 对及以上的芯线接续），采用专用接线工具进行。

（2）通信电缆外包接头

在“电缆芯线接续”完成后，接下来就是进行“电缆外包接头”的工序。电缆外包接头采用 2 种套管进行，第一种是采用“热缩套管”，第二种则是采用“可重复开启式”接头外套管进行操作。

3.2.4　计算机局域网“双绞线电缆”系统

在计算机通信网络中，“双绞线电缆（习惯简称为‘双绞线’）”是最常用的一种传输介质，尤其在星形网络拓扑结构的“综合布线系统”中，双绞线是必不可少的布线材料。典型的双绞线是四对的，也有更多对双绞线放在一个电缆套管里的。双绞线可分为非屏蔽双绞线（UTP）和屏蔽双绞线（STP）两大类。其中，STP 又分为 3 类和 5 类两种，而 UTP 分为 3 类、4 类、5 类、超 5 类，以及最新的 6 类线。从结构上说，双绞线由“铜芯导线”、“聚乙烯（塑料）绝缘层”、“金属屏蔽层”和“聚氯乙烯塑料外护层”等四部分组成。如图 3.8 所示。

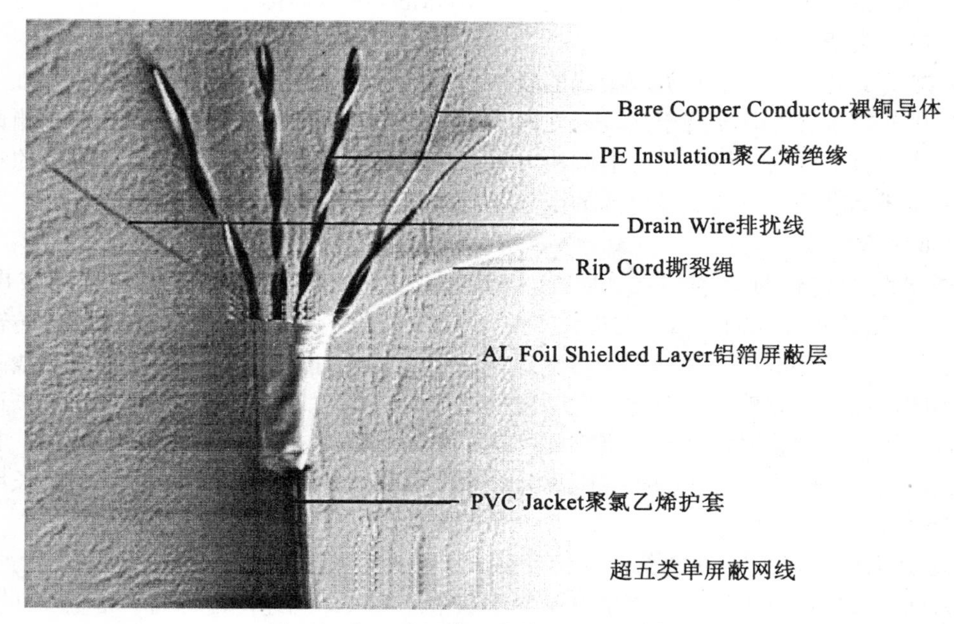

图 3.8　超五类屏蔽双绞线（STP）实物图

1. 双绞线的主要技术性能

由于目前市面上双绞线电缆的生产厂家较多，同一标准、规格的产品，可能在使用性能上存在着很大的差异，为了方便大家选用，将计算机双绞线的“主要性能指标”介绍如下：

（1）衰减　衰减是沿线路信号的损失程度。一般用单位长度的衰减量来衡量。单位为dB/Km。衰减的大小对网络传输距离和可靠性影响很大，一般情况下，衰减值随频率的增大而增大。

（2）串扰　串扰主要针对于非屏蔽双绞线电缆而言，分为近端串扰和远端串扰。其中，对网络传输性能起主要作用的是近端串扰。近端串扰是指电缆中的一对双绞线对另一对双绞线的干扰程度，这个量值会随电缆长度的不同而变化，一般电缆越长，其值越小。

（3）阻抗　双绞线电缆中的阻抗主要是指特性阻抗，它包括材料的电阻、电感及电容阻抗。一般分为100欧姆（最常用）、120欧姆及150欧姆几种。

（4）衰减串扰比（ACR）　是指衰减与串扰在某些频率范围内的比例。ACR的值越大，表示电缆抗干扰能力越强。上述性能参数，可参看双绞线电缆的说明书，必要时可通过专用仪器测得。

2. 双绞线的传输特性和用途

（1）3类线

3类电缆的最高传输频率为16MHz，最高传输速率为10Mb/s，用于语音和最高传输速率为10Mb/s的数据传输。

（2）4类线

该类双绞线的最高传输频率为20MHz，最高传输速率为16Mb/s，可用于语音传输和最高传输速率为16Mb/s的数据传输。

（3）5类线

5类双绞线电缆使用了特殊的绝缘材料，使其最高传输频率达到100MHz，最高传输速率达到100Mbps，可用于语音和最高传输率为100Mb/s的数据传输。

（4）超5类线

与5类双绞线相比，超5类双绞线的衰减和串扰更小，可提供更坚实的网络基础，满足大多数应用的需求（尤其支持千兆位以太网1000Base-T的布线），给网络的安装和测试带来了便利，成为目前网络应用中较好的解决方案。超5类线的传输特性与普通5类线的相同，但超5类布线标准规定，超5类电缆的全部4对线都能实现全双工通信。

（5）6类双绞线

该类电缆的传输频率为1~250MHz，6类布线系统在200MHz时综合衰减串扰比（PS-ACR）应该有较大的余量，它提供2倍于超5类双绞线的带宽。六类布线的传输性能远远高于超5类线的标准，最适用于传输速率高于1Gb/s的应用。6类线与超5类线的一个重要的不同点在于：改善了在串扰以及回波损耗方面的性能，对于新一代全双工的高速网络应用而言，优良的回波损耗性能是极重要的。6类线标准中，取消了基本链路模型，布线标准采用星形的拓扑结构，要求的布线距离为：永久链路的长度不能超过90m，信道长度不能超过100m。

3. 以太网标准与物理介质定义表

以太网双绞线的标准，是随着计算机网络通信速度（即网速，俗称的“带宽”）的发展，而不断发展起来的。表3.5就是从以太网标准设置的时间、标准协议的编号、传输带宽、通信线缆的介质种类以及组网（拓扑）结构等几个方面，对该标准的不断改进，列表叙述的方式。

由表3.5可以看出，最早是在1983年的以太网标准，便推出了10Mb/s的网络传输速度，使用“50Ω粗铜轴电缆”的通信线缆，采用总线型网络结构；而到了2002年，标准发展到了使用“多模/ 单模光缆”的通信线缆，采用星型网络结构，最大网段长度达到10000米。互联网技术的发展，总是以满足用户需求为宗旨。

表3.5　　以太网标准与物理介质定义表

MAC标准(时间)	IEEE-802.3 (1983)	IEEE-802.3a (1989)	IEEE-802.3i (1990)	IEEE-802.3j (1993)
物理层标准	10BASE5	10BASE2	10BASE-T	10BASE-F
最大网段长度m	500	185	100	500-2000
通信介质	50Ω粗铜轴电缆	50Ω细铜轴电缆	100Ω-3类UTP双绞线	多模光缆
拓扑结构	总线型	总线型	星 型	星 型
MAC标准(时间)	IEEE-802.3u (1995)	IEEE-802.3u (1995)	IEEE-802.3u (1995)	IEEE-802.3x & y (1997)
物理层标准	100BASE-FX	100BASE-TX	100BASE-T4	100BASE-T2
最大网段长度m	500-10000	100	100	100
通信介质	多模/单模光缆	100Ω-5类UTP双绞线(RJ-45水晶头)	100Ω-3类UTP双绞线(RJ-45水晶头)	
拓扑结构	星 型			
MAC标准(时间)	IEEE-802.3 z (1998)	IEEE-802.3 ab (1998)	IEEE-802.3 ae (2002)	
物理层标准	1000BASE- X	1000BASE-T	10G BASE-LR/ LW	10G BASE-ER/ EW
最大网段长度m	25-10000	100	35-10000	
通信介质	多模/单模光缆	100Ω-超5类UTP双绞线	多模/ 单模光缆	
拓扑结构	星 型			

3.2.5 计算机局域网“双绞线电缆”的工程应用

1. 计算机双绞线连接制作的568A/568B标准

1991年，由美国电子工业协会（EIA）和美国电信工业协会（TIA）共同制定了“计算机网络双绞线安装标准”，称为“EIA/TIA 568网络布线标准”。该标准分为EIA/TIA 568A和EIA/TIA 568B两种。分别对应“RJ45型号水晶头”的接头网线的2种连接标准。

4对双绞线原始色谱是：绿白-1，绿-2，橙白-3，橙-4，蓝白-5，蓝-6，褐白-7，褐-8，如图3.9所示。

水晶头连接标准-568A：绿白-1，绿-2，橙白-3，蓝-4，蓝白-5，橙-6，褐白-7，褐-8。

水晶头连接标准-568B：橙白-1，橙-2，绿白-3，蓝-4，蓝白-5，绿-6，褐白-7，褐-8。

直连网线（568A网线）又称平行网线，主要用在集线器（或交换机）间的级联、服务器与集线器（交换机）的连接、计算机与集线器（或交换机）的连接上。其连接方式如图3.9

所示。交叉网线（568B 网线）主要用在计算机与计算机、交换机与交换机、集线器与集线器之间的连接，其连接方式如图 3.10 所示。

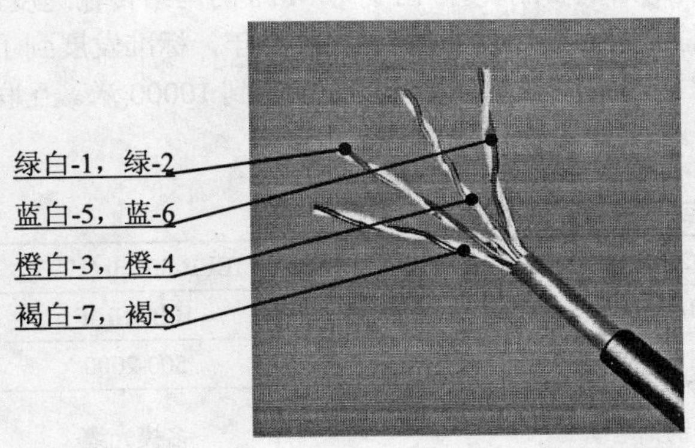

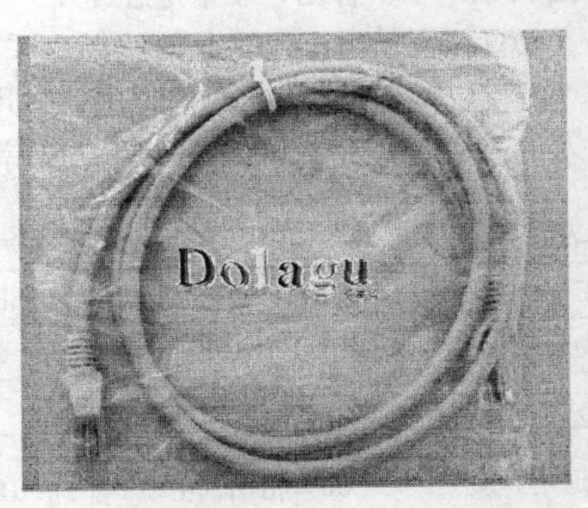

图 3.9　四对双绞线色谱及成品示意图

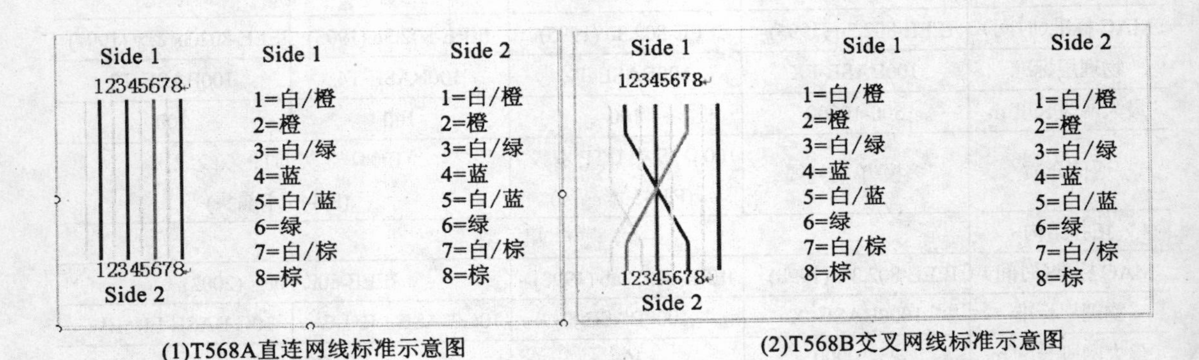

图 3.10　四对网线“制作头”示意图

在通常的工程实践中，T568B 使用得较多。不管使用哪一种标准，一根 5 类线的两端必须都使用同一种标准。这里特别要强调一下，线序是不能随意改动的。例如从上面的连接标准来看，1 和 2 是一对线，而 3 和 6 又是一对线。但如果我们将以上规定的线序弄乱，例如将 1 和 3 用作发送的一对线，而将 2 和 4 用作接收的一对线，那么这些连接导线的抗干扰能力就要下降，误码率就可能增大，这样就不能保证以太网的正常工作。网线制作的步骤如下：

1．在整个网络布线中应用一种布线方式，但两端都有 RJ45 端头的网络，连线无论是采用端接方式 A，还是端接方式 B，在网络中都是通用的。

2．实际应用中，大多数都使用 T568B 的标准，通常认为该标准对电磁干扰的屏蔽性能更好。

3．如果是电脑与交换机或 hub 相连，则两头都做 568A，或两头都做 568B。

4．如果是两台电脑互连，则需要一头做 568A，另一头做 568B，也就是常说的 1 和 3，2 和 6 互换了。

2. 计算机双绞线电缆的成端

计算机双绞线，成端在“网线配线盘 IDF”背面。其背面，是标准 110（网线）接线模块，正面是 24~48 个端口的网线水晶头跳线插座，如图 3.11（1）所示。

网线配线盘 IDF 的背面，是由“110 接线模块”组成的，是各种网线或网线电缆成端的位置——采用“110 网线专用打线刀”，将各条网线成端在“110 接线模块”上。正面，则是网线的“用户（4 对）水晶头插座”，通过网线跳线，连接到交换机、路由器的版面，如图 3.11（3）所示。网线配线盘 IDF，通常是 1 个 U 的宽度。其容量，最大为 50 个水晶头的插槽位，安装在标准的 19 英寸机架上，如图 3.11（2）所示。

110 配线盘 IDF 在标准 19 英寸机柜上的安装规则是：2 个配线盘，中间配置 1 个“1U 理线架”，作为正面跳线的走线槽，便于美观的整理各条“水晶头跳线”，保证机柜内布线工艺的整齐美观，如图 3.11（2）所示。关于“综合布线”如图 3.11（3）所示，就是通过网线或网线电缆的布线，将建筑物内的所有用户，以“工作区用户模块插座”的方式，连接至计算机网络的用户节点机柜中，成端在标准 110 接线盘 IDF 上，再通过其正面的网线跳线，灵活地接至规定的“用户宽带交换机”的用户端口上。

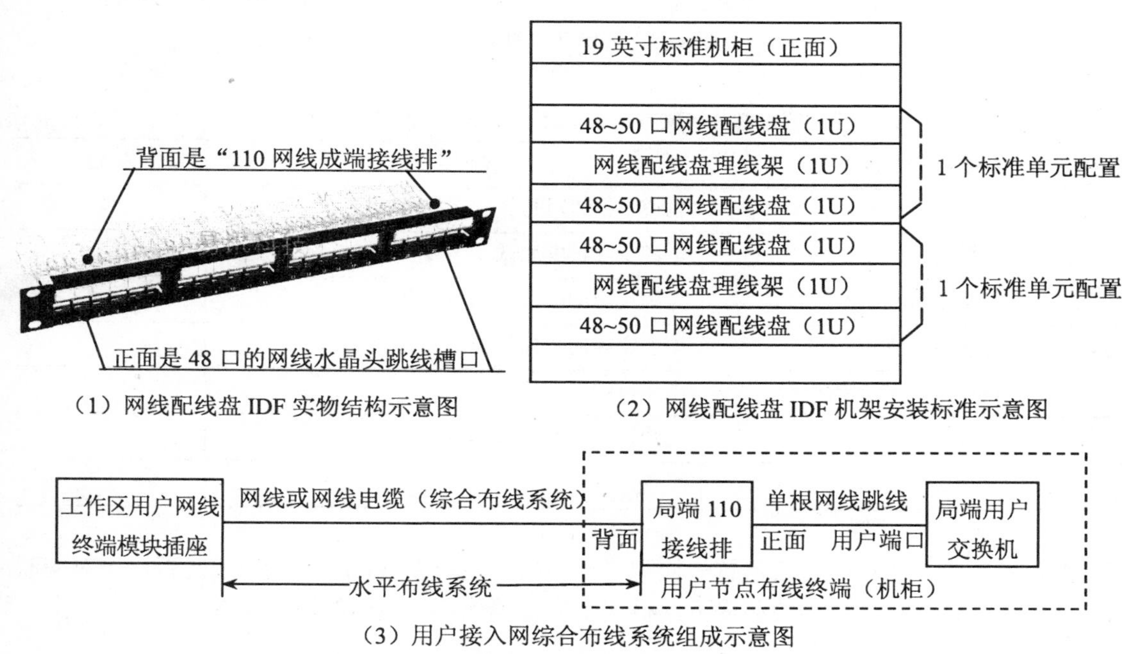

（1）网线配线盘 IDF 实物结构示意图

（2）网线配线盘 IDF 机架安装标准示意图

（3）用户接入网综合布线系统组成示意图

图 3.11 网线配线盘 IDF（实物）、机架安装与用户接入布线系统结构示意图

3. 计算机双绞线的测试

计算机双绞线的测试，分为“普通网线的测试”和“工程中敷设网线对的测试”两种情况。下面分别说明。

普通网线的测试，采用图 3.12（1）中所示的“普通网线测试器”就可以进行测试：将网线水晶头的两端，分别插入测试器的水晶头插孔，开机后观测水晶头两端的导线是否一一对应导通（灯亮）即可。

工程中，要对敷设的通信双绞线，一对一对地测试其是否正确连接，以及网线实际长度、实际环路电阻、信号的衰耗值、线对之间的绝缘性等多个指标，通常要采用美国“福禄克网络公司（Fluke Networks）”的相关“网络综合（自动）测试仪”等设备，如图 3.12（2）所示的“DSP-4000 型局域网电缆分析仪”等，可以完成工程上的参数自动测试与打印功能，如下

表 3.6 所示。

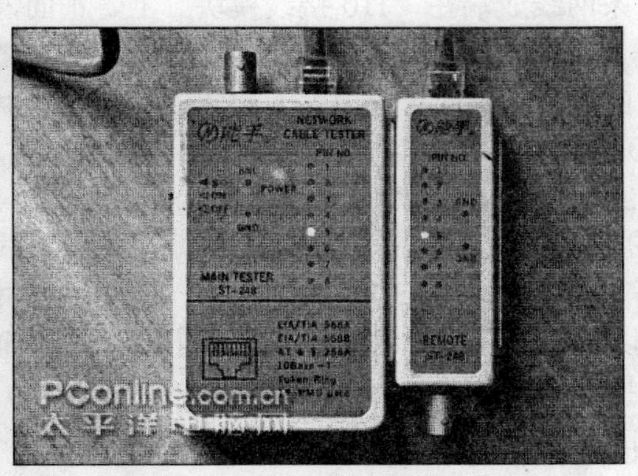

（1）普通网线测试器

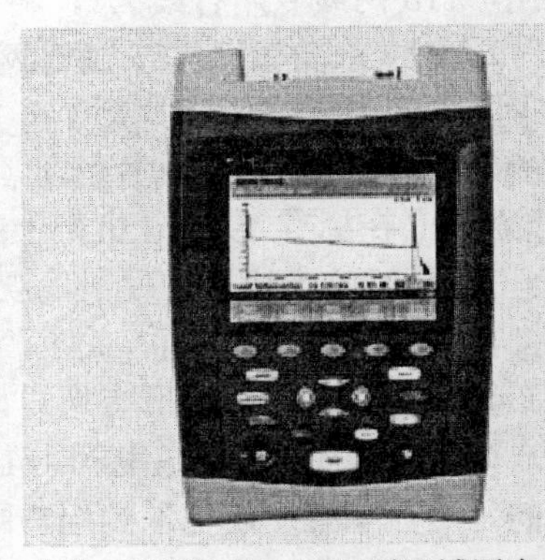

（2）专业工程用 DSP-4000 型局域网电缆分析仪

图 3.12　各类网线测试仪表

表 3.6　　局域网电缆分析仪测试的 4 对双绞线参数指标一览表

序号	4 对双绞线电缆参数	物理含义	备 注
1	电缆导通性	电缆 8 根线对是否对应正确连接	
2	电缆长度	电缆实际长度测试	
3	电缆电阻	电缆实际的端口电阻测试	
4	电缆衰耗值	电缆实际的衰耗值测试	
5	电缆近端串音指标	电缆近端串音指标	
6	电缆远端串音指标	电缆远端串音指标	
7	其他各个指标	—	

要注意的是：工程中，仪器首先检测“电缆的导通性”，就是 8 根导线是否一一对应联通，在“导通性”指标正确的前提下，再逐个检查其他各个指标的正确与否。

3.3　通信光缆系统

3.3.1　通信光缆概述

1. 光纤的发展史概述

光纤通信的历史最早可追溯到 1996 年，英籍华人“光通信之父”高锟(C.K.Kilo)博士根据“介质波导理论”提出了光纤通信的概念。1970 年，美国康宁公司根据高博士的这一原理，成功地研制出了通信光纤，从而开始了人类光通信的新时代。

如前所述，目前使用的光纤多为石英光纤，它以纯净的二氧化硅（SiO_2）材料为主，为改变折射率，中间掺有锗、磷、硼、氟等微量元素。光纤分为多模光纤(MMF)和单模光纤(SMF)两种基本类型：多模光纤先于单模光纤商用化，它的纤芯直径较大，通常为 50 μm 或 62.5 μm，它允许多个光传导模式同时通过光纤，因而光信号进入光纤时会沿多个角度反射，产生模式色散，影响传输速率和距离；多模光纤由于传输距离短、信号速率低，所以目前实际的光纤系统中已不再使用，逐渐被单模光纤所取代。

单模光纤的纤芯直径非常小，通常为4~10μm。在任何时候，单模光纤只允许光信号以一种模式通过纤芯。与多模光纤相比，它可以提供非常出色的传输特性，为信号的传输提供更大的带宽，更远的距离。目前的通信网络传输中，从长途网到接入网，主要都采用“单模光纤”。为确保光纤施工过程中连接器、焊接器，以及各类光纤施工工具的相互兼容，国际上统一标准的“包层直径为125μm，外套直径为245μm”。

在光脉冲信号传输的过程中，所使用的波长与传输速率、信号衰减之间有着密切的关系。通常采用的光脉冲信号的波长集中在某些波长范围附近，这些波长范围因为有对光信号的“低衰耗”的特征，习惯上又被称为信号传输“窗口”，目前常用的传输“窗口”有850nm、1310nm和1550nm三个光波长的“低损耗窗口”，在这三个“窗口”中，信号具有最优的传输特性——衰耗最低，信号失真度最小。目前通信网中常采用1310nm和1550nm两个波长，作为单模光纤的信号通道——即光信号传输“窗口”。

2. 光纤的导光原理

与电信号通信系统比较，光纤通信系统可提供极宽的频带，并且信号的功率损耗小、传输距离长（250-4000公里以上）、传输速率高（可达数千Gb/s）、抗干扰性强（不会受到电信号干扰），是构建社会信息高速公路的安全可靠的通信网络的理想选择。

光纤为圆柱状，由3个同心圆部分组成——纤芯、涂敷层和护套；根据光纤的全反射原理，在光纤的制造过程中，在光纤纤芯外面涂上1~2层起“光线反射”作用的涂覆层，形成光纤纤芯折射率高而涂敷层折射率低的情况，在光纤芯壁及纤芯涂敷层的边界形成对光信号束的良好的全反射效果，使得射入纤芯的光束信号全部“反射”回纤芯中，从而使光信号束都集中在光纤芯内部传输而不向外泄漏，就似水管中的水流那样，使之永远在水管中流动，如图3.13所示。当然，这对光纤材料通信的实用化提出了很高的要求——光纤的成缆化：形成实用的通信光缆。

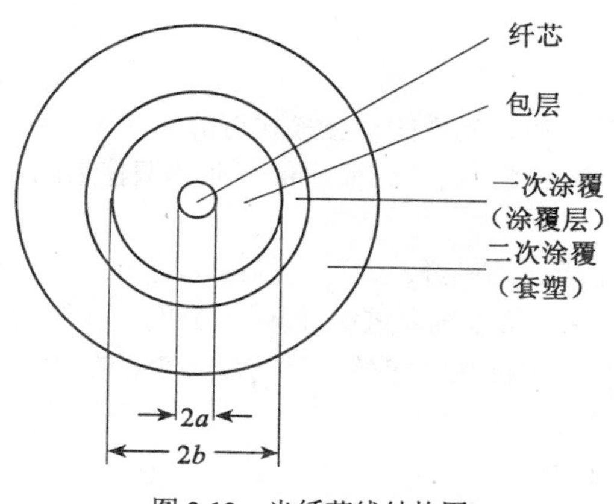

图3.13 光纤芯线结构图

由于光纤质地脆、易断裂，为了保证光通信信号在光传输系统中安全可靠的传播，将光纤加工制造成通信工程中实用化的各类“通信光缆”的形式。在固有的“光缆传输系统”中敷设、成端，图3.14是几种常用的光缆实物及断面示意图。

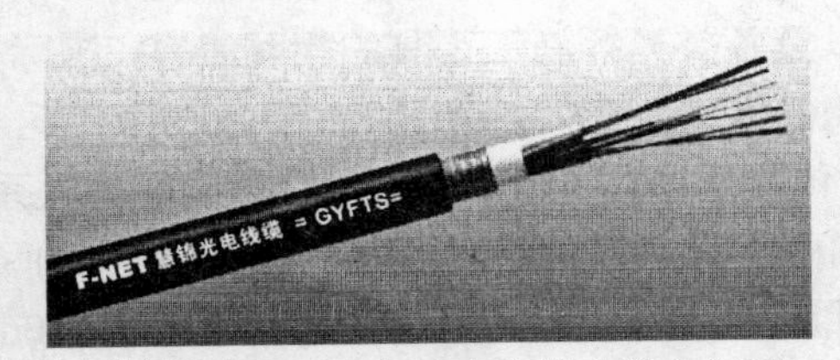

（1）套层绞式单模光缆实物图

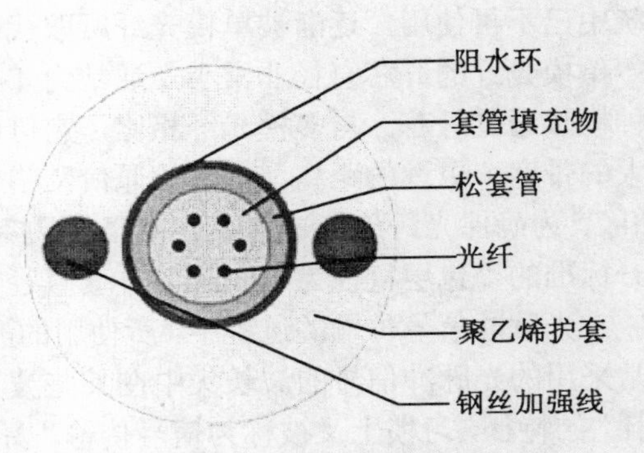

（2）松套中心束管式光缆断面

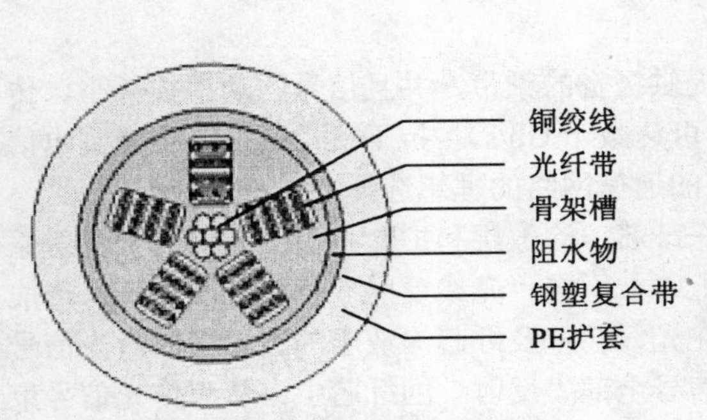

（3）松套骨架式带状光缆断面

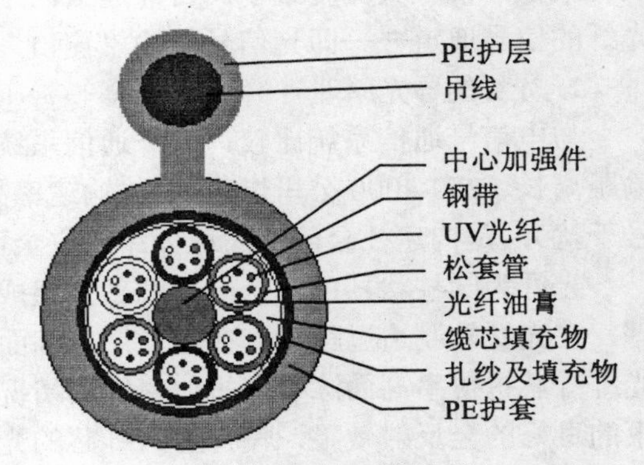

（4）松套层绞自承式光缆断面

图 3.14　各类单模光纤光缆实物及断面展示图

3.3.2　通信光纤

1. 通信光纤概述

根据波导传输波动理论分析，光纤的传播模式可分为多模光纤（ITU-T.G.651）和单模光纤（ITU-T.G.652—G.655）两大类，其中目前通信行业普遍使用的是单模光纤光缆。

（1）G.651 多模光纤

多模光纤即能承受多个模式的光纤，这种光纤结构简单、易于实现，因而在早期（20 世纪 80 年代末期）的数字光纤通信系统（PDH 系列）中采用；但这种光纤传输带宽窄、衰耗大、时延差大；因而已逐步被单模光纤代替，目前仅有少量在计算机局域网络中使用，并且价格往往高于主流的单模光缆。

（2）G.652—G.655 单模光纤

即只能传送单一基模的光纤，与多模光纤相比，这种光纤在时域上不存在时延差；从频域看，传输信号的带宽比多模光纤宽得多，有利于高码率信息长距离传输。单模光纤的纤芯直径一般为 4~10μm，包层即外层直径一般为 125μm，比多模光纤小得多。下面按型号分别予以介绍：

① G.652 单模光纤

满足 ITU-T.G.652 要求的单模光纤，常称为非色散位移光纤，其零色散位于 1.3um 窗口低损耗区，工作波长为 1310nm（损耗为 0.30dB / km），我国已敷设的光纤光缆绝大多数是这类光纤。随着光纤光缆工业和半导体激光技术的成功推进，光纤线路的工作波长可转移到更低损耗（0.20dB / km 以下）的 1550nm 光纤窗口。

② G.653 单模光纤

满足 ITU-T.G.653 要求的单模光纤，常称色散位移光纤（DSF＝Dispersion Shifled Fiber），其零色散波长移位到损耗极低的 1550nm 处。这种光纤在有些国家，特别在日本被推广使用，我国京九干线光传输系统上也有少量采用。美国 AT&T 公司早期发现 DSF 的严重不足：在 1550nm 附近低色散区存在严重的四波混频等光纤非线性效应，阻碍光纤放大器在 1550nm 窗口的应用，故应用不广。

③ G.654 海底单模光缆

铺设于海底的光缆，有浅海和深海应用。这种光缆的特点一是耐受很大的静水压力（每深 10m 增加压力为 1 吨）和施放过程中的拖曳力；二是能防止氢入侵光纤。已经证实，氢会导致光纤增大衰减；三是中继段跨距大。在海缆中光纤单元都放置于缆的中心并在专制的不锈钢管中，该管外绕高强度拱形结构的钢丝。钢丝层又包上铜管，供作远供，又使得光缆敷设时不发生微 / 宏弯，然后挤塑外护套，还可能销装，以防利器伤害，其中包括鲨鱼咬噬。在我国上海、青岛、汕头已有洋际海底光缆着陆。

④ G.655 单模光纤

满足 ITU-T.G.655 要求的单模光纤，常称非零色散位移光纤或 NZDSF（＝NonZero Dispersion Shifted Fiber），属于色散位移光纤，不过在 1550nm 处色散不是零值（按 ITU-T.G.655 规定，在波长 1530~565nm 范围对应的色散值为 0.1~6.0ps / nm.km），用以平衡四波混频等非线性效应。商品光纤有如 AT&T 的 TrueWave 光纤，Corning 的 SMF-LS 光纤（其零色散波长典型值为 1567.5nm，零色散典型值为 0.07ps / nm2.km）以及 Corning 的 LEAF 光纤。我国的“大宝实”光纤等，该光纤光缆能传输 10Gb/s 的数字信号速率。

目前最常用的是 G .652 和 G .655 单模光纤，单波长信道可分别传输 2.5Gb/s 和 10Gb/s 的数字信号速率。

2. 通信光纤的主要技术参数

光纤的特性参数及定义相当复杂。在一般数字光纤工程中，单模光纤所需的主要参数有：模场直径、衰减系数和工作波长（或截止波长）等。

（1）模场直径 d，指 95%的光能量在光纤信道上传输时的直径范围，是表征光纤中集中光能量程度的物理量；从物理概念上我们可理解为，对于单模光纤，基模场强在光纤横截面近似为高斯分布，如图 3.15 所示。通常将纤芯中场分布曲线最大值 1/e 处所对应的宽度定义为模场直径，用 d 表示。

工程上，可以认为：模场直径 d== 单模光纤的芯径

（2）衰减系数 α，光纤衰耗是决定光纤系统传输距离的最重要因素，因此努力把光纤衰耗降到最低，是人们长期以来一直努力奋斗的目标。光纤的衰减系数指单位长度（通常是每公里）下光信号的功率衰耗值，用希腊字母 α 来表示，单位是 dB/km，其定义式如下：

$$\alpha = \frac{10}{L}\lg\frac{P_i}{p_O}$$

式中：P_i 为输入光纤的光功率；　P_o 为光纤输出的光功率；L 为光纤的长度(单位为 km)。

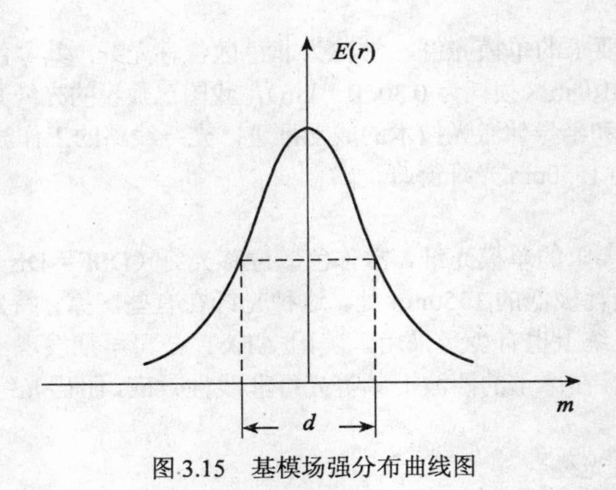

图 3.15　基模场强分布曲线图

（3）截止波长 λ，指光纤中的各阶高次模的光功率总和与基模光功率之比下降到 10%时的工作波长。为此，ITU-T 定义了以下两种截止波长：

① 2 米长一次涂覆光纤的截止波长（λc）；

② 22 米长成缆光纤的截止波长（λcc）。

（4）色度色散系数 D_λ，指单模光纤传输过程中引起的（光）脉冲展宽和畸变效应。

（5）零色散波长 λo，使光纤总的色度色散值为零的某波长值。

3.3.3　通信光缆与工程系统

与通信电缆类似，光缆主要由缆芯组合、加强元件和护套组合等三部分组成。

1. 缆芯组合简介

缆芯组合指光纤芯的组合，光纤芯的结构分为单位式和带状结构两大类，而单位式结构的光纤主要采用紧套和松套两种成纤结构，最常用的是“松套管结构”；而带状式光纤单元是将 4~12 根光纤芯线排列成行，构成带状光纤单元，再将多个带状单元按一定方式排列成缆。这种光缆的结构紧凑，可做成上千芯的高密度光缆，如图 3.16 所示。

2. 光缆结构介绍

光缆结构可分为“中心束管式”、“层绞式”、和“骨架式”三种，我国常用的是前两种。

（1）松套中心管式光缆技术，是将光纤套入由高模量的塑料做成的螺旋空间松套管中，套管内填充防水化合物，套管外施加一层阻水材料和铠装材料，两侧放置两根平行钢丝并挤制聚乙烯护套成缆；其主要特点有：

① 特有的螺旋槽松套管设计有利于精确控制光纤的余长，保证了光缆具有很好的机械性能和温度特性。

② 松套管材料本身具有良好的耐水性和较高的强度，管内充以特种油膏，对光纤起到了良好的保护。

③ 两根平行钢丝保证光缆的抗拉强度。

④ 该结构适用于光纤数量较少的场合，一般不超过 24 芯，具有直径小、重量轻、容易敷设等特点。

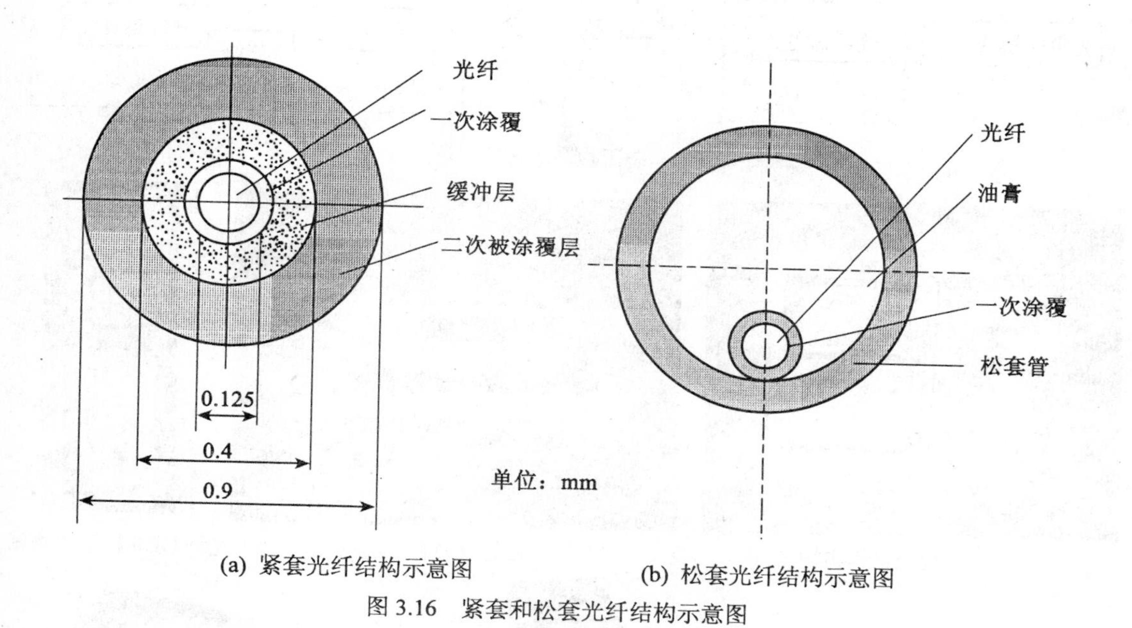

(a) 紧套光纤结构示意图　　(b) 松套光纤结构示意图

图 3.16　紧套和松套光纤结构示意图

（2）松套层绞式光缆技术，它是将若干根光纤芯线以强度元件为中心绞合在一起的一种结构，每个光纤束管可包含 4、6、8、10 或 12 根光纤。特点是成缆工艺简单，成本低，单位芯线数较少（不超过 12 根）。单根光缆包含的光纤容量为 30~622 芯，是目前最主要的光缆使用品种。

（3）骨架式光纤带结构室外光缆，这种结构是将单根或多根光纤放入骨架的螺旋槽内。骨架中心是强度元件，骨架上的沟槽可以是 V 型、U 型或凹型。由于光纤在骨架沟槽内具有较大空间，因此当光纤受到张力时，可在槽内作一定的位移，从而减少了光纤芯线的应力应变和微变，这种光纤具有耐侧压、抗弯曲、抗拉的特点。

3. 通信光缆工程系统

与通信电缆相似，通信光缆在室外以“外线光缆”的方式沿通信管道、架空吊线、地下直埋、水底敷设、沿墙壁钉固或槽道等若干种方式敷设，在局内机房中主要在光缆配线架（ODF）、用户终端盒等终端设备上成端，在室外及用户侧，则在光缆交接箱、光缆接头盒、用户终端盒（箱）等处成端。

光缆的连接分为“固定熔纤连接（法兰盘中）”和“光缆尾纤跳线连接（ODF 跳纤盘上）”两种：光纤在法兰盘中通过“光缆成端固定架”成端固定，剥出裸光纤，在法兰盘中与对端（单头尾纤或裸光纤）在“热熔管”的保护下进行“光纤固定（永久）熔接”，然后安置在“光纤接头固定槽”中，另一端则以“单端尾纤”的方式引出，连接到“光电转换（O/E）设备”或“光传输设备”中，进行下一步的信号转换。

通信光缆在通信系统中的连接关系及部分设备实物，如图 3.17 所示。

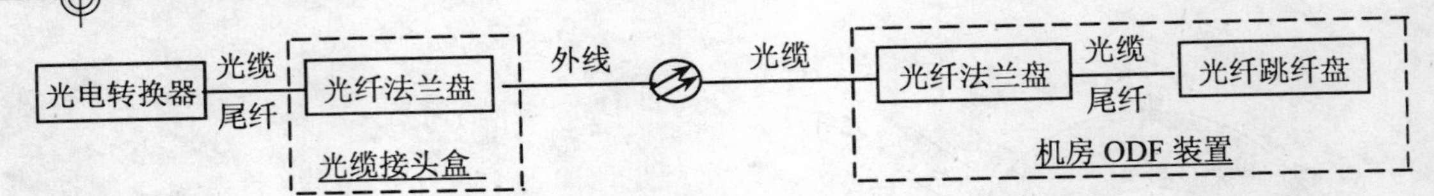

（1）光缆工程系统配置示意图

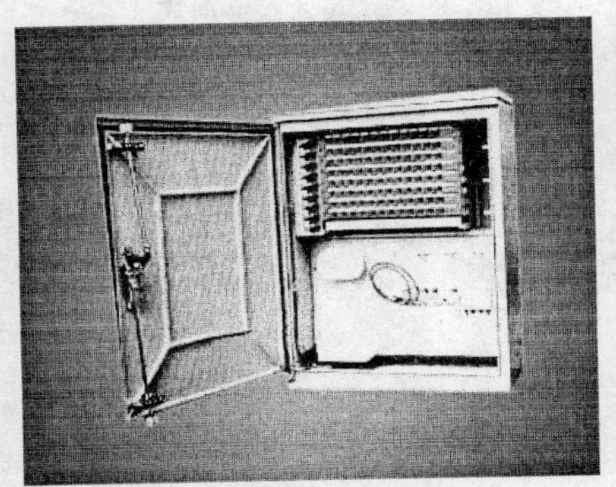

（2）光缆交接箱实物图

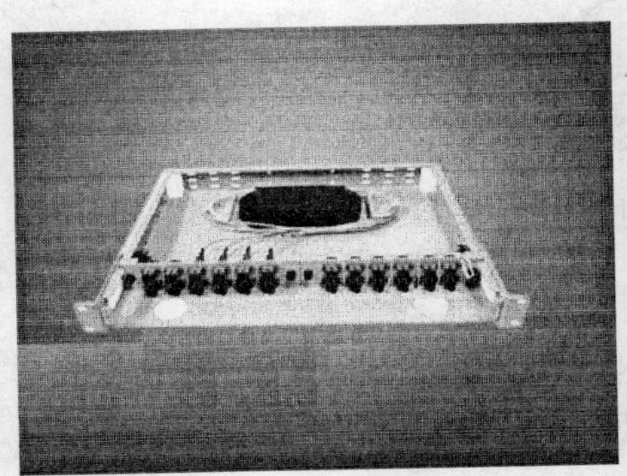

（3）光纤法兰盘+跳纤盘实物图

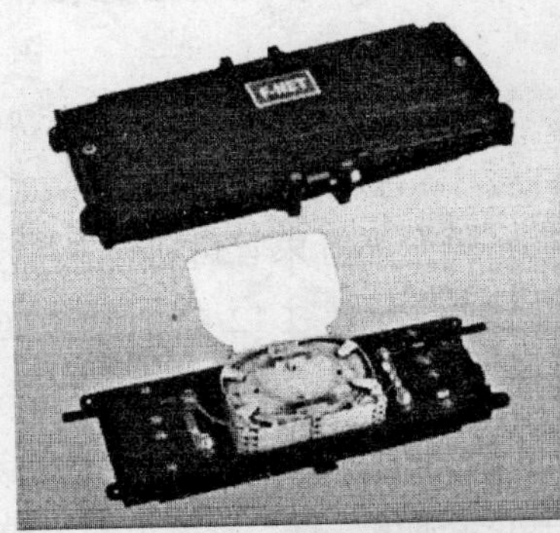

（4）光纤 ODF 机架实物图

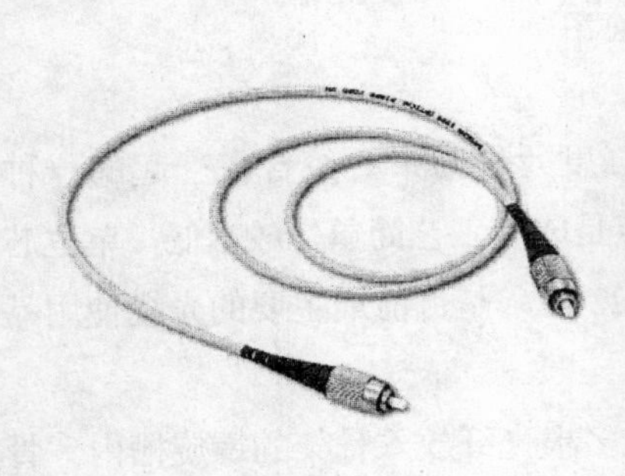

（5）光纤 FC/FC 圆形尾纤

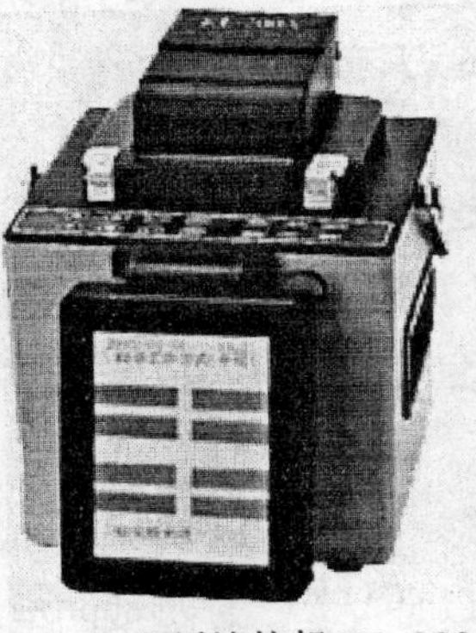

（6）光纤熔接机 KL-200

（7）重复开启光缆接头盒

名　称	作　　用
光电转换器（E/O）	光电信号转换设备，将数字电信号直接转换为光信号。
SDH 光传输设备	SDH 光电信号转换设备，将 2M 数字电信号直接转换为 SDH 光信号。
光纤配线架（ODF）	包括光纤法兰盘和跳纤盘，外线光缆熔接形成固定接头，然后与局内设备尾纤跳接。
光缆接头盒	包括光纤法兰盘和固定架，外线光缆在此固定接头，或接出尾纤连接 E/O 设备。
光缆尾纤	一种室（局）内使用的光纤，单模为黄色，两端有固定的连接件（SC、FC 接头）

图 3.17　通信光缆敷设的系统组成与部分实物示意图

3.3.4　光纤光缆的接续与测试

1. 实地认识光纤光缆的实物与结构组成

光缆结构可分为“中心束管式”、“层绞式”和“骨架式”三种，我国常用的是前两种。实际的光缆结构如图 3.18 所示。

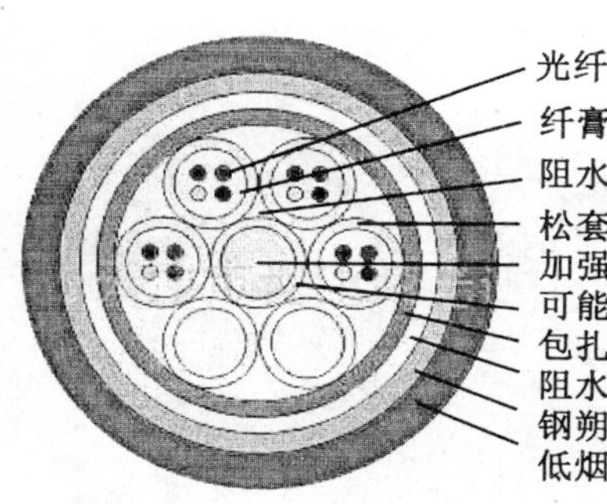
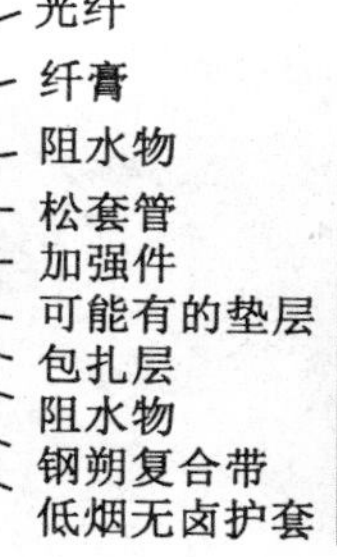

(1) 常用的“松套管层绞式”单模通信光缆结构示意图

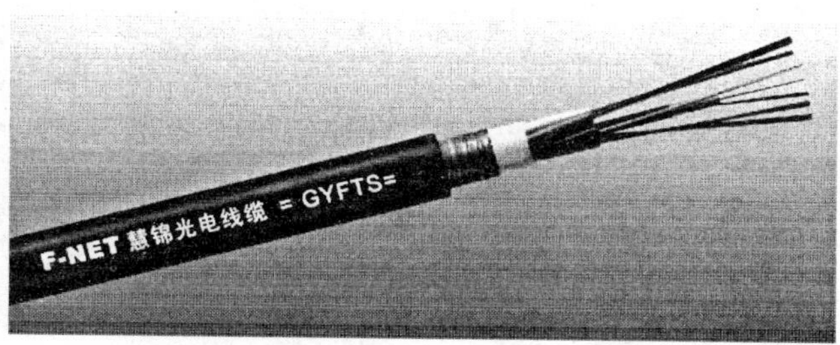

(2) 光缆实物示意照片图

图 3.18　通信光纤光缆断面及直面图片

2. 认识光纤光缆的熔接工具与熔接机

认识光纤加工工具：以图 3.19（1）为“光纤光缆熔纤盘”和光缆开剥加工工具，自右至左依次为：

（1）光缆外护套开剥“滚刀”：对光缆外护套和金属护套割开口子，开剥光缆外护套。

（2）光纤松套管开剥钳：专门有各种“槽口”，开剥光缆的松套管。

（3）光纤涂覆层专用刮钳：用来刮开光纤外表层的涂覆层，以便裸露出真正的光纤。

（4）图 3.21 为“光纤光缆熔纤盘”：两端光缆固定，并在法兰盘上固定熔接好的光纤。

图 3.19（2）是“光纤自动熔接机”的照片示意图，光纤在切割出符合要求的“断面”之后，就用它来进行光纤的自动熔接。所以，图 3.20 显示的是专门的光纤断面切割刀工具，其作用就是将开剥出的光纤经酒精棉球清洁后，用此刀切出专门的“熔纤端面”。

(1)“光纤光缆熔纤盘”和光缆开剥工具套件示意图

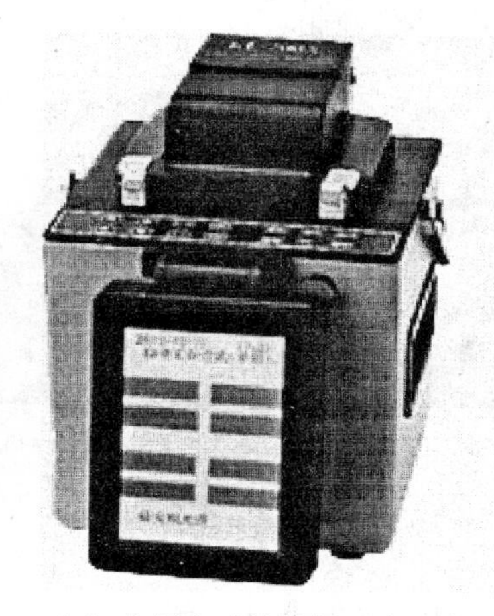

(2) 光纤自动熔接机照片示意图

图 3.19　通信光纤光缆熔纤工具与熔接机图片

3. 实地认识光纤光缆的熔接过程与熔接机的使用

图 3.21 展示了剥出来的光纤被固定在光缆接头盒的光纤法兰盘上的情景，下面介绍光纤熔接的方法：

图 3.20　两种光纤熔接断面专用切割刀

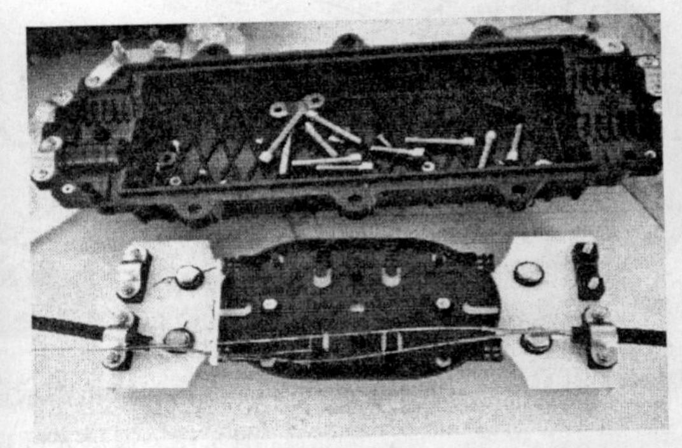

图 3.21　剥出的光纤松套管被固定在光缆接头盒的光纤法兰盘上

第 1 步是“开剥光缆外护套”：用“滚刀”开剥光缆外护套；然后合力拉开光缆外护套，清洁光缆松套管，剪除光缆多余的填塞管和金属加强芯，如图 3.22 所示。

第 2 步是“光纤的清洁和切面”：用刮线钳刮掉光纤上的涂覆层（如图 3.22（1）所示），切割前需用酒精拭擦光纤去除杂污，切割时长度以 16mm 为准。然后，将光纤小心地放入切割刀，切出符合标准的光纤断面，如图 3.22（2）所示。

第 3 步是“光纤自动熔纤”：光纤套好“热熔管”，放入光纤熔接机中，进行光纤自动熔纤，直到熔接出衰耗不大于 0.05dB 的接头即可完成，如图 3.23 所示。

（1）用刮线钳刮掉光纤上的涂覆层操作示意图

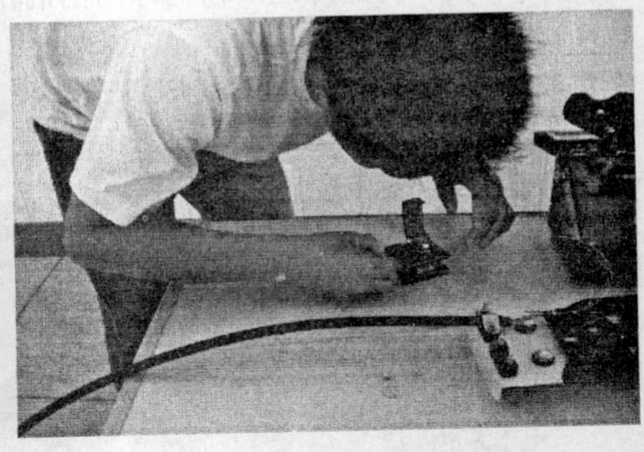

（2）用专用切割刀，切出符合标准的光纤断面示意图

图 3.22　光纤熔纤前的加工示意图：刮掉涂覆层，切出符合标准的光纤“断面”

具体的光纤自动熔接机操作过程如下：

（1）打开光纤熔接机的加热盖和左右光纤夹；

（2）打开防风盖取出熔接部位光纤，按下 Reset 开关；

（3）把光纤保护套管(FDS-1)，也就是“光纤热熔管”轻轻移到熔接部位；

（4）轻轻拉直光纤熔接部位，放入加热器中，使左侧光纤夹合上；

（5）轻轻拉直光纤熔接部位，使右侧光纤夹合上，然后关闭加热器盖。（注：①保护光纤笔直；②防止灰尘及粘状物进入保护管内）；

（6）按下开关，加热，蜂鸣器响起后，表示熔接完成，即取出接头，熔纤完成；
（7）熔纤质量评估：光纤固定接头熔接损耗≤0.05dB；
（8）熔纤过程中注意观察光纤熔接机的屏幕显示。

（1）光纤套好“热熔管”，放入熔接机中

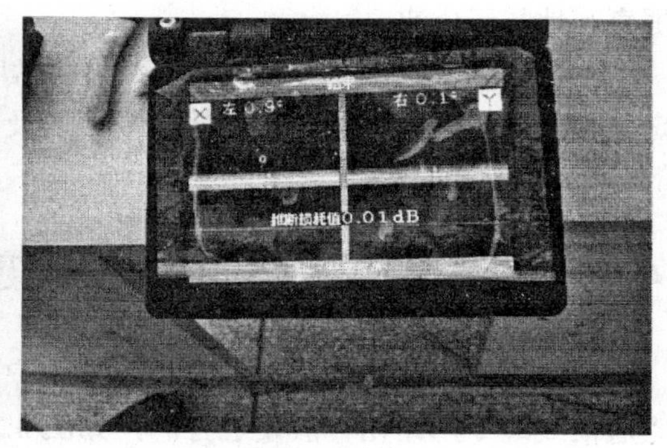

（2）光纤的自动熔接成功：衰耗正常

图 3.23　光纤自动熔纤的过程示意图

4. 光时域反射仪(OTDR)简介

光时域反射仪(OTDR：Opticai Time Domain Refiectometer)，又称“后向散射仪”或“光脉冲测试器”，可用来测量光纤的插入损耗、反射损耗、光纤链路损耗（总衰耗）、光纤长度、光纤故障点的位置以及光功率值在光纤路由长度各点的分布情况（即 P-L 曲线）等，具有功能多、体积小、操作简便、自动存储与自带打印机等诸多特点，是光纤光缆的生产、施工及维护工作中不可缺少的重要仪表，被人称为光通信中的“万用表”。下面以常用的惠普公司 Hp-8147 型光时域反射仪(OTDR)为例，介绍该类测量设备的结构组成、工作原理与操作方法。

图 3.24 示出了 OTDR 的原理结构框图。图中光源（E/O 转换器）在“脉冲发生器”的

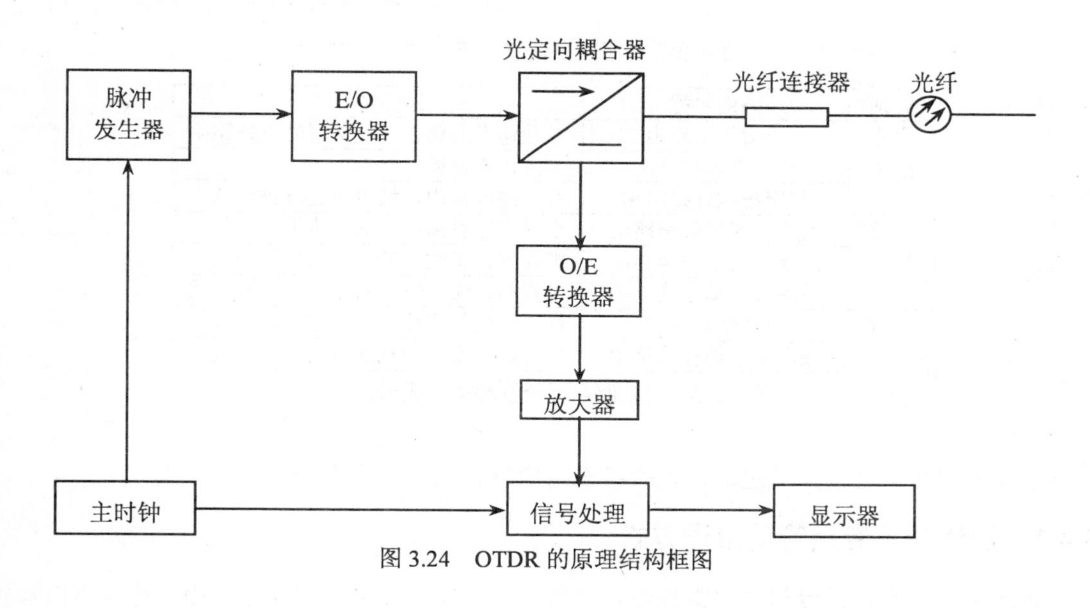

图 3.24　OTDR 的原理结构框图

驱动下，产生窄光脉冲，经“光定向耦合器”入射到被测光纤中；在光纤传播的过程中，光脉冲会由于“瑞利散射”和“菲涅尔反射”产生反射光脉冲，该反射光沿光纤路径原路返回，经“光定向偶合器”后由光纤检测器（O/E 转换器）收集，并转换成电信号；最后，对该微弱的电信号进行放大，并通过对多次反射信号进行平均化处理以改善信噪比后，由 OTDR 显示屏直观地显示出来。

OTDR 显示屏上所显示的波形，即为通常所称的“OTDR 后向散射曲线”，由该曲线便可确定出被测光纤的长度、衰耗、接头损耗以及判断光纤的故障点或中断点，分析出光纤沿长度的分布情况等参数。

3.4 通信线缆专用路由的工程建筑方式

通信线缆（主要是通信光、电缆）从用户端到达专业通信机房之间，都是沿着专门建筑的“通信线缆专用路由”敷设进行的，如图 3.25 所示。这是一个“全程化、专业化的通信专用路由系统”。

通信光电缆的专用路由，主要有两大类：一是沿道路、空地的地下建设的“通信地下专用管道路由或直埋路由”和电线杆等架设在空中的“吊线式（镀锌钢绞线）架空路由”；二是在各类楼房和建筑物内建设的“通信线缆专用线槽敷设路由”和“通信线缆沿墙钉固敷设路由”。另外，进入通信专用机房后，各类通信线缆，将沿着专门建设的“线缆走线槽、架”敷设到各个机房内，在各类配线架或是通信机架上“成端”固定起来。为便于理解和学习，特将各类通信路由的种类和特征，汇总列表于图 3.25 中。

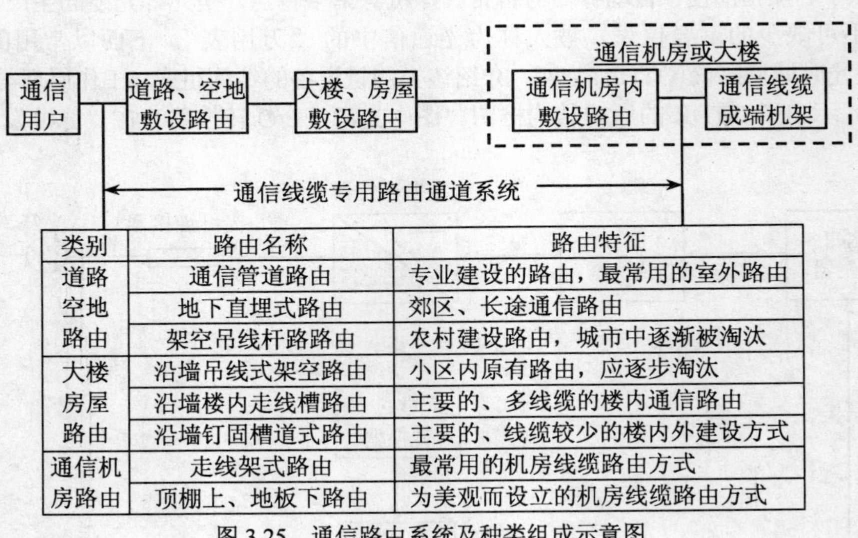

类别	路由名称	路由特征
道路空地路由	通信管道路由	专业建设的路由，最常用的室外路由
	地下直埋式路由	郊区、长途通信路由
	架空吊线杆路路由	农村建设路由，城市中逐渐被淘汰
大楼房屋路由	沿墙吊线式架空路由	小区内原有路由，应逐步淘汰
	沿墙楼内走线槽路由	主要的、多线缆的楼内通信路由
	沿墙钉固槽道式路由	主要的、线缆较少的楼内外建设方式
通信机房路由	走线架式路由	最常用的机房线缆路由方式
	顶棚上、地板下路由	为美观而设立的机房线缆路由方式

图 3.25 通信路由系统及种类组成示意图

下面分别介绍这三大类建筑方式的组成结构与建筑工作原理。

3.4.1 通信地下专用管道敷设方式

地下通信管道，是专门用来敷设通信外线（光、电缆）的专用线缆路由，连接电信局机

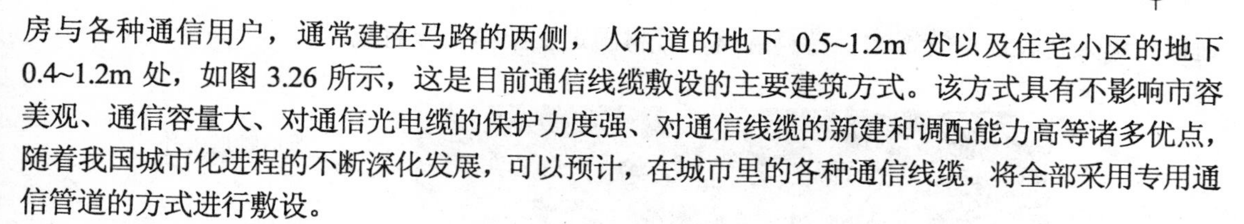

房与各种通信用户，通常建在马路的两侧，人行道的地下 0.5~1.2m 处以及住宅小区的地下 0.4~1.2m 处，如图 3.26 所示，这是目前通信线缆敷设的主要建筑方式。该方式具有不影响市容美观、通信容量大、对通信光电缆的保护力度强、对通信线缆的新建和调配能力高等诸多优点，随着我国城市化进程的不断深化发展，可以预计，在城市里的各种通信线缆，将全部采用专用通信管道的方式进行敷设。

1. 通信管道的系统组成

如图 3.26 所示，通信管道由“人手孔节点”和“管孔段”2 部分组成。通信线缆，在管孔段中穿管敷设，在人（手）空中引上或成端处理。标准通信管道的内孔直径为Φ900mm。

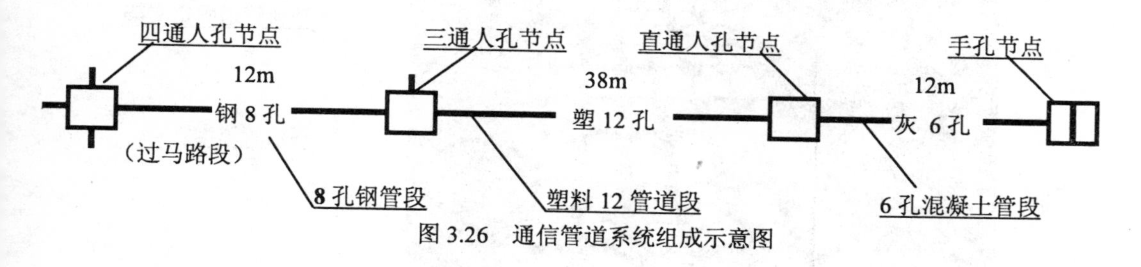

图 3.26 通信管道系统组成示意图

组成通信管道的材料，目前主要有聚氯乙烯（PVC）塑料组成的通信专用管材、通信混凝土管块和镀锌钢管三种，钢管一般用于横穿机动车路面的地方；原先通信行业较多使用通信混凝土管块作为管道材料，尽管价格较低，但它具有施工周期长、工艺要求高（错孔率大）、对通信电缆的光洁度不够高等缺点；随着化工工业的不断发展，塑料专用管材的工艺质量不断提高，价格不断降低，其施工工艺简单、周期短、老化性能好、对通信电缆的摩擦光洁度高等优点日益得到体现。所以，目前在通信管道的建设中，普遍使用的还是“专用通信塑料管材”。常用的通信塑料管材，其规格通常是：“Φ102（外径）×10（壁厚）mm，单端胀口 PVC 塑料管”，每根 6m 长，如图 3.27 所示。

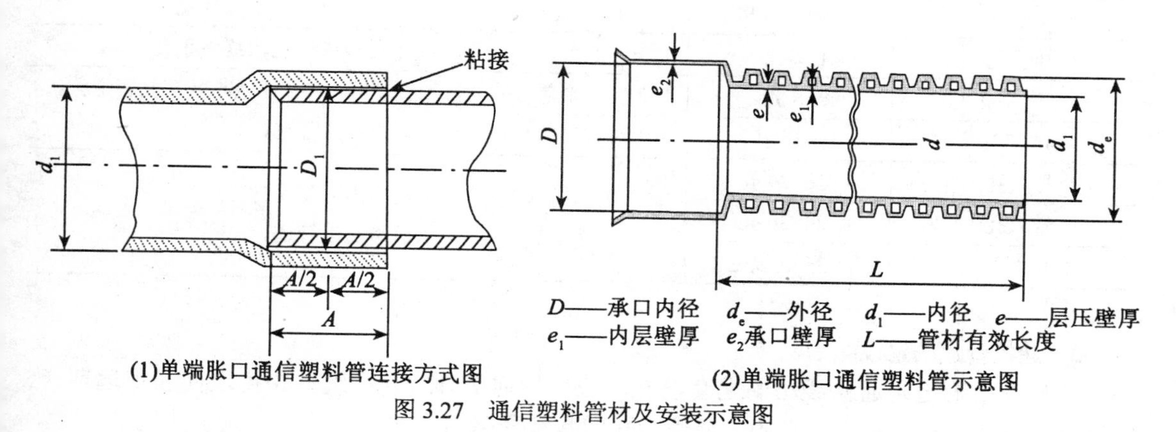

(1)单端胀口通信塑料管连接方式图

(2)单端胀口通信塑料管示意图

图 3.27 通信塑料管材及安装示意图

“管道节点”分为人孔（18 孔以上用）和手孔（16 孔以下用）2 种。通信人孔体积较大，分为大、中、小 3 种规格及直通、三通和四通等方式，如图 3.26 所示是由“砖砌墙体”和“混凝土预制上覆盖板（含圆形铸铁口圈）”，以及其他附属物等 3 部分组成。人孔的内空 1.8m，四周是专用电缆托架，光电缆敷设和接头固定之用。通信管道的建设情况，如图 3.28 所示由通信管道人孔、通信管道沟、塑料管材、管材固定支架等部分组成。

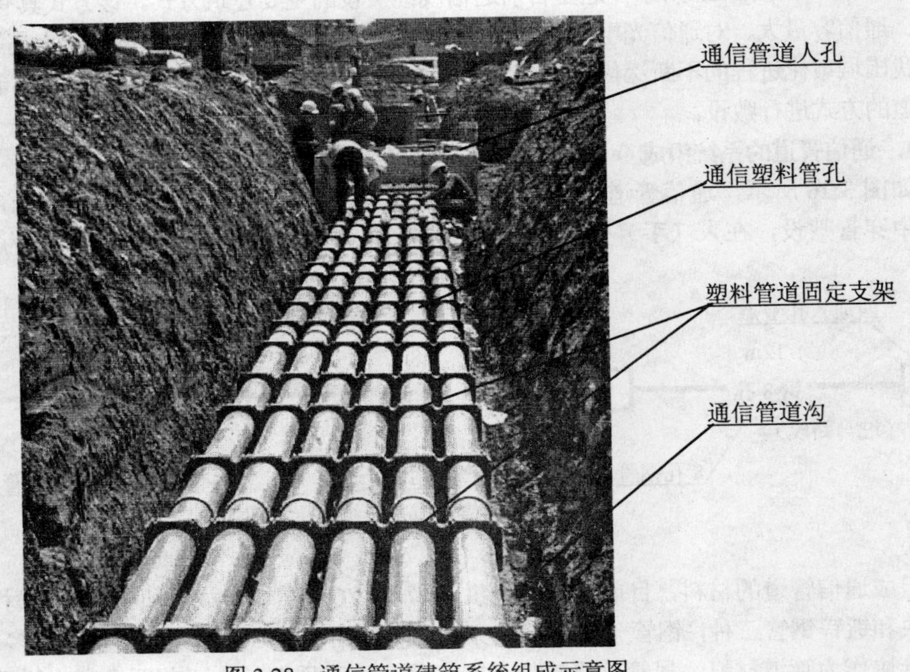

图 3.28 通信管道建筑系统组成示意图

通信手孔体积较小，通常深 1 米，为长方形，其方型口圈盖板的形状，即为其四周尺寸的实际大小。人手孔使用情况一览表如表 3.7 所示。

表 3.7 人手孔使用情况一览表

类型	管道容量	口圈盖板	适用环境
小号手孔	1~2 孔	1 块方形盖板	光电缆成端引上，终端手孔
1~2# 手孔	2~8 孔	1~2 块方形盖板	1.直埋路由；2.住宅小区简易管道；3.道路通信管道。
3~4# 手孔	9~16 孔	3~4 块方形盖板	
小号人孔	18~24 孔	圆形铸铁口圈 1 个	1.住宅小区简易管道；2.道路通信管道。
中号人孔	24~36 孔		
大号人孔	36 孔以上		

2. 通信管道的建设原则

（1）通信管道是通信线路的配套设施，应根据通信外线光电缆的路由取向和中远期（5 年以上）外线敷设数量，合理确定通信管孔的数量和路由方案，以及节点人手孔规格。

（2）通信管道一般应建在人行道路上；穿越机动车路面时，应采用镀锌钢管，其他情况宜采用 PVC 塑管或 PE 塑管。由于塑管在抗老化、表面光洁度和施工方便程度上远远优于通信混凝土管块的建筑方式，目前的通信管道施工均普遍使用塑管代替原来的通信混凝土管块。

（3）通信管道应建有一定的坡度，使其内部的污水能自然清除干净，规定的通信管道坡度为 0.30%~0.40 %，最小不得低于 0.25%。管道坡度，应按道路的自然坡度，综合设置，如图 3.29 所示。

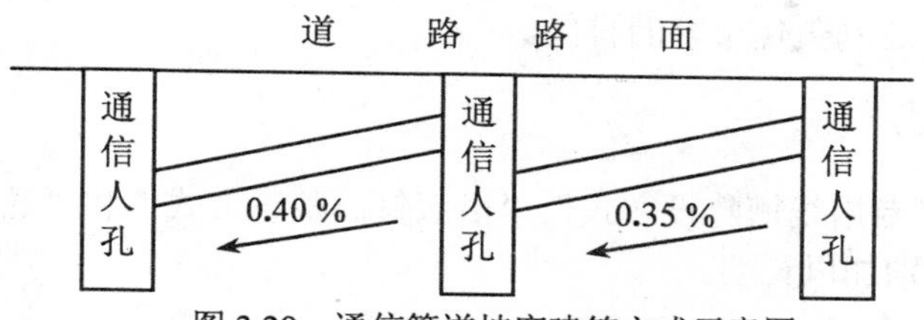

图 3.29　通信管道坡度建筑方式示意图

（4）通信管道与建筑物的距离，应保持 1.5m 以上，与行道树、人行道边石的净距离应大于 1.0m。若必须建在车行道时，应尽量靠近道路的边侧，与路边距离不小于 1.0m。

（5）通信管道在地下的埋设深度，应按表 3.8 要求执行。

表 3.8　通信管道埋设深度表

管道程式	人行道（米）	车行道（机动车道）（米）	住宅小区内（米）
塑料专用管	0.5	0.7	0.4
镀锌钢管	0.2	0.4	0.4
混凝土管块	0.5	0.7	0.4

（6）通信管道的设计图纸分类

通信管道设计，应绘制下列设计图纸：

① 通信管道总平面系统图：说明通信管道的所有“平面上分布延伸”的情况的设计图纸。

② 通信管道平面-纵剖面系统设计图：说明通信管道工程设计技术实施方案和工程参数。

③ 通信管道横断面设计图：规定了通信管道在地下的具体的设计断面情况。

④ 人手孔标准示意图：配套的管道节点的建设情况。

3.4.2　镀锌钢绞线架空路由敷设方式

镀锌钢绞线，是指 7 股Φ2.0mm 或 7 股Φ2.2mm 规格的镀锌铁丝，相互纽绞形成“镀锌钢绞线”，作为吊线，承载通信光电缆的“架空敷设”形式，如图 3.30 所示。

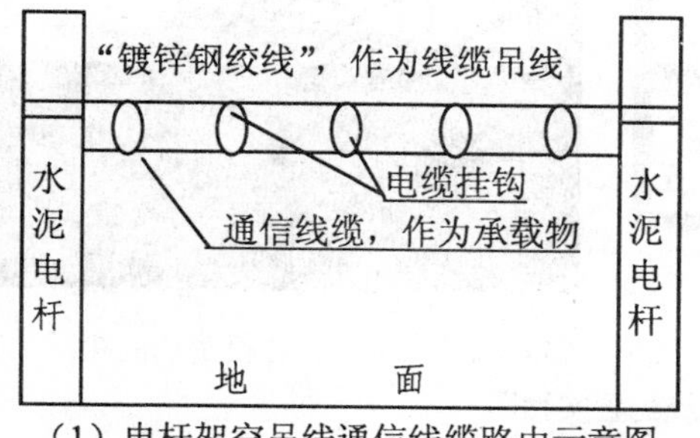

（1）电杆架空吊线通信线缆路由示意图

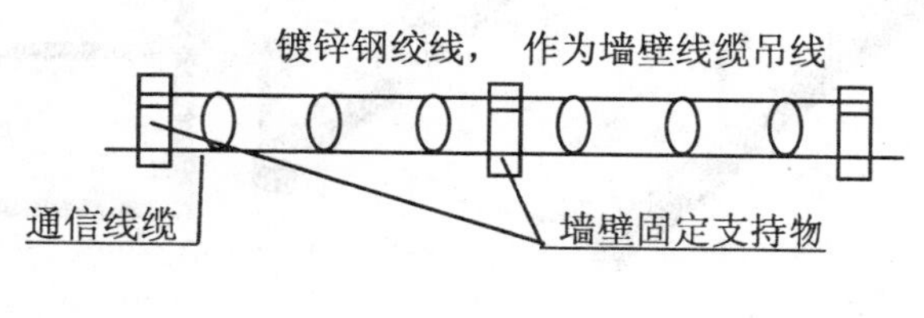

（2）墙壁架空吊线通信线缆路由示意图

图 3.30　电杆/墙壁架空吊线通信线缆路由建筑示意图

架空路由是传统的通信线缆敷设方式，按照使用的场合不同，分为“电杆架空吊线”和“墙壁架空吊线”2 种方式，其特点是建设速度快、成本低；缺点是承载的线缆容量小、对城市市容的美观，影响较大，所以城市通信系统将逐步淘汰这种外线敷设方式，使城市通信管线地下化、隐蔽化，达到美化市容的目的。

3.4.3 其他敷设方式

其他敷设方式是“专用线槽敷设方式”、“沿墙钉固敷设方式”和“通信机房内部走线架等敷设方式”3 种，分别加以说明。

1. 专用线槽敷设方式

这类敷设方式，主要是在建筑物内，将各类通信线缆集中敷设的需要，形成一个集中布放的电缆槽道。在通信线缆较多的情况下，设立专门的“吊挂-封闭式”专用电缆槽道（其金属外壳接地保护）；而在线缆较少的情况下，可沿墙壁设置简易的“小型塑料电缆槽道”，这种小型电缆槽道要便于开启，方便线缆施工和检查的需要。

2. 沿墙钉固敷设方式

这类敷设方式主要是在建筑物外，将 2~3 根通信线缆从管道里引入建筑物内的需要，和住宅小区，同一栋大楼不同单元之间的配线方式。

这种敷设方式，是直接用“膨胀螺栓塑料电缆卡”，将通信线缆固定在建筑物的外墙壁上，该敷设方式的每根通信电缆容量一般都较小，不超过 200 对，外径不超过Φ45mm。

3. 通信机房内部线缆敷设方式

在通信机房内部，通常采用两种线缆的敷设方式，一种是“走线架式敷设方式”，另一种就是机房的装修天花板上、防静电活动地板下的“隐蔽式”敷设方式。下面，分别简述这两种方式：

机房内部，最常见的就是走线架式的线缆敷设方式。该方式是由两边的 L50×50mm 镀锌角钢作两边的框架，中间每隔 300~500mm 配以 50×4mm 镀锌扁钢作支持物，形成“架空式走线支架”的方式，如图 3.31 所示。

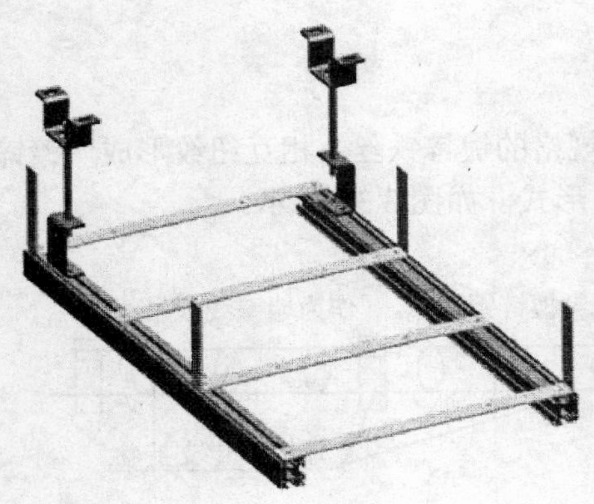

（1）水平式走线架

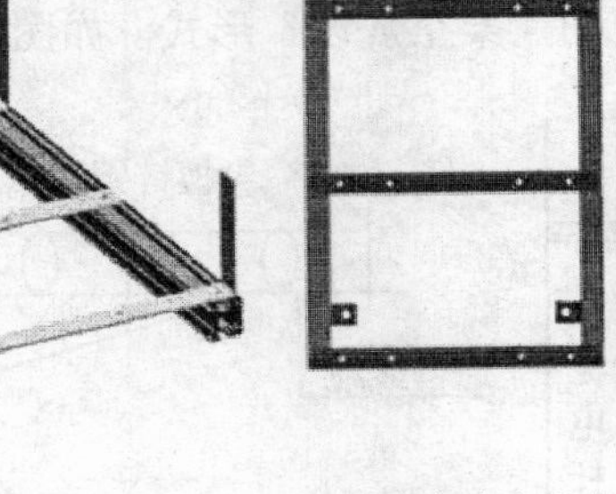

（2）垂直式走线架

（3）水平式走线架在机房内的实际配置图

图 3.31　机房走线架系统配置实物图

另一种方式是“隐蔽式线缆敷设方式”：在装修过的天花板上或是活动地板下的通信线

缆敷设方式。这种方式的好处是隐蔽性好，机房内美观、整洁。但缺点也很明显，就是线缆检查和再次敷设时，工作量大些——要事先翻起地板等掩饰物，并且容易受到“老鼠”等外界因素的干扰和破坏。所以，通信专业机房，较少使用这种线缆敷设方式。

3.5　通信机房的系统组成

通信机房是通信网络的核心枢纽，起到通信传媒的汇聚、通信业务的收集与信息的转换与交换的作用。所以，对通信专业机房的全面认识和系统配置的了解，是通信行业必须要掌握的基本内容之一。本节从“机房概述”、“配线架系统”、“各类机架系统”、“通信电源系统”等几个方面，简要论述通信机房系统组成、作用和配置情况，使读者对通信机房内的各种设备，有一个全面、初步的认识。

3.5.1　通信机房系统概述

1. 通信中心机房概述

通信机房，按照规模和监控方式，分为有人值守的“中心机房”和无人值守的“节点机房”2大类。通常，在一个城市中，通信网都要设置2个以上的通信“中心机房”，以保证整个通信网络的安全性。

中心机房是由通信电缆测量室（通常在1楼）、交换、宽带业务接入机房（通常设在2楼）、光纤传输机房（通常设在3楼）以及系统监控室、通信专用电源与电池室等专用机房组成。典型的“大型有人值守电信局机房组成”和系统格局安排，如图3.32所示。

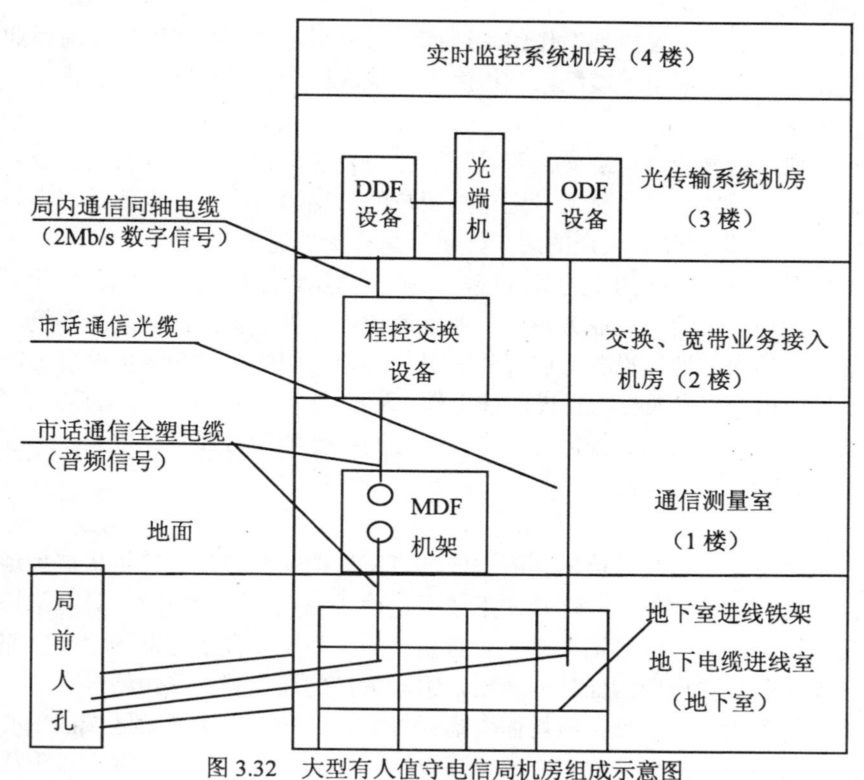

图3.32　大型有人值守电信局机房组成示意图

图3.32中，中心机房为4层“电信大楼”的格局。首先，大楼的“地下进线室”将外线通信管道与机房之间的各类通信光电缆通道“沟通”起来，形成完整的“通信线缆通道系统”；其次，传统的电话通信电缆均成端在1楼的“通信测量室”内的总配线架上，而各种光纤光缆则成端在2楼或3楼的“光纤配线架（盒）ODF”上，加上光传输机房内的“数字配线架DDF”，形成了完整的“配线架系统”。传统的“电话业务”程控设备，和新兴的“互联网宽带业务”交换机、路由器设备机架，均设置在2楼的业务机房内，形成“通信业务机房系统”；3楼是“长途光传输机房”，安置的是传统的、长距离的（包括长途网、本地网以及与其他网络之间的）各类光传输设备和光纤配线架ODF，以及数字配线架DDF等传输设备，形成光纤光缆传输设备机房；而4楼则是配置了24小时有人值守的“实时监控系统机房”，通常是监控各个专业的、各个节点机房的通信设备系统以及各条通信线路系统。

2. 通信节点机房概述

节点机房，是指各个接入网区域内的、无人值守的“通信机房”。这类机房，通常设在居民小区内或是该接入网的某建筑物内，通常只有1间20~30平方米的房间。这里面包括了机房内走线架（槽）系统、光电缆配线架系统（MDF、ODF）、电话和宽带互联网业务设备、通信电源设备和监控-防护设备等各类通信设备。可谓“麻雀虽小，五脏俱全！”与外界的线缆通道，一般是通过“机房前人孔”和地下槽道或是地下管（通）道等方式组成的。机房内部，则设置“光电缆走线架”，供各类线缆敷设、成端之用。

3. 通信机房的特征概述

通信机房作为通信网络的核心枢纽节点，具有以下几个要素和特征：

（1）通信机房的3大作用

首先是用户线缆的“汇聚成端”作用。通信机房采用各类“配线架”和通信业务设备，将连接至千家万户的各类通信线缆汇聚到机房内，组成通信“星形网络”的格局，为社会大众的用户提供信息交流的通道。

其次是形成通信信号的“信息交换和处理”作用。通信机房采用各类通信业务设备，将用户传来的信息实时转换，并“交换”到对端用户的信息通道中——也就是“实时的沟通用户之间的通信”，及实地为社会大众的用户提供信息交流的通道。

最后是形成各类通信业务的“业务开展与维护”作用。通信机房内的各种业务设备和各种新业务设备，为通信用户各类业务拓展、业务维护，提供了良好、有效的环境，各类新业务的开展都是在机房内的通信设备上展开的。另外，通信网的监控和维护处理都需要“集中监控设备系统”和相应值班人员的昼夜监控工作，形成一个全天候的“实时监控系统”，监控各个机房和通信系统的参数与告警信号，才能保证网络性能的可靠和稳定。一旦发现问题，及时得到合适的处理。

（2）通信机房的最佳选址

通信机房的选址地点，与通信网络的组成，有密切的关系。最佳的机房选址地点，应该是整个通信网络区域的中心位置，这样便形成了通信线缆敷设到用户时，具有最短的距离。

通信机房的选址，与外线管道网络，也有直接的关系——位于道路的“十字路口”，为最佳位置——便于通信管道向四面延伸敷设，组成最佳的通信管网路由格局。

如上所述，通信机房的选址，应均衡考虑：首先，应处于整个通信区域的中心位置。其次，应考虑处于道路交通的枢纽位置，便于建设通信管道向四面用户延伸，以形成“星形网络”的通信网格局。

（3）通信机房的设备承重问题

通信设备对机房地面的承重要求，一般都在每平米800kg以上，而通信规范要求的机房承重，应该达到每平米1000kg以上。所以，专门建设的“中心机房楼”，通常都能满足这个要求。但是，以民房为基本选择的各个“小区通信节点机房”，当选择二楼及以上楼房时，通常的情况就达不到这个要求，因为民房的建筑承重标准是每平米600kg，所以无人值守的“通信节点机房”大都选择在管辖小区范围内的底楼。选择底楼的另一个优点，就是便于与通信管道相连。

3.5.2 通信机房配线架系统

通信系统的各类外线光电缆，都将在通信专用机房或专用机柜内“成端固定下来”，这个成端固定的机架或装置，就是各种“配线架”或“配线箱”。目前常见的配线架，根据成端光电缆种类的不同，有4种类别，如表3.9所示。

表3.9 机房配线架种类和功能介绍表

序号	成端线缆	配线架名称	作 用
1	电话 通信电缆	总配线架 （MDF）	成端电话外线电缆、交换系统和宽带ADSL系统的局内电缆，以“机架内部跳线”的形式，将外线用户，与机房（程控）交换设备和ADSL宽带互联网设备相连接起来。并具有自动强电保护作用
2	宽带 双绞线电缆	网线配线排 （IDF）	成端宽带网线电缆和机房内的互联网设备网线电缆（局内电缆），然后通过机架内的网线跳线，将内、外线连接起来。
3	同轴电缆	数字配线架 （DDF）	成端电话交换系统和光传输系统2边的内线同轴电缆，然后以“机架内跳线”的形式，将两边的线路连通
4	光纤 通信光缆	光纤配线架 （ODF）	成端外线光缆和来自于光传输系统的光纤光缆，然后通过“光缆尾纤”，将二者连接起来

由表3.8的“功能栏”可以看出，跳线配线架的主要作用一是将内外线光电缆固定成端下来，二是将这些内外线媒介，通过各类“跳线”的方式一一连接起来。下面，分别介绍这4种配线架的情况。

1.电话电缆总配线架（MDF）

电话电缆总配线架（MDF），是成端和连接电话外线电缆和程控交换设备与宽带ADSL内线电缆的“电缆汇聚机架”，外线和内线电缆分别成端在其两边的“直列配线端”和“横列配线端子板”上，中间用架内跳线分别连接起来，如图3.33（1）所示。

电话电缆总配线架（MDF），通常设置在中心机房的一楼，电缆进线室的楼上，该机房又被称为“通信测量室”：如图3.33所示，主要由总配线架设备（MDF）、外线电缆监控测量设备，以及电缆上线架等设施组成，因进行外线测量的操作而得名。

2. 通信测量室

通常设置在一楼，主要由总配线架设备（MDF）、外线电缆监控测量设备以及电缆上线架等组成，是外线用户电话电缆的成端跳线（MDF机架纵列上）、测量监控机房。电话程控交换设备和ADSL设备的局内电缆，也在该机房的总配线架（MDF）横列端子板上成端。内外线用户通过“MDF跳线”连接。

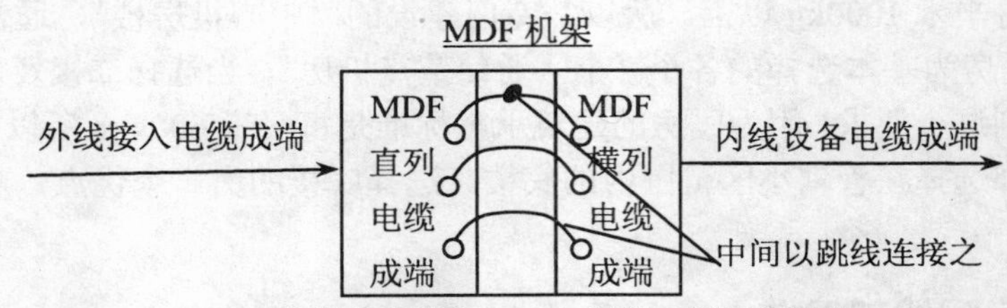

（1）电缆总配线架(MDF)成端与应用示意图

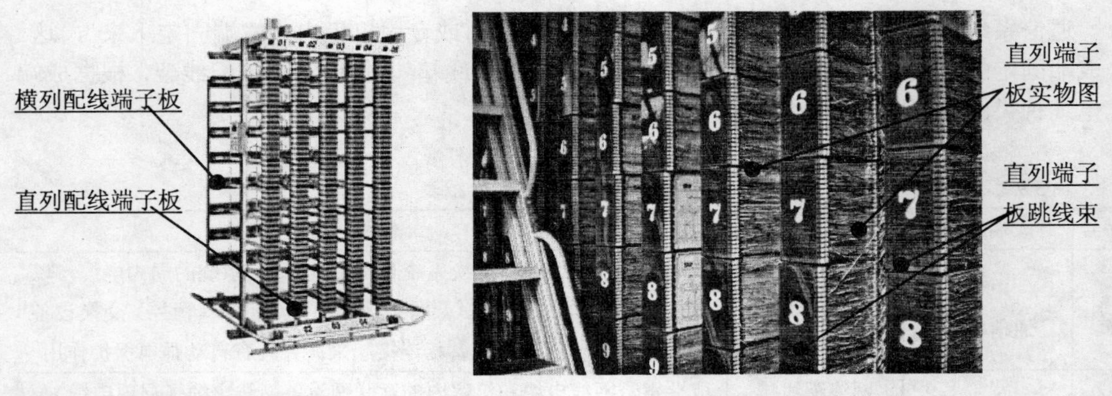

（2）电缆总配线架实物图　　（3）电缆总配线架直列端子板实物图1

（4）电缆总配线架直列端子板实物图2　　（5）电缆总配线架横列端子板实物图

图3.33　电缆总配线架系统与实物组图

3. 宽带互联网电缆“网线配线排”（IDF）

主要是由“110型网线成端配线架（19英寸宽、1U）”和“网线理线架（19英寸宽、1U）”等标准19英寸宽度的网线成端单元组成。通常与宽带交换机设备等，一起安装在19英寸标准机架上，作为宽带设备的一个组成部分。如图3.34所示。

网线电缆首先在110配线架的背面成端，然后由正面的4对跳线（网线），连接到相应的宽带交换机或路由器上，组成与其他类型的配线架相似的“网线配线格局”，如图3.34所示。

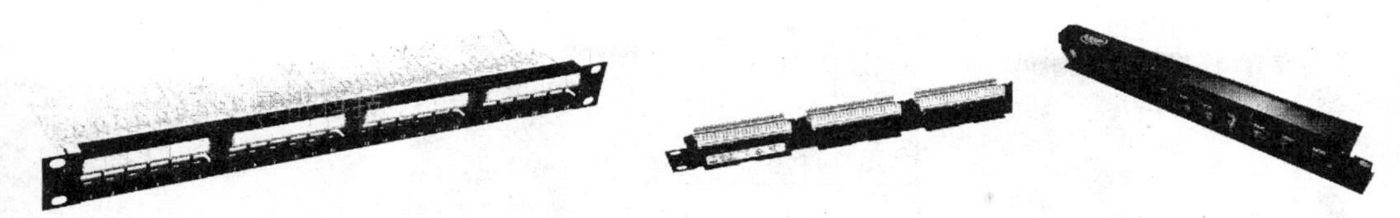

（1）110 网线成端配线架+RJ45 跳线端口（正面）（2）110 网线成端配线架（反面）（3）网线理线架（标准 19 英寸）

（4）110 网线成端配线架-正面 RJ45 端口跳线实物图

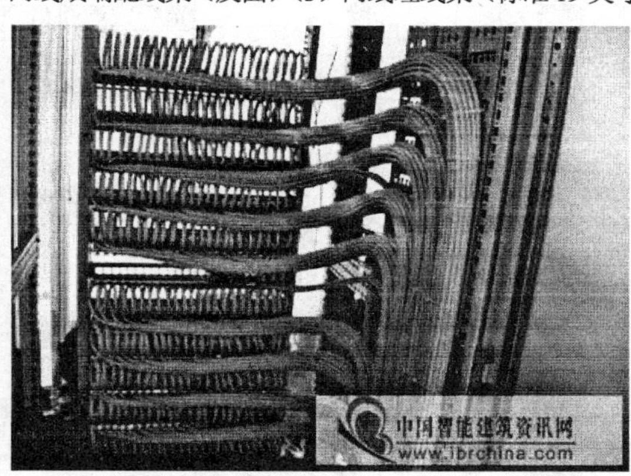

（5）110 网线成端配线架-背面端口网线成端实物图

图 3.34　网络配线架器材、配线实物图

4. 同轴电缆数字配线架（DDF）

采用同轴电缆，在程控交换机和光纤设备之间，传递 PCM 数字电话信号的"中间配线架"，称之为数字配线架。通常传递的是 2M 的 PCM 数字信号，到了光端机设备上，首先转换为高次群的数字信号，如 155M/s、622M/s 等数字信号，然后转换为光信号。在光纤上，进行远距离的传输。该配线架，通常安装在"光传输机房"内。

5. 光纤光缆配线架（ODF）

光纤光缆配线架（ODF），是外线光纤光缆进局后，成端的专用机架。光缆首先固定成端在 ODF 机架的"光缆成端盘"内，然后加工出光缆内部的"松套管"，松套管在"光纤成端跳纤盘"内，与光纤尾纤进行"固定熔纤连接"，形成光纤固定接头。接下来尾纤的另一端伸出，成为跳纤活接头的"连接器"，整齐地排列在光纤成端跳纤盘上。

光纤成端跳纤盘，通常是每盘 12 芯"跳纤连接器"，5~6 盘形成一个"光纤成端跳纤盘"系统，如图 3.35（1）所示。

光传输设备的光缆尾纤，经"光电缆走线架"，也成端在光纤光缆配线架（ODF）的"光纤成端跳纤盘"上，通过光纤尾纤的"跳纤"，与外线光缆连接。从而将光传输设备处理后的信号，经 ODF 机架，传递到了外线光缆上，进行远距离的信号传输。

3.5.3　通信业务设备系统机房

主要由电话交换设备（包括小灵通接入设备）、宽带设备（包括 ADSL /LAN 设备）、电源系统（直流开关电源+蓄电池等）、接入网传输设备、配线设备以及电源系统（直流开关电源+蓄电池等）等组成，对用户提供话音和宽带信号的汇聚集中、交换和传输等功能。将模拟电话信号转换为数字 PCM 信号，经交换处理后，通过"数字中继器"转换为 2M（HDB3 码）PCM

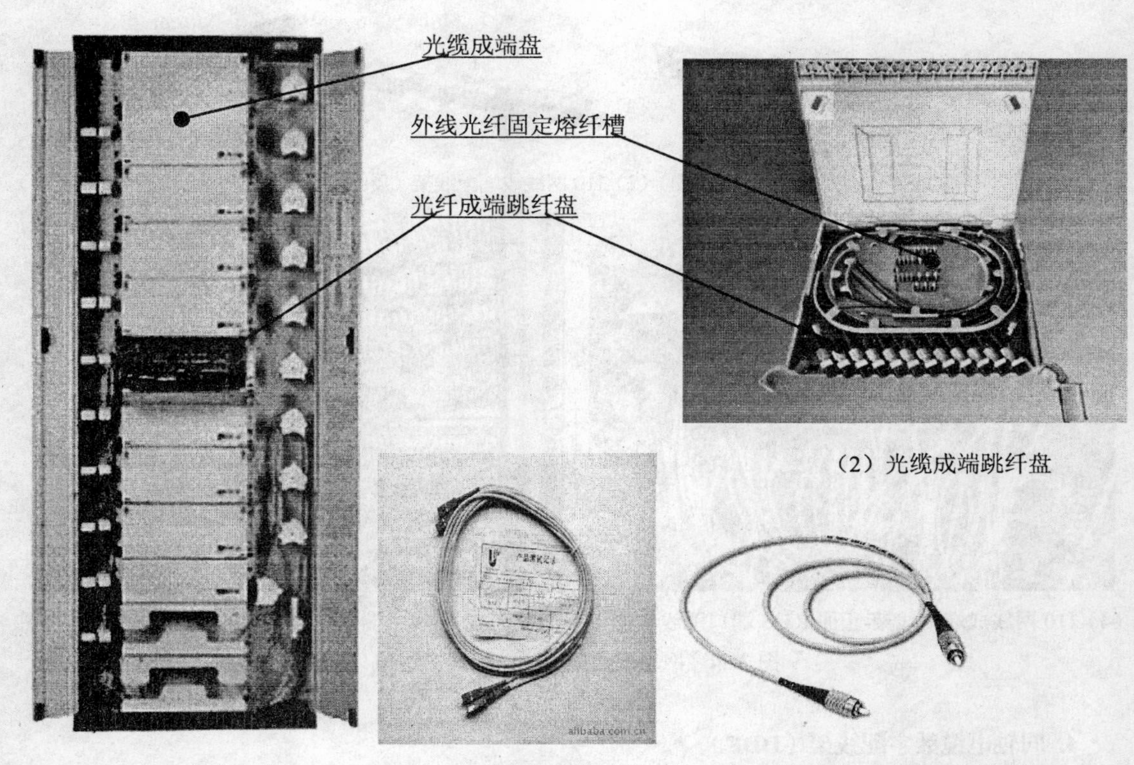

（2）光缆成端跳纤盘

（1）光纤光缆配线架　（3）光缆"方头"尾纤-成端跳纤　（4）光缆"圆头"尾纤-成端跳纤

图 3.35　光纤光缆配线架实物图

数字信号，经同轴电缆，传送到光传输系统机房的数字配线架（DDF）上成端。

1. 通信专用设备机架

主要是指电话通信交换设备、通信各类电话接入网设备等"不属于 19 英寸标准内部宽度"的各种业务设备和光传输设备机架。这类设备机架，都是由专业的通信设备生产厂商专门制造的，如国内的深圳华为公司、深圳中兴通讯公司等生产的各类专业设备机架。

2. 通信通用设备机架

外形满足 EIA 规格、厚度为 4.445cm 的产品，由于内宽为标准的 19 英寸，所以有时也将满足这一规定的机架称为"19 英寸"机架。厚度以 4.445cm 为基本单位：1U。1U 就是 4.445cm，2U 则是 1U 的 2 倍为 8.89cm。也就是说，所谓"1U 的 PC 服务器"，就是设计为能放置到 19 英寸机柜的产品，一般被称为"机架式服务器"。

标准机柜的结构比较简单，主要包括基本框架、内部支撑系统、布线系统、通风系统等。

标准机柜根据组装形式和材料选用的不同，可以分成很多性能和价格档次。19 寸标准机柜外型有宽度、高度、深度三个常规指标。虽然对于 19 寸面板设备安装宽度为 465.1mm，但机柜的外形宽度，常见的产品为 600mm 和 800mm 两种。高度一般在 0.7~2.4 米范围，根据柜内设备的多少和统一规格而定，通常厂商可以定制特殊的高度，常见的标准 19 寸机柜高度为 1.6M 和 2M。机柜的深度一般是 400~800mm，根据柜内设备的尺寸而定，通常厂商也可以定制特殊深度的产品，常见的成品 19 寸机柜深度为 500mm、600mm、800mm。（见表

3.10）19 寸标准机柜内，设备安装所占高度，用一个特殊单位“U”表示，1U 为 44.45mm 长度。如图 3.36 所示。

（架顶电风扇）
机架电路 1~3U （电源分配、故障监控）
（空机位）
光纤成端 ODF （3~4U）
理线架（1U）
光电转换器 （局用，3~4U）
理线架（1U）
宽带汇聚交换机 1U (Cisco-3550)
理线架（1U）
机架式服务器 A（1U）
机架式服务器 B（1U）
（空机位）
机 架 底 座

图 3.36　通信标准 19 英寸机柜示意图

表 3.10　　常用标准网络机柜生产规格表

序号	规格	高度 mm	宽度 mm	深度 mm	
1	42U	2000	600	800	650
2	37U	1800	600	800	650
3	32U	1600	600	800	650
4	25U	1300	600	800	650
5	20U	1000	600	800	650
6	41U	700	600	450	
7	7U	400	600	450	
8	6U	350	600	420	
9	4U	200	600	420	

标准 19 英寸机柜，通常是用来安置“计算机宽带通信设备”的机架。现在，许多服务器电脑，都“改头换面”地制造成“机架式服务器”——可在机架内安装的服务器。“机架式服务器”的外形看来不像计算机，而“更”像宽带交换机，有 1U、2U、4U 等规格。机架式服务器安装在标准的 19 英寸机柜里面，这种结构的多为“功能型”服务器。

在标准 19 英寸机柜中，通常要安装散热风扇，还要安装“架顶电源分配与故障监控机盘”，这是一种 1U~3U 等规格的机架电路。其功能有 2 个，一是为架内设备供电——直流-48V 电源或是交流 220V 电源；二是产生监控信号，传导到机房监控装置上，并传送给“有人值守监控中心”，进行相应地处理。

对于信息服务企业（如ISP/ICP/ISV/IDC）而言，选择通信机房服务器时，首先是要考虑“服务器”的尺寸、功耗、发热量等物理参数——因为现代信息服务企业，通常使用大型的、专业的通信机房，统一部署和管理大量的“服务器”系统，机房通常设有严密的保安措施、良好的冷却系统、多重备份的供电系统，故其机房的造价相当昂贵。如何在有限的空间内部署更多的通信“服务器”，直接关系到企业的设备建设成本——通常选用机械尺寸符合19英寸工业标准的“机架式服务器”，即安装在19英寸标准机架内的通信服务器。

“机架式服务器”也有多种规格，例如 1U（4.45cm 高）、2U、4U、6U、8U 等。通常1U的机架式服务器最节省空间，但性能和可扩展性较差，适合一些业务相对固定的使用领域。4U以上的“机架式服务器”产品性能较高，可扩展性好，一般支持4个以上的高性能处理器和大量的标准热插拔部件。管理也十分方便，厂商通常提供相应的管理和监控工具，适合大访问量的关键应用。

3. 光传输设备机房

这是一个为电话光传输设备而设置的“传统的光传输设备”机房，通常设置在业务机房的周围或楼上，以便于程控交换机引出的同轴电缆传输线的距离较短。该机房内，通常设置3种机架：数字配线架DDF、光纤设备机架和光纤配线架ODF。

（1）光纤设备

光纤设备的作用有2个，一是将低速率的电话数字信号，调制转换为高速率的、适应光纤传输的信号速率；二是将高速电信号转换为光信号，通过光纤光缆，以光纤波分复用的方式，进行远距离的通信传输。

（2）数字配线架DDF

数字配线架DDF，是程控交换设备，与光传输设备之间的同轴电缆传输线的中转、配线设备；形成电话业务交换设备与长途光传输设备之间的信号（通常是2M数字信号）传输通道。

（3）光纤配线架ODF

光纤配线架ODF，是光传输设备，与外线光缆之间的中转配线机架，形成光传输设备与外线光缆之间的信号传输信道。也是外线光缆成端调配的专用机架，如前所述。

4. 实时监控系统机房

实时监控系统，其作用有两个：一是对全局各通信系统和各通信网点（节点机房）进行7×24小时的实时监控，保证了通信故障在最快时间得到控制和修复，特别是“光环路传输系统”和不断开发的“智能传输系统”，能保证出现故障时，及时转换到其他通信路由上，保持通信的不中断；二是配合“通信业务开发人员”，及时为新开户的通信用户开通各类通信业务，下面分别叙述。

（1）告警业务的处理

实时监控机房，汇聚了各种和各系统的监控信号，反映在计算机的监控屏幕或其他的监控方式上。一旦某系统发生故障，立即通过“屏幕显示”、“声音显示”等方式，进行告警，向各专业的值班员，发出告警位置、告警性质（电源告警、业务告警等不同等级）等各类参数信息。值班员立即启动各种“告警处理流程”，及时解决告警问题。

（2）各类新业务的开通

新加入的通信用户，需要及时开通其业务功能，这通常是要由“实时监控机房”的通信专业人员，根据用户申请的业务种类、业务套餐、用户具体位置等信息，合理地、就近地配置通信线缆，到用户申请点。形成一张完整的“通信新用户开通派工单”。一旦外线人员“硬件线缆”配置到位，下一步的工作就是本机房内的通信专业人员在通信设备上为用户设置和开通相应的业务端口，启动新用户的业务使用。这样，新的通信用户、通信新业务，或是用户更改通信业务套餐等事宜，得以开展和实现。

3.5.4 通信机房供电系统

通信机房内的电源系统，都是采用2路供电的方式——市电交流供电和蓄电池供电结合的方式。提供给通信机架的电源，主要有-48V直流供电和不间断电源（UPS）交流供电2种方式。

1. 直流供电方式

首先介绍最常用的-48V直流供电电源方式。主要是由“高频开关电源”机架，将交流220V电源，转换成直流电源。常见的“高频直流电源机柜”，如图3.37所示。由交流电源输入系统、监控系统、直流转换模块和输出系统4个部分组成。

关于“直流电源转换模块”系统，这是一个“搭积木”式的系统配置的方式。每一个电源转换模块。通常都被制造成“输出50A、-48V直流电源”的统一模式，如图3.37（2）所示。而系统总输出电功率，就是各个模块输出功率之和。所以，实际的过程中，可以根据具体的通信设备的总体电源需求，以“模块数量×50A”的方式，确定实际配置模块的输出电源的电功率，灵活地设置工程需求，如图3.37（3）所示，达到合理配置电源的目的。

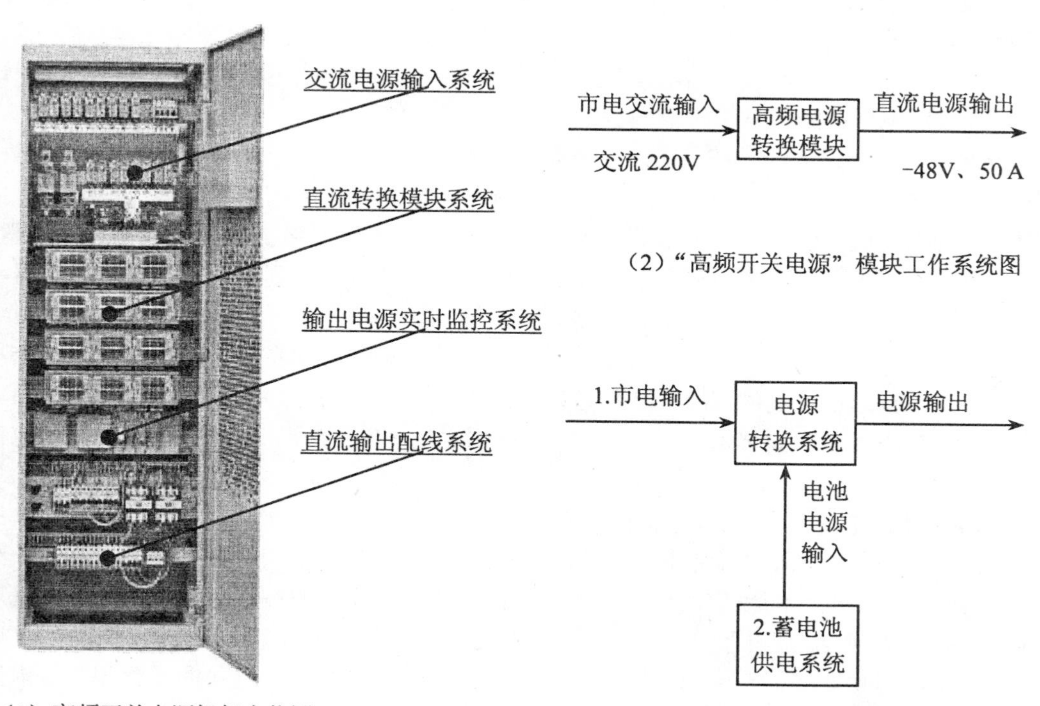

（1）高频开关电源机架实物图

（2）“高频开关电源”模块工作系统图

（3）通信电源2种供电系统示意图

图3.37 通信电源系统与高频开关机柜实物图

2. 交流供电方式

通信电源的另一种常用方式，是基于计算机通信系统的“不间断交流电源（UPS）”220V供电方式，其系统配置图，也如图3.37（3）所示。仍然采用2路供电输入——市电（交流电）和蓄电池（直流电）双重供电方式。但这里不同的是输出的电源，是经过电源转换系统处理之后的、“纯净”的交流220V电源信号。

3.6 内容小结

在通信的过程中，信息的“传输媒介系统”与“通信节点（机房）信号转换与处理系统”是最基本的通信系统组成——即“通信硬件（物理）层”；本章是对整个通信硬件系统的一个“全面完整”的论述。共分为三个部分：3.1节是对通信系统与传输介质的各个种类与传导原理的概论，3.2、3.3节分别论述了现代通信工程中最常用的两类“通信电缆”和“单模通信光缆”的结构组成与系统工作原理；3.4节简述了与通信线缆配套的通信专用室内外路由建筑方式，主要是通信管道方式和建筑物综合布线方式；本教材第2版新增的3.5节，则全面论述了通信机房内的通信设备系统组成，以及专业的设备功能特征等情况。

3.1节通信系统的硬件组成概论，是对通信各类硬件，特别是通信传输介质的各个种类与传导原理的概论，使读者对主要的通信传输介质与系统及其工作原理建立初步的认识，要求认识各类通信介质及其工作原理。

3.2节通信双绞线全塑电缆，详细介绍了2种通信电缆双绞线的结构与系统工作原理，以及常规通信电缆的配线方式，使读者对2种常规通信电缆的结构和工作原理建立基本的认识。要求掌握市内通信电缆双绞线的结构与系统工作原理以及常规通信电缆的配线方式；认识计算机网络双绞线电缆的结构与工作原理。

3.3节通信（单模）光缆系统，从光纤光缆的结构和导光原理以及光纤光缆的型号和工程系统等各个角度，描述了常见的单模光纤光缆系统的基本系统组成和工作原理；使读者对目前常用的光纤光缆通信系统有一个全面的基本的认识。要求掌握光纤的材料组成与导光原理、光纤的参数概念与光缆的系统组成；认识光缆的型号、光纤熔接与测试原理与使用的仪器。

3.4节通信线缆工程建筑方式，从道路路面和建筑物内2个方面分别介绍了常用的通信线缆的建筑方式与建设技术；使读者对常用的通信线缆的建筑方式和实际的建设技术有一个基本认识。要求掌握通信管道的建筑方式与建筑特点以及建筑物内专用通信槽道和钉固路由建设方式等专业通信线缆附设技术。认识道路上的架空线缆建筑方式、直埋建筑方式等其他辅助建筑方式。

3.5节通信机房的系统组成，是本教材第2版新编的一个内容。采用“由概论到细节”的一种叙述方法：本节首先从“通信机房的作用、2个种类与3个功能特征”三个方面的介绍入手，然后从机房内的“配线架系统”、“业务机架系统”和“通信电源系统”等3个机房内常见的系统组成部分，展开了细致的、专业化的叙述，力求为读者建立完整的、系统的“通信机房设备组成与功能特征”的基本知识。要求读者认识和掌握通信机房的设置和机房内的配线设备系统、业务设备系统和通信专业电源设备系统的组成。

作为在通信工程建设行业从业多年的专业教师，试图为广大学生和初学“通信专业知识”的读者，全面、完整地展示“通信线路和机房设备系统”的情况，专业化地、由浅入深地讲述“通信系统网络组成及其作用”，一直是作者编制本教材的一个初衷。这个愿望在此

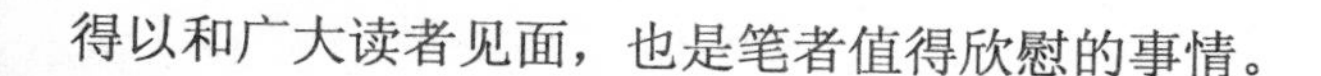

得以和广大读者见面，也是笔者值得欣慰的事情。

思　考　题

1. 简介信号的有效带宽的概念，并简介信号在通信介质中成功传输的2个条件。
2. 简述通信传输介质的概念和种类，最常用的有线介质是什么？
3. 简述通信双绞线电缆的抗干扰原理、线缆种类和对应的使用环境。
4. 列表简述“通信全塑市话电缆”的种类、使用环境和标称线对数。
5. 简述市话通信电缆的组成、分类编号、敷设方式与连接系统，绘出相应系统图。
6. 简述电缆分线设备的种类和作用。
7. 简介通信电缆的配线技术及其使用情况；并介绍电缆的接头情况。
8. 介绍计算机局域网“双绞线电缆”情况。
9. 简述“通信全塑市话电缆”的成端设备种类和各自的结构组成与工作原理。
10. 介绍通信光缆的组成、工作原理、技术参数和光纤种类。
11. 简介通信光纤的导光原理、光缆的组成原理。
12. 简介通信光缆的敷设系统与相关的组成设备工作原理。
13. 简述光缆的熔接的方法、使用仪器与工作流程。
14. 绘图简述通信管道建筑方式的系统组成和建设原则。
15. 简介通信架空线缆的建筑方式和建设特点。
16. 分别介绍建筑物内的2种通信线缆建筑方式。
17. 通信专有名词解释：

根据书中所讲内容，按照“内容、组成（或结构）、作用和特点”4个方面，解释下列名词：

（1）3.1节：通信系统组成、信息传输介质、无线通信介质、微波、红外线、无线电波。

（2）3.2节：通信双绞线、电话电缆保安总配线架MDF、市内电话通信电缆、计算机用双绞线电缆、通信电缆交接配线、通信电缆直接配线、屏蔽型五类双绞线、网线配线排IDF、电话通信电缆的接头、双绞线电缆的成端、计算机网线电缆的测试。

（3）3.3节：通信光纤、通信光缆、光缆尾纤、光缆配线架（ODF）、通信光缆接头、通信光缆尾纤、光纤衰耗系数、光纤模场直径、光纤截止波长。

（4）3.4节：通信线缆路由、通信管道路由方式、通信管道人孔、通信管道手孔、通信管道平面-纵剖面二视图、通信架空路由方式、通信线槽路由方式、通信钉固式路由方式、通信机房内线缆路由方式。

（5）3.5节：通信城市中心机房、通信节点机房、通信线缆成端配线架、ODF、DDF、标准通用设备机架、光通信机房、实时监控机房、通信机房供电系统。

第4章 现代数字通信原理

现代通信系统传输的都是数字信号；本章是从传输和交换两个方面对数字通信原理的基本论述，共分为三个部分：4.1 节对信号的转换方式进行了分类概述；4.2~4.5 节分别叙述了模拟（话音）信号的数字化（PCM）、数字信号的转换与多路复用以及数字信号的同步传输（SDH）原理；4.6~4.7 节简述了数字信号交换原理、话务流量原理与通信服务质量的参数衡量系统；整章内容构成了数字信号的基本通信理论要点。

4.1 现代数字通信原理概述

4.1.1 现代数字通信原理概述

现代通信系统，传输的都是“数字信号”，传输的业务主要是电话通信、互联网宽带通信以及电视信号等三种业务。关于“电话通信”业务，作为一个传统的通信业务，通信理论研究和解决的问题比较彻底，主要有 3 点：第一是“信号的转换”问题，包括信号的模拟/数字化（A/D 转换）转换、各类“编码形式”的转换以及数字信号远距离传输后的“再生修复”转换问题；第二是通信信道的多路传输问题，这 2 个问题，都属于“通信传输范畴”的问题；第三是数字信号的交换问题。本章主要的写作线索，就是按照上述内容，循序渐进地逐步展开的。

关于宽带互联网通信的原理，属于新兴的通信技术，主要是以相关“通信协议”和“通信交换技术”为其通信理论关注的问题，本章在交换原理中将进行相关的介绍。

4.1.2 现代数字电话通信

现代通信电话系统，如图 4.1 所示，主要由 7 个系统组成的：其 PCM 信号转换，在“用户单元电路”中实现；其信号的进一步编码转换（成光信号），分别在“中继接口电路”和“光纤传输系统”设备中完成的。

4.1.3 现代数字互联网通信

这里只讨论其 2 个“交换”方面的问题，一是“面向连接”和“不连接”的通信交换信息的作用；二是介绍其城域网的主要技术——多标记协议（MPLS）交换技术，具体内容，在 4.6 节中详细介绍。

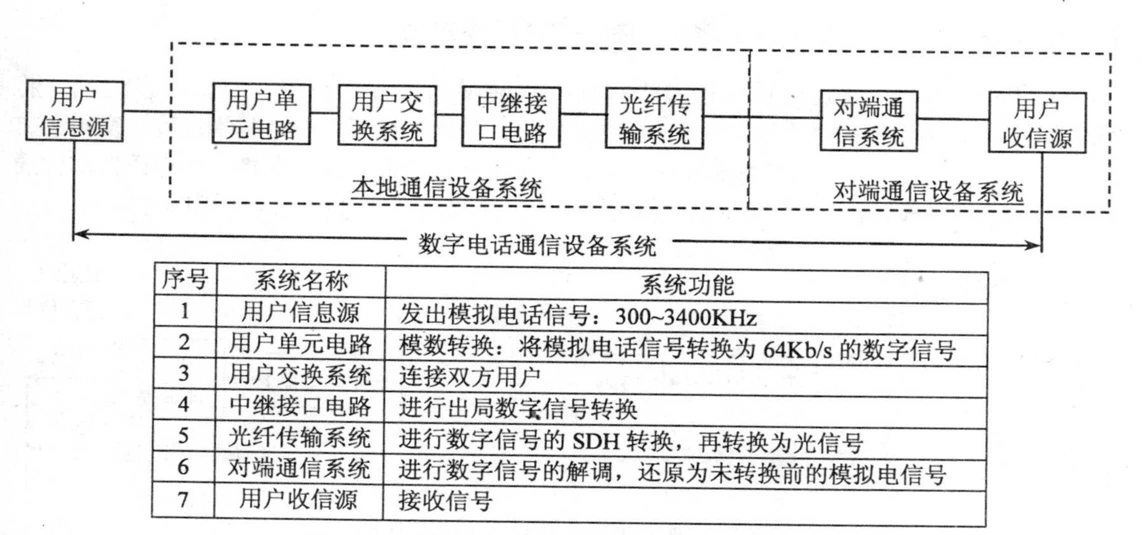

序号	系统名称	系统功能
1	用户信息源	发出模拟电话信号：300~3400KHz
2	用户单元电路	模数转换：将模拟电话信号转换为 64Kb/s 的数字信号
3	用户交换系统	连接双方用户
4	中继接口电路	进行出局数字信号转换
5	光纤传输系统	进行数字信号的 SDH 转换，再转换为光信号
6	对端通信系统	进行数字信号的解调，还原为未转换前的模拟电信号
7	用户收信源	接收信号

图 4.1　电话数字通信系统与信号转换方位示意图

4.2　模拟信号的脉冲编码调制（PCM）原理

本节内容是对“电话通信信号的模/数转换”的过程，进行介绍。该过程，通常是在程控交换机的“用户接口电路”中完成的。本节共分为 3 个内容，逐一进行叙述。

4.2.1　电话模拟信号与数字信号

1. 电话业务模拟信号

人的话音（声波）信号经电话机变换成 300~3400Hz 范围的电波信号，其振幅的形状与电话的“话音声波振幅”的形状相同，称为“调幅模拟信号”。所以，每个话路标准频率带宽为 4KHz。

2. 我国 PCM 数字标准信号

每路模拟信号经“脉冲编码调制”（PCM，Pulse Code Modulation）后变成 64Kbit/s 的数字信号流，我国采用 A 律 13 折线编码方式，基群（一次群）速率为 2048Kbit/s（本章后面将逐一介绍）。

3. 电话数字通信信号的特点

（1）与计算机信号一致，便于使用 IP 等分组交换通信技术，统一传输、统一信号处理；

（2）由于是数字信号，抗干扰能力强，无噪声积累，便于信号的加密处理；

（3）采用时分复用，便于实现多路复用通信：因为数字信号在时间上是离散的；

（4）设备便于集成、小型化：采用微电子（大规模集成电路）技术，系统设备体积小，集成度高；

（5）占用频带宽度：模拟信号每路模拟电话所占频带仅为 4 kHz；数字信号每路数字电话频带一般为 64kb/s；随着光纤数字信号多路复用技术的发展，该缺点的影响已可忽略不计。

4.2.2 PCM 编码调制过程（信号的模 / 数转换过程）

脉冲编码调制，就是将模拟信号进行数字化转换的过程。首先，在信号发送端，将300~3400Hz 范围的模拟“电话信号”，经过“抽样、量化和编码”三个基本过程，变换为二进制数字信号。通过数字通信系统进行传输后，在接收端进行相反的变换，由译码器和低通滤波器完成“数/模转换”，把数字信号恢复为原来的模拟信号，整个过程如图 4.2 所示。

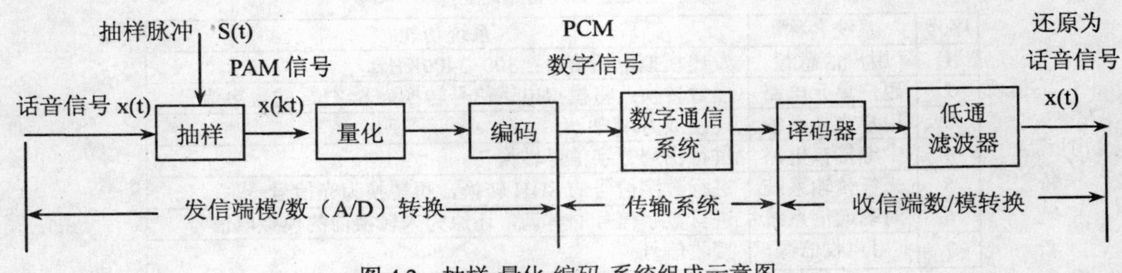

图 4.2　抽样-量化-编码-系统组成示意图

1. 抽样的过程

（1）是标准的周期抽样脉冲信号，与话音模拟信号相“与”，形成脉冲调幅信号（PAM）的过程。

（2）“奈奎斯特”抽样定理：当标准抽样脉冲信号的频率大于被调制模拟信号的频率的 2 倍时，则原模拟信号成分可被无失真地保留在调制信号中；电路系统调制示意图如图 4.3 所示。

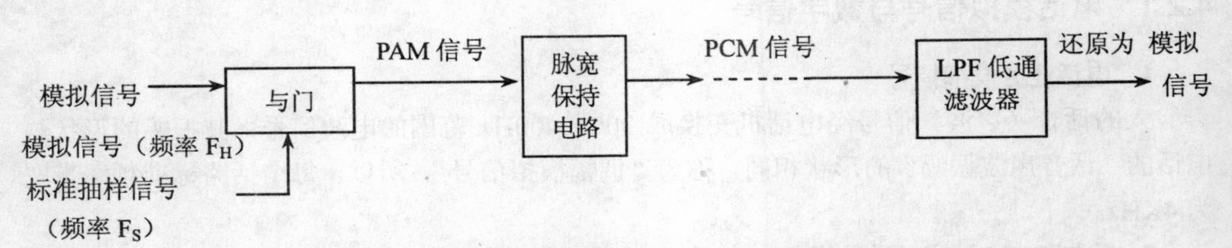

图 4.3　模拟信号抽样调制与无失真解调系统示意图（$F_S \geq 2F_H$）

故 1 路电话信号的抽样脉冲的频率为：　　$F_H = 2 \times 4\text{kHz} = 8000$ bit/s

（3）抽样信号脉宽要求：每个抽样 PAM 信号的脉冲宽度应有足够的“量化编码”时间宽度。

2. 量化的过程

（1）量化的概念：是把经抽样得到的瞬时值进行幅度离散，取定某个量化级单位（如1mW=1Δ为 1 级），将脉冲信号编为某个数量级的过程；以“量化范围”和“量化级Δ”2个值衡量。PCM 量化范围为±2048Δ。

（2）量化误差：量化值 xq 与实际的信号抽样值 x 之间的误差称为量化误差，根据量化原则，量化误差最大不超过±Δ/2，而量化级数目越多，Δ值越小，量化误差也越小。量化误差一旦形成，在接收端无法去掉，它与传输距离、转发次数无关，又称为量化噪声。

（3）非均匀量化：均匀量化时获得的“信噪比”随信号的幅度的变化而变化：大信号得

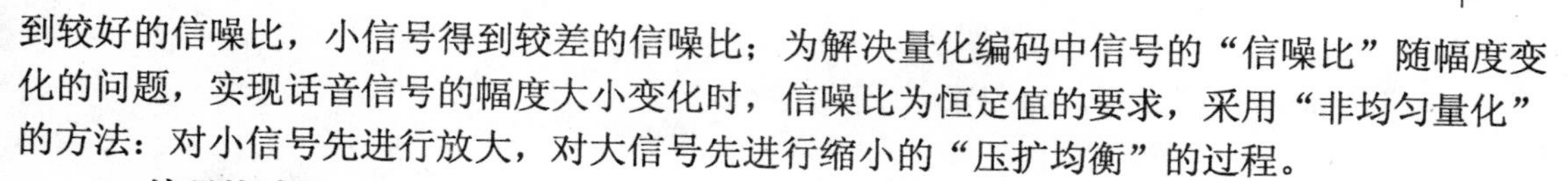

到较好的信噪比，小信号得到较差的信噪比；为解决量化编码中信号的“信噪比”随幅度变化的问题，实现话音信号的幅度大小变化时，信噪比为恒定值的要求，采用“非均匀量化”的方法：对小信号先进行放大，对大信号先进行缩小的“压扩均衡”的过程。

3. 编码的过程

（1）非均匀量化编码的国际标准

CCITT（ITU 的前身）建议 G.711 规定了 2 种数字非均匀量化的方法为国际标准，一种是 13 折线 A 律压扩标准，另一种是 15 折线 μ 律压扩标准。我国的 PCM 30/32 路基群采用 A 律 13 折线压缩律，该标准还用于英、法、德等欧洲各国的 PCM 30/32 路基群中。15 折线 μ 律主要用于美国、加拿大和日本等国的 PCM-24 路基群中。

CCITT 建议 G.711 规定上述两种折线近似压缩律为国际标准，且在国际间数字系统相互连接时，要以 A 律为标准。因此这里仅介绍 13 折线 A 律压缩特性。

（2）PCM 30/32 路 A 律 13 折线编码方程

CCITT 建议 G.711 提出的 A 律 13 折线编码方程如下：

$$y=\begin{cases}\dfrac{A|x|}{1+\ln A}\operatorname{sgn}(x),\ 0\leqslant|x|\leqslant\dfrac{1}{A} & \text{（小信号扩大方程）}\\ \dfrac{1+\ln A|x|}{1+\ln A}\operatorname{sgn}(x),\ \dfrac{1}{A}\leqslant|x|\leqslant 1 & \text{（大信号压缩方程）}\end{cases}$$

式中：

$$\operatorname{sgn}(x)=\begin{cases}1, & x>0\\ 0, & 0=0\\ -1, & x<0\end{cases}$$

求斜率（导数）：令 $dy/dx\mid_{x=0}$ = = A /（1+lnA）= =16，得 A=87.6 (A 率压扩常数)
将 Y 值分为正负 8 等份（共 16 等份），反求 X 值，并取近似值，得到 A 律 13 折线坐标点统计表如表 4.1 所示：

表 4.1　　**A 律 13 折线 PCM 量化电平坐标值分配表**

项　目	A 律 13 折线 PCM 量化坐标数值									物 理 含 义
X	0	1/128	1/64	1/32	1/16	1/8	1/4	1/2	1	输入 PAM 信号
Y 计算值	0	1/8	1.91/8	2.92/8	3.94/8	4.94/8	5.97/8	6.97/8	1	输出PCM量化信号
Y 近似值	0	1/8	2/8	3/8	4/8	5/8	6/8	7/8	1	输出 PCM 信号（13 折线分段值）
量化分段	1#	2#	3#	4#	5#	6#	7#	8#		1，3 象限各分 8 段
量化段斜率	16	16	8	4	2	1	1/2	1/4		系统压扩均衡系数
量化级Δ	1Δ	1Δ	2Δ	4Δ	8Δ	16Δ	32Δ	64Δ		采用不同的量化级
起始电平	0Δ	16Δ	32Δ	64Δ	128Δ	256Δ	512Δ	1024Δ		
量化电平段	0—15Δ	16—31Δ	32—63Δ	64—127Δ	128—255Δ	256—511Δ	512—1023Δ	1024—2048Δ		非均匀量化，每段量化级不同，故电平不同。

其实际近似特性折线图，如图 4.4 所示。

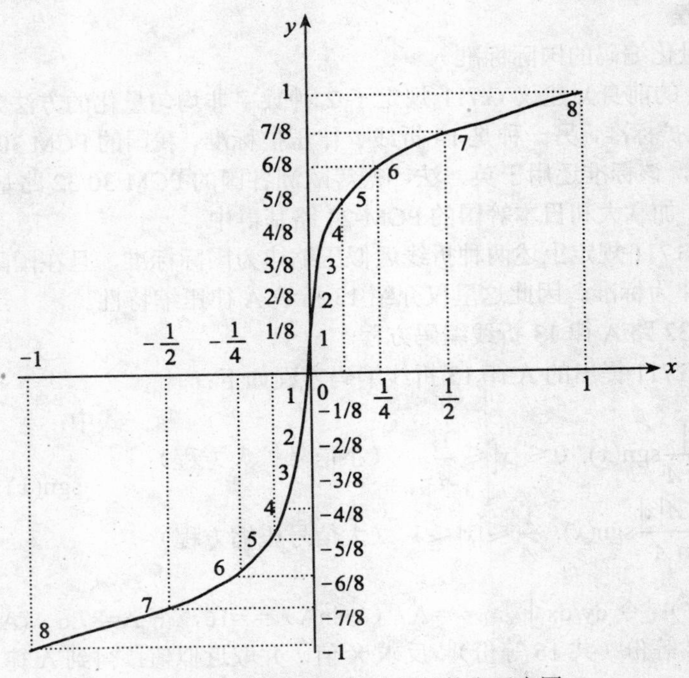

图 4.4　A 律 13 折线信号压扩均衡示意图

具体的编码方式如图 4.5 所示（逐次反馈比较型编码原则）：

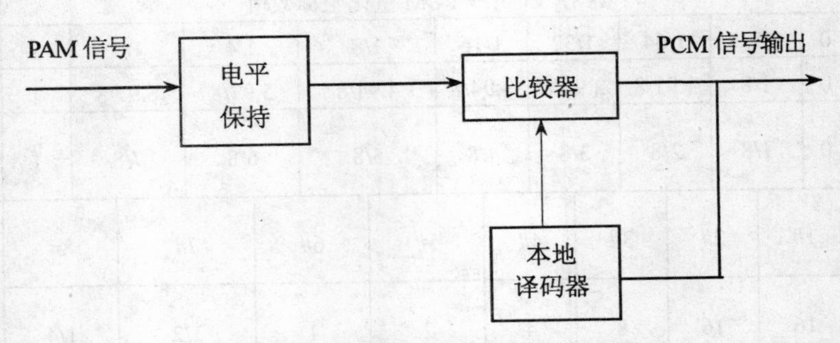

图 4.5　逐次反馈比较型编码器原理示意图

（1）首先确定编码信号的“量化范围”和“量化级（Δ）”：

量化范围：信号变化的最大范围，即-U 至+U 的变化范围；量化级：Δ= =Umax / 2048

（2）正负极判断：对 PAM 信号，编码时首先判断其正负极，确定 P1= =1 / 0；

（3）段落码与段内码的编码方式：设 PAM 信号值为 X，则如表 4.2 所示：

表 4.2 A 律 13 折线 PCM 编码值分配表

	码位	P2-P8 码位判断方法							
段落码	P2	X<128Δ，P2=0				X≥128Δ，P2=1			
	P3	X<32Δ，P3=0		X≥32Δ，P3=1		X<512Δ，P3=0		X≥512Δ，P3=1	
	P4	X<16Δ P4=0	X≥16Δ P4=1	X<64Δ P4=0	X≥64Δ P4=1	X<256Δ P4=0	X≥256Δ P4=1	X<1024Δ P4=0	X≥1024Δ P4=0
段内码	P5	比较电平=起始电平（1+1/2）Δ，X≥比较电平，则 P5=1；X<比较电平，则 P5=0							
	P6	比较电平=起始电平（1+1/2P5+1/4）Δ， P6 判断同上							
	P7	比较电平=起始电平（1+1/2P5+1/4P6+1/8）Δ， P7 判断同上							
	P8	比较电平=起始电平（1+1/2P5+1/4P6+1/8P7+1/16）Δ， P8 判断同上							

4. 例题选讲

[例题] 已知某 PCM 编码电路的量化范围为±4096mw，求 X_{PAM} = =1121mw 的 PCM 编码值，以及该量化值的绝对误差和相对误差。

[解]：（1）求量化级： Δ= =Umax ÷ 2048 = = 4096mw ÷ 2048 = = 2mw

（2）正负极判断：设 PAM 信号值为 X，因 X=1121mw＞0， 故 P1 = =1

（3）段落码编码方式：X_{PAM} = =1121mw＞128Δ= = 256mw， 故 P2 = =1

X_{PAM} = =1121mw＞512Δ= = 1024mw， 故 P3 = =1

X_{PAM} = =1121mw＜1024Δ= = 2048mw， 故 P4 = =0

（4）段内码编码方式：X_{PAM} = =1121mw<512（1+1/2）Δ= = 1536mw， 故 P5 = =0

X_{PAM} = =1121mw< 512（1+1/2*0+1/4）Δ= = 1280mw， 故 P6 = =0

X_{PAM} = =1121mw< 512（1+1/2*0+1/4*0+1/8）Δ= = 1152mw， 故 P7 = =0

X_{PAM} = =1121mw> 512（1+1/2*0+1/4*0+1/8*+1/16）Δ= = 1088mw， 故 P8 = =1

（5）编码结果：X_{PAM} = =1121mw = = 11100001（P1~P8）

（6）量化误差绝对值：ΔX_{PAM} = = |1121mw −1088mw| = = 33mw

（7）相对误差值：(ΔX_{PAM} ÷ X_{PAM})×100% =(33 ÷ 1088)×100% = 3.03%

4.3 数字信号的码型转换与处理

本节主要是讲述“数字电话信号”，为适应通信信道传输的需要，而转换为相应信号码型的过程以及数字信号的主要参数情况，分为下列二个部分予以说明。

4.3.1 数字多路复用系统的主要参数

完成多路数字信号的产生、变换、传递及接收全过程的系统称之为数字通信系统，其结构如图 4.1 所示。数字通信系统的主要性能指标有：传输速率、误码率和抖动，下面分别加以叙述。

1. 数字传输系统传输速率

分为“信息传输速率”和“码元(符号)传输速率”2个指标，分别介绍如下：

（1）信息传输速率，指每秒钟通信信息的传递速率，以“比特/秒（bit/s）”为传输单位。

（2）码元(符号)传输速率，指每秒钟数字信号的“码元”的传递速率，以“波特/秒（byte/s）”为传输单位。

（3）信息传输速率与码元传输速率的转换，码元传输速率可折合为信息传输速率，转换公式为：f_b = = N $\log_2$ M。其中 f_b 为二进制信息传输速率，N 为码元传输速率（波特数），M 为码元传输速率的进制数。

2. 误码

在数字通信中是用的脉冲信号，即用“1”和“0”携带信息。由于噪声、串音及码间干扰以及其他突发因素的影响，当干扰幅度超过脉冲信号再生判决的某一门限值时，将会造成误判成为“误码”，如图4.6所示。误码率：$P_e = \lim\limits_{n\to\infty}\dfrac{\text{错误码元数}}{\text{总码元数}}$

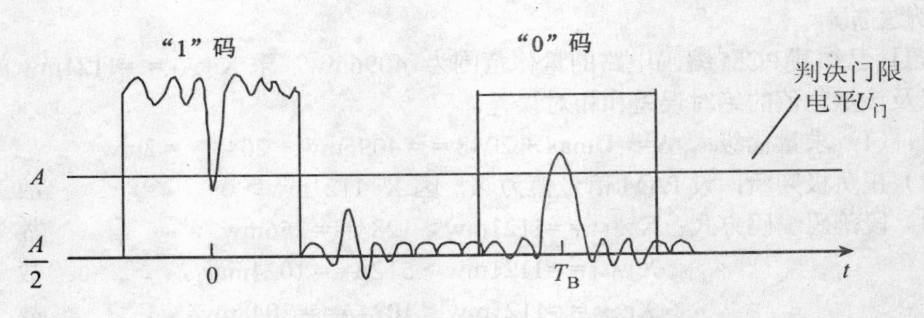

图 4.6 噪声叠加在数字信号上的波形示意图

3. 抖动

抖动，是指在噪声因素的影响下，数字信号的有效瞬间相对于应生成的“理想时间位置”的短时偏离。

抖动容限：一般是用峰-峰抖动 Jp-p 来描述的。它是指某个特定的抖动比特的时间位置相对于该比特抖动时的理想时间位置的最大部分偏离，如图4.7中的 t_1~t_5 所示。

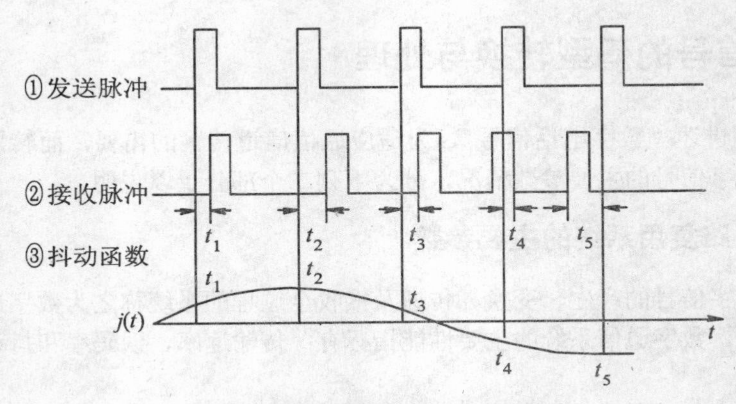

图 4.7 数字信号抖动容限示意图

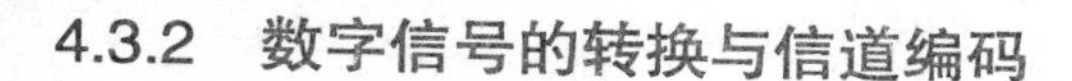

4.3.2　数字信号的转换与信道编码

数字信号在传输中，必然要进行信号的转换。这里所说的信号，是指“电话话音”业务信号。该信号首先在“用户电路”接口中，进行模/数转换，变成标准的PCM脉冲编码信号，然后在“数字中继器”接口电路中被调制成2048 byte/s（传码率）的信道编码型的“线路信号”，传递到“光传输系统”中。下面从数字中继器原理开始说起。

1. 数字中继器

系统原理电路图如图4.8所示，其主要功能有：

（1）码型变换和反变换：主要是对通信信号进行PCM传输线上的HDB3码和局内的单极性不归零码（NRZ码）之间的变换；

（2）对收到的通信数字信号，进行“时钟提取”和“帧同步定位”的信号接收处理功能；

（3）对接收和发送的数字电话通信信号，提取和插入随路信令信号。

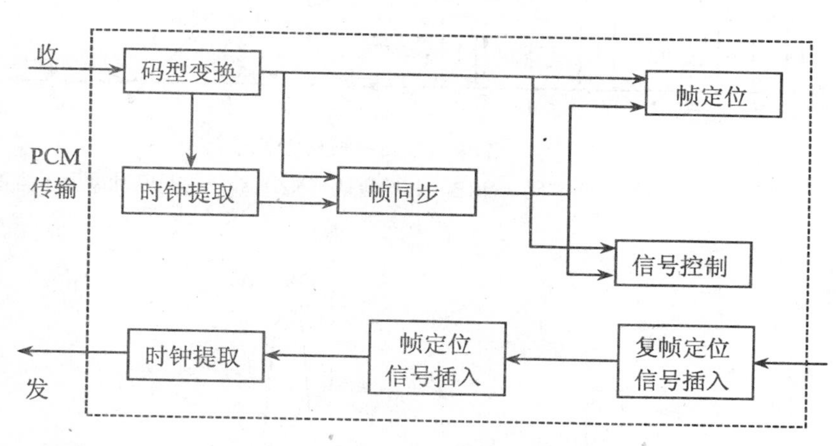

图4.8　数字中继器系统原理电路图

2. 信道编码

根据电缆信道的特点及传输数字信号的要求，要满足以下几个条件：

（1）码型中，高、低频成分少，无直流分量；

（2）在接收端便于定时提取；

（3）码型应具有一定的检错(检测误码)能力；

（4）设备简单、易于实现。

3. 常见的码型(脉冲波形)

有不归零码、归零码、HDB3码和信号反转码等，对应波形及频谱如图4. 9所示。

（1）单极性不归零码（NRZ）和归零码（RZ）

编码规律及频谱如图4.9（1）、（2）所示。

（2）双极性半占空码(AMI)

编码规律及频谱如图4.10所示。该信号的特点，是取消了直流分量，便于信道“无失真”地传输。

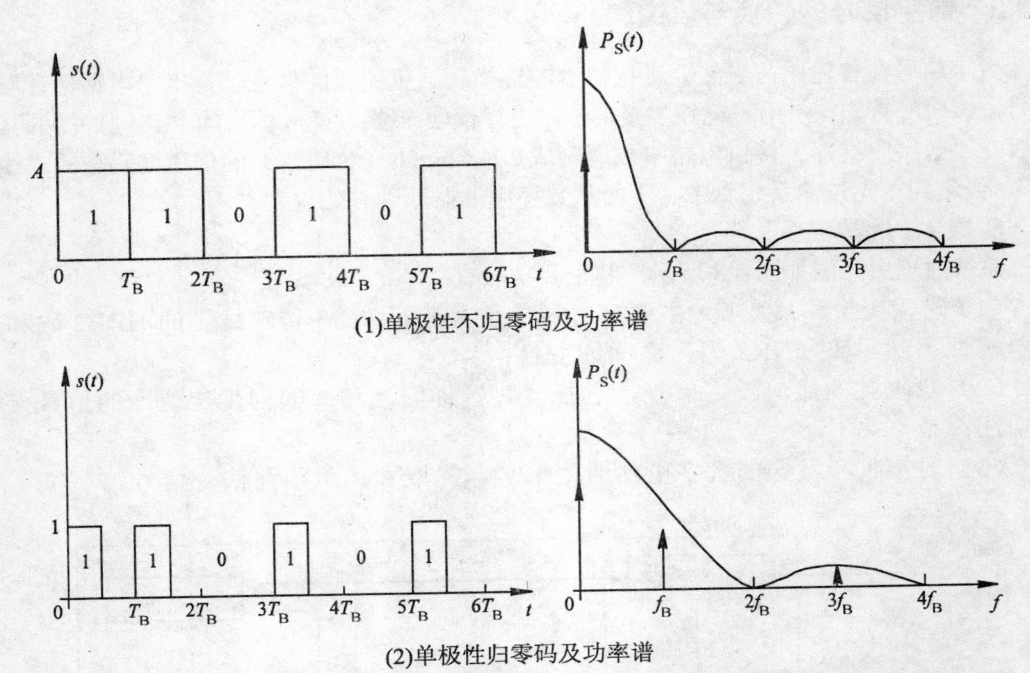

(1)单极性不归零码及功率谱

(2)单极性归零码及功率谱

图 4.9 单极性不归零码（NRZ）和归零码（RZ）编码信号及功率谱示意图

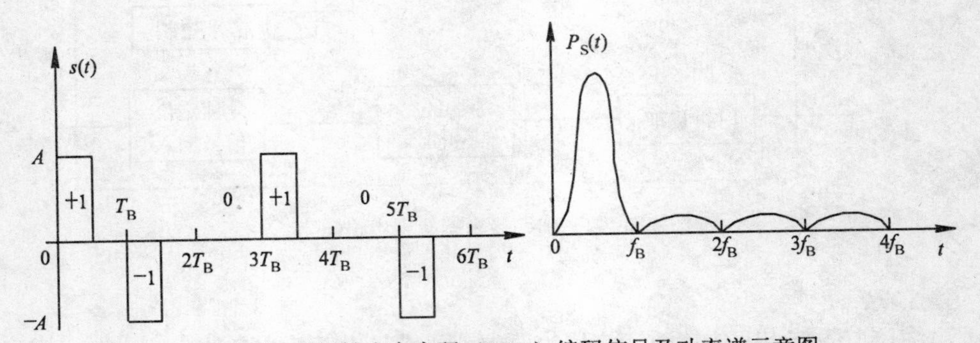

图 4.10 双极性半占空码（AMI）编码信号及功率谱示意图

（3）HDB3 码

这是三阶高密度双极性码的简称。HDB3 码保留了 AMI 码的所有优点，还可将连零码限制在 3 个以内，克服了 AMI 码如果长连零过多对提取定时不利的缺点。HDB3 码的功率谱与 AMI 码类似，如图 4.11 所示。

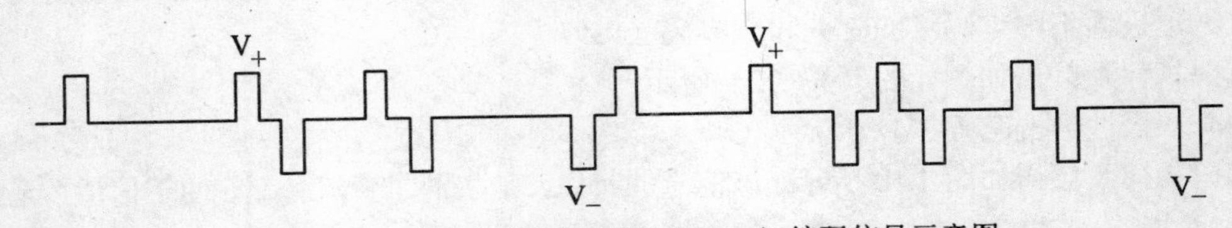

图 4.11 三阶高密度双极性码（HDB3）编码信号示意图

（4）信号反转码(CMI)

准同步 PDH 四次群接口码型采用传号反转码(CMI)，主要适用于光纤通信系统传输。CMI 码编码规则如表 4.3 所示。

表 4.3 CMI 编码规则表

信号码	0	1
CMI 码	01	00 或 11

4.4 数字信号多路复用系统

本节介绍数字信号在信道中，是如何开展“多路通信信号在一个信道中传输”的工作原理，重点是介绍“时分多路信号复用”的工作原理，和第一代数字信号时分多路复用模式——准同步时分数字信号工作系统 PDH 的情况。本节分为 3 个部分，分别予以介绍。

4.4.1 信号多路复用系统概述

现代通信传输系统，分为基带传输系统、频分复用系统、时分复用系统和（光纤）波分复用系统四类，下面分别予以叙述。

1. 基带传输系统

基带传输系统是指在短距离内（6km）直接在传输介质上传输模拟基带信号的系统。目前电信网中，只在传统双绞线电话电缆上采用该方式。这里的“基带”特指话音信号占用的频带(300~3400 Hz)。另外由于设备的简单性，在局域网中基带方式也被广泛使用，构成“话音+ADSL（宽带）”综合接入系统。基带传输的优点是线路设备简单；缺点是传输媒介的带宽利用率不高，不适于在长途线路上使用。

2. 频分复用传输系统（FDM）

频分复用传输系统是指在传输介质上采用频率划分复用（FDM）技术的系统，FDM 是利用传输介质的带宽高于单路信号的带宽这一特点，将多路信号经过高频载波信号调制后在同一介质上传输的复用技术。为防止各路信号之间相互干扰，要求每路信号要调制到不同的载波频段上，而且各频段之间要保持一定的间隔，这样各路信号通过占用同一介质不同的频带实现了复用，如图 4.12 所示。

ITU-T 标准的话音信号频分多路复用的策略如下：为每路话音信号提供 4 kHz 的信道带宽，其中 3 kHz 用于话音，两个 500 Hz 用于防卫频带，12 路基带话音信号经调制后每路占用 60~108 kHz 带宽中的一个 4 kHz 的子信道。这样 12 路信号构成的一个单元称为一个群。在电话通信的 FDM 体制中，五个群又可以构成一个超群（Supergroup），还可以构成复用度更高的主群（Mastergroup）。

FDM 传输系统主要的缺点是：传输的是模拟信号，需要模拟的调制解调设备，成本高且体积大，由于难以集成，因此工作的稳定度也不高。另外由于计算机难以直接处理模拟信号，导致在传输链路和节点之间过多的模数转换，从而影响传输质量。目前 FDM 技术主要用于微波链路和铜线介质上，在光纤介质上该方式更习惯地被称为波分复用。

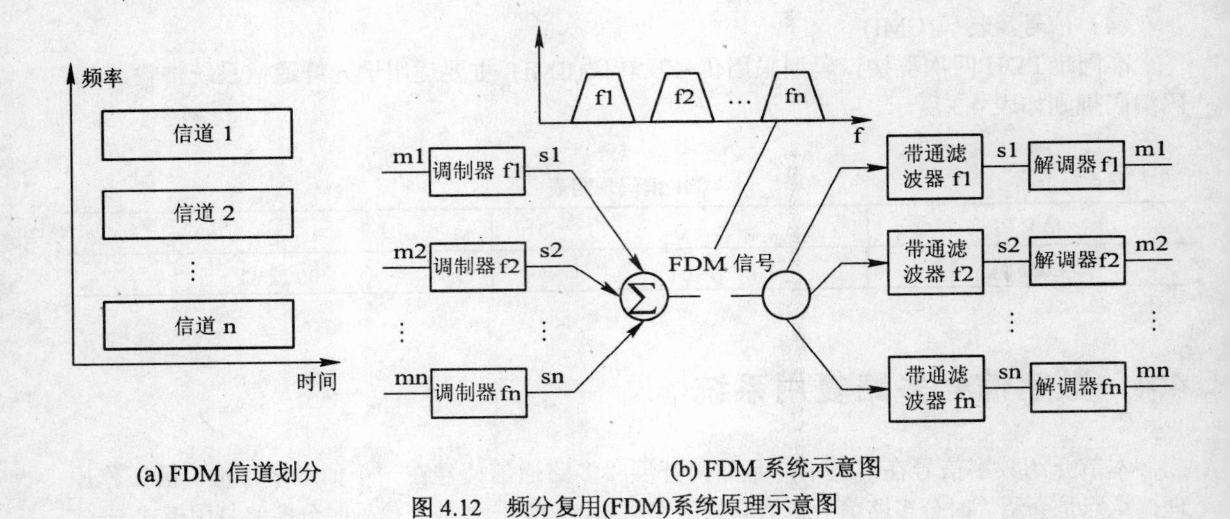

(a) FDM 信道划分　　(b) FDM 系统示意图

图 4.12　频分复用(FDM)系统原理示意图

3. 时分复用传输（TDM）系统

时分复用传输系统是指在传输介质上采用 TDM 技术的系统，TDM 将模拟信号经过 PCM 调制后变为数字信号，然后进行时分多路复用的技术。它是一种数字复用技术，TDM 中多路信号以时分的方式共享一条传输介质，每路信号在属于自己的时间片中占用传输介质的全部带宽。图 4.13 是 TDM 多路复用原理示意图。

国际上主要的 TDM 标准有 2 种：一种是北美地区使用的 T 时分复用方式，一次群信号 T1 每帧 24 时隙，速率为 1.544 Mb/s；另一种是国际电联标准 E 时分复用方式，一次群信号 E1 每帧 32 时隙，速率为 2.048 Mb/s，两者相同之处在于都采用 8000 Hz 频率对话音信号进行采样，因此每帧时长都是 125 μs。

相对于频分复用传输系统，时分复用传输系统可以利用数字技术的全部优点：差错率低，安全性好，数字电路的高集成度，以及更高的带宽利用率。它已成为传输系统的主流技术，目前主要有两种时分数字传输体制：准同步数字体系 PDH 和同步数字体系 SDH。

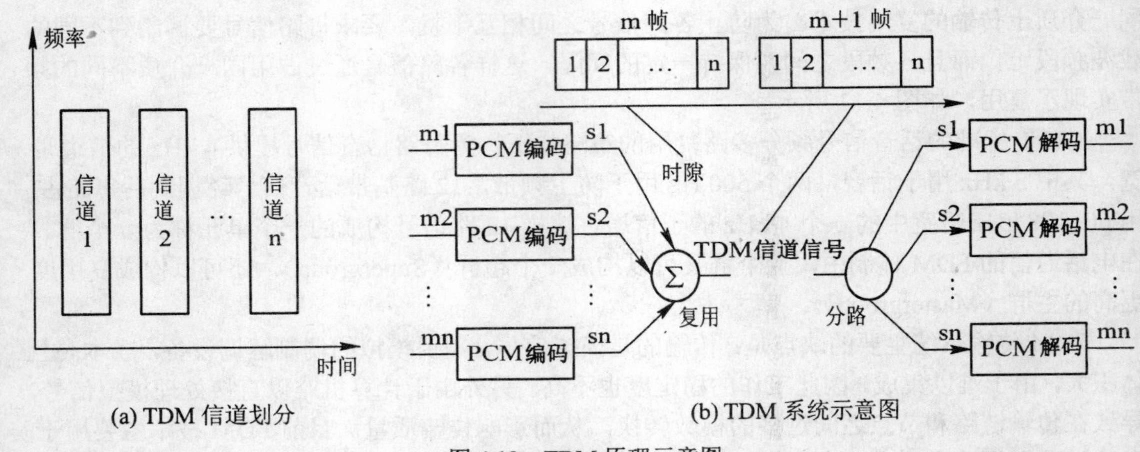

(a) TDM 信道划分　　(b) TDM 系统示意图

图 4.13　TDM 原理示意图

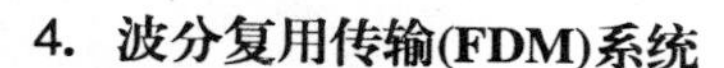

4. 波分复用传输(FDM)系统

波分复用传输系统是指在光纤上采用波长（频率）复用调制（WDM：Wavelength Division Multiplexing）技术的系统。WDM本质上是光域上的频分复用（FDM）技术，为了充分利用单模光纤低损耗区带来的巨大带宽资源，WDM将光纤的低损耗窗口划分成若干个信道，每一信道占用不同的光波频率（或波长），在发送端采用波分复用器（合波器）将不同波长的光载波信号合并起来送入一根光纤进行传输。在接收端，再由一波分复用器（分波器）将这些由不同波长光载波信号组成的光信号分离开来。由于不同波长的光载波信号可以看作互相独立的（不考虑光纤非线性时），在一根光纤中可实现多路光信号的复用传输。

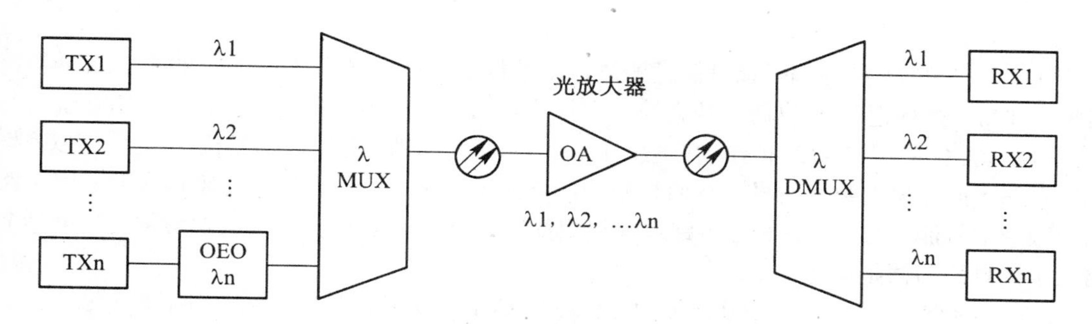

图4.14 密集波分复用传输（DWDM）系统结构示意图

WDM系统按照工作波长的波段不同，可以分为两类：粗波分复用(Coarse WDM)和密集波分复用（Dense WDM）。粗波分复用CWDM的信道间隔为20nm，主要用于城域网光传输系统中；密集波分复用DWDM系统的信道间隔在0.2nm到1.2nm之间，具有巨大带宽和传输数据的透明性；其工作波长主要在1550 nm附近，主要用于长途传输系统中。图4.14是一个点到点的DWDM传输系统结构示意图。

光纤波分复用（WDM）技术主要有以下优点：

（1）可以充分利用光纤的巨大带宽资源，使一根光纤的传输容量比单波长传输增加了几倍至几十倍，降低了长途传输的成本；

（2）WDM对数据格式是透明的，即与信号速率及电调制方式无关。一个WDM系统可以承载多种格式的“业务”信号，如ATM、IP或者将来有可能出现的信号。WDM系统完成的是透明传输，对于业务层信号来说，WDM的每个波长与一条物理光纤没有分别。

（3）在网络扩充和发展中，WDM是理想的扩容手段，也是引入宽带新业务(如CATV、HDTV和B-ISDN等)的方便手段，增加一个附加波长即可引入任意想要的新业务或新容量。

4.4.2 PCM数字多路复用原理与帧结构

1. 数字多路复用通信系统

数字多路复用也叫做时分多路通信，所谓时分多路通信是利用多路信号(数字信号)在信道上占有不同的时间间隙（时隙）来进行通信的，如图4.15所示。

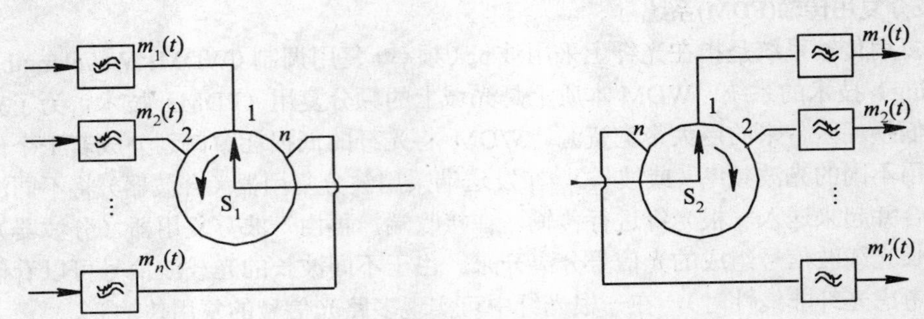

图 4.15 数字信号时分多路复用示意图

如上一节 PCM 脉冲编码调制原理所述，由抽样定理把每路话音信号按 8000 次/s 抽样，对每个 PAM 抽样值编 8 位码，那么第一个样值到第二个样值出现的时间，即 1/8000s(=125μs)，称为抽样周期 T(=125μs)。在这个 T(125μs)时间间隙（称为"帧结构"）内，可以"插入"多路不同速率的数字信号，从而把单一的低速的数字码流，在同一时隙内合并成"多路高速数字信号流"的过程。时分多路通信模型如图 4.15 所示。世界电信组织最常用的电话多路数字信息流的帧结构速率是：

(32 路)×(8 位码/路)×(8000 次/s 抽样)＝2.048Mb/s；俗称"2M 基群数字传输帧结构"。

2. 数字多路复用系统基群帧结构

帧结构就是指"以 8000 次/秒为周期的数字信号时间间隔(125μs)内的信号安排原则"，由"国际电信组织（ITU）"统一规定格式，为保证数字通信系统正常工作，在一帧的信号中应有以下基本信号：

（1）帧同步信号（帧定位信号）及同步对告信号；

（2）信息信号；

（3）其他特殊信号(地址、信令、纠错等信号)等；

（4）局间业务信号。

3. PCM 基群帧结构

"PCM30/32 路基群帧结构"是指同时传输 32 路数字信号的帧结构系统，帧结构信号安排如下：

（1）每帧总信道时隙：32 路；其中话路时隙：30 路（TS_1~TS_{15}，TS_{17}~TS_{31}）

（2）其他时隙：帧同步时隙：　TS_0　　　信令传输（复帧）时隙：TS_{16}

每一路时隙时间长度 t_c 为：$t_c=\dfrac{T}{n}=\dfrac{125\mu s}{32}=3.9\mu s$

每一路时隙包含 8 位编码，故每一位码元时间长度 t_B 为：

$$t_B=\frac{t_c}{L}=\frac{T}{nL}=\frac{125\mu s}{32\times 8}=0.488\mu s$$

系统帧结构如图 4.16 所示。

系统传码率：$f_B=\dfrac{1}{t_B}=\dfrac{nL}{T}=n\cdot L\cdot f_s=32\times 8\times 8000=2048kb/s$

俗称 2M 基群（或一次群）系统。

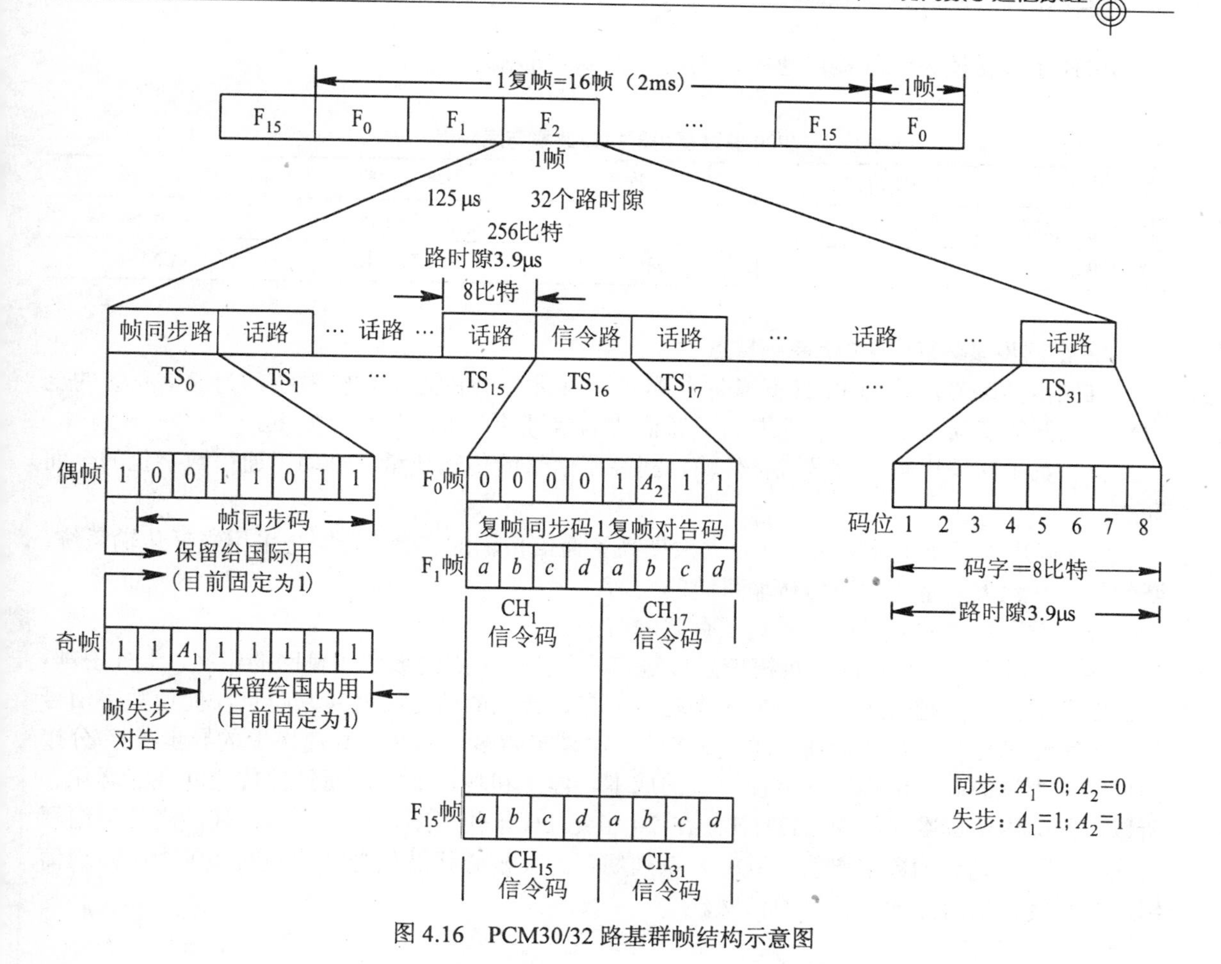

图 4.16　PCM30/32 路基群帧结构示意图

4.4.3　数字多路复用通信系统

世界电信组织 ITU 推荐的高次复用系统是“准同步数字复接(PDH)”系列和“同步数字复接(SDH)”系列；其中 PDH 系列是早期技术，现在通常使用的是 SDH 系列，下面介绍 PDH 传输体系。

1．准同步多路复用(PDH)系列传输速率

多路复用系统就是若干个（通常是 4 个 1 组）低速率支路信号在同一高稳定的时钟控制下，信号速率（传码率）转换成高速率的多路复用系统的过程。传码率标准如表 4.4 所示。

表 4.4　PDH 多路复用码群速率表

规格	一次群（基群）	二次群	三次群	四次群
北美	24 路 1.544 Mb/s	96 路(24×4) 6.312 Mb/s	672 路(96×7) 44.736 Mb/s	4032 路(672×6) 274.176 Mb/s
日本	24 路 1.544 Mb/s	96 路(24×4) 6.312 Mb/s	480 路(96×5) 32.064 Mb/s	1440 路(480×4) 97.728 Mb/s
欧洲 中国	30 路 2.048 Mb/s	120 路(30×4) 8.448 Mb/s	480 路(120×4) 34.368 Mb/s	1920 路(480×4) 139.264 Mb/s

PDH 系列传输系统的接口速率、码型如表 4.5 所示。

表 4.5　PDH 多路复用群接口速率与编码表

群路等级	一次群(基群)	二次群	三次群	四次群
接口速率(kb/s)	2048	8448	34368	139264
接口码型	HDB_3	HDB_3	HDB_3	CMI

2. 准同步多路复用(PDH)系列特点

准同步多路复用系列 PDH 传输系统是第 1 个数字化的通信传输系统，为通信系统的全面数字化开辟了新天地，极大地提高了通信传输信号的质量，其特点如下。

（1）第 1 次采用数字信号进行传输，提高了信号的传输质量，推动了通信数字化的全面开展；

（2）采用大容量多路复用技术，大大提高了通信传输的容量，特别是采用光纤传输系统，开创了新一代大容量光纤通信传输系统的先河；

（3）对于传输的差错率，得到了有效的监控；

（4）只适用于点到点的中规模信息传输，对于多个节点的数字传输网的组网，十分困难。

随着通信容量越来越大，业务种类越来越多，传输的信号带宽越来越宽，促使数字信号传输速率越来越高。从而会使 PDH 复接的层次越来越多，而在更高速率上的异步复接/分接需要采用大量的高速电路，这会使设备的成本、体积和功耗加大，而且使传输的性能恶化。所以，国际电信标准化组织（ITU-T）在 20 世纪 80 年代后期，出台了第二代的光传输组网模式——同步光传输数字通信（SDH）系列规范。其核心就是从光纤传输网和国内国际通信组网的角度，来组建数字传输通信网。

4.5　数字信号同步传输（SDH）原理

随着通信容量越来越大，业务种类越来越多，传输的信号带宽越来越宽，促使数字信号传输速率越来越高。从而会使准同步数字传输系统（PDH）复接的层次越来越多，而在更高速率上的异步复接/分接，需要采用大量的高速电路，这会使设备的成本、体积和功耗加大，而且使传输的性能恶化。所以，国际电信标准化组织(ITU-T)在 20 世纪 80 年代后期出台了一种“光同步数字传输体系”规范（SDH 系统），来取代原有的异步数字传输体系（PDH 系统）。SDH 系统的核心是从“光传输系统的组网”和“形成国内国际成熟稳定的传输网络”的角度，来组建数字传输通信网。

SDH 传输网，以其对光传输系统的卓越适应性，对传输网络的分层管理性，特别是对电话通信业务的完美适应性，曾被认为是 20 世纪末期（1990 年—1998 年）的新一代理想的高速综合业务传送网，它代表了当时数字通信发展的方向，并为 21 世纪的新一代通信传输网的继续发展奠定了理论基础。

4.5.1　数字信号同步传输（SDH）体系

数字信号同步传输网体系（SDH：Synchronous Digital Hierarchy），是由国际电信联盟（ITU-T）制定的，独立于设备制造商的数字传输体制接口标准（光、电接口），它主要是为适应光纤传输系统而设计的。它一方面直接承接通信交换机的各个路由通道，形成“通道层”之间的通信传输；另一方面，根据光纤传输的最高带宽（数字信号传码率）和光传输线路系统的组网特征，该标准被设计成一种3层结构的监管传送体系，通过同步的、灵活的光传送体系，形成了（国际、国内）大范围的光传输通信网络。其国际标准化编号，是“ITU-T-G.707、G.708 和 G.709”三个标准建议。SDH 标准体系不仅适用于光传输系统，也适用于微波传输系统。

SDH 主要有以下三个优点：

（1）标准统一的光接口，适应传输各种业务的通信信号

SDH 定义了标准的同步复用格式，是一种“面向固定连接”的通信传输系统标准，最适用于运载电话通信业务等各类速率的数字信号，并且采取全网统一的同步传输模式，这极大地简化了不同厂商之间的“数字电话程控交换机”以及各种 SDH 网元之间的接口。SDH 也充分考虑了与现有 PDH 体系的兼容，可以支持任何形式的同步或异步业务数据帧的传送，如 ATM 信元、IP 分组、Ethernet 帧等互联网通信业务。

（2）强大的网管功能，适合全球性的光传输组网模式

该系统是针对光通信传输而“量身定做”的通信体系标准，所以在 SDH 数字信号的帧结构组成中，针对性地设计了3层开销字节（Overhead），分别针对“通道层”路由、“数字传输系统”路由和“光传输系统线路”路由。提供了3层网管监控功能，形成了强大的、完整的网络实时监控管理能力，真正开创了光传输系统的“组网模式”。其网络组成与监控系统的结构，如图4.17所示。

（3）采用同步复用和灵活的复用映射结构

SDH 通信传输系统，采用指针调整技术，使得被传送的各类信息（净负荷），可在不同的环境下同步复用。并且引入了“通信信息虚容器”(Vc：Virtual Container)的概念，来支持其“通道层”的连接。即当各种业务信息经过处理，装入 Vc 后，系统不用管所承载的信息结构如何，只需处理各种虚容器即可，从而实现上层业务信息传送的透明性。

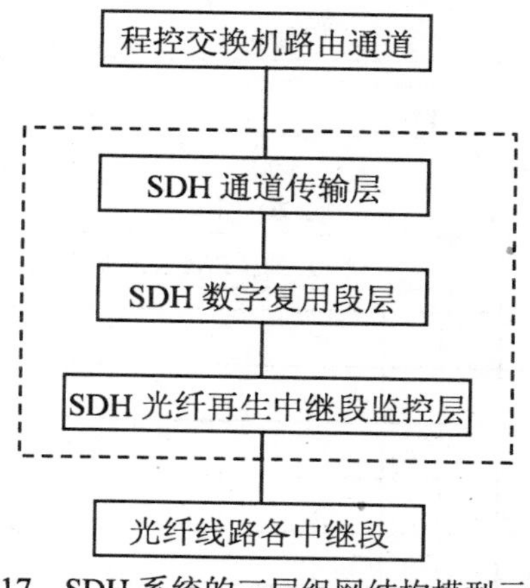

图4.17　SDH 系统的三层组网结构模型示意图

4.5.2　数字信号同步传输（SDH）系统帧结构

1. 整体结构

SDH 帧结构是实现 SDH 网络功能的基础，为便于实现支路信号的同步复用、交叉连接

和 SDH 层的交换，同时使支路信号在一帧内的分布是均匀的、有规则的和可控的，以利于其上、下电路。SDH 帧结构与 PDH 一样，也以 125μs 为“帧同步周期”，并采用了“字节间插”、“指针”、“虚容器”等关键技术。SDH 系统中的基本传输速率是 STM-1(Synchronous Transport Module-1：速率为 155.520 Mb/s)，其他高阶信号速率均由 STM-1 的整数倍构造而成，例如 STM-4(4×STM-1=622.080 Mb/s)，STM-16(4×STM-4=2488.320 Mb/s)等。帧结构速率汇总表，如表 4.6 所示。

表 4.6　SDH 多路复用帧结构速率与话路容量表

SDH 等级	信号速率（Mb/s）	净负荷速率（Mb/s）	等效的传输话路数（64kb/s）
STM-1	155．52	150．336	2016
STM-4	622．08	601．344	8064
STM-16	2488．32	2405．376	32256
STM-64	9953．28	9621．504	129024

这里以 STM-1 为例，介绍其帧格式。高阶信号均以 STM-1 为基础，采用字节间插的方式形成，其帧格式是以字节为单位的块状结构。STM-1 由 9 行、270 列字节组成，STM-N 则由 9 行、270×N 列字节组成。STM-N 帧的传送方式与我们读书的习惯一样，以行为单位，自左向右，自上而下依次发送，图 4.18 是 STM-1 的帧格式示意图。每个 STM 帧由段开销 SOH(Section Overhead)、管理单元指针(AU-PTR:Administrative Unit Pointer)和 STM 净负荷(Payload)三部分组成。

段开销用于 SDH 传输网的运行、维护、管理和指配(OAM&P)，它又分为再生段开销(Regenerator SOH)和复用段开销(Multiplexor SOH)两大类，它们分别位于 SOH 区的 1~3 行和 5~9 行。

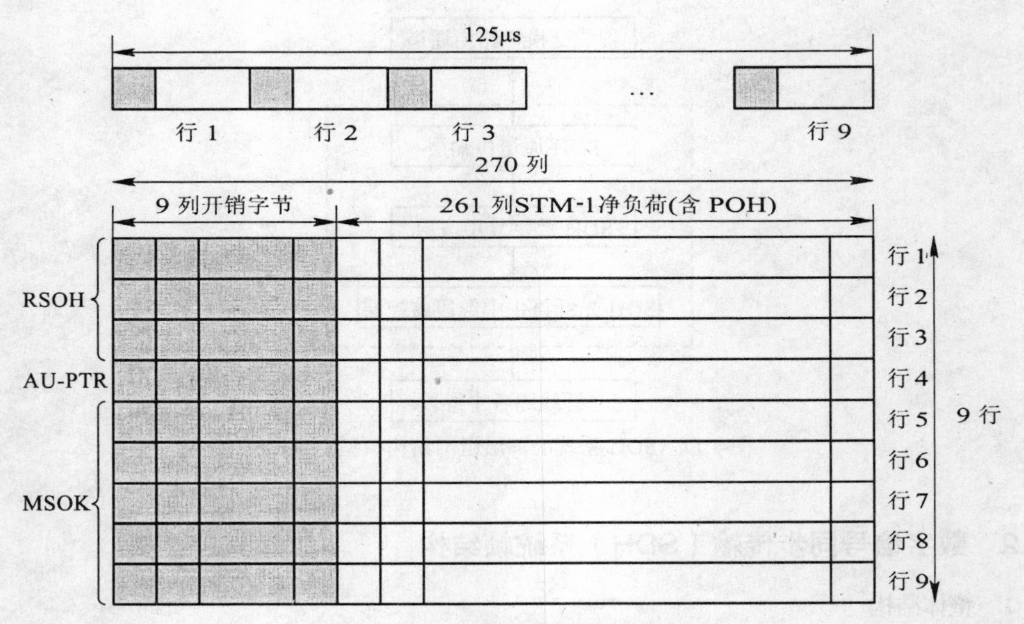

图 4.18　STM-1 的帧格式示意图

段开销是保证STM净负荷正常灵活地传送必须附加的开销。STM信号净负荷，是存放通过STM帧传送的各种数字化信息（以8位二进制码的“字节”为单位）的地方，它也包含少量用于通道性能监视、管理和控制的通道开销POH(Path Overhead)字节。管理单元指针AU-PTR则用于指示STM净负荷中的第一个字节在STM-N帧内的起始位置，以便接收端可以正确分离STM净负荷，它位于RSOH和MSOH之间，即STM帧第4行的1~9列。

2. 开销字节

SDH提供了丰富的开销字节，用于简化支路信号的复用/解复用、增强SDH传输网的OAM&P能力。SDH中涉及的开销字节主要有以下几类：

（1）RSOH：负责管理再生段，在再生段的发端产生，再生段的末端终结，支持的主要功能有STM-N信号的性能监视、帧定位、OAM&P信息传送。

（2）MSOH：负责管理复用段，复用段由多个再生段组成，它在复用段的发端产生，并在复用段的末端终结，即MSOH透明通过再生器。它支持的主要功能有复用或串联低阶信号、性能监视、自动保护切换、复用段维护等。

（3）POH：通道开销POH主要用于端到端的通道管理，主要功能有通道的性能监视、告警指示、通道跟踪、净负荷内容指示等，SDH系统通过POH可以识别一个VC，并评估系统的传输性能。

（4）AU-PTR：定位STM-N净负荷的起始位置。目前ITU只定义了部分开销字节的功能，很多字节的功能有待进一步定义。由上面的叙述可知，不同的开销字节负责管理不同层次的资源对象，图4.19描述了SDH中再生段、复用段、通道的含义。

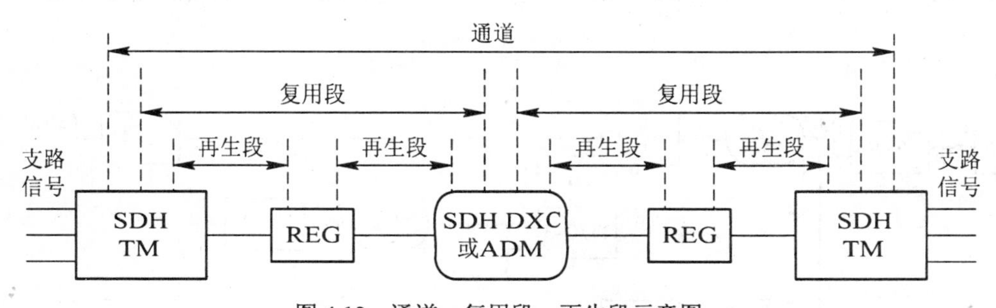

图4.19　通道、复用段、再生段示意图

3. STM净负荷的结构

（1）VC的含义

为使STM净负荷区可以承载各种速率的同步或异步业务信息，SDH引入了虚容器VC的概念，一般将传送VC的实体称为通道。VC可以承载的信息类型没有任何限制，目前主要承载的信息类型有PDH帧、ATM信元、IP分组、LAN分组等。也就是说，任何通信业务信息，只要满足其VC容量要求，在VC中安排好，就能进入STM净负荷区，从而通过SDH光传输网络，进行传输。VC由信息净负荷（Container）和通道开销（POH）两部分组成。POH在SDH网的入口点被加上，在SDH网的出口点被除去，然后信息净负荷被送给最终用户，而VC在SDH网中传输时则保持完整不变。通过POH，SDH传输系统可以定位VC中业务信息净负荷的起始位置，因而可以方便灵活地在通道中的任一点进行插入和提取，并以VC为单位进行同步复用和交叉连接处理，以及评估系统的传输性能。VC分为高阶VC(VC-3,

VC-4)和低阶 VC(VC-2，VC-11，VC-12)。

要说明的是，VC 中的“虚”有两个含义：一是 VC 中的字节在 STM 帧中并不是连续存放的，这可以提高净负荷区的使用效率，同时这也使得每个 VC 的写入和读出可以按周期的方式进行；二是一个 VC 可以在多个相邻的帧中存放，即它可以在一个帧开始而在下一帧结束，其起始位置在 STM 帧的净负荷区中是浮动的。

（2）STM 净负荷的组织

为增强 STM 净负荷容量管理的灵活性，SDH 引入了两级管理结构：（高阶）管理单元(AU：Administrative Unit)和（低阶）支路单元(TU：Tributary Unit)。

AU 由 AU-PTR 和一个高阶 VC 组成，它是在骨干网上提供带宽的基本单元，目前 AU 有两种形式，即 AU-4 和 AU-3。AU 也可以由多个低阶 VC 组成，此时每个低阶 VC 都包含在一个 TU 中。

TU 由 TU-PTR 和一个低阶 VC 组成，特定数目的 TU 根据路由编排、传输的需要可以组成一个 TUG(TU Group)。目前 TU 有 TU-11、TU-12、TU-2、TU-3 等四种形式，TUG 不包含额外的开销字节。类似的，多个 AU 也可以构成一个 AUG，用于高阶 STM 帧。

实际上我们看到，AU 和 TU 都是由两部分组成的：固定部分+浮动部分。固定部分是指针，浮动部分是 VC，通过指针可以轻易地定位一个 VC 的位置。VC 是 SDH 网络中承载净负荷的实体，也是 SDH 层进行交换的基本单位，它通常在靠近业务终端节点的地方创建和删除。

4. SDH 的复用映射结构

SDH 的一般复用映射结构如图 4.20 所示。各种信号复用到 STM 帧的过程分为以下三个步骤：

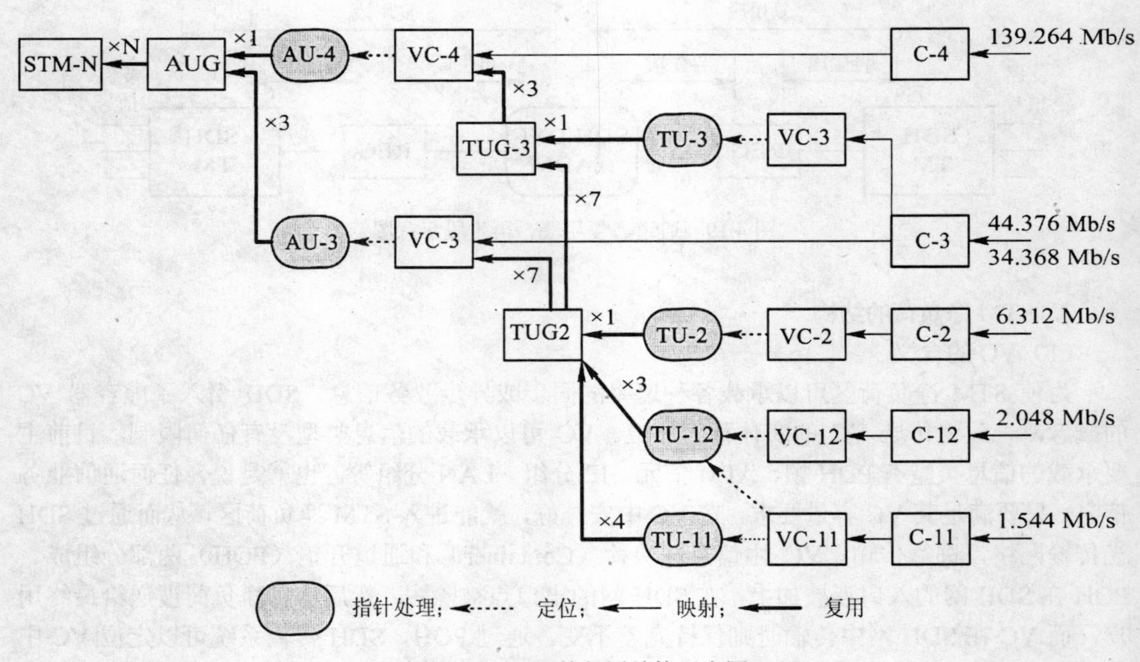

图 4.20　SDH 的复用结构示意图

（1）映射(Mapping)：在 SDH 网的入口处，将各种支路信号通过增加调整比特和 POH 适配进 VC 的过程，分为映射和适配 2 个步骤；

（2）定位(Aligning)：利用 POH 进行支路信号的频差相位的调整，定位 VC 中的第一个字节；

（3）复用(Multiplexing)：将多个低阶通道层信号适配进高阶通道层或是将多个高阶通道层信号适配进复用段的过程，复用以字节间插方式完成。

4.5.3　数字信号同步传输（SDH）系统复用过程

下面举例说明我国 PDH 系列一次群 2.048 Mb/s 速率复用为 STM-1（155Mb/s）的过程。

1. 映射适配

包括映射和适配 2 个步骤。标称速率为 2.048 Mb/s PDH 一次群数字信号(2Mb/s 接口)先进入 C-12 作适配处理；加上 Vcn-POH 构成 Vc-12 后，其速率为 2.240 Mb/s：C-12+Vc-12 POH=Vc-12。

2. 指针定位

Vc-12 加上 TU-12 PTR，以指明 Vc-12 相对 TU-12 的相位，并经速率调准和相位对准后的 TU-12，速率变为 2.304 Mb/s：Vc-12+TU-12 PTR=TU-12（指针定位过程）。

3. 复用

采用“均匀同步复接”的方式，即均匀间插组成：

$TU_{12}\times 3 = TUG_2$ (4 复用过程 1：3×2.304 Mb/s)

再经 7 个 TUG-2 单字节间插，组成 TUG-3：

$TUG_2\times 7=TUG_3$ (5 复用过程 2：7×TUG_2　49.536 Mb/s)

4. 高阶“映射–指针定位–复用过程”

如图 4.21 所示，分为 3 个步骤完成。

（1）映射：由三个 TUG-3 经字节间插加上高阶 POH 和插入字节后，构成 Vc-4 净负荷：

AU-3×3=AUG，速率 150.336 Mb/s。

（2）指针定位：加上 AU-4 PTR 的 576 kb/s 的指针信号组成了 AU-4，速率：150.912 Mb/s。

（3）成帧：单个 AUG 直接加上 4.608 Mb/s 的段开销组成：STM-1(标称速率为 155.520 Mb/s)帧结构。

4.5.4　数字信号同步传输（SDH）系统的分层模型

如果将分组交换机、电话交换机、无线终端等看作业务节点，传送网的角色则是将这些业务节点互连在一起，使它们之间可以相互交换业务信息，以构成相应的业务网。这便是 SDH 同步数字信号传输网对于交换系统的支持连接作用。

1. SDH 光同步数字传输网的形成

对于现代高速大容量的骨干传送网来说，仅仅在业务节点间提供“通道链路组”，是远远不够的，组成光纤数字传输网，必须要具备 2 个条件：一是要组成便于灵活调配的各种容量和传输速率的“数字复用段传输网”——这是形成全省、以致全国的“大范围的数字传输网”的必要条件；二是要适应光纤线路传输的特征——每个光纤段的传输距离是有限的，通常在 200km 内，就要设置光纤数字信号的“再生中继段”。为实现上述目标，SDH 传送网按功能分为两层：通道层和传输介质层，如图 4.22 所示。

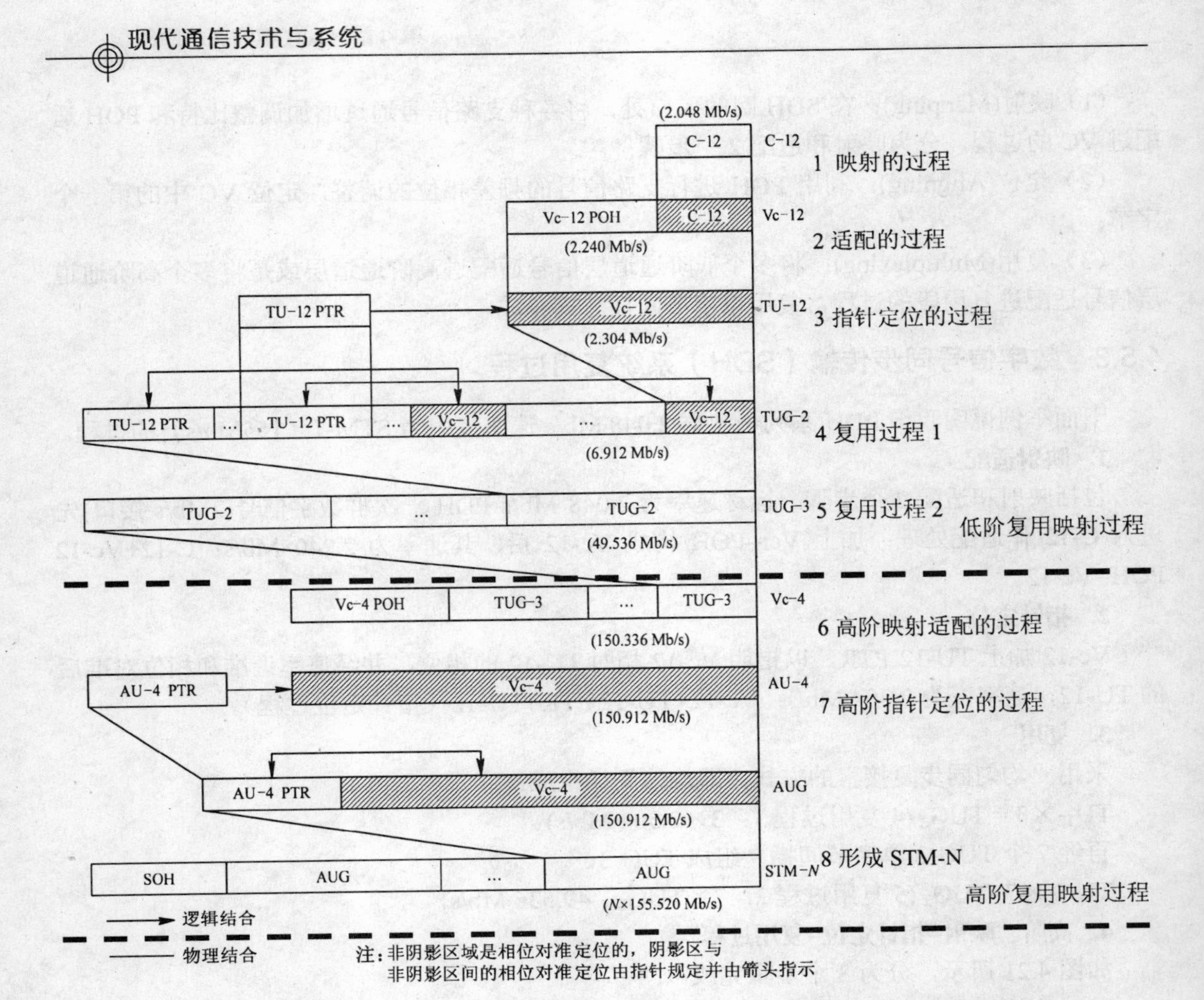

图 4.21 PDH 系列一次群 2.048 Mb/s 速率转化为 STM-1（155Mb/s）的过程示意图

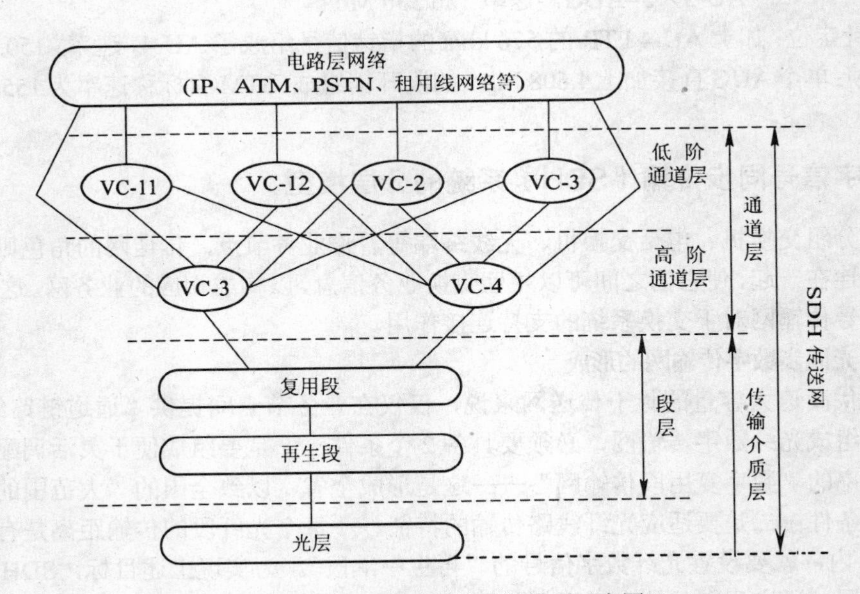

图 4.22 SDH 传送网的分层模型示意图

2. SDH通道层的形成

通道层负责为一个或多个电路层提供透明通道服务，它定义了数据如何以合适的速度进行端到端的传输，这里的“端”指通信网上的各种节点设备。

通道层又分为高阶通道层(VC-3，VC-4)和低阶通道层(VC-2，VC-11，VC-12)。通道的建立由网管系统和交叉连接设备负责，它可以提供较长的保持时间，由于直接面向电路层，SDH简化了电路层交换，使传送网更加灵活、方便。

3. SDH传输介质层的形成

如上所述，SDH传输介质层又分为“传输复用段层”和“再生光信号段层”二个层面。

传输复用段层的作用，是要组成便于灵活调配的、能满足各种通信容量和传输速率的“数字复用段传输网”，这是SDH光通信同步传输网的组网核心内容，也是形成全国数字通信网的核心组成部分。按照区域的划分，可以分为本地传输网和全国性的长途传输网。用来沟通任何2地之间的通信传输通道。为其交换机的各路由通道层网络节点（例如DXC）提供合适的通道容量，一般用STM-N表示传输复用段层的标准容量，如图4.19所示。

再生光信号段层，负责在点到点的光纤段上生成标准的SDH帧，它负责信号的再生放大，不对信号做任何修改。多个再生段构成一个复用段，复用段层负责多个支路信号的复用、解复用，以及在SDH层次的数据交换。光层则是定义光纤的类型以及所使用接口的特性的，随着WDM技术和光放大器、光ADM、光DXC等网元在光层的使用，光层也像段层一样分为光复用段和光再生段两层。

4.6 数字信号交换原理

本节分3个部分，由浅入深地讲述了通信交换的基本概念，以及现代通信交换的主要器件和工作原理。

4.6.1 固定时隙（程控）交换原理

1. 数字信号交换概述

在第1章的交换概念中，我们曾讲到：通信交换的二个作用，第一是在主叫用户和被叫用户之间，形成一条信息通道，传递相互之间的通信信息；第二就是完成主叫和被叫用户之间的通信服务的过程。当然，通信交换的原理和过程，随不同的通信业务也各有不同。电话通信业务是1985年—2000年，最典型的通信方式，它通常被分为4个过程：第一，用户拿起话机听到拨号音；第二，用户拨被叫号码；第三，双方通电话；第四，双方挂机。这里面包含着一个标准化的事件过程的经历。宽带互联网的通信过程也大致相同——是一个“以事件过程”为特征的内容过程。

纵观电话交换的技术发展史，“电话交换技术”是以人工交换为开端的，从1878年在美国康涅狄格州纽好恩（NewhavenConnecticut）建成第一个人工电话交换局至今（2012年）的130余年间，交换技术的发展经历了四个重要阶段：第一个阶段是人工交换阶段；第二个阶段是机电式自动交换阶段；第三个阶段则是数字信号的计算机“程控（自动）交换”阶段；第四个阶段是信息包交换发展阶段。

数字程控交换原理，可用图4.23说明。转换成了数字信号的各类电话信息，通过交换系统，可以接通每一种“被叫用户”的路由，建立信息传送通道。

当 PCM 入端某个时隙（对应一用户），信息需要交换（传送）到 PCM 输出端的另一时隙（另一用户）中去时,相当于通过数字交换网络将时隙的内容“搬家”。即 PCM 入端 TSi 时隙中的话音信息 A 经过数字交换网络后，在 PCM 出端的 TSj 时隙中出现。

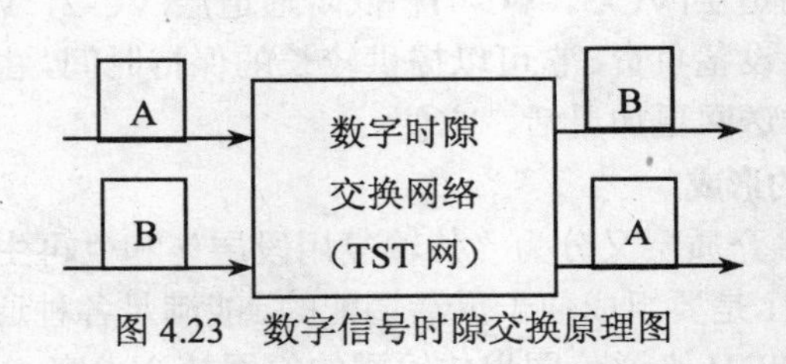

图 4.23 数字信号时隙交换原理图

2. 数字交换基本元器件

（1）T 接线器

T 接线器实现时隙交换的原理是利用存储器写入与读出时间（隙）的不同，即在输入时隙写入，而在其他时隙（通话另一用户占用时隙）读出来完成时隙交换的。T 接线器原理如图 4.24 所示，主要由话音存储器（SM）和控制存储器（CM）组成。SM 用来暂存话音信息，其容量取决于复用线的复用度（图中以 32 为例）。SM 的存取方式有两种：一种为“顺序写入，控制读出”；另一种为“控制写入，顺序读出”。从而形成两类 T 接线器：输出控制型和输入控制型，分别如图 4.24 所示。

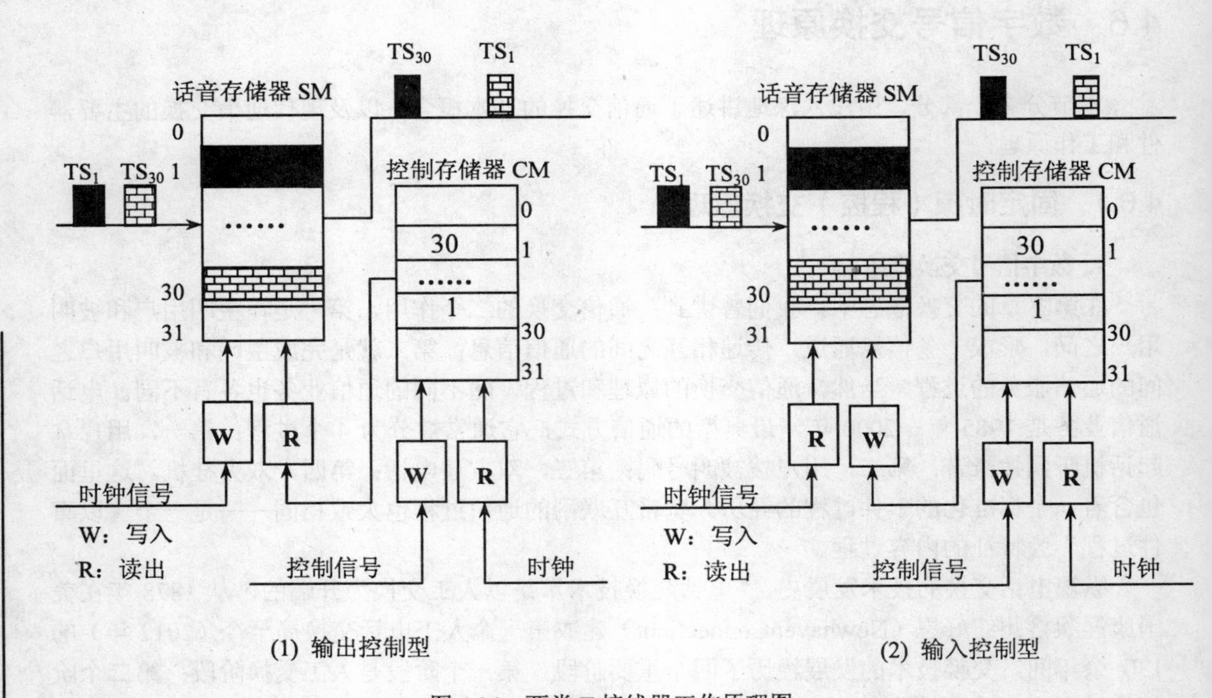

图 4.24 两类 T 接线器工作原理图

控制存储器 CM 用来控制在内部时钟的作用下，输出话音存储器（SM）中的信息。如在 A 控制器中，内部时隙是“1”时，取出话音存储器（SM）30#时隙中的信息；而内部时隙是

“30”时，则取出话音存储器（SM）1#时隙中的信息；在B控制器中，执行类似的操作。

（2）S接线器

S接线器又叫做“空分接线器”，是最典型的通信交换系统的设备。主要由“电子交叉点矩阵电路”和“控制存储器（CM）电路”2部分组成，其作用一是实现所有的输入端用户的信息，都能完成不同复用线“点阵空间”的时隙交换；二是保证每一个用户，都能通过“电子交叉点矩阵电路”的方式，连接到输出端的各条路由。其原理，如图4.25所示。输入端用户的通信信息HW1~HW3接线器的交叉接点控制过程如下3个步骤：

① 设定控制内容：CPU根据交换机路由选择结果，在控制存储器上写入上图所示内容。如将HM1线的TS0信息交换到HM_m的TS0时隙上，则在控制存储器CM_m的“0#”单元输入HW1与HM_m的公共交叉接点号“1C”信息。

② 控制存储器按顺序读出信息，控制交叉接点矩阵动作：此时在CM_m的“0#”单元中读出交叉接点号“1C”信息，控制该交叉接点在（内部）时隙TS0导通动作。

③ 交叉矩阵动作，交换相关信息：电子交叉矩阵的1C接点在TS0时隙受控接通，交换相关话音信号。

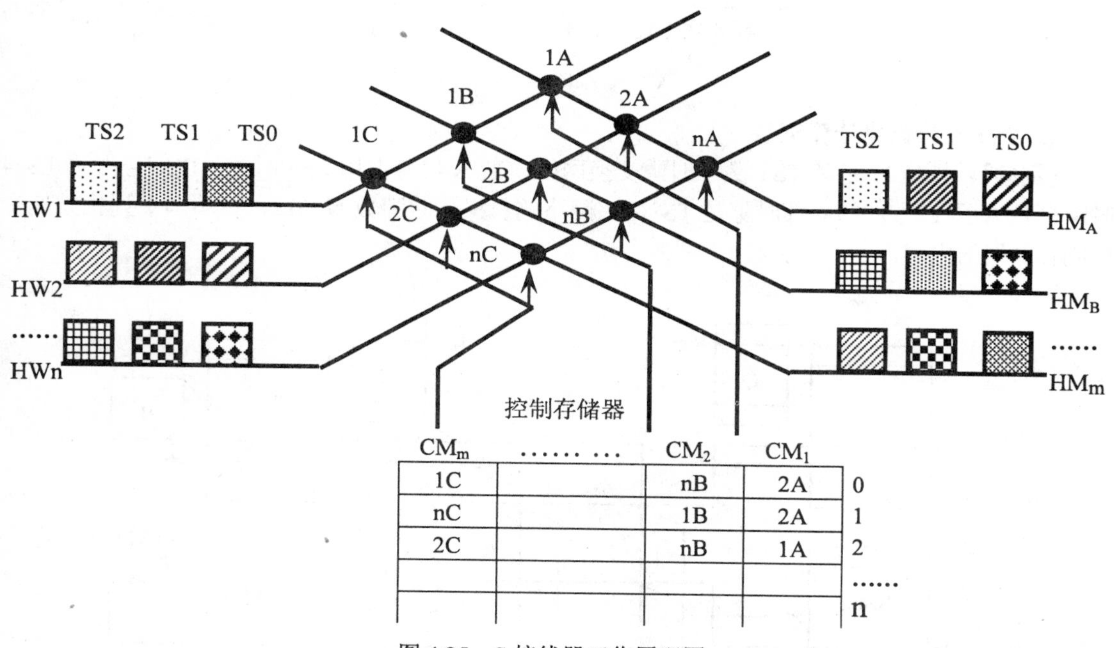

CM_m	…… …	CM_2	CM_1	
1C		nB	2A	0
nC		1B	2A	1
2C		nB	1A	2
				……
				n

图4.25 S接线器工作原理图

这样，就完成了输入端的n路用户信息，传递到输出端各个路由上面去的过程，意味着完成了通信交换的工作。

3. TST数字时隙交换网络

实际的交换系统是由TST接线器组合而成，如图4.26所示。数字时隙交换是通过“存储-转换-输出”三个步骤完成的：

首先，输入信息A通过“顺序写入”存储在第一级SM寄存器中；其次，交换控制系统统一分配一个“内部时隙”，使输入信息在该时隙中通过T-S-T网络的5#节点，转换到第三级TB寄存器SM4中；最后，TB中的输入信息通过“顺序读出”的方式形成输出信息，完成信息的时隙交换任务。下面，以例题说明。

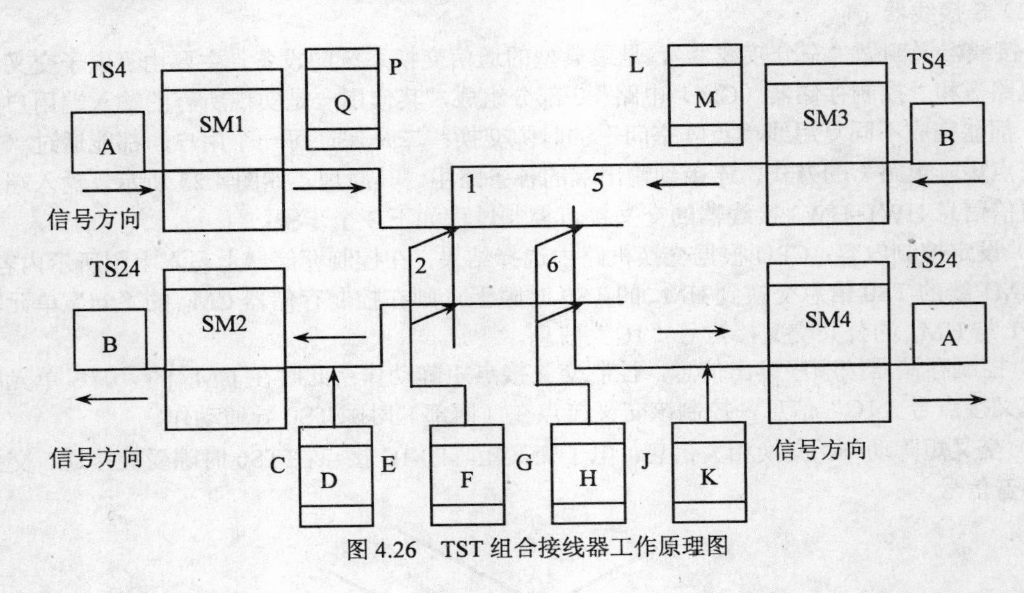

图 4.26　TST 组合接线器工作原理图

4. TST 交换网络计算例题

[例题]：图 4.27 是某 TST 数字时隙交换网络，若 A 信号占用 TS4 时隙，B 信号占用 TS24 时隙，且 A 至 B 方向的内部时隙是 TS8，该网络的总操作时隙数 N=512，试填写下列相关 6 个控制存储器的内容。

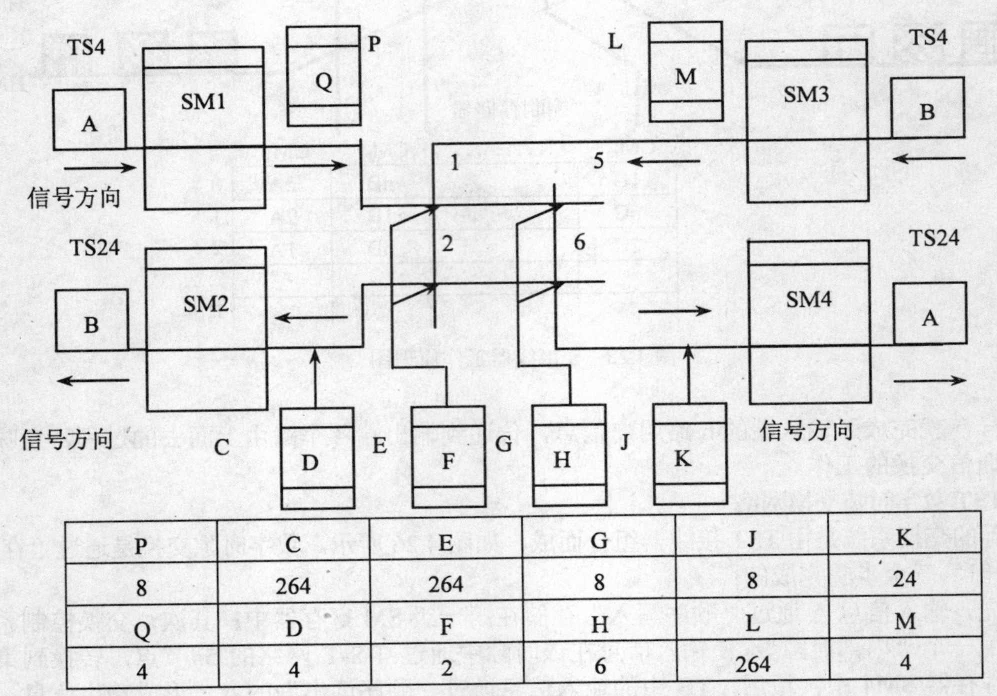

P	C	E	G	J	K
8	264	264	8	8	24
Q	D	F	H	L	M
4	4	2	6	264	4

图 4.27　TST 数字时隙交换网络示意图

［解］：A 信号输入时隙为 TS4(SM1)，则 Q = 4；输出时隙为 TS24 (SM4)，则 K = 24，交换路由如下：

“TS4 时隙”输入→SM1 寄存器→电子矩阵“5#节点”→SM4 寄存器→“TS24 时隙”输出；

内部时隙 I = TS8，则 P = G = J = 8，表明在此时隙将 A 信号由 SM1 交换到 SM4 寄存器中；

H 为电子节点编号，H = 5，表明在内部公共时隙 TS8，将 S 接线器“5 #电子节点”接通；

B 信号输入时隙为 TS4(SM3)，则 M = 4；输出时隙为 TS24（SM2），则 D = 24，

由内部时隙公式：W = I +总时隙数 N / 2 = 8 + 512 / 2 =264，交换路由如下：

“TS4 时隙”输入→SM3 寄存器→电子矩阵“2#节点”→SM2 寄存器→“TS24 时隙”输出；

内部时隙 W = TS264，则 C = E = L = 264，表明在此时隙将 B 信号由 SM3 交换到 SM2 寄存器中；

F 为电子节点编号，F = 2，表明在内部公共时隙 TS264，将 S 接线器“2#电子节点”接通；结果如图 4.27 中表格所示。

4.6.2 虚电路与 IP 通信交换方式

1. 虚电路方式

所谓虚电路方式，又叫“统计时分复用交换方式”，就是指两终端用户在相互传送数据之前要通过网络建立一条端到端的逻辑上的虚连接，称为虚电路。一旦这种虚电路建立以后，属于同一呼叫的数据均沿着这一虚电路传送，当用户不再发送和接收数据时，清除该虚电路。在这种方式中，用户的通信需要经历连接建立、数据传输、连接拆除三个阶段，也就是说，它是面向连接的方式。

需要强调的是，分组交换中的虚电路和电路交换中建立的电路不同，在分组交换中，以统计时分复用的方式在一条物理线路上可以同时建立多个虚电路，两个用户终端之间建立的是虚连接，而“电话程控电路交换系统”中，是以同步时分方式进行复用的，两用户终端之间建立的是实连接。在电路交换中，多个用户终端的信息在固定的时间段内向所复用的物理线路上发送信息，若某个时间段某终端无信息发送，其他终端也不能在分配给该用户终端的时间段内向线路上发送信息。而虚电路方式则不然，每个终端发送信息没有固定的时间。

它们的分组在节点机内部的相应端口进行排队，当某终端暂时无信息发送时，线路的全部带宽资源可以由其他用户共享。换句话说，建立实连接时，不但确定了信息所走的路径，同时还为信息的传送预留了带宽资源；而在建立虚电路时，仅仅是确定了信息所走的端到端的路径，但并不一定要求预留带宽资源。我们之所以称这种连接为虚电路，正是因为每个连接只有在发送数据时才排队竞争占用带宽资源。

如图 4.28 所示，网中已建立起两条虚电路，VC1：A→1→2→3→B，VC2：C→1→2→4→5→D。所有 A→B 的分组均沿着 VC1 从 A 到达 B，所有 C→D 的分组均沿着 VC2 从 C 到达 D，在 1~2 之间的物理链路上，VC1、VC2 共享资源。若 VC1 暂时无数据可送时，则网络将所有的传送能力和交换机的处理能力交给 VC2，此时 VC1 并不占用带宽资源。虚电路的特点如下：

（1）虚电路的路由选择仅仅发生在虚电路建立的时候，在以后的传送过程中，路由不再

改变，这可以减少节点不必要的通信处理；

（2）由于所有分组遵循同一路由，这些分组将以原有的顺序到达目的地，终端不需要进行重新排序，因此分组的传输时延较小；

（3）一旦建立了虚电路，每个分组头中不再需要有详细的目的地址，而只需有逻辑信道号就可以区分每个呼叫的信息，这可以减少每一分组的额外开销；

（4）虚电路是由多段逻辑信道构成的，每一个虚电路在它经过的每段物理链路上都有一个逻辑信道号，这些逻辑信道级连构成了端到端的虚电路；

（5）虚电路的缺点是当网络中线路或者设备发生故障时，可能导致虚电路中断，必须重新建立连接；

（6）虚电路适用于一次建立后长时间传送数据的场合，其持续时间应显著大于呼叫建立时间，如文件传送、传真业务等。

虚电路分为两种：交换虚电路(SVC：Switching Virtual Circuit)和永久虚电路(PVC：Permanent Virtual Circuit)。

交换虚电路(SVC)是指在每次呼叫时用户通过发送呼叫请求分组来临时建立虚电路的方式。如果应用户预约，由网络运营者为之建立固定的虚电路，就不需要在呼叫时再临时建立虚电路，而可以直接进入数据传送阶段，称之为PVC。这种情况一般适用于业务量较大的集团用户。

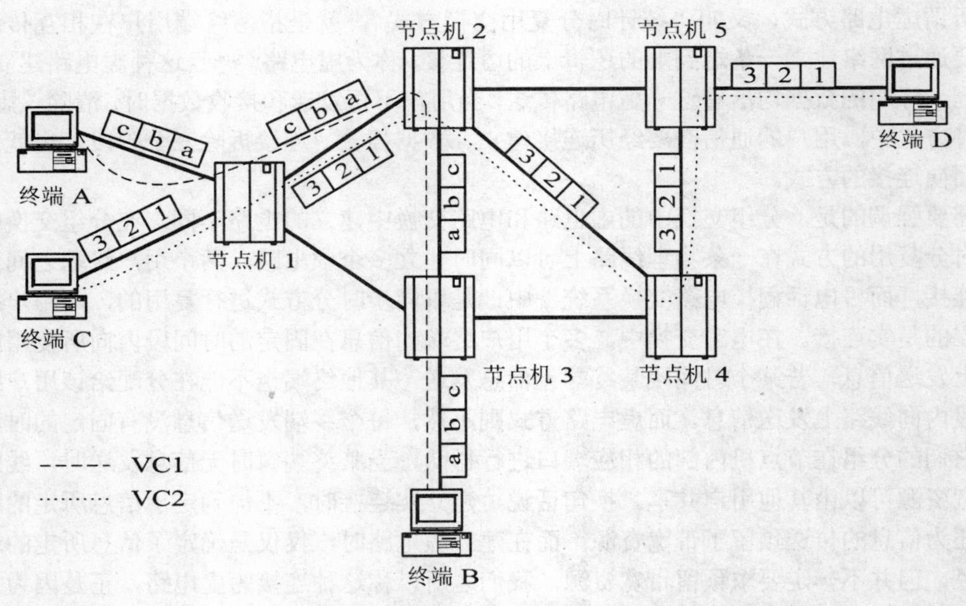

图 4.28　虚电路结构与工作示意图

2. 面向无连接交换处理方式（IP）

在面向无连接交换处理方式（IP 分组交换）中，交换节点将每一个分组独立地进行处理，每一个数据分组中都含有终点地址信息，当分组到达节点后，节点根据分组中包含的终点地址为每一个分组独立地寻找路由，因此同一用户的不同分组可能沿着不同的路径到达终点，在网络的终点需要重新排队，组合成原来的用户数据信息。

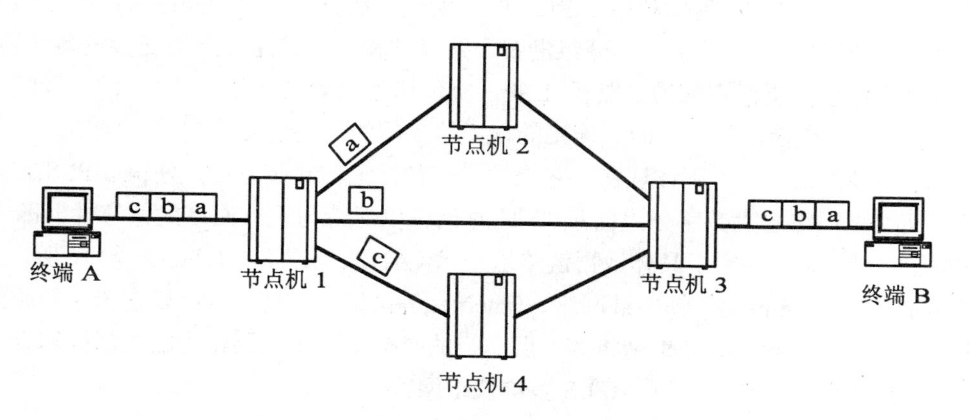

图 4.29 IP 通信方式系统结构示意图

如图 4.29 所示，终端 A 有三个分组 a、b、c 要送给 B，在网络中，分组 a 通过节点 2 进行转接到达节点 3，b 通过 1、3 之间的直达路由到达节点 3，c 通过节点 4 进行转接到达节点 3，由于每条路由上的业务情况(如负荷量、时延等)不尽相同，三个分组的到达不一定按照顺序，因此在节点 3 要将它们重新排序，再送给 B。

“面向无连接交换处理（IP）方式”的特点如下：

（1）用户的通信不需要建立连接和清除连接的过程，可以直接传送每个分组，因此对于短报文通信效率比较高；

（2）每个节点可以自由地选路，可以避开网中的拥塞部分，因此网络的健壮性较好。对于分组的传送比虚电路更为可靠，如果一个节点出现故障，分组可以通过其他路由传送；

（3）该方式的缺点是分组的到达不按顺序，终点需重新排队，并且每个分组的分组头要包含详细的目的地址，开销比较大；

（4）IP 网的使用场合：适用于各类通信信息的传输。

分组交换网的主要功能是转接、传送接入网络的各类计算机和终端的信息。利用分组交换网可以开通多种新业务，如电子信箱、电子数据互换、可视图文、智能用户电报、传真、数据库检索等业务。

4.6.3 多协议标记交换方式 MPLS

1. 概述

多协议标记交换方式 MPLS，是国际互联网标准化组织 IETF 于 1997 年提出的，解决新一代宽带骨干网的“多种业务综合通信”组网与带宽管理的优秀方案之一。MPLS 出现之前，IETF、ITU-T 等陆续提出了 RTP/RTCP、RSVP、SIP、H.323 等协议，以期解决传统 IP 网络的“多业务支持”和“服务质量 Qos”等问题，但这些方案的思路，都是在不改变传统 IP 网络结构的基础上增加这个功能——均不能从根本上解决问题。多协议标记交换方式（MPLS），则第一次试图从全网体系结构角度去解决这个问题——所以适用于任何基于“分组交换”方式的网络通信。

其中的“标记交换”，是指利用 MPLS 传输模式，在分组信号的网络入口处打上一个短小、长度固定的标记（分组头），当分组沿某一路径传输时，该路径上的交换设备（硬件），将读出该“标记值”所标识的沿途路径 LSP，实现快速高效的“第二层交换”。所以，基于 MPLS 方式的分组交换，属于“面向连接的”、“第二层的”高速交换方式。

MPLS 的多协议特性，则体现在：它提供了一种标记的封装方法，使得 MPLS 方式，可以交换任何类型网络层“数字分组信息”，同时也可以保持与现有网络的兼容性，即 MPLS 具体的标记封装方式，决定于具体数据链路层技术（ATM、帧中继、Ethernet 等），所以 MPLS 既可以在原有的 ATM 网络、帧中继网络、Ethernet 等网络上实现，也可以在未来新的网络结构上实现。从本质上看，MPLS 是将第二层交换的高效率与第三层路由的灵活性综合在一起的多层交换技术。图 4.30 描述了 MPLS 多协议组网特性。

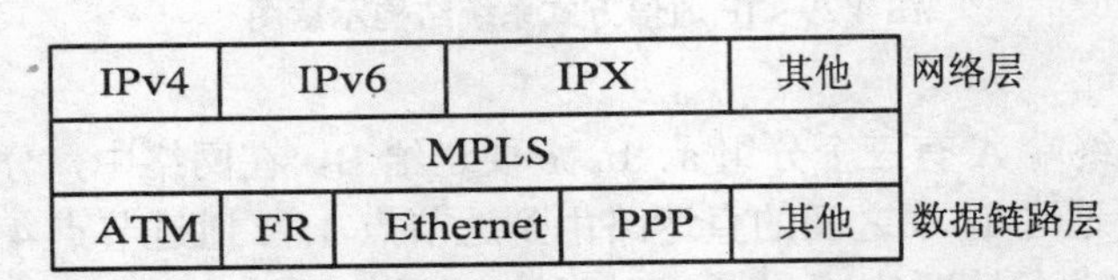

图 4.30　MPLS 的多协议支持特性示意图

2. MPLS 的网络结构与工作原理

MPLS 是针对目前网络面临的速度、可伸缩性(Scalability)、QoS 管理、流量工程等问题而设计的一个通用的解决方案。其主要的设计目标和技术路线如下：

（1）提供一种通用的标记封装方法，使得它可以支持各种网络层协议（主要是 IP 协议），同时又能够在现存的各种分组网络上实现。

（2）在骨干网上采用定长标记交换，以取代传统的“路由转发（第 3~4 层的交换方式）”，以解决目前高速互联网（Internet）的路由器瓶颈问题，并采用多层交换技术保持与传统路由技术的兼容性。

（3）在骨干网中引入 QoS 以及流量工程等技术，以解决目前 Internet 服务质量无法保证的问题，使得 IP 可以真正成为可靠的、面向运营的综合业务服务网。

总之，在下一代网络中为满足网络用户的需求，MPLS 将在寻路、交换、分组转发、流量工程等方面扮演重要角色。MPLS 网络进行交换的核心思想可总结为一句话：“在网络边缘进行路由和标记，在网络核心进行标记交换”。图 4.31 是一个 MPLS 网络的示意图。

组成 MPLS 网络的设备分为两类，即位于网络核心的核心标记交换机 LSR 和位于网络边缘的边缘交换机 LER。构成 MPLS 网络的其他核心成分包括标记封装结构，以及相关的信令协议，如 IP 路由协议和标记分配协议等。通过上述核心技术，MPLS 将“面向连接的网络交换通信方式”，引入到了 IP 骨干网中。

如图 4.31 所示，组成“多协议标记交换（MPLS）”网络的骨干网，实际上形成了一个专用的“二层交换网”，主要由“边缘交换机（路由器 LER）”和“网内转发交换机(LSR)”组成。该“专用网络”的主要内容，是“分组标记头 Label”、“标记交换路径 LSP”、“网内转发交换机 LSR”、“边缘标记交换机（路由器）LER”和“通信分组类别标记 FEC”等几个概念，分述如下：

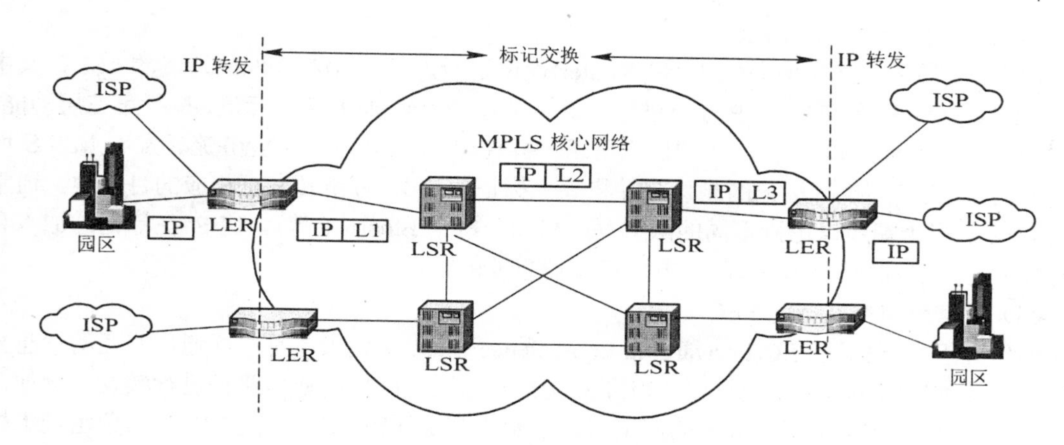

图 4.31 MPLS 网络结构示意图

(1) 分组标记头(Label)

分组标记头是一个短小、定长，且只在该“MPLS 专用网内”起作用的“分组头数据串”——封装在该信息分组的最开始部分，是用来表示“本分组数字信息的网内路径去向”的字符数据串，由定长字节的数据组成。它对应于该“信息分组”所对应的信息类别 FEC。该分组标记头(Label)，可以使用标记交换路径 LDP、RSVP 或通过 OSPF、BGP 等路由协议搭载来分配。每一个分组在从源端到目的端的传送过程中，都会携带一个标记，因此网络中的网内转发交换机 LSR（硬件），在识别了该“标记”后，就可以实现“类似二层高速交换”方式的分组交换。

(2) 标记交换路径 LSP

标记交换路径 LSP(Label-Switched Path)，在 MPLS 网络中，每一个分组通信的类别，都对应一个确定好了的“通信转发路径”——它是一条“始于边缘交换机 LER-中间经历若干个转发交换机 LSR-到达终端边缘交换机 LER”的“确定的路由”。信息分组，根据该通信转发路径 LSP 进行通信转发。

要注意的是：LSP 可以在数据传输前建立(Control-Driven)，也可以在检测到一个数据流后建立(Data-Driven)。该路径，可以是动态优化型的——根据 MPLS 网内的实时路由运营情况，进行优化确定。并且该路径内容，存在于“通信分组类别标记 FEC 与标记交换路径 LSP”对应表中。

(3) 网内转发交换机 LSR

网内转发交换机 LSR(Label Switched Router)，又被称为“核心标记交换机”，是一个通用 IP 交换机，位于 MPLS 专用网中。该设备，必须具有“第三层转发信息分组”和“第二层交换分组”的双重功能。

它的作用主要有二点：第一，是负责使用合适的信令协议(如 LDP/CR-LDP 或 RSVP)，与邻接的网内转发交换机 LSR 交换 FEC/Label 提供的信息，建立和更新各类分组信息串的“标记交换路径 LSP 对应表”的内容。第二，是分组信息转发（通信）的功能：对已加上标记的信息分组，依据分组上的路径标记 LSP，利用硬件电路的高速交换功能，在预先建立的 LSP 上执行高速的分组转发——网内转发交换机 LSR 此时不再进行任何第三层处理，只是建立二层的 LSP（高速的）信息分组转发。

（4）边缘标记交换机 LER

边缘标记交换机 LER(Label Edge Router)，位于接入网和 MPLS 网的边界的 LSR，其中入口 LER，负责基于 FEC 对 IP 分组进行分类，并为 IP 分组加上相应标记，执行第三层功能，决定相应的服务级别和发起 LSP 的建立请求，并在建立 LSP 后，将业务流转发到 MPLS 网上。而出口 LER 则执行标记的删除，并将除去标记后的 IP 分组转发至相应的目的地。通常 LER 都提供多个端口以连接不同的网络(如 ATM、FR、Ethernet 等)，LER 在标记的加入和删除，业务进入和离开 MPLS 网等方面扮演着重要的角色。

（5）通信分组类别标记 FEC

通信分组类别标记 FEC(Forwarding Equivalence Class)，代表了有相同通信路径的信息分组。对于该类别的所有的信息分组，MPLS 交换网络采用同样的通信路径进行转发。例如，最常见的一种是 LER 可根据分组的网络层地址确定其所属的 FEC，根据 FEC 为分组加上标记 FEC。

在传统方式中，每个分组在每一跳都会重新分配一个 FEC(例如，执行第三层的路由表查找)。而在 MPLS 通信网中，当分组进入网络时，为一个信息分组指定一个特定的 FEC，只在 MPLS 网的入口做一次。FEC 一般根据给定的分组集合的业务需求或是简单的地址前缀来确定。每一个 LSR 都要创建一张表来说明分组是如何进行转发的，该表被称为 LIB(Label Information Base)，表中包含了 FEC-Label 间的一一对应关系表。

（6）标记分配协议 LDP

标记分配协议 LDP(Label Distribution Protocol)，是 MPLS 中“网内转发交换机 LSP”之间的连接协议。网内的边缘标记交换机 LSR 使用该协议 LDP，“实时动态”地传递 FEC/Label 对应信息，动态地建立一条从“入口路由器 LER”到“出口路由器 LER”的通信交换路径 LSP。对网络形成了实时动态的优化使用。但是 MPLS 并不限制旧有的控制协议的使用，如 RSVP、OSPF、BGP、PNNI 等。

3. MPLS 的工作原理（如图 4.32 所产）

如上所述，基于分组信息通信的“多标记协议交换网络 MPLS”，具有“高速”、“动态优化网络路径”、“传送各类业务信息”等一系列优势。其工作原理，可以分为“动态建立各类通信种类与路由对应表 LIB”和“实时传送各类业务分组信息”两大类。前者是“实时优化建立网络路由（标记）”的过程，后者是“进行高速通信交换”的过程，分述如下：

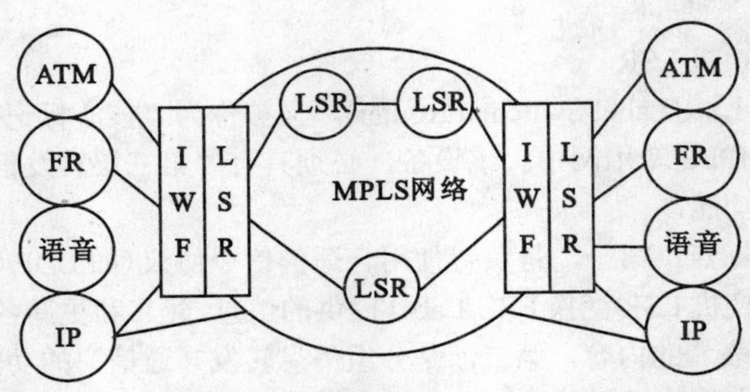

图 4.32　MPLS 网络工作原理示意图

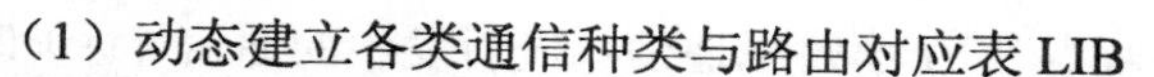

（1）动态建立各类通信种类与路由对应表 LIB

此时，“边缘标记交换机 LSR”使用“标记分配协议 LDP”，实时定期地传递 FEC/Label 对应的信息，更新从“入口路由器 LER”到“出口路由器 LER”的通信种类与路由对应表 LIB，从而动态地优化通信交换路径 LSP——对网络形成了实时动态的优化使用。该步骤，也是网络进行通信交换的基础工作。

（2）MPLS 网络进行高速通信交换，分三步进行：

第一步，当分组信息包到达“边缘标记交换机 LER”时，交换机根据其信息种类和对端“边缘标记交换机 LSR”的地址，查找“通信种类与路由对应表 LIB”，建立该信息包的 MPLS 标记，加载在该信息包的包头位置，然后传递到网内的“转发交换机 LSR”中。

第二步，在 MPLS 网中，沿途的各级“转发交换机 LSR”根据该信息包的包头信息——“标记交换路径 LSP”，将该信息包传送到终端“边缘标记交换机 LER”中，完成其在 MPLS 网内的高速交换通信过程。

第三步，在终端“边缘标记交换机 LER”中，交换机判定该信息到达了终点后，去除其 MPLS 网的专用标记信息 LSP，然后根据其内部的信息地址，将其发送到其下一级的终端设备中，完成 MPLS 骨干网的信息通信过程。

4. MPLS 的主要特点

如上所示，该标记交换方式 MPLS，具有以下 4 个重要的特点：

（1）面向各类基于分组传输的数字信号，从技术和系统上，实现了“承载多种图像业务”的目的；

（2）基于宽带分组交换技术，具有三层路由和二层交换的优点，特别是其具有的二层交换方式，技术性能简单，网络接续处理速度快；

（3）“面向连接”的通信交换方式，可以达到动态优化网络路由资源的特征，保持了互联网的“实时优化网络路由资源”的优势，同时为通信的可靠连接以及网络通信质量 QoS 的提升，奠定了技术基础；

（4）与现有网络和和谐对接，该技术可以及时加载在现有的各类通信网络上，网络的适应性与升级性能好，并且其可管理性和服务质量，也得到保障。

如上所述，当前大力发展的新一代通信交换系统 NGN 设备，其核心技术，普遍采用 MPLS 通信模式，已经在现有的通信网络中，逐渐发挥越来越主要的作用，为现通信网络的智能化、实时资源优化，起到了关键作用，将逐渐提升通信网络的综合性能，朝着“更快、更高、更强”的目标前进。

4.7　电话话务量与服务质量的衡量

电话网服务质量主要从“交换”和“传输”两个层面的各类指标来加以衡量。

4.7.1　电话交换话务工程原理

1. 话务量基本概念

（1）话务量的概念　话务量是用来“定量地”衡量通信交换系统电话业务流量的一个“派生的”专业概念，是指“单位时间内通信系统所发生的通话时间长度”；最常用的“单位考察时间”是 1 小时，故又被称为“小时呼”：指 1 小时里通信系统所发生的通信（话）时间长度。

（2）话务量定义　通信系统单位时间内形成的话务量计算公式：A= C×t / T。

其中，C 为 1 小时内的通信（话）次数，t 为平均通信（话）时长，T 为考察时间，通常以小时为单位。

（3）话务量单位“爱尔兰”话务量实质上是“通话时间与考察时间的比值”，是无量纲的单位，为纪念话务理论创始人 A.K.Erlang 先生，将 1 小时内发生的话务量单位定名为“爱尔兰”，符号是“Erl”。

其他单位有：“百秒呼（CCS）”，100 秒钟内发生的通话时长；“分钟呼（CM）”，1 分钟内发生的通话时长。单位的换算式是：1Erl = 36 CCS = 60 CM。

单独的 1 路通信用户或系统，其话务量值的变化范围在 0~1Erl 之间，多用户或多系统的组合，其话务量总值则是各用户或系统的累加之和。

（4）话务量的数学变化特征　通信系统话务量的变化具有“统计随机性”和“周期性”两个特征。

随机性：用户群发生话务量是随机的，符合随机概率统计的数学特征；

周期性：话务量在一昼夜的变化呈现周期性变化状态，一般夜间为最小值时段，上午和下午两个工作繁忙时呈现两个峰值时段，此时称为“忙时话务量”，是计算和设计交换系统的业务负荷量的重要参数。一昼夜话务量变化情况，如图 4.33 示。

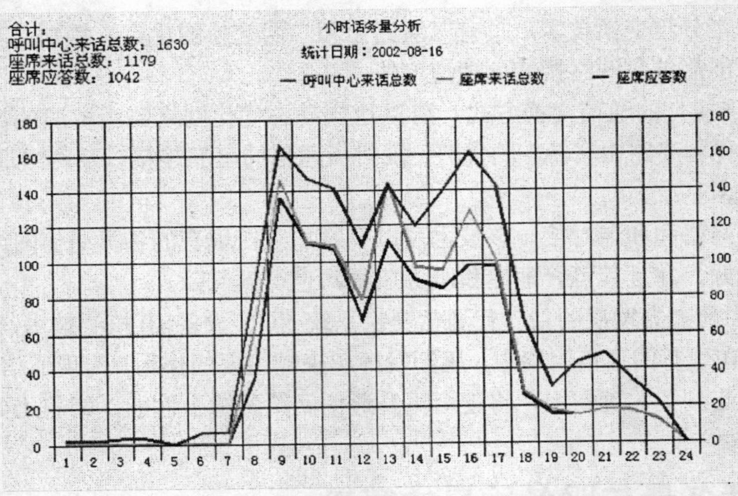

图 4.33　用户群话务量在一昼夜变化的数学特征曲线图

2. 交换系统电话业务流量的概念与技术分析

（1）交换系统通信业务流量（话务量）的概念

交换系统的“输入话务量”为用户端和入中继线的所有输入业务量，“输出话务量”为出中继线所负荷的业务量，“完成话务量”为实际完成的业务量；我国交换系统的平均话务负荷情况如表 4.7 所示。

表 4.7　　交换系统的用户平均话务负荷表

种　类	话 务 平 均 负 荷
用户输入话务量	高负荷：0.18~0.20Erl /用户
	中负荷：0.16~0.18Erl /用户
	低负荷：0.10~0.16Erl /用户
交换机中继线话务负荷	0.6~0.9Erl /中继线

（2）交换系统中呼叫损失（呼损）的概念

用户呼叫时，因通信系统线路均被占满、阻塞或其他故障，不能接通被叫用户，而造成的通信未接通情况，称为呼叫损失（简称呼损），呼损一般用占总呼叫次数的比例来计算和表示。

（3）通信交换系统中话务量的组成情况分析：用户的“通话”请求有三种结果：

A．完成通话；

B．客观原因不能完成通话，如对方占线、对方号码错误、久叫无应答等原因，此时只好放弃通信；

C．通信设备的“呼损”造成的信道阻塞，不能完成通话。

出现 B、C 情况时，交换机一般采用“立即放弃本次呼叫”的措施，称为“明显损失制”；另一种措施是等待一段时间后再次呼叫，称为“等待呼叫制”。故用户的“输入话务量”由下列 3 个部分组成：

输入话务量= A 完成话务量+ B 放弃话务量+ C 设备呼损

（4）交换系统对中继线的利用度概念

每个用户通过交换系统，对中继线的占用能力（利用程度）称为中继线的“利用度”，分下列两种情况：

全利用度：每个用户都可以选择到的中继线，称为“全利用度”中继线；

部分利用度：只有部分用户可以选择到的中继线，称为“部分利用度”中继线；

（5）交换系统中话务量的计算方法

由于用户的通信业务量服从数理统计的模型，故专业上是用数学概率统计的方法计算通信系统所能承载（完成）的通话话务量，这里介绍最常用的“爱尔兰公式（表）”计算法，适用于“明显损失制”呼叫系统（即无法接通时立即放弃本次呼叫）：

假设某通信系统的呼损为 P，输入话务量为 A，系统的中继线为 n 条，则在“全利用度”条件下，在“明显损失制”交换系统中，该通信系统所能完成的话务量，符合如下爱尔兰公式的数学表示。

$$P=(A^n/n!)/(\sum A^i/i!) \qquad i=1\sim n$$

这个公式计算起来十分麻烦，在交换专业上，已经专门制作好了“爱尔兰呼损公式表”，使用时只要查询爱尔兰公式表的相应数据，即可得到“系统呼损 P”，“输入话务量 A”、“系统的全利用度中继线 n 条”之间的对应关系。

（6）忙时呼叫次数（BHCA：Busy Hour Call Attempts）

交换系统单位时间里对输入的通话业务的处理次数，是表征交换机的通信处理能力的衡量参数。公式如下：

$$忙时呼叫次数(BHCA)=\frac{用户话务量\times用户数}{用户平均通话时长}+\frac{入中继话务量\times中断线数}{中继线平均通话占用时长}$$

3. 交换系统电话业务流量的计算应用

在对现有的用户群设计通信交换系统和中继线传输系统的过程中，以上话务量的计算知识十分实用，可以根据用户的平均话务量情况，选用配套的中继传输系统设备。

[例题]：已知某交换机的用户数为 35 户，按忙时话务量 0.20Erl/户的指标设计交换设备，呼损要求为 0.01，求：①全利用度时的中继线数量及效率；②若用户和中继线的平均通话时长均为 3min/次，入中继话务量为出中继的 50%，求入中继线数和交换机的 BHCA 应为多少以上？③需要几个 2M 传输电路？并设计 SDH 模式下的最低传输制式。

[解]：①此时查“爱尔兰 B 公式表”，在 A=35×0.2=7Erl，P=0.01 时，出中继线 n1=14 条，出中继线效率 = 7Erl / 14 条=50%

②此时查“爱尔兰公式表”，在 A=7×0.5= 3.5Erl，P=0.01 时，入中继线 n2=9 条 BHCA=7/（3/60）+3.5/（3/60）=210（次）

③此时中继线总数=14+9=23 条，按照 30 条/2M 传输系统的模式，需要 1 个 2M 基群 PCM 电路，按 63×2M/155M 系统，只需要 1 个 155M 系统即可满足题意。

[答]：①出中继线数为 14 条；②入中继线数和交换机的 BHCA 各应为 9 条和 210 次以上；③共需要 1 个 2M 中继传输电路，此时的 SDH 模式下的最低传输制式为 STM-1（155M）。

4.7.2 交换接续质量及指标的分配

通信交换的服务指标是“接续呼损”与“接续时延”两个概念，下面分别讲述这 2 个内容。

1. 接续呼损

通信系统的呼损指标参数和交换局内设备数量具有直接的关系。可以想像，如果交换局内各种设备（包括交换设备和传输设备）都有富余，则当用户发起呼叫时，就不会存在呼损或呼损非常小。但这将使得局内设备的利用率非常低，网络成本很高。反之，若交换局内各种设备数量很少，则当用户发起呼叫时，呼损会很大，而局内设备的利用率非常高，网络成本大大降低。因此，呼损指标是在接续质量和网络成本之间的一种折中。接续呼损指标的合理设置，对通信网络规划设计、路由设置等都有重要意义。

2 全程呼损指标分配

如何将全程呼损指标合理地分配到全程接续中的各项设备上，称为呼损分配。

（1）数字长途电话网的全程呼损应≤0.054，如图 4.34 所示。

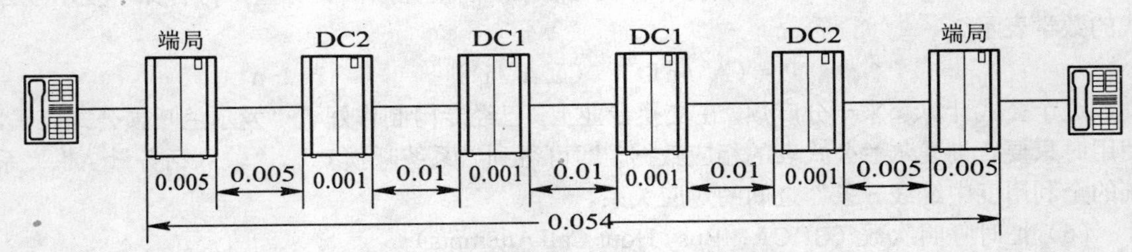

图 4.34 长途电话的全程呼损分配示意图

（2）数字本地电话网（2个汇接局）的全程呼损≤0.042，如图4.35所示。

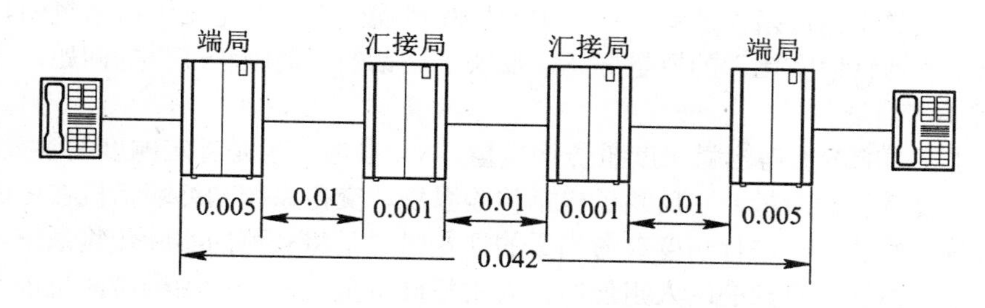

图4.35 本地电话的全程呼损分配示意图

3. 接续时延的指标

接续时延是指在一次电话接续过程中，由交换设备进行接续和传递相关信令所引起的时间延迟。接续时延是衡量网络服务质量的一个指标，一般用“拨号前时延”和“拨号后时延”两个参数来衡量。

拨号前时延：是从主叫用户摘机至听到拨号音瞬间的时间间隔。

拨号后时延：是用户或终端设备拨号结束到网络作出响应的时间间隔，即拨号结束至送出回铃音或忙音之间的时间间隔。对于数字程控交换机，ITU-T建议中的拨号前时延指标、拨号后时延指标应满足表4.8的要求。

表4.8 ITU-T建议的拨号前后时延指标负荷表

项　目	拨号前时延		拨号后时延	
	参考负荷	高负荷	参考负荷	高负荷
平均值	≦400ms	≦800ms	≦650ms	≦1000ms
超过95%概率值	600ms	1000ms	900ms	1600ms

4.7.3 通信网传输质量及指标的分配

传输质量是表示在给定的条件下，信号经网络的设备传送到接收端时再现其原有信号的程度，它对电话业务的影响表现在通话质量方面。用户在打电话时希望电话网能够有一定的质量保证。电话接通以后，用户希望不困难地听清楚对方说什么，同时让对方听清楚自己所讲的话。这就要求用户听到的语音信号要有一定的音量，并且要清晰，还要尽量与对方的实际音质相接近。具体地讲，电话业务传输质量的好坏，主要体现在以下三个方面：

（1）响度：反映通话的音量；

（2）清晰度：反映通话的可懂度，是指受话人收听一串无连贯意义的音节时，能正确听懂的百分数；

（3）逼真度：反映音色特性的不失真程度。

这些是由很多因素造成的，对于传输系统而言，有电路的衰减特性、失真、回波、振鸣、串音、杂音等原因。通信网传输质量指标主要有：

（1）传输类指标：主要是“响度参考当量”和“传输损耗”，反映了通话的“音量的大小”的问题；

（2）清晰度类指标：指“杂音”、“串音”和“误码”，在电话通信系统中，这3个参数直接反映了“通话信噪比”的质量好坏，反映了通话的“清晰程度”的问题。

1. 响度参考当量

ITU-T 建议用响度参考当量来度量传输质量。响度参考当量是评定响度的参数，采用“主观评定法”来度量传输质量，它反映了包括传输系统、交换系统和终端话机在内的一个完整连接的话音响度性能。在进行响度参考当量的评定时，是将被测的实际传输系统与标准传输系统进行比较，由训练有素的两人担任。一人用相同音量对两个送话器念测量语句，另一个人收听并调节标准系统中的衰耗器，直到从两个受话器中听到的音量相同。这个衰耗值就是响度参考当量，其单位为分贝(dB)。参考当量可以是正值也可以是负值，正值表示被测系统比标准系统的响度小，负值表示被测系统比标准系统的响度大。目前国际上用的标准参考系统叫做 NOSFER 系统，放在日内瓦 ITU-T 实验室内。一个通话连接的全程参考当量(ORE)包括以下三部分：

（1）SRE：用户系统发送参考当量，指从用户话机送话器到所接端局交换点的参考当量，包括用户话机、用户线和馈电电桥三部分。

（2）RRE：用户系统接收参考当量，指从受话用户所接端局的交换点到用户话机受话器的参考当量。

（3）α：两端局之间各传输设备和交换设备在 f=800 Hz 或 f=1020 Hz 时的传输衰减。

2. 全程传输损耗

一个通话连接的全程传输损耗是由用户线、交换局以及局间中继线在 f=800 Hz 时的传输损耗之和，它不包括用户话机的影响。

3. 全程参考当量及传输损耗的分配

（1）本地网全程参考当量及全程传输损耗的分配

我国规定，本地网用户之间通话，采用全数字局，数字传输时，全程参考当量应不大于 22 dB(市内接续不大于 18.5 dB)，全程传输损耗应不大于 22 dB(市内接续不大于 18.5 dB)。参考当量和全程传输损耗的分配如图 4.36 所示。

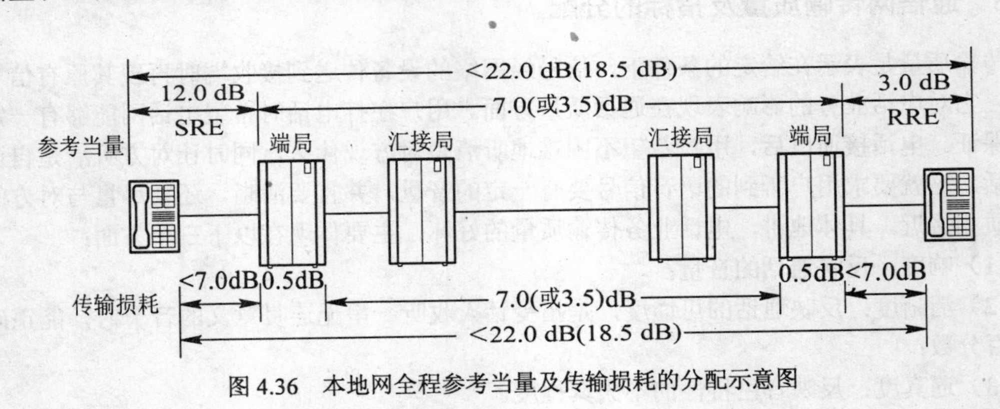

图 4.36　本地网全程参考当量及传输损耗的分配示意图

（2）长途网全程参考当量及传输损耗的分配

我国规定，长途网任何两用户之间通话，采用全数字局，数字传输时，全程参考当量应

不大于 22.0 dB，全程传输损耗应不大于 22.0 dB。参考当量的分配如图 4.37 所示。

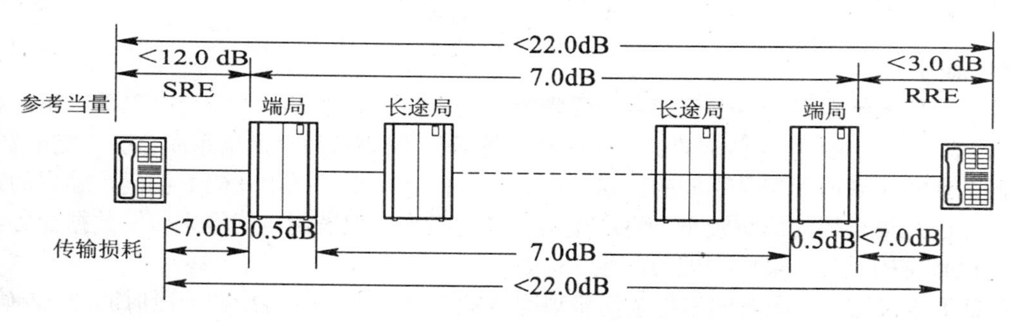

图 4.37 长途网全程参考当量及传输损耗的分配示意图

4. 杂音的概念与指标

杂音是指在话路中存在的各种无用信号。它们可能来自于传输通路中各个部件，数字电话交换网的杂音主要来自于模拟设备部分以及数模转换的模拟侧部分，包括热噪声、长途电路杂音、交换机杂音和电力线感应杂音等。

对于数字程控交换机而言，对任一单频（特别是抽样频率及其倍频）进行测量，单频杂音不应超过-50 dBm0p（相对零电平点的绝对功率电平）。在忙时非杂音计功率电平（测量频宽：30~20000 Hz）应不大于-40 dBm0p，相当于功率为 0.1 μW。交换机在忙时脉冲杂音的平均次数在 5 分钟内超过-35 dBm0p 的脉冲杂音应不多于 5 次。但在每一个 5 分钟内脉冲杂音电平在-33~-25 dBm0p 之间允许出现的次数可为 6 次，脉冲杂音电平在-35~-33 dBm0p 之间允许出现的次数可为 20 次。

对于用户线，由于热杂音和线对间串音在用户线上引起杂音，因此在话机端测量应不超过-70 dBmp。

对于电力线感应杂音，由于电力线的磁感应或静电感应在用户话机(接收时)线路端产生的杂音计电动势，对国际通话应不超过 1mV，对国内通话应不超过 2mV。

对于数字通路，若采用 PCM 系统，则在 f=800Hz 和 f=1020Hz 处，用正弦信号进行测量，总的杂音应满足表 4.9 的要求。

表 4.9 杂音的指标负荷表

输入电平 dBm0	0	−10	−20	−30	−40	−50
信噪比 dB	33.0	33.0	33.0	33.0	27.0	22.0

5. 串音

串音即用户收到了其他用户之间的话音信息，分为可懂串音和不可懂串音。不可懂串音作为杂音处理，可懂串音破坏了通信双方用户的保密性。对于串音，有串音防卫度的指标要求。

二线音频端的近端和远端串音防卫度，要求在频率 700~1100 Hz 范围内的一个正弦波信号以 0dBm0 的电平加到一个输入口时，在其他通道的端口（近端或远端）处所收到的串音电平不超过-65dBm0。

对于用户线，要求在 f=1020 Hz 时同一配线点的两对用户线之间的串音衰减应不小于70dB。

6. 误码

数字网传输过程中，由于受到各种因素的影响，在传输过程中可能会有差错产生，如将“0”传成“1”，将“1”传成“0”，就产生了误码。误码对数字通信系统会有一定的影响，但不同的业务受到的影响是不同的。对于电话业务而言，由于采用 PCM 编码，编码的冗余度较高，因此受误码的影响较小，将产生喀呖样的噪声。但若用电话网来传输数据业务，误码会造成数据的重传，最终表现为产生了时延。

ITU-T 建议用“误码时间率”来衡量误码性能。误码时间率是指在一段时间(T_L)内确定的误码率(BER)超过某一门限(BERth)的各个时间间隔(T_0)的平均周期百分数。T_L 即总的统计时间，与具体的应用有关，作为暂定的参考，一般取一个月左右。而根据 BERth 和 T_0 取值的不同，形成不同的误码度量参数，包括严重误码秒百分数(%SES)、劣化分钟百分数(%DM)、误码秒百分数(%ES)和无误码百分数(%EFS)。

如果取 T_0=1 秒，平均误码率门限 BERth＝1×10^{-3}，BER 大于 BERth 的 1 秒时间，称为严重误码秒。当数字连接中出现连续 10 个或 10 个以上的严重误码秒时，则称该连接处于不可用时间之内，反之则处于可用时间之内。

如果取 T_0=1 分钟，BERth＝1×10^{-6}，BER 大于 BERth 的一分钟时间称为劣化分钟。在计算劣化分钟数时，要扣除测量期间出现的所有严重误码秒，然后再将其余的以秒为单位的测量间隔，每 60 个分成一组，得到分钟测量间隔。

如果取 T_0=l 秒，BERth＝0，即在每个测量的秒间隔内，出现误码的 1 秒时间称为误码秒。反之，不发生误码的 1 秒时间称为无误码秒。与劣化分钟的计算相同，在计算误码秒百分数时，也要在总的测量统计时间内扣除不可用时间。

ITU-T 的建议中要求：%SES＜0.2%，%DM＜10%，%ES＜8%。这个要求是针对全程数字连接而言的，包括国际间的通信过程。总之，一个端到端的连接，其中各部分的误码性能指标的累积不应超过上述要求。

4.8 内容小结

现代通信系统传输的都是数字信号；本章是从传输和交换 2 个方面对数字通信原理的基本论述，共分为三个部分：4.1 节对信号的转换方式进行了分类概述；4.2~4.5 节分别叙述了模拟（话音）信号的数字化（PCM）、数字信号的转换与多路复用以及数字信号的同步传输（SDH）原理；4.6~4.7 节简述了数字信号交换原理、话务流量原理与通信服务质量的参数衡量系统；整章内容构成了数字信号的基本通信理论要点。

4.1 节是以通信信号业务分类的原理，对通信转换进行了分类概述，使读者建立“按照通信业务分类”的概念，和对通话业务、互联网业务的信号分析与转换的基本概念与系统建立完整的认识。

4.2 节模拟信号的脉冲编码调制（PCM）原理，对通信模拟信号转换为数字信号的 3 个过程——抽样、量化和编码的详细分析与具体的实例选讲，使读者对通信模拟信号数字化系统及其工作原理建立完整的认识。要求掌握 PCM 通信系统模数转换的 3 个过程及编码原理。

4.3 节数字信号的码型转换与处理，以电话数字信号为例，介绍了 3 种通信数字信号传输中的主要参数与“误码”的衡量方式，“数字中继器”形成的信道码型转换原理，以及 4 种常用的信道传输码型，使读者对各种通信传输数字信号在进入通信信道时的码型转换原理和方式，建立全面的基本的认识。要求掌握通信数字信号常用的 3 个基本概念（传码率、抖动与误码等）；认识 4 种通信数字信号的编码工作原理及码型特点。

4.4 节数字信号多路复用系统，详细介绍了 4 种通信数字信号的复用调制原理，以及 PCM 一次群的复用方式，使读者对各种通信传输数字信号的调制原理和 PCM 一次群的复用帧结构建立基本的认识。要求掌握 PCM 一次群复用系统的帧结构；认识准同步多路复用(PDH)系列传输速率以及系统特点。

4.5 节数字信号同步传输（SDH）原理，系统阐述了数字信号同步传输（SDH）体制的基本系统组成和工作原理；使读者对数字信号同步传输（SDH）体制有一个全面的基本的认识。要求掌握数字信号同步传输（SDH）体制的系统帧结构与复用映射原理。认识数字信号同步传输（SDH）体制的分层工作原理。

4.6 节数字信号交换原理，详细介绍了程控交换 TST 系统网络组成与工作原理，并分析了 IP 通信网络的两种工作方式；使读者对交换系统的工作原理和实际的网络交换技术有一个基本认识。要求掌握程控交换 TST 系统网络组成与工作原理；认识 IP 通信网络的两种交换工作方式；掌握 MPLS 交换技术的相关概念和工作原理。

4.7 节电话话务量与服务质量的衡量，电话网服务质量主要从“交换”和“传输”两个层面的各类指标来加以衡量，本节首先介绍电话通信“程控交换”的业务流量基础知识——“话务工程原理”，然后从“交换”和“传输”两个层面对通信系统的各个基本指标进行系统参数的介绍。从而提供一种从“交换”和“传输”两个专业层次对电话网服务质量进行衡量的基本方法。要求掌握通信话务工程基本概念和工作原理。从“交换”和“传输”两个专业层次认识电话网服务质量衡量的各种基本参数。

思　考　题

1．简述通信信号转换的种类和内容。

2．绘图简述电话通信的系统组成。

3．简述宽带互联网的通信方式与通信原理。

4．简述模拟话音信号变换为 PCM 脉冲数字信号的过程和抽样定律。

5．简述 PCM 非均匀量化编码的必要性和工作原理。

6．我国采用哪种 PCM 量化编码方式？写出其压扩方程、特性常数和量化级数。

7．已知某 PCM 编码电路的量化范围为±8192mw，求 X1= +2480mw，X2= -4362mw 的 PCM 编码值、编码信号的绝对误差和相对误差。

8．简述 PDH 系统中时隙、帧、复帧的概念，并介绍 2 种波分复用的概念、区别与使用环境。

9．绘图简述数字信号的 4 种复用原理。

10．绘出 2M 数字信号帧结构，解释帧、复帧和各时隙的作用；

11．列表简述 PDH 系列各次群的速率和接口码型；

12. 简述 SDH 帧结构的组成内容与作用，解释“虚容器 VC”的含义和作用。

13. 绘图简述 2M 数字信号复用映射成 SDH 帧结构的三个步骤，1 个 155M-SDH 系统可容纳几个 2M 数字信号？

14. 简述 SDH 传送网的分层模型组成与工作原理。

15. 简述 SDH 系列的帧结构、速率和各自的最大传输话路数。

16. 解释数字时隙交换、T 接线器、S 接线器的概念，并简述 TST 数字交换网络的工作原理和步骤。

17. 简述数字中继器的主要功能，并绘出其系统原理图。

18. 题图是如图 4.27，某 TST 数字时隙交换网络，若 A 信号占用 TS6 时隙，B 信号占用 TS48 时隙，且 A 至 B 方向的内部时隙是 TS16，该网络的总操作时隙数 N=256，试填写下列相关 6 个控制存储器的内容，并解释“A 信号”和“B 信号”在交换系统中的转换过程。

习题 18、19 题 TST 数字时隙交换网络表

P	C	E	G	J	K
Q	D	F	H	L	M

19. 题图及表格如上一题，某 TST 数字时隙交换网络，若 A 信号占用 TS12 时隙，B 信号占用 TS36 时隙，且 A 至 B 方向的内部时隙是 TS14，该网络的总操作时隙数 N=1024，试填写下列相关 6 个控制存储器的内容，并说明“A 信号 →B 信号”的交换路由和时隙占用情况。

20. 某交换局用户线为 20 条，在 90 分钟内测得总的呼叫次数是 30 次，通话总时长 600 分钟，求：

（1）系统总话务量、每个用户的平均话务量和平均通话时长（以“爱尔兰”为单位）；并转换为以“百秒呼 CCS”为单位的总话务量和每个用户的平均话务量；

（2）测量中，5 次因设备故障，另 5 次因被叫“空号”而未能接通，试求系统呼损率、BHCA；

（3）试求系统的中继线数量与效率（“全利用度”条件下），并设计 SDH 的最低传输模式。相关的爱尔兰 B 公式表如下。

N（电路数）	60	50	47	42	40	36	30	24	20	18	15	10
A（Erl）	46.9	37.9	35.2	30.8	29.0	25.5	20.3	15.3	12.0	10.4	8.11	4.46
P（呼损）	0.01											

21. 某交换局用户线为 650 条，按忙时 0.18Erl / 用户的指标设计交换机系统，呼损为 0.1，求：（1）全利用度时的出中继线数量与效率，若此数量的中继线效率达到 90%，则呼损为多少？（2）若每次通话时长 3 分钟，入中继线话务量为出中继的 50%，求入中继线数和交换机的 BHCA 值；（3）需要几个 2M 传输电路收容全部的出、入中继线？设计 SDH 的最低传输模式。

22．已知某交换机的用户数为 300 户，按忙时话务量 0.10Erl/户的指标设计交换设备，呼损要求为 0.01，求：①全利用度时的中继线数量及效率；

②若用户和中继线的平均通话时长均为 3min/次，入中继话务量为出中继的 50%，求入中继线数和交换机的 BHCA 应为多少以上？

③需要几个 2M 传输电路？并设计 SDH 模式下的最低传输制式。

23．简述交换接续通信质量的衡量参数与指标;

24．简述传输通信质量的衡量参数与指标情况。

25．名词解释

根据书中所讲内容，按照“内容、组成（或结构）、作用和特点”4 个方面，解释下列名词。

（1）第 4.1~4.2 节：数字通信原理的内容、PCM 编码调制、信号的抽样与抽样定理、信号的 PCM 量化与编码、非均匀量化编码。

（2）第 4.3~4.4 节：信息传输速率、码元传输速率、误码与抖动、HDB3 码、CMI 码、基带传输系统、频分复用传输系统（FDM）、时分复用传输系统（TDM）、波分复用传输系统、PDH 基群 2M 传输系统、PDH。

（3）第 4.5 节：SDH、SDH 帧结构、SDH 的开销字节、SDH 管理单元指针、SDH 信号复用映射、SDH 虚容器、SDH 的通道层、SDH 的传输介质层。

（4）第 4.6 节：TST 数字交换、虚电路交换、面向无连接交换、MPLS、LSP、LDP、LSR、LER、FEC。

（5）第 4.7 节：话务量、交换系统呼损、BHCA、通信接续时延、响度参考当量、全程传输衰耗、杂音、串音。

第5章 光通信传输系统

在通信传输的整个过程中，光传输系统是“信号传输系统”中最基本、最重要的组成部分，也是新技术发展十分迅速的一个系统；本章是对光通信传输系统的实际组成原理与基本技术的论述。共分为三个部分：5.1、5.2节简述了光通信系统的组成和采用的通信设备情况；5.3节简述了目前常用的光波分复用通信系统的组成与工作原理；5.4、5.5节简述了新一代光通信系统MSTP/ASON与新一代光联网（OTN）的系统组成与工作原理；整章内容构成了现代光通信传输系统的基本组成要点。

5.1 光通信系统概述

5.1.1 数字光纤通信概述

现代通信方式，是将各类信息转换为数字信号，传输的主要设备是“数字光纤通信系统”。数字光纤通信系统与一般通信传输系统一样，它由发送设备、传输信道和接收设备三大部分构成。

现在普遍采用的数字光纤通信系统，是采用数字编码信号，经“强度调制—直接检波”形成的数字通信系统。这里的“强度”是指光强度，即单位面积上的光功率。“强度调制”是利用数字信号直接调制光源的光强度，使之与信号电流成线性变化。“直接检波”，是指在光接收机的光频上“直接”检测出数字光脉冲信号，并转换成数字电信号的过程。光纤通信系统组成原理方框图如图5.1所示。

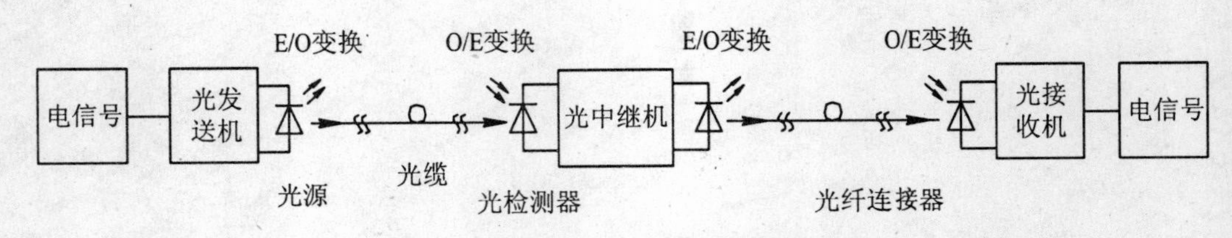

图5.1 光纤通信系统组成原理方框图

在发送设备中，“光电转换器件”把数字脉冲电信号转换为光信号（E/O变换），送到光纤中进行传输。在接收端，设有“光信号检测器件”，将接收到的光信号转换为数字脉冲信号（O/E变换）。在其传输的路途中，当距离较远时，采用光中继设备，把通信信号经过再生处理后传输。实用系统是双方向的，其结构如图5.2所示。

5.1.2 数字光纤通信系统

图5.2所示的是基本的“数字信号光纤传输系统结构”，分为“模拟/ 数字信号转换部分

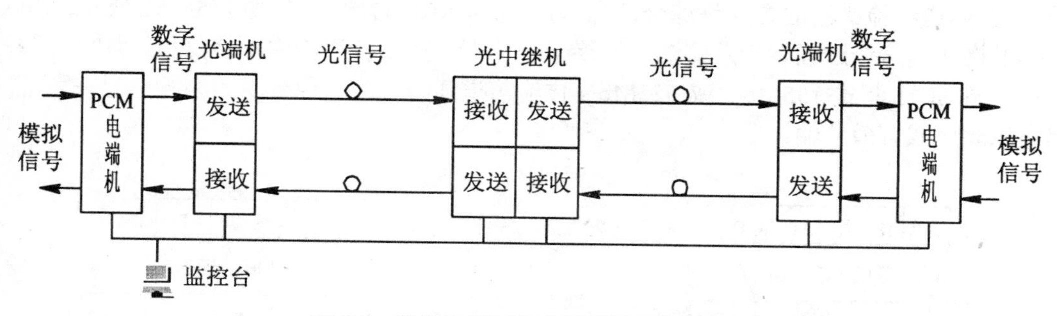

图 5.2 数字光纤通信传输系统结构方框图

（数字端机）”、“电/光信号转换部分（光端机）”、“传输光缆”和“光信号再生中继器”四大部分，其中数字端机的主要作用是把用户各种信号转换成数字信号，并通过复用设备组成一定的数字传输结构（通常是 2M 的 PCM 帧结构）的编码信号（通常是“HDB3 码”等），然后将该数字信号流送至光端机。光端机把数字端机送来的数字信号再次进行编码转换处理，主要以普通的二进制编码（NRZ 或 RZ 编码）的形式，转换成光脉冲数字信号，送入光纤进行远距离传输；到了接收端则进行相反的变换。

光端机主要由光发送系统、光接收系统、信号处理及辅助电路组成。

在光发送部分，“光电转换器件”是光发送电路的核心器件，目前主要使用的有“发光二极管（LED）”和“激光二极管（LD）”两种。负责把数字脉冲电信号转换为光信号（E/O 变换）。在光接收部分，核心的光检测器件主要有“光电二极管（PIN）”和“雪崩二极管（APD）”，将接收到的光信号转换为数字脉冲电信号——也就是将光信号重新转化为电信号（O/E 变换）。信号处理系统，则主要是把数字端机送来的 HDB3 码等数字脉冲信号，转换为 NRZ 或 RZ 编码的普通二进制数字信号，使之适应光传输的信号转换的需要。而辅助电路主要包括告警、公务、监控及区间通信系统，等等。

光再生中继机的作用，是将光纤长距离传输后，将受到衰耗及色散畸变的光脉冲信号，恢复“标准的”数字光信号，进行再次传输，以达到延长传输距离的目的。目前，数字光信号的再生中继方式主要有两种，较常用的是“电中继”方式：它将微弱变形的光信号先转变为电信号，经放大整形后，变成标准的数字电信号，再调制成光信号，继续沿光纤传输；另一种发展技术十分迅速的方法是“光信号放大+再生中继”的方式：首先使用光放大器，将接收到的微弱光信号放大并整形，然后再将其转换为电信号，进行第 2 次信号转换与放大整形的方法。这种类型的光放大器目前有两种，最成熟的是掺铒光纤放大器(EDFA)，其次，拉曼光纤放大器也是一种很有前途的光放大器。

5.1.3 数字信息流在光纤通信系统中的 3 层通道原理

在现代光通信系统中，由于光通信系统本身的特殊性，将各类通信信号分为 3 个层次的信道包装进行组合与传送。由低往高依次是：“光纤再生中继层”、“光纤复用段层”和“数字信道层”三层，如图 4.19 所示。

1. 两点间“数字信道层”的形成

各种需要传送的原始信息，在发信端由 SDH 格式或 OTN 格式（见本章第 5 节）进行第一层的“虚信道”复用映射包装：加入包头和包尾“通道开销 POH”信息，以指明目的地址、信号类别、信道纠检错码的方式等综合信息，直接形成 SDH 传输格式（如 155Mb/s 或 622Mb/s）或 OTN 格式。这个过程始于发信端，而终于收信端，在传输过程中不会变更，就好像两端形成了一条 SDH 制式 155Mb/s 或 622Mb/s 传输信道通路一般，保证了该系列信息在两点之间始终以此格式有效传输。

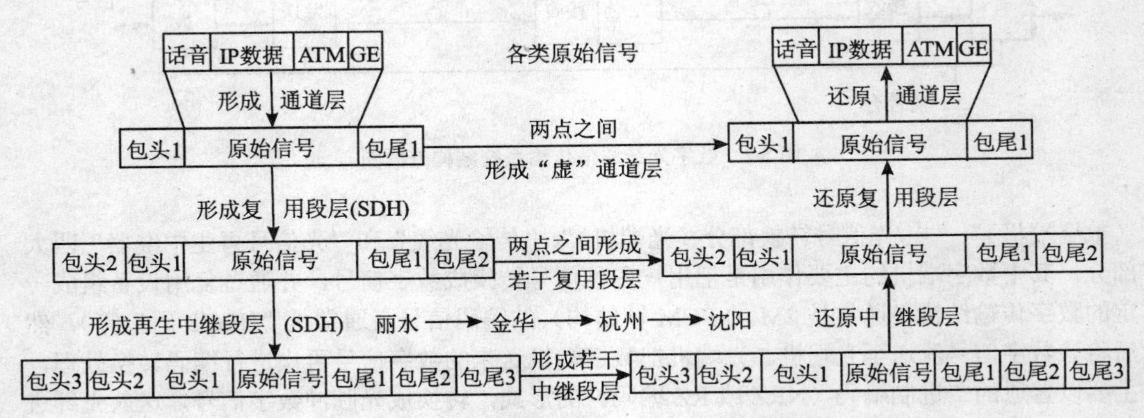

图 5.3　数字信息流在光纤通信系统中形成 3 层通道原理示意图

例如，浙江丽水到东北沈阳之间建立一条 SDH 制式 155Mb/s 传输信道，在传输过程中，信息内容不会变更，犹如在两点之间架设了一条“虚”通道一般。系统图如图 5.3 所示。

2. 两点间多段“光纤复用段层”组合的形成

在光纤系统的实际传输过程中，不是一个系统传输到底的，而是由相邻的“光纤复用段”一段段组合而成的。每一个复用段，根据实际需要传送的通信信号流量的不同，进行“复用映射包装”，组成不同制式和速率的光纤复用段，然后加入包头和包尾的“复用段开销字节 MSOH”等综合监控信息，保障每一段传输过程中的通信质量。

例如，“浙江丽水”到“东北沈阳”之间的 SDH 制式 155Mb/s 传输信道，是由以下 3 个“光纤复用段”组合而成的：

第 1 复用段：浙江丽水 至 浙江金华（4×155Mb/s=622Mb/s）由省内二级干线光缆形成；

第 2 复用段：浙江金华 至 浙江杭州（16×155Mb/s=2500Mb/s）由省内一级干线光缆形成；

第 3 复用段：浙江杭州 至 东北沈阳（64×155Mb/s=10Gb/s）由国家一级干线光缆形成。

与上一层复用映射类似的是，该信息复用段格式，也只是在本复用段内传输有效，一旦将信息传送到复用段终点，即由终端设备将其解复用，还原为原来的信息格式，从而进行下一段数字信号的处理。

3. 两点间多段“光纤再生中继段层”组合的形成

由于光纤系统本身的传输局限性，省内光缆干线一般每 80~100km 就要设置“光纤信号再生中继站”，对传输的光纤信号进行放大、均衡等再生处理。国家干线的再生中继段距离可长一些（500~1000km），所以，每一个“光纤复用段”通常都是由若干个“光纤信号再生中继段”组合而成。这就要进行第 3 层的数字信号“复用映射包装”：在每一个“光纤再生中继段”信号的头部和尾部加入“再生中继段开销字节 RSOH”等综合监控信息，形成第 3 级信

道包装；以监控保障每一个“光纤再生中继段”传输过程中的通信质量（传输速率和误码率的正常）。

如上述第1复用段：浙江丽水至浙江金华市之间，光纤传输距离约248km，故分别设置3个“光纤再生中继段”，形成3段组合。

5.2　光传输设备系统

光传输设备传送的是数字信号，主要是以“同步时分复用多路传输系统（SDH）”为技术载体的话音业务信号和以“高速IP/TCP及以太网数据信息包”为特征的宽带互联网通信数字信号；其中，SDH光传输系统主要采用终端复用器（TM）、分插复用器（ADM）和数字交叉连接设备（DXC）等构建光传输网络，而高速互联网数据信息流则常采用“光纤收发器”作为点到点的常用光传输设备，下面分别予以简介。

5.2.1　基本传输网络单元

1. 终端复用器TM

主要为使用传统接口的用户(如T1/E1、FDDI、Ethernet)提供到SDH网络的接入，它以类似时分复用器的方式工作，将多个PDH低阶支路信号复用成一个STM-1或STM-4，TM也能完成从电信号STM-N到光载波OC-N的转换。

2. 分插复用器ADM

可以提供与TM一样的功能，但ADM的结构设计主要是为了方便组建环网，提高光网络的生存性。它负责在STM-N中插入或提取低阶支路信号，利用内部“时隙交换”功能实现两个STM-N之间不同虚容器信道之间（VC）的连接。另外一个ADM环中的所有ADM可以被当成一个整体来进行管理，以执行动态分配带宽，提供信道操作与保护、光集成与环路保护等功能，从而减小由于光缆断裂或设备故障造成的影响，它是目前SDH网中应用最广泛的网络单元。

3. 数字交叉连接设备DXC（如图5.4所示）

习惯上将SDH网中的DXC设备称为SDXC，以区别于全光网络中的ODXC，在美国则叫做DCS。一个SDXC具有多个STM-N信号端口，通过内部软件控制的电子交叉开关网络，可以提供任意两端口速率（包括子速率）之间的交叉连接，另外SDXC也执行检测维护，网络故障恢复等功能。多个DXC的互连可以方便地构建光纤环网，形成多环连接的网孔网骨干结构。与电话交换设备不同的是，SDXC的交换功能（以VC为单位）主要为SDH网络的管理提供灵活性，而不是面向单个用户的业务需求。

SDXC设备的类型用SDXC p/q的形式表示：“p”代表端口速率的阶数，“q”代表端口可进行交叉连接的支路信号速率的阶数。例如SDXC 4/4，代表端口速率的阶数为155.52 Mb/s，并且只能作为一个整体来交换；SDXC 4/1代表端口速率的阶数为155.52 Mb/s，可交换的支路信号的最小单元为2 Mb/s。P/q数字的含义如表5.1所示：

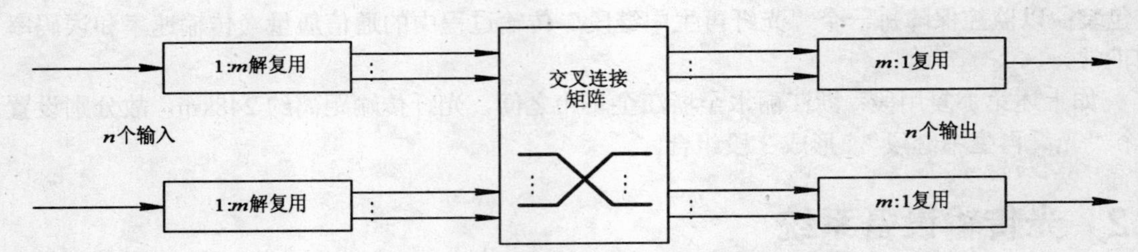

图 5.4　数字交叉连接设备 DXC 系统结构示意图

表 5.1　　SDXC 端口速率与制式对应表

P/q 数	0	1	2	3	4	4	5	6	7
制式	64Kb/s	PDH				SDH			
速率 Mb/s		2	8	34	140	155	622	2500	10G

最常用的制式：① DXC 1/0：表示 64Kb/s 输入，2Mb/s 输出。

② DXC 4/1：表示 2Mb/s 输入，155Mb/s 输出。

③ DXC 4/4：表示 140Mb/s 或 155Mb/s 输入，155Mb/s 速率输出。

4. 以太网光纤收发器

这是一种不经过 SDH 制式调制，使用非常广泛的新型“光传输设备”，工作原理与种类如下所述。

（1）原理：直接将电信号转换为光信号（或相反的转换），即 E/O（或 O/E）转换，使以太网数据信号在光纤中传输的简易（廉价）光传输系统。其目的，是实现双绞线电缆速率（10Mb/s、100Mb/s 等）与光纤媒质之间的信号转换，充分利用光纤的固有的长距离传输性能，实现以太网信号的长距离传输。

（2）种类：分为 2 种，使用较多的是“单模光纤形式”：双纤双向式，工作在单模光纤的 1310nm 窗口；单纤双向式，工作在 1310nm 和 1550nm 两个窗口，采用波分复用传输光信号；也有“多模光纤形式”光纤线路与收发器，均使用多模光纤系统，但造价高，传输距离 2km 以内。

（3）以太网标准光纤收发器系统的使用：根据“计算机通信的信号传输”模式，专门列出其信号传输模式表，如表 5.2 所示。

表 5.2　　以太网标准光纤收发器使用表

MAC 标准（时间）	IEEE-802. 3j（1993）	IEEE-802. 3u（1995）	IEEE-802.3z（1998）	IEEE-802.3ae（2002）
物理层标准	10BASE-F	100BASE-FX	1000BASE-	10G BASE-LR/LW
网络传输速率	10 Mb/s	100 Mb/s	1000 Mb/s	10 Gb/s
通信介质	多模光缆<2km（较少使用）			
	单模光缆<20km			
光纤收发器模式	10M~100Mb/s 自适应（双工）		1000 Mb/s （双工）	10Gb/s （双工）

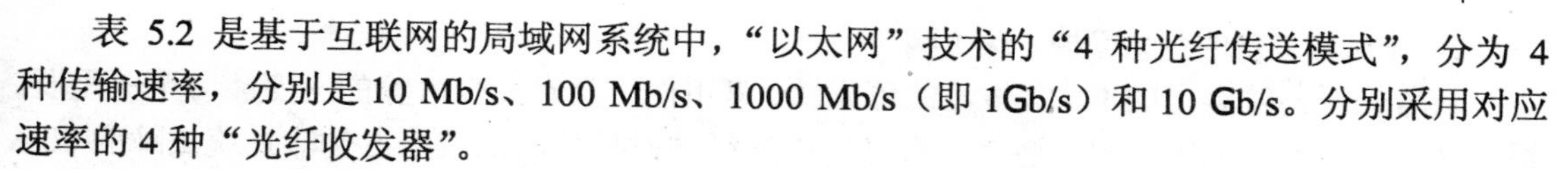

表 5.2 是基于互联网的局域网系统中，“以太网”技术的“4 种光纤传送模式”，分为 4 种传输速率，分别是 10 Mb/s、100 Mb/s、1000 Mb/s（即 1Gb/s）和 10 Gb/s。分别采用对应速率的 4 种“光纤收发器”。

通信介质，分为“4 对双绞线（即网线）”和“光纤光缆”两大类。当传输距离超过 100 米以上时，通常均采用“光纤光缆”传输的方式。该方式中，由于光纤的材料种类的不同，其传输方式又分为“单模光纤传输方式”和“多模光纤传输方式”。目前采用“单模光纤光缆”的较多，是由于其 20 km 的传输距离和优质的传输性能以及廉价的光纤光缆器材价格。

5.2.2 光传输设备的系统结构与自愈保护环网

1. 光传输设备的系统结构

如图 5.5 所示，全国光传输设备的系统结构分为四类。

（1）省际干线网　在主要省会城市和业务量大的汇接节点城市装有 DXC4/4，它们之间用 STM-4、STM-16、STM-64 高速光纤链路构成一个网孔型结构的国家骨干传送网。

（2）省内干线网　在省内主要汇接节点装有 DXC4/4 或 DXC4/1，它们之间用 STM-1、STM-4、STM-16 高速光纤链路构成网状或环形省内骨干传送网结构。

（3）市内城域网　指长途端局与本地网端局之间，以及本地网端局之间的部分。对中等城市一般可采用环形结构，特大和大城市则可采用多环加 DXC 结构组网。该层面主要的网元设备为 ADM、DXC4/1，它们之间用 STM-1、STM-4 光纤链路连接。

（4）用户接入网　该层面处于网络的边缘，业务容量要求低，且大部分业务都要汇聚于端局，因此环形和星形结构十分适合于该层面。使用的网元主要有 ADM 和 TM。提供的接口类型也最多，主要有 SDH 体制的 STM-1、STM-4，PDH 体制的 2M、34M 或 140M 接口等。

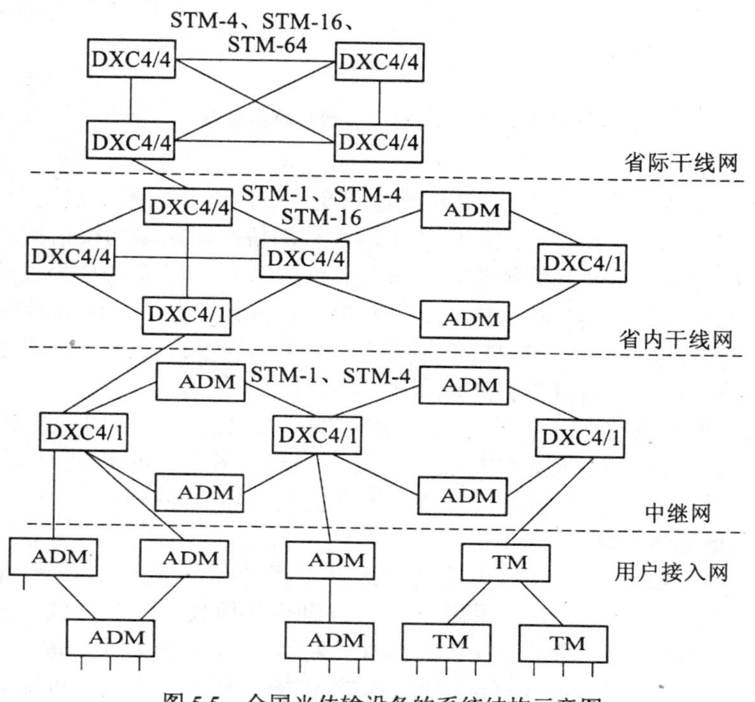

图 5.5　全国光传输设备的系统结构示意图

2. 光传输设备的自愈保护（环）网

随着光纤传输容量的增大，传输的可靠性、可用性以及对线性故障的应变能力至关重要。根据统计，如遇到天灾人祸，通常一根光缆中光纤同时被阻断的故障占传输系统故障的80%左右，这对于用户来说，可能造成无法估量的损失。如果不采取保护措施，要使一个结构庞大、复杂的网和系统具有高度可靠性是困难的。为提高其网络的可靠性，“自愈系统”的概念被提了出来。

所谓自愈系统，就是指在发生故障时，能按照预先的设定程序，自动处理故障，保证业务正常工作能力的系统。目前的“光传输自愈系统”，主要以“圆环状结构（如图5.6所示）”为主。

（1）自愈环保护原理

自愈环结构总类多，按环中每个节点插入支路信号在环中流动的方向来分，可分为单向环和双向环；按倒换层次分，可分为通道倒换环和复用段倒换环；按环中每一对节点间所用光纤的最小数量来分，可分为二纤环和四纤环。按网络层次，分为“通道倒换环”、“复用段倒换环”和“光缆线路倒换环”三大类，这里，仅简单介绍“通道倒换环”的工作原理。

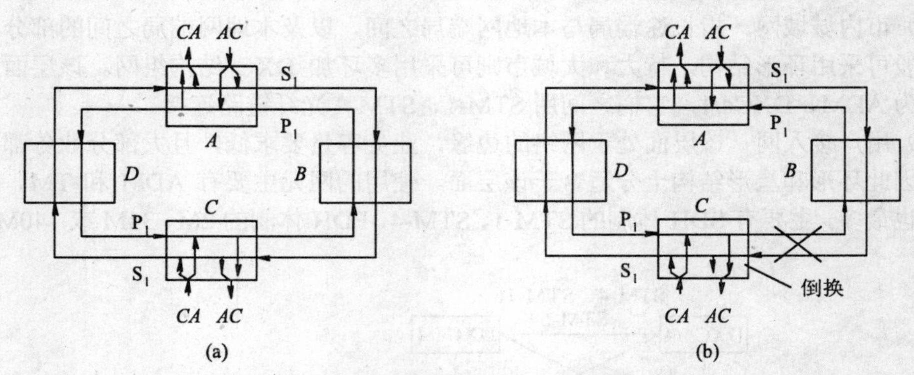

图5.6　二纤单向通道倒换环示意图

① 二纤单向通道倒换环　在二纤单向通道倒换环中，用S表示一根光纤用于传送信号，另一根用P表示的光纤用于保护，此倒换环采用“首端桥接，末端倒换结构”，参见图5.6。业务信号与保护信号分别由两光纤携带。例如在节点A入环，在节点C为目的的AC信号同时进入发送方向光纤 S_1 和 P_1，即所谓1+1的双馈保护方式。其中，S_1 光纤沿顺时针方向送至分支节点C，P_1 光纤沿逆时针方向把信号送入节点C。在节点C按照两通道信号优劣，选用一路作为分路信号，一般情况是首先选取 S_1 光纤送来的信号。

当BC节点间光缆被切断时，若两光纤同时切断，如图5.6(b)所示，在节点C，从 S_1 送来的AC信号丢失，这时按通道选优准则，此时倒换开关将会转至 P_1 光纤，接收经 P_1 光纤送来的AC信号，使AC间的业务得以维持，不会丢失。当故障排除后，又可恢复原位。

② 二纤双向通道倒换环

二纤双向通道倒换中，1+1方式与上述原理基本相同，只是返回信号沿相反方向返回而已。这种倒换主要采用1∶1方式，采用APS（自动保护倒换）字节协议，但可用备用通道传额外业务，可造较短路由，易于查找故障。由于采用1∶1备份方式可进一步演变为M∶N双向通道保护，它只对某些业务（有选择性）实施保护，从而大大提高可用业务容量。这种倒换需要网管系统进行管理，会增加保护恢复时间。

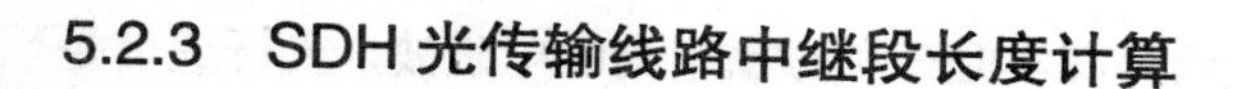

5.2.3 SDH 光传输线路中继段长度计算

在设计光纤传输再生中继段距离长度时，通常采用的方法是最坏值设计法，此方法是将所有参数值都按最坏值选取，而不管其具体分布。这种设计方法不存在先期失效问题。在排除人为和自然界破坏因素后，按最坏值设计的系统，在其寿命终结，富余度用完，且处于极端温度条件下仍能 100%地保证系统性能要求。此设计系统留有相当大的富余度，各项光参数分布相当宽，使结果比较保守，再生段一般偏短，系统成本一般偏高。

在设计时可分两种情况，一种是损耗受限系统，另一种是色散受限系统，根据这两种情况计算结果比较，中继段小者采用为工程中继段。根据实际工程计算经验，一般采用单模光纤是由损耗受限情况决定的。

现在的 SDH 系统都是采用单模光纤，所以我们这里主要讲损耗受限系统。系统的设计参数，是根据 S 和 R 点之间所有光功率损耗和光缆富余度来确定总光通道衰减值的。

损耗受限系统的实际可达再生段距离 L 可用下式来估算：

$$L=\frac{P_T-P_B-2A_C-P_C}{A_f+(A_s/L_f)-M_c} \qquad \text{其中：} \quad A_f=\sum_{i=1}^{N}\frac{a_{fi}}{n} \qquad A_s=\sum_{i=1}^{n}\frac{a_{si}}{i-1}$$

参数的含义如表 5.3 所示：

表 5.3　　**公式参数含义汇总表**

符号	含　义	符号	含　义
P_T	发送光功率(dB_m)	P_B	接收灵敏度(dB_m)
A_C	系统配置时需要的活动连接器损耗	M_c	光缆富余度(km)
P_C	光通道的功率代价(dB)	L_f	单盘光缆长度(km)
A_f	再生段平均光缆损耗系数(dB/km)	A_s	再生段光纤接头平均损耗系数(dB/km)
A_f 公式中，a_{fi} 为单盘光缆衰减系数；n 为再生段内光缆盘数			
A_s 公式中，a_{si} 为单个光纤接头损耗；(n-1)为再生段内光纤接头总数			

采用最坏值法设计时用以下公式计算：

$$L=\frac{P_{Tm}-P_{Rm}-2A_{Cm}-P_{Rm}}{A_{fm}+A_{sm}/L_f-M_{cm}}$$

在以上公式中，带下角标“m”的参数为相应参数的最坏值。还有如映射法、蒙特卡洛法以及高斯近似法等统计法设计，采用何种设计法由设计部门根据工程技术设计规范和具体工程情况而定。

5.3 光纤波分复用系统

5.3.1 光纤波分复用概述

为发挥光纤系统巨大的通信传输的频带资源，以满足不断发展的通信业务对传输容量的要求，克服传统的点到点单个波长的光纤通信方式的局限性，人们开发研制了光纤波分复用系统，并已将其投入了实际的通信使用。光信号其实是一种频率很高的电磁波，光纤通信是以某个波长（对应着一个“载波频率”：光速 C=波长 λ × 频率 f）作为信道传输的，单模光纤在 1310nm 到 1550nm 波长之间的某个波长区间形成了一个“波长通频带”（如图 5.7（1）所示），波分复用的原理就是在保证一定的频率间隔的情况下，使光纤上单个波长的信道传输变为多个波长同时传输多路光信号的过程，从而大大提高了信息传输容量。目前，波分复用系统商用产品已达到 32 × 10Gb/s，40 × 10Gb/s(400Gb/s)，在实验室已达到 132 × 20 Gb/s(264Tb/s)。现在，我国已建成了多个 WDM 系统及 WDM 网络。

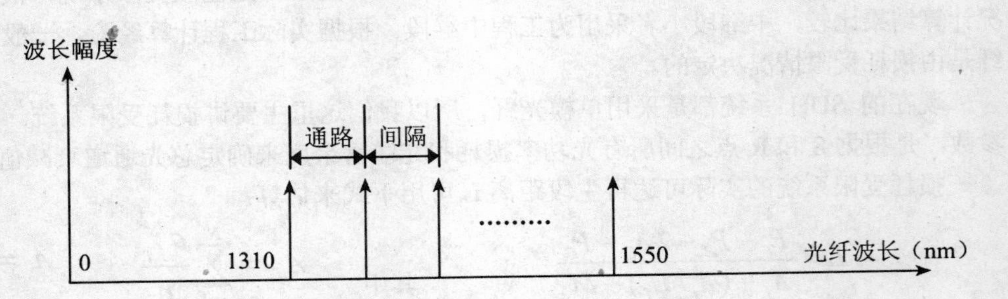

（1）单模光纤多路波长通频带分布示意图

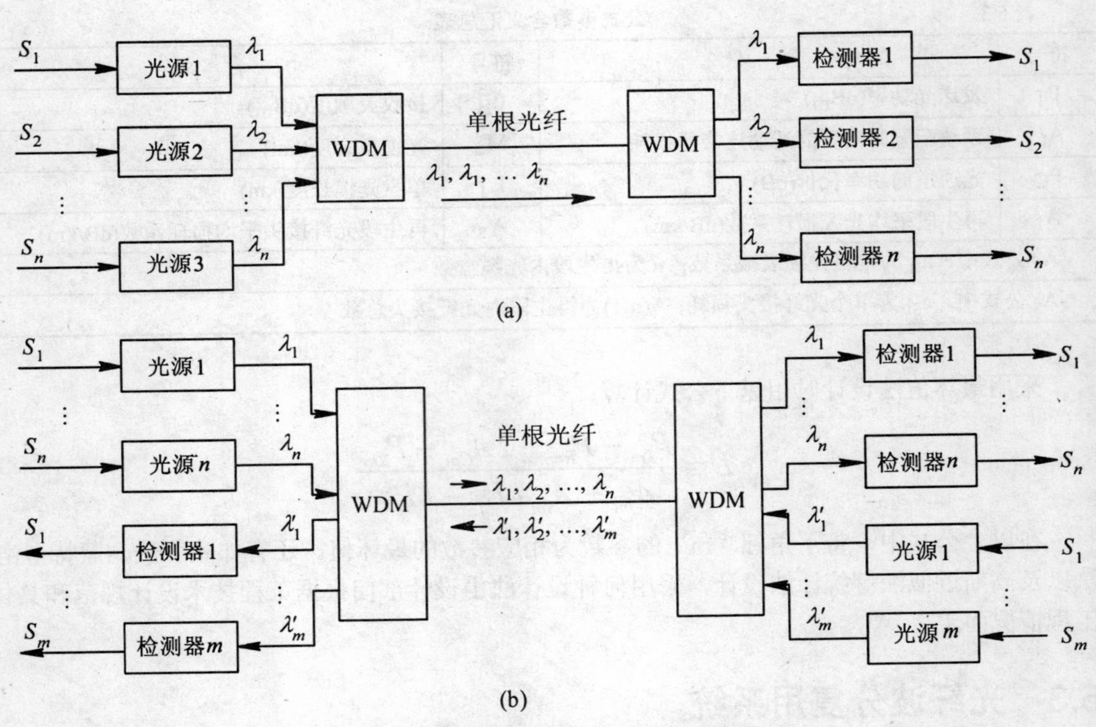

（2）单模光纤波分复用系统结构示意图

图 5.7 单模光纤多路波长通频带分布与波分复用系统结构示意图

5.3.2　光波分复用系统传输原理

光波分复用系统的组成如图 5.7 所示。图 5.7(a)中是在一根光纤中同时单向传输几个不同波长的光波信号。首先把信号通过光源变为不同波长的光波信号；然后，通过光波分复用 WDM 耦合到一根光纤中传输，如图中的 $\lambda_1, \lambda_2, \cdots, \lambda_n$；最后，当光信号到达收端时，把光耦合信号解复用，通过光检测器取得多波长($\lambda_1, \lambda_2, \cdots, \lambda_n$)光信号。图 5.7 (b)所示为双向传输光波分复用原理图，其过程与单向传输相同。

1. 光纤波分复用波长（频率）划分

在光波分复用系统中，是以波长来表述其通路的，如 $\lambda_1 \sim \lambda_8$ 即为 8 通路，有 8 个波长，称为标称中心波长或标称中心频率。各通路间的频率间隔一般为等间隔。 随着间隔的不同，标称中心频率和标称中心波长也不同。

2. 标称中心波长

在光波分复用系统中，每个信号通路所对应的中心波长称为标称中心波长（或称为标称中心频率）。目前国际上一般以 193.1 THz 为参考频率，标称波长为 1552.52 nm。

3. 通路间隔

主要是指在光波分复用系统中两相邻通路间的标称波长（频率）之差。常用的通路间隔是均匀等间隔的系统；其通路频率间隔一般有 50GHz、100 GHz、200 GHz 等几种。

4. 密集波分复用（DWDM）

信道间隔从 0.2nm 到 1.2nm 的波分复用系统，具有巨大带宽和传输数据的透明性；其工作波长主要在 1550 nm 附近，主要用于长途传输系统中。实用的 DWDM 光波分复用系统，至少应提供 16 波长的通路，根据实际需要也可以是 8 路、4 路等。下面列出 16 和 8 通路中心频率和中心波长，如表 5.4 所示。

表 5.4　　**波分复用中心频率和中心波长对应划分表**

波长序号	中心频率/Thz	波长 / nm	波长序号	中心频率/Thz	波长 / nm
1	192.1	1560.61*	9	192.9	1554.13*
2	192.2	1559.79	10	193.0	1553.33
3	192.3	1558.98*	11	193.1	1552.52*
4	192.4	1558.17	12	193.2	1551.72
5	192.5	1557.36*	13	193.3	1550.92*
6	192.6	1556.55	14	193.4	1550.12
7	192.7	1555.75*	15	193.5	1549.32*
8	192.8	1554.94	16	193.6	1548.51
通路间隔：100GHz					

5. 稀疏(粗)波分复用（CWDM）

信道间隔为 20nm 的波分复用系统，目前主要工作在从 1470nm~1610nm 的范围内，具有 2~8 个复用波长，将来可在 1290nm~1610nm 的频谱内扩展到 16 个复用波长，主要用于城域网光传输系统中。CWDM 可以利用大量的旧光缆（G．652 光缆），节省初期投资成本并解决了光纤的资源问题。低成本、低功耗和器件的小型化是 CWDM 的主要特点。在结构方面，

CWDM 系统不包含光放大器 OLA；另外，由于 CWDM 信道间隔比较大，所以相对于 DWDM 而言，不需要考虑功率均衡，故而可实现 80km 范围（城域网）内较高的性能价格比。

5.3.3 光波分复用系统工作原理简述

光波分复用系统（WDM）主要由光发射机、光接收机、光放大器、光纤（光缆）、光监控信道和网络管理系统 6 大部分组成。其结构示意图如图 5.8 所示。光波分复用系统的工作过程如下所述：

1．首先把终端 SDH 端机的光信号送到光发射端，经光转发器(OTU)把符合 ITU-IG.957 协议的非特定波长的光信号转换成具有特定波长的光信号。

2．再利用合波器合成多通路的光信号，经功率放大器（BA）放大后，送入光纤信道传输，同时插入光监控信号。

3．经过一段距离（可达上万里）需要对光纤信号进行光信号放大。现在，一般使用掺铒光放大器（EDFA），由于是多波长工作，因此要使 EDFA 对不同波长光信号具有相同的放大增益（采用放大增益平担技术），还要考虑多光信道同时工作情况，保证多光信道增益竞争不会影响传输性能。

4．放大后的光信号经过光纤（光缆）传输到接收端，经长途传输后衰减的主信道弱光信号经 PA 放大后，利用分波器从主信道光信号中分出特定波长的光信号 $\lambda_1 \sim \lambda_n$。

5．经光接收转发器（OUT），将分离出的各路光信号解调回原 SDH 端机的光信号，进行下一步的光电解调。

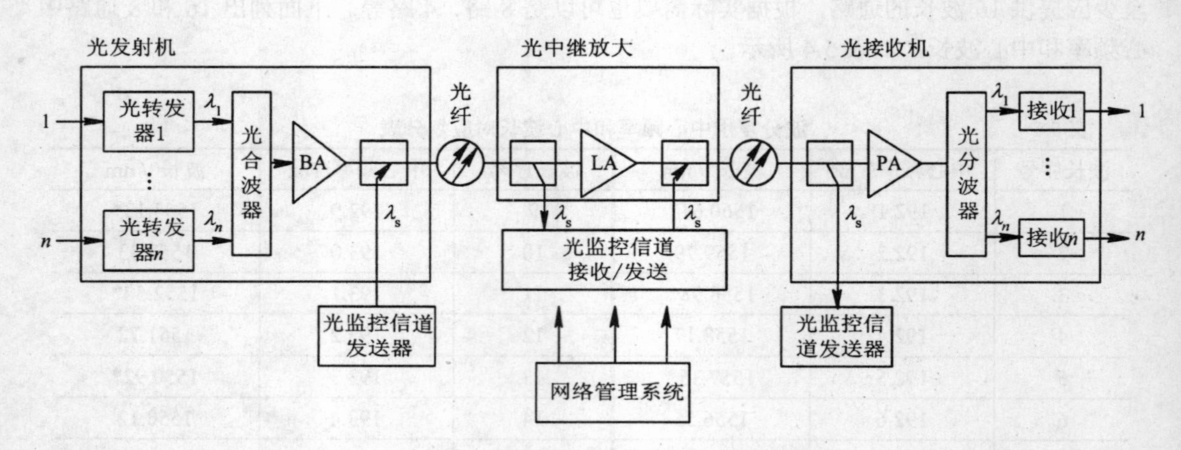

图 5.8 光纤波分复用（WDM）系统结构示意图

光监控系统：主要用以监控系统内各信道的传输情况。在发送端，插入本节点产生的波长（1510nm）光监测信号（其中包含有光波分复用的帧同步用字节、公务字节和网管所用的开销字节等），与光信道的光信号合波输出。在接收端要从光合波信号中分出光监控信号（1550nm）和业务光信道信号。

光波分复用系统管理：主要经过光监控信道传送的开销字节及其他节点的开销字节对 WDM 系统进行管理。

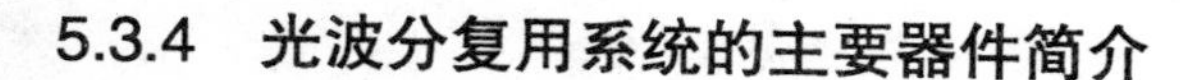

5.3.4 光波分复用系统的主要器件简介

在前面我们已经讲了光波分复用系统的主要结构，如图5.7所示。该系统的主要设备有：光转发器（OUT）、光合波器/分波器、光纤放大器等。这里主要介绍这几种关键的设备器件。

1. 光转发器

光转发器（OUT）即为光波长信号转换器，其功能是进行光波长信号之间的转换：在发送端，实现把从客户来的非标准的波长转换为ITU-T所规范的标准波长，即要符合G.692要求的光接口；在接收端，主要实现其反变换，把波分复用的光信号恢复为下一级所需的标准SDH系列光信号。在有再生中继器的WDM系统中也同样要经OUT进行光波长的转换。

目前，常用的光波长转换方式，仍然是光/电/光（O/E/O）的转换方式。此种方式技术上较成熟，易于实现，由于在转换中进行了电再生处理，信号质量得到了改善。从发展来看，采用光/光（O/O）变换极其有利于集成，这种波长转换器目前尚无商用介绍。

2. 光波分复用器和解复用器

光波分复用器和解复用器如图5. 7中的合波器和分波器。能将不同光源波长的光信号合在一起，经一根光纤输出传输的器件叫合波器，又称复用器；反之，将经一根光纤送来的多波长光信号分解为不同波长分别输出的器件叫分波器，又称解复用器。

3. 掺铒光纤放大器(EDFA)

在石英光纤的芯层中掺入铒（Er）三价稀土元素，形成一种特殊光纤，在泵浦光源的激励下可放大光信号，因此称为掺铒光纤放大器（EDFA）。它是将光波信号直接放大的一种器件，具有高增益、高输出、宽频带、低噪声的特点。

在波分复用中，利用光纤放大器技术，可以把该波段内的所有波长衰减的光信号同时放大。在WDM的发送端用光纤放大器作功率放大器，提高进入光纤线路放大器的功率；在WDM的接收端解复用之前，设置光纤放大器作为前置放大，提高接收机灵敏度，这是原来再生中继器无能为力的。特别对于光纤接入网，更需要光纤放大器把信号放大后才能分支到各用户终端。由于有光放大器的应用，才使波分复用系统实用化，也使波分复用接入网技术成为可能。

5.3.5 光波分复用线路光纤简介

在目前的光纤通信中广泛采用的是G.652型和G.655型单模光纤。

（1）G.652光纤目前称为1310 nm波长性能最佳单模光纤，适用于1310nm和1530nm以下的单通路中，每个波长（通道）的最大传输速率为2.5Gb/s；

（2）G.653光纤是在1550 nm波长性能最佳的单模光纤，此光纤零色散从1310nm移至1530nm工作波长，所以又称为色散移位光纤，也主要用在SDH系统中，此类光纤国内极少用；

（3）G.654光纤，称为截止波长移位的单模光纤，主要用于海底光纤通信；

（4）G.655光纤称之为非零色散移位单模光纤，它使零色散技术不在1550 nm，而将移至1570 nm及1510~1520 nm附近，主要用于1530 nm工作波长源，每个波长（通道）的最大传输速率为10Gb/s，在较长距离的波分复用系统中使用。

5.3.6 光波分复用设备简介

1. 密集波分复用设备 FONST W1600 简介

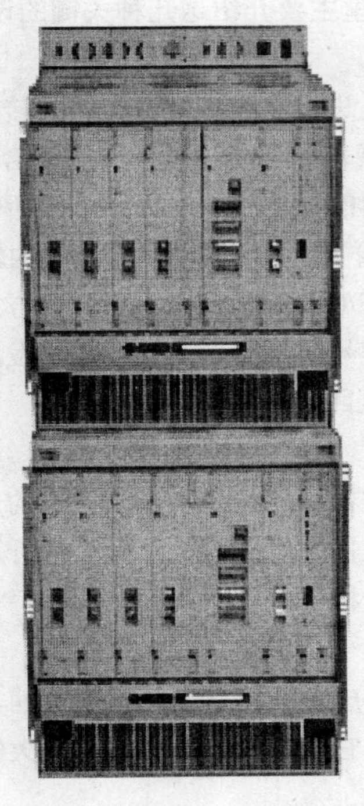

图 5.9 烽火公司 DWDM 设备示意图

FONST W1600 是烽火通信公司推出的全开放式大容量骨干网波分复用系统。系统在单根光纤中利用 L 和 C 两个波段，最多可达 160 个波长，每波接入的最高速率为 10Gbit/s，单根光纤传输总容量最大可达 1.6Tbit/s，采用 RAMAN 放大技术、增强型前向纠错技术和色散管理技术使得系统能够无电中继传输 5000km 以上，充分满足超大容量长途干线建设的需要。该系统支持多速率接口，能够实现多业务传输，支持多种光纤类型、多种组网类型，支持带外 FEC 技术，系统采用 EDFA 与分布式 RAMAN 放大相结合的技术改善系统信噪比，提供超长距离无电中继传输。

烽火通信 FONST W1600 系统支持多种组网类型，可根据工程需求灵活的配置为光终端设备（OTM）、光线路放大设备（ILA）和光分插复用设备（OADM），同时具有配套的网络管理系统对系统进行管理。（如图 5.9 所示）

该系统特点如下：

（1）超大容量业务承载、灵活的系统配置和平滑的扩容升级

满配置容量达 1600Gb/s（1.6Tb/s），可提供单芯光纤 160/80/32 波的配置，通道速率支持 10Gb/s 或 2.5Gb/s。波道数量、通道速率可按需灵活配置，满足不同网络建设需求，并具有充分的扩容和扩展空间。适用于国家、省内和本地网的骨干传送层面。

（2）多厂家、多业务的开放式系统

全开放式系统设计，可以承载不同厂家、各种业务速率和不同业务种类的信号，如 SDH/MSTP、路由器、交换机端口的直接连接等；并可提供自适应速率 OTU 单元，可适应多种不同速率的业务接口，如快速以太网 FE、千兆以太网 GE、ATM、ESCON、Fiber Channel、视频等。

（3）高集成度，节约机房空间、功耗等

40 个波长通道，全开放系统单机架完成，功耗小于 1500w。

（4）超长距离传输，优越的系统性能

OTU 级联的优越指标：烽火通信 OTU 单元提供完善的性能监测能力（B1/J0）、3R 再生处理能力及超强的抖动抑制能力，使级联的 OTU 单元具有优良的抖动输入容限和输出抖动指标。同时，喇曼放大器的应用大大提高了光放大站间的跨段，支持不均匀跨距设计和超长跨距设计，并广泛应用于国家级干线工程。另外，采用超级 FEC 技术，超强误码纠错，可极大改善系统功率预算和 OSNR 限制，克服高速系统的传输限制。同时，系统采用智能光功率控制技术，自动适配输出光功率及各波道光功率分配等，实现系统性能最优。应用 VOA

技术，方便地实现系统功率平衡及动态适应线路损耗由于温度等因素所发生的变化，保证系统不受线路等影响，长期运行在最佳工作状态。

（5）完善保护机制

支持DWDM层面的自愈环功能，提供单向/双向光通道保护倒换、单向/双向光线路共享保护倒换及光子网连接保护倒换（OSNCP）。

（6）强大的运维管理功能

可配置内置的光谱分析单元，可通过网管系统监测各工作光通道的中心波长、光功率、OSNR等参数，极大方便了DWDM网络的维护管理。同时，支持2M速率或25M速率光监控通道。25M监控速率的光监控通道除具有通用功能以外，可提供给用户多路2M通路，并可作为时钟信号的传递链路，实现干线网络同步信号的高质量传输。

（7）支持网络、节点的升级

系统采用全光通信网的设计思路，系统全面兼容的模块化设计思想，可实现光放大中继设备、分插复用设备（OADM）及终端复用设备的平滑升级；同时，支持DWDM网络向智能光网络ASON的演进。

2. 光纤稀疏波分（CWDM）复用传输系统 Citrans 830 简介

稀疏波分（CWDM）复用系统 Citrans 830 设备是烽火通信公司推出的全开放式大容量城域网波分复用设备系统，特别适用于针对原有的G.652光纤光缆的城域网光传输系统建设与扩容。（如图5.10所示）

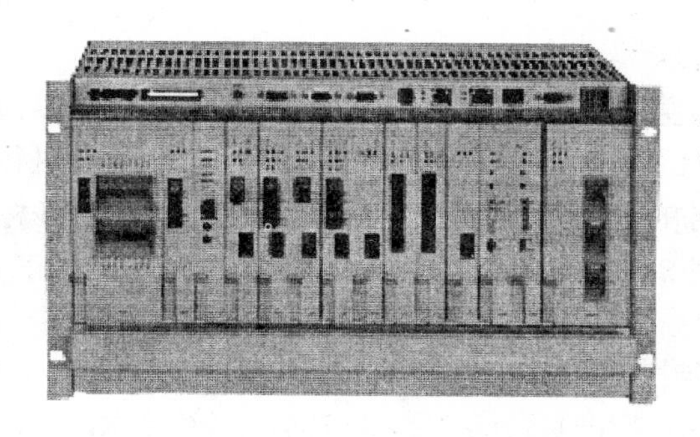

图5.10　烽火公司CWDM设备示意图

该系统特点如下：

（1）6U子框高度，结构紧凑，安装灵活方便，适应环境能力强。

（2）支持光层1+1通道保护、光层复用段保护等多种网络保护方案，提供对重要设备单元和光纤线路的多重保护，可靠性高。

（3）除支持传统SDH业务外，支持ATM以及GE、10M/100M以太网业务，支持POS、Fiber Channel、ESCON、FICON等接口。

（4）可灵活配置为OMT、OADM和C-OMT方式，可以根据业务和资源现状灵活组成点对点、链型、环型、点对多点及网络状组网结构。

（5）最大支持18波道传输，单波速率2.5G，总传输带宽可达45G，无电中继80km。

（6）与烽火公司MSTP、DWDM的统一网管平台，具有强大的完善的网络、设备性能监测能力。

5.4 光通信系统的综合业务传输与智能化

进入21世纪的光纤传输网技术又有了新的发展，主要是“光纤多业务传送系统（MSTP）”和“自动交换光网络（ASON）”两项新型实用技术的产生，下面分别予以叙述。

5.4.1 光纤多业务传送系统（MSTP：multi-sevice transport plat form）

1.概述

MSTP技术主要用于城域传输网，指“在原有SDH网络平台上集成对话音业务（话音时分多路复用：TDM）和宽带数据等多种业务（主要是以太网、ATM和IP等数据传输业务）的传输功能，实现对城域网业务的汇聚和统一管理”。由于MSTP能对多种技术进行优化组合，提供多种业务的综合传输能力，使电信运营商和服务提供商可以在网络传输层、交换层以及路由层上向用户开展电话业务和宽带数据业务的综合应用服务。它在大大减少开通新型服务所需时间的同时，提高了添加、转移或撤销客户的灵活性，故而备受运营商青睐。作为城域传送网解决方案，MSTP技术伴随着电信网络的发展和技术进步，经历了从支持以太网透传的第一代MSTP到支持二层交换的第二代MSTP，再到当前支持以太网业务QoS的新一代MSTP的发展历程。

2. MSTP技术的发展历程

MSTP技术最早出现在1999年的北京“中国通信设备展览会”，其技术发展已经历了若干阶段。

（1）早期的MSTP技术

以支持以太网透传为主要特征。以太网透传功能是指将来自以太网接口的信号不经过二层交换，直接映射到SDH的虚容器(VC)中，然后通过SDH设备进行“点到点”传送。第一代MSTP保证以太网业务的透明性，包括以太网MAC帧，VLAN标记等的透明传送。以太网透传业务保护直接利用SDH提供的物理层保护；故而又称为“IP over SDH”技术；其简单过程为：IP的数据包根据RFC1662规范，简单地插入到PPP帧中的信息段，然后再由SDH通道层的业务适配器，把封装后的IP数据包映射到SDH的同步净负荷区，再经过SDH传输层和段层，加上相应的开销，把净负荷装入到SDH帧中（符合RFC1619: PPP over SDH要求），最后到达光纤传输层，在光纤中传输。其示意图分层模型结构，如图5.11所示。

<table>
<tr><td>语音</td><td>图像</td><td>数据</td></tr>
<tr><td colspan="3">IP/PPP</td></tr>
<tr><td colspan="3">SDH</td></tr>
<tr><td colspan="3">光纤传输通道</td></tr>
</table>

图5.11 IP over SDH分层模型图

第一代MSTP的缺点在于：不提供以太网业务层保护；支持的业务带宽粒度受限于SDH的虚容器，最小为2Mb/s；不提供不同以太网业务的QoS（服务质量）区分；不提供流量控制；不提供多个业务流的统计复用和带宽共享；不提供业务层(MAC层)上的多用户隔离。第一代MSTP在支持数据业务时的不适应性导致了第二代MSTP解决方案的产生。

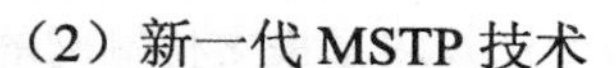

（2）新一代MSTP技术

以支持以太网业务QoS为特色。它的诞生主要源于克服现有MSTP技术所存在的缺陷。从现有MSTP技术对以太网业务的支持上看，不能提供良好QoS支持的一个主要原因是现有的以太网技术是面向无连接的，尚没有足够QoS处理能力，为了能够将真正QoS引入以太网业务，需要在以太网和SDH/SONET间引入一个中间的智能适配层来处理以太网业务的QoS要求。由此，以“多协议标记交换（MPLS）”为技术特点的新一代MSTP技术应运而生。

MPLS是一种可在多种第二层媒质上进行标记交换的网络技术。它吸取了ATM高速交换的优点，把“面向连接”的概念引入控制，是介于2~3层的2.5层协议。它结合了第二层交换和第三层路由的特点，将第二层的基础设施和第三层的路由有机地结合起来。第三层的路由在网络的边缘实施，而在MPLS的网络核心采用第二层交换。

（3）新一代MSTP技术特点

MPLS技术结合了第二层交换和第三层路由的特点，将第二层的基础设施和第三层的路由有机地结合起来；第三层路由在网络的边缘实施，而第二层交换则由MPLS网络的核心完成。这使得基于MPLS的新一代MSTP网络具有以下技术特点：

①网络中的分组转发基于定长标签，简化了转发机制，使得转发路由器容量很容易扩展到大比特级；

②充分利用原有IP路由，并加以改进，保证了MPLS网络路由具有灵活性；

③利用ATM的高效传输交换方式，同时抛弃了复杂的ATM信令，无缝地将IP技术优点融合到ATM的高效硬件转发中；

④数据传输和路由计算分开，是一种面向连接的传输技术，能够提供有效的QoS保证；

⑤不但支持多种网络层技术，而且是一种与链路层无关的技术，它同时支持X.25、帧中继、ATM、PPP、SDH、DWDM等种类的通信传输模式，保证了多种网络的互连互通，使得各种不同的网络传输技术统一在同一个MPLS平台上；

⑥支持大规模层次化的网络拓扑结构，具有良好的网络扩展性；

⑦标签合并机制支持不同数据流的合并传输；

⑧支持流量工程、CoS、QoS和大规模的虚拟专用网；

MPLS是一种交换和路由的综合体，它将网络层路由和链路层交换融合在一起。现在，业界的几乎所有主要厂商和技术专家都参与了MPLS技术标准的制定，以便将目前的IP交换技术和ATM技术的优势充分体现在MPLS之中。

第三代MSTP在全面克服前两代MSTP系统缺点的基础上，在传统以太网和SDH间引入中间智能适配层，使用最先进的二层MPLS交换技术和分组环等新技术，支持业务端到端的QoS、VLAN地址重用与扩展以及OVPN（光VPN）等，使实现电信级城域公网成为可能。

（4）未来MSTP技术发展趋势

对通信传输网而言，如何提升网络资源的利用率和提高网络的服务质量是运营商最关心的问题之一。随着IP数据业务比重的逐渐增大，为了适应数据业务不确定性、不可预见性的特点，MSTP技术必须对数据业务的传送机制进一步优化，逐步引进智能化平面，向自动交换光网络（ASON）演进和发展。

另外，未来的通信传输技术是以IP宽带网作为统一的业务承载网；随着光传送网络的智能化发展，以SDH为基础的传输网将逐步为以IP数据网技术所取代；传输网结构的简单化、扁平化将成为新的发展趋势；按需动态分配带宽、实施传输网带宽运营将是未来传输网的主要应用之一，基于SDH结构的MSTP将会被新的传输网(OTN)取代。

5.4.2 自动交换光网络（ASON：Automatic Switched Optical Network）

1. 概述

近几年来，随着电信业务，特别是IP数据业务的快速增长，不仅对网络带宽的需求变得越来越高，而且由于IP业务量本身的不确定性和不可预见性，对网络带宽动态分配的要求也越来越迫切。传统的带宽管理方法主要靠人工配置网络连接，耗时、费力、易出错，不仅难以适应现代网络运维和新业务提供拓展的需要，也难以适应市场竞争环境。这时，一种能够自动完成网络连接的新型网络——智能光传送网应运而生。智能光传送网是一种具有独立控制面的光网络，它利用独立的控制面，通过各种传送网（包括SDH或OTN）来实施自动呼叫和连接管理，国际电联第15工作组（ITU－TSG 15）将这种网络命名为自动交换光网络（ASON）。

与传统光传送网相比，ASON引入了更加智能化的控制平面，从而使光网络能够在信令控制下完成网络连接的自动建立、资源自动发现等过程。ASON体系结构的特点主要表现在具有控制、管理以及传送三个平面，支持永久连接（PC：Permanent Connection）、软永久连接（SPC：Soft Permanent Connection）和交换连接（SC：Switched Connection）三种组网模式。

2. ASON的结构原理（如图5.12所示）

在ASON中，控制平面采用基于IP的信令技术，引入了通用多协议标记交换（GMPLS）网络以实现分布式连接控制管理（DCM）功能。通过GMPLS网络所采用的基于流量工程的资源预留扩展协议（RSVP－TE），ASON实现了对端到端连接的建立、拆除和维护，并能够进行实时流量工程控制，实现资源的最佳配置。

ASON网络的控制平面是由独立的或者分布于网元设备中的多个控制节点组成的，这些节点之间通过信令通道连接起来，其控制功能是由路由、信令和资源管理等一系列逻辑功能模块联合完成的。因此，ASON网络的DCM功能的实现需要这一系列逻辑功能模块共同协作来完成，这些模块主要包括连接控制器、呼叫控制器、路由控制器、策略管理器以及链路资源管理器等。各模块的功能如下：

连接控制器是整个节点功能结构中的核心，它负责通过协调对等的或者下层的连接控制器、路由控制器以及链路资源管理器，来管理和监控连接的建立、释放以及修改已建立连接的参数。

• 呼叫控制器负责完成开始建立连接的呼叫过程。在一次完整的呼叫过程中，主叫控制器可以通过一个或多个中间媒体网络呼叫控制器来同被叫部分协调。

• 路由控制器负责为连接控制器提供所负责域内连接的路由信息，这种信息可以是端到端的，也可以是基于下一跳的。路由控制器也能响应拓扑请求信息，帮助进行网络管理。

• 链路资源管理器负责对链路进行管理，包括对链路连接进行分配和拆除，并提供拓扑和状态信息。

ASON没有采用在传统光网络中所使用的集中式控制管理机制，而是创造性地采用了DCM机制，在每个网元中都设立一个包含有拓扑和链路资源信息的数据库，通过各个网元的协同计算，实现连接的建立、释放和删除。

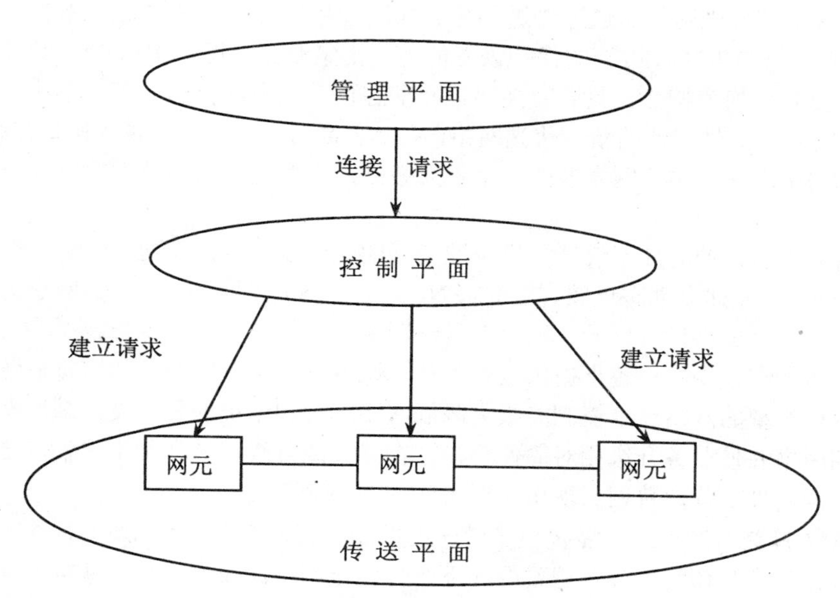

图 5.12 ASON 网络结构示意图（SPC）

3. ASON 技术特点

（1）实时动态分配网络资源：信令技术和路由技术都是ASON网络不可或缺的核心技术。正是由于采用了信令技术和路由技术才使得ASON网络能够动态地交换网络拓扑状态信息、路由信息及其他控制信息，从而实现了光通道的动态建立和拆除，具备了自动交换的能力。

（2）生存能力提高：传统的SDH网络为环形拓扑，保护方式一般为专用保护，对单点故障具有很好的保护能力，但是无法应付两点以上故障的保护。而ASON是格形组网的，不管有多少处故障，只要网络中还有可达的空闲路由就可以对业务实施保护。

（3）可提供多等级的业务通道：由于ASON是建立在各种传送技术之上的，即控制平面独立于传送平面SDH和OTN，与底层的物理实现技术无关，因此ASON支持目前传送网所能提供的各种不同速率和信号特性的业务，支持端到端的固定带宽传输通道连接的建立、监控、保护和恢复，也支持各种网络拓扑结构（包括网状网）。

（4）资源利用率高：SDH网络采用的是专用保护方式，理论上资源利用率最大为50%。而ASON网络可以按照需求为客户选择最优的路由，而且可以采取保护资源共享的方法，理论上资源利用率不会小于50%，而且网络拓扑连通度越高，资源利用率越高。

（5）升级扩容能力强：SDH环形网络中，只要有某一个区段需要扩容，就需要对整个环形网络扩容。而格形ASON网络的升级扩容非常简单，具有模块化的特性，扩容只需对那些需要扩容的链路进行即可，一般仅仅需要增加板卡或者插槽就可以完成扩容。此外，ASON网络的升级扩容还可以根据实际情况，在一些节点之间增加光纤连接，改变ASON的网络拓扑来实现。

（6）能提供新型业务：相比SDH网络，ASON能够提供很多新型的业务，如OVPN（光虚拟专网）和BoD（按需提供带宽），可以吸引更多的客户。

由此可见，智能光网络是通过先进的分布式网管系统，将 IP 的灵活和高效、同步数字系统/同步光网络（SDH/SONET）的保护恢复能力、密集波分复用（DWDM）的大容量有机结合在一起，以软交换为核心，具有智能决策和动态调节能力，自动适应网络状况和用户业务要求，能按需直接提供服务的新一代光网络，它具备高可靠性、可扩展性和高有效性等特点。ASON 技术的出现是光传输网发展的一个重大突破，它使光传送网技术的发展迈上了新的台阶。

对运营商而言，ASON 不仅能提供快速灵活的端到端的业务调配、快速高效的路由和资源的动态分配、按需建立动态连接、支持 VPN、支持 QoS 级别等功能，更具吸引力的是 ASON 能在同一传送平台提供话音信号、数据信号、图像信号的传输，实现传输网络的统一，使传输服务提供商能在较少的投资下提供全业务传输服务，增强传输业务和带宽业务服务商的竞争能力。多种类型的网络恢复机制能极大降低网络运营和维护的复杂度，减低网络故障率，提高资源利用率并使业务升级相对简便容易，在建设或升级城域和骨干传输网方面具有很高的性价比，国内外运营商普遍表现出了对 ASON 的热烈欢迎。

此外 ASON 为各种网络设备提供了统一的控制和管理平台，为制造商提供了促使光网络智能化的有力工具。作为业界普遍看好的下一代传送网主流技术，ASON 框架体系结构和主要协议已经基本成形，光电光(OEO)方式的光交叉连接(OXC)节点设备已比较成熟，在全球范围内的多个运营商网络中得到试验和初步商用。目前，支持 ASON 已经成为光设备厂商宣传推广其光设备的必要条件。在中国，烽火通信、华为、中兴、AT&T、Alcatel、Lucent 等厂商已相继推出智能光传输设备，在江苏部署智能光网络产品就是采用 Lucent LambdaUniteMSS 多业务光交换机，为江苏省境内的语音和数据业务提供全方位的支持。

5.4.3 光纤多业务传送系统（MSTP）设备简介

1. 提供多种 MSTP 业务接口的 8 兆 PDH 设备（烽火通信公司 GD/MF8HS-VD/VD1 E+E 设备），如图 5.13 所示。

图 5.13 MSTP 8 兆 PDH 光传送设备示意图

（1）系统简介：该产品可将 4 路 2048kb/s 的数字信号，直接转换成 8448kb/s 的光信号，在多模或单模光纤光缆中传输，也可将带宽为 100Mb/s 的数字信号转换为光信号后在光纤光缆中传输，是组成边缘 MSTP 多业务传输系统的光通信设备。

（2）产品特点：

①1U 高度，带有一个辅助插板的箱式结构，可壁挂，亦可插入 19 英寸机架。

②主板提供 4~8 个异步的 2M 接口、1 路带宽为 100M 的 ETH 接口、1 个 RS232 和 1 个 RS485 数据接口、一条 64K 公务通道、一路监控接口，能够监控本端和对端。

③辅助插板可以提供 1 路 V.35 接口。

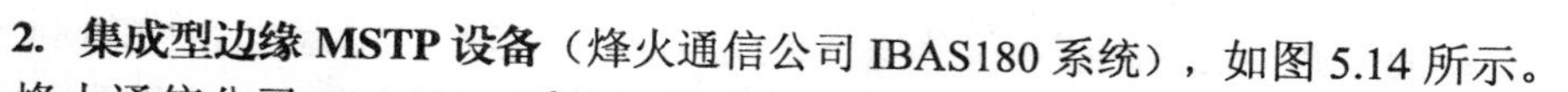

2. **集成型边缘 MSTP 设备**（烽火通信公司 IBAS180 系统），如图 5.14 所示。

烽火通信公司 IBAS180 系统，是专为面对 Internet 业务、图像、多媒体等业务爆炸式增长，提供高度灵活而低成本的产品，构建边缘 MSTP 通信传输网而研发设计的。IBAS180 集成型 MSTP 设备以超越常规的系统集成度，提供边缘 MSTP 设备所需要的一切特性：体积小，155M、622M、2.5G 速率全兼容，组网能力强，强大的多业务承载能力，完善的可靠性设计，是构建本地网/城域网接入层及组建大客户接入、3G/2G 接入等网络的理想设备。

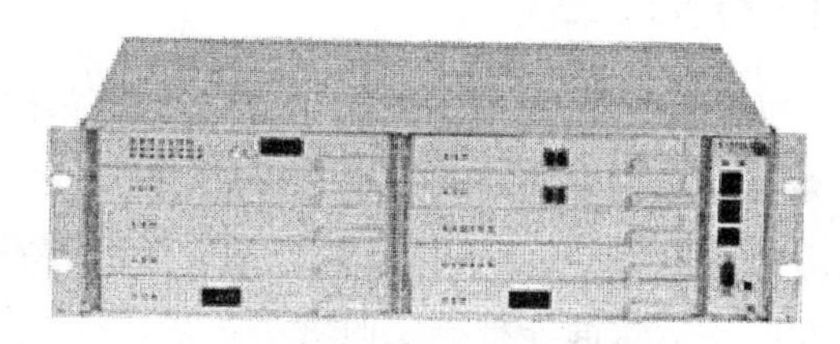

图 5.14　MSTP 集成型边缘 SDH 光传送设备示意图

该产品系统特点：

（1）结构紧凑、安装方便　IBAS 180 设备 3U 高度，可置于 19 英寸机架，也可壁挂或台置，大幅节约机房空间；可提供 220V/-48V 电源供电，满配置功耗小，适应多种安装环境。

（2）多业务支持能力强　IBAS 180 除支持传统语音业务外，还支持以太网业务，ATM 业务；支持以太网业务的透传、交换、汇聚功能，支持 GFP/LAPS/PPP 封装、低阶虚级联、LCAS、VLAN、STP、RPR、MPLS、ATM 业务的统计复用等功能极大优化了数据业务的处理，与烽火 Citrans 系列骨干/汇聚层 MSTP 构筑基于流量工程的端到端以太专线；设备还支持 IMA、V.35 业务。将 MSTP 统一传输平台的技术优势发挥到淋漓尽致，最大限度地降低了建设和运营成本。

（3）STM-1/4/16 全速率兼容，具大容量扩展能力　该设备支持不中断业务下的 155M/622M/2.5G 平滑升级，设备有七个业务槽位，最大支持 176×E1 或 20×FE、支持 8×STM-1/6×STM-4/3×STM-16 光方向。按需使用，提供优异的可扩展特性，彻底消除容量增长的后顾之忧。

（4）PDH/MSTP 无缝融合　IBAS 180 系统独具烽火特色的 PDH 光分支盘，直接接入末梢 PDH 的 E1、V35、以太网业务，实现 PDH/MSTP 的无缝融合及统一管理，极大地方便了业务的灵活调度。

（5）高可靠性设计　IBAS 180 继承了烽火通信传统设备的高可用特性，在设备级提供重要部件的 1+1 备份，分散式电源供电，背板双电源接入，单盘双电源保护。网络级提供通道/复用段/子网连接保护，STP/RSTP，MPLS LSP 保护等完善的保护措施。

（6）独创的故障定位系统　IBAS 180 大客户接入环境复杂，对运维压力大，简单、高效、完善的故障检测系统异常重要。除了设备、光盘、业务盘的多种环回手段外，烽火独创的以太网盘 Ping 功能，迅速准确定位故障区间，从容应对大客户的故障申告。

（7）纳入 OTNM2000/2100 统一管理　和 Citrans/IBAS 家族其他成员一起，IBAS 110A 能够统一纳入 OTNM2000 管理平台（也可将接入的远端 PDH 纳入网管），分享 OTNM2000/2100 所提供的强大管理功能，提升网络的运维效率。

（8）系统应用广泛　IBAS 180 配合烽火通信的其他 Citrans/IBAS 系列产品，可以构建完善的从边缘到核心的城域传输网。该系统体积小、成本低，不但可以作为STM1/STM4设备使用，而且随着网络的扩容，可以平滑升级为STM16设备，且具备灵活的多业务承载能力，对于迅速增长的宽带业务和潜在的3G传输需求，是理想的接入层MSTP设备。

5.5 新一代光传送网（OTN）系统

5.5.1 新一代光传送网（OTN）概述

下一代通信网络NGN是面向IP数据网络，基于分组交换技术的。随着Internet/Intranet上各种宽带业务的应用，未来带宽需求的增长几乎是爆炸性的。因此，需要一种新型的通信传输体系，它不仅能够适应以SDH/SONet为特征的电话业务的需要，更需要满足以IP宽带互联网数据通信的传输需要；使运营商能根据实时业务需求，灵活地进行网络带宽的扩充、调配和管理。基于波分复用（WDM）技术的OTN正是为满足未来NGN网络的综合业务需求而设计的。

OTN与SDH/SONet传送网主要的差异在于复用技术不同，但在很多方面又很相似，例如都是面向连接的物理网络，网络上层的管理和生存性策略也大同小异。比较而言，OTN有以下主要优点：

（1）WDM技术使得运营商随着技术的进步，可以不断提高现有光纤的复用度，在最大限度利用现有设施的基础上，满足用户对带宽持续增长的需求；

（2）由于WDM技术独立于具体的业务，同一根光纤的不同波长上接口速率和数据格式相互独立，使得运营商可以在一个OTN上支持多种业务。OTN可以保持与现有SDH/SONet网络的兼容性；

（3）SDH/SONet系统只能管理一根光纤中的单波长传输，而OTN系统既能管理单波长，也能管理每根光纤中的所有波长；

（4）随着光纤的容量越来越大，采用基于光层的故障恢复比电层更快、更经济。

与OTN相关的主要标准有：ITU-T G.872，定义了OTN主要功能需求和网络体系结构；ITU-T G.709，主要定义了用于OTN的节点设备接口、帧结构、开销字节、复用方式以及各类净负荷的映射方式，它是ITU-T OTN最重要的一个建议；OTN网络管理相关功能则在G.874和G.875建议中定义。

5.5.2 OTN的分层结构

OTN是在传统SDH网络中引入光层发展而来的，其分层结构如表5.5所示。光层负责传送电层适配到物理媒介层的信息，在ITU-T G.872建议中，它被细分成三个子层，由上至下依次为：光信道层(OCh：Optical Channel Layer)、光复用段层(OMS：Optical Multiplexing Section Layer)、光传输段层(OTS：Optical Transmission Section Layer)。相邻层之间遵循OSI参考模型定义的上、下层间的服务关系模式。

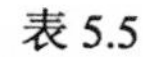

表 5.5　　OTN 的分层结构示意表

类 别	信号种类与分层结构				分层结构与性能说明
分层/ 业务种类	IP/ MPLS	PDH / SDH	ATM	GaE	电信号层或非标准光信号层的各种业务信号。
基本光层	光信道层 （OCh）				以光波长为单位的点到点的光传输信道层系统。
光波分复用段层	光复用段层（OMS）				以光波分复用段为单位的光传输复用段系统。
光纤段传输层	光传输段层（OTS）				以光纤为单位的光传输系统，不含光放大器。

1. 光信道层（OCh）

OTN 很重要的一个设计目标就是要将类似 SDH/SONet 网络中基于单波长的 OMAP(Operations、Administration、Maintenance and Provision)功能引入到基于多波长复用技术的光网络中，光信道层（Och）就是为实现这一目标而引入的。它负责为来自电复用段层的各种类型的客户信息选择路由、分配波长，为灵活的网络选路安排光信道连接，处理光信道开销，提供光信道层的检测、管理功能，并在故障发生时，它还支持端到端的光信道（以波长为基本交换单元）连接，在网络发生故障时，执行重选路由或进行保护切换。

2. 光复用段层（OMS）

光复用段层是保证相邻的两个 WDM 设备之间的 WDM 信号的完整传输的，为波长复用信号提供网络功能。该段层功能主要包括：为支持灵活的多波长网络选路重新配置光复用段功能；为保证 WDM 光复用段适配信息的完整性进行光复用段开销的处理；光复用段的运行、检测、管理等功能。

3 光传输层（OTS）

光传输层为光信号在不同类型的光纤介质上（如 G.652、G.655 等）提供传输功能，同时实现对光放大器和光再生中继器的检测和控制等功能。例如，通常会涉及功率均衡问题、EDFA 增益控制、色散的积累和补偿等问题。

在图 5.15 中描述了 OTN 各分层之间的相互关系，其中 OCh 层为来自电层的各类业务信号提供以波长为单位的端到端的连接；OMS 层实现多个 OCh 层信号的复用、解复用；OTS 层解决光信号在特定光介质上的物理传输问题。一个 OCh 层由多个 OMS 层组成，一个 OMS 层又由多个 OTS 层组成。底层出现故障，相应的上层必然会受到影响。

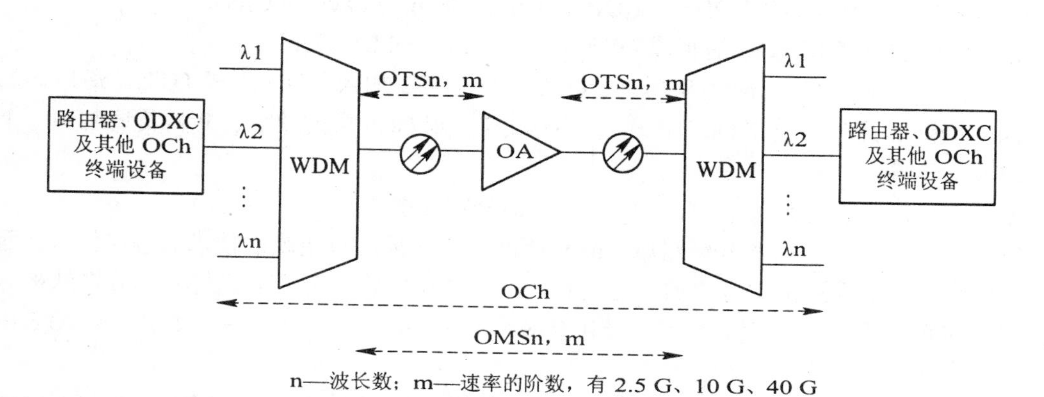

图 5.15　光传送网各层间的关系示意图

5.5.3 OTN 的帧结构

1. 数字封包

ITU-T G.709 中定义了 OTN 的 NNI 接口、帧结构、开销字节、复用以及净负荷的映射方式。如前所述，为了在 OTN 中实现灵活的 OMAP，OTN 专门引入了一个 OCh 层，在该层采用数据封包（Digital Wrapper）技术将每个波长包装成一个数字信封，每个数字信封由三部分组成，如图 5.16 所示。

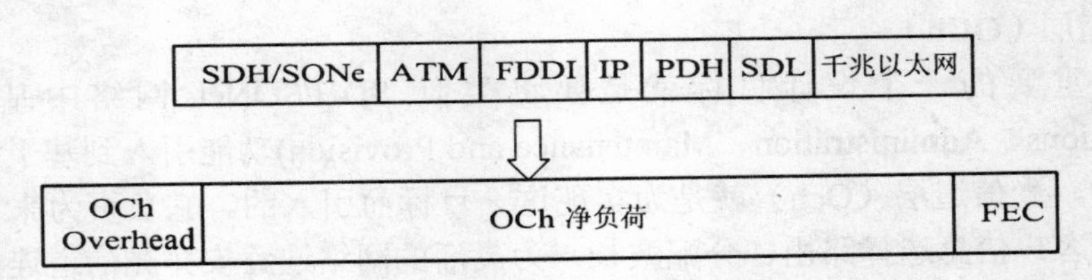

图 5.16 光信道的数字封包示意图

（1）开销部分(Overhead)：位于信封头部，装载开销字节。利用开销字节，OTN 节点可以通过网络传送和转发管理、控制信息、执行性能监视，以及其他可能的基于每波长的网络管理功能。

（2）FEC 部分：位于信封尾部，装载前向差错校正码 FEC(Forward Error Correction)，具有校正错误的能力，满足不同通信业务级别的质量需求。同时，在扩展光段的距离、提高传输速率方面起重要的作用。

（3）净负荷部分：装载各种网络协议的信息分组，因此 OTN 是独立于各类通信业务种类协议的。

2. OTN 的帧结构

OTN 中的帧被称为光信道传送单元(OTU：Optical Channel Transport Unit)，如前所述，它是通过数字封包技术向客户信号加入开销 OH(Overhead)和 FEC 部分形成的。在 G .709 中，定义了三种不同速率的 OTU-k(k=1，2，3)帧结构，速率依次为 2.5 Gb/s、10 Gb/s、40 Gb/s。

如图 5.17 所示，在 OTN 中客户层信号的传送经历如下过程：

（1）客户信号加上 OPU-OH 形成 OPU(Optical Channel Payload Unit)。

（2）OPU 加上 ODU-OH 后形成 ODU(Optical Channel Data Unit)。

（3）FAS(Frame Alignment Signal)、OTU-OH、FEC 加入 ODU 形成 OTU。最后再加上 OCh 层非随路的开销（通过 OSC 传送），完成 OTU 到 OCh 层的映射，并将其调制到一个光信道载波上传输。

由图 5.18，我们看到一个 OTU_k 由以下三部分实体组成。

（1）OPU_k：由净负荷和开销组成，净负荷部分包含采用特定映射技术的客户信号，而开销部分则包含用于支持特定客户的适配信息，不同类型的客户都有自己特有的开销结构。

（2）ODU_k：除 OPU_k 外，ODU_k 号包含多个开销字段，它们是 PM、TCM 和 APS/PCC 等。

（3）OTU_k：除 ODU_k 外，还包括 FEC 和用于管理及性能监视的开销 SM(Section Monitoring)。FEC 则基于 ITU-T G.975 建议的 Reed Solomon 算法。

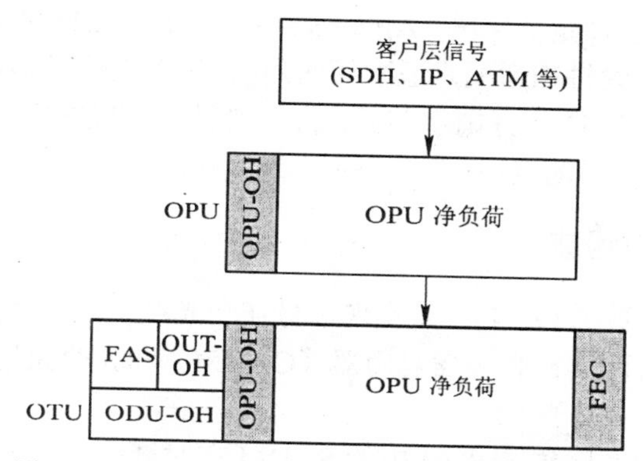

图 5.17 OTN ITU-T G.709 客户信号的映射示意图

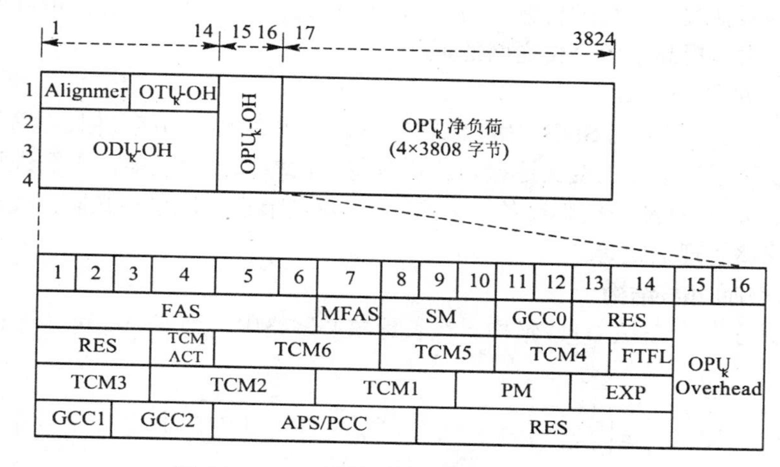

图 5.18 OTN 的帧结构和开销字节示意图

3. OTN 的时分复用

OTN 的时分复用采用异步映射方式，规则如下：四个 ODU1 复用成一个 ODU2，四个 ODU2 复用成一个 ODU3，即 16 个 ODU1 复用成一个 ODU3。图 5.19 描述了四个 ODU1 信号复用

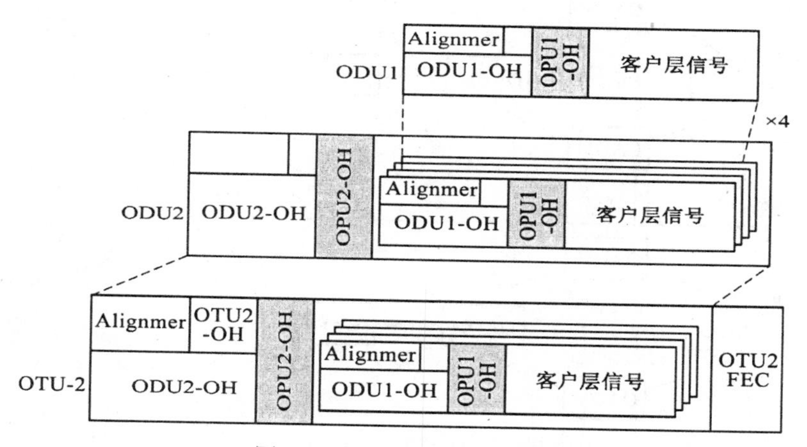

图 5.19 OTN 的时分复用示意图

成一个 ODU2 的过程。包含帧定位字段（Alignment）和 OTU1-OH 字段为全 0 的 ODU1 信号以异步映射方式与 ODU2 时钟相适配，适配后的四路 ODU1 信号再以字节间插的方式进入 OPU2 的净负荷区。加上 ODU2 的开销字节后，将其映射到 OTU2 中，最后加上 OTU2 开销、帧定位开销和 FEC，完成信号的复用。

5.5.4 光传送网的结构组成

实现光网络的关键是要在 OTN 节点实现信号在全光域上的交换、复用和选路，目前在 OTN 上的网络节点主要有两类：光分插复用器（OADM）和光交叉连接器（OXC）。

1. 光分插复用器（OADM）

OADM 主要是在光域实现传统 SDH 中的 SADM 在时域中实现的功能，包括从传输设备中有选择地下路（Drop）去往本地的光信号，同时上路（Add）本地用户发往其他用户的光信号，而不影响其他波长信号的传输。与电 ADM 相比，它更具透明性，可以处理不同格式和速率的信号，大大提高了整个传送网的灵活性。

2. 光交叉连接器（OXC）

OXC 的主要功能与传统 SDH 中的 SDXC 在时域中实现的功能类似，不同点在于 OXC 在光域上直接实现了光信号的交叉连接，路由选择，网络恢复等功能，无需进行 OEO 转换和电处理，它是构成 OTN 的核心设备。十几种的 OXC 节点还应包括光监控模块、光功率均衡模块以及光网络管理系统等。

3. 典型的 OTN 拓扑结构

图 5.20 描述了一个三级 OTN 结构。在长途核心网络中，为保证高可靠性和实施灵活的

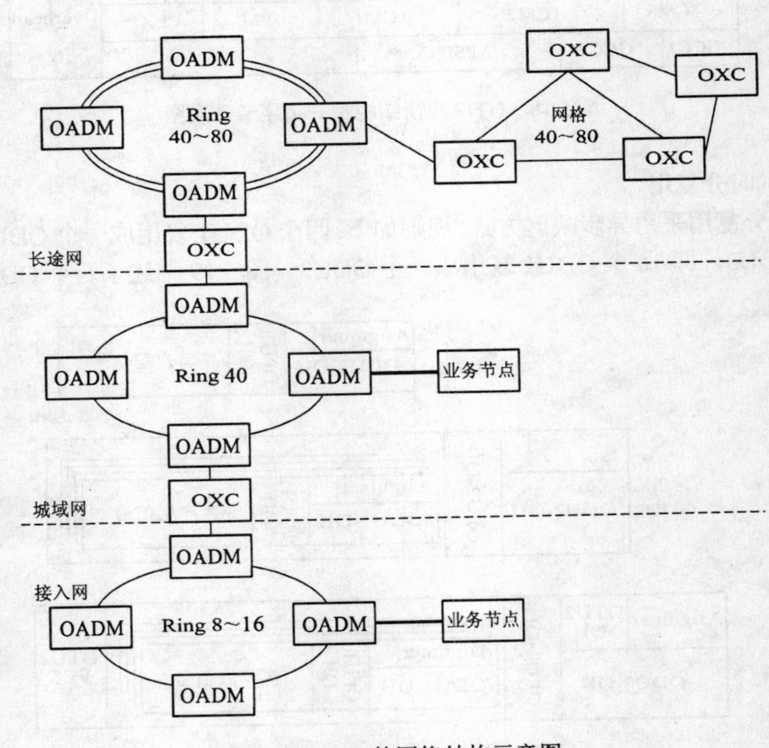

图 5.20 OTN 的网络结构示意图

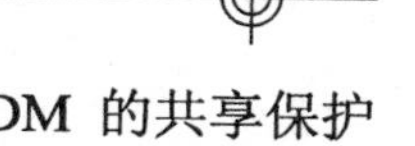

带宽管理，通常物理上采用网孔结构，在网络恢复策略上可以采用基于 OADM 的共享保护环方式，也可以采用基于 OXC 的网格恢复结构。在城域网中和接入网中则主要采用环形结构。

5.6　内容小结

在通信传输的整个系统和传输过程中，光传输系统是最基本、最重要的组成部分，也是新技术发展十分迅速的一个系统；本章是对光通信传输系统的基本组成原理与基本工作方式的论述，共分为四个部分：5.1、5.2 节简述了光通信系统的组成和采用的通信设备情况；5.3 节简述了目前常用的光波分复用通信系统的组成与工作原理；5.4 节简述了新一代光通信系统 MSTP/ASON 的技术发展思路与相关的概念；5.5 节则简述了 ITU-T 推出的基于光波分复用信道传输的新一代光联网（OTN）的系统体制与信号转换原理；本章还分别在 5.3 节和 5.4 节介绍了国内常用的光传输设备的实例介绍；整章内容构成了现代光通信传输系统的基本组成要点。

5.1 节光通信系统概述，从光电信号转换、光通信系统的组成和光通信系统的分层结构体制等 3 个方面，概述了光通信系统的基本结构组成和工作原理，使读者对光通信系统组成与光电信号转换建立初步的、基本的认识。要求掌握光通信系统组成情况、光电信号的转换原理，以及光通信系统的 3 层转换原理。

5.2 节光传输设备系统，详细介绍了 4 种光通信系统设备、光传输系统的组网情况以及光传输线路系统的参数设计计算方法，使读者对各种光通信传输设备和系统组网（自愈网）结构情况建立基本的认识。要求掌握光通信系统常用的 4 种光通信系统设备概念和工作原理，以及光传输线路系统的参数设计计算方法；认识 4 种光通信传输系统组网结构情况以及光通信自愈网的系统特点。

5.3 节光纤波分复用系统，详细介绍了光纤波分复用系统的基本系统组成和工作原理，并介绍了武汉烽火网络公司的 2 种相应设备实例，使读者对光纤波分复用系统的基本组成情况有一个全面的认识。要求掌握光纤波分复用系统的基本系统组成原理，以及密集波分复用（DWDM）、稀疏波分复用（CWDM）等基本概念；认识光纤波分复用系统的基本系统工作原理、光纤波分复用器件的工作原理、相应光纤的使用原理以及 2 种光通信设备的应用特点。

5.4 节光通信系统的综合业务传输与智能化，详细介绍了光通信系统发展的 2 种技术要点：MSTP 与 ASON；并分析了新一代光通信网络的发展情况；使读者对光传输的工作要点和新技术的发展过程有一个基本认识。要求掌握 MSTP 与 ASON 的概念与工作原理。认识智能光网络技术是未来光通信的技术发展方向，以及 2 种 MSTP 系统设备特征。

5.5 节光传送网（OTN），详细介绍了基于光纤波长为传送单元的 ITU-T 新一代光传送网体制，这是一种适用范围更广、传送容量更大、具备光传输智能化功能的面向下一代的光通信传输体制。要求掌握光传送网（OTN）的基本概念、网络分层工作原理、帧结构的形成方式以及 2 种光传输设备（OADM、OXC）的工作原理。认识光传送网（OTN）的结构组成和信号映射复用形成情况。

思 考 题

1．简述光通信传输系统的概念、种类与系统划分情况；并简述光电转换与传输系统的结构组成与工作原理。

2．简述我国光通信传输系统的组网结构与工作原理，并绘制“数字光纤通信传输系统结构方框示意图”。

3．简述 SDH 传送网的 3 种基本设备单元的工作原理。

4．简介 SDH 传送网的系统组成结构与各自的工作原理。

5．简述 SDH 传输 SDXC 系统的 SDXC p/q 组成形式的含义、分类编号。

6．简述以太网光电转换器的协议组成、种类和作用。

7．简介我国 SDH 光传输系统的组网结构与工作原理，并介绍光传输设备的自愈保护环网的工作原理。

8．介绍光传输线路中继段长度计算原理。

9．介绍波分复用光纤系统的概念和工作原理，并解释密集波分复用（DWDM）与稀疏波分复用（CWDM）的概念。

10．简介波分复用光纤系统的组成结构、主要设备的作用。

11．简介波分复用光纤系统所用通信光缆的型号与使用原理。

12．简述光波分复用系统传输原理与波长（频率）划分原理。

13．简介 MSTP 光传输技术的概念与工作原理、并比较三代 MSTP 光传输技术的特点。

14．简介 MPLS 技术的概念与组网结构，并简述该技术在第三代 MSTP 光传输系统中的使用特点。

15．简介 ASON 光传输技术的概念、结构组成与工作原理，并与 MPLS 技术特点加以比较。

16．简述 ASON 光传输技术的特点、应用情况和未来发展趋势。

17．简述光传送网（OTN）的基本概念与网络分层工作原理。

18．简介帧结构的形成方式以及 2 种光传输设备（OADM、OXC）的工作原理。

19．名词解释

根据书中所讲内容，按照“内容、组成（或结构）、作用和特点”4 个方面，解释下列名词。

（1）数字光纤通信原理、光纤通信的三层通道、TM、ADM、DXC、以太网光纤收发器。

（2）光纤波分复用、DWDM、CWDM、MSTP、ASON、光传输自愈保护网。

（3）光纤交叉连接设备 OXC；光分插复用器（OADM）；光传送网（OTN）。

第6章　电话交换系统

新一代（NGN）综合（业务）通信交换网络已逐步向我们走来，但传统的程控电话交换机网络，仍是目前常用的交换方式；在今后仍将发挥应有的接口设备的作用。交换系统，作为整个通信系统的核心组成部分，占据着通信系统的十分重要的地位。本章就是对电话交换系统——包括“程控电话交换（SPC）系统”和新一代“综合通信交换系统”的基本论述，共分为三个部分：6.1 节简述了程控交换系统的软硬件组成情况；6.2、6.3 节简述了交换系统的工作流程和交换网络的构成原理；6.4 节则是对新一代（NGN）综合通信交换系统的介绍。整章内容，构成了现代通信交换系统的理论要点。

6.1　程控交换系统概述

6.1.1　程控交换机概述

程控交换机，指“由计算机程序控制的电话通信数字式交换机”，是 20 世纪 80 年代至 20 世纪末风靡全球的主流通信设备。其主要作用，是用来传送“电话通信业务”——将电话电缆传来的模拟电话话音信号，转化为 PCM 数字（电话）信号，然后与被叫用户接通，开展双方的通话业务。

与以往的交换机不同的是，程控交换机采用“数字信号”的方式传递和处理信号，并且采用当代先进的电子计算机技术和设备，进行通信流程的设置和运行——与前一代“布控交换机”相比，极大地提高了电话通信的话音质量和接通速度，该技术与光纤数字传输技术一起，开创了通信技术的新时代。

在网络的组成上，由于采用全数字化的传输和交换技术，组成了全国乃至世界互联互通的大型程控交换网络，将电话通信技术发展到了很高的程度。在城市中，采用了中心局和“无人值守接入网机房”的“两级组网”结构，形成了遍及千家万户的电话通信网络，为通信网进一步向互联网为主的下一代技术发展，奠定了基础。至今，程控交换机组成的电话网，仍是组成通信网的重要接入网络，仍然发挥着重要的接口作用。

在国内实际使用的设备上，进入 20 世纪 90 年代以来，以深圳华为公司和中兴通信公司为代表的新一代通信设备生产商的迅速崛起，华为的 C&08 型数字程控交换机和中兴通信的 ZXJ10 型数字程控交换机，标志着中国信息工业的高水平和高性价比；逐渐在国内，甚至国外程控交换机的领域，占据主导地位。

6.1.2　程控交换机的硬件系统组成

1.　通信系统组成与原理

图 6.1 就是程控交换机的系统组成，可以简单地看做由“通话系统”和电子计算机组

成的“控制系统”两部分组成。

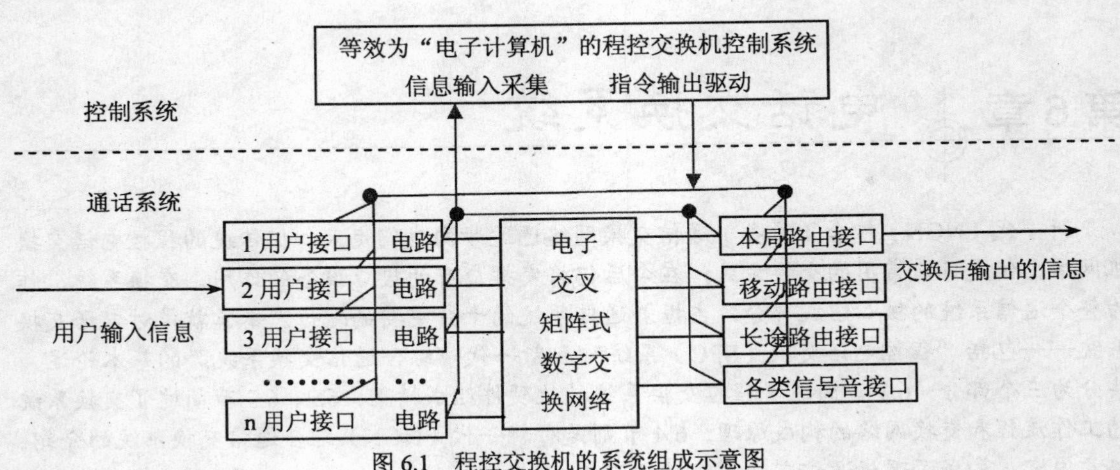

图 6.1　程控交换机的系统组成示意图

图 6.1 中表达了交换系统的 3 个作用：第一，左边 1~n 个用户信息的接入，表示所有的用户都可以接入交换系统，进行信息的沟通处理。第二，中间的“电子交叉矩阵电路”和右边的“各类路由接口电路”，表明每个用户都可以选择各种被叫用户的种类，当被叫用户无法沟通时，则由“各类信号音接口”电路，为主叫用户播放相关的被叫信息，如“当前被叫用户忙，请稍后再拨”等被叫当前状态信息。第三，电话通信的过程中，是由电子计算机承担“控制系统”的重任的：它通过“(批量)信息采集、(批量)内部程序处理、输出驱动路由接通处理”等标准化的控制流程，一步步引导用户完成电话通信的整个过程。

2. 通话系统组成

通话系统，是指“传输、处理电话通信信息流的通道”，是由接口电路（“用户接口电路”和“各类路由接口电路”）和电子交叉矩阵式数字（信号）交换网络组成的，用来在控制电路的指挥下，为主叫电话用户和被叫电话用户建立一条临时的“通话通道”完成电话通信的业务，如图 6.1 所示。

其中，“用户电路”是所有电话通信用户都具有的一个关键设备，它负责连接用户与交换机的连接，传递各类相关信息，并进行通信信息的数字化转换。其系统示意图，如图 6.2 所示。

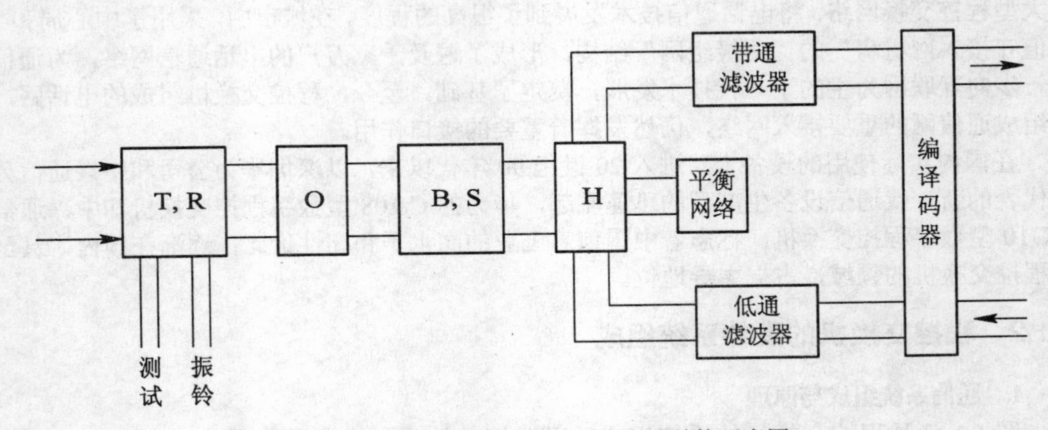

图 6.2　实现 BORSCHT 功能的用户电路结构示意图

按照功能要求，用户电路必须完成以下七项功能：B 馈电、O 过电压保护、R 振铃、S 监测、C 数模转换、H 2/4 线转换、T 测试等，简称为 BORSCHT（读音[boʃ]，音“博西”）功能。

用户电路的 BORSCHT 七项具体功能，如下表 6.1 所示。

表 6.1 用户电路的 BORSCHT 七项功能明细表

序号	功能参数	英文词组	功能含义
1	B	Battery	向主叫用户（电话机）提供应-48V 直流电源——馈电
2	O	Over Voitage Protection	过电压保护：保护交换机内线设备不受外界高电压、电流的侵害
3	R	Ring	向主被叫电话用户发出“振铃”信号，或是“彩铃”信号
4	S	Supervision	监测用户线上的状态（电压值）变化：检测用户摘机、挂机变化
5	C	Codec	对用户信号进行数模转换（变成 PCM 数字信号）
6	H	Hybrid	形成 2/4 线转换电路：分离主叫和被叫用户信号
7	T	Testing	测试用户线对的电气性能情况是否正常，以便接通电话用户的信道

通话系统的第二个系统，是指电子交叉矩阵式“数字（信号）交换网络”，如图 6.2 所示。这是一种典型的“交换专业网络”，负责将“所有的用户”的数字信息流，连接到“各种被叫路由方向”上去；而当被叫用户“正在通话”或有别的状态而无法立即接通时，则向主叫用户回放事先录制好的各类“声音通知片段”，如：“对方正忙，请稍后再拨”等话音片段。所以，该系统就像一个通信的“扁担”，一头连接所有的（主叫）电话用户，另一头则连接到各个方向的被叫用户路由上去。在控制计算机的指导下，承担起沟通所有用户的电话联络通道的作用。

而第三个系统，就是指“各类路由接口电路及信号音接口”，是连接各种被叫用户的路由“连接器”，以及各种“信号音放音器”，其作用一是可以将主叫用户连接到各种被叫路由上去，完成各类电话通信的完成；二是为各种（电话）通信过程提供事先准备好的各类信号音片段，保证电话通信按照规定的流程顺利进行。该系统又被称为“信令系统”,是提供程控交换机在完成话路接续过程中所必需的各种数字化的信号音、接收双音多频话机发出的“多频记发器（DTMF）”信号、接收和发送的各种信令信息等。根据功能可以分为 DTMF 收号器、随路记发器、信令的发送器和接收器、信号音发生器、No.7 信令系统的信令终端等设备。

3. 通信控制系统组成

程控交换机的“控制系统”，是指“控制设备进行通信过程”的流程控制器，其作用完全可以等效为一台大型的“电子计算机”。该计算机是安装了各种通信应用程序的、专门以程序进行控制通信过程的专用系统，由信息采集（输入）接口、内部程序分析系统和输出驱动接口系统三部分组成。根据通信的不同过程的各种状态，采取不同的处理措施，完成每个通信过程。

具体的控制系统包括处理机系统、存储器、外围设备和远端接口等部件，通过执行软件系统，来完成规定的呼叫处理、维护和管理等功能。

（1）处理机，是控制子系统的核心，是程控交换机的“大脑”。它要对交换机的各种信息进行处理，并对数字交换网络和公用资源设备进行控制，完成呼叫控制以及系统的监视、故障处理、话务统计、计费处理等。处理机还要完成对各种接口模块的控制，如用户电路的控制、中继模块的控制和信令设备的控制等。

（2）存储器，是保存程序和数据的设备，可细分为程序存储器、数据存储器等区域。一般指的是内部存储器，根据访问方式又可以分成只读存储器（ROM）和随机访问存储器（RAM）等，存储器容量的大小也会对系统的处理能力产生影响。

（3）外围设备，包括计算机系统中所有的外围部件：输入设备包括键盘、鼠标等；输出设备包括显示设备、打印机等；此外也包括各种外围存储设备，如磁盘、磁带和光盘等。

（4）远端接口，包括到集中维护操作中心 (CMOC：Centralized Maintenance＆ Operation Center)、网管中心、计费中心等的数据传送接口。

6.1.3 程控交换机的软件系统组成

1. 运行软件的组成

运行软件又称联机软件，指存放在交换机处理机系统中，对交换机的各种业务进行处理的程序和数据。根据功能不同，运行软件系统又可分为操作系统、数据库系统和应用软件三部分，如图 6.3 所示。

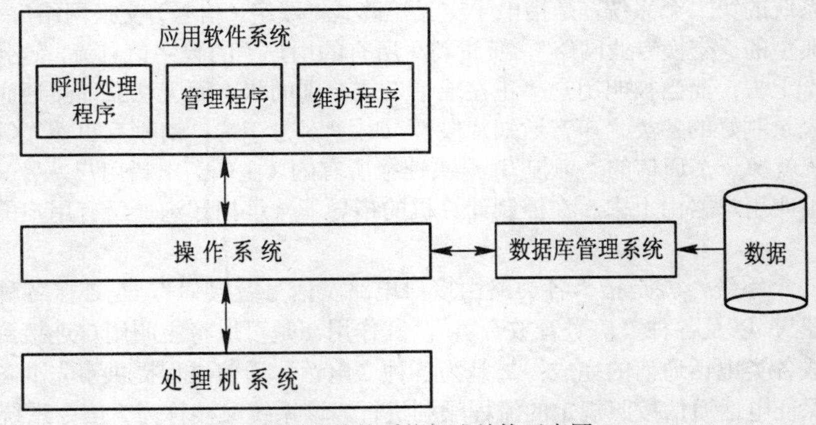

图 6.3 运行软件的系统组成结构示意图

（1）操作系统

操作系统是处理机硬件与应用程序之间的接口，用来对系统中的所有软硬件资源进行管理。程控交换机应配置实时操作系统，以便有效地管理资源和支持应用软件的执行。操作系统主要具有任务调度、通信控制、存储器管理、时间管理、系统安全和恢复等功能。

（2）数据库系统

数据库系统对软件系统中的大量数据进行集中管理，实现各部分软件对数据的共享访问，并提供数据保护等功能。

（3）应用软件系统

应用软件系统通常包括呼叫处理程序、维护和管理程序。

呼叫处理程序主要用来完成呼叫处理功能，包括呼叫的建立、监视、释放和各种新业务的处理。在这个过程中，要监视主叫用户摘机，接收用户拨号数字，进行号码分析，接通通话双方，监视双方状态，直到双方用户全部挂机为止。

维护和管理程序的主要作用是对交换机的运行状况进行维护和管理，包括及时发现和排除交换机软硬件系统的故障，进行计费管理，管理交换机运行时所需的数据，统计话务数据等功能。

（4）数据系统

在程控交换机中，所有有关交换机的信息都是通过数据来描述的，如交换机的硬件配置、使用环境、编号方案、用户当前状态、资源（如中继、路由等）的当前状态、接续路由地址等。

根据信息存在的时间特性，数据可分为半固定数据和暂时性数据两类。

半固定数据用来描述静态信息，它有两种类型：一种是与每个用户有关的数据，称为用户数据；另一种是与整个交换局有关的数据，称为局数据，这些数据在安装时一经确定，一般较少变动，因此也叫做半固定数据。半固定数据可由操作人员输入一定格式的命令加以修改。

暂时性数据用来描述交换机的动态信息，这类数据随着每次呼叫的建立过程不断产生变化，呼叫接续完成后也就没有保存的必要了，如忙闲信息表、事件登记表等。

2. 呼叫处理程序

呼叫处理程序用于控制呼叫的建立和释放。呼叫处理程序包括用户扫描、信令扫描、数字分析、路由选择、通路选择、输出驱动等功能块。

（1）用户扫描　用户扫描用来检测用户回路的状态变化：从断开到闭合或从闭合到断开。从状态的变化和用户原有的呼叫状态可判断事件的性质。例如，回路接通可能是主叫呼出，也可能是被叫应答。用户扫描程序应按一定的扫描周期执行。

（2）信令扫描　信令扫描泛指对用户线进行的收号扫描和对中继线或信令设备进行的扫描。前者包括脉冲收号或DTMF收号的扫描；后者主要是指在随路信令方式时，对各种类型的中继线和多频接收器所做的线路信令和记发器信令的扫描。

（3）数字分析　数字分析的主要任务是根据所收到的地址信令或其前几位判定接续的性质，例如判别本局呼叫、出局呼叫、汇接呼叫、长途呼叫、特种业务呼叫等。对于非本局呼叫，从数字分析和翻译功能通常可以获得用于选路的有关数据。

（4）路由选择　路由选择的任务是确定对应于呼叫去向的中继线群，从中选择一条空闲的出中继线，如果线群全忙，还可以依次确定各个迂回路由并选择空闲中继线。

（5）通路选择　通路选择在数字分析和路由选择后执行，其任务是在交换网络指定的入端与出端之间选择一条空闲的通路。软件进行通路选择的依据是存储器中链路忙闲状态的映象表。

（6）输出驱动　输出驱动程序是软件与话路子系统中各种硬件的接口，用来驱动硬件电路的动作，例如驱动数字交换网络的通路连接或释放，驱动用户电路中振铃继电器的动作等。

6.1.4 程控交换机的信令系统

1. 信令的概念与作用

信令系统是通信网的重要组成部分。信令是终端和交换机之间以及交换机和交换机之间传递的一种“信息”，也可以认为是一种程控交换系统遵循的通信“协议”。这种“通信协议”，可以指导终端、交换系统、传输系统协同运行，在指定的终端间建立和拆除临时的通信通道，并维护网路本身正常运行。所以，信令是交换机沟通用户等的“接口信息和语言”，是体现“为用户实时服务”的直接执行指令；以最简单的局间电话通信为例，我们可以看一下电话接续通信的基本信令流程，见图 6.4 所示。

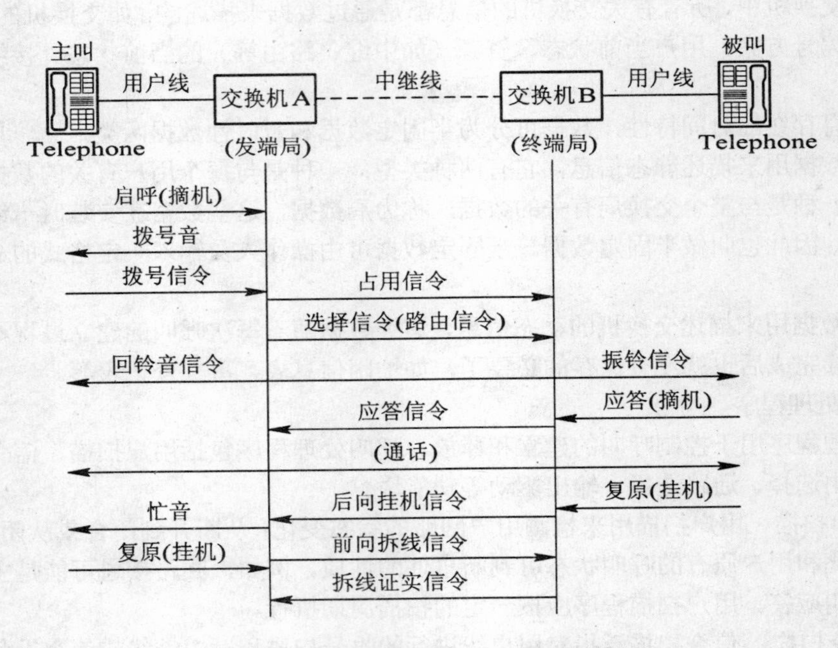

图 6.4　电话接续基本信令流程示意图

图 6.4 中，表示了“信令信号”指导通信的整个过程：首先，当主叫用户拿起电话机时，信令信息就传递到了交换机系统，表示“某个用户取机，准备要打电话了”；这时，交换机就要给用户接上一个“收号器”，接收被叫用户电话数字号码；同时，还要给主叫用户送出拨号音——通过交换网络，接上一个“拨号音发生器”；第二步，当收好了被叫用户号码后，交换机 A 局向被叫交换机 B 局选择局间通话路由，接通主叫用户的“回铃音信令信息”，和被叫用户的“振铃信令信息”；第三步，是“双方通话监视”信令信息；第四步，则是“双方复原挂机”信令信息。

信令信息就是这样，在通信的整个过程中，引导通信的“整个事件”，完成整个通信流程。与新一代的互联网各类通信“协议”，具有相类似的功能，都是通信的规范流程。

2. 信令分类

（1）按信令的工作区域分类

按信令的工作区域的不同，分为“用户线信令”和“局间信令”两大类。

①用户线信令：指在终端和交换机之间的用户线上传输的信令。其中在模拟用户线上传输的叫模拟用户线信令，主要包括用户终端向交换机发送的监视信令和地址信令，例如主、被叫用户的摘机和挂机信令，主叫用户拨打的电话号码等；交换机向用户发送的信令主要有拨号音、忙音以及各种提示录音等。在数字用户线上传送的信令则叫数字用户线信令，目前主要有在N-ISDN中使用的DSS1信令和在B-ISDN中使用的DSS2信令，它们比模拟用户线信令传递的信息要多。由于每一条用户线都要配置一套用户线信令设备，因此用户线信令应尽量简单，以降低设备的复杂度和成本。

②局间信令： 指在交换机和交换机之间、交换机与业务控制节点之间等传递的信令。它们主要用来控制连接的建立、监视、释放，网络的监控、测试等功能。局间信令功能要比用户线信令复杂得多。

（2）按所完成的功能分类

按所完成的功能不同，信令可分为以下几类：

①监视信令：监视用户线和中继线的状态变化。

②地址信令：主叫话机发出的数字信号以及交换机间传送的路由选择信息。

③维护管理信令：线路拥塞、计费以及故障告警等信息。

（3）按信令的传送方向分类

在通信网中，按照信令的传送方向，信令分为“前向信令”和“后向信令”。

①前向信令：主叫用户方向发往被叫用户方向的信令。

②后向信令：被叫用户方向发往主叫用户方向的信令。

（4）按信令信道与用户信息传送信道的关系分类

按信令信道与用户信息传送信道的关系分，信令可分为随路信令(CAS：Channel Associated Signaling)和公共信道信令(CCS：Common Channel Signaling)两种，如图6.5所示。

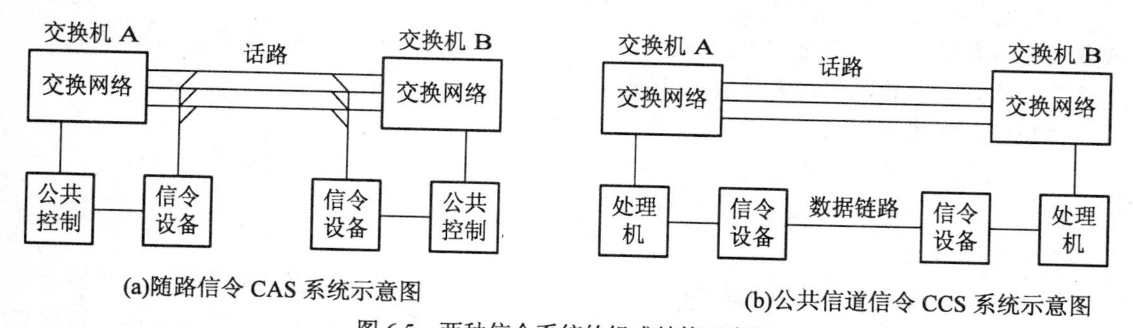

(a)随路信令 CAS 系统示意图　　(b)公共信道信令 CCS 系统示意图

图6.5　两种信令系统的组成结构示意图

图6.5 (a)是CAS系统的示意图，其主要特点是信令与用户信息在同一条信道上传送，或信令信道与对应的用户信息传送信道一一对应。我们看到两端交换节点的信令设备之间没有直接相连的信令信道，信令是通过对应的用户信息信道来传送的。以传统电话网为例，当有一个呼叫到来时，交换机先为该呼叫选择一条到下一交换机的空闲话路，然后在这条空闲的话路上传递信令，当端到端的连接建立成功后，再在该话路上传递用户的话音信号。在过去的模拟电话通信网、X.25网络中该方式被广泛使用，我国在模拟电话网时代广泛使用的中国1号信令系统就是一个典型的带内多频互控随路信令系统。

图 6.5(b)是 CCS 系统的示意图，其主要特点是信令在一条与用户信息信道分开的信道上传送，并且该信令信道并非某一个用户信息信道的专用信令信道，而是为一群用户信息信道所共享。我们看到两端交换节点的信令设备之间有直接相连的信令信道，信令的传送是与话路分开的、无关的。仍以电话呼叫为例，当一个呼叫到来时，交换节点先在专门的信令信道上传送信令，端到端的连接建立成功后，再在选好的话路上传递话音信号。

3. 信令的工作方式

在通信网上，不同厂商的设备要相互配合工作，就要求设备之间传递的信令遵守一定的规则和约定，这就是信令方式，它包含信令的编码方式、信令在多段链路上的传送方式及控制方式。信令方式的选择对通信质量、业务的实现影响很大。

（1）编码方式　信令有未编码方式和已编码方式两种。

未编码方式的信令可按脉冲幅度的不同、脉冲持续时间的不同、脉冲数量的不同来进行区分。它在过去的模拟电话网上的随路信令系统中使用，由于编码容量小、传输速度慢等缺点，目前已不再使用。

已编码方式有以下几种形式：

①模拟编码方式

有起止式单频编码、双频二进制编码和多频编码方式，其中使用最多的是多频编码方式。以我国 1 号记发器信令为例，它的前向信令就设置了六种频率，每次取出两个同时发出，表示一种信令，共有 15 种编码。多频编码方式的特点是编码较多，有自检能力，可靠性较好等，曾被广泛地使用于随路信令系统中。

②二进制编码方式

典型的代表是数字型线路信令，它使用 4 bit 二进制编码来表示线路的状态信息。

③信令单元方式

其实就是不定长分组形式，用经二进制编码的若干字节构成的信令单元来表示各种信令。该方式编码容量大、传输速度快、可靠性高、可扩充性强，是目前的各类公共信道信令系统广泛采用的方式，其典型代表是 No.7 信令系统。

（2）传送方式

信令在多段链路上的传送方式有三种，如下图 6.6 所示。下面以电话通信为例，说明每种工作过程。

①端到端方式

如图 6.6（1）所示，发端局的收号器收到用户发来的全部号码后，由发端局发号器发送第一转接局所需的长途区号（图中用 ABC 表示），并完成到第一转接局的接续；第一转接局根据收到的长途区号，完成到第二转接局的接续，再由发端发号器向第二转接局发送 ABC，第二转接局根据 ABC 找到收端局，完成到收端局的接续；此时发端局向收端局发送用户号码（图中用 XXXX 表示），建立发端到收端的接续。端到端的特点是，发码速度快、拨号后等待时间短，但要求全程采用同样的信令系统，并且发端信令设备连接建立期间占用周期长。

②逐段转发方式

如图 6.6（2）所示，信令逐段进行接收和转发，全部被叫号码由每一个转接局全部接收，并依次逐段转发出去。逐段转发的特点是，对链路质量要求不高，在每一段链路上的信令形式可以不一样，但其信令的传输速度慢，连接建立的时间比端到端方式慢。

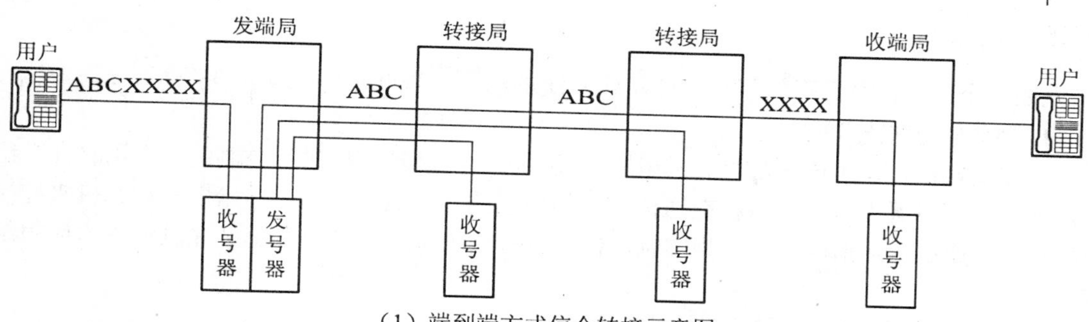

（1）端到端方式信令转接示意图

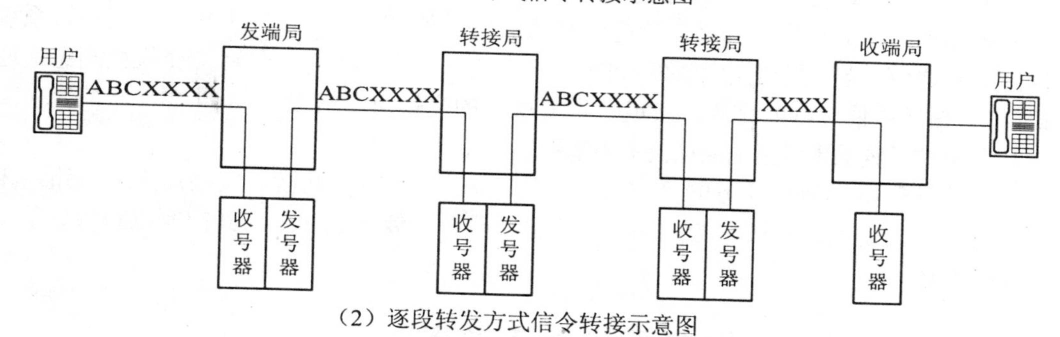

（2）逐段转发方式信令转接示意图

图 6.6　两种信令转接方式示意图

③混合方式

实际应用中，常将两种方式结合起来混合使用。如在中国 1 号信令中，可根据链路的质量，在劣质链路上采用逐段转发方式，在优质链路上采用端到端方式。目前的 No.7 信令系统中，主要采用逐段转发方式，但也支持端到端的信令方式。

（3）控制方式

控制方式指控制信令发送过程的方式，主要有以下三种：

①非互控方式

发端连续向收端发送信令，而不必等待收端的证实信号。该方法控制机制简单，发码速度快，适用于误码率很低的数字信道。

②半互控方式

发端向收端发送一个或一组信令后，必须等待收到收端回送的证实信号后，才能接着发送下一个信号。半互控方式中前向信令的发送受控于后向证实信令。

③全互控方式

该方式发端连续发送一个前向信令，且不能自动中断，直到收到收端发来的后向证实信令，才停止该前向信令的发送，收端后向证实信令的发送也是连续且不能自动中断的，直到发端停发前向信令，才能停发该证实信令。这种不间断的连续互控方式抗干扰能力强，可靠性好，但设备复杂，发码速度慢，主要用于过去传输质量差的模拟电路上。目前在公共信道方式中已不再使用。

目前在 No.7 信令系统中，主要采用非互控方式，但是为保证可靠性，并没有完全取消后向证实信令。

6.1.5 结束语

上面 4 个内容，全面介绍了程控交换机系统的组成，现在总结成如下 3 条特点：

1. 现代最先进技术的应用

程控交换机，是由电子信息集成电路“设备硬件”和计算机进行控制的“应用软件”组合形成的。可以看做电子计算机在通信交换领域里的一个具体应用——用电子计算机来控制交换机，完成电话通信的一个典型实例，代表着时代（1980—1999 年）最先进的技术应用组成。

2. 首次采用了智能化（编程）信息技术

采用标准的计算机应用程序，进行信息的监控、处理和维护，大大提高了交换机系统的处理能力和通信质量。采用全世界统一的 No.7 信令——可以理解为“程控交换机的电话通信协议族”，指导通信过程的完成，形成了世界统一的交换组网格局。

3. 建立在传统的电话通信交换技术的基础之上

主要是基于电话通信业务的“实时通信”，基于电子的大规模交叉接点矩阵电路，采用数字信号的“固定连接交换”的方式，完成通话服务。要注意的是，其控制电路与通信链路是不可分离的。

6.2 程控交换的系统布局与通话过程

6.2.1 程控交换的系统布局

1. 交换系统组网格局概述

通信交换设备，是通信系统的指挥设备；其组网布局往往决定了通信系统的整个组成格局，在通信的过程中，起着至关重要的作用。

交换设备的布局，在城市用户较少的 20 世纪 90 年代初期（1992 年前），主要是以各个电信分局覆盖周边 4~6Km 范围城市交接区的方式，即以“单局制”覆盖用户的方式，提供电话业务。

随着国民经济的不断发展，城市规模的扩大，市区人口数量的激增，以及各类交换设备性能，特别是远端交换模块局（交换节点设备）系统的不断研制成熟，目前的程控交换系统均采用“交换母局+各个节点机房远端交换模块局系统”的城域网与接入网相结合的两级交换网络格局；其中上级母局主要承担各个区域之间的通信转接，而节点机房交换设备则起到“疏通本交换区内电话通信用户”和“为电话用户接收被叫电话号码”的通信功能，具体的组网结构图如图 6.7 所示。

由上图可以看出，交换系统组网一般由“中心交换母局”、“接入网远端交换系统”和“终端用户系统”三个部分组成。中间配以串接的光传输系统，和“星型结构”的接入网线路系统，组成了整个通信系统的网络格局。

2. 各级通信交换系统简述

（1）中心交换母局系统

是在原有的各个电信分局基础上发展起来的，作为直接与各个节点交换设备相连接的高效率交换汇接系统，起到交换、汇接和疏通本区域内所有电话交换业务，以及系统监控的通信任务。特别是对不具备交换功能的远端用户单元（RSU），对其所有的电话业务，执行交换功能。

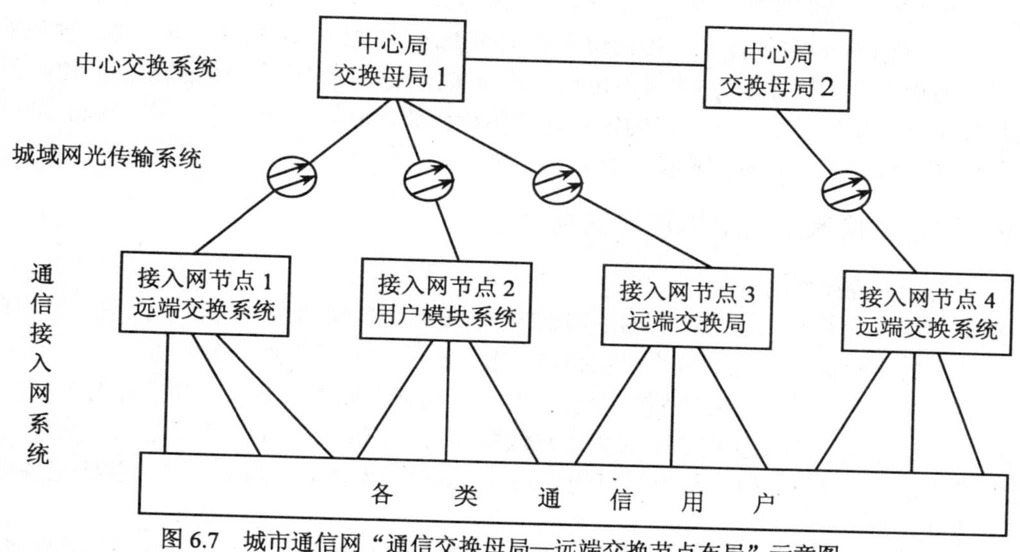

图6.7 城市通信网“通信交换母局—远端交换节点布局”示意图

（2）节点机房交换系统

此时根据接入网用户的分布情况和节点机房的布局情况，分为 “用户模块”、“用户交换系统”和“通信交换单局”等3种不同规格的节点交换设备，下面分别简介。

①远端用户模块（RSU）

由“用户电路+用户远端集线器（即“用户模块”）”2部分组成，一般还带有“用户各类信号音装置”和“用户被叫号码接收器”等辅助交换设备，但不具备交换设备，不能进行本区域用户的内部交换作用。完成的通信功能主要有三类：一是对用户的忙闲情况进行监控；二是执行部分交换功能，即一旦用户取机，便向用户送出拨号音信息，并且接收用户发来的被叫用户号码信息，并转发给上级交换母局；三是通过“用户远端集线器”，执行用户线路的汇聚功能，将正在通信的少量用户，建立信息集中通道，汇聚至上级交换母局，进行通信接续；而对未参加通信的其他大量用户，则无须提供信息通道。

②用户远端交换系统（RSM）

由“用户模块+用户级交换模块”及“用户各类信号音装置”和“用户被叫号码接收器”等辅助交换设备组成，已经初步具备本区域内用户的交换功能。完成的通信功能主要有两大类，一是完成本区域内的用户交换通信作用；二是转接完成本区域用户与其他区域用户或长途用户之间的交换通信功能。

③远端通信交换单局（RLS）

完整意义上的远端通信交换无人职守局，除具备“用户远端交换系统（RSM）”的所有功能之外，还具备联接“远端用户模块（RSU）”的功能，即可以组成某个区域内的完整的交换通信系统，可以直接与长途交换局或移动交换中心进行路由转接，也可以升级为有人职守交换端局。

（3）通信交换传输系统

城市通信交换系统之间的传输通常采用“单模光纤传输系统”，随着城市交换业务量的增加，城域网也朝着光纤稀疏波分复用（CWDM）的方向发展。传输系统的作用，就是为上层交换系统提供“透明的信号传输”功能，具体的传输技术主要分为三种方式：一是采用通用的 SDH 光同步传输系统技术，传输速率有 155Mb/s、622Mb/s 和 2.5Gb/s；第二种是采用国际通用的接入网传输体系 V5.2 结构传输系统技术，最高容量可一次传输 16 个 2 Mb/s 系统；第三种技术是各交换设备厂商自己确定的内部传输协议，利用光纤传输方式，在自己交换通信系统内部，传输相应容量的通信链路。

6.2.2 程控交换系统的虚拟用户交换机

1. 虚拟用户交换机的概念

所谓“虚拟用户交换机”，就是指在用户企业里采用向电信公司租赁的方式，建立自己企业的特有的电话通信系统，分为“虚拟机”和“企业用户交换机”2 个部分。

所谓虚拟机的概念，是指在程控交换机中，利用软件配置的方式，为具体的企业“量身打造”一个企业自己的交换机，表现为用户线将企业内部的各个电话连接起来，接到电信公司的相关终端上的方式。而不是像原来的方式那样，专门为企业再建立一个实体的交换机（硬件）的方式。

所谓“企业用户交换机”的概念，就是为企业专门设置的电话通信系统，该系统连接到企业的各个电话机之处，企业用户的内部通话，可以是免费的，并且是可以拨打“企业内部短号码”的。当企业用户要拨打外部电话用户时，要先拨“0”（或别的指定的号码），待占用了空闲的外部线路，听到“外线占用成功信号音”后，再拨打外线号码，以接通外线用户。

2. 用户交换机的设置

这是指电信公司以“虚拟用户交换机”的形式，为企业设置其自己的“企业用户交换机”。企业用户交换机的配置，都在电信公司的程控交换机上完成，只是将各类电话线的布线，全部连接到电信公司的程控交换机的特殊“虚拟用户交换机模块”上，完成该企业“内部交换机”的所有功能，包括“内部短号与免费通话”、“拨通外线完成通信”等所有的功能。看起来，就好像有一台企业用户自己的交换机一样。这样，将所有的通信设备的建设、维护工作，都交给专业的电信公司来承担，保证了企业通信的特殊性和经济性，降低了通信费用，也为电信公司开辟了新的用户服务方式，这是现在企业最常用的自身电话通信方式。

6.2.3 通信程控交换系统的通话过程

通信交换系统的工作原理可用计算机系统的工作原理来等效理解：即信令系统的“信息采集（输入）”、中央 CPU 系统的“信息分析处理”和交换系统的“输出驱动指令”与相应的通信交换系统动作等三部分组成；而通信交换系统的交换过程可分为如下 2 个过程：

过程一：主叫用户摘机，发出呼叫请求—交换机送出拨号音（如图 6.8 所示）；

过程二：交换系统接通用户—用户通话结束。

下面分别予以叙述。

1. 电话交换过程之一：主叫用户摘机，发出呼叫请求—交换机送出“拨号音”

当一个电话用户拿起电话时（专业上称为“主叫用户摘机”），便开始了电话交换的过程，我们从以下三个部分加以分析。

（1）信息采集（输入）

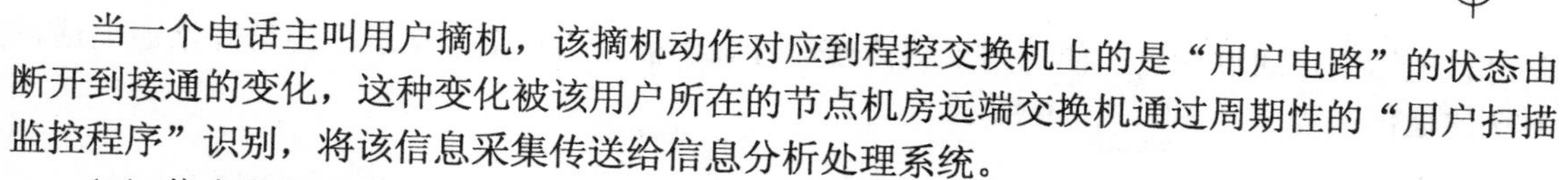

当一个电话主叫用户摘机，该摘机动作对应到程控交换机上的是“用户电路”的状态由断开到接通的变化，这种变化被该用户所在的节点机房远端交换机通过周期性的“用户扫描监控程序”识别，将该信息采集传送给信息分析处理系统。

（2）信息分析处理（内部分析）

中央 CPU 系统收到“用户摘机”信息后，寻找该主叫用户对应的用户线的物理连接位置（设备码），检索和分析主叫用户类别、线路种类、收号种类等信息（这些信息对于一个呼叫的处理是必不可少的），由此确定下一步工作程序：通过集线器网络或 TST 交换网络，接入收号器电路，同时接入“拨号音”信号发生器。

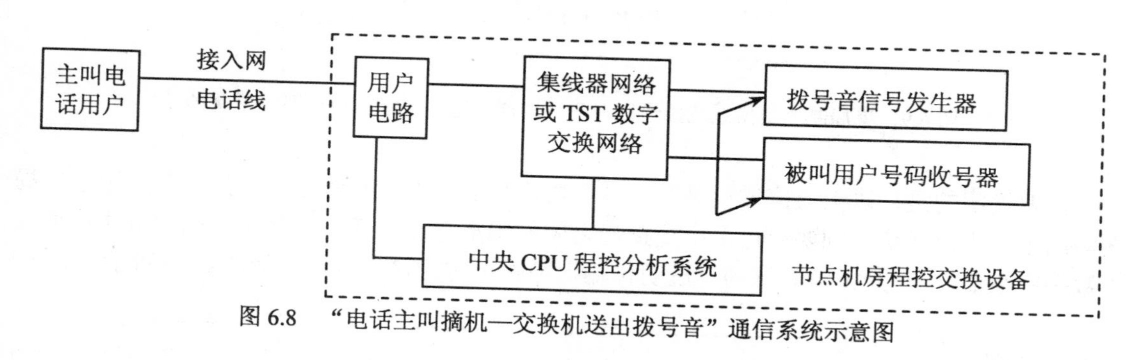

图 6.8　“电话主叫摘机—交换机送出拨号音”通信系统示意图

（3）输出驱动指令（输出指令）

在对主叫用户的上述分析结束后，如果判定这是一个可以继续的呼叫，交换机就寻找一个空闲的收号器，通过集线器网络或 TST 交换网络，并把它连接到主叫用户回路上去，同时连接的还有作为提示的拨号音。

此时该电话用户通过话机，便听到了拨号音信号。准备开始拨出被叫用户号码。

2．电话交换过程之二：交换系统接通用户—形成通话链路系统

当主叫电话用户拨出被叫电话号码时，交换机接收被叫用户号码，经过分析处理后，安排双方通信链路，便开始接通主被叫用户的电话交换的过程，我们从以下三个部分加以分析。

（1）信息采集（输入）

当主叫电话用户拨出“被叫电话号码”时，交换机收号器接收被叫用户号码，并将该信息采集传送给信息分析处理系统。

（2）信息分析处理（内部分析）

中央控制系统收到“被叫用户号码”信息后，寻找该被叫用户路由及通信链路位置，检索和分析被叫用户类别、忙闲情况等即时信息（这些信息对于一个呼叫的处理是必不可少的），由此确定下一步工作程序：通过 TST 交换网络，接通被叫“用户电路”，由它向被叫用户送出“振铃信号”，同时由主叫“用户电路”向主叫用户送出“回铃音”信号。

（3）输出驱动指令（输出指令）

在对通信用户的上述信息分析结束后，如果判定这是一个可以继续的呼叫——即被叫用户被找到，并处于“空闲”状态；交换系统就寻找一个空闲的交换链路，通过集线器网络或 TST 交换网络，连接到主叫和被叫用户，同时向双方送出“振铃信号（被叫用户）”和“回铃音信号（主叫用户）”，一旦双方通话，便形成通信回路，并开始计费，直至双方结束通话。

此时该电话用户通过话机，便听到了回铃音信号。当被叫用户拿起话机，便可开始通电话。系统的通信过程原理图如图6.9所示。

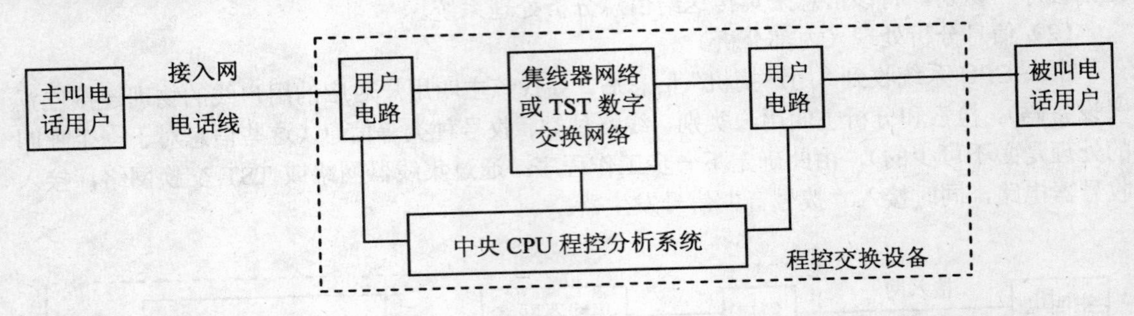

图6.9　单局制“交换系统接通用户—形成通话链路系统”通信系统示意图

需要说明的是，以上通信过程是在“本局内用户之间”进行的通信，如果是多个电信局之间的电话用户通信，则要经过多个交换局之间的中继链路转接，交换机之间的链路均通过“数字中继器”，在光传输系统的“透明传输”模式下进行接口传输，如图6.10所示。

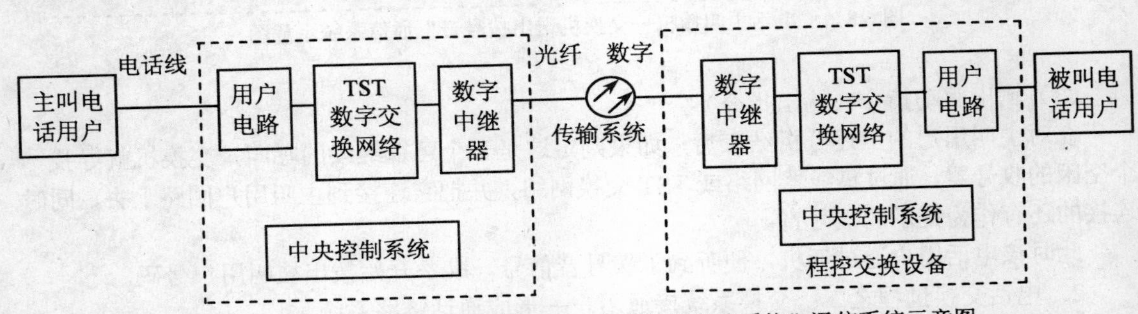

图6.10　多局制“交换系统接通用户—形成通话链路系统”通信系统示意图

此时的电话通信，是经过2个以上的程控交换机的转接：主叫用户在“发话端交换机系统”的城市，中间经过若干个长途交换机的转接，以及若干段光纤传输系统的汇接，最后到达另一个城市的“受话端交换机系统”，连接上被叫用户，形成通话的数字信道，开始数字传输式的通话。当通话完成时，这条临时建立起来的数字通道，就会自动断开，供其他通信用户使用，开始下一个轮回的通信过程。

6.3　电话通信网系统简介

6.3.1　电话通信网的结构

网络的结构是指对网络中各交换中心（局）的一种安排。从等级上考虑，电话网的基本结构形式分为“等级网”和“无级网”两种。在等级网中，每个交换中心被赋予一定的等级，不同等级的交换中心采用不同的连接方式，低等级的交换中心一般要连接到高等级的交换中心。在无级网中，每个交换中心都处于相同的等级，完全平等，各交换中心采用网状网或不完全网状网相连。

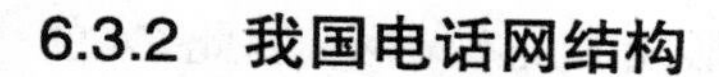

6.3.2 我国电话网结构

我国电话网目前采用等级制，并将逐步向无级网发展。早在 1973 年电话网建设初期，鉴于当时长途话务流量的流向与行政管理的从属关系互相一致，大部分的话务流量是在同区的上下级之间，即话务流量呈现出纵向的特点，原邮电部规定我国电话网的网络等级分为五级，包括长途网和本地网两部分。长途网由大区中心 C1、省中心 C2、地区中心 C3、县中心 C4 等四级长途交换中心组成，本地网由第五级交换中心即端局 C5 和汇接局 Tm 组成。等级结构如图 6.11（1）所示。这种结构在电话网中由人工到自动、模拟到数字的过渡中起了很好的作用，但在通信事业快速发展的今天，其存在的问题也日趋明显。就全网的服务质量而言，其问题主要表现为如下几个方面。

1. 转接段数多：如两个跨地区的县用户之间的呼叫，须经 C2、C3、C4 等多级长途交换中心转接，接续时延长，传输损耗大，接通率低。

2. 可靠性差：一旦某节点或某段电路出现故障，将会造成局部阻塞。

随着社会和经济的发展，电话普及率的提高以及非纵向话务流量日趋增多，要求电话网的网络结构要不断地发生变化才能满足要求；电信基础网络的迅速发展使得电话网的网络结构发生变化成为可能，并符合经济合理性；同时，电话网自身的建设也在不断地改变着网络结构的形式和形态。目前，我国的电话网已由五级网向三级网过渡，其演变推动力有以下两个：

（1）随着 C1、C2 间话务量的增加，C1、C2 间直达电路增多，从而使 C1 局的转接作用减弱，当所有省会城市之间均有直达电路相连时，C1 的转接作用完全消失，因此 C1、C2 局可以合并为一级。

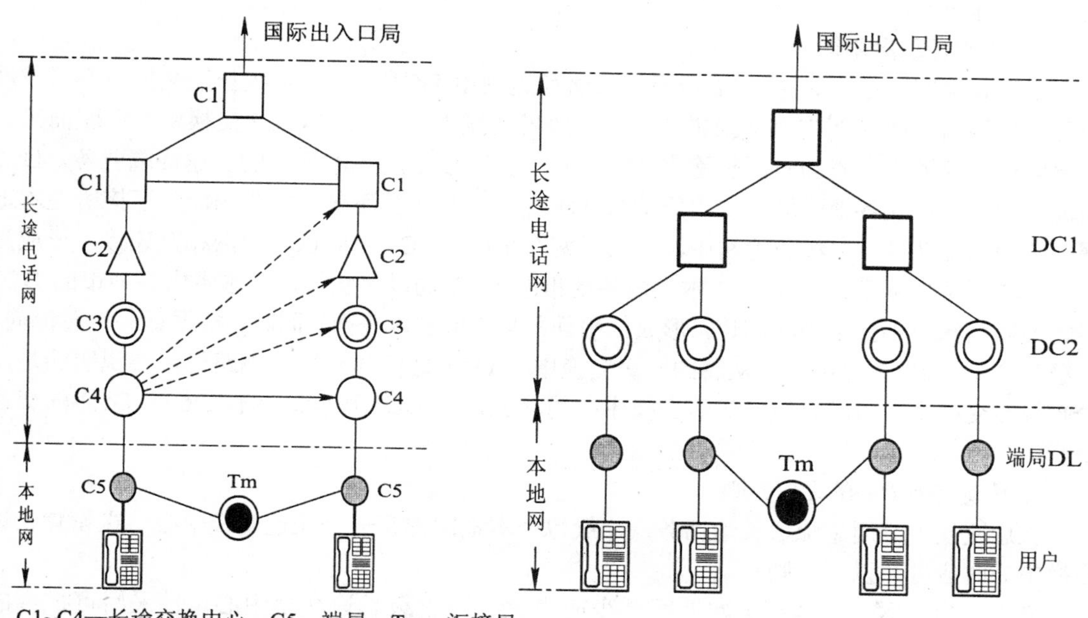

（1） 我国早期的五级交换网等级结构图

（2）程控交换的三级交换网络等级结构图

图 6.11 通信交换网络等级结构图的变迁示意图

（2）全国范围的地区扩大本地网已经形成，即以 C3 为中心形成扩大本地网，因此 C4 的长途作用也已消失。

三级网网络结构如图 6.11(2)所示。三级网也包括长途网和本地网两部分，其中长途网由一级长途交换中心 DC1、二级长途交换中心 DC2 组成，本地网与五级网类似，由端局 DL 和汇接局 Tm 组成。

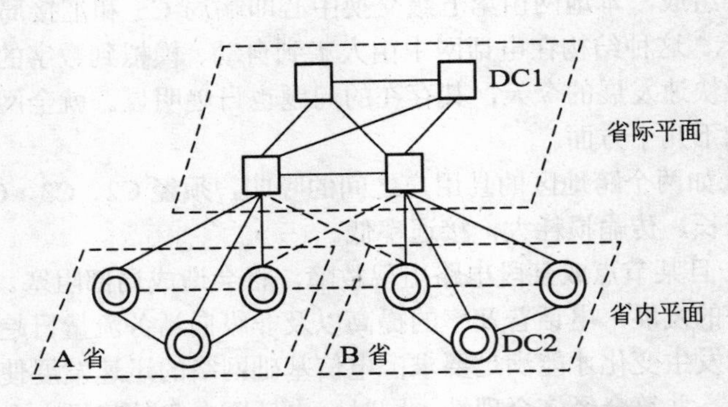

图 6.12 “二级结构”长途电话网络结构示意图

6.3.3 国内长途电话网

长途电话网由各城市的长途交换中心、长市中继线和局间长途电路组成，用来疏通各个不同本地网之间的长途话务。长途电话网中的节点是各长途交换局，各长途交换局之间的电路即为长途电路。

1. 长途网等级结构

二级长途网的结构如图 6.12 所示。二级长途网由 DC1、DC2 两级长途交换中心组成，为复合型网络。DC1 为省级交换中心，设在各省会城市，由原 C1、C2 交换中心演变而来，主要职能是疏通所在省的省际长途来话、去话业务，以及所在本地网的长途终端业务。DC2 为地区中心，设在各地区城市，由原 C3、C4 交换中心演变而来，主要职能是汇接所在本地网的长途终端业务。二级长途网中，形成了两个平面。DC1 之间以网状网相互连接，形成高平面，或叫做省际平面。DC1 与本省内各地市的 DC2 局以星状相连，本省内各地市的 DC2 局之间以网状或不完全网状相连，形成低平面，又叫做省内平面。同时，根据话务流量流向，二级交换中心 DC2 也可与非从属的一级交换中心 DC1 之间建立直达电路群。要说明的是，较高等级交换中心可具有较低等级交换中心的功能，即 DC1 可同时具有 DC1、DC2 的交换功能。

2. 长途交换中心的设置原则

长途交换中心用来疏通长途话务，一般每个本地网都有一个长途交换中心。在设置长途交换中心时应遵循以下原则。

省会（自治区、直辖市）本地网至少应设置一个省级长途交换中心，且采用可扩容的大容量长途交换系统。地（市）本地网可单独设置一个长途交换中心，也可与省（自治区）内地理位置相邻的本地网共同设置一个长途交换中心，该交换中心应使用大容量的长途交换系统。

直辖市本地网内设一个或多个长途交换中心时，一般均设为DC1（含DC2功能）。省（自治区）本地网内设一个或两个长途交换中心时，均设为DC1（含DC2功能）；设三个及三个以上长途交换中心时，一般设两个DC1和若干个DC2。地（市）本地网内设长途交换中心时，所有长途交换中心均设为DC2。

6.3.4　国内本地电话网

1. 本地网的交换等级划分

我国现有的“本地电话网”，是指以每个行政“市（也就是原来的“地区”）”为范围，组成的电话通信网。在网内，采用统一的“等位电话号码”制度：即每个用户的电话号码位数，都是相同的，当前常用6~7位的号码，只在北京、上海等特大城市，采用8位电话号码。所以，本地网内是直接拨打对方的市话电话号码，不需要加拨长途号码的。本地网只设置1个长途区号，用来对不同本地网之间的用户，进行长途电话通信之用。

本地网可以仅设置端局DL，但一般是由汇接局Tm（LM）和端局DL（LS）构成的两级结构。汇接局为高一级，端局为低一级。

端局是本地网中的第二级，通过用户线与用户相连，它的职能是疏通本局用户的去话和来话业务。根据服务范围的不同，可以有市话端局、县城端局、卫星城镇端局和农话端局等，分别连接市话用户、县城用户、卫星城镇用户和农村用户。

汇接局是本地网的第一级，它与本汇接区内的端局相连，同时与其他汇接局相连，它的职能是疏通本汇接区内用户的去话和来话业务，还可疏通本汇接区内的长途话务。有的汇接局还兼有端局职能，称为混合汇接局（Tm / DL）。汇接局可以有市话汇接局、市郊汇接局、郊区汇接局和农话汇接局等几种类型。

2. 本地网等级结构

依据本地网规模大小和端局的数量，本地网结构可分为两种：网状网结构和二级网结构。

（1）网状网结构

此结构中仅设置端局，各端局之间个个相连组成网状网，网络结构如图6.13(1)所示。网状网结构主要适用于交换局数量较少，各局交换机容量大的本地电话网。现在的本地网中已很少用这种组网方式。

（2）二级网结构

本地电话网中设置端局DL和汇接局Tm两个等级的交换中心，组成二级网结构。二级网的基本结构如图6.13(2)所示。二级网结构中，各汇接局之间个个相连组成网状网，汇接局与其所汇接的端局之间以星状网相连。在业务量较大且经济合理的情况下，任一汇接局与非本汇接区的端局之间或者端局与端局之间也可设置直达电路群。

在经济合理的前提下，根据业务需要在端局以下还可设置远端模块、用户集线器或用户交换机，它们只和所从属的端局之间建立直达中继电路群。

二级网中各端局与位于本地网内的长途局之间可设置直达中继电路群，但为了经济合理和安全、灵活地组网，一般在汇接局与长途局之间设置低呼损直达中继电路群，作为疏通各端局长途话务之用。

二级网组网时，可以采取分区汇接或集中汇接。当网上各端局间话务量较小时，可按二级网基本结构组成来、去话分区汇接方式的本地网。当各端局容量增加、局间话务流量增大时，在技术经济合理的条件下，为简化网络组织，可组成去话汇接方式、来话汇接方式或集中汇接方式的二级网。

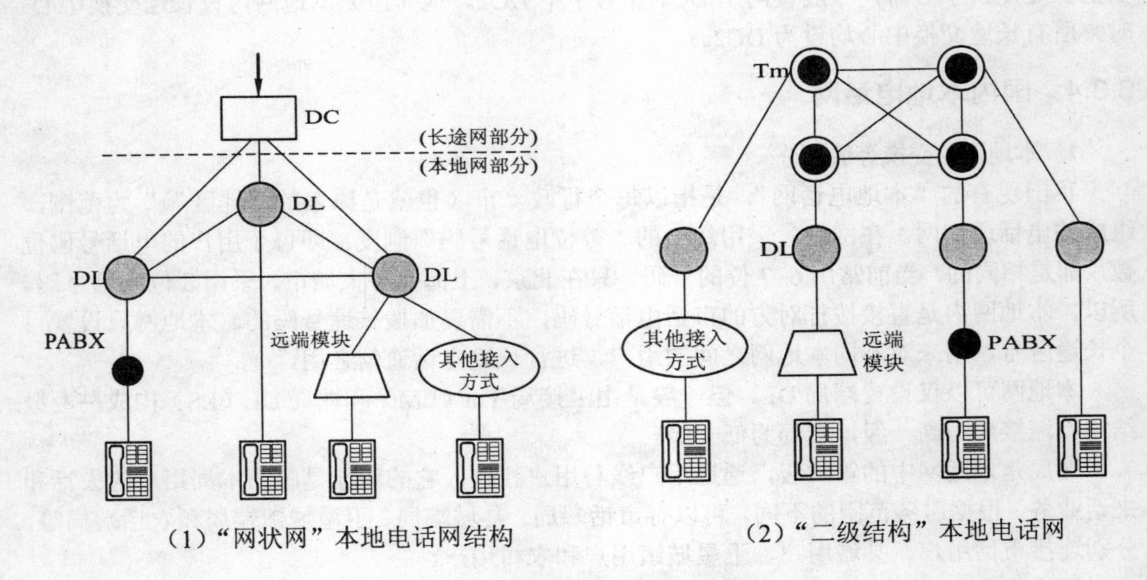

（1）“网状网”本地电话网结构　　（2）“二级结构”本地电话网

图 6.13　二种结构本地电话网示意图

（3）电话网中用户的接入方式

电话网中用户的接入方式大致有传统双绞铜线接入、光纤接入、无线接入等几种，根据不同的适用场合用户可以采用不同的接入方法。

①传统铜线接入

目前我国绝大多数用户是通过双绞铜线接入交换机的，每个交换局（通常是无人值守节点机房）的服务半径（即用户分布半径），通常在 4.5 km 以内，城市密集区则为 2~3 km。从用户终端到各个交换局（节点机房）的配线架之间的线路，一般称为用户线路。包括主干电缆、配线电缆和用户引入线三部分，用户线路网一般采用树形结构。具体的通信全塑电缆线路配线原理，详见本书第 3 章相关内容。

这种传统的用户环路已经沿用了一百多年，特别适合于用户密集的城市地区。由于市话用户线的平均长度较短，且用户较密集，全塑双绞铜线用户线（电缆）的综合造价较低，因此在城市中采用这种有线接入方式是比较适合的。

为了提高用户线的利用率，降低用户线的投资，在本地网的用户线上可以采用一些延伸设备，包括远端模块、用户集线器、用户交换机等。这些设备一般装在离交换局较远的用户集中区，目的是为了集中用户线的话务量，提高线路设备的利用率和降低线路设备的成本，但仍属于传统双绞铜线接入方式。

②无线用户环路

目前我国城市电话普及率比较高，而农村电话普及率则相对较低，农话市场存在着巨大的需求潜力。由于农村用户比较分散，用户线距离长，地形复杂，维护不便，因此传统有线接入难以解决或费用较高。而无线用户环路由于安装快捷，扩容方便，维护费用低等特点，适用于平原、丘陵、山区的农村通信。因此，近年来无线用户环路在我国得到了广泛应用。

无线用户环路是一种提供基本电话业务的数字无线接入系统，是目前应用广泛的一种无线接入技术，从交换端局到用户终端可以部分或全部采用无线手段。其网络侧有标准的有线接入二线模拟接口或 2 Mb/s 数字接口，可直接与本地交换机相连；在用户侧与普通电话机相连，主要特点是以无线技术为传输媒介向用户提供固定终端业务服务。无线用户环路上的用户基本上是固定终端用户或移动性有限的终端用户。无线用户环路由三部分组成，即由控制中心、基站和用户终端设备组成。无线用户环路一般与电话网相连，并作为它的一部分。

③光纤接入系统方式

另外一种用户接入的方式是采用光纤接入系统。事实上，由于光传输技术的日趋成熟，光纤接入系统一般不仅仅用于电话接入，而是一个综合宽带接入系统，可以支持多种用户终端，如普通电话、数字数据网（DDN）和 CATV 等业务，近年来得到了极大的发展。关于宽带接入网见以后的章节，这里只介绍利用光纤进行电话用户的接入。

光纤接入系统的结构见图 6.14（2），主要包括光线路终端（OLT）、光网络单元（ONU）等部分。OLT 通过 V5 接口与本地交换机相连，通过光纤与 ONU 相连，它将交换机提供的电话业务经过光传输系统透明地传输至 ONU。ONU 提供与用户终端的接口，支持用户的业务。

从技术上比较，V5 接口接入系统较之传统的远端模块有诸多优点，因此即使只有话音业务，很多分散的地方或小区仍采用 V5 接口接入系统来替代远端交换模块。

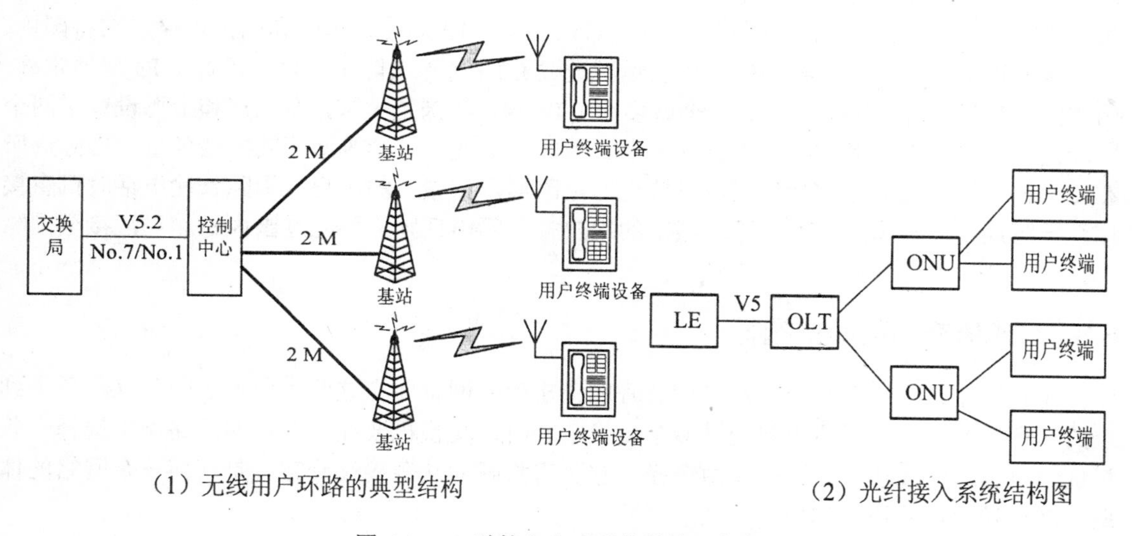

（1）无线用户环路的典型结构　　（2）光纤接入系统结构图

图 6.14　二种接入方式系统结构示意图

6.3.5　国际电话网

1. 国际电话网概述

国际电话网，由国际交换中心和局间长途电路组成，用来疏通各个不同国家之间的国际长途话务。国际电话网中的节点称为“国际电话局”，简称国际局。用户间的国际长途电话，都通过“国际局”来完成，每一个国家都设有直达电路群，各国际局之间的电路即为“国际电路”，如图 6.15 所示。

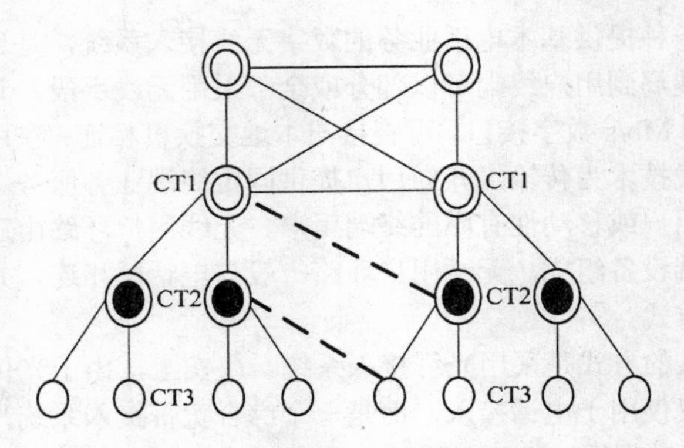

图 6.15　国际电话网结构示意图

2. 国际电话网络结构

国际网的网络结构如图 6.15 所示，国际交换中心分为 CT1、CT2 和 CT3 三级。各 CT1 局之间均有直达电路，形成网状网结构，CT1 至 CT2，CT2 至 CT3 为辐射式的星状网结构，由此构成了国际电话网的复合型基干网络结构。除此之外，在经济合理的条件下，在各 CT 局之间还可根据业务量的需要设置直达电路群。

CT1 和 CT2 只连接国际电路，CT1 局是在很大的地理区域汇集话务的，其数量很少。在每个 CT1 区域内的一些较大的国家可设置 CT2 局。CT3 局连接国际和国内电路，它将国内和国际长途局连接起来，各国的国内长途网通过 CT3 进入国际电话网，因此 CT3 局通常称为国际接口局，每个国家均可有一个或多个 CT3 局。我国是大国，在北京和上海设置了两个国际局，并且根据业务需要还可设立多个边境局，疏通与港澳等地区间的话务量。国际局所在城市的本地网端局与国际局间可设置直达电路群，该城市的用户打国际长途电话时可直接接至国际局，而与国际局不在同一城市的用户打国际电话则需要经过国内长途局汇接至国际局。

6.3.6　通信交换的路由选择

电话网中，当任意两个用户之间有呼叫请求时，网络要在这两个用户之间建立一条端到端的话音通路。当该通路需要经过多个交换中心时，交换机要在所有可能的路由中选择一条最优的路由进行接续，即进行路由选择。它负责将呼叫从源接续到宿，是任何一个网络的体系、规划和运营的核心部分。

1. 路由的分类

电路是根据不同的“呼损指标”进行分类的。按链路上所设计的呼损指标不同，可以将电路分为低呼损电路群和高效电路群。

低呼损电路群上的呼损指标应小于 1%，低呼损电路群上的话务量不允许溢出至其他路由。所谓不允许溢出，是指在选择低呼损电路进行接续时，若该电路拥塞，不能进行接续，也不再选择其他电路进行接续，故该呼叫就被损失，即产生呼损。因此，在网络规划过程中，要根据话务量数据计算所需的电路数，以保证满足呼损指标。而对于高效电路群则没有呼损指标，其上的话务量可以溢出至其他路由，由其他路由再进行接续。

路由也可以相应地按照呼损进行分类，分为低呼损路由和高效路由，其中低呼损路由包括基干路由和低呼损直达路由。若按照选择顺序分，则有首选路由和迂回路由。

（1）基干路由

基干路由由具有上下级汇接关系的相邻等级交换中心之间以及长途网和本地网的最高等级交换中心（指C1局、DC1局或Tm）之间的低呼损电路群组成。基干路由上的低呼损电路群又叫基干电路群。电路群的呼损指标是为保证全网的接续质量而规定的，应小于 1%，且话务量不允许溢出至其他路由。

（2）低呼损直达路由

直达路由是指由任意两个交换中心之间的电路群组成的，不经过其他交换中心转接的路由。低呼损直达路由由任意两个等级的交换中心之间的低呼损直达电路组成。两交换中心之间的低呼损直达路由可以疏通两交换中心间的终端话务，也可以疏通由这两个交换中心转接的话务。

（3）高效直达路由

高效直达路由由任意两个等级的交换中心之间的高效直达电路组成。高效直达路由上的电路群没有呼损指标，其上的话务量可以溢出至其他路由。同样地，两交换中心之间的高效直达路由可以疏通其间的终端话务，也可以疏通由这两个交换中心转接的话务。

（4）首选路由与迂回路由

当某一交换中心呼叫另一交换中心时，对目标局的选择可以有多个路由。其中第一次选择的路由称为首选路由，当首选路由遇忙时，就迂回到第二路由或者第三路由。此时，第二路由或第三路由称为首选路由的迂回路由。迂回路由一般是由两个或两个以上的电路群转接而成的。

对于高效直达路由而言，由于其上的话务量可以溢出，因此必须有迂回路由。

（5）最终路由

当一个交换中心呼叫另一交换中心，选择低呼损路由连接时不再溢出，由这些无溢出的低呼损电路群组成的路由，即为最终路由。最终路由可能是基干路由，也可能是低呼损直达路由，或部分基干路由和低呼损直达路由。

2. 固定等级制选路规则

在等级制网络中，一般采用固定路由计划，等级制选路结构，即固定等级制选路。下面以我国电话网为例，介绍固定等级制选路规则。

（1）长途网路由选择

我国长途网采用等级制结构，选路也采用固定等级制选路。这里，请注意区分这两个不同的概念，等级制结构是指交换中心的设置级别，而等级制选路则是指在从源节点到宿节点的一组路由中依次按顺序进行选择。依据有关体制，在我国长途网上实行的路由选择规则如下。

① 网中任一长途交换中心呼叫另一长途交换中心时，所选路由局向最多为三个。

② 路由选择顺序为：先选直达路由，再选迂回路由，最后选最终路由。

③ 在选择迂回路由时，先选择直接至受话区的迂回路由，后选择经发话区的迂回路由。所选择的迂回路由，在发话区是从低级局往高级局的方向(即自下而上的方向)，而在受话区是从高级局往低级局的方向。

④ 在经济合理的条件下，应使同一汇接区的主要话务在该汇接区内疏通，路由选择过程中遇低呼损路由时，不再溢出至其他路由，路由选择即终止。如图 6.16 所示的网络，按照上面的选路规则，B 局到 D、C 局的路由选择分别如下：

a. 先选直达路由 B 局→D 局；

b. 若直达路由全忙，再依次选迂回路由 B 局→C 局→D 局；

c. 最后选最终路由 B 局→A 局→C 局→D 局，路由选择结束。

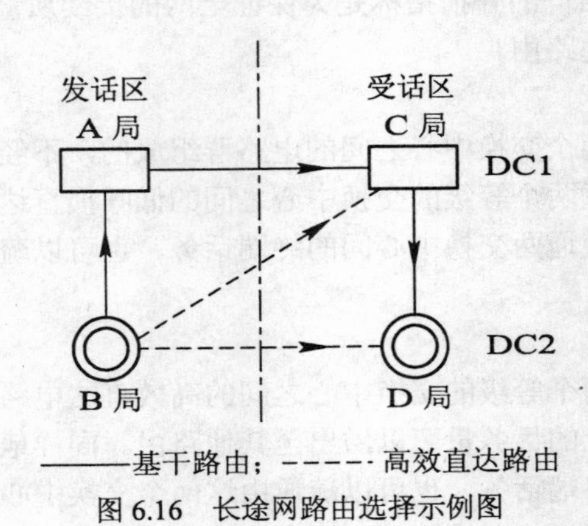

图 6.16 长途网路由选择示例图

（2）本地网路由选择规则

① 先选直达路由，遇忙再选迂回路由，最后选基干路由。在路由选择中，当遇到低呼损路由时，不允许再溢出到其他路由上，路由选择结束。

② 数字本地网中，原则上端到端的最大串接电路数不超过三段，即端到端呼叫最多经过两次汇接。当汇接局间不能个个相连时，端至端的最大串接电路数可放宽到四段。

③ 一次接续最多可选择三个路由。

6.3.7 通信电话网编号计划

所谓“编号计划”，是指在本地网、国内长途网、国际长途网以及一些特种业务、新业务等中的各种呼叫所规定的号码编排和规程。自动电话网的编号计划是使自动电话网正常运行的一个重要规程，交换设备应能适应各项接续的编号要求。

电话网的编号计划是由 ITU-T E.164 建议规定的。各国家在此基础上，根据自己的实际情况，编制本国的电话号码计划。我国的电话号码计划如下：

1. 第一位号码的分配使用

第一位号码的分配规则如下。

（1）“0”为国内长途全自动冠号；

（2）“00”为国际长途全自动冠号；

（3）“1”为特种业务、新业务及网间互通的首位号码；

（4）“2”~“9”为本地电话首位号码，其中“200”、“300”、“400”、“500”、“600”、“700”、“800”为新业务号码。

2. 本地网编号计划

在一个本地电话网内，采用统一的编号，一般情况下采用等位制编号，号长根据本地网的长远规划容量来确定，但要注意本地网号码加上长途区号的总长不超过 11 位（目前我国的规定）。

本地电话网的用户号码包括两部分：局号和用户号。其中局号可以是1~4位，用户号为4位。如一个7位长的本地用户号码可以表示为：PQR（局号）+ABCD（用户号）。

在同一本地电话网范围内，用户之间呼叫时拨统一的本地用户号码。例如直接拨PQRABCD即可。

3. 长途网编号方案

（1）长途号码的组成方案

长途呼叫即不同本地网用户之间的呼叫。呼叫时需在本地电话号码前加拨长途字冠“0”和长途区号，即长途号码的构成为：0+长途区号+本地电话号码。

按照我国的规定，长途区号加本地电话号码的总位数最多不超过11位（不包括长途字冠“0”）。

（2）长途区号编排计划

长途区号一般采用固定号码系统，即全国划分为若干个长途编号区，每个长途编号区都编上固定的号码。长途编号可以采用等位制和不等位制两种。等位制适用于大、中、小城市的总数在一千个以内的国家，不等位制适用于大、中、小城市的总数在一千个以上的国家。我国幅员辽阔，各地区通信的发展很不平衡，因此采用不等位制编号，采用2、3位的长途区号。

① 首都北京，区号为“10”。其本地网号码最长可以为9位。

② 大城市及直辖市，区号为2位，编号为“2X”，X为0~9，共10个号，分配给10个大城市。如上海为“21”，西安为“29”等，这些城市的本地网号码最长可以为9位。

③ 省中心、省辖市及地区中心，区号为3位，编号为“$X_1X_2X_3$”，X1为3~9（6除外），X2为0~9，X3为0~9，如郑州为“371”，兰州为“931”，这些城市的本地网号码最长可以为8位。

④ 首位为“6”的长途区号除60、61留给台湾外，其余号码为62X~69X共80个号码作为3位区号使用。

长途区号采用不等位的编号方式，不但可以满足我国对号码容量的需要，而且可以使长途电话号码的长度不超过11位。显然，若采用等位制编号方式，如采用两位区号，则只有100个容量，满足不了我国的要求；若采用三位区号，区号的容量是够了，但每个城市的号码最长都只有8位，满足不了一些特大城市的号码需求。

4. 智能网专用业务号码

近年来随着智能网业务的兴起，为人们提供了更便宜、更方便的通信新业务，如IP网、800对方付费等业务等，其原理相当于在交换机的输出端设置专门的“智能网专用路由”去向。

这种特殊路由的设置，对电话网的编号计划也带来了改变，通用的拨号方式如下：

智能网网号+0+长途区号+本地电话号码。

例如17909（电信）、17951（移动）、800XXXXX、95519等都属于这类编号形式。

还有一些特殊用途的电话号码，也可归类为这种“特殊路由”的交换原理，如银行的95588等。

5. 国际长途电话编号方案

国际长途呼叫时需在国内电话号码前加拨国际长途字冠“00”和国家号码，即：

00＋ 国家号码 ＋ 国内电话号码

其中国家号码加国内电话号码的总位数最多不超过15位(不包括国际长途字冠“00”)。

国家号码由1~3位数字组成，根据ITU-T的规定，世界上共分为9个编号区，我国在第8编号区，国家代码为86。也可采用“智能网拨号方式”。

智能网网号 +00+ 国家号码 + 国内电话号码

6.4 新一代综合交换系统简介

6.4.1 NGN交换系统概述

进入到2000年之后，互联网业务逐渐成为了通信系统中，新的主要业务的发展方向。同时，通信业内要求“三网合一”的呼声越来越高涨。所以，新的通信网络，要具备如下的几个要求：

第一，在通信业务方面，要能“兼容”包括电话业务，交互电视业务和互联网业务的同时传递——实现各类通信业务的“综合通信”的功能。

第二，在通信网络的主要技术方面，通信业内基本上达成了未来电信网络的核心将采用“以IP技术为核心的分组交换技术”的共识，以IP互联网分组交换的技术，作为新一代交换网络的技术内核。

第三，现有各类通信网络，必须采用“平稳过渡”的方式，升级到新的通信网络——新的通信网络，必须“兼容”现有通信网络的各类技术和运营格局。

第四，新一代“综合通信网”，必须具有开放式的系统结构：要求用户的通信呼叫处理（常规流程）与新业务生成相分离；管理层与设备层分离；用户资源（用户信息数据库）与交换系统分离——这样，才能提高新业务的生成能力与管理性，也才能增加网络运营调度的灵活性。

第五，与现有的通信网络一样，新一代“综合通信网”，必须具有高效的运行支持系统与高可靠性、安全性的运维系统。

根据以上的具体需求，通信业内提出了以“软交换”为代表的下一代通信网（NGN：Next Generation Network）的概念，并且针对目前IP电话技术所存在的缺点从技术和体制的角度进行了改进升级：首先是将网关呼叫控制和媒体交换的功能相分离；其次，是将各级系统的功能独立化——就是将原有的程控交换机整体系统，拆分成四个独立运作的通信系统，如图6.17所示，用新的技术去武装这4个分系统，从而达到系统“升级换代”的目的。

软交换（NGN）技术虽然仍然采用分组网络作为承载网络，但该技术原理，仍然可以看做交换技术发展的又一个里程碑。

6.4.2 软交换模式（soft-switching）的NGN网络

软交换模式是近年发展起来的、能较好地适应未来通信交换网需求的过渡技术模式，将网络分为“业务应用层”、“核心控制层”、“媒体传送层”和“边缘接入层”等四个层面，这四个层面的功能相对独立，各层之间通过标准化协议接口进行通信，从而使得整个系统具备开放性、高可靠性和高可用性，兼容现有的交换系统，又能适应未来新业务开发和迅速生成的需求，系统结构图如图6.17所示，各项功能说明如下：

1. 接入层

提供丰富的接入手段，将各类用户连接到分组网络，并将信息格式转换成能在TCP/IP

协议的分组网络上传递的信息格式。

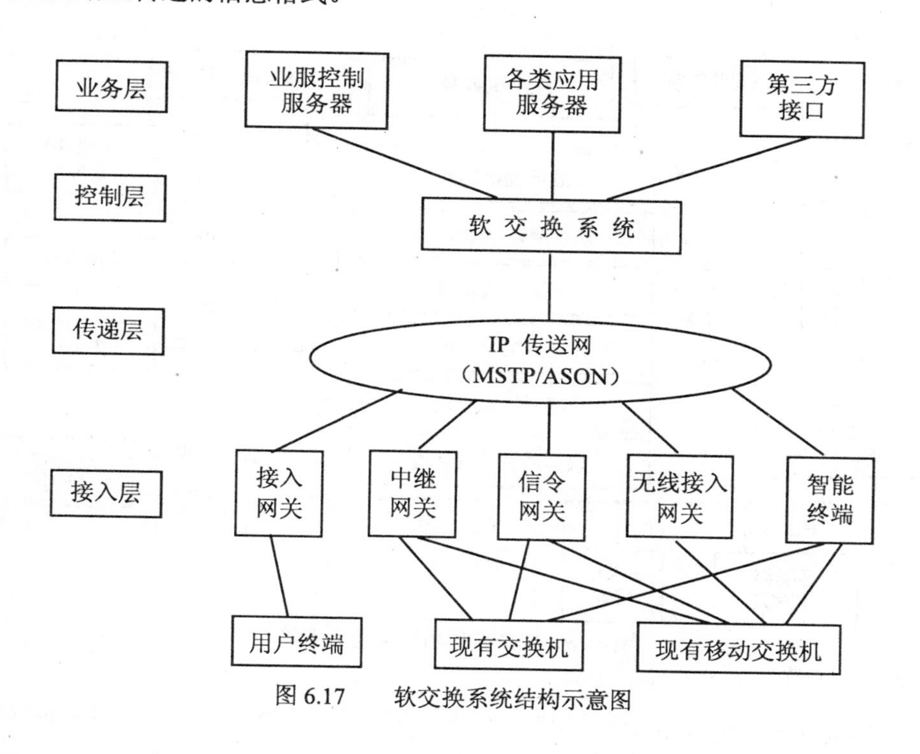

图 6.17 软交换系统结构示意图

2. 传送层

采用 TCP/IP 协议的分组交换网络，提供高可靠性、端到端 QoS 保证的综合传送平台。

3. 控制层

采用开放的业务接口，提供传统的“数据交换”业务和其他增值的交换业务。

4. 业务层

提供各类新业务的开发，各种新公司的业务接入，以及原有通信业务的改进与调整。

软交换是多种逻辑功能实体的集合，提供综合业务的呼叫控制、连接以及部分业务功能，是下一代电信网中语音/数据/视频业务呼叫、控制、业务提供的核心设备，也是目前电路交换网向分组网演进的主要设备之一。软交换的主要设计思想是业务/控制分离，各实体之间通过标准的协议进行连接和通信。

软交换技术并没有提出新的概念，而是将原有程控交换系统的四个功能层面分离，用具有开放标准接口协议的网络部件去新建“软交换”系统；公开业务、控制、接入和交换间的协议，从而真正实现多厂家的网络运营环境，并可方便地引入与组合多种通信业务，为未来通信网络的发展奠定了基础。

6.4.3 软交换系统在 NGN 网络中的功能

软交换的功能结构如图 6.18 所示，主要有如下 10 个功能：

1. 呼叫控制功能

软交换设备可以为基本呼叫的建立、维持和释放提供控制功能，包括呼叫处理、连接控制、智能呼叫触发检测和资源控制等。

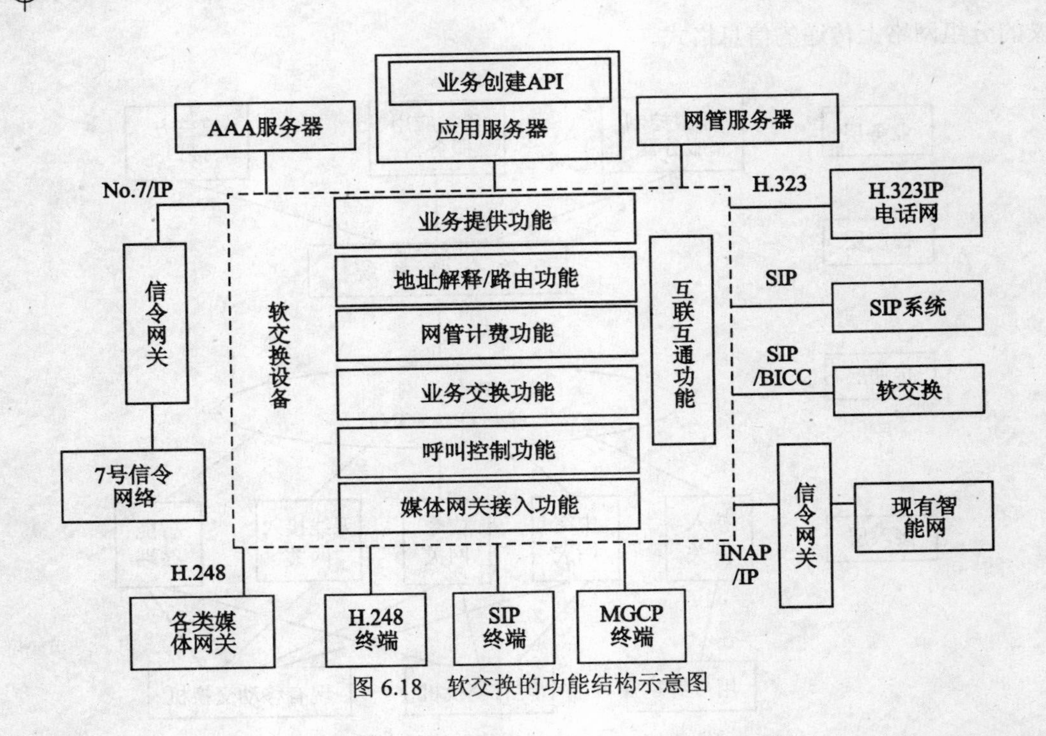

图 6.18　软交换的功能结构示意图

软交换设备应可以接收来自业务交换功能的监视请求，并对其中与呼叫相关的事件进行处理。接收来自业务交换功能的呼叫控制相关信息，支持呼叫的建立和监视。

软交换设备应支持基本的两方呼叫控制功能和多方呼叫控制功能，提供对多方呼叫控制功能，包括多方呼叫的特殊逻辑关系、呼叫成员的加入/退出/隔离旁听以及混音过程的控制等。

软交换设备应能够识别媒体网关报告的用户摘机、拨号和挂机等事件；控制媒体网关向用户发送各种信号音，如拨号音、振铃音、回铃音等；提供满足运营商需求的拨号计划。当软交换设备内不包含信令网关时，软交换应能够采用 SS7/IP 协议与外设的信令网关互通，完成整个呼叫的建立与释放功能，其主要承载协议，采用信令控制传输协议（SCTP）。软交换设备可以控制媒体网关发送交互式语音应答（IVR），以完成诸如二次拨号等多种业务。

2. 业务提供功能

软交换应能够提供 PSTN/ISDN 交换机提供的业务，包括话音业务、补充业务和多媒体业务等基本业务和补充业务，可以与现有智能网配合提供现有智能网提供的业务；可以与第三方合作，提供多种增值业务和智能业务。

3. 业务交换功能

业务交换功能与呼叫控制功能相结合提供了呼叫控制功能和业务控制功能(SCF)之间通信所要求的一切功能。业务交换功能主要包括：业务控制触发的识别以及与 SCF 间的通信；管理呼叫控制和 SCF 之间的信令；按要求修改呼叫/连接处理功能，在 SCF 控制下处理 IN 业务请求；业务交互作用管理等。

4. 网络协议功能

软交换是一个开放的、多协议的实体，因此必须采用标准协议与各种媒体网关、终端和网络进行通信。这些协议包括：H.248、SCTP、ISUP、TUP、INAP、H.323、Radius、SNMP、

SIP、MTP3 用户配置协议(M3UA)、MGCP、与承载无关的呼叫控制(BICC)、ISDN、V5 协议等。

5. 互联互通功能

软交换应可以通过信令网关实现分组网与现有七号信令网的互通；软交换可以通过信令网关与现有智能网互通，为用户提供多种智能业务；允许 SCF 控制 VoIP 呼叫且对呼叫信息进行操作（如：号码显示等）；软交换可以通过软交换中的互通模块，采用 H.323 协议实现与现有 H.323 体系的 IP 电话网的互通；采用 SIP 协议实现与未来 SIP 网络体系的互通；软交换可以与其他软交换设备互通互连，它们之间的协议可以采用 SIP 或 BICC；软交换提供 IP 网内 H.248 终端、SIP 终端和 MGCP 终端之间的互通。

6. 资源管理功能

软交换应提供资源管理功能，对系统中的各种资源进行集中的管理，如资源的分配、释放和控制等。

7. 计费功能

软交换应具有采集详细话单及复式计次功能，并能够按照运营商的需求将话单传送到相应的计费中心。当使用计帐卡等业务时，软交换应具备实时断线功能。

8. 认证与授权功能

软交换应能够与认证中心连接，并可以将所管辖区域内的用户、媒体网关信息送往认证中心进行认证与授权，以防止非法用户/设备的接入。

9. 地址解析功能

软交换设备可以完成 E.164 地址至 IP 地址、别名地址至 IP 地址的转换功能，同时也可以完成重定向功能。

10. 语音处理功能

软交换可以控制媒体网关采用语音压缩，并提供可选择的语音压缩算法，算法至少应包括 G.729、G.723 等协议。软交换可以控制媒体网关采用回波抵消技术，并可向媒体网关提供语音信息包缓存区，以减少抖动对语音质量的影响。

6.4.4 现代电信网向下一代电信网过渡方案

从理论上讲，软交换可用于 IP 网、ATM 网，当然也可以用于 PSTN/ISDN 网络。用在 IP 网络是非常自然的，因为 IP 网络所需的呼叫控制与承载连接是分开的。用在纯 PSTN/ISDN 网络中来替代传统的交换机意味着把传统的交换机的控制部分和补充业务的提供部分拿到外面去，而传统的电路交换机只完成承载连接，这种想法在综合交换机中有过考虑，但目前并未实施，把现有的技术成熟、价格便宜、国内有雄厚的生产能力的电路交换机都改造成为软交换的方式显然是不合理的。

目前一些网络上用软交换去替代现有的电路交换机应该是基于将现有的电路交换网络向 IP 网过渡，例如当用软交换来替代汇接局时相当于从该汇接局进入 IP 网。从应用的角度来看，软交换主要是应用在 IP 网上的。引入软交换和应用服务器后，他们与传统网络的关系如图 6.19(1) 所示。

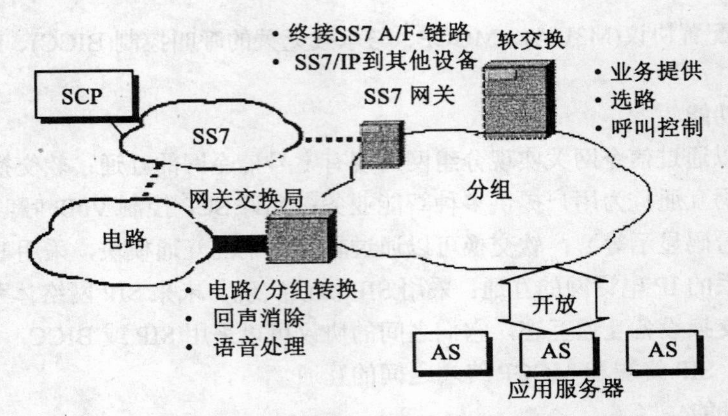

（1）软交换、应用服务器与传统网的关系示意图

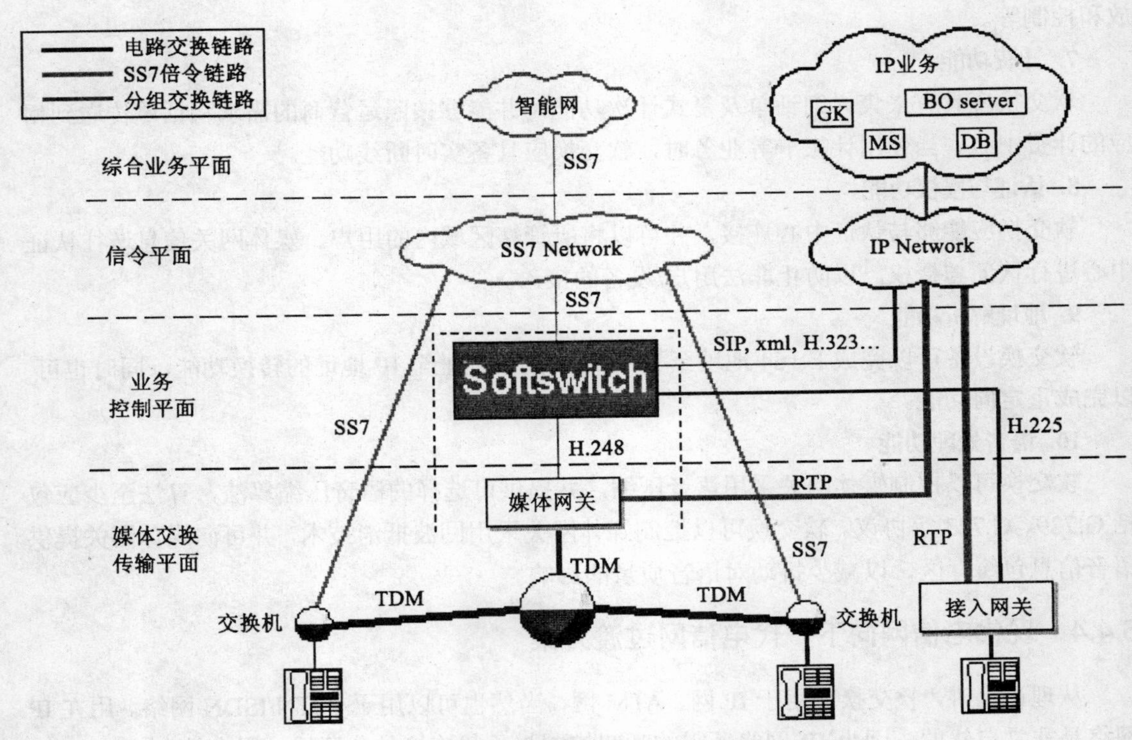

（2）一种软交换网络过渡方案结构示意图

图 6.19　两种软交换的功能结构示意图

6.4.5　新一代软交换系统设备

这里，介绍 2 款深圳华为公司的新一代交换通信系统：第一款，是用户接入层的“用户接入网关”设备；第二款，是核心层面的软交换系统设备。

1. 综合接入媒体网关（深圳华为公司 U-SYS UA5000 型综合接入设备）

2003 年，华为公司成立了综合接入研究开发小组与英国电信公司（BT）合作，共同研究、开发面向 21 世纪的综合通信接入系统，并于 2004 年 10 月在业界率先推出适合下一代网

络发展的“第三代”综合接入平台—UA5000，提供高密度、高速率、高质量的数据、视频、话音和多媒体业务，以适应未来NGN网络的发展，同时对IP TV为代表的多媒体业务、光纤、无线应用有一个很好的支撑能力。

（1）产品特性 ：“三高”平台

UA5000既支持传统的宽/窄带接入业务，如POTS、ISDN、E1、n×64k、2.4k-64k、FXO/FXS/2&4W/E&M、xDSL（ADSL、ADSL2+、VDSL、SHDSL）、以太网（GE、FE）、ATM（STM-1、VP Ring、IMA E1）等，也可直接作为综合AG，同时支持V5、H.248协议，用户可自由选择接入PSTN/IP网络，实现与NGN网络的无缝连接，并可直接纳入华为网管iManager N2000统一维护和管理。UA5000具有高密度、高性能和高可靠性的特点，简称“三高”产品。

UA5000系统在全网解决方案中的网络位置如图6.20所示。

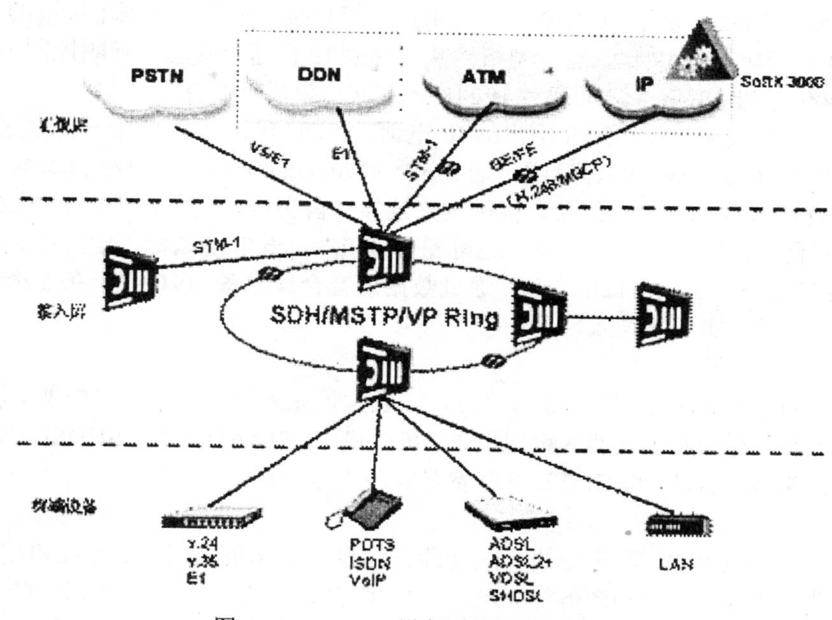

图6.20　UA5000设备系统组网示意图

①“高密度”的结构设计

通过高密单板、高密机框等高集成系统设计，提供高密度用户线接入能力，率先采用“全业务框”结构，扩展框的所有槽位均支持业务板，利用槽位资源进一步提升系统密度，端口密度达到8266线/m^2，单机柜支持1984线用户接口，单点容量密度达到4000线。

②“高性能”的业务处理

背板容量达到100G，背板总线采用“黄金三总线”结构设计，即TDM+GE单播总线+GE组播总线，采用星型布放，避免总线拥塞；并支持1024个组播频道，可有效地支撑IP TV业务的规模开展。

③ 电信级“高可靠性”

系统设计、单板设计和软件设计的各个环节均充分考虑到电信级产品应具备的异常处理能力，保证系统和用户的高可靠性。

系统采用模块化设计思想，重要模块（如主控系统、交换网、时钟、ATM/IP/TDM/SDH业务处理模块）、上行接口板和级联接口板采用冗余备份设计，主/从框之间的宽带级联总线支持1+1备份，业务板端口采用N+1热备份，MSTP组网和VP Ring组网确保组网通道无单点故障。一次电源和二次电源采用冗余设计和负荷分担方式工作，具备实时监控和报警功能。

（2）业务提供能力

UA5000接入系统可以实现普通电话（PSTN）和网络电话（VoIP）业务接入、宽带上网、专线互联和视频组播等多种业务功能，实现接入层综合业务的统一接入。

① 语音业务

PSTN语音业务：UA5000支持V5.1、V5.2协议，提供E1与本地交换机的对接，实现PSTN语音业务接入，并提供POTS、ISDN BRI（2B+D）、ISDN PRI（30B+D）、可直接拨入等用户接口。

VoIP语音业务 ：UA5000直接作为NGN接入媒体网关AG，与SoftSwitch配合，提供丰富的VoIP语音和数据业务。UA5000通过用户侧接口接入业务，并采用标准的语音编解码技术将TDM语音转换成IP包，通过网络侧接口送到IP网进行传输，呼叫控制由SoftSwitch完成，UA5000与SoftSwitch之间通过H.248/MGCP协议进行交互。

VoIP语音业务具有支持POTS用户的IP电话、ISDN BRI用户的IP电话、透明传送和T.38方式的FoIP（Fax over IP）、透明传送MoIP（Modem over IP）、分组DDI等业务，并支持IP半永久连接和内部半永久连接、标准发夹连接、自交换、逃生通道、配合SoftSwitch支持脉冲计费和反极性计费等特色功能。还可配合SoftSwitch实现国标规定的补充业务、智能业务和特色业务；与LANSwitch配合，通过数据语音合线设备DVC在一条5类线上同时传送语音和数据信息，实现一线入户。

② 宽带上网业务

UA5000可提供各种宽带用户接入业务，完成宽带业务的接入和二层处理，同时还可通过IP或ATM的上行来满足灵活的组网需求，可提供ADSL/ ADSL2+、SHDSL、VDSL、LAN等业务接口和STM-1 ATM和GE/FE各种宽带业务上行接口。

③ 专线互联业务

UA5000提供全面的宽/窄带专线互联功能，满足企业和集团用户的专线租用需求，可广泛应用于金融、证券、电力和政务等领域。可提供E1、V.35、V.24、SHDSL（TDM方式）、2/4线音频等DDN接口、SHDSL、VDSL、LAN等专线业务接口，满足高质量专线需求，并可通过PVC/VLAN等方案配合BAS设备实现商业客户的VPN业务和QoS保证。

④ 视频组播业务

UA5000支持组播协议，提供宽带视频组播业务，对外提供GE带宽视频业务接口，内部采用独立高速组播总线，可保证视频业务无阻塞转发；支持1024个组播频道；可从相同或不同的网络侧接口接收单播流和组播流，组播数据流可通过普通的MAN或VDN进行分发；支持IGMP Proxy和IGMP V2，兼容IGMP V1和IGMP V3；支持频道快速切换、频道预览、收视统计、频道受控访问（用户频道权限、节目数量、用户预览、节目预览时间和预览次数）等，提供高质量QoS，保证视频流的优先转发。

（3）灵活多样的组网模型

UA5000组网方案灵活多样，适应接入网拓扑多变、资源紧缺和工程复杂的环境。运营商可根据传输资源状况、ATM/IP网络资源状况、业务类型、QoS和安全性等要求，选择适合的组网方案。

① 光纤自组网方案

如图 6.21 所示，这种组网方案通过设备内置的光接口组网，无需配置专门的传输设备，建网成本低；UA5000 之间的 TDM 业务通过电路仿真成 ATM 信元，与宽带业务统一承载，节省光纤资源。

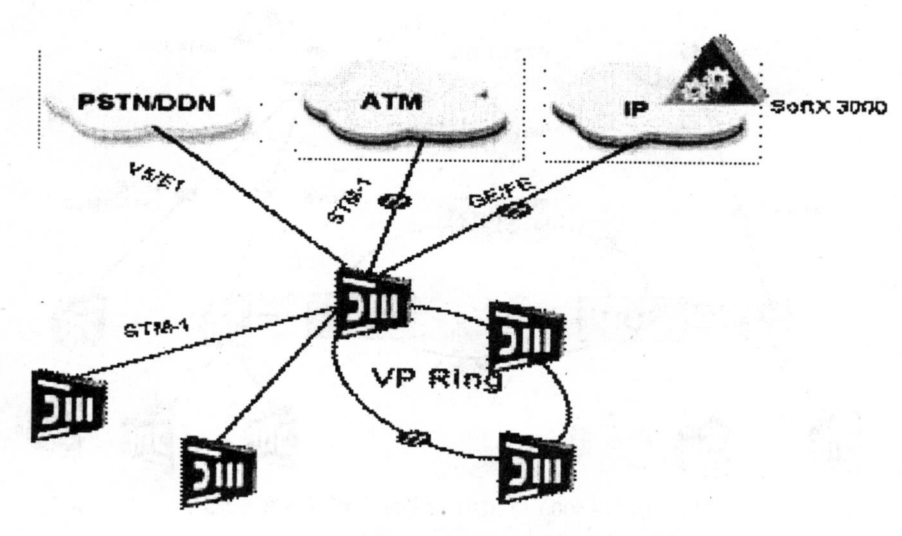

图 6.21 UA5000 光纤自组网方案示意图

② 与 MSTP 配合组网方案

如图 6.22 所示，这种组网方案的宽/窄带业务统一由 MSTP 承载传输，MSTP 环网可保证组网具有高可靠性，UA5000 的业务通过 MSTP 设备透传或单独上行。

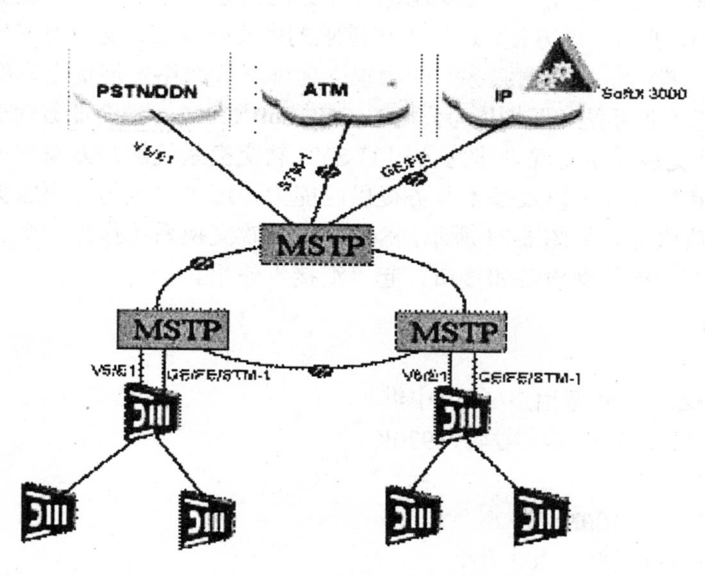

图 6.22 UA5000 与 MSTP 设备配合组网方案示意图

③ 与 SDH 配合组网方案

如图 6.23 所示，这种组网方案的宽/窄带业务统一接入、分开传输，UA5000 的窄带业务通过 SDH 设备传送，接入 PSTN 网络，宽带业务直接接入 ATM/IP 城域网，没有带宽瓶颈。

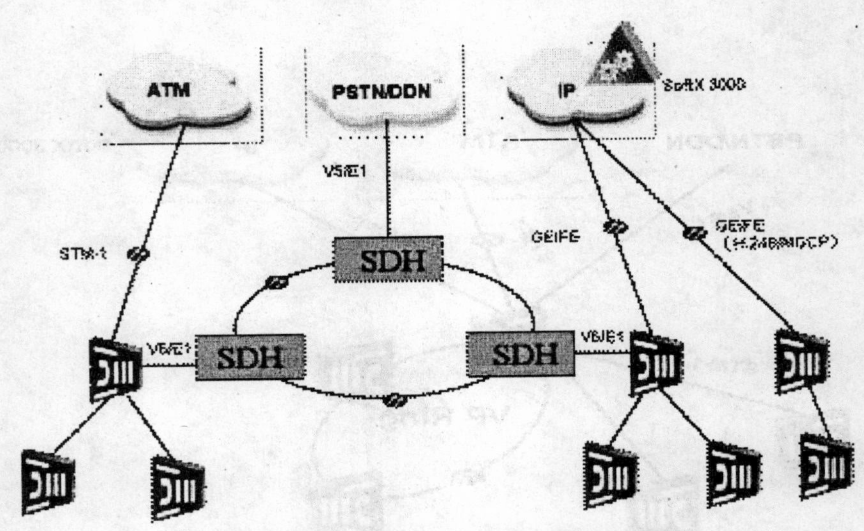

图 6.23　UA5000 与 SDH 设备配合组网方案示意图

华为“第三代”综合接入平台 UA5000，作为新一代综合通信业务的接入设备，是组成新一代交换系统的重要组成部分。该设备顺应了网络光纤化、宽带化、无线化和向 NGN 无缝演进的发展趋势，突破了传统接入网的技术框架，创造性地采用了 TDM、IP 总线技术，兼顾技术进步、用户需求、网络发展和竞争需要，具有综合业务的承载能力、新业务的引入能力和向未来网络无缝支持能力，可实现综合业务的快速、低成本和广覆盖接入。同时，网络免规划，运营、维护和管理方便，适应用户需求的多样化发展，既可为客户提供“一站式”业务解决方案，又能满足“普遍服务”的要求，为下一代网络发展奠定良好的基础！

2. 综合业务软交换系统（深圳华为公司 U-SYS SoftX3000 型综合业务软交换系统设备）

SoftX3000 软交换设备是深圳华为公司 U-SYS 软交换系统解决方案中的核心构件，具备呼叫控制、信令和协议处理以及基本业务提供的能力，还可通过与应用服务器配合，向用户提供多样化的增值服务。如图 6-24 所示，SoftX3000 软交换系统作为一个新一代通信的核心网设备，连接所有的接入网设备和接口，起“汇接”作用。

（1）整机性能

① BHCA：16000K

② 最大用户数：200 万用户/36 万中继

③ 视频会议数：96×384K~24×1920K

④ 多信令点：256 个

⑤ 接口特性：4×100M FE

⑥ 可控制媒体网关数：200 万个

⑦ 信令链路数：1280×64K/80×2M

⑧ 整机功耗：单机柜功耗小于 2KW，满配置功耗小于 10KW

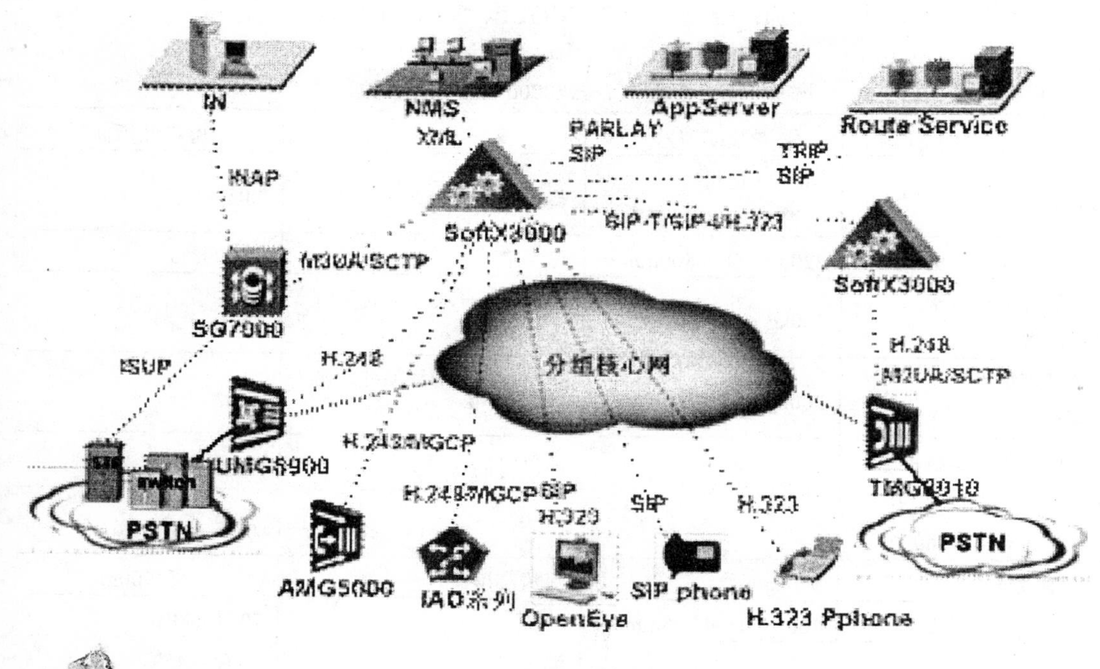

图 6.24　SoftX3000 软交换设备系统组网示意图

⑨ 协议支持：H.248，MGCP，H.323，SIP，SIP-T，SIP-I，ISUP，INAP，SNMP，Parlay，M2UA，M3UA，TCP/ UDP/IP 等。

（2）主要特性

高可靠性（具体参数见表 6.2）

① 标准化的电信级硬件平台；

② DOPRA（分布式面向对象可编程实时构架）使成熟的技术货架化，稳定周期短；

③ 支持热插拔，关键板件支持 1＋1/N+1 热备份；

集成度高、处理能力强：

④ 满配置 18 框/5 个机柜，支持 200 万用户/36 万中继；

⑤ 整机处理能力 16M BHCA；

丰富的业务提供能力：

⑥ 100%实现现有 PSTN 业务；

⑦ 提供 IP Centrex 商业网业务，配合 U-Path 企业通信助理，有效吸引商业客户；

⑧ 完善的长途、关口局应用支撑能力：SSP、关口局鉴权计费、平等接入；

⑨ 支持多媒体业务、话音与 Internet 融合业务、消息类业务；支持远程工作协同、企业统一通信等业务；

⑩ 开放、标准的第三方业务接口：Parlay API 、SIP；

良好的互通性

⑪ 软交换互通：支持 SIP-T、SIP-I、H.323；

⑫ 智能网互通：支持 C－INAP 协议接口；

⑬ PSTN 互通：支持 ISUP/TUP、随路信令、PRA；

⑭ 网关、IAD、终端互通：支持H.248、MGCP、SIP、H.323。

表6.2　　物理特性一览表　（SoftX3000机柜物理参数）

项　目	参数或型号	项　目	可靠性指标
机柜型号	N68-22型机柜（符合IEC297标准）	整机返修率	0.03%
机柜尺寸（高×宽×深）	2200×600×800mm	可用度	99.9998%
综合配置机柜重量（满配置）	400kg	MTBF（平均故障间隔时间）	53年
业务处理机柜重量（满配置）	300kg	MTTR（平均故障处理时间）	48分钟
媒体资源服务器机柜重量（配置1台MRS6000）	250kg	停机时间	0.89分钟/年
		环境适应性指标	
机房地板设计承重	600kg/m^2	海拔高度	≤4000m
机柜可用空间高度	46U（1U=44.45mm）	气压	70~106kPa
		温度	+5℃~+45℃
		相对湿度	5%~85%

6.4.6　电信交换技术总结

电信网的交换技术包含了交换矩阵技术、用于建立通信链路和建立呼叫的信令技术。交换技术已经经历了电路交换（TDM）、信元交换（ATM）和包交换（IP）三个阶段。从OSI的分层概念来看，电路交换仅仅支持面向连接的语音通信业务，交换功能在物理层；信元交换支持面向连接的多媒体业务，交换功能在链路层；而包交换支持无连接的多媒体通信业务，交换功能在网络层。在电路交换网上建立话音通信链路和呼叫以及在信元交换网上建立多媒体的链路和呼叫，由于需要通过信令实现网络层的功能，涉及网络中所有的交换节点，因此需要十分复杂的信令系统的支持，如SS7和PNNI。在IP包交换网上的多媒体通信链路和呼叫的建立，是基于网络层功能的一种应用。因为这种IP网络层之上的链路和呼叫建立过程，是由独立的软件系统完成，不需要考虑对沿途的交换矩阵进行控制，被称为软交换信令。

软交换之所以区别于传统电话网和ATM网络的硬交换，是由于IP网络是基于包交换的非连接网络，并支持端到端的透明访问，不再需要任何电路交换单元建立端到端的连接，也不需要分段的信令系统和独立的信令网控制呼叫、接续和智能业务。另外，软交换的所有协议是基于IP的，它们具有一切基于IP的协议的开放性和灵活性。除了低成本的优势之外，软交换还具有提供普通电话网目前不具有的许多新特性，如开放的电信业务平台和支持多样的接入技术，以及许多基于Internet的开放的高级智能业务和OSS业务。

根据我国的国情，基于现实的考虑，利用软交换技术，可以保护现有电信网络的投资，促进现代电信网络向下一代电信网络平滑过渡。在毫不影响现有网络所有业务的基础上，利用软交换技术，使用软交换产品，可以方便地完成传统的PSTN网络（包括IN网络）与Internet

网络的互通。图 6.19(2)描绘出了现阶段可行的一种过渡方案（图中是面结构而不是分层结构）。

在这个过渡方案里，对比传统的电信网，显然分离出来了一个业务控制平面，而软交换设备正好完成了业务控制的功能。对于现有的 IN 网，它还是建立在 SS7 网上，而 SS7 网仍然还是一个相对独立的信令网，传统的电路交换网依然可以正常运行。传统的 PSTN 网要与 IP 数据网互通，必须有一个语音帧与数据包的转换过程，所以在 IP 数据网与 PSTN 之间必须有一个媒体网关。根据目前大多数 IP 电话系统的设计，媒体网关不仅承载了媒体的转换与传送，还承载了信令的翻译与转接，这样，尽管实现了 PSTN 网与 IP 数据网的语音互通（即 IP 电话），但是缺少了灵活性，PSTN 网上与 IP 数据网之间的很多智能业务不能快速生成，甚至有些根本就无法实现。现在，软交换技术将媒体承载与信令分离开来，软交换设备根据软交换信令完成业务控制功能，只样就大大增强网络的灵活性与智能性。在此方案里，软交换设备通过 SIP、XML 或 H.323 协议与 IP 网络通信、通过 H.248 协议与媒体网关通信、通过 SS7 与 SS7 网通信、通过 H.225 协议与接入网关（主要是连接 H.323 终端的接入网关）通信，这样，就建立了 IP 数据网、电路交换网、SS7 心令网以及相关接入网关的信令连接。又由于软交换设备的应用服务模块提供了开放灵活的编程接口，从而，基于软交换技术的电信网，不仅无缝融合了电路交换网与 IP 数据网，还能方便、迅速地生成智能新业务。

软交换是下一代分组网络交换的核心，如果说传统电信网络是基于程控交换机的网络，而下一代电信网则是基于软交换的网络。未来新公众网的组成元素中，软交换将是新老网实现融合的枢纽，将电话网、计算机网以及有线电视网连接在一个统一的 IP 网上，从而真正做到三网融合。

6.5 内容小结

在通信系统的信号传递过程中，通信交换系统是最基本、最重要的指挥、引导系统，它通过安排好的各种通信程序，引导每一个通信过程的开始和结束；同时，它也是新技术发展十分迅速的一个系统；新一代 NGN 综合业务交换系统已经逐步占领了通信公司的各个领域；本章是对通信交换系统的基本组成原理与基本工作方式的论述，共分为四个部分：6.1 节简述了程控交换系统的概念、系统的软硬件组成和信令系统；6.2 节简述了一个完整的长途通信系统的工作过程与原理；6.3 节简述了通信交换网络系统组成与相关的路由和编号概念；6.4 节则简述新一代 NGN 综合业务交换系统组成与工作原理；本章在 6.4 节还介绍了国内常用的光传输设备；整章内容构成了现代综合交换系统的基本知识要点。

6.1 节交换系统设备概述，从通信交换概念出发，介绍了程控交换系统的硬件组成，概述了各系统的基本工作原理，使读者对程控交换通信系统建立基本的认识。要求掌握程控交换的概念、程控交换的系统组成情况以及用户模块的组成与工作原理。

程控交换软件与信令系统，介绍了程控交换系统各类软件的组成，特别是“话路接续控制软件”进行了分类介绍；同时，从信令的作用入手，介绍了信令的种类、作用和工作方式。使读者对程控交换系统的各类软件和信令系统等情况建立基本的认识。要求掌握程控交换系统的各类软件的分类和作用、信令的概念和工作原理；认识各种信令的作用以及工作特点。

6.2 节程控交换的系统布局与通话流程，详细介绍现代程控交换系统的组网布局原则，并从 2 个过程阐述了电话通信的通话步骤，使读者对程控交换系统的组网与实际通信过程有一个全面的认识。要求正确认识程控交换系统的组网布局和电话通信的 2 大步骤。

6.3 节电话通信网系统简介，详细介绍了交换通信网络的组成与发展情况，并介绍了相关的交换路由、网络编号和用户接入的 3 种方式等情况；使读者对交换网络的组成元素和工作要点，以及新技术的发展情况有一个基本认识。要求掌握交换网络的系统组成的概念；认识交换网络的路由选择方案和系统编号计划，以及 3 种用户接入方式。

6.4 节 NGN 交换系统简介，简述新一代 NGN 综合业务交换系统的要求与“软交换”系统的组成结构与工作原理，并分析了现有交换网络向下一代软交换系统过渡的建设思路。要求掌握新一代 NGN 综合业务交换系统的要求与“软交换”系统的组成结构及工作原理，认识下一代软交换系统的建设方式。

思 考 题

1．绘图简述通信交换的概念及各部分的作用。

2．绘图简述程控交换中“用户模块”的组成结构及各部分的作用。

3．绘图简述“话路子系统”的组成结构及各部分的作用。

4．简述电话网的特征与通信过程。

5．绘图简述运行软件的组成及各部分的作用。

6．简述程控交换“呼叫处理程序”的概念和各功能块的作用。

7．简述信令的概念、作用；介绍信令的区域种类、功能分类与信道种类；并简述公共信道信令的工作原理。

8．绘图简述现代通信交换系统组网格局，并简介各级通信交换系统的作用。

9．绘图简述现代通信交换系统的通话过程。

10．介绍现代交换通信网的结构组成与功能原理。

11．介绍程控交换机的路由种类与选择方式。

12．简介现代电话网的号码编码方式。

13．简述下一代通信交换网的概念、核心技术和主要形成条件。

14．试列出 NGN 网的技术要求和软交换的系统结构，分析四层结构的工作原理。

15．现代交换技术的组成和发展特点怎样，新一代软交换的技术优势有哪些？

16．简介现代 NGN 交换系统及接入网系统的实际设备情况。

17．名词解释

根据书中所讲内容，按照“内容、组成（或结构）、作用和特点”4 个方面，解释下列名词。

（1）程控电话交换机、用户电路、BORSCHT 功能、数字信号交换网、信令系统、程控应用软件、呼叫处理程序。

（2）交换中心局、节点交换系统、RLS、虚拟交换机、用户交换机 PBX。

（3）国内长途交换网、国内本地交换网、NGN、软交换。

第 7 章　移动通信系统

在通信的过程中，移动通信是最方便，发展最快，也是目前最“热门”的通信方式；本章是对移动通信系统原理的基本论述，共分为四个部分：7.1 节简述了移动通信的基本概念和基本组网形式；7.2、7.3 节简述了目前广泛使用的两种移动通信组网原理；7.4 节简述了卫星移动通信原理；7.5 节简述了新一代的移动通信技术——3G 移动通信原理；整章内容构成了移动通信网络的基本理论要点。

7.1　移动通信系统概述

移动通信（手机）以它的“随身携带性”和“随时随地的便捷性”，迎合了人们的通信消费方式，获得了社会和大众的普遍喜爱，因而近些年来获得了长足的发展。在我国，移动电话用户总数，早已超过了固定电话用户的数量，移动电话以电话和数据“短信”业务，成为通信行业最主要的一个消费群体。下面让我们从最基本的移动通信概念讲起，引导大家进入这个神奇的新技术发展领域。

7.1.1　移动通信的基本概念

1. 移动通信的概念

移动通信是指通信的一方或双方在移动的状态中（或移动专有网的用户）进行的通信过程，也就是说，至少有一方是移动通信网的用户。可以是移动台（即手机用户）与移动台之间的通信，也可以是移动台与固定电话通信用户之间的通信。移动通信满足了人们无论在何时何地都能进行通信的愿望，20 世纪 80 年代以来，特别是 90 年代以后，移动通信得到了飞速的发展。

相比固定通信而言，移动通信不仅要给用户提供与固定通信一样的通信业务，而且由于用户的移动性，其管理技术要比固定通信复杂得多。同时，由于移动通信网中依靠的是无线电波的传播，其传播环境要比固定网中有线媒质的传播特性复杂，因此移动通信有着与固定通信不同的特点。

2. 移动通信的分类

移动通信的种类繁多，其中陆地移动通信系统有：蜂窝移动通信、无线寻呼系统、无绳电话、集群移动系统等。同时，移动通信和卫星通信系统相结合，产生了“卫星移动通信系统”，从而可以真正实现国内、国际和天空、海洋等大范围内的“全球移动通信”网络。目前，使用最多的还是第二代的“公众蜂窝式移动通信系统”，按照技术分类，它可分为“时空多址 GSM 全球通移动通信系统”和“码分多址 CDMA 全球通移动通信系统”两大类。下面对各类移动通信方式作一个简要介绍。

（1）集群移动通信

集群移动通信是一种高级移动调度系统。所谓集群通信系统，是指系统所具有的可用信道为系统的全体用户共用，具有自动选择信道的功能，是共享资源、分担费用、共用信道设备及服务的多用途和高效能的无线调度通信系统。主要应用于大型企事业单位和专用移动通信网。

（2）公用移动通信系统

公用移动通信系统是指给公众提供移动通信业务的网络，这是移动通信最常见的方式。这种系统又可以分为大区制移动通信方式（农村和交通干线）和小区制移动通信系统（城市），小区制移动通信呈现出六边形的“蜂窝”形状，故又称为蜂窝移动通信，这是城市移动通信的主要组网方式，如图 7.1 所示。

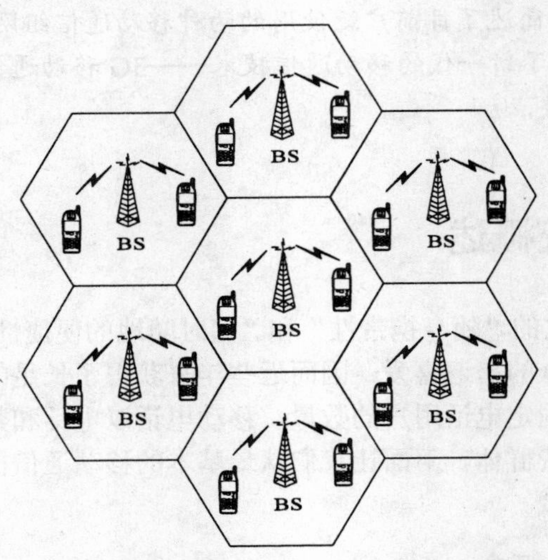

图 7.1　蜂窝状服务区结构系统示意图

（3）卫星移动通信

利用卫星转发信号也可实现移动通信。对于车载移动通信可采用同步卫星，而对以手机为终端的公用移动通信系统来说，采用中低轨道（距地面 1500km）的卫星通信系统较为有利。在实际的使用过程中，均采用“中低轨道卫星通信系统”，它可以与公用移动通信系统密切配合，相互补充，形成覆盖全球各个角落的、真正的“全球通移动通信系统”。

（4）无绳电话

对于室内外慢速移动的手持终端的通信，一般采用小功率、通信距离近、轻便的无绳电话机。它们可以经过通信点与其他用户进行通信。传输范围一般在 25m 以内，是适合于家庭电话通信系统的电话通信方式。

（5）无线电寻呼系统

无线电寻呼系统是一种单向传递信息的移动通信系统。它是由寻呼台发信息，寻呼机收信息来完成的，典型的通信方式就是前几年流行的“BB 机寻呼系统”留言方式。由于其业务量已为公众移动通信的“双向短信业务”所兼容，故目前其单独的业务已停止使用。

7.1.2　移动通信的发展历史

移动通信可以说从无线电通信发明之日就产生了。早在 1897 年，马可尼所完成的无线

通信试验就是在固定站与一艘拖船之间进行的，距离为18海里（1海里=1852米）。

现代移动通信的发展始于20世纪20年代，而公用移动通信是从20世纪60年代开始的。公用移动通信系统的发展已经经历了第一代（1G）和第二代（2G），并将继续朝着第三代（3G）和第四代（4G）的方向发展。

1. 第一代移动通信系统(1G)

第一代移动通信系统为模拟移动通信系统，以美国的AMPS(IS-54)和英国的TACS为代表，采用频分双工、频分多址制式，并利用蜂窝组网技术以提高频率资源利用率，克服了大区制容量密度低、活动范围受限的问题。虽然采用频分多址，但并未提高信道利用率，因此通信容量有限；通话质量一般，保密性差；制式太多，标准不统一，互不兼容；不能提供非话数据业务；不能提供自动漫游。因此，已逐步被各国淘汰。我国于20世纪80年代末发展了第一代TASC系统，到2000年之后已全部退网，停止使用。

2. 第二代移动通信系统(2G)

第二代移动通信系统为数字移动通信系统，是当前移动通信发展的主流，以GSM和窄带CDMA为典型代表。第二代移动通信系统中采用数字技术，利用蜂窝组网技术。多址方式由频分多址转向时分多址和码分多址技术，双工技术仍采用频分双工。2G采用蜂窝数字移动通信，使系统具有数字传输的种种优点，它克服了1G的弱点，话音质量及保密性能得到了很大提高，可进行省内、省际自动漫游。但系统带宽有限，限制了数据业务的发展，也无法实现移动的多媒体业务。并且由于各国标准不统一，无法实现全球漫游。故近年来又有第三代和第四代的移动通信制式与技术产品的产生。

目前采用的2G系统主要有：

（1）美国的D-AMPS，是在原AMPS基础上改进而成的，规范由IS-54发展成IS-136和IS-136HS，1993年投入使用。它采用时分多址技术。

（2）欧洲的GSM全球移动通信系统，是在1988年完成技术标准制定的，1990年开始投入商用。它采用时分多址技术，由于其标准化程度高，进入市场早，现已成为全球最重要的2G标准之一。

（3）日本的PDC，是日本电波产业协会于1990年确定的技术标准，1993年3月正式投入使用。它采用的也是时分多址技术。

（4）窄带CDMA，采用码分多址技术，1993年7月公布了IS-95空中接口标准，目前也是重要的2G标准之一。

我国的移动业务分别由“中国移动通信公司（GSM系统）”和“中国联合通信有限公司(GSM和窄带CDMA两种系统)”开展，主要是提供移动电话业务（含“漫游”）、移动数据短信业务、以及各类基本组合业务的“移动套餐”业务等。

7.1.3 移动通信网的系统构成

移动通信系统主要由“移动台MS（手机）”、“移动基站系统BS”、“中继传输系统”和“移动交换中心MSC”等四大部分组成，组网系统图如图7.2所示，系统概况分述如下。

1. 移动业务交换中心MSC (Mobile–services Switching Centre)

移动业务交换中心MSC是蜂窝通信网络的核心。MSC负责本服务区内所有用户的移动业务的实现与实时信息交换，具体讲MSC有如下作用：

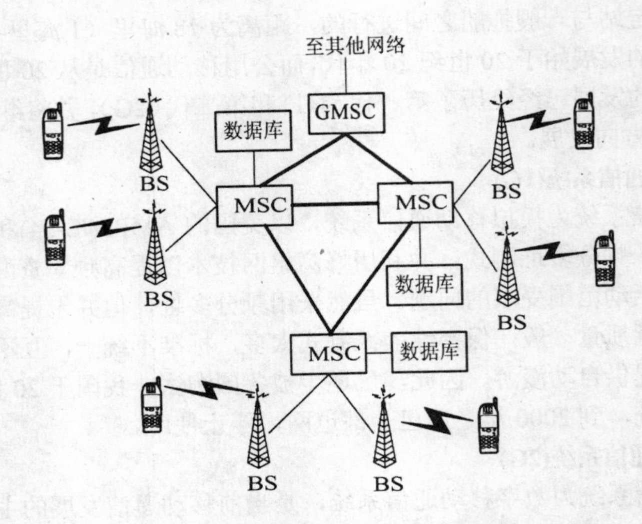

图 7.2　移动通信网的组成系统图

（1）信息交换功能：为用户提供终端业务、承载业务、补充业务的接续；

（2）集中控制管理功能：无线资源的管理，移动用户的位置登记、越区切换等；

（3）通过关口 MSC 与公用电话网相连；

（4）与固定电话交换系统不同的是：移动交换机要实时确定用户所处的区域位置（用户是可移动的）——称为“位置登记”功能；并且，在一次通话（通信）的过程中，随用户所处的位置小区的不同，可能会通过“信道交换”的方式，在不中断通信的前提下，为用户进行信道交换的处理——称为“越区交换”功能。

2. 基站 BS (Base Station)

基站 BS 负责和本小区内移动台之间通过无线电波进行通信，并与 MSC 相连，以保证移动台在不同小区之间移动时也可以进行通信。采用一定的信号调制（多址）方式，可以区分一个小区内的不同用户。它主要是由“信号转换系统”、“信号光纤传输系统”、“天线与天馈线系统”以及“机房综合监控系统”等组成的。

3. 移动台 MS (Mobile Station)

移动台 MS 即手机或车载移动台。它是移动通信网中的“用户终端设备”。其作用，是将用户的话音信息或“短信”数据信息等进行数字化转换，并以无线电波的方式与所属的移动基站进行信号的传输。

4. 中继传输系统

在 MSC 之间、MSC 和 BS 之间的传输线均采用有线方式，一般电话通信业务，采用光纤 SDH/PDH 传输系统。对“数据通信”，则采用点到点的“光电转换器”的方式，进行远距离的、点到点的实时传输通信。

5. 移动通信数据库

移动网中的用户是可以自由移动的，即用户的位置是不确定的。因此，要对用户进行接续，就必须要掌握用户的位置及其他的信息，数据库即是用来存储用户的有关信息的；它是属于移动交换中心的独立系统。数字蜂窝移动网中的数据库有 4 类主要的数据库：

（1）归属位置寄存器(HLR: Home Location Register)，又叫“本地用户信息寄存器”专门

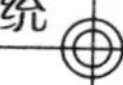

用来寄存本地用户的姓名、实际位置、服务套餐情况、开机情况等综合信息；

（2）访问位置寄存器(VLR: Visitor Location Register)，又叫“外地（漫游）用户信息寄存器”专门用来寄存外地用户的姓名、实际位置、服务套餐情况、开机情况等综合信息；

（3）鉴权认证中心(AUC: Authentic Center)；

（4）设备识别寄存器(EIR: Equipment Identity Register)等。

7.1.4 移动通信网的覆盖方式

陆地移动通信网的覆盖方式主要是“大区制全向天线覆盖方式”和“小区蜂窝制定向天线覆盖方式”2种，卫星移动通信系统的覆盖方式只有一种，即“低轨道移动覆盖方式”，这将在本章7.4节讲述。

1. 大区制移动通信方式

所谓大区制，是指由一个基站（发射功率为50~100 W）覆盖整个服务区，该基站负责服务区内所有移动台的通信与控制。大区制的覆盖半径一般为30~50 km。

采用这种大区制方式时，由于采用单基站制，没有重复使用频率的问题，因此技术问题并不复杂。只需根据所覆盖的范围，确定天线的高度，发射功率的大小，并根据业务量大小，确定服务等级及应用的信道数。但也正是由于采用单基站制，因此基站的天线需要架设得非常高，发射机的发射功率也要很高。即使这样做，也只可保证移动台收到基站的信号，而无法保证基站能收到移动台的信号。因此这种大区制通信网的覆盖范围是有限的，只能适用于小容量的网络，一般用在用户较少的专用通信网中，如早期的模拟移动通信网（IMTS：Improved Mobile Telephone Service）中即采用大区制。

2. 小区蜂窝式移动通信组网方式

小区制是指将整个服务区划分为若干小区，在每个小区设置一个基站，负责本小区内移动台的通信与控制。小区制的覆盖半径一般为2~10km，基站的发射功率一般限制在一定的范围内，以减少信道干扰。同时还要设置移动业务交换中心，负责小区间移动用户的通信连接及移动网与有线网的连接，保证移动台在整个服务区内，无论在哪个小区都能够正常进行通信。

由于是多基站系统，因此小区制移动通信系统中需采用频率复用技术。在相隔一定距离的小区进行频率再用，可以提高系统的频率利用率和系统容量，但网络结构复杂，投资巨大。尽管如此，为了获得系统的大容量，在大容量公用移动通信网中仍普遍采用小区制结构。

公用移动通信网在大多数情况下，其服务区为平面形，称为面状服务区。这时小区的划分较为复杂，最常用的小区形状为正六边形，这是最经济的一种方案。由于正六边形的网络形同蜂窝，因此称此种小区形状的移动通信网为蜂窝网。蜂窝状服务区如图7.1所示。

目前公用移动通信系统的网络结构均为蜂窝网结构，称为蜂窝移动通信系统，因此以下只介绍蜂窝移动通信系统。

7.1.5 移动通信中的多路信号调制技术——用户多址方式

1. 多址方式的概念

当多个用户接入一个公共的传输媒质时，需要给每个用户的信号赋以不同的特征，以区分不同的用户，这种技术称为多址技术——即通信系统与用户之间的“多路信道通信”技术。

众所周知，移动通信是依靠无线电波的传播来传输信号的，具有大面积覆盖的特点。因此网内一个用户发射的信号其他用户均可接收到所传播的电波。网内用户如何能从播发的信号中识别出发送给自己的信号就成为建立连接的首要问题。在蜂窝通信系统中，移动台是通过基站和其他移动台进行通信的，因此必须对移动台和基站的信息加以区别，使基站能区分是哪个移动台发来的信号，而各移动台又能识别出哪个信号是发给自己的。要解决这个问题，就必须给每个信号赋以不同的特征，这就是多址技术要解决的问题。多址技术是移动通信的基础技术之一。

2. 信号调制（多址）方式的类型

移动通信的信号调制（多址）方式与有线通信系统中的“多路调制方式”类似，信号调制类型主要有下列4种。

（1）频分多址方式(FDMA: Frequency Division Multiple Access)；

（2）时分多址方式(TDMA: Time Division Multiple Access)；

（3）空分多址方式(SDMA: Space Division Multiple Access)；

（4）码分多址方式(CDMA: Code Division Multiple Access)等。

目前2大移动通信系统（GSM/CDMA）中常用的是以上4种类型的组合方式。

（1）频分多址方式(FDMA)

在通信时，不同的移动台占用不同频率的信道进行通信。因为各个用户使用不同频率的信道，所以相互没有干扰。FDMA的信道每次只能传递一个电话，并且在分配成语音信道后，基站和移动台就会同时连续不断地发射信号，在接收设备中使用带通滤波器只允许指定频道里的能量通过，滤除其他频率的信号，从而将需要的信号提取出来，而限制邻近信道之间的相互干扰。由于基站要同时和多个用户进行通信，基站必须同时发射和接收多个不同频率的信号。另外，任意两个移动用户之间进行通信都必须经过基站的中转，因而必须占用四个频道才能实现双向通信。

FDMA是最经典的多址技术之一，在第一代蜂窝移动通信网（如TACS、AMPS等）中使用了频分多址。这种方式的特点是技术成熟，对信号功率的要求不严格。但是在系统设计中需要周密的频率规划，基站需要多部不同载波频率的发射机同时工作，设备多且容易产生信道间的互调干扰。同时，由于没有进行信道复用，信道效率很低。因此现在国际上蜂窝移动通信网已不再单独使用FDMA，而是和其他多址技术结合使用。

（2）时分多址方式(TDMA)

TDMA是把时间分成周期性的帧，每一帧再分割成若干时隙（无论帧或时隙都是互不重叠的），每一个时隙就是一个通信信道。

TDMA中，给每个用户分配一个时隙，即根据一定的时隙分配原则，使各个移动台在每帧内只能按指定的时隙向基站发射信号。在满足定时和同步的条件下，基站可以在各时隙中接收到各移动台的信号而互不干扰。同时，基站发向各个移动台的信号都按顺序安排在预定的时隙中传输，各移动台只要在指定的时隙内接收，就能在合路的信号中把发给它的信号区分出来。这样，同一个频道就可以供几个用户同时进行通信，相互没有干扰。

在TDMA通信系统中，小区内的多个用户可以共享一个载波频率，分享不同时隙，这样基站只需要一部发射机，可以避免像FDMA系统那样因多部不同频率的发射机同时工作而产生的干扰；但系统设备必须有精确的定时和同步来保证各移动台发送的信号不会在基站发生重叠，并且能准确地在指定的时隙中接收基站发给它的信号。

TDMA 技术广泛应用于第二代移动通信系统中。在实际应用中，综合采用 FDMA 和 TDMA 技术的，即首先将总频带划分为多个频道，再将一个频道划分为多个时隙，形成信道。例如 GSM 数字蜂窝标准采用 200 kHz 的 FDMA 频道，并将其再分割成 8 个时隙，用于 TDMA 传输。

（3）码分多址方式(CDMA)

扩频的概念。众所周知，对于时域上的脉冲信号，其脉冲宽度越窄，频谱就越宽。那么，如果用所需要传送的信号信息去调制很窄的脉冲序列，就可以将信号的带宽进行扩展。所谓扩频调制，就是指用所需要传送的原始信号去调制窄脉冲序列，使信号所占的频带宽度远大于所传原始信号本身需要的带宽。其逆过程称为解扩，即将这个宽带信号还原成原始信号。这个窄脉冲序列称为扩频码。如果用这样一种扩频后的无线信道来传送无线信号，则由于信号扩展在非常宽的带宽上，因此来自同一无线信道的用户干扰就很小，使得多个用户可以同时分享同一无线信道。

实现扩频的方式有三种：直接序列扩频、跳频、跳时。其中 CDMA 系统中常用直接序列扩频方式，它是指在发送端直接用一个宽带的扩频码序列和原始信号相乘，以扩展信号的带宽，而在接收端则用相同的扩频码和宽带信号相乘进行解扩，从中还原出原始的信息，如图 7.3 所示。只有知道该扩频码序列的接收机才能够对收到的信号进行解扩，并恢复出原始数据。我们把原始信息的速率称为信息速率，而把扩频码的速率称为码片速率，用 chip 表示。

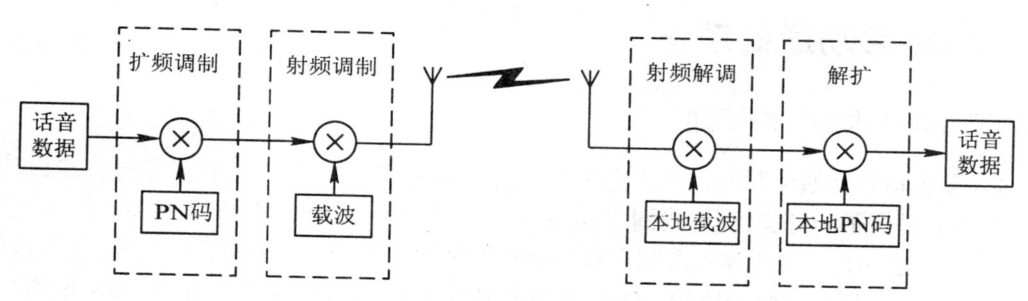

图 7.3　直接序列扩频系统示意图

实际应用中，也是综合采用 FDMA 和 CDMA 技术的，即首先将总频带划分为多个频道，再将一个频道按码字分割，形成信道。例如窄带 CDMA 中，采用 1.25 MHz 的 FDMA 频道，将其再进行码字的分割，形成 CDMA 信道。

CDMA 蜂窝移动通信系统与 FDMA 系统或 TDMA 系统相比具有更大的系统容量，更高的话音质量以及抗干扰、保密等优点，因而近年来得到各个国家的普遍重视和关注。在第三代数字蜂窝移动通信系统中，无线传输技术将采用 CDMA 技术。

由上可见，蜂窝结构的通信系统特点是通信资源的重用。频分多址系统是频率资源的重用；时分多址系统是时隙资源的重用；码分多址系统是码型资源的重用。在实际应用中，一般是多种多址方式的结合使用。如 GSM 系统中，是 FDMA/TDMA 的结合使用；窄带 CDMA 系统（IS-95）和 3G 中的宽带码分多址（WCDMA）中，采用的则是 FDMA/CDMA 方式。

7.1.6　移动通信网网络结构

不同技术的移动通信网，其网络的拓扑结构是不同的。第一代移动通信采用模拟技术，其网络是依附于公用电话网的，是电话网的一个组成部分；而第二代移动通信采用数字技术，其网络结构是完全独立的，不再依附于公用电话网。下面以我国 GSM 网为例来说明移动网的网络结构。

全国 GSM 移动通信网是多级结构的复合型网络。为了在网络中均匀负荷，合理利用资源，避免在某些方向上产生的话务拥塞，在网络中设置移动汇接中心 TMSC。全国 GSM 移动电话网按大区设立一级汇接中心、各省内设立二级汇接中心、移动业务本地网设立移动端局，构成三级网络结构。三级网络结构组成了一个完全独立的数字移动通信网络。移动网和固定网之间的通信是通过移动关口局 GMSC 来进行转接的。

中国移动的 GSM 网设置 8 个一级移动汇接中心，分别设于北京、沈阳、南京、上海、西安、成都、广州、武汉，一级汇接中心为独立的汇接局（即不带客户，只有至基站的接口，只作汇接），相互之间以网状网相连。

省内 GSM 移动通信网由省内的各移动业务本地网构成，省内设若干个移动业务汇接中心（即二级汇接中心），汇接中心之间为网状网结构，汇接中心与移动端局之间成星状网。根据业务量的大小，二级汇接中心可以是单独设置的汇接中心，也可兼作移动端局（与基站相连，可带客户）。移动端局应与省内二级汇接中心相连。

全国可划分为若干个移动业务本地网。每个移动业务本地网中应设立一个 HLR。移动业务本地网通过二级汇接中心接入省内 GSM 移动网，从而接入 GSM 全国移动网。

7.2 GSM 移动通信系统

7.2.1 GSM 技术的发展概述

GSM 即全球移动通信系统，其历史可以追溯到 1982 年。当时，北欧四国向 CEPT（欧洲电信联盟）提交了一份建议书，要求制定 900 MHz 频段的欧洲公共电信业务规范，以建立全欧统一的蜂窝系统。1986 年决定制定数字蜂窝网标准，同时在巴黎对不同公司、不同方案的八个系统进行了现场试验和比较。1987 年 5 月选定窄带 TDMA 方案，并于 1988 年颁布了 GSM 标准，也称泛欧数字蜂窝移动通信标准。

GSM 标准对该系统的结构、信令和接口等给出了详细的描述，而且符合公用陆地移动通信网(PLMN：Public Land Mobile Network)的一般要求，能适应与其他数字通信网（如 PSTN 和 ISDN）的互连。1991 年 GSM 系统正式在欧洲问世，网络开通运行。现阶段，GSM 包括两个并行的系统：GSM900 和 DCS1800，这两个系统功能相同，主要是频率不同。GSM900 工作在 900 MHz 频率，而 DCS1800 系统工作在 1800 MHz 频率。

GSM 蜂窝通信网作为世界上首先推出的数字蜂窝通信系统，其自身的优点如下：

（1）频谱效率高　由于采用了高效调制器，信道编码、交织、均衡和话音编码技术，使系统有较高的频谱效率。

（2）容量大　由于每个信道传输带宽为 200 kHz，使得同频复用载干比（载波功率与干扰功率之比）降低至 9 dB，故 GSM 系统同频复用模式缩小，每小区的可用信道数为 12.5 个，大大高于模拟移动网。

（3）话音质量高　GSM 系统中，只要在门限值以上，话音质量总是达到相同的水平而与传输质量无关。

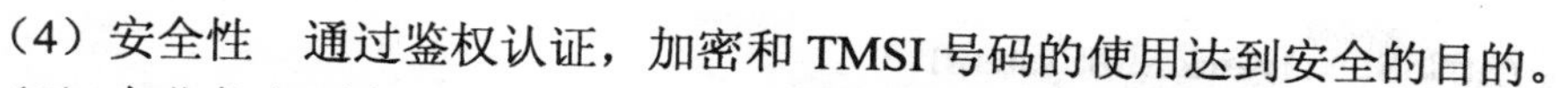

（4）安全性　通过鉴权认证，加密和 TMSI 号码的使用达到安全的目的。

（5）在业务方面有一定优势　如可以实现智能业务和国际漫游等。

我国自从 1992 年在浙江省嘉兴市建立和开通第一个 GSM 演示系统，并于 1993 年 9 月正式开放业务以来，全国各地的移动通信系统中大多采用 GSM 系统，使得 GSM 系统成为目前我国最成熟和市场占有量最大的一种数字蜂窝系统。

7.2.2　GSM 移动通信系统网络结构

GSM 数字蜂窝通信系统的主要组成部分可分为移动台、基站子系统和网络子系统，如图 7.4 所示。基站子系统(BSS)由基站收发台(BTS)和基站控制器(BSC)组成；网络子系统由移动交换中心(MSC)和操作维护中心(OMC)以及归属位置寄存器(HLR)、访问位置寄存器(VLR)、鉴权认证中心(AUC)和设备标志寄存器(EIR)等组成。

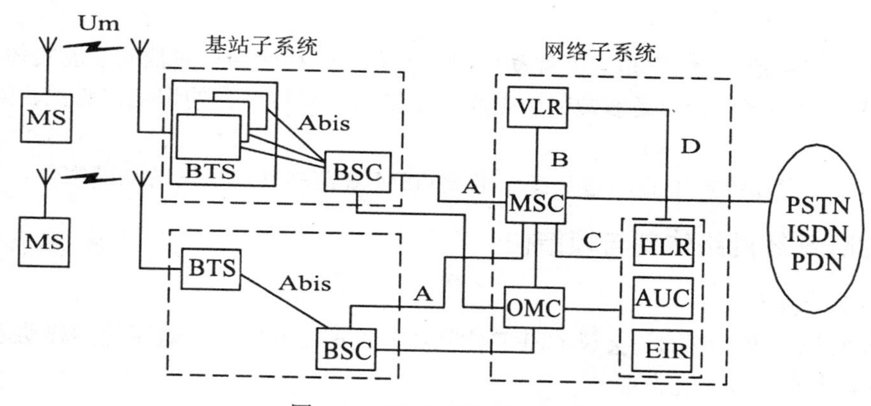

图 7.4　GSM 网络结构示意图

1.　移动台(MS)

移动台是移动网中的用户终端，包括移动设备(ME：Mobile Equipment)和移动用户识别模块 SIM 卡(Subscriber Identity Module，通常称为 SIM 卡)。

2.　基站系统(BSS: Base Station System)

基站系统(BSS)负责在一定区域内与移动台之间的无线通信。一个 BSS 包括一个基站控制器(BSC: Base Station Controller)和一个或多个基站收发台(BTS: Base Transceiver Station)两部分组成。

（1）基站收发台(BTS)

BTS 是 BSS 的无线部分，受控于基站控制器 BSC，包括无线传输所需要的各种硬件和软件，如发射机、接收机、天线、连接基站控制器的接口电路以及收发台本身所需要的检测和控制装置等。它完成 BSC 与无线信道之间的转换，实现 BTS 与 MS 之间通过空中接口的无线传输及相关的控制功能。

（2）基站控制器(BSC)

BSC 是 BSS 的控制部分，处于基站收发台 BTS 和移动交换中心 MSC 之间。一个基站控制器通常控制几个基站收发台，主要功能是进行无线信道管理、实施呼叫和通信链路的建立和拆除，并为本控制区内移动台越区切换进行控制等。

3. 网络子系统(NSS: Network SubSystem)

网络子系统主要包含 GSM 系统的交换功能和用于用户数据与移动性管理、安全性管理所需的数据库功能，它对 GSM 移动用户之间通信和 GSM 移动用户与其他通信网用户之间通信起着管理作用。NSS 由一系列功能实体构成，各功能实体之间和 NSS 与 BSS 之间都通过 No.7 信令系统互相通信。

（1）MSC：移动业务交换中心，这是该系统对移动用户进行控制、管理的中心，它要完成移动通信系统的用户信号交换、号码转换、漫游、信号强度检测、切换（交接）、鉴权、加密等多项功能。

（2）HLR：本地用户位置寄存器，每个移动用户都首先要在原址进行位置注册登记。在此寄存器中主要存储两类信息：一是有关用户的参数；二是有关用户当前位置信息。

（3）VLR：外来用户位置寄存器，是漫游移动用户进网必须存储的有关数据的储存器，它是 MSC 区域的 MS 来去话需检索信息的数据库。用以存储呼叫处理存放数据、识别号码、用户号码等。

（4）AUC：鉴权中心，它是认证移动用户身份和产生相应鉴权参数的功能实体。

（5）EIR：存储移动台设备参数的数据库，主要完成对移动台的识别、监视、闭锁等功能。

（6）OMC：操作维护中心，它是操作维护 GSM 蜂窝移动通信网的功能实体。

7.2.3 GSM 系统网络体制与帧结构

1. GSM 制式特点

GSM 是欧洲邮电主管部门会议(CEPT)建立和开发的泛欧蜂窝全数字化的移动通信系统，它的主要特点表现在以下几方面：

（1）使用频段为： 900 MHz 和 1.8 GHz 频段。
　　我国为 935~960 MHz（基站发），890~915MHz（移动台发）。

（2）频带宽度为 25 MHz。（对 900 MHz 频段）

（3）通信方式为全双工，双工通信时收、发频率间隔为 45 MHz。

（4）信道结构：为数字信道（TDMA）时分多址帧结构，即每帧即为一个载波，分为 8 时隙，全速率信道为 8 个，半速率信道 16 个。

（5）调制方式为高斯低通最小移频键控 GMSK，调制指数为 0.3。

（6）话音传输采用数字信号，其编码规律为：规则脉冲激励长线性预测编码 (RPE-LTP)；其速率为 13 kb/s。

（7）每时隙信道比特率为 22.8 kb/s，信道总速率为 270.83 kb/s。

（8）数据速率为 9.6 kb/s。

（9）信令系统：采用公共控制信令，无线 7 号信令(No.7)。

（10）分集接收：慢跳 217 跳/秒。

2. 组网结构

分为三级：大区中心（8 个）、省汇接中心和地区（本地）交换局。

全国数字公用陆地蜂窝移动通信网络结构。在大区设立一级移动业务汇接中心，通常为单独设置的移动业务汇接中心。省内二级汇接中心应与相应的汇接中心相连。一级汇接中心之间为网状网，每省设 2~4 个省汇接中心。

各省的 MSC 约为几个至几十个用户端局网，它们组成移动业务网：一级汇接局→二级汇接局→端局。移动本地网一般为省内网。在移动本地业务网中，每个 MSC 与局所在本地的长途局相连，并与局所在地的市话汇接局相连。在长途局多局制地区，MSC 应与高一级长途局相连。如没有市话汇接局的地方与市话端局相连。我国的 GSM 网在 1999 年元月份完成了对原移动网的扩容改造工程。

我国的移动话路网（业务网）在 20 世纪末仍维持三级结构，其网路除在原八大汇接局设立 TMSC1 外，在全国又增加 7 个省会城市设置 TMSC1。把原来一个局配置 1 个汇接局，做到了成对配置，把原来 8 个汇接局扩大到 30 个汇接局。即每个独立局都配置了两对 TMSC1，有 15 对独立的 TMSC1，其中有的兼二级汇接中心 TMSC2。我国 GSM 公用陆地移动通信业务网如图 7.5 所示。

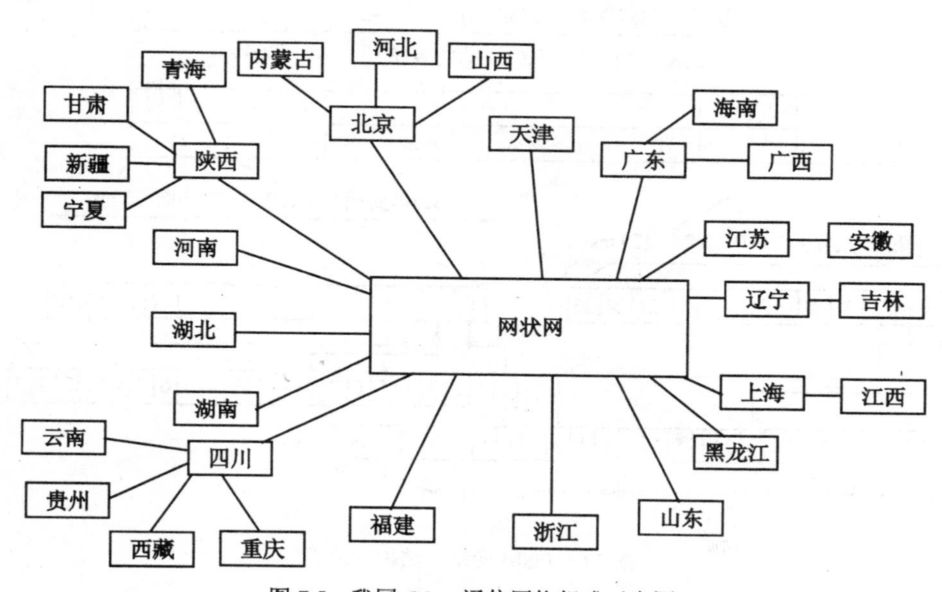

图 7.5　我国 GSM 通信网络组成示意图

3. 帧结构与信道结构

（1）帧结构：GSM 系统的数字传输结构为时分多址 TDMA 结构。其帧结构组成为：每帧为一个载波，时长为 4.62 ms，按时分复用分为 8 个时隙，每时隙为 577 μs。26 个 TDMA 帧组成的复帧，用于传送业务信道的用户信息、线路控制信道的控制信息。

51 个帧组成的复帧，用于控制信道。

26×51（1326）个帧组成一个超帧，每超帧时间为 6.12 秒。

2048 个超帧组成一个超高帧。每超高帧时间为：3 小时 28 分 53 秒 760 毫秒。对每一帧进行循环编号，循环长度为 2715648 帧，如图 7.6 所示。

（2）信道定义：GSM 系统的无线信道分为物理信道和逻辑信道。

① 物理信道：一个载频上的 TDMA 帧中的一个时隙称为一个物理信道（相当于 FDMA 系统中的一个频道）。每个用户通过一系列频率（跳频）的一个信道接入系统，因此 GSM 中每个载频有 8 个物理信道，即信道 0~7 或称时隙 0~7。在一个 TS 中携带的信息称为一个突发脉冲序列。

25MHz 的频段内，信道进行频分复用：分为 125 个载频（间隔 200kHz），在每个载频上进行时分复用，分为 8 个时隙，这样共有 125×8=1000 个物理信道。

② 逻辑信道：在一个 TDMA 帧中的每个时隙中安排的信息，即物理信道中携带的信息的种类，我们定义为逻辑信道。逻辑信道可传递移动通信空中的各种信息。逻辑信道在传输过程中要被放到对应的某个物理信道中。逻辑信道又分为业务信道和控制信道两类。

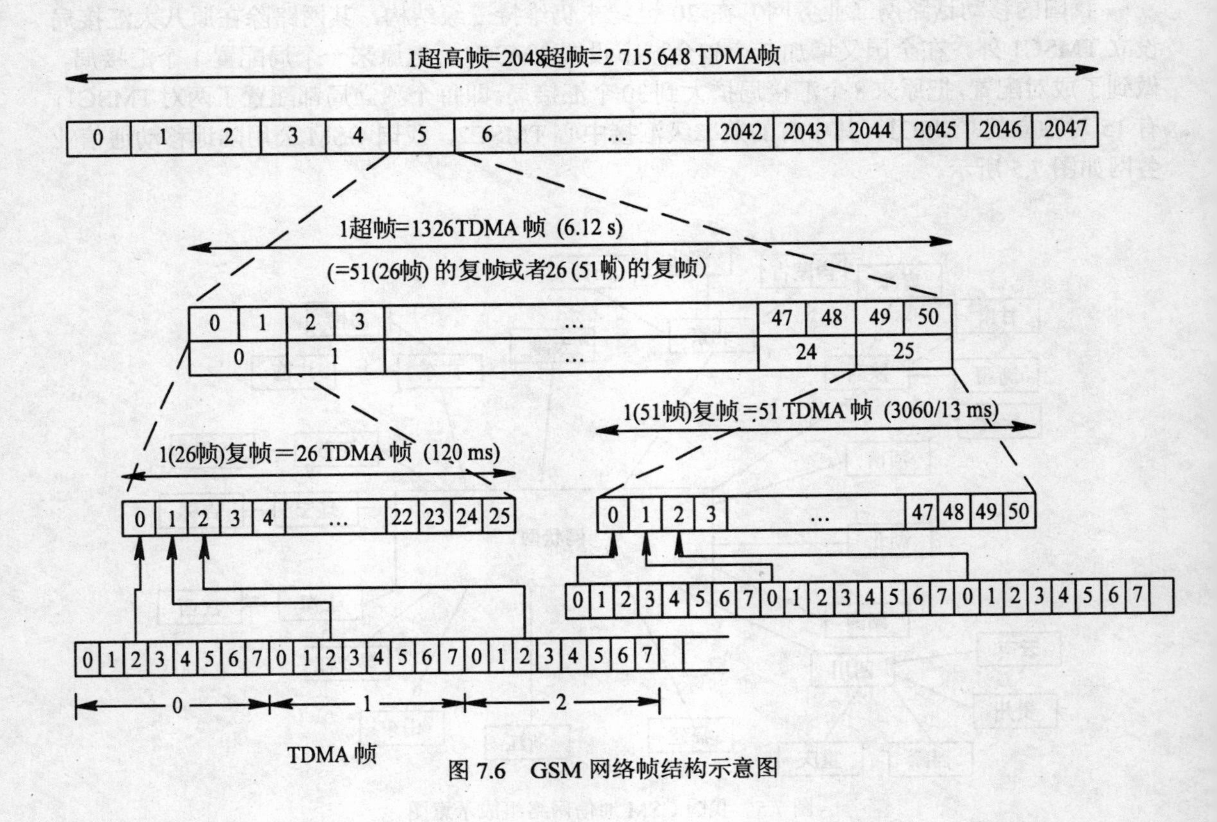

图 7.6　GSM 网络帧结构示意图

4. 移动用户的编号

分为“公开号码”与“不公开号码”两种：

（1）公开号码：即用户号码（MSISDN）：CC（86）+NDC（13H1H2H3H4）+SN（ABCD）

（2）不公开号码：有“国际移动用户识别码（IMSI）”、“国际移动台识别码（IMEI）”、“用户漫游号码（MSRN）”、“临时移动用户识别码（TMSI）”、“位置区识别码（LAI）”、“全球小区识别码（CGI）”等。

5. 移动用户通话接续过程

分为以下五个步骤：

（1）用户（MS）开机，位置登记，状态监控；

（2）被叫用户（MS）的位置查找，状态分析；

（3）与被叫用户（MS）建立联系，进行振铃；

（4）a. 被叫接通，双方开始通话，停止振铃信号，开始通话监控流程；

（4）b. 通话中的信号强弱检测、越区切换检测，并进行相应的调整处理；

（5）结束通话，双方释放系统，回到步骤（1）。

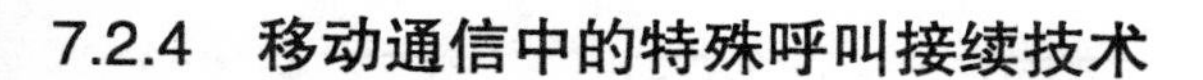

7.2.4　移动通信中的特殊呼叫接续技术

与固定网一样，移动通信网最基本的作用是给网中任意用户之间提供通信链路，即呼叫接续。但与固定网不同的是，在移动网中，由于用户的移动性，就必须有一些另外的操作处理功能来支持。当用户从一个区域移动到另外一个区域时，网络必须发现这个变化，以便接续这个用户的通信，这就是“位置登记”。当用户在通信过程中从一个小区移动到另一个小区时，即“越区切换”时，系统要保证用户的通信不中断。这些“位置登记”、“越区切换”等的操作，是移动通信系统中所特有的，我们把这些与用户移动有关的操作称为“移动性的特殊管理”。下面介绍 GSM 系统中典型的“呼叫接续”、“位置登记”、“越区切换”等操作过程。

1. 位置登记

在介绍具体的位置登记过程之前，先介绍两个概念：

（1）位置区：移动台不用进行位置更新就可以自由移动的区域，可以包含几个小区。当呼叫某一移动用户时，由 MSC 可以追踪移动台究竟处于所在位置区的哪个小区。位置区标识(LAI：Location Area Identifier)是在广播控制信道 BCCH 中广播的。

（2）MSC 区：由该 MSC 所控制的所有基站的覆盖区域组成。一个 MSC 区可以包含几个位置区。

位置登记过程是指移动通信网对系统中的移动台进行位置信息的更新过程，它包括旧位置区的删除和新位置区的注册两个过程。

移动台的信息存储在 HLR（本地用户信息存储器）、VLR（外来用户信息存储器）两个存储器中。当移动台用户从一个位置区进入另一个位置区时，就要向网络报告其位置的移动，使网络能随时登记移动用户的当前位置。利用位置信息，网络可以实现对漫游用户的自动接续，将用户的通话、分组数据、短消息和其他业务数据送达漫游用户。移动台一旦加电开机后，就搜寻 BCCH 信道，从中提取所在位置区标识(LAI)。如果该 LAI 与原来的 LAI 相同，则意味着移动台还在原来的位置区，不需要进行位置更新；若不同，意味着移动台已离开原来的位置区，则必须进行位置登记。为了减少对 HLR 的更新过程，HLR 中只保存了用户所在的 MSC/ VLR 的信息，而 VLR 中则保存了用户更详细的信息（如位置区的信息）。因此，在每一次位置变化时 VLR 都要进行更新，而只有在 MSC/ VLR 发生变化时（用户进入新的 MSC/VLR 区时）才更新 HLR 中的信息。因此，位置登记可能在同一个 MSC/VLR 中进行，也可能在不同 MSC/VLR 之间进行。而用户由一个 MSC/VLR 管辖的区域进入另一个 MSC/VLR 管辖的区域时，移动用户可能用 IMSI 来标识自己，也可能用 TMSI 来标识自己。这些不同的情况处理过程均有所不同。

这里给出比较典型的两种位置登记过程：

（1）移动台用 IMSI 来标识自己时的位置登记和删除

当移动台用 IMSI 来标识自己时，仅涉及 VLR 用户新进入区域的 VLR 和用户所注册的 HLR。具体过程如图 7.7（1）所示。当移动台进入某个 MSC/VLR 控制的区域时，MS 通过 BS 向 MSC 发出位置登记请求消息。若 MS 用 IMSI 标识自己，则新的 VLR 在收到 MSC“更新位置区”的消息后，可根据 IMSI 直接判断出该 MS 的 HLR 地址。VLR 给该 MS 分配漫游号码 MSRN，并向该 HLR 发送“更新位置区”的消息。HLR 收到后，将该 MS 的当前位置记录在数据库中，同时用“插入用户数据”消息，将该 MS 的相关用户数据发送给 VLR。当收到 VLR 发来的“用户数据确认”消息后，HLR 回送“位置更新确认”消息，然后 VLR 通过 MSC 和 BS 向 MS 回送确认消息，位置更新过程结束。

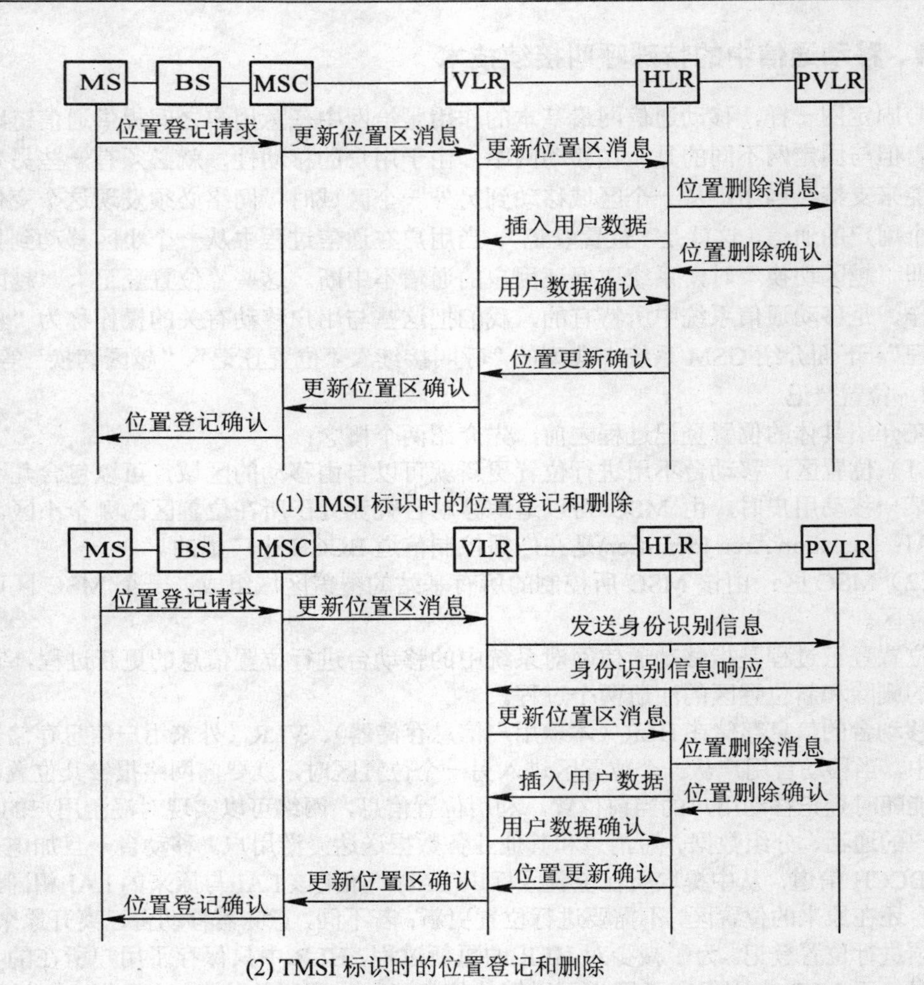

图 7.7　移动台分别用 IMSI/ TMSI 号码来标识时的位置登记和删除示意图

（2）移动台用 TMSI 来标识自己时的位置登记和删除

当移动台进入一个新的 MSC/VLR 区域时，若 MS 用原来的 VLR(PVLR)分配给它的临时号码 TMSI 来标识自己，则新的 VLR 在收到 MSC“更新位置区”的消息后，不能直接判断出该 MS 的 HLR。如图 7.7（2）所示，新的 VLR 要求原来的 PVLR“发送身份识别信息”(Send ID Entification)消息，要求得到该用户的 IMSI，PVLR 用“身份识别信息响应”(Send ID Entification ACK)消息将该用户的 IMSI 送给新的 VLR，VLR 再给该用户分配一个新的 TMSI，其后的过程与图 7.7（2）一样。

2. 呼叫接续

图 7.8 给出一次成功的移动用户呼出的接续过程，可以概括为以下的步骤：

（1）首先移动台与基站之间建立专用控制信道

MS 在“随机接入信道(RACH)”上，向 BS 发出“请求分配信令信道”信息，申请入网；若 BS 接收成功，就给这个 MS 分配一个“专用控制信道(DCCH)”，用于在后续接续中 MS 向 BS 传输必需的控制信息；并在“准许接入信道”(AGCH)上，向 MS 发送“指配信令信道”消息。

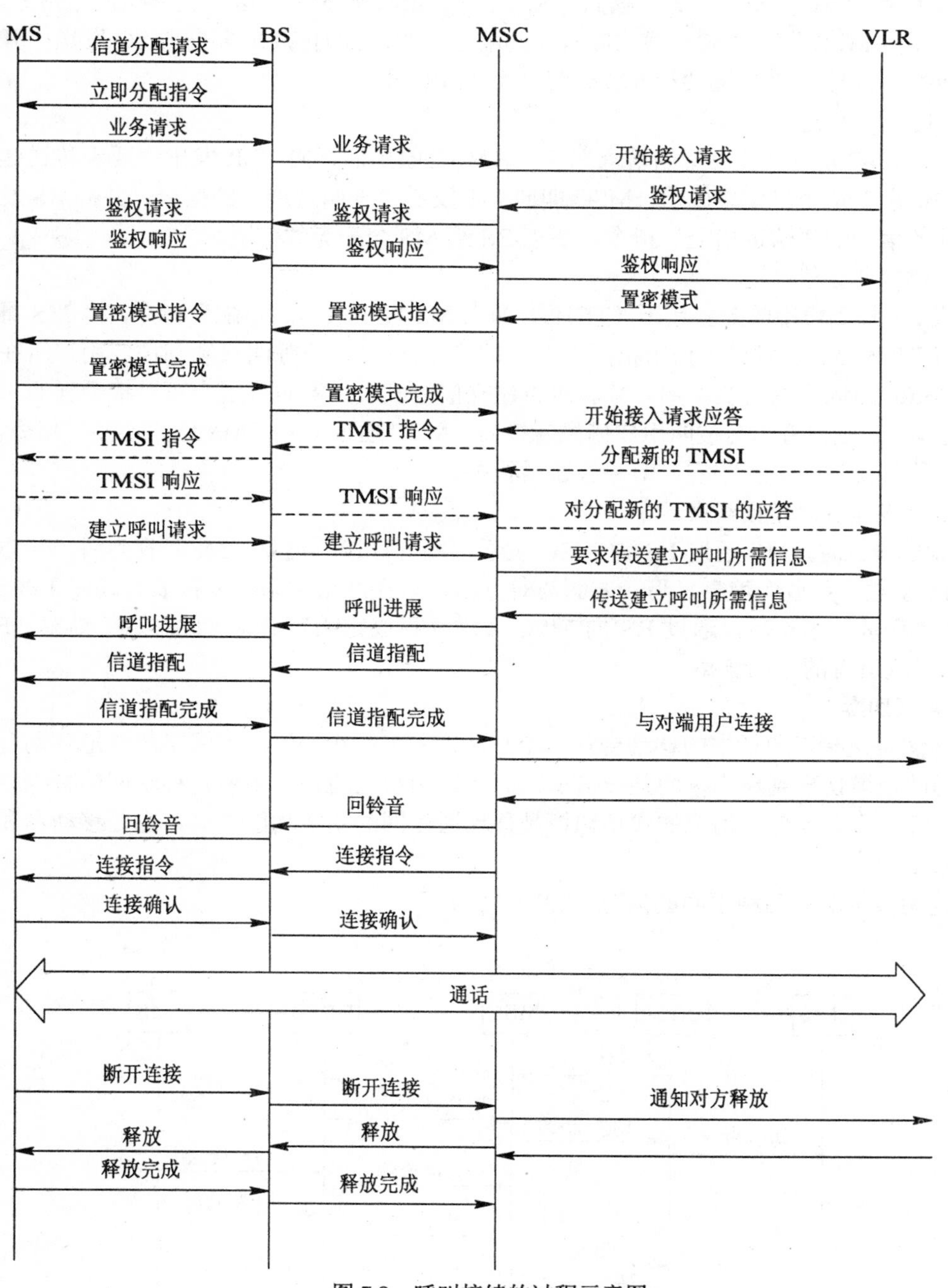

图 7.8 呼叫接续的过程示意图

（2）完成鉴权和有关密码的计算

MS 收到“指配信令信道”消息后，利用“专用控制信道(DCCH)”和 BS 建立起信令链路，经 BS 向 MSC 发送“业务请求”信息。MSC 向有关的 VLR 发送“开始接入请求”信令。VLR 收到后，经过 MSC 和 BS 向 MS 发出“鉴权请求”，其中包含一随机数，MS 按规定算法对此随机数进行处理后，向 MSC 发回“鉴权响应”信息。若鉴权通过，承认此 MS 的合法性，VLR 就给 MSC 发送“置密模式”命令，由 MSC 向 MS 发送“置密模式”指令。MS 收到后，要向 MSC 发送“置密模式完成”的响应信息。同时 VLR 要向 MSC 发送“开始接入请求应答”信息。VLR 还要给 MS 分配一个 TMSI 号码。

（3）呼叫建立过程

MS 向 MSC 发送“建立呼叫请求”信息。MSC 收到后，向 VLR 发出“要求传送建立呼叫所需的信息”指令。如果成功，MSC 即向 MS 发送“呼叫进展”的信令，并向 BS 发出分配无线业务信道的“信道指配”指令，要求 BS 给 MS 分配无线信道。

（4）建立业务信道

如果 BS 找到可用的业务信道（TCH），即向 MS 发出“信道指配”指令，当 MS 得到信道时，向 BS 和 MSC 发送“信道指配完成”的信息。MSC 把呼叫接续到被叫用户所在的移动网的 MSC 或固定网的交换局，并和对方建立信令联系。若对方用户可以接受呼叫，则通过 BS 向 MS 送回铃音。当被叫用户摘机应答后，MSC 通过 BS 向 MS 送“连接”指令，MS 则发送“连接确认”进行响应，即进入通话状态。

（5）话终挂机，通话结束

当 MS 挂机时，MS 通过 BS 向 MSC 发送“断开连接”消息，MSC 收到后，一方面向 BS 和 MS 发送“释放”消息，另一方面与对方用户所在网络联系，以释放有线或无线资源；MS 收到“释放”消息后，通过 BS 向 MSC 发送“释放完成”消息，此时通信结束，BS 和 MS 之间释放所有的无线链路。

3. 越区切换

越区切换是指当通话中的移动台从一个小区进入另一个小区时，网络能够把移动台从原小区所用的信道切换到新小区的某一信道，而保证用户的通话不中断。移动网的特点就是用户的移动性，因此，保证用户的成功切换是移动通信网的基本功能之一，也是移动网和固定网的重要不同点之一。

越区切换可能有两种不同的情况，如图 7.9 所示。

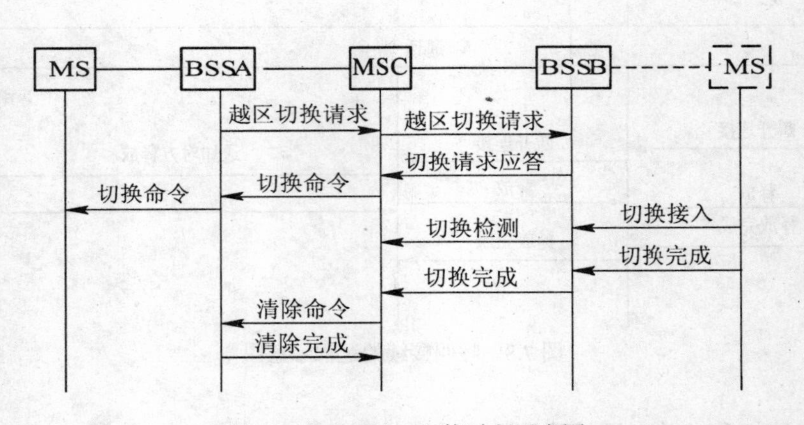

图 7.9　Intra-MSC 切换过程示意图

（1）同一 MSC 内的基站之间的切换，称为 MSC 内部切换(Intra-MSC)。这又分为同一 BSC 控制区内不同小区之间(Intra-BSS)的切换和不同 BSC 控制区内(Inter-BSS)小区之间的切换。

（2）不同 MSC 的基站之间的切换，称为 MSC 间切换(Inter-MSC)。

越区切换是由网络发起，移动台辅助完成的。MS 周期性地对周围小区的无线信号进行测量，及时报告给所在小区，并送给 MSC。网络会综合分析移动台送回的报告和网络所监测的情况，当网络发现符合切换条件时，进行越区切换的有关信令交换，然后释放原来所用的无线信道，在新的信道上建立连接并进行通话。

① MSC 内部切换(Intra-MSC)的过程

MS 周期性地对周围小区的无线信号进行测量，并及时报告给所在小区。当信号强度过弱时，该 MS 所在的基站(BSS-A)就向 MSC 发出“越区切换请求”消息，该消息中包含了 MS 所要切换的小区列表。MSC 收到该消息后，就开始向新基站(BSS B)转发该消息，要求新基站分配无线资源，BSSB 开始分配无线资源。

BSSB 若分配无线信道成功，则给 MSC 发送“切换请求应答”消息。MSC 收到后，通过 BS 向 MS 发“切换命令”，该命令中包含了由 BSSB 分配的一个切换参考值，包括所分配信道的频率等信息。MS 将其频率切换到新的频率点上，向 BSSB 发送“切换接入(Handover-Access)”消息。BSSB 检测 MS 的合法性，若合法，BSSB 发送“切换检测(Handover-Detect)”消息给 MSC。同时，MS 通过 BSSB 送“切换完成”给 MSC，MS 与 BSSB 正常通信。

当 MSC 收到“切换完成”消息后，通过“清除命令(Clear-Command)”释放 BSSA 上的无线资源，完成后，BSSA 送“清除完成”给 MSC。至此，一次切换过程完成。

② MSC 之间切换(Inter-MSC)的过程

MSC 之间切换的基本过程与 Intra-MSC 的切换基本相似，所不同的是，由于是在 MSC 之间进行的，因此，移动用户的漫游号码要发生变化，要由新的 VLR 重新进行分配。因此，这里不再给出详细的过程。

7.3 CDMA 移动通信系统

7.3.1 CDMA 系统概述

1. CDMA 技术的发展历程及标准

CDMA 系统，即采用 CDMA 技术的数字蜂窝移动通信系统，简称 CDMA 系统。它是在扩频通信技术上发展起来的。由于扩频技术具有抗干扰能力强、保密性能好的特点，20 世纪 80 年代就在军事通信领域获得了广泛的应用。为了提高频率利用率，在扩频的基础上，人们又提出了码分多址的概念，利用不同的地址码来区分无线信道。

CDMA 技术的标准化经历了几个阶段。IS-95 是 CDMA 系列标准中最先发布的标准，而真正在全球得到广泛应用的第一个 CDMA 标准是 IS-95A，这一标准支持 8 kb/s 编码话音服务，后来又推出 13 kb/s 话音编码器。随着移动通信对数据业务需求的增长，1998 年 2 月美国高通公司宣布将 IS-95B 标准用于 CDMA 基础平台上。IS-95B 是 IS-95A 的进一步发展，可提供 CDMA 系统性能，并提供对 64 kb/s 数据业务的支持。IS-95A 和 IS-95B 均有一系列标准，其总称为 IS-95。CDMA one 是基于 IS-95 标准的各种 CDMA 产品的总称，即所有基于 CDMA one 技术的产品，其核心技术均以 IS-95 为标准。IS-95 建议的 CDMA 技术扩频带宽约为 1.25 MHz，信息数据速率最高为 13kb/s，它属于窄带 CDMA 范畴。

目前，CDMA 的研究进入了一个新的阶段。窄带 CDMA 的缺点是传输能力有限，不能提供多媒体业务，扩频增益不高，不能充分地利用扩频通信的优点。为此，ITU 制定了第三代移动通信的标准，统称为 IMT-2000（开始的名称是 FPLMTS，欧洲叫 UMTS）。IMT-2000 空中接口的设计目标是在移动台高速运动时，用户的最高速率要达到 144 kb/s，更高可达到 384 kb/s；在有限的覆盖区域内，移动台以一定的速率运动时，用户的速率最高可达到 2 Mb/s，包括提供 Internet 接入、电视会议和其他宽带业务。这种 CDMA 系统称为宽带 CDMA 系统，其中最具代表性的技术是 WCDMA、CDMA2000 和 TD-SCDMA 技术。

自 1995 年美国通信工业协会(TIA)正式颁布窄带 CDMA 标准 IS-95A 以来，CDMA 技术得到了迅速发展。在 3G 标准中，将采用 CDMA 作为空中接口标准，这也进一步确立了 CDMA 为商业移动通信网的主流方向。1995 年 9 月，世界上第一个商用 CDMA 移动网在香港地区开通，1996 年在韩国汉城附近开通世界上最大的商用 CDMA 网，新加坡的 CDMA 个人通信网于 1997 年开通，这也是亚洲第一个 CDMA 个人通信网。

2001 年 12 月 31 日，中国联通 CDMA 网在全国开通运营。CDMA 移动通信系统是继模拟系统和 GSM 系统之后，备受人们关注的移动通信系统，除了技术本身的优势之外，重要的是国际电信联盟已将 CDMA 定为未来的移动通信的统一标准之一。本节中我们主要介绍 IS-95 标准。

2. CDMA 蜂窝移动通信网的特点

CDMA 数字蜂窝系统是在 FDMA 和 TDMA 技术的基础上发展起来的，与 FDMA 和 TDMA 相比，CDMA 具有许多独特的优点，其中一部分是扩频通信系统所固有的，另一部分则是由软切换和功率控制等技术所带来的。CDMA 移动通信网是由扩频、多址接入、蜂窝组网和频率再用等几种技术结合而成的，因此它具有抗干扰性好，抗多径衰落，保密安全性高和同频率可在多个小区内重复使用的优点，所要求的载干比(C/I)小于 1，容量和质量之间可做权衡取舍等属性。这些属性使 CDMA 比其他系统有以下重要的优势：

（1）系统容量大

这里做一个简单的比较：考虑总频带为 1.25 MHz，FDMA（如 AMPS）系统每小区的可用信道数为 7；TDMA(GSM)系统每小区的可用信道数为 12.5；CDMA(IS-95)系统每小区的可用信道数为 120。同时，在 CDMA 系统中，还可以通过话音激活检测技术进一步提高容量。理论上 CDMA 移动网容量比模拟网大 20 倍，实际要比模拟网大 10 倍，比 GSM 要大 4~5 倍。

（2）保密性好

在 CDMA 系统中采用了扩频技术，可以使通信系统具有抗干扰、抗多径传播、隐蔽、保密的能力。

（3）特有的软切换技术

CDMA 系统中可以实现软切换。所谓软切换，是指先与新基站建立好无线链路之后才断开与原基站的无线链路。因此，软切换中没有通信中断的现象，从而提高了通信质量。

（4）特有的软容量特性

CDMA 系统中容量与系统中的载干比有关，当用户数增加时，仅仅会使通话质量下降，而不会出现信道阻塞现象。因此，系统容量不是定值，而是可以变动的，这与 CDMA 的机理有关。因为在 CDMA 系统中，所有移动用户都占用相同带宽和频率。我们打个比方，将带宽想象成一个大房子，所有的人将进入唯一的一个大房子。如果他们使用完全不同的语言，就可以清楚地听到同伴的声音，而只受到一些来自别人谈话的干扰。 在这里，屋里的空气可

以被想象成宽带的载波，而不同的语言即被当作编码，我们可以不断地增加用户，直到整个背景噪音限制住了我们。如果能控制住每个用户的信号强度，在保持高质量通话的同时，我们就可以容纳更多的用户了。

（5）频率规划简单

用户按不同的序列码区分，所以相同 CDMA 载波可在相邻的小区内使用，网络规划灵活，扩展简单。

7.3.2 CDMA 网络结构及信道类型

1. CDMA 网络结构

CDMA 网中的功能实体和相互间的接口见图 7.10。从图中可看出 CDMA 网络结构与 GSM 网相似，因此这里不再赘述其各部分的功能。

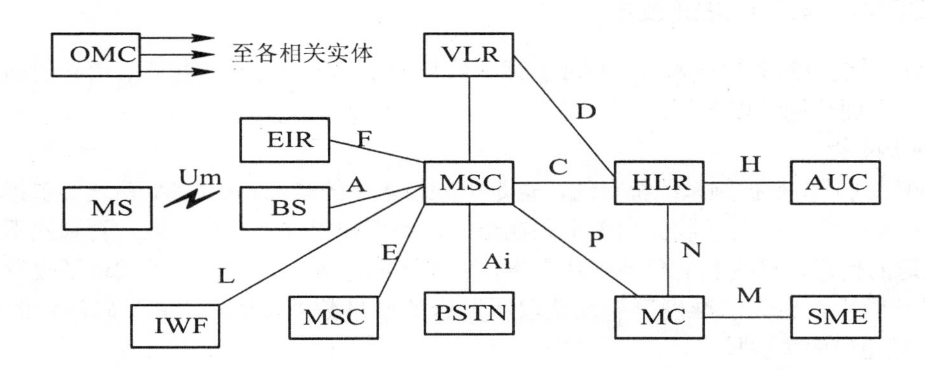

MSC—移动交换中心；　　HLR —原籍位置寄存器；
VLR—访问位置寄存器；　　AUC —鉴权认证中心；
MC—短消息中心；　　SME —短消息实体；
PSTN—公用交换电话网；　　MS —移动台；
EIR—设备识别寄存器；　　BS —基站系统；
OMC—操作维护中心；　　IWF —互连功能

图 7.10　CDMA 系统结构示意图

2. CDMA 系统的逻辑信道

CDMA 系统采用的是频分双工 FDD 方式，即收发采用不同的载频。从基站到移动台方向的链路称为正向链路或下行链路，从移动台到基站方向的信道称为反向链路或上行链路。由于上下行链路传输的要求不同，因此上下行链路上信道的种类及作用也不同。

（1）正向链路中的逻辑信道

包括正向业务信道(F-TCH)、导频信道(PiCH)、同步信道(SyCH)和寻呼信道(PaCH)等，如下所述：

① 导频信道(PiCH: Pilot Channel)：基站在此信道发送导频信号（其信号功率比其他信道高 20 dB），供移动台识别基站并引导移动台入网。

② 同步信道(SyCH: Synchronization Channel)：基站在此信道发送同步信息供移动台建立与系统的定时和同步。一旦同步建立，移动台就不再使用同步信道。

③ 寻呼信道(PaCH: Paging Channel)：基站在此信道寻呼移动台，发送有关寻呼指令及业务信道指配信息。当有用户呼入移动台时，基站就利用此信道来寻呼移动台，以建立呼叫。

④ 正向业务信道(F-TCH: Forward Traffic Channel)：用于基站到移动台之间的通信，主要传送用户业务数据，同时也传送随路信令。例如功率控制信令信息、切换指令等就是插入在此信道中传送的。

（2）反向链路中的逻辑信道

由反向业务信道(B-TCH)和接入信道(AcCH)等组成，如下所述：

① 反向业务信道(B-TCH: Backward Traffic Channel)：供移动台到基站之间通信，它与正向业务信道一样，用于传送用户业务数据，同时也传送信令信息，如功率控制信息等。

② 接入信道(AcCH: Access Channel)：一个随机接入信道，供网内移动台随机占用，移动台在此信道发起呼叫或对基站的寻呼信息进行应答。

7.3.3 CDMA 系统的关键技术

CDMA 系统中的关键技术包括同步技术、信号的多途径叠加接收技术、信号的功率控制和软切换，下面分别予以介绍。

1. 同步技术

PN 码序列同步是扩频系统特有的，也是扩频技术中的难点。CDMA 系统要求接收机的本地伪随机码 PN 序列与接收到的 PN 码在结构、频率和相位上完全一致，否则就不能正常接收所发送的信息，接收到的只是一片噪声。若 PN 码序列不同步，即使实现了收发同步，也不能保持同步，也无法准确可靠地获取所发送的信息数据。因此，PN 码序列的同步是 CDMA 扩频通信的关键技术。

CDMA 系统中的 PN 码同步过程分为 PN 码捕获和 PN 码跟踪两部分。

PN 码序列捕获指接收机在开始接收扩频信号时，选择和调整接收机的本地扩频 PN 序列相位，使它与发送端的扩频 PN 序列相位基本一致（码间定时误差小于 1 个码片间隔），即接收机捕捉发送的扩频 PN 序列相位，也称为扩频 PN 序列的初始同步。捕获的方法有多种，如滑动相关法、序贯估值法及匹配滤波器法等，滑动相关法是最常用的方法。

PN 码跟踪则是自动调整本地码相位，进一步缩小定时误差，使之小于码片间隔的几分之一，达到本地码与接收 PN 码频率和相位精确同步。

2. 信号的多途径（Rake）叠加接收技术

移动通信信道是一种多径衰落信道，Rake 接收技术就是分别接收每一路的信号进行解调，然后叠加输出达到增强接收效果的目的；这里多径信号效应不仅不是一个不利因素，反而在 CDMA 系统中变成了一个可供利用的有利因素。

3. 信号的功率自动控制技术

功率控制技术是 CDMA 系统的核心技术。CDMA 系统是一个自扰系统，所有移动用户都占用相同带宽和频率，“远近效用”问题特别突出。CDMA 功率控制的目的就是克服“远近效用”，使系统既能维持高质量通信，又不对其他用户产生干扰。功率控制分为正向功率控制和反向功率控制，反向功率控制又可分为仅有移动台参与的开环功率控制和移动台、基站同时参与的闭环功率控制。

（1）反向开环功率控制

小区中的移动台接收并测量基站发来的导频信号，根据接收的导频信号的强弱估计正确的路径传输损耗，并根据这种估计来调节移动台的反向发射功率。若接收信号很强，表明移动台距离基站很近，移动台就降低其发射功率，否则就增强其发射功率。小区中所有的移动台都有同样的过程，因此所有移动台发出的信号在到达基站时都有相同的功率。开环功率控制有一个很大的动态范围，根据IS-95标准，它要达到正负32 dB的动态范围。

反向开环功率控制方法简单、直接，不需要在移动台和基站之间交换信息，因而控制速度快并节省开销。对于某些情况，例如车载移动台快速驶入或驶出地形起伏区或高大建筑物遮蔽区而引起的信号强度变化是十分有效的。

（2）反向闭环功率控制

闭环功率控制的设计目标是使基站对移动台的开环功率估计迅速做出纠正，以使移动台保持最理想的发射功率。

对于信号因多径传播而引起的瑞利衰落变化，反向开环功率控制的效果不好。因为正向传输和反向传输使用的频率不同，IS-95中，上下行信道的频率间隔为45 MHz，大大超过信息的相干带宽，它使得上行信道和下行信道的传播特性成为相互独立的过程，因而不能认为移动台在前向信道上测得的衰落特性，就等于反向信道上的衰落特性。为了解决这个问题，可以采用反向闭环功率控制。由基站检测来自移动台的信号强度，并根据测得的结果，形成功率调整指令，通知移动台增加或减小其发射功率，移动台根据此调整指令来调节其发射功率。实现这种办法的条件是传输调整指令的速度要快，处理和执行调整指令的速度也要快。一般情况下，这种调整指令每毫秒发送一次就可以了。

（3）正向功率控制

正向功率控制是指基站调整每个移动台的发射功率。其目的是对路径衰落小的移动台分派较小的前向链路功率，而对那些远离基站的和误码率高的移动台分派较大的前向链路功率，使任一移动台无论处于小区中的什么位置，收到基站发来的信号电平都恰好达到信干比所要求的门限值。在正向功率控制中，移动台监测基站送来的信号强度，并不断地比较信号电平和干扰电平的比值，如果小于预定门限，则给基站发出增加功率的请求。

4. 软切换技术

与我们前面介绍的FDMA系统和GSM系统不同，CDMA系统中越区切换可分为两大类：软切换和硬切换。

（1）软切换　软切换是CDMA系统中特有的。在软切换过程中，移动台与原基站和新基站都保持着通信链路，可同时与两个（或多个）基站通信。在软切换中，不需要进行频率的转换，而只有导频信道PN序列偏移的转换。软切换在两个基站覆盖区的交界处起到了业务信道的分集作用，这样可大大减少由于切换造成的通话中断，因此提高了通信质量。同时，软切换还可以避免小区边界处的“乒乓效应”（在两个小区间来回切换）。

（2）更软切换　更软切换是指在一个小区内的扇区之间的信道切换。因为这种切换只需通过小区基站便可完成，而不需通过移动业务交换中心的处理，故称之为更软切换。

（3）硬切换　硬切换是指在载波频率不同的基站覆盖小区之间的信道切换。在CDMA系统中，一个小区中可以有多个载波频率。例如在热点小区中，其频率数要多于相邻小区。因此，当进行切换的两个小区的频率不同时，就必须进行硬切换。在这种硬切换中，既有载波频率的转换，又有导频信道PN序列偏移的转换。在切换过程中，移动用户与基站的通信链路有一个很短的中断时间。

7.3.4 通话呼叫处理的过程

1. 越区切换

CDMA 软切换是移动台辅助的切换。移动台要及时了解各基站发射的信号强度来辅助基站决定何时进行切换，并通过移动台与基站的信息交换来完成切换。下面给出在同一个移动交换局 MSC 内的用户信道切换过程，分为以下 7 个步骤：

(1)移动台首先搜索所有导频信号并测量它们的强度，测量导频信号中的 PN 序列偏移，当某一导频强度大于某一特定值（上门限）时，移动台认为此导频的强度已经足够大，能够对其进行正确解调。若尚未与该导频对应的基站相联系时，它就向原基站发送一条导频强度测量消息，将高于上门限的导频信号的强度信息报告给基站，并将这些导频信号作为候选导频。原基站再将移动台的报告送往移动交换中心，移动交换中心则让新的基站安排一个前向业务信道给移动台。

（2）移动交换中心通过原小区基站台向移动台发送一个切换导向的消息。

（3）移动台依照切换导向的指令跟踪新的目标小区的导频信号，将该导频信号作为有效导频，开始对新基站和原基站的正向业务信道同时进行解调。同时，移动台在反向信道上向新基站发送一个切换完成的消息。这时，移动台除仍保持与原小区基站的链路外，与新小区基站也建立了链路。此时移动台同时与两基站进行通信。

（4）随着移动台的移动，当原小区基站的导频信号强度低于某一特定值（下门限）时，移动台启动切换定时器开始计时。

（5）切换定时器到时，移动台向基站发送一个导频强度测量消息。

（6）基站接收到导频强度测量消息后，将此消息送至 MSC，MSC 再返回相应切换指示消息，基站将该切换指示消息发给移动台。

（7）移动台依照切换指示消息拆除与原基站的链路，保持与新基站的链路。而原小区基站的导频信号由有效导频变为邻近导频。这时，就完成了越区软切换的全过程。更软切换是由基站完成的，并不需要 MSC 的参与。

实际上，在实际系统运行时，可能同时有软切换、更软切换和硬切换。例如，一个移动台处于一个基站的两个扇区和另一个基站交界的区域内，这时将发生软切换和更软切换。若处于三个基站交界处，又会发生三方软切换。上面两种软切换都是基于具有相同载频的各方容量有余的条件下，若其中某一相邻基站的相同载频已经达到满负荷，MSC 就会让基站指示移动台切换到相邻基站的另一载频上，这就是硬切换。在三方切换时，只要另两方中有一方的容量有余，都优先进行软切换。也就是说，只有在无法进行软切换时才考虑使用硬切换。当然，若相邻基站恰巧处于不同的移动局（MSC），这时即使是同一载频，也要进行硬切换。

2. 位置登记

位置登记又称为注册（Register），是移动台向基站报告自己的位置、状态、身份等特性的过程。通过登记，当要建立一个移动台的呼叫时，基站能有效地寻呼移动台并发起呼叫。CDMA 系统中可以支持多种注册。CDMA 系统位置登记的基本处理过程与 GSM 系统基本类似，故略去。

3. 呼叫处理

移动台通话是通过业务信道和基站之间互相传递信息的。但在接入业务信道时，移动台要经历一系列的呼叫处理状态，包括系统初始化状态、系统空闲状态、系统接入状态，最后进入业务信道控制状态。

（1）移动台呼叫处理

移动台呼叫处理状态如图7.11所示，由下面几个步骤组成。

① 移动台初始化状态

移动台接通电源后就进入“初始化状态”。在此状态中，移动台不断地检测周围各基站发来的导频信号，各基站使用相同的引导PN序列，但其偏置各不相同，移动台只要改变其本地PN序列的偏置，很容易测出周围有哪些基站在发送导频信号。移动台比较这些导频信号的强度，即可捕获导频信号。此后，移动台要捕获同步信道，同步信道中包含有定时信息，当对同步信道解码之后，移动台就能和基站的定时同步。

② 移动台空闲状态

移动台在完成同步和定时后，即由初始化状态进入“空闲状态”。在此状态中，移动台要监控寻呼信道。此时，移动台可接收外来的呼叫或发起呼叫，还可进行登记注册，接收来自基站的指令。

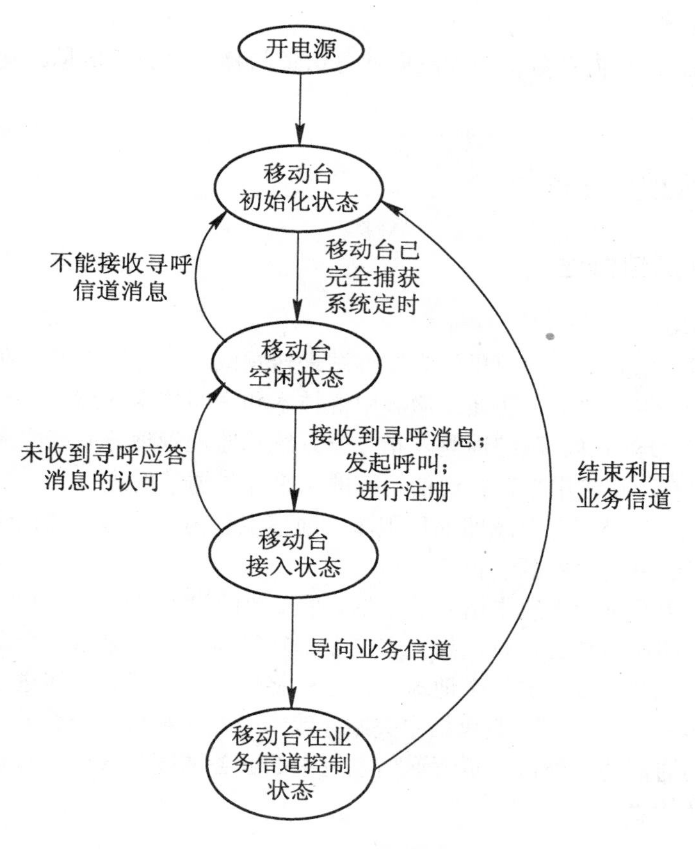

图7.11　移动台呼叫处理状态示意图

③ 系统接入状态

如果移动台要发起呼叫，或者要进行注册登记，或者接收呼叫时，即进入“系统接入状态”，并在接入信道上向基站发送有关的信息。这些信息可分为两类：一类属于应答信息（被动发送）；一类属于请求信息（主动发送）。

④ 移动台在业务信道控制状态

当接入尝试成功后，移动台进入业务信道状态。在此状态中，移动台和基站之间进行连续的信息交换。移动台利用反向业务信道发送语音和控制数据，通过正向业务信道接收语音和控制数据。

（2）基站呼叫处理

基站呼叫处理比较简单，主要包括以下几个步骤：

① 导频和同步信道处理

在此期间，基站发送导频信号和同步信号，使移动台捕获和同步到 CDMA 信道，此时移动台处于初始化状态。

② 寻呼信道处理

在此期间，基站发送寻呼信号。同时移动台处于空闲状态，或系统接入状态。

③ 接入信道处理

在此期间，基站监听接入信道，接收来自移动台发来的消息。同时，移动台处于系统接入状态。

④ 业务信道处理

在此期间，基站用正向业务信道和反向业务信道与移动台交换信息。同时，移动台处于业务信道状态。

7.4 卫星移动通信系统

7.4.1 卫星移动通信概述

1. 卫星通信系统

卫星通信是指利用人造地球卫星作为中继站来转发或反射无线电波，在两个或多个地球站之间进行的通信。卫星通信，实质是微波中继技术和空间技术的结合。一个卫星通信系统是由空间分系统、地球站群、跟踪遥测及指令分系统和监控管理分系统四大部分组成的，如图 7.12 所示。其中有的直接用来进行通信，有的用来保障通信的进行。

（1）空间分系统　空间分系统即通信卫星，通信卫星内的主体是通信装置，另外还有星体的遥测指令、控制系统和能源装置等。

通信卫星的作用是进行无线电信号的中继，最主要的设备是转发器（即微波收、发信机）和天线。一个卫星的通信装置可以包括一个或多个转发器。它把来自一个地球站的信号进行接收、变频和放大，并转发给另一个地球站，这样将信号在地球站之间进行传输。

（2）地球站群　地球站群一般包括中央站（或中心站）和若干个普通地球站。中央站除具有普通地球站的通信功能外，还负责通信系统中的业务调度与管理，对普通地球站进行监测控制以及业务转接等。

地球站具有收、发信功能，用户通过它们接入卫星线路，进行通信。地球站有大有小，业务形式也多种多样。一般来说，地球站的天线口径越大，发射和接收能力越强，功能也越强。

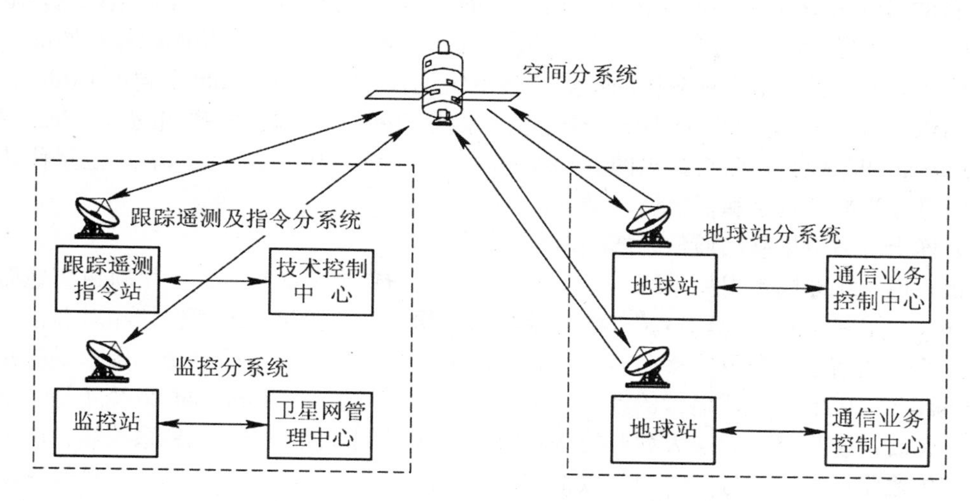

图 7.12 卫星通信系统的基本组成示意图

（3）跟踪遥测及指令分系统 跟踪遥测及指令分系统也称为测控站，它的任务是对卫星跟踪测量，控制其准确进入静止轨道上的指定位置；待卫星正常运行后，定期对卫星进行轨道修正和位置保持。

（4）监控管理分系统 监控管理分系统也称为监控中心，它的任务是对定点的卫星在业务开通前、后进行通信性能的监测和控制，例如对卫星转发器功率、卫星天线增益以及各地球站发射的功率、射频频率和带宽、地球站天线方向图等基本通信参数进行监控，以保证正常通信。

2. 卫星移动通信的概念

卫星移动通信系统是指利用人造地球通信卫星上的转发器作为空间链路的一部分进行移动业务的通信系统。根据通信卫星轨道的位置可分为覆盖大面积地域的同步卫星通信系统和由多个卫星组成的中低轨道卫星通信系统。通常移动业务使用 UHF、L、C 波段。

20 世纪 80 年代以来，随着数字蜂窝网的发展，地面移动通信得到了飞速的发展，但受到地形和人口分布等客观因素的限制，地面固定通信网和移动通信网不可能实现在全球各地全覆盖，如海洋、高山、沙漠和草原等成为地面网盲区。这一问题现在不可能解决，而且在将来的几年甚至几十年也很难得到解决。这不是由于技术上不能实现，而是由于在这些地方建立地面通信网络耗资过于巨大。而相比较而言，卫星通信有着良好的地域覆盖特性，可以快捷、经济地解决这些地方的通信问题，正好是对地面移动通信进行的补充。

20 世纪 80 年代后期，人们提出了个人通信网(PCN: Personal Communication Network)的新概念，实现个人通信的前提是拥有无缝隙覆盖全球的通信网，只有利用卫星通信技术，才能真正实现无缝覆盖这一要求，从而促进了卫星移动通信的发展。总之，卫星移动通信能提供不受地理环境、气候条件、时间限制和无通信盲区的全球通信网络，解决目前任何其他通信系统都难以解决的问题。因此，卫星通信作为地面移动通信的补充和延伸，在整个移动通信网中起着非常重要的作用。

3. 卫星移动通信系统分类

自 1982 年 Inmarsat（国际移动卫星组织）的全球移动通信网提供商业通信以来，卫星移动通信引起了世界各国的浓厚兴趣和极大关注，各国相继提出了许多相同或不相同的系统，卫星移动通信系统呈现出多种多样的特点。其中比较著名的有 Motorola 公司的 Lridum（铱）系统、Qualcomm 等公司的 Globalstar（全球星）系统、Teledesic 等公司提出的 Teledesic 系统，以及 Inmarsat 和其他公司联合提出的 ICO（中轨道）系统。从卫星轨道来看，卫星移动通信系统一般可分为静止轨道和低轨道两类。

（1）静止轨道卫星移动通信系统(GEO)

静止轨道系统即同步卫星系统，卫星的轨道平面与赤道平面重合，卫星轨道离地面高度为 35800km，卫星运行与地球自转方向一致。从地面上看，卫星与地球保持相对静止。静止轨道卫星移动通信系统是卫星移动通信系统中最早出现并投入商用的系统，国际卫星移动组织(Inmarsat)于 1982 年正式运营的第一个卫星移动通信系统——Inmarsat 系统就是一个典型的代表。此后，又相继出现澳大利亚的 MOBILESAT 系统、北美的 MSS 系统等。由于静止轨道高，传输路径长，信号延时和衰减都非常大，因此多用于船舶、飞机、车辆等移动体，不适合手持移动终端的通信。

（2）低轨道卫星移动通信系统(LEO)

低轨道卫星移动通信系统采用低轨道卫星群组成星座来转发无线电波。低轨道系统的轨道距地面高度一般为 700~1500 km，因而信号的路径衰耗小，信号延时短，可以实现海上、陆地、高空移动用户之间或移动用户与固定用户之间的通信，它可以实现手持移动终端的通信，因此 LEO 是未来个人通信中必不可少的一部分。典型的 LEO 有已停用的铱星系统(Iridium)和目前正在使用的 Globalstar 系统、Teledesic 系统等。

7.4.2 典型的低轨道卫星移动通信系统

要使用体积小、功率低的手持终端直接通过卫星进行通信，就必须使用低轨道卫星，因为若是用静止轨道卫星，则由于轨道高，传输路径长，信号的传输衰减和延时都非常大，因此要求移动终端设备的天线直径大，发射功率大，难以做到手持化。只有使用低轨卫星，才能使卫星的路径衰减和信号延时减少，同时获得最有效的频率复用。尽管各低轨道卫星系统细节上各不相同，但目标则是一致的，即为用户提供类似蜂窝型的电话业务，实现城市或乡村的移动电话服务。本小节中介绍最典型的几种低轨道卫星移动通信系统。

1. 铱星系统

铱星系统是最早投入商用的低轨道系统，采用 66 颗低轨卫星以近极地轨道运行，轨道高度为 780 km。铱星系统是一个由 20 家通信公司和工业公司组成的国际财团，官方名称为铱 LLC。铱星系统从 1987 年至 1998 年 5 月共发射了 72 颗卫星(其中 6 颗备用星)，并于 1998 年 11 月正式商业运营。铱系统实现了移动手机直接上星的通信，为用户提供了话音、数据、寻呼以及传真等业务。铱星系统具有星际电路，并具有星上处理和星上交换功能。这些特点使铱星系统的性能极为先进，但同时也增加了系统的复杂性，提高了系统的成本。铱星系统虽然在技术上具有先进性，但由于市场运营策略失误，资费策略失误（每部手机大约 3000

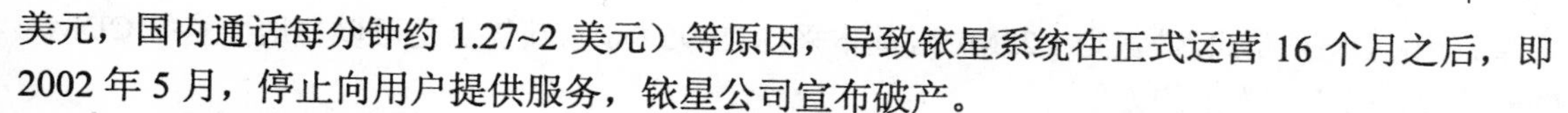

美元，国内通话每分钟约 1.27~2 美元）等原因，导致铱星系统在正式运营 16 个月之后，即 2002 年 5 月，停止向用户提供服务，铱星公司宣布破产。

2. 全球星系统

全球星系统（简称 GS 系统）也是低轨道系统，但与铱星系统不同，全球星系统的设计者采用了低风险的，因而更便宜的卫星。星上既没有星际电路，也没有星上处理和星上交换，所有这些功能，包括处理和交换均在地面上完成。全球星系统设计简单，仅仅作为地面蜂窝系统的延伸，从而扩大了移动通信系统的覆盖，因此降低了系统投资，而且也减少了技术风险。全球星系统由 48 颗卫星组成，均匀分布在 8 个轨道面上。轨道高度为 1414 km。

全球星系统的主要特点有：由于轨道高度仅为 1414 km，因此用户几乎感受不到话音时延；通信信道编码为 CDMA 方式，抗干扰能力强，通话效果好。全球星系统可提供的业务种类包括话音、数据（传输速率可达 9.6 kb/s）、短信息、传真、定位等。

2000 年 5 月全球星系统在中国正式运营。用户使用全球星双模式手机，可实现在全球范围内任何地点任何个人在任何时间与任何人以任何方式的通信，即所谓的全球个人通信。

（1）系统构成

如图 7.13 所示，全球星系统包括卫星子系统、地面子系统、用户终端三部分，并与地面公众网和专用网连网。

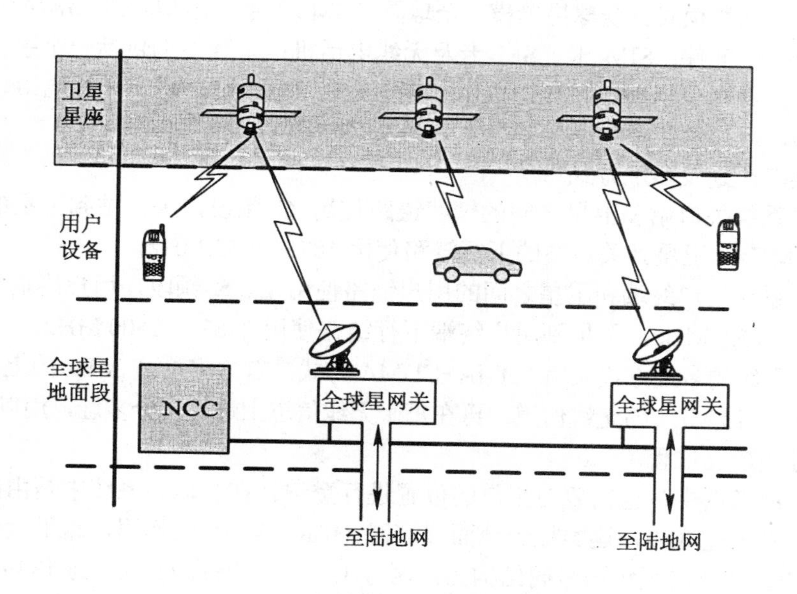

图 7.13　全球星系统的网络结构示意图

① 卫星子系统　卫星子系统由 48 颗卫星加 8 颗备用星组成。这些卫星分布在 8 个倾角为 52° 的圆形轨道平面上，每个轨道平面 6 颗卫星，另还有 1 颗备用星。轨道高度约为 1414 km，传输延时和处理延时小于 300 ms，因此用户几乎感觉不到延时。每颗卫星输出功率约为 1000 W，有 16 个点波束，2800 个双工话音信道或数据信道，总共有 268800 个信道。话音传输速率有 2.4 kb/s、4.8 kb/s、9.6 kb/s 三种，数据传输速率为 7.2 kb/s（持续流量）。每个业务区总有 2~4 颗卫星加以覆盖，每颗卫星能与其用户保持 17min 的连接，然后通过软切换转移到另一卫星上。

卫星采用 CDMA 制式，带宽为 1.23MHz，基本采用 IS-95 标准。其优点是可以与地面系统 CDMA One 兼容，带来技术上的方便。

② 地面子系统　地面子系统由控制中心(NCC)和关口(GW)组成。NCC 配有备用设备，由地面操作控制中心(GOCC)、卫星操作控制中心(SOCC)和发射控制操作设施(TCF)组成，负责管理 GS 系统的地面接续，如 GW 和数据网的操作，同时监视 8 颗卫星的运行。GOCC 管理 GS 的地面设施，执行网络计划，分配信道，计费管理等。SOCC 管理和控制卫星发射工作，并经常检测卫星在轨道上的运行，予以监控。GW 是地面站，每一个站可同时与 3 颗卫星通信。GW 承担转接全球星系统和地面公网(PSTN/PLMN)的任务。

它把来自不同卫星或同一卫星的不同数据流信号组合在一起，以提供无缝隙的覆盖。它把卫星网和地面公网连接起来，每一个用户终端可通过一颗或几颗卫星（利用 CDMA 的分集接收技术）和一个关口站实现与全球任何地区的通信。关口站包括射频分系统、CDMA 分系统、管理分系统、交换分系统和遥测控制单元等。

全球星关口站的最大覆盖半径为 2000 km，在中国建三个关口站即可覆盖全国。三个关口站的最佳建站地址为北京、广州、兰州。关口站的空中信道最少为 80 条，最大为 1000 条；用户容量最小为 1 万个，最大为 10 万个，三个关口站最终可容纳 30 万个用户。

③ 用户终端　使用全球星系统业务的用户终端设备，包括手持式、车载式和固定式。手持式终端有三种模式：全球星单模、全球星/GSM 双模、全球星/CDMA/AMPS 三模。手持机包括两个主要部件：SIM 卡、SM 卡及无线电话机；车载终端包括一个手持机和一个卡式适配器；固定终端包括射频单元(RFU)、连接设备和电话机，它有住宅电话、付费电话和模拟中继三种。

（2）频率计划及多址方式

全球星系统关口站和卫星之间的馈线链路使用 C 频段，关口站到卫星的上行链路使用 5091~5250 MHz，卫星到关口站的下行链路使用 6875~7055 MHz。

全球星系统用户终端和卫星之间的用户链路使用 L、S 频段，用户终端到卫星上行链路使用 1610~1626.5 MHz，卫星到用户终端下行链路使用 2483.5~2500 MHz。

全球星系统的多址方式采用 FDMA+CDMA 方式。首先将 16.5 MHz 的上行带宽和下行带宽分成 13 个 1.25 MHz 的无线信道；再在每个无线信道上进行码分多址，用以区分各个用户。

（3）呼叫建立过程

卫星移动通信中，也需要对用户的位置进行登记。在全球星系统中是由归属关口站和本地服务关口站来完成的，这类似于地面蜂窝网 HLR、VLR 的作用，这里我们仍将归属关口站称为 HLR。全球星系统的号码结构为：网号 1349，号码共 11 位，为 1349H1H2H3ABCD，其中 H1H2H3 为归属关口站识别号；下面给出接续的例子。

① 当固定用户或地面公用移动网的用户呼叫全球星用户时，通过关口局接续到就近的全球星关口站 GW1 查询路由进行接续，关口站分析 H1H2H3 号码，到相应的 HLR 查询移动用户的路由信息，根据用户的不同位置进行接续，下面给出固定用户呼叫全球星用户时的例子：

a. 若被叫用户当前位置在 GW1，则直接寻呼该用户完成相应的接续，如图 7.14 所示。

图 7.14　被叫用户在 GW1 的接续示意图

b. 若被叫用户当前位置在另一关口站 GW2，则通过专用直达线路将呼叫接续到 GW2，如图 7.15（1）所示。

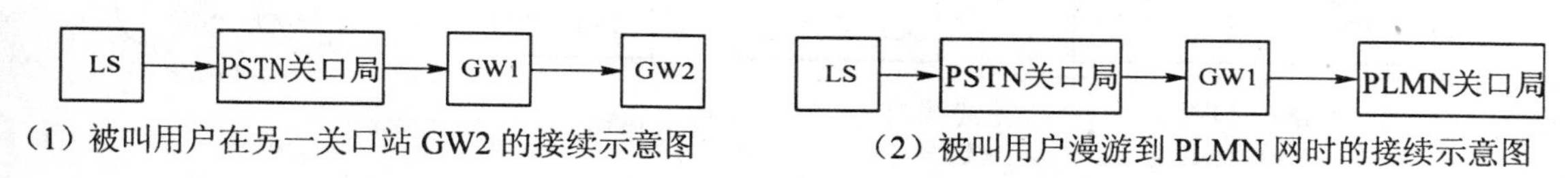

图 7.15　被叫用户接续示意图

c. 如果被叫用户漫游到 PLMN 网中，则将呼叫接续到 PLMN 关口局，在 PLMN 网中接续，如图 7.15（2）所示。

② 全球星用户呼叫固定用户或地面公用移动网的用户时，就近进入固定网或地面公用移动网的关口局，由固定网或地面公用移动网进行接续，后续接续过程同固定网或公用移动网内的接续。

③ 全球星用户呼叫全球星用户，始发关口站 GW1 在全球星网中查询用户的路由信息。根据用户的不同位置进行接续，具体接续过程同①的内容。

7.5　第三代移动通信系统

7.5.1　第三代移动通信系统(3G)概述

1. 3G 的概念及实现目标

早在 1985 年 ITU-T 就提出了第三代移动通信系统的概念，最初命名为 FPLMTS（未来公共陆地移动通信系统），后来考虑到该系统将于 2000 年左右进入商用市场，工作的频段在 2000 MHz，且最高业务速率为 2000 kb/s，故于 1996 年正式更名为 IMT-2000(International Mobile Telecommunication-2000)。

第三代移动通信系统的目标是能提供多种类型、高质量的多媒体业务；能实现全球无缝覆盖，具有全球漫游能力；与固定网络的各种业务相互兼容，具有高服务质量；与全球范围内使用的小型便携式终端在任何时候任何地点进行任何种类的通信。为了实现上述目标，对第三代无线传输技术(RTT)提出了支持高速多媒体业务的要求。具体参数如下：

（1）高速移动环境：144 kb/s；

（2）室外步行环境：384 kb/s；

（3）室内环境：2 Mb/s。

2. 3G 的系统结构

图 7.16 为 ITU 定义的 IMT-2000 的功能子系统和接口。从图中可以看到，IMT-2000 系统由终端(UIM+MT)、无线接入网(RAN)和核心网(CN)三部分构成。

终端部分完成终端功能，包括用户识别模块 UIM 和移动台 MT，UIM 的作用相当于 GSM 中的 SIM 卡。无线接入网完成用户接入业务的全部功能，包括所有与空中接口相关的功能，以使核心网受无线接口影响很小。核心网由交换网和业务网组成，交换网完成呼叫及承载控制所有功能，业务网完成支撑业务所需功能，包括位置管理。

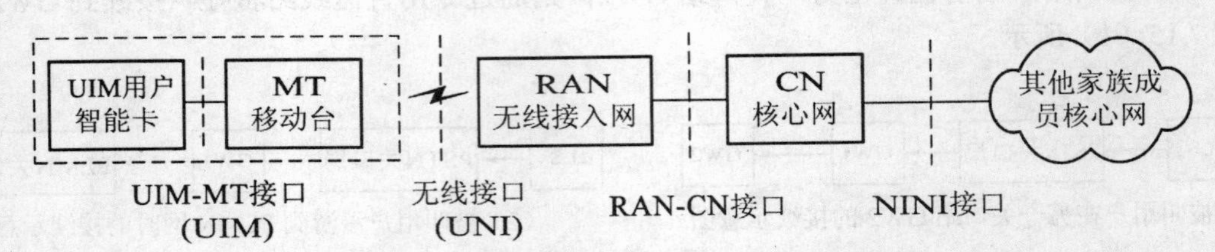

图 7.16 IMT-2000 的功能子系统和接口示意图

UNI 为移动台与基站之间的无线接口。RAN-CN 为无线接入网与核心网（即交换系统）之间的接口。NNI 为核心网与其他 IMT-2000 家族核心网之间的接口。

无线接口的标准化和核心网络的标准化工作对 IMT-2000 整个系统和网络来说，将是非常重要的终端部分完成终端功能，包括用户识别模块 UIM 和移动台 MT。

7.5.2 3G 移动通信技术的标准化

3G 的标准化分为无线传输技术(RTT)和核心网技术的标准化。

1. 无线接口的标准化

1999 年 10 月 25 日到 11 月 5 日在芬兰召开的 ITU-T G8/1 第 18 次会议通过了 IMT-2000 无线接口技术规范建议，最终确立了 IMT-2000 所包含的无线接口技术标准。将无线接口的标准明确为如下表所示五个标准：

（1）GSM 核心网的演进

3GPP 主要制定基于 GSM MAP 核心网，WCDMA 和 CDMA TDD 为无线接口的标准，称为 UTRA。

3GPP 标准的制定分为 1999 年版本(R99)和 2000 年版本(R00)。1999 年版本的核心网基于演进的 GSM MSC 和 GPRS GSN，电路与分组交换节点逻辑上是分开的；而无线接入网(RAN)则是全新的。

从图中可以看出，核心网基于 GSM 的电路交换网络(MSC)和分组交换网络(GPRS)平台，以实现第二代向第三代网络的平滑演进。通过无线接入网络新定义的 Iu 接口，与核心网连接。Iu 接口包括支持电路交换业务的 Iu-CS 和支持分组交换的 Iu-PS 两部分，分别实现电路和分组型业务。

在 2000 年版本(R00)中，初步提出了基于 IP 的核心网结构，将传输、控制和业务分离，目前主要集中在核心网方面，未来的 IP 化将从核心网 CN 逐步延伸到无线接入网 RAN 和终端 UE。

我国于 2006 年，确定采用自主研发的 TD-SCDMA 的 3G 体制，在原邮电部和信息产业部的统一领导下，通过多年的开发，TD-SCDMA 体制在包括核心网、接入网、芯片、终端、软件、仪器仪表等的产业链上，形成了国内多厂商供货的局面和统一的包含各个方面的“中国 TD-SCDMA 体制联盟”。目前，3G 相关的业务也在大力推进，在国际标准导入期的进程中，为我国在国际通信体制标准上争得了更多的“话语权”，也为我国民族通信设备制造企业创造了新机遇。

（2）ANSI-41 核心网的演进

3GPP2 主要制定基于 ANSI-41 核心网，CDMA2000 为无线接口的标准。

3GPP2 的标准化也是分阶段进行的，而且第二代与第三代之间无论无线接入还是核心网部分都是平滑过渡的。1999 年 3GPP2 完成了 CDMA2000-1X（单载波）和 CDMA2000-3X（多载波）无线接口的标准。A 接口在原来的基础上新增加了支持移动 IP 的 A10、A11 协议，核心网部分则引入新的分组交换节点 PDSN 接入 IP 网络，以支持 IP 业务，同时电路型业务仍然由原来的 MSC 支持，如图 7.17 所示。

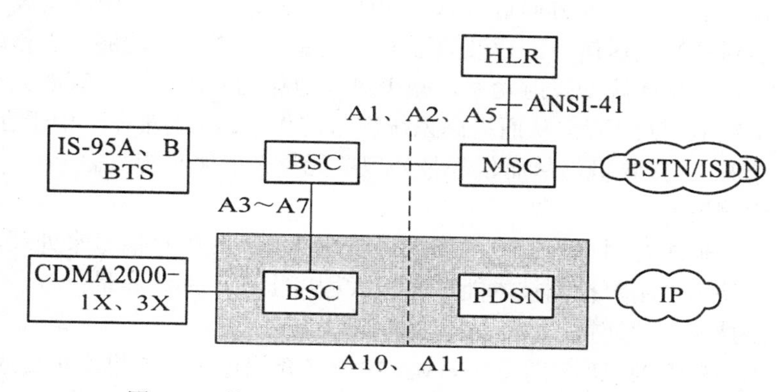

图 7.17 基于 ANSI-41 网的 CDMA2000 系统示意图

7.5.3 3G 移动通信的应用及关键技术

1. 3G 的应用业务情况

IMT-2000 能提供至少 144 kb/s 的高速大范围的覆盖（希望能达到 384 b/s），同时也能对慢速小范围提供 2 Mb/s 的速率。3G 提供新的应用主要有如下一些领域：Internet，一种非对称和非实时的服务；可视电话则是一种对称和实时的服务；移动办公室能提供 E-mail、WWW 接入、Fax 和文件传递服务等。3G 系统能提供不同的数据率，将更有效地利用频谱。3G 不仅能提供 2G 已经存在的服务，而且还引入新的服务，使其对用户有更大的吸引力。

2. 3G 的关键技术

（1）初始同步与 Rake 接收技术

CDMA 通信系统接收机的初始同步包括 PN 码同步、符号同步、帧同步和扰码同步等。CDMA2000 系统采用与 IS-95 系统相类似的初始同步技术，即通过对导频信道的捕获建立 PN 码同步和符号同步，通过同步信道的接收建立帧同步和扰码同步。WCDMA 系统的初始同步则需要通过“三步捕获法”进行，即通过对基本同步信道的捕获建立 PN 码同步和符号同步，通过对辅助同步信道的不同扩频码的非相干接收，确定扰码组号等，最后通过对可能的扰码进行穷举搜索，建立扰码同步。

同我们在 IS-95 中所介绍的一样，3G 中 Rake 接收技术也是一项关键技术。为实现相干形式的 Rake 接收，需发送未经调制的导频信号，以使接收端能在确知已发数据的条件下估计出多径信号的相位，并在此基础上实现相干方式的最大信噪比合并。WCDMA 系统采用用户专用的导频信号，而 CDMA2000 下行链路采用公用导频信号，用户专用的导频信号仅作为备选方案用于使用智能天线的系统，上行信道则采用用户专用的导频信道。

（2）高效信道编译码技术

采用高效信道编码技术是为了进一步改进通信质量。在第三代移动通信系统主要提案中（包括 WCDMA 和 CDMA2000 等），除采用与 IS-95 CDMA 系统相类似的卷积编码技术和交织技术之外，还建议采用 TURBO 编码技术及 RS-卷积级联码技术。

（3）智能天线技术

智能天线技术也是 3G 中的一项非常重要的技术。智能天线包括两个重要组成部分：一是对来自移动台发射的多径电波方向进行入射角(DOA)估计，并进行空间滤波，抑制其他移动台的干扰；二是对基站发送信号进行波束形成，使基站发送信号能够沿着移动台电波的到达方向发送回移动台，从而降低发射功率，减少对其他移动台的干扰。智能天线技术能够起到在较大程度上抑制多用户干扰，从而提高系统容量的作用。其困难在于由于存在多径效应，每个天线均需一个 Rake 接收机，从而使基带处理单元复杂度明显提高。

（4）多用户检测技术

多用户检测就是把所有用户的信号都当成有用信号而不是干扰信号来处理，消除多用户之间的相互干扰。使用多用户检测技术能够在极大程度上改善系统容量。

（5）功率控制技术和软切换

功率控制技术和软切换已经在窄带 CDMA 中详细介绍过了，这里不再赘述。

7.6 内容小结

在通信的过程中，移动通信是目前最“热门”、发展最快，也是技术最复杂的通信方式；本章是对移动通信基本原理的论述，共分为四个部分：7.1 节简述了移动通信的基本概念和基本组网形式；7.2、7.3 节分别简述了目前广泛使用的两种（GSM/CDMA）移动通信组网原理；7.4 节简述了卫星移动通信原理；7.5 节简述了新一代的移动通信技术——3G 移动通信原理；整章内容构成了移动通信网络的基本理论要点。

7.1 节移动通信系统概述，论述了移动通信的概念与种类、移动通信的系统构成、采用的主要技术以及通信网络的构成，使读者对移动通信的系统组成及其工作原理建立初步的认识。要求掌握移动通信的系统构成和用户多址技术原理；认识移动通信的特殊技术和通信网络组成。

7.2 节 GSM 移动通信系统，详细介绍了 GSM 移动通信系统的频率组成与多址复用调制原理以及帧结构的复用方式，使读者对 GSM 移动通信原理和完整的移动通信过程建立基本的认识。要求掌握 GSM 移动通信系统的频率组成与多址复用调制原理；认识 GSM 移动通信的特殊技术、信道组成原理以及系统组网结构。

7.3 节 CDMA 移动通信系统，系统阐述了 CDMA 移动通信系统的基本多址方式、特殊技术和系统工作原理；使读者对数字信号的扩频和 CDMA 技术有一个全面的基本的认识。要求掌握 CDMA 系统的基本多址方式、关键技术和系统工作原理；认识 CDMA 技术的特点和信道组成原理。

7.4 节卫星移动通信系统，详细介绍了卫星移动通信系统的种类、网络组成与工作原理，并分析了卫星通信系统的 2 种工作方式；使读者对卫星通信系统的工作原理和实际的卫星移动通信系统与移动通信技术有一个基本认识。要求掌握程控卫星通信系统的系统网络组成与工作原理。认识 2 种卫星移动通信网络的工作方式和成败情况。

7.5 节下一代（3G）移动通信系统，首先提出了下一代（3G）移动通信系统要实现的目

标，然后从信号传输体制和所采用的新技术两个方面对下一代（3G）移动通信系统进行了介绍。要求掌握下一代（3G）移动通信系统要实现的目标；认识下一代（3G）移动通信系统所采用的新技术。

思　考　题

1．移动通信中为什么要采用复杂的多址接入方式？多址方式有哪些？它们是如何区分每个用户的？

2．构成一个数字移动通信网的数据库有哪些？分别用来存储什么信息？

3．从网络结构看，数字移动网与模拟移动网的区别是什么？

4．详细说明 VLR、HLR 中存储的信息有哪些，为什么所存储的信息不同？

5．GSM 中控制信道的不同类型有哪些？它们分别在什么场合使用？

6．GSM 中，移动台是以什么号码发起呼叫的？

7．CDMA 中的关键技术有哪些？

8．CDMA 通信系统中为什么可以采用软切换？软切换的优点是什么？

9．假设 A、B 都是 MSC，其中与 A 相连的基站有 A1、A2，与 B 相连的基站有 B1、B2，那么把 A1 和 B1 组合在一个位置区内，把 A2 和 B2 组合在一个位置区内是否合理？为什么？

10．在移动卫星通信中，为什么要采用低轨道卫星才能实现终端手持化？

11．2 种主要的卫星移动通信系统是什么？简述它们的工作原理。

12．卫星移动通信系统的组成有哪些部分？

13．下一代移动通信系统（3G 系统）中，要实现的数据传输目标速率有哪些？

14．下一代移动通信系统（3G 系统）中，采用的主要技术有哪些？

15．我国采用的下一代移动通信系统（3G 系统）传输制式是什么？有什么特点？

16．名词解释

根据书中所讲内容，按照“内容、组成（或结构）、作用和特点”4 个方面，解释下列名词。

（1）移动通信、第 2 代移动通信、MSC、移动通信基站、移动通信数据库、小区蜂窝式移动通信组网方式、移动用户多址方式。

（2）GSM、移动用户位置登记、移动通信呼叫接续、移动通信越区切换。

（3）CDMA、移动通信同步接收技术、移动通信信号多路径接收叠加技术、移动通信功率自动控制技术、移动通信软切换技术。

（4）GEO、LEO、卫星通信铱星系统、卫星通信全球星系统、3G。

第8章 计算机网络通信技术

在当今通信技术的发展过程中，计算机网络通信技术是最重要的系统分支和未来的发展方向；本章是对计算机网络通信技术的基本论述，共分为三个部分：8.1节简述了原有的数据交换传输技术，如X.25/帧中继/DDN/ATM等；8.2~8.4节简述了2种基本计算机通信网的组成原理——局域网和Internet网；8.5~8.6节简述了TCP/IP协议和计算机通信网的4种基本业务种类；整章内容构成了计算机网络通信技术的基础理论要点。

8.1 分组交换数据通信网概论

“数据（包含计算机）通信”的业务种类是不断发展的，自20世纪60年代以来很长一段时间里，该类业务只是电报、各类低速数据通信或专线网数据通信方式，自80年代以后，陆续出现了“分组交换网（X.25协议）”、“数字数据网（DDN）”和“异步转移数据传输网（ATM）”等速率越来越高的数字数据网；20世纪90年代后期，计算机“宽带互联网”数据业务的大量涌现，开创了IP互联网数据通信技术的新纪元——IP互联网数据通信技术成为了主宰一切的“第3层宽带数据交换网”，而基于点对点数据传输的“分组交换网”、“数字数据网”和“异步转移数据传输网（ATM）”以及“以太网”等，属于“第2层数据传输网”的范畴。下面让我们仔细认识一下各类数据通信网的系统组成、分层结构与各自的作用吧。

8.1.1 数据通信网基本结构分类

从网络分层的角度看，现代数据通信网可分成以下4层：

（1）第一层：基础（物理）媒介层，指由各种线路和设备系统组成的通信网实物系统；

（2）第二层：L2数据传送层，指由“分组交换网”、“数字数据网”和“异步转移数据传输网（ATM）”以及“以太网”等组成的点到点的数据通信传输网；这是在原有各类数据通信网基础上发展起来的、具有不同传输协议的、各自独立的数据通信网，传输速率较低，通过第3层IP网关各自相连，是其特点；

（3）第三层：L3高速IP互联网层，指由高速IP互联网技术组成的，各自相连的全球宽带数据互联网通信网系统；通过IP网关，将各种2层数据网络相连；同时，将第4层的各类要传送的数据，“打包”成IP分组交换数据包，通过本层和下层进行高速传输。

（4）第四层：各类业务应用层，指根据各种计算机指令和流媒体系统形成的数字通信信息流。

8.1.2 分组交换数据通信网

1. X.25低速分组交换协议

X.25低速分组交换协议是原CCITT于1976年制订的分组终端与分组网设备之间的接口

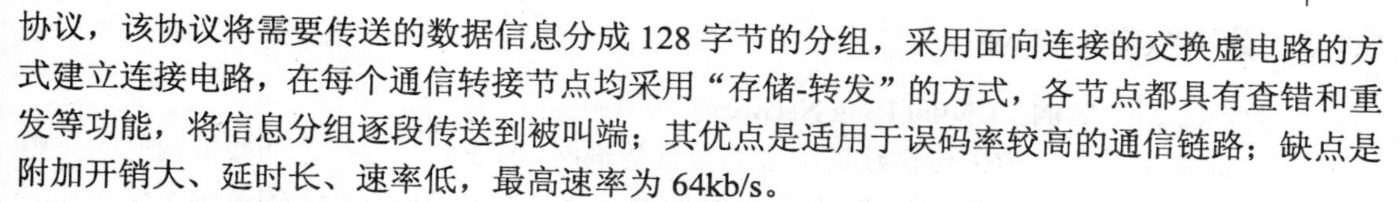
协议，该协议将需要传送的数据信息分成128字节的分组，采用面向连接的交换虚电路的方式建立连接电路，在每个通信转接节点均采用“存储-转发”的方式，各节点都具有查错和重发等功能，将信息分组逐段传送到被叫端；其优点是适用于误码率较高的通信链路；缺点是附加开销大、延时长、速率低，最高速率为64kb/s。

2. 帧中继（FR，Frame Relay）数据通信技术

帧中继技术属于高速分组交换技术，又称为简化X.25。帧中继采用不等长帧，节点设备对信息流不纠错和重发，而是推到网络边缘的终端设备来进行，通信网络只进行差错检查，从而简化了通信节点设备之间的处理过程，并且处理每帧的时间大大缩短，其时延也低于X.25协议。与X.25不同的是，帧中继技术只使用物理层和数据链路层的一部分执行它的交换功能。图8.1为开放系统互连(OSI)、电路交换方式(TDM)、X.25和帧中继协议参考模型的示意图。从图8.1中可以看到，采用TDM技术的电路交换方式仅完成物理层的功能，而X.25协议完成低三层的功能。

帧中继协议只包含OSI模型的最低二层，而且第二层只保留其核心功能，称为数据链路核心协议。其传送数据单元为帧，帧的寻址和选路由第二层通过数据链路连接标识(DLCI)完成。

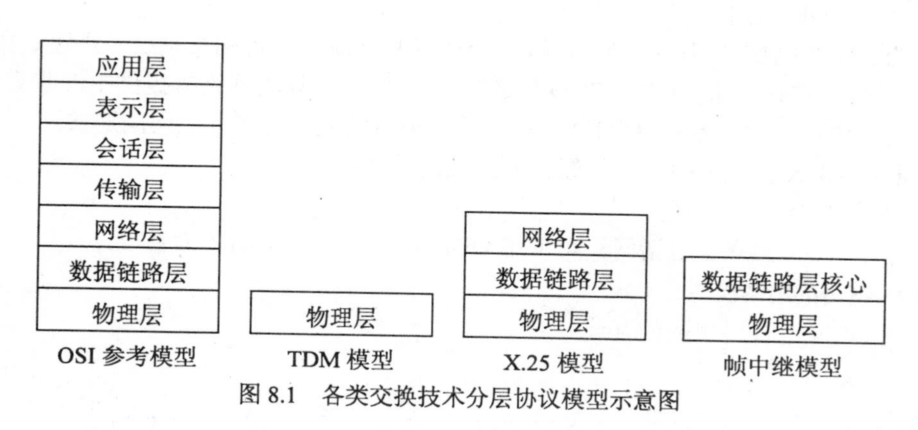

图8.1　各类交换技术分层协议模型示意图

3. ChinaPAC分组交换数据通信网

我国于1993年9月开通ChinaPAC分组交换数据通信网，该数据通信网分为三级，即国家骨干网、省级网和本地网；省网间采用X.25协议互联，与国际网间采用X.75协议互联。国家骨干网采用加拿大北方电信的DPN-100设备，由设置在各省、自治区和直辖市的32个骨干网节点组成，选定北京、上海、沈阳、武汉、成都、西安、广州、南京为骨干汇接节点，采用完全网状结构相连，其他骨干节点采用不完全网状结构相连，设北京、上海为国际出入口局，广州为港澳出入口局。该网络采用集中式管理，网管中心设在北京的一个分组交换中心内。

用户的接入：主要有“电话网接入”和“数据专线接入”两种方式。众所周知，电话网是目前世界上普及率最高的网络。因此，出于经济和安装方面的考虑，多数数据终端（DTE）通过本地电话网接入ChinaPAC数据通信网。电话网设定分组网特定的电话号码。用户要拨通这些特殊的号码，通过电话网接入分组网。另外，有些信息量大的、或有特殊要求的用户，也可通过“数据专线”的方式，直接接入ChinaPAC分组交换数据通信网。

8.1.3 数字数据通信网

1. 数字数据网(DDN：Digital Data Network)

DDN 是利用数字信道来传输数据信号的数据传输网，形成两个用户之间数据信号的完整的传输通道。因此，DDN 的实现前提是通信网的数字化，其数字传输技术的范围不仅在局间中继或长途干线上，而且还包括数据终端与数据终端之间。

DDN 技术把数据通信技术、数字通信技术、计算机技术、光纤通信技术、数字交叉连接技术等有机地结合在一起，形成了一个新的技术整体，应用范围从最初的单纯提供数据通信服务，逐渐拓宽到支持多种业务网和增值网。

我国的 DDN 网络采用分级结构，按网络的组建、运营、管理和维护的责任地理区域，可分为国家骨干网（一级干线网）、省内干线网（二级干线网）和本地网（用户网）三级。

用户数据传输速率为 N×64 kb/s（N 从 1 到 31）的 TDM 电路连接的用户，以及帧中继 PVC 连接的用户，可以直接从骨干网节点上接入 DDN。

2. DDN 网络的应用特征

DDN 可为用户提供高速、优质的数据传输通道，它的应用范围如下：

（1）公用 DDN 电路；

（2）为公用数据交换网、各种专用网、无线寻呼系统、可视图文系统、高速数据传真、会议电视、ISDN（2B+D 信道或 30B+D 信道）、邮政储汇计算机网络等提供中继或数据信道；

（3）为帧中继、虚拟专用网、LAN 以及不同类型的网络互连提供网间连接；

（4）利用 DDN 实现大用户（如银行）局域网连接；

（5）提供租用线；

（6）由于 DDN 独立于电话网，可使用 DDN 作为集中维护的传输手段。

3. DDN 网络的组网模型

（1）用 DDN 进行局域网的互连

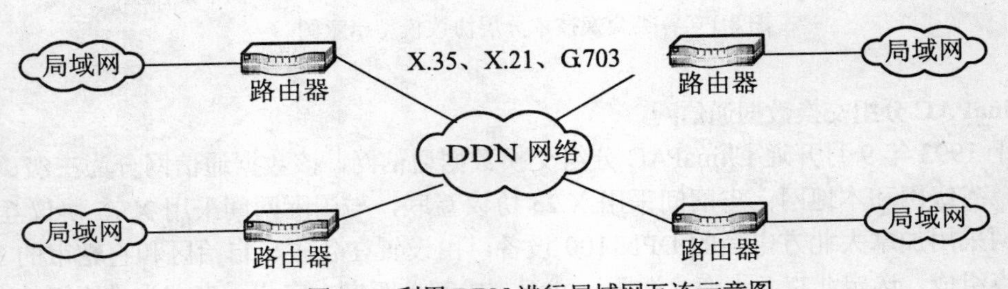

图 8.2　利用 DDN 进行局域网互连示意图

由图 8.2 可见，局域网可通过网桥或路由器接入 DDN，其互连接口采用 ITU-T G.703、V.35 或 V.21 标准。网桥的作用就是把局域网在链路层上进行协议的转换而使之互相连接起来。路由器具有互联网路由选择功能，通过路由选择转发不同子网的分组。通过路由器，DDN 可实现多个局域网互连。

（2）利用 DDN 信道组建计算机通信网

海关、金融、证券等行业可利用 DDN 信道组建自己的广域计算机通信网，用户接入 DDN 网有以下几种方式：

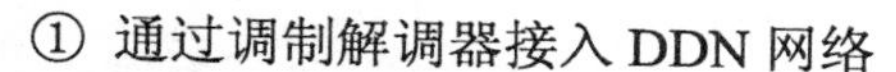
① 通过调制解调器接入 DDN 网络

用户终端通过调制解调器接入 DDN 的方式如图 8.3 所示。这种方式就是采用频带传输系统或者说利用模拟线路将用户终端接入 DDN，通常在用户终端距 DDN 的接入点比较远的情况下采用。

图 8.3　通过调制解调器接入 DDN 通信网示意图

② 通过复用设备接入 DDN 网络；
③ 通过 2048 kb/s 数字电路接入 DDN 网络；
④ 通过 ISDN 的 2B+D 接口接入 DDN 网络。

8.1.4　异步传输模式数据通信网（ATM）

1. 异步传输模式（ATM）技术

ATM 是异步传送的、快速分组交换模式的数据传输技术，它是在总结吸收以上数据传输技术的优点的基础上，由原 CCITT 于 1976 年制订推出的，旨在建立话音和数据综合传输的通信系统模式；它采用快速分组交换和统计复用技术，具有如下 4 个基本特点：

（1）采用短而固定长度的短分组

在 ATM 中采用短而固定长度的分组，称为信元(Cell)。信元由 53 个字节组成，其中 5 个字节是信元头，48 个字节是净荷。固定长的短分组决定了 ATM 系统处理时间短、响应快，特别适合实时业务和高速应用。

（2）采用“按需分配信道带宽资源”的统计复用技术

ATM 是按信元数量进行统计复用和分配相应的带宽的，在时间上没有固定的复用位置，故而具有极大的灵活性，可以满足不同用户传递不同业务的带宽需要。

（3）ATM 采用面向连接并预约传输资源的方式工作

电路交换是通过预约传输资源保证实时信息的传输，同时端到端的连接使得信息在传输时，在任意的交换节点不必作复杂的路由选择（这项工作在呼叫建立时已经完成）。分组交换模式中仿照电路方式提出虚电路工作模式，目的也是为了减少传输过程中交换机为每个分组作路由选择的开销，同时可以保证分组顺序的正确性。但是分组交换取消了资源预定的策略，虽然提高了网络的传输效率，但却有可能使网络接收超过其传输能力的负载，造成所有信息都无法快速传输到目的地。

在 ATM 方式中采用的是分组交换中的虚电路形式，同时在呼叫建立过程中，向网络申请传输所希望使用的资源，网络根据当前的状态决定是否接受这个呼叫。其中资源的约定并不像电路交换中给出确定的电路或 PCM 时隙一样，而只协商将来通信过程可能使用的通信速率。采用预约资源的方式，保证网络上的信息可以在一定允许的差错率下传输。另外考虑到业务具有波动的特点和交换中同时存在连接的数量，根据概率论中的大数定理，网络预分配的通信资源肯定小于信源传输时的峰值速率。可以说 ATM 方式既兼顾了网络运营效率，又满足了接入网络的连接能够进行快速数据传输。

（4）采用简化的“分组交换”协议

ATM 协议运行在误码率很低的光纤传输网上，同时预约资源机制保证网络中传输的负荷小于网络的传输能力，所以 ATM 取消了网络内部节点链路上的差错控制和流量控制。对于通信过程中出现的差错，ATM 将这些工作推给了网络边缘的终端设备完成。

由于 ATM 网络中不进行流量控制和差错控制，所以信元头部变得异常简单，主要是标志虚电路，这个标志在呼叫建立阶段产生，用以表示信元经过网络中传输的路径。用这个标志可以很容易地将不同的虚电路信息复用到一条物理通道上。

根据上面的描述可以知道，实际上 ATM 充分地综合了电路交换和分组交换的优点。它可以支持实时业务、数据透明传输，并采用端到端的通信协议。同时也具有分组交换支持可变比特率(VBR：Variable Bit Rate)业务的特点，并能对链路上传输的业务进行统计复用。所以 ATM 是下一代通信网交换、复用和传输的主要技术之一。

2. ATM 信元的组成与传输原理

ATM 信元由 53 个字节的固定长度组成，其中前 5 个字节为信元头，后 48 个字节为信息域。信元的大小与业务类型无关，任何业务的信息都经过切割封装成相同长度、统一格式的信元。

ATM 通信，由“建立连接”、“信息（元）传送”和“拆除连接”三个过程组成。

用户有通信需求时，首先请求建立连接，请求中携带通信的被叫地址、本次通信需要的带宽和服务质量(QoS)。请求消息从源端沿着“信令虚通路”传向目的端。沿途各交换节点依据网络资源决定是否接纳呼叫。若接受呼叫，就给各段链路分配临时通道，在 ATM 网络中，称为“虚通道”和“虚信道”（VPI / VCI），并在各交换机内建立控制转发的“路径转发表”，路由选择算法决定该信息要通达目的地的路径，从而也决定了虚连接的路径。

信元传送阶段，高层用户信息经过切割封装成信元送给入端交换机，交换机按已确定的转发表转发信息至目的地。目的地将一个个信元重新恢复成原始信息递交给高层用户。在通信期间，沿途各 ATM 交换机要监视和管理连接，预防网络内流量过载。

通信结束后，用呼叫结束请求被拆除，释放分配的临时通道——虚通道和虚信道。

3. ATM 异步通信模式的不足

虽然 ATM 是一门很好的技术，支持各种业务在理论上也是可行的，但实际上却存在一些问题，主要问题表现在：

（1）对大量低速率业务的支持尚不能令人满意，尤其是语音。

（2）随着 IP 互联网络的高速发展，TCP/IP 业务在 PC 桌面已占主流；在这种情况下，53 字节长的信元用来承载平均长度在 1500 字节左右的 IP 分组，传输效率很低。ATM 桌面应用缺少 ATM 终端系统的设备应用，ATM 网卡和业务费用较高，ATM 与现有非 ATM 业务特性的一致性也存在问题。总之，由于 ATM 网络尚未形成相应的产业应用，在 21 世纪的因特网迅猛发展，一统天下的产业形势下，组建纯 ATM 网络已不大可能。该技术由于成本较高，在国内只是少量的专用通信网络中得到应用，而我国许多建成使用的数据通信网络，均以“以太网”和“IP 技术”为内核。

在未来的通信网中，以以太网和 IP 技术为代表的宽带互联网将得到进一步发展。

8.2　计算机通信网概述

8.2.1　计算机网络的发展

自从 1946 年世界上第一台电子计算机 ENIAC(Electronic Numerical Integrator And Computer)问世以来，随着计算机技术的发展，以计算机为主体的各种远程信息处理技术应运而生，计算机与通信的结合也在不断发展。计算机网络就是计算机学科与通信学科紧密结合的产物。计算机网络的发展主要经历了以下四个阶段：

第一阶段：计算机技术与通信技术相结合，形成计算机网络的雏形。

任何一种新技术的出现都必须具备两个条件，即强烈的社会需求与先期技术的成熟。计算机网络技术的形成与发展也证实了这条规律。1946 年世界上第一台电子数字计算机 ENIAC 在美国诞生时，计算机技术与通信技术并没有直接的联系。50 年代初，由于美国军方的需要，美国半自动地面防空系统 SAGE 进行了计算机技术与通信技术相结合的尝试。它将远程雷达与其他测量设施测到的信息通过总长度达到 241 万千米的通信线路与一台 IBM 计算机连接，进行集中的防空信息处理与控制。这就是典型的以单计算机为中心形成的联机网络，如图 8.4 所示。

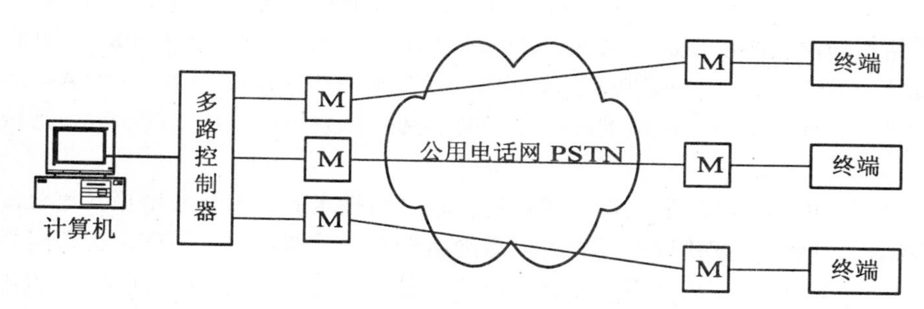

图 8.4　以单计算机为中心形成的网络示意图

1969 年美国国防部高级研究计划署(ARPA：Advanced Research Projects Agency)提出将多个大学、公司和研究所的多台计算机互连成为计算机－计算机网络。网络用户可以通过计算机使用本地计算机的软硬件与数据资源，也可以使用联网的其他地方计算机软硬件与数据资源，以达到计算机资源共享的目的。1969 年 ARPANet 只有 4 个节点，1973 年发展到 40 个节点，1983 年已经达到 100 多个节点。ARPANet 通过有线、无线与卫星通信线路，使网络覆盖了从美国本土到欧洲与夏威夷的广阔地域。

ARPANet 是计算机网络技术发展的一个重要的里程碑，它对发展计算机网络技术的主要贡献表现在以下几个方面：

（1）第一个采用以分组的方式在网络中进行交换和传输；

（2）首次提出数据以无连接的方式进行传输；

（3）分组在网络中以自适应选路方式传输到目的端；

（4）提出了资源子网、通信子网的两级网络结构的概念。

ARPA 网络研究成果对推动计算机网络发展的意义是深远的。在它的基础之上，20 世纪七八十年代计算机网络发展十分迅速，出现了大量的计算机网络。

计算机网络的资源子网与通信子网的结构使网络的数据处理与数据通信有了清晰的功能界面。计算机网络可以分成资源子网与通信子网来组建。通信子网可以是专用的，也可以是公用的。为每一个计算机网络都建立一个专用通信子网的方法显然是不可取的，因为专用通信子网造价很高，线路利用率低，重复组建通信子网投资很大，同时也没有必要。随着计算机网络与通信技术的发展，20 世纪 70 年代中期世界上便出现了由国家邮电部门统一组建和管理的公用通信子网，即公用数据网 PDN。早期的公用数据网采用模拟通信的电话通信网，新型的公用数据网采用数字传输技术和报文分组交换方法。典型的公用分组交换数据有美国的 TELENet、加拿大的 DATAPAC、法国的 TRANSPAC、英国的 PSS、日本的 DDX 等。公用分组交换网的组建为计算机网络的发展提供了良好的外部通信条件。

以上我们讲的是利用远程通信线路组建的远程计算机网络，也称为广域网(WAN：Wide Area Network)。随着计算机的广泛应用，局部地区计算机联网的需求日益强烈。20 世纪 70 年代初，一些大学和研究所为实现实验室或校园内多台计算机共同完成科学计算和资源共享的目的，开始了局部计算机网络的研究。1972 年美国加州大学研制了 Newhall 环网；1976 年美国 XEROX 公司研究了总线拓扑的实验性 Ethernet 网；1974 年英国剑桥大学研制了 Cambridge ring 网。这些都为 20 世纪 80 年代多种局部网络产品的出现提供了理论研究与实现技术的基础，对局部网络技术的发展起到了十分重要的作用。

与此同时，一些大的计算机公司纷纷开展了计算机网络研究与产品开发工作，提出了各种网络体系结构与网络协议，如 IBM 公司的 SNA(System Network Architecture)、DEC 公司的 DNA(Digital Network Architecture)与 UNIVAC 公司的 DCA(Distributed Computer Architecture)。

第二阶段：在计算机通信网络的基础上，完成网络体系结构与协议的研究，形成了计算机网络。

计算机网络发展第二阶段所取得的成果对推动网络技术的成熟和应用极其重要，它研究的网络体系结构与网络协议的理论成果为以后网络理论的发展奠定了基础。很多网络系统经过适当修改与充实后仍在广泛使用。目前国际上应用广泛的 Internet 网络就是在 ARPANet 的基础上发展起来的。但是，20 世纪 70 年代后期人们已经看到了计算机网络发展中出现的危机，那就是网络体系结构与协议标准的不统一限制了计算机网络自身的发展和应用。网络体系结构与网络协议标准必须走国际标准化的道路。

第三阶段：在解决计算机联网与网络互连标准化问题的背景下，提出开放系统互连参考模型与协议，促进了符合国际标准的计算机网络技术的发展。

计算机网络发展的第三阶段加速了体系结构与协议国际标准化的研究与应用。国际标准化组织 ISO 的计算机与信息处理标准化技术委员会 TC 97 成立了一个分委员会 SC16，研究网络体系结构与网络协议国际标准化问题。经过多年卓有成效的工作，ISO 正式制定、颁布了“开放系统互连参考模型”(OSI RM：Open System Interconnection Reference Model)，即 ISO/IEC 7498 国际标准。ISO/OSI RM 已被国际社会所公认，成为研究和制定新一代计算机网络标准的基础。20 世纪 80 年代，ISO 与 ITU 等组织为参考模型的各个层次制定了一系列的协议标准，组成了一个庞大的 OSI 基本协议集。我国也于 1989 年在《国家经济系统设计与应用标准化规范》中明确规定选定 OSI 标准作为我国网络建设标准。ISO/OSI RM 及标准协议的制定和完善正在推动计算机网络朝着健康的方向发展。很多大的计算机厂商相继宣布支持 OSI 标准，并积极研究和开发符合 OSI 标准的产品。各种符合 OSI RM 与协议标准的远

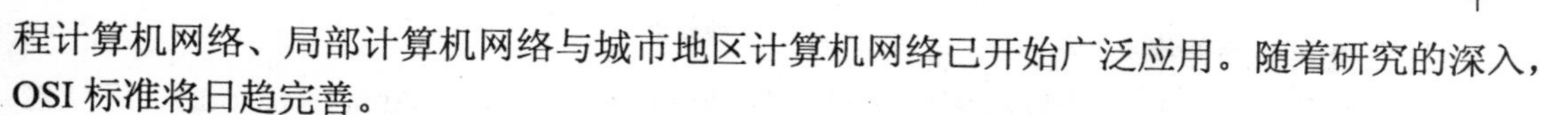

程计算机网络、局部计算机网络与城市地区计算机网络已开始广泛应用。随着研究的深入，OSI 标准将日趋完善。

如果说远程计算机网络扩大了信息社会中资源共享的范围，那么局部网络则增强了信息社会中资源共享的深度。远程联网技术与微型机的广泛应用推动了局部网络技术研究的发展。

第四阶段：计算机网络向互连、高速、智能化方向发展，并获得广泛的应用。

进入 20 世纪 80 年代末期以来，在计算机网络领域最引人注目的就是起源于美国的 ARPANet，已经发展成世界上规模最大和增长速度最快的国际性计算机互联网络——Internet。Internet 迅猛发展的原因是欧洲原子核研究组织 CERN 开发的万维网 WWW(World Wide Web)使用在 Internet 上，大大方便了广大非网络专业人员对网络的使用，成为 Internet 的这种指数级增长的主要动力。

Internet 是覆盖全球的信息基础设施之一，对于用户来说，它像是一个庞大的远程计算机网络。用户可以利用 Internet 实现全球范围的电子邮件、电子传输、信息查询、语音与图像通信服务功能。实际上 Internet 是一个用路由器(Router)实现多个远程网和局域网互连的网际网，它将对推动世界经济、社会、科学、文化的发展产生不可估量的作用。

计算机网络技术的迅速发展和广泛应用必将对 21 世纪的经济、教育、科技、文化的发展产生重要影响。

8.2.2 计算机网络概述

计算机网络要完成数据处理与数据通信两大基本功能，那么从它的结构上必然可以分成两个部分：负责数据处理的计算机和终端，负责数据通信的通信控制处理机 CCP(Communication Control Processor)和通信线路。从计算机网络组成角度来分，典型的计算机网络在逻辑上可以分为两个子网：资源子网和通信子网。

1. 计算机网络概念

计算机网络是利用通信线路将地理位置分散的、具有独立功能的许多计算机系统连接起来，按照某种协议进行数据通信，以实现资源共享的信息系统。

2. 计算机网络的功能

计算机网络既然是以共享为主要目标，那么它应具备下述几个方面的功能。

（1）数据通信　数据通信功能实现计算机与终端、计算机与计算机间的数据传输，这是计算机网络的基本功能。

（2）资源共享　网络上的计算机彼此之间可以实现资源共享，包括软硬件和数据。信息时代的到来，资源的共享具有重大的意义。首先，从投资考虑，网络上的用户可以共享网上的打印机、扫描仪等，这样就节省了资金。其次，现代的信息量越来越大，单一的计算机已经不能将其存储，只能分布在不同的计算机上，网络用户可以共享这些信息资源。再次，现在计算机软件层出不穷，在这些浩如烟海的软件中，不少是免费共享的，这是网络上的宝贵财富。任何连入网络的人，都有权利使用它们。资源共享为用户使用网络提供了方便。

（3）实现分布式处理　网络技术的发展，使得分布式计算成为可能。对于大型的课题，可以分为许许多多的小题目，由不同的计算机分别完成，然后再集中起来解决问题。

由此可见，计算机网络可以大大扩展计算机系统的功能，扩大其应用范围，提高可靠性，为用户提供方便，同时也减少了费用，提高了性能价格比。

3. 计算机网络的分类

（1）按网络节点分布　计算机网络可分为局域网(LAN：Local Area Network)、广域网(WAN：Wide Area Network)和城域网(MAN：Metropolitan Area Network)。

局域网是一种在小范围内实现的计算机网络，一般在一个建筑物内、一个工厂内或一个事业单位内，为单位独有。局域网距离可在十几千米以内，信道传输速率可达 1000 Mb/s，结构简单，布线容易。广域网范围很广，可以分布在一个省内、一个国家内或几个国家之间。广域网联网技术、结构比较复杂。城域网是在一个城市内部组建的计算机信息网络，提供全市的信息服务。目前，我国许多城市均已建成城域网。

（2）按交换方式　计算机网络可分为电路交换网络(Circuit Switching)、报文交换网络(Message Switching)和分组交换网络(Packet Switching)等。

（3）按网络拓扑结构　计算机网络可分为星形网络、树形网络、总线形网络、环形网络和网状网络等。应该指出，在实际组网中，拓扑结构不一定是单一的，通常是几种结构的混用。

8.3 计算机局域网概述

8.3.1 计算机局域网体系结构

1. 计算机局域网的技术特点

计算机局域网 LAN 产生于 20 世纪 60 年代末。20 世纪 70 年代出现了一些实验性的网络，到 80 年代，局域网的产品已经大量涌现，其典型代表就是 Ethernet。近年来，随着社会信息化的发展，计算机局域网技术得到很大的进步，其应用范围也越来越广。

（1）局域网覆盖有限的地理范围，它适用于机关、公司、校园、军营、工厂等有限范围内的计算机、终端与各类信息处理设备联网的需求；

（2）局域网具有较高的数据传输速率(10~100 Mb/s)、低误码率($<10^{-8}$)的高质量数据传输环境；

（3）局域网一般属于一个单位所有，易于建立、维护和扩展。

决定局域网特性的主要技术要素是网络拓扑结构、传输介质与介质访问控制方法。

2. 计算机局域网的参考模型

美国电气和电子工程师学会 IEEE 802 课题小组为计算机局域网制定了许多标准，大部分得到国际标准化组织的认可。

IEEE 802 标准遵循 ISO/OSI 参考模型的原则，确定最低两层——物理层和数据链路层的功能以及与网络层的接口服务、网络互连有关的高层功能。要注意的是，按 OSI 的观点，有关传输介质的规格和网络拓扑结构的说明，应比物理层还低，但对局域网来说这两者却至关重要，因而在 IEEE 802 模型中，包含了对两者详细的规定，图 8.5 是局域网参考模型与 OSI 参考模型的对比。

局域网参考模型只用到 OSI 参考模型的最低两层：物理层和数据链路层。数据链路层分为两个子层，媒介接入控制子层（MAC）和逻辑链路控制子层（LLC）。物理媒介、介质访问控制方法等对网络层的影响在 MAC 子层已完全隐蔽起来了。数据链路层与媒介接入无关的部分都集中在逻辑链路控制 LLC 子层。

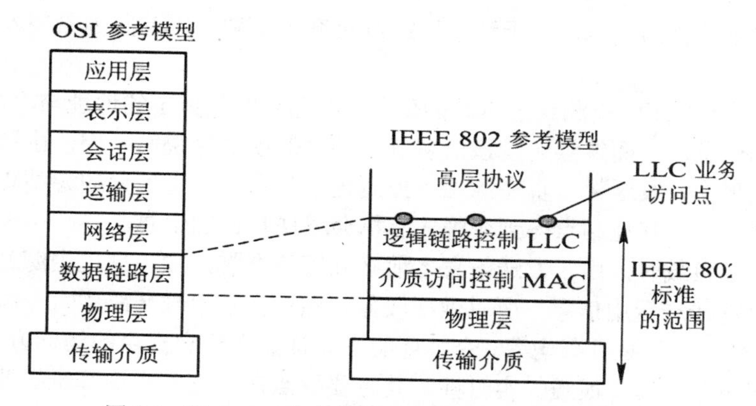

图 8.5 IEEE 802 参考模型与 OSI 模型的比较示意图

如图 8.5 所示，计算机局域网处在 OSI 标准网络层的“数据链路层”位置。

MAC 子层主要有如下功能：

（1）将上层来的数据封装成帧进行发送，接收时进行相反的过程；

（2）实现和维护 MAC 协议；

（3）比特差错检测。

LLC 子层主要有如下功能：

（1）建立和释放数据链路层的逻辑连接；

（2）提供与高层的接口；

（3）差错控制；

（4）给帧加上序号。

3. IEEE 802 标准

IEEE 802 标准包括以下主要部分：

（1）IEEE 802.1 概述、系统结构和网络互连，以及网络管理和性能测量；

（2）IEEE 802.2 逻辑链路控制。这是高层协议与任何一种局域网 MAC 子层的接口；

（3）IEEE 802.3 CSMA/CD。定义 CSMA/CD 总线网的 MAC 子层和物理层的规约；

（4）IEEE 802.4 令牌总线网。定义令牌传递总线网的 MAC 子层和物理层的规约；

（5）IEEE 802.5 令牌环形网。定义令牌传递环形网的 MAC 子层和物理层的规约。

（6）IEEE 802.11 无线局域网。

4. 令牌环访问控制法(Token Ring)

Token Ring 是令牌通行环(Token Passing Ring)的简写。其主要技术指标是：网络拓扑为环形布局，基带网，数据传送速率为 4 Mb/s，采用单个令牌（或双令牌）的令牌传递方法。环形网络的主要特点是只有一条环路，信息单向沿环流动，无路径选择问题。

令牌(Token)也叫通行证，它具有特殊的格式和标记，是一个 1 位或几位二进制数组成的码。举例来说，如果令牌是一个字节的二进制数“11111111”，则该令牌沿环形网依次向每个节点传递，只有获得令牌的节点才有权利发送信包。令牌有“忙”和“空”两个状态。“11111111”为空令牌状态。当一个工作站准备发送报文信息时，首先要等待令牌的到来，当检测到一个经过它的令牌为空令牌时，即以“帧”为单位发送信息，并将令牌置为“忙”（“00000000”）标志附在信息尾部向下一站发送。下一站用按位转发的方式转发经过本站但又不属于由本站接收的信息。由于环中已经没有空闲令牌，因此其他希望发送的工作站必须等待。

接收过程：每一站随时检测经过本站的信包，当查到信包指定的地址与本站地址相符时，则一面拷贝全部信息，一面继续转发该信息包。环上的帧信息绕网一周，由源发送点予以收回。按这种方式工作，发送权一直在源站点控制之下，只有发送信包的源站点放弃发送权，把 Token 置“空”后，其他站点得到令牌才有机会发送自己的信息。

令牌方式在轻负载时，由于发送信息之前必须等待令牌，加上规定由源站收回信息，大约有 50%的环路在传送无用信息，所以效率较低。然而在重负载环路中，令牌以“循环”方式工作，故效率较高，各站机会均等。令牌环的主要优点在于它提供的访问方式是可调整的，它可提供优先权服务，具有很强的实时性。其主要缺点在于它需有令牌维护要求，避免令牌丢失或令牌重复，故这种方式控制电路较为复杂。

5. 令牌总线访问控制法(Token Bus)

Token Bus 是令牌通行总线(Token Passing Bus)的简写。这种方式主要用于总线形或树形网络结构中。1976 年美国 Data Point 公司研制成功的 ARCNet (Attached Resource Computer)综合了令牌传递方式和总线网络的优点，在物理总线结构中实现令牌传递控制方法，从而构成一个逻辑环路。此方式也是目前微机局域中的主流介质访问控制方式。

ARCNet 网络把总线或树型传输介质上的各工作站形成一个逻辑上的环，即将各工作站置于一个顺序的序列内（例如可按照接口地址的大小排列）。方法可以是在每个站点中设一个网络节点标识寄存器 NID，初始地址为本站点地址。网络工作前，要对系统初始化，以形成逻辑环路。其主要过程是：网中最大站号 N 开始向其后继站发送“令牌”信包，目的站号为 N+1，若在规定时间内收到肯定的信号 ACK，则 N+1 站连入环路，否则继续向下询问(该网中最大站号为 N=255，N+1 后变为 0，然后 N+1 又等于 1，2，3，…)，凡是给予肯定回答的站都可连入环路并将给予肯定回答的后继站号放入本站的 NID 中，从而形成了一个封闭逻辑环路，经过一遍轮询过程，网络各站标识寄存器 NID 中存放的都是其相邻的下游站地址。

逻辑环形成后，令牌的逻辑中的控制方法类似于 Token Ring。在 Token Bus 中，信息是按双向传送的，每个站点都可以“听到”其他站点发出的信息，所以令牌传递时都要加上目的地址，明确指出下一个将要接收令牌的站点。令牌总线避免冲突的方法是，除了当时得到令牌的工作站之外，所有的工作站只收不发，只有收到令牌后才能开始发送。

Token Bus 方式的最大优点是具有极好的吞吐能力，且吞吐量随数据传输速率的增高而增加并随介质的饱和而稳定下来，但并不下降；各工作站不需要检测冲突，故信号电压容许较大的动态范围，联网距离较远；有一定实时性，在工业控制中得到了广泛应用，如 MAP 网用的就是宽带令牌总线。其主要缺点在于其复杂性和时间开销较大，工作站可能必须等待多次无效的令牌传送后才能获得令牌。

上述两种访问控制法已得到国际认可，并形成 IEEE 802 计算机局域网标准。

8.3.2 以太网 Ethernet

IEEE 802.3 定义了一种基带总线局域网标准，其速率为共享总线 10 Mb/s。标准包含 MAC 子层和物理层的内容。

根据物理层介质的不同，以太网（Ethernet）可分为 10 Base-2（基带粗同轴）、10 Base-5（基带细铜轴）、10 Base-T（基带双绞线）、10 Base-FL（基带光纤）几种类型。在 MAC 子

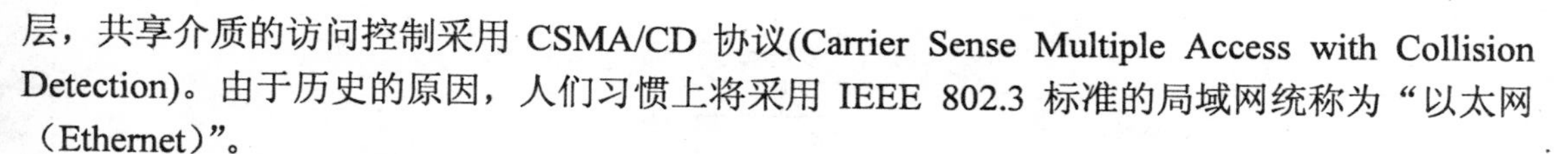

层，共享介质的访问控制采用 CSMA/CD 协议(Carrier Sense Multiple Access with Collision Detection)。由于历史的原因，人们习惯上将采用 IEEE 802.3 标准的局域网统称为“以太网（Ethernet）”。

1. 带有碰撞检测的载波侦听多点访问法(CSMA/CD)

CSMA/CD 含有两方面的内容，即载波侦听(CSMA)和冲突检测(CD)。CSMA/CD 访问控制方式主要用于总线形和树形网络拓扑结构，基带传输系统。信息传输是以“包”为单位，简称信息包，发展为 IEEE 802.3 基带 CSMA/CD 局域网标准。

CSMA/CD 的设计思想如下：

（1）侦听（监听）总线　查看信道上是否有信号是 CSMA 系统的首要问题，各个站点都有一个“侦听器”，用来测试总线上有无其他工作站正在发送信息（也称为载波识别），如果信道已被占用，则此工作站等待一段时间后再争取发送权；如果侦听总线是空闲的，没有其他工作站发送的信息就立即抢占总线进行信息发送。查看信号的有无称为载波侦听，而多点访问指多个工作站共同使用一条线路。

CSMA 技术中要解决的另一个问题是侦听信道已被占用时，等待的一段时间如何确定。通常采用以下两种方法：

方法一：当某工作站检测到信道被占用后，继续侦听下去，一直等到发现信道空闲后，立即发送，这种方法称为持续的载波侦听多点访问。

方法二：当某工作站检测到信道被占用后，就延迟一个随机时间，然后再检测，不断重复上述过程，直到发现信道空闲后，开始发送信息，这种方法称为非持续载波侦听多点访问。

（2）冲突检测（碰撞检测）

当信道处于空闲时，某一个瞬间，如果总线上两个或两个以上的工作站同时都想发送信息，那么该瞬间它们都可能检测到信道是空闲的，同时都认为可以发送信息，从而一齐发送，这就产生了冲突（碰撞）；另一种情况是某站点侦听到信道是空闲的，但这种空闲可能是较远站点已经发送了信包（由于在传输介质上信号传送的延时，信包还未传送到此站点的缘故），如果此站点又发送信息，则也将产生冲突，因此消除冲突是一个重要的问题。（如图 8.6 所示）

首先可以确认，冲突只有在发送信包以后的一段短时间内才可能发生，因为超过这段时间后，总线上各站点都可能听到是否有载波信号在占用信道，这一小段时间称为碰撞窗口或碰撞时间间隔。如果线路上最远两个站点间信包传送延迟时间为 d，碰撞窗口时间一般取为 2d。冲突检测的方法有两种：比较法和编码违例判决法。所谓比较法，是指发送节点在发送数据同时，将其发送信号波形与从总线上接收到的信号波形进行比较。如果总线上同时出现两个或两个以上的发送信号，则它们叠加后的信号波形将不等于任何节点发送的信号波形。当发送节点发现自己发送的信号波形与上述接收到的信号波形不一致时，表示总线上有多个节点同时发送数据，冲突已经产生。所谓编码违例判决法，是指只检测从总线上接收的信号波形。如果总线只有一个节点发送数据，则从总线上接收到的信号波形一定符合差分曼彻斯特编码规律。因此，判断总线上接收信号电平跳变规律同样也可以检测是否出现了冲突。

（3）冲突加强

如果在发送数据帧过程中检测出冲突，在 CSMA/CD 介质存取方法中，首先进入发送“冲突加强信号(Jamming Signal)”阶段。CSMA/CD 采用冲突加强措施的目的是确保有足够的冲突持续时间，以使网中所有节点都能检测出冲突存在，废弃冲突帧，减少因冲突浪费的时间，提高信道利用率。冲突加强中发送的阻塞(JAM)信号一般为 4 字节的任意数据。

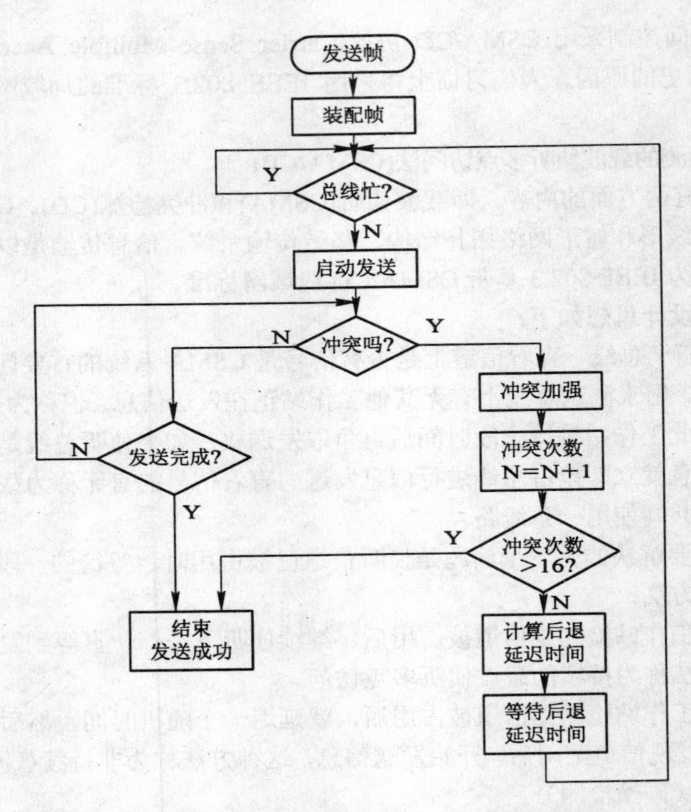

图 8.6　IEEE 802.3-CSMA/CD 工作流程示意图

（4）重新发送数据

完成“冲突加强”过程后，节点停止当前帧发送，进入重发状态，进入重发状态的第一步是计算重发次数。IEEE 802.3 协议规定一个帧最大重发次数为 16 次。如果重发次数超过 16 次，则认为线路故障，系统进入“冲突过多”结束状态。如重发次数 N≤16，则允许节点随机延迟后再重发。

在计算后退延迟时间，并且等待后退延迟时间到之后，节点将重新判断总线忙、闲状态，重复发送流程。如果在发送数据帧过程中没有检测出冲突，在数据帧发送结束后，进入结束状态。

CSMA/CD 的发送流程可简单地概括成四点：先听后发，边发边听，冲突停止，随机延迟后重发。

从以上可以看出，任何一个节点发送数据都要通过 CSMA/CD 方法去竞争总线使用权，从它准备发送到成功发送的发送等待延迟时间是不确定的。因此 CSMA/CD 方法为随机竞争型介质访问控制方法。

2. 以太网 Ethernet 帧结构

（1）MAC 地址　也叫物理地址、硬件地址或链路地址，由网络设备制造商生产时写在硬件内部。这个地址与网络无关，也即无论将带有这个地址的硬件（如网卡、集线器、路由器等）接入到网络的何处，它都有相同的 MAC 地址，MAC 地址一般不可改变，不能由用户自己设定。

MAC 地址的长度为 48 位（6 个字节），通常表示为 12 个十六进制数，每两个十六进制数之间用冒号隔开，如 AA:BB:CC:DD:EE:FF 就是一个 MAC 地址，其中前 6 位十六进制数 08:00:20 代表网络硬件制造商的编号，它由 IEEE 分配，而后 3 位十六进制数 0A:8C:6D 代表该制造商所制造的某个网络产品（如网卡）的系列号。每个网络制造商必须确保它所制造的每个以太网设备都具有相同的前三字节以及不同的后三个字节。这样就可保证世界上每个以太网设备都具有惟一的 MAC 地址。

（2）介质访问控制 MAC 子层的帧格式（如图 8.7 所示）

前导码	SFD	DA	SA	长度	LLC 数据	填充	FCS
7 字节	1 字节	6 字节	6 字节	2 字节	≥0	≥0	4 字节

图 8.7　IEEE 802.3 MAC 帧格式示意图

它包括以下 7 个字段：

① 前导码：由 7 个 8 位字节组成，用于确保接收端的接收比特同步。前导码的 56 位比特序列是 101010…10。

② 帧前定界符 SFD：由一个 8 位的字节组成，其比特序列为 10101011。前导码与帧前定界符构成 62 位 101010…10 比特序列和最后两位的 11 比特序列。设计时规定前 62 位 1 和 0 交替是比特序列的目的，是使收、发双方进入稳定的比特同步状态。接收端在收到后两比特 1 时，标志在它之后应是目的地址段。

③ 目的地址 DA：指明该帧的接收者，标准允许 2 字节和 6 字节两种长度的地址形式，但 10M 基带以太网只使用 6 字节地址。目的地址的最高位标识地址的性质，“0”代表这是一个普通地址，“1”代表这是一个群地址，用于实现多播通信(Multicast)。目的地址取值为全“1”则代表这是一个广播帧。

④ 源地址 SA：帧的发送节点地址，其长度必须与目的地址相同。

⑤ 长度：由两个 8 位的字节组成，用来指示 LLC 数据字段的长度。

⑥ LLC 数据：用于传送介质访问控制 MAC 子层的高层逻辑链路控制子层 LLC 的数据。IEEE 802.3 协议规定 LLC 数据的长度在 46~1500 字节之间。如果 LLC 数据的长度少于 46 字节，则需要加填充字节，补充到 46 字节。

⑦ 帧校验 FCS：采用 32 位的 CRC 校验。校验的范围是目的地址、源地址、长度、LLC 数据等。

CSMA/CD 方式的主要特点是：原理比较简单，技术较易实现，网络中各工作站处于同等地位，不要集中控制，但这种方式不能提供优先级控制，各节点竞争总线，不能满足远程控制所需要的确定延时和绝对可靠性的要求。此方式效率高，但当负载增大时，发送信息的等待时间较长。

（3）以太网物理层介质

对于具体可选用的物理层的实现方案，IEEE 802.3 制定了以下一个简明的表示法：

<以 Mb/s 为单位的传输速率><信号调制方式><以百米为单位的网段的最大长度>；例如 10 Base-2，10 代表传输速率是 10 Mb/s，Base 代表采用基带信号方式，2 代表一个网段的长度是 200 米。（如表 8.1 所示）

表 8.1　　IEEE 802.3　10 Mb/s 物理层介质比较表

类　别	10 Base-5	10 Base-2	10 Base-T	10 Base-F
传输介质	同轴电缆（粗）	同轴电缆（细）	非屏蔽双绞线（UTP）	850nm 多模光纤对
编码技术	基带传输（曼彻斯特编码）			
拓扑结构	总线形		星形	
最大段长（m）	500	185	100	500
每段最大节点数	100	30	—	33
线缆直径	10mm	5mm	0.4—0.6mm	62.5/125μm

（4）百兆以太网（Ethernet）

百兆以太网指 100 Base-T 或快速 Ethernet，IEEE 802.3 委员会于 1995 制订了快速 Ethernet 标准 IEEE 802.3μ，该新标准作为对 IEEE 802.3 的补充和扩充，保持了和原有标准的兼容性。

快速 Ethernet 在 MAC 子层仍然使用 CSMA/CD 协议，帧结构和帧的最小长度也保持不变，但帧的发送间隔从 9.6μs 减少到 0.96μs，以支持在共享介质上 100Mb/s 基带信号的传输速率。

快速 Ethernet 标准也定义了多种物理介质的选项规范，它们都要求在两个节点之间使用两条物理链路：一条用于信号发送，另一条用于信号接收。其中，100 Base-TX 要求使用一对屏蔽双绞线(STP)或五类无屏蔽双绞线(UTP)，100 Base-FX 使用一对光纤，100 Base-T4 使用 4 对三类或五类 UTP，它主要是为目前存在的大量话音级的 UTP 设计的。

快速 Ethernet 与传统 Ethernet 保持了很好的兼容性，用户只需要更换一块 100M 网卡和相关的互连设备，就可以将网络升级到 100 Mb/s，网络的拓扑结构和上层应用软件均可以保持不变，目前大多数 100M 网卡均支持自动协商机制，可以自动识别 10 M 或 100 M 的网络，确定自己的实际工作速率。

（5）千兆以太网（Ethernet）

千兆 Ethernet 标准在 IEEE 802.3 委员会制定的 IEEE 802.3z 中定义，它与 Ethernet 和快速 Ethernet 工作原理相同，在定义新的介质和传输规范时，千兆 Ethernet 保留了 CSMA/CD 协议和 MAC 帧格式，帧间隔则提升到 0.096 μs。

目前千兆 Ethernet 标准包含的主要物理层介质选项如下：

① 1000 Base-LX：使用 62.5μm 或 50μm 多模光纤，最长网段距离为 550m，采用 1μm 单模光纤，最长网段距离为 5km。工作波长范围为 1270~1355 nm。

② 1000 Base-SX：使用 62.5μm 多模光纤，最长网段距离为 275 m，采用 50μm 多模光纤，最长网段距离为 550 m。工作波长范围为 770~860 nm。

③ 1000 Base-T：使用 4 对五类 UTP，最长网段距离为 100 m。上述选项中除 1000 Base-T 使用 4D-PAM5 编码方案外，其他都使用 8B/10B 方案。

目前来看，千兆以太网（Ethernet）技术主要应用于两个方面：

① 在局域网方面：主要用于组建网络骨干，在局域网交换机到交换机的互连中使用千兆 Ethernet 接口。例如，长距离使用光纤，短距离则使用铜线，以解决由于 100 兆 Ethernet 普及后，对骨干网带宽的压力。在局域网中的另外一个应用是交换机至信息服务器的连接，以解决信息访问瓶颈。

② 在广域网和城域网中：由于千兆 Ethernet 与 ATM 技术相比，不但技术简单，而且成本低，提供宽带的能力也强于 ATM，由于与现有的企业、机构局域网互通简单，因而它目前也被广泛用于组建基于 IP 的城域网和 IP 广域骨干网。

8.3.3　网络互连设备

网络互连是把网络与网络连接起来，在用户之间实现跨网络的通信与操作技术。数据在网络中是以分组的形式传递的，但不同网络的分组，其格式也是不一样的。如果在不同的分组网络间传送数据，由于分组格式不同，导致数据无法传送，于是网络间连接设备就充当“翻译”的角色，将一种网络中的“分组”转换成另一种网络的“分组”。

分组在网络间的转换与 OSI 的七层模型关系密切。如果两个网络间的差别程度小，则需转换的层数也少。中继器在物理层实现转换，网桥在数据链路层实现转换，路由器在网络层实现转换，在运输层或运输层以上实现的转换称为网关。

为更好地解释网络互连技术，我们先解释下面三个术语：

网段：连接在同一共享介质上，相互能听到对方发出的广播帧，处在同一冲突碰撞区域的站点组成的网络区域。

冲突域：在共享介质型局域网中，会发生冲突碰撞的区域称为一个冲突域。在一个冲突域中，同时只能有一个站点发送数据。

广播域：当局域网上任意一个站点发送广播帧时，凡能收到广播帧的区域称为广播域，这一区域中的所有站点称为处在同一个广播域。

1. 中继器

在一种网络中，每一网段的传输媒介均有其最大的传输距离（如细缆最大网段的长度为 185 m，粗缆的为 500 m 等），超过这个长度，传输介质中的数据信号就会衰减。如果需要比较长的传输距离，就需要安装一个叫做“中继器”的设备。

中继器可以“延长”网络的距离，在网络数据传输中起到放大信号的作用。数据经过中继器，不需进行数据包的转换。中继器连接的两个网络在逻辑上是同一个网络。

考虑到电缆的衰减和时延等因素，网络距离不能无限制地扩大。IEEE 802.3 标准规定：以太网中任意两个站点之间最多可以有 4 个中继器。

中继器的主要优点是安装简单，使用方便，价格相对低廉。它不仅起到扩展网络距离的作用，还可将不同传输介质的网络连接在一起。中继器工作在物理层，对于高层协议完全透明。

2. 网桥与交换机

网桥与交换机一样，在数据链路层完成帧的转发，我们以网桥为例进行网络互连的论述。

网桥出现在 20 世纪 80 年代早期，是一种用于连接同类型局域网的双端口设备。网桥工作在 MAC 层（第二层），由于所有设备都使用相同的协议，因此它所做的工作很简单，就是根据 MAC 帧中的目的 MAC 地址转发帧，不对所接收的帧做任何修改。通过网桥互连在一起的局域网是个一维平面网络，即属于同一个广播域。

网桥在数据链路层实现网络互连，我们知道，局域网的数据链路层分成了 LLC 子层和 MAC 子层，网桥实际上是在 MAC 子层实现局域网的互连，如图 8.8 所示的是用网桥实现局域网互连的一个例子。网桥有三个端口，分别连接IEEE 802.3、IEEE 802.4、IEEE 802.5三个不同类型的局域网。

网桥扩大了网络的规模，提高了网络的性能，给网络应用带来了方便。但网桥互连也带来了不少问题：第一个问题是，广播风暴，网桥不阻挡网络中广播消息，当网络的规模较大时（几个网桥，多个以太网段），有可能引起广播风暴(Broadcasting Storm)，导致整个网络全被广播信息充满，直至完全瘫痪。第二个问题是，当与外部网络互连时，网桥会把内部和外部网络合二为一，成为一个网，双方都自动向对方完全开放自己的网络资源。这种互连方式在与外部网络互连时显然是难以接受的。问题的主要根源是网桥只是最大限度地把网络沟通，而不管传送的信息是什么。

3. 路由器

路由器出现在20世纪80年代末，是一种用于互连不同网络的通用设备，工作在OSI/RM的第三层（目前均指IP层），能够处理不同网络之间的差异，如处理编址方式、帧的最大长度、接口等方面的差异，其功能远比网桥复杂。常规的网桥除了不能互连异构网络外，还不能解决局域网中大量广播分组带来的广播风暴问题。通过路由器互连的局域网被分割成不同的IP子网，每一个IP子网是一个独立的广播域。

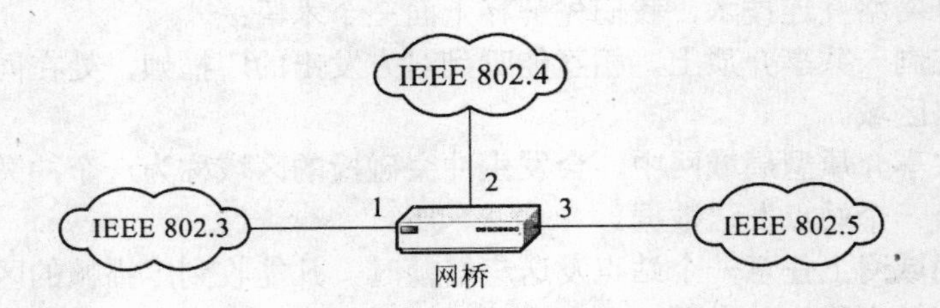

图8.8 用网桥实现的局域网互连示意图

引入路由器主要有两个优点：一是利用网络层地址转发分组，路由器可以有效地隔离广播风暴，改善局域网的工作性能；二是利用路由器可以方便地实现管理域的独立。传统路由器的分组转发功能是由软件来实现的，因而主要缺点是分组的转发速度慢，当经由多个路由器通信时，传输时延较大。路由器工作在OSI模型的第三层（网络层），因此它与高层协议有关；又由于它比网桥更高一层，因此智能性更强。它不仅具有传输能力，而且有路径选择能力。路由器互连的网络如图8.9所示。

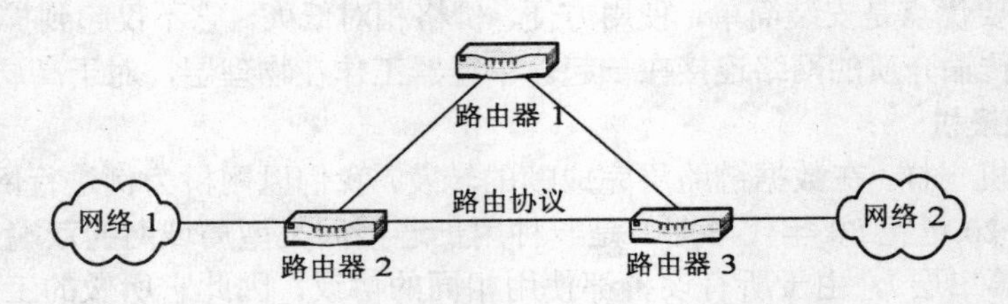

图8.9 路由器互连的网络结构示意图

路由器深入到数据包中，阅读每个数据包中包含的信息，使用复杂的网络寻址过程来判断适当的网络目标。在从一个网络向另一个网络发送数据包时，丢弃了数据外层，重新打包并重新传输数据。

路由器在工作时需要一个路由表，它使用这些表来识别其他网络，以及通往其他网络的路径和最有效的选择方法。路由器与网桥不同，它并不是使用路由表来找到其他网络中指定设备的地址，而是依靠其他的路由器来完成此任务。也就是说，网桥是根据路由表来转发或过滤信息包，而路由器是使用它的信息来为每一个信息包选择最佳路径。静态路由器需要管理员来修改所有网络的路由表，它一般只用于小型的网间互连；而动态路由器能根据指定的路由协议来完成修改路由器信息。使用这些协议，路由器能自动地发送这些信息，所以一般大型的网间连接均使用动态路由器。与网桥不同，路由器不要求在两个网络之间维持永久的连接。路由器仅在需要时建立新的或附加的连接，用以提供动态的带宽或拆除空闲的连接。此外，当某条路径被拆除或因拥挤而阻塞时，路由器会提供一条新的链路完成通信。路由器还能够提供传输的优先权服务，给每一种路由配置提供最便宜或最快速的服务，这些功能都是网桥所没有的。

4. 网关

网关能够在OSI模型中的所有七个层次上工作，网关就是一个协议转换器。网关可接收某种协议分组格式的分组，然后在转发之前将其分组转换成为另外一种协议的格式。在计算机网络中，习惯将第三层的网关，称为路由器。一种情况下，网关负责将一种协议转换为另一种协议。在某些情况下，惟一必要的修改就是分组的首部和尾部。在另外一种情况下，网关必须调整数据率、分组长度以及格式。网络互连设备应用实例，如图8.10所示。

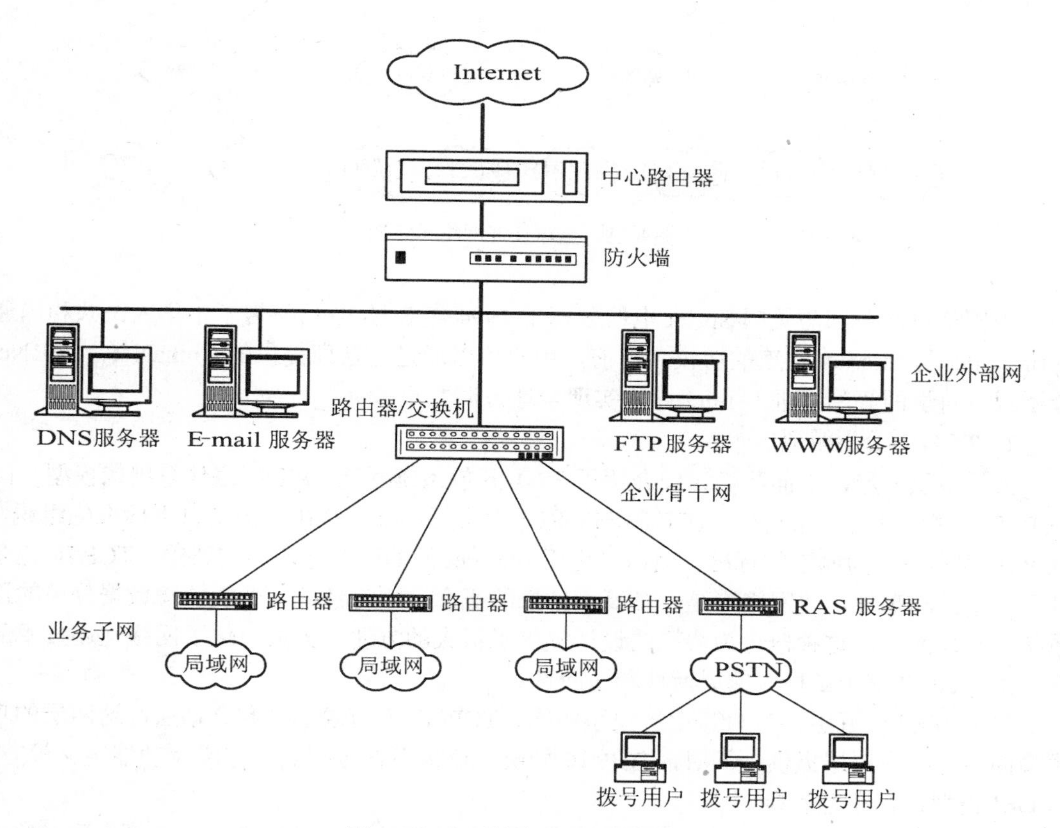

图8.10　实际的企业网络示例图

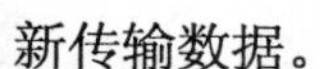

8.4 Internet 基本概念

8.4.1 互联网结构及协议模型

1. Internet 结构

从网络通信的观点来看，Internet 是一个由 TCP/IP 把各个国家、各个机构、各个部门的内部网络连接起来的庞大的数据通信网；从信息资源的角度来看，Internet 是一个集各个领域、各个部门内各种信息资源共享为目的的信息资源网；从技术的角度来看，Internet 是一个“不同网络互连的网络”（网际网），实际是由许多网络（包括局域网、城域网和广域网）互连形成的。

图 8.11 为全球互连网络示意图。每个国家内部由骨干网、城域网及用户驻地园区网组成。国家之间由骨干网互连起来，用户就可以共享全球任意一个国家的资源。

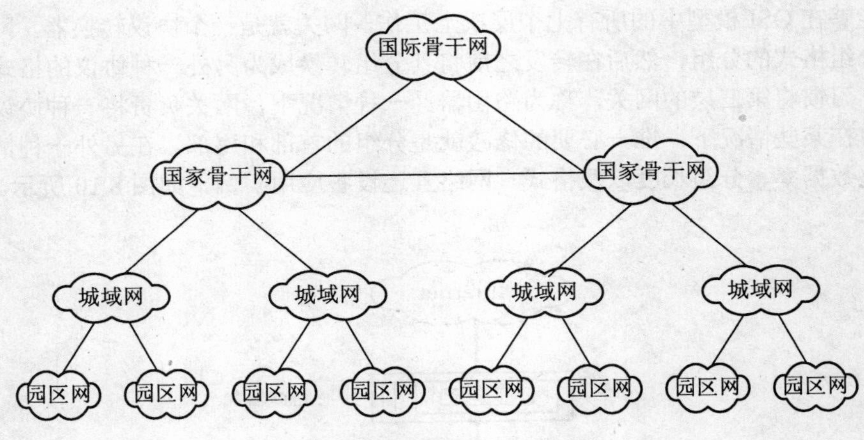

图 8.11　全球互连网络示意图

中国信息产业部与美国 Sprint 电信公司于 1994 年 8 月 30 日签署了中华人民共和国通过 Sprint Link 与 Internet 互连的协议。目前，用户可以通过运营商提供的 ChinaNet、CERNet、金桥网、科学网等网络进入 Internet，实现全球资源共享。

2. TCP/IP 分层模型

关于协议分层，前面我们详细介绍了 ISO 开放系统互连 OSI 网络体系结构模型，同样 TCP/IP 也采用分层体系结构。TCP/IP 与 OSI 模型是不同的，OSI 模型来自于标准化组织，而 TCP/IP 则不是人为制定的标准，而是产生于 Internet 网的研究和应用实践中。TCP/IP 完全撇开了网络的物理性，“网络”是一个高度抽象的概念，即将任何一个能传输数据分组的通信系统都看作网络。这种概念为协议的设计提供了极大的方便，大大简化了网络互连技术的实现，为 TCP/IP 赋予了极大的灵活性和适应性。

TCP/ IP 共分五层。与 OSI 七层模型相比，TCP/ IP 没有表示层和会话层，这两层的功能由最高层——应用层提供。同时，TCP/ IP 分层协议模型在各层名称定义及功能定义等方面与 OSI 模型也存在着差异。

TCP/ IP 是由许多协议组成的协议族，其详细的协议分类如图 8.12 所示，图中同时给出了

OSI 模型的对应层。对于 OSI 模型的物理层和数据链路层，TCP/IP 不提供任何协议，由网络接入层协议负责。对于网络层，TCP/IP 提供了一些协议，但主要是 IP 协议，对于运输层，TCP/IP 提供了两个协议：传输控制协议 TCP 和用户数据协议 UDP；对于应用层，TCP/IP 提供了大量的协议，作为网络服务，如 Telnet、FTP 等。

TCP/IP 的主要特点如下：

（1）高可靠性。TCP/IP 采用重新确认的方法保证数据的可靠传输，并采用“窗口”流量控制机制得到进一步保证。

（2）安全性。为建立 TCP 连接，在连接的每一端都必须与该连接的安全性控制达成一致。IP 协议在它的控制分组头中有若干字段允许有选择地对传输的信息实施保护。

（3）灵活性。TCP/IP 要求下层支持该协议，而对上层应用协议不作特殊要求。因此，TCP/IP 的使用不受传输媒体和网络应用软件的限制。

应用层	Telenet	Ftp	Smtp	DNS	TFTP	NFS	SNMP
运输层	TCP			UDP			
网络层	IP层（ARP、RARP、ICMP）						
数据链路层	网络接入层						
物理层	物理层						

图 8.12　TCP/ IP 分层协议族结构示意图

3. TCP/IP 模型各层功能

（1）应用层　TCP/IP 应用层为用户提供访问 Internet 的一组应用高层协议，即一组应用程序，如 FTP、Telnet 等。应用层的作用是对数据进行格式化，并完成应用所要求的服务。数据格式化的目的是便于传输与接收。

严格地说，应用程序并不是 TCP/IP 的一部分，只是由于 TCP/IP 对此制定了相应的协议标准，所以将它们作为 TCP/IP 的内容。实际上，用户可以在 Internet 之上（运输层之上）建立自己的专用程序。设计使用这些专用应用程序要用到 TCP/IP，但不属于 TCP/IP。

（2）运输层　TCP / IP 运输层的作用是提供应用程序间（端到端）的通信服务。为实现可靠传输，该层协议规定接收端必须向发送端发回确认；若有分组丢失时，必须重新发送。该层提供了以下两个协议：

① 传输控制协议 TCP：负责提供高可靠的数据传送服务，主要用于一次传送大量报文，如文件传送等。

② 用户数据协议 UDP：负责提供高效率的服务，用于一次传送少量的报文，如数据查询等。TCP/IP 运输层的主要功能是：格式化信息，提供可靠传输。

（3）IP 层　TCP/IP 网络层的核心是 IP 协议，同时还提供多种其他协议。IP 协议提供主机间的数据传送能力，其他协议提供 IP 协议的辅助功能，协助 IP 协议更好地完成数据报文传送。

IP 层的主要功能有三点：

① 处理来自运输层的分组发送请求。收到请求后，将分组装入 IP 数据报，填充报头，

选择路由，然后将数据报发往适当的网络接口。

② 处理输入数据报。首先检查输入的合法性，然后进行路由选择。假如该数据报已到达目的地（本机），则去掉报头，将剩下的部分（即运输层分组）交给适当的传输协议；假如该数据报未到达目的地，则转发该数据报。

③ 处理差错与控制报文。处理路由、流量控制、拥塞控制等问题。

网络层提供的其他协议主要有：

① 地址解析协议 ARP：用于将 Internet 地址转换成物理地址；

② 反向地址解析协议 RARP：与 ARP 的功能相反，用于将物理地址转换成 Internet 地址；

③ 网间控制信息协议 ICMP：用于报告差错和传送控制信息，其控制功能包括：差错控制、拥塞控制和路由控制等。

（4）网络接入层　网络接入层是 TCP/IP 协议软件的最低一层，主要功能是负责接收 IP 分组，并且通过特定的网络进行传输，或者从网络上接收物理帧，抽出 IP 分组，上交给运输层。

网络接入主要有两种类型：第一种是设备驱动程序（如，机器直接连到局域网的网络接入）；第二种是专用数据链路协议子系统（如 X.25 中的网络接入）。

8.4.2 IP 编址方式

在计算机技术中，地址是一种标识符，用于标识系统中的某个对象，不同的物理网络技术有不同的编址方式。IP 网络技术是将不同物理网络技术统一起来的高层软件技术，在统一的过程中，首先要解决的问题就是地址的统一。对于地址，首先的要求是唯一性，即在同一系统中一个地址只能对应一台主机（一台主机则不一定对应一个地址）。互联网中采用了一种全局通用的地址格式，为全网的每一台主机分配一个网络地址，依次来屏蔽物理网络地址的差异，从而为保证其以一个一致性实体的形象出现奠定了重要基础。

1. 分类编址机制

最初的互联网采用简单的分类编址机制，一个 IP 地址由 4 个 8 位字节数字串组成，这 4 个字节通常用小数点分隔。每个字节可用十进制或十六进制表示，如 129.45.8.22 或 0×8.0×43.0×10.0×26 就是用十进制或十六进制表示的 IP 地址。IP 地址也可以用二进制表示。

一个 IP 地址包括两个标识码(ID)，即网络 ID 和主机 ID，如图 8.13 所示。

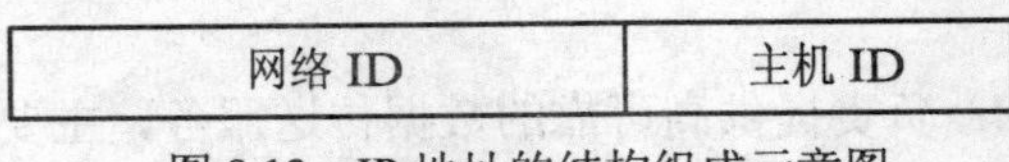

图 8.13　IP 地址的结构组成示意图

同一个物理网络上的所有主机都用同一个网络 ID，网络上的一个主机(包括网络上工作站、服务器和路由器等)有一个主机 ID 与其对应。据此把 IP 地址的 4 个字节划分为两个部分，一部分用以标明具体的网络段，即网络 ID；另一部分用以标明具体的节点，即宿主机 ID。

在这 32 位地址信息内有五种定位的划分方式，这五种划分方法分别对应于 A、B、C、D 和 E 类 IP 地址，如表 8.2 所示。

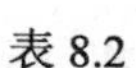

表 8.2 IP 地址划分方法表

网络类型	特征地址位	开始地址	结束地址
A	0xxxxxxxB	0.0.0.0	127.255.255.255
B	10xxxxxxB	128.0.0.0	191.255.255.255
C	110xxxxxB	192.0.0.0	223.255.255.255
D	1110xxxxB	224.0.0.0	239.255.255.255
E	1111xxxxB	240.0.0.0	255.255.255.255

A 类：一个 A 类 IP 地址由 1 个字节的网络地址和 3 个字节的主机地址组成，网络地址的最高位必须是“0”（每个字节有 8 位二进制数）。

B 类：一个 B 类 IP 地址由 2 个字节的网络地址和 2 个字节的主机地址组成，网络地址的最高两位必须是“10”。

C 类：一个 C 类地址由 3 个字节的网络地址和 1 个字节的主机地址组成，网络地址的最高三位必须是“110”。

D 类：用于多点播送。第一个字节以“1110”开始。因此，任何第一个字节大于 223 小于 240 的 IP 地址是多点播送地址。全零的 IP(“0．0．0．0”)地址对应于当前主机。全“1”的 IP 地址(“255．255．255．255”)是当前子网的广播地址。

E 类：以“11110”开始，为将来使用保留。

用作特殊用途的 IP 地址：凡是主机段，即主机 ID 全部设为“0”的 IP 地址称之为网络地址，如 129．45．0．0；广播地址：凡是主机 ID 部分全部设为“1”的 IP 地址称之为广播地址，如 129．45．255．255；保留地址：网络 ID 不能以十进制“127”作为开头，在此类地址中数字 127 保留给诊断用。如 127．1．1．1 用于回路测试，同时网络 ID 的第一个 8 位组也不能全置为“0”，全“0”表示本地网络；网络 ID 部分全部为“0”和全部为“1”的 IP 地址被保留使用。

IP 地址既适合大型网又适合小型网。IP 地址是自定义的，它的最高位定义地址的类型。A 类地址支持多个主机在一个网：最高位为 0，跟随有 7 bit 网络部分和 24 bit 主机部分。在 B 类地址，最高位是非 0，跟随有 14 bit 网络号和 16 bit 主机号。C 类地址以 110 开始，跟随有 21 bit 网络号和 8 bit 主机号。按常规，IP 地址由加点的字符给出。地址由四部分十进制数组成，用点作分隔。例如，10.0.0.51 和 128.10.2.1 分别是 A 类和 B 类的 IP 地址。

传统分类编址方式使得同一物理网络上的所有主机共享一个相同的前缀——网络 ID，在互联网中选路时，只检查目的地址的网络 ID，就可以找到目的主机所在的物理网络。

2. 子网编址

20 世纪 80 年代，随着局域网的流行，传统分类编址方式为每个物理网络分配一个独特的前缀会迅速耗尽地址空间，因此开发了一种地址扩展来保存网络前缀，这种方法称为子网编址(Subnet Addressing)，允许多个物理地址共享一个前缀。

子网划分用来把一个单一的 IP 网络地址划分成多个更小的子网(Subnet)。这种技术可使一个较大的分类 IP 地址能够被进一步划分。子网划分基于以下原理：

（1）大多数网络中的主机数在几十台至几百台，甚至更高，A 类地址主机数为 224 台，B 类地址主机数为 216 台，像 A 类地址一般只能用于为数很少的特大型网络。为了充分利用

Internet 的宝贵地址资源，采用将主机地址进一步细分为子网地址和主机地址，即主机属于子网，以便有效地提高 Internet 地址资源的利用率。

（2）采用子网划分和基于子网的路由选择技术，能够有效降低路由选择的复杂性，提高选路的灵活性和可靠性。

子网划分的方法如图 8.14 所示（以 B 类地址为例）。在 Internet 地址中，网络地址部分不变，源主机地址划分为子网地址和主机地址。与传统的分类地址一样，地址中的网络部分（网络前缀+子网）与主机部分之间的边界是由子网掩码来定义的。

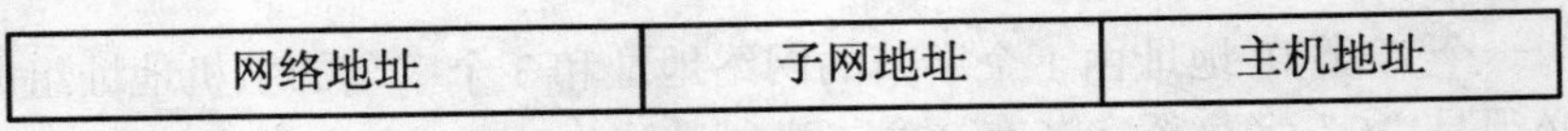

网络地址	子网地址	主机地址

图 8.14　子网划分原理示意图

图 8.15 给出一个子网划分的例子。B 类地址 187.15.0.0 被分配给了某个公司。该公司的网络规划者希望建立一个企业级的 IP 网络，用于将数量超过 200 个的站点互相连接起来。由于在 IP 地址空间中“187.15”部分是固定的，只剩下后面两个字节用来定义子网和子网中的主机。因此，他们将第三字节作为子网号，第四字节作为给定子网上的主机号。这意味着该公司的企业网络能够支持最多 254 个子网，每个子网可以支持最多 254 个主机。因此，这个互连网络的子网掩码为 255.255.255.0。

这个例子说明了为整个网络定义统一子网掩码为 255.255.255.0 的情况。它意味着每个子网中最大的主机数只能是 254 台，假如主机数目达到 500 台，或者主机数目非常少，则采用固定长度子网掩码就非常不方便了。

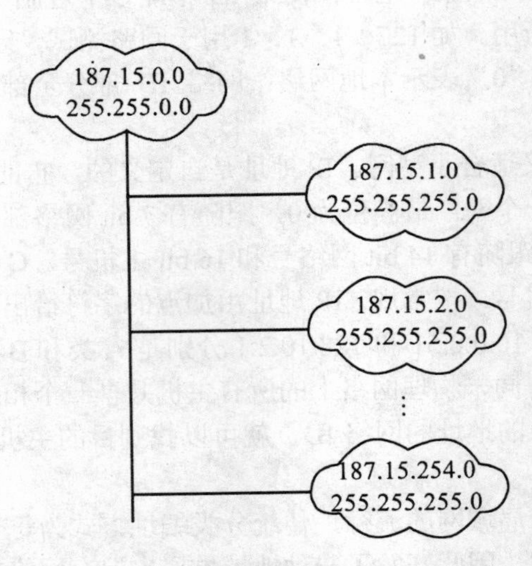

图 8.15　某公司子网划分结构图

3. 无分类编址

Internet 的高速发展给原先的 IP 地址模式带来很多问题：

（1）剩余的 IP 地址将要耗尽，尤其是 B 类地址。某些中等规模的机构已经申请了 B 类地址，自己的主机数目又不是很多，这样没有充分发挥 B 类地址容量大的优势，势必造成 B

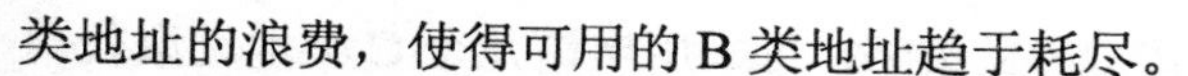
类地址的浪费，使得可用的B类地址趋于耗尽。

（2）Internet上的路由信息严重超载。随着网络高速发展，路由器内路由表的数量和尺寸高速增长，降低了路由效率和增重了网络管理的负担。

20世纪90年代，设计出了一种扩展方式，忽略分类层次，并允许在任意位置进行前缀和后缀之间的划分，这种方法称为无分类编址(Classless Addressing)，允许更复杂的利用地址空间。

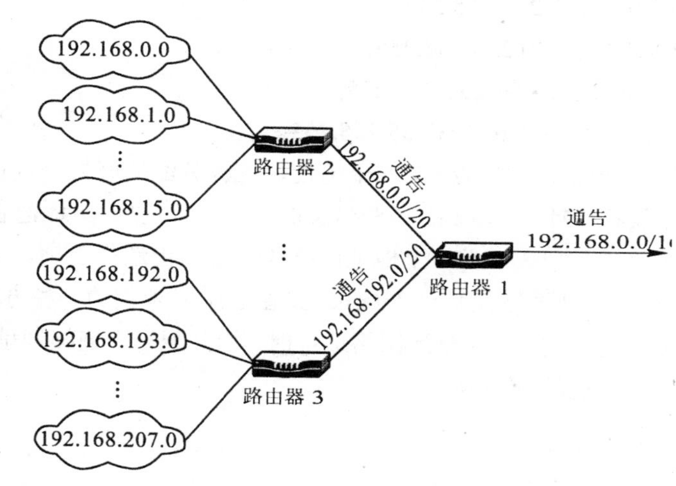

图 8.16 CIDR 汇聚结构示例图

无分类编址是解决IP地址趋于耗尽而采取的紧急措施。其基本思想是对IP地址不分类，用网络前缀代替原先的分类网络ID。用网络前缀代替分类，前缀允许任意长度，而不是特定的8、16和24位。无分类地址的表示方法为IP地址加“/”再加后缀，例如192.168.120.28/21表示一个无分类地址，它有21位网络地址。无分类编址方案网络中，在路由器选路时采用无分类域间路由(CIDR：Classless InterDomain Routing)。从概念上讲，CIDR把一块邻接的地址（比如C类地址）在路由表中压缩成一个表项，这样可以有效减少路由表快速膨胀的难题。

图8.16可以很好地说明这个概念。16个C类地址组成了一个地址空间块，连接到路由器2，另外16个C类地址组成了另一个地址空间块，连接到路由器3，路由器2、路由器3再连接到路由器1。在路由器2和路由器3中，路由表只维持连接到本子网的16个C类网络地址的表项，而在路由器1中，路由表更简单，只维持到路由器2、路由器3两个网络地址表项，并不是把所有的32个C类网络地址分别分配不同的表项。在向互连网络发布时，只使用了一个单一的CIDR向网络发布192.168.0.0/16（16表示网络地址长度为16 bit）。

CIDR允许任意长度的网络前缀，相应地，掩码长度也变成可变长度，称为可变长子网掩码VLSM(Variable-Length Subnet Mask)。VLSM能够把一个分类地址网络化分成若干个大小不同的子网。在上面的例子中，若主机数目为500台，分配一个子网掩码为255.255.254.0的子网就可以支持最多512个主机地址。若另外一个场合主机数目为100台，分配一个子网掩码为255.255.255.128的子网就可以支持最多128个主机地址。

因此，CIDR与VLSM结合起来能更有效地管理地址空间，让分配给每个子网的主机地址的数量都符合实际需要。

目前，互联网上的B类地址即将耗尽，按CIDR策略，可采用申请几个C类地址取代申请一个单独的B类地址的方式来解决B类地址的匮乏问题。所分配的C类地址不是随机的，而是连续的，它们的最高位相同，即具有相同的前缀，因此路由表就只需用一个表项来表示一组网络地址，这种方法称为“路由表汇聚”。

除了使用连续的C类网络块作为单位之外，C类地址的分配规则也有所改变。世界被分配成几个区域，分配给每个区域一部分C类地址空间。具体分配情况包括：

（1）欧洲：194.0.0.0~195.255.255.255；

（2）北美洲：198.0.0.0~199.255.255.255；

（3）中南美洲：200.0.0.0~201.255.255.255；

（4）亚洲和太平洋：202.0.0.0~203.255.255.255。

这样，每个区域都分配了大约32×106个地址，这种分配的好处是现在任何位于欧洲之外的路由器得到一个发往194.x.x.x或者195.x.x.x的IP分组可以简单地把它传递给标准的欧洲网关。在效果上这等同于把32×106个地址压缩成一个路由选择表项。

作为降低IP地址分配速度以及减少Internet路由表中表项数的一种方法，CIDR技术在过去的几年内已经被广泛认同。现在分配网络地址时，均分配一个连续地址空间的CIDR块，而不是前面描述的那种传统的分类地址。

8.4.3 域名系统

在计算机网络中，主机标识符分为三类：名字、地址和路由。在Internet中主机标识符涉及IP地址和物理地址。这是两类处于不同层次上的地址，物理地址是指物理网络内部所使用的地址，在不同的物理网络中其物理地址模式各不相同；IP地址用于IP层及以上各层的高层协议中，其目的在于屏蔽物理地址细节，在Internet中提供一种全局性的通用地址。

Internet中IP地址由32 bit组成，对于这种数字型地址，用户很难记忆和理解。为了向用户提供一种直观明白的主机标识符，TCP/IP开发了一种命名协议，即域名系统DNS(Domain Name System)。这是一种字符型的主机名字机制，用于实现主机名与主机地址间的映射。

1. 命名机制

Internet允许每个用户为自己的计算机命名，并且允许用户输入计算机的名字来代替机器的地址。Internet提供了将主机名字翻译成地址的服务。

对主机名字的首要要求是全局惟一性，这样才可在整个网中通用；其次要便于管理，这里包括名字的分配、确认和回收等工作；最后要便于名字与IP地址之间的映射。对这样三个问题的特定解决方法，便构成了特定的命名机制。

在网络技术中最先采用的是无层次命名机制，由于其能力有限，现已被淘汰。TCP/IP采用的是层次型命名机制，其层次型命名结构与Internet网络体系结构相对应。

在层次型命名管理中，首先由中央管理机构将最高一级名字空间划分为若干部分，并将各部分的管理权授予相应机构；各管理机构可以将自己管辖的名字空间再进一步划分成若干子部分，并将这些子部分的管理权再授予若干子机构。

一个通用的完整的层次型主机名格式如下：“本地名·组名·网点名·”

其中，一个网点是 Internet 中的一个部分，由若干在地址位置或组织关系上联系非常紧密的网络组成；一个网点内又可分为若干个“管理组”，并以此作为基础；在组名之下是各主机“本地名”。为保证主机名的惟一性，则只要保证同层名字不发生冲突即可。

2. Internet 域名

TCP/IP 命名协议只是一种抽象说法，任何组织都可根据其层次型名字空间的要求，构造自己组织内部的域名，不过这些域名的使用也仅限于其系统内部。

Internet 为保证其域名系统的通用性，特规定了一组正式的通用标准符号，作为第一级域的域名，如表 8.3 所示。

表 8.3 一级 Internet 域名分配表

序号	域 名	域 说 明
1	com	商业组织
2	edu	教育机构
3	gov	政府部门
4	mil	军事部门
5	net	网络运行和服务机构
6	org	其他组织机构
7	int	国际组织

3. DNS 管理

在 Internet 中，分组传送时必须使用 IP 地址。用户输入的是主机名字，DNS 的作用是将名字自动翻译成 IP 地址。

DNS 使用客户机/服务器模型，其服务器称为域名服务器。在域名服务器中保存了某一组织的全部主机的名字及其对应的 IP 地址。当某个应用程序需要将某一主机名翻译成 IP 地址时，该应用程序即成为 DNS 的一个客户。该应用程序与域名服务器建立连接，将其主机名发送到域名服务器，域名服务器查找其对应的 IP 地址，然后将正确的 IP 地址回送给该应用程序。这样该应用程序在以后的所有通信中将使用该 IP 地址。

8.5 TCP/ IP 协议族概述

8.5.1 IP 协议

1. IP 分组格式

IP 分组由分组头和数据区两部分组成。其中，分组头部分用来存放 IP 协议的具体控制信息，而数据区则包含了上层协议（如 TCP）提交给 IP 协议传送的数据。IP 分组的格式如图 8.17 所示。

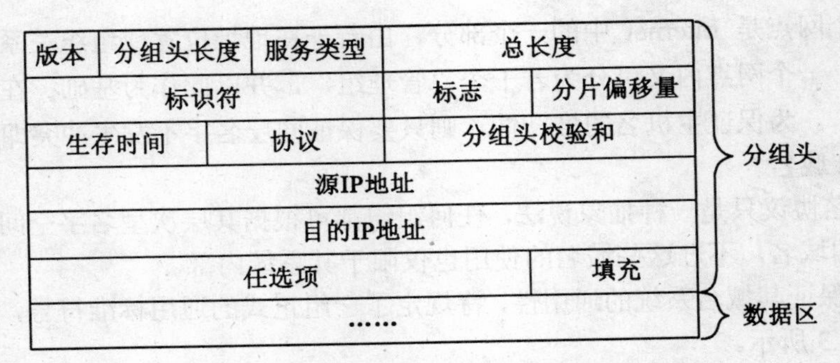

图 8.17　IP 分组格式示意图

IP 分组头由以下字段组成：

（1）版本：长度为 4 bit，表示与 IP 分组对应的 IP 协议版本号。在处理 IP 分组前，IP 软件都要检查 IP 分组的版本字段，以保证分组格式与软件期待的一致。目前的协议版本号是 4，因此 IP 有时也称作 IPv4。

（2）分组头长度：长度为 4 bit，用于指明 IP 分组头的长度，其单位是 4 个字节(32 bit)，即分组头部是 4 个字节整数倍的数目。由于 IP 分组头的长度是可变的，因此该字段是必不可少的。

（3）服务类型(TOS)：长度为 8 bit，用于指明 IP 分组所希望得到的有关优先级、可靠性、吞吐量、时延等方面的服务质量要求，如图 8.18 所示。它包括一个 3 bit 的优先级子字段，优先级取值范围 0~7；D、T、R 各占 1 bit，表示该分组所期望的服务类型。D 为最小时延，T 为最大吞吐量，R 为最高可靠性。如果所有比特位均为 0，那么就意味着该服务为普遍服务。

优先级	D	T	R	未用

图 8.18　服务类型字段示意图

（4）总长度：长度为 16 个比特，用于指名整个 IP 数据报的长度，以字节为单位。它包括分组头和数据区的长度，利用分组头部长度字段和总长度字段，我们就可以知道 IP 分组中数据内容的起始位置和长度。由于该字段长 16 bit，所以 IP 分组最长可达 65 535 字节。当数据报被分片时，该字段的值也随着变化。

总长度字段是 IP 分组头中必要的内容，因为一些数据链路（如以太网）需要填充一些数据以达到最小长度。例如，以太网的最小帧长为 46 字节，但是 IP 分组可能会更短。如果没有总长度字段，那么 IP 层就不知道 46 字节中有多少是 IP 数据报的内容。

（5）标识符：长度为 16 个 bit，和源地址、目的地址、用户协议一起惟一地标识主机发送的每一个分组。通常每发送一个分组它的值就会加 1。我们在 10.5 节介绍分片和重组时再详细讨论它。同样，在讨论分片时我们再来分析标志字段和片偏移字段。

（6）标志：长度为 3 bit，在 3 bit 中 1 位保留，另两位 DF 和 MF 分别用于指明 IP 分组不分片和分片。

（7）分片偏移量：长度为 13 bit，以 8 字节为 1 单位，用于指明当前分组片在原始分组

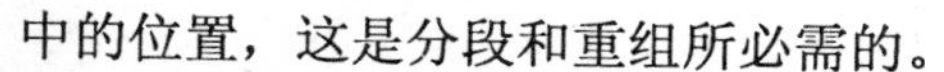

中的位置，这是分段和重组所必需的。

（8）生存时间 TTL(Time-To-Live)：长度为 8 bit，用于指明 IP 分组可在网络中传输的最长时间，TTL 的初始值由源主机设置（通常为 32 位或 64 位），一旦经过一个处理它的路由器，它的值就减去 1。当该字段的值减为 0 时，该分组被丢弃，并发送 ICMP 消息通知源主机。这个字段用于保证 IP 分组不会在网络出错时无休止地传输。

（9）协议：长度为 8 bit，用于指明调用 IP 协议进行传输的高层协议，高层协议的号码由 TCP/IP 权威管理机构统一分配。例如，ICMP 的值为 1，TCP 的值为 6，UDP 的值为 17。

（10）分组头校验和：长度为 16 bit，用于保证 IP 分组头的完整性。只对 IP 分组头部（不对分组头部后面的数据区）计算的检验和。其算法为：该字段初始值为 0，然后对 IP 分组头以每 16 位为单位进行求异或，并将结果求反，便得到校验和。

（11）源 IP 地址：长度为 32 bit，用于指明发送 IP 分组的源主机 IP 地址。

（12）目的地址：长度为 32 bit，用于指明接收 IP 分组的目标主机 IP 地址。

（13）任选项：长度可变，该字段允许在以后版本中包括在当前设计的分组头中未出现的信息，其使用有一些特殊的规定。目前，这些任选项定义如下：

- 安全和处理限制（用于军事领域，详细内容参见 RFC 1108）；
- 记录路径（让每个路由器都记下它的 IP 地址，见 8.3 节）；
- 时间戳（让每个路由器都记下它的 IP 地址和时间，见 8.4 节）；
- 宽松的源站选路（为分组指定一系列必须经过的 IP 地址）；
- 严格的源站选路（与宽松的源站选路类似，但是它要求只能经过指定的这些地址，不能经过其他的地址）。这些选项很少被使用，并非所有的主机和路由器都支持这些选项。

（14）填充：长度不定，由于 IP 分组头必须是 4 字节的整数倍（这是分组头长度字段所要求的），因此当使用任选项的 IP 分组头长度不足 4 字节的整数倍时，必须用 0 填入填充字段来满足这一要求。

2. IP 协议的分片与重装

在互联网中各个网络定义的最大分组长度可能不同，网络层需要将收到的数据报分割成较小的数据块，称为分片。相反地，到了目的端将多个数据块组合起来，称为重装。

IP 分组格式中，分片偏移量和标志字段用来对 IP 分组的分片与重装，分片过程如图 8.19 所示。

原始数据长度 404 个 8 位位组，在网络层传输过程中分为两个数据块，一块长度为 208 个 8 位位组，另外一块为 196 个 8 位位组。在第一分片中，数据长度为 208 个 8 位位组，分片偏移量为 0，（后续）标志为 1，表示后续有分片的数据。在第二分片中，数据长度为 196 个 8 位位组，分片偏移量为 26 个 64 bit 单元（208 个 8 位位组），（后续）标志为 0，表示后续不再有分片的数据。到了目的端后，根据分片偏移量和后续标志对分片的数据进行重装。

8.5.2 运输层协议

1. 运输层端口

运输层与网络层在功能上的最大区别是前者提供进程通信能力，后者则不提供。在进程通信的意义上，网络通信的最终地址就不仅仅是主机地址了，还包括可以描述的某种标识符。为此，TCP/IP 提出协议端口的概念，用于标识通信的进程。为了区分不同的端口，用端口号对每个端口进行标识。

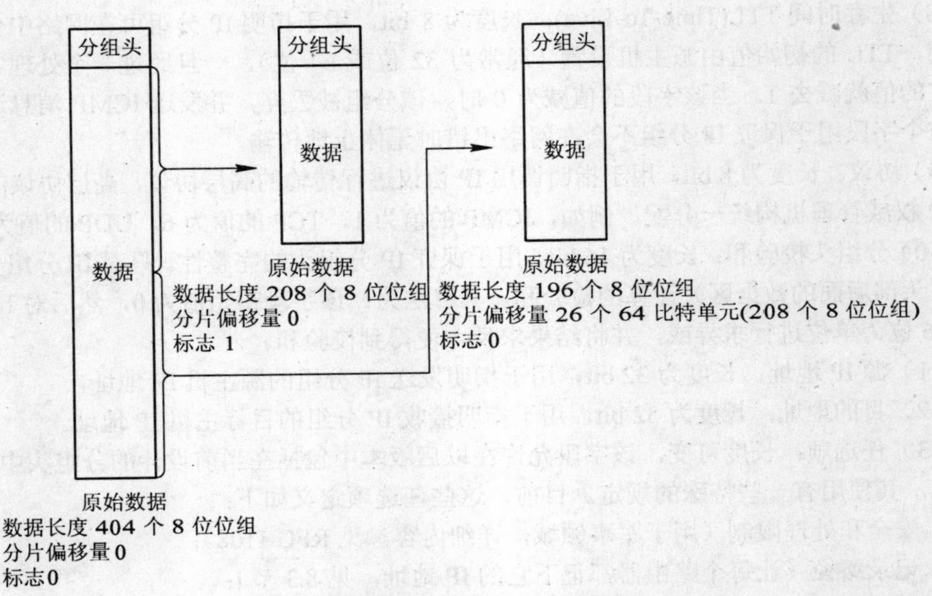

图 8.19 IP 分组的分片过程示意图

端口分为两部分，一部分是保留端口，另外一部分是自由端口。其中保留端口只占很小的数目，以全局方式进行分配，即由一个公认的机构统一进行分配，并将结果公诸于众。自由端口占全端口的绝大部分，以本地方式进行分配。TCP 和 UDP 均规定，小于 256 的端口号才能作为保留端口使用。

2. 用户数据报协议 UDP

用户数据报协议 UDP 建立在 IP 协议之上，同 IP 协议一起提供无连接的数据报传输。相对与 IP 协议，它惟一增加的能力是提供协议端口，以保证进程通信。

UDP 由两大部分组成：报头和数据区，如图 8.20 所示：

UDP 源端口号	UDP 目的端口号
UDP 报文长度	UDP 校验和
数 据	

图 8.20 UDP 报文格式结构示意图

（1）UDP 源端口号：指示发送方的 UDP 端口号，当不需要返回数据时，可将这个字段的值置 0。

（2）UDP 目的端口号：指示接收方的 UDP 端口号。UDP 将根据该字断的内容将报文送给指定的应用进程。

（3）UDP 报文长度：指示数据报总长度，包括报头和数据区总长度。最小值为 8，即 UDP 报头部分的长度。

（4）UDP 校验和：该字段为可选项。为 0 表示未选校验和，而全 1 表示校验和为 0。校

验和的可选性是 UDP 效率的又一体现，因为计算校验和是一个非常耗时的工作，如果应用程序对效率的要求非常高，则可不选此项。

当 IP 模块收到一个 IP 分组时，它就将其中的 UDP 数据报递交给 UDP 模块。UDP 模块在收到由 IP 层传来的 UDP 数据报后，首先检验 UDP 校验和。如果校验和为 0，表示发送方没有计算校验和。如果校验和非 0，并且校验和不正确，则 UDP 将丢弃该数据报。如果校验和非 0，并且校验和正确，则 UDP 根据数据报的目的端口号，将其送给指定应用程序等待队列。

3. 运输控制协议 TCP

运输控制协议 TCP 是运输层的另一个重要协议。它用于在各种网络上提供有序可靠的面向连接的数据传输服务。与 UDP 相比，TCP 最大特点是以牺牲效率为代价换取高可靠的服务。为了达到这种高可靠性，TCP 必须检测分组的丢失，在收不到确认时进行自动重传、流量控制、拥塞控制等。

（1）TCP 分组格式（如图 8.21 所示）

①源端口：标识源端应用进程。

②目的端口：标识目的端应用进程。

③序号：在 SYN 标志未置位时，该字段指示了用户数据区中第一个字节的序号；在 SYN 标志置位时，该字段指示的是初始发送的序列号。

④确认号：用来确认本端 TCP 实体已经接收到的数据，其值表示期待对端发送的下一个字节的序号，实际上告诉对方，在这个序号减 1 以前的字节已正确接收。

⑤数据偏移：表示以 32 位字为单位的 TCP 分组头的总长度，用于确定用户数据区的起始位置。

⑥URG：紧急指针字段有效。

⑦ACK：确认好有效。

⑧PSH：Push 操作。TCP 分组长度不定，为提高传输效率，往往要收集到足够的数据后才发送。这种方式不适合实时性要求很高的应用，因此 TCP 提供“Push”操作，以强迫传输当前的数据，不必等待缓冲区满才传送。

⑨RST：连接复位，重新连接。

⑩SYN：同步序号，该比特置位表示连接建立分组。

⑪FIN：字符串发送完毕，没有其他数据需要发送，该比特置位表示连接确认分组。

⑫窗口：单位是字节，指明该分组的发送端愿意接收的从确认字段中的值开始的字节数量。

⑬校验和：对 TCP 分组的头部和数据区进行校验。

⑭紧急指针：指出窗口中紧急数据的位置（从分组序号开始的正向位移，指向紧急数据的最后一个字节），这些紧急数据应优先于其他数据进行传送。

⑮任选项：用于处理一些特殊情况。目前被正式使用的选项字段可用于定义通信过程中的最大分组长度，只能在连接建立时使用。

⑯填充：用于保证任选项为 32 bit 的整数倍。

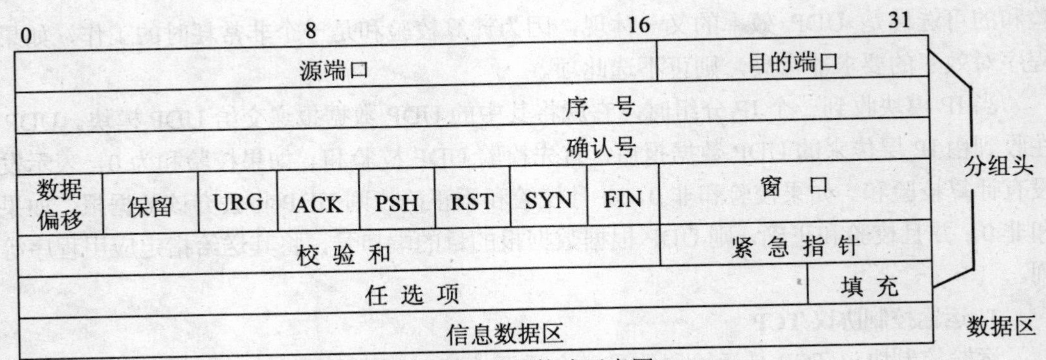

图 8.21 TCP 分组格式示意图

（2）TCP 连接建立、拆除

TCP 协议是面向字节流的，提供高可靠性的数据传输服务。在数据传输前，TCP 协议必须在两个不同主机的传输端口之间建立一条连接，一旦连接建立成功，在两个进程间就建立起来一条虚电路，数据分组在建立好的虚连接上依次传输。

① TCP 的建立连接　TCP 在连接建立机制上，提供了三次握手的方法，如图 8.22 所示。

两台主机应用进程在传输数据前，建立 TCP 连接的过程：

第一次握手，发端发出连接请求(Connect Request)，包括发端的初始分组序号；

第二次握手，接收端收到连接请求后，发回连接确认(Connect Confirm)，包含收端的初始分组序号，以及对发端初始分组的确认；

第三次握手，发端向接收端发送连接确认已收到，连接已建立。

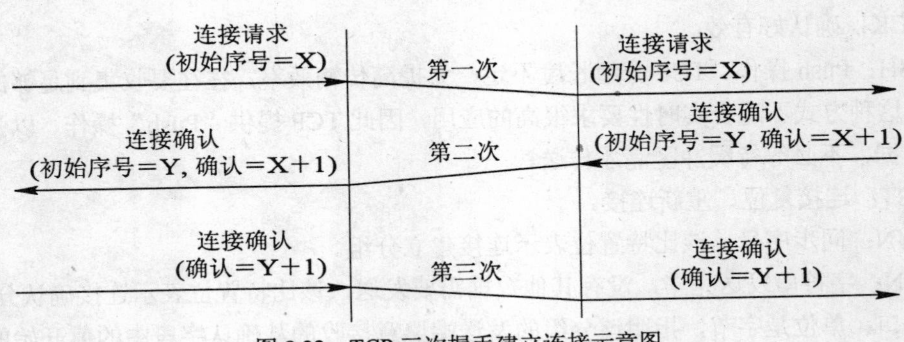

图 8.22　TCP 三次握手建立连接示意图

② TCP 连接的拆除　由于 TCP 连接是一个全双工的数据通道，一个连接的关闭必须由通信双方共同完成。当通信的一方没有数据需要发送给对方时，可以使用终止连接(FIN)向对方发送关闭连接请求。这时，它虽然不再发送数据，但并不排斥在这个连接上继续接收数据。只有当通信的对方也递交了终止连接的请求后，这个 TCP 连接才会完全关闭，如图 8.23 所示。

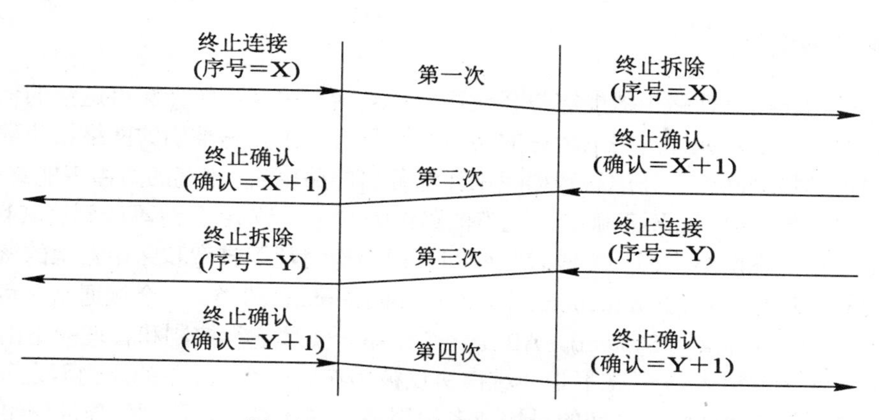

图 8.23 TCP 终止连接的过程示意图

在终止连接时，既可以由一方发起而另一方响应，也可以双方同时发起。无论怎样，收到关闭连接请求的一方必须使用终止确认(ACK)给予确认。实际上，TCP 连接的关闭过程是一个四次握手的过程。(如图 8.24 所示)

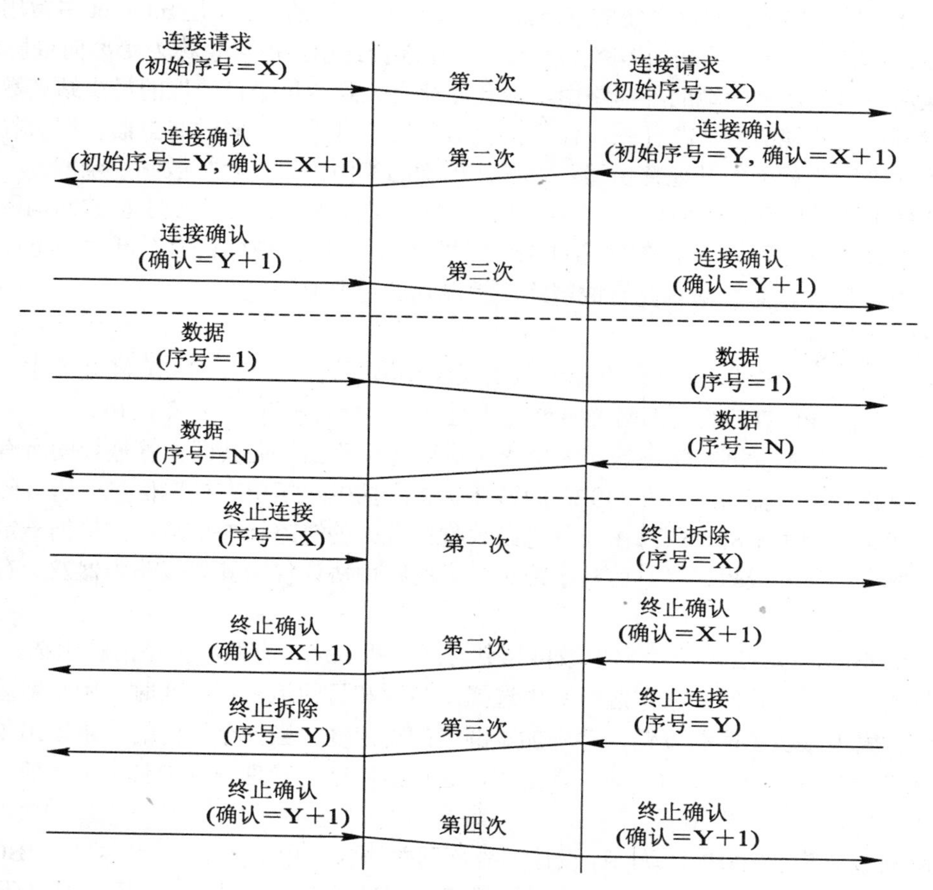

图 8.24 TCP 完整的通信过程示意图

8.5.3 路由协议

路由协议的作用是使路由器能够与其他路由器交换有关网络拓扑和可达性的信息。任何路由器的首要目标都是保证网络中所有的路由器都具有一个完整准确的网络拓扑数据库，这样每个路由器都根据网络拓扑信息数据库来计算各自的路由表。正确的路由表能够提高IP分组正确到达目的地的概率；不正确或不完整的路由表易于导致IP分组不能到达其目的地，更坏的情况是它可能在网络上循环一段较长时间，白白地消耗了带宽和路由器上的资源。

路由协议可以分为域内(Intradomain)和域间(Interdomain)两类。一个域通常又可以被称为自治系统(AS：Autonomous System)。AS是一个由单一实体进行控制和管理的路由器集合，采用一个唯一的AS(如AS3)号来标识。域内协议被用在同一个AS中的路由器之间，其作用是计算AS中的任意两个网络之间的最快或者费用最低的通路，以达到最佳的网络性能。域间协议被用在不同自治域中的路由器之间，其作用是计算那些需要穿越不同自治域系统的通路。由于这些自治域系统是由不同的组织管理的，因此在选择穿越AS的通路时，我们所依据的标准将不只局限于通常所说的性能，而且要依据多种特定的策略和标准，如费用、可用性、性能、AS之间的商业关系等。

1. RIP协议

RIP最初是为Xerox网络系统的Xerox parc通用而设计的协议，是Internet中常用的路由协议。RIP采用距离向量算法，即路由器根据距离选择路由，所以也称为距离向量协议。路由器收集所有可到达目的地的不同路由，并且保存有关到达每个目的地的最少站点数的路由信息，除到达目的地的最佳路径外，任何其他信息均予以丢弃。同时路由器也把所收集的路由信息用RIP通知相邻的其他路由器。这样，正确的路由信息逐渐扩散到了全网。

RIP使用非常广泛，它简单、可靠、便于配置。但是RIP只适用于小型的同构网络，因为它允许的最大站点数为15，任何超过15个站点的目的地均被标记为不可达。而且RIP每隔30 s一次的路由信息广播也是造成网络广播风暴的重要原因之一。

2. OSPF协议

20世纪80年代中期，RIP已不能适应大规模异构网络的互连，OSPF随之产生。它是互联网工程任务组(IETF)的内部网关协议工作组为IP网络开发的一种路由协议。

OSPF 是一种基于链路状态的路由协议，需要每个路由器向其同一管理域的所有其他路由器发送链路状态广播信息。在OSPF的链路状态广播中包括所有接口信息、所有的量度和其他一些变量。利用OSPF的路由器首先必须收集有关的链路状态信息，并根据一定的算法计算出到每个节点的最短路径。而基于距离向量的路由协议仅向其邻接路由器发送有关路由更新信息。

与RIP不同，OSPF将一个自治域再划分为区，相应地，有两种类型的路由选择方式：当源和目的地在同一区时，采用区内路由选择；当源和目的地在不同区时，则采用区间路由选择。这就大大减少了网络开销，并增加了网络的稳定性。当一个区内的路由器出了故障时并不影响自治域内其他区路由器的正常工作，这也给网络的管理、维护带来了方便。

3. BGP协议

BGP协议是为TCP/IP互联网而设计的外部网关协议，用于多个自治域之间。BGP的主要目标是为处于不同AS中的路由器之间进行路由信息通信提供保证。它既不是基于纯粹的

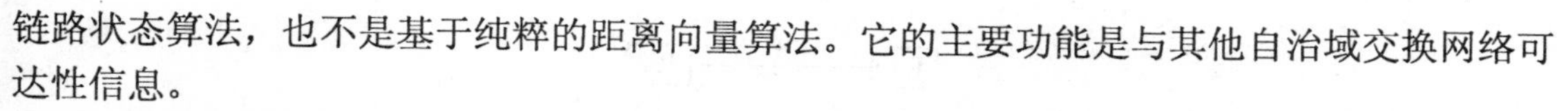

链路状态算法，也不是基于纯粹的距离向量算法。它的主要功能是与其他自治域交换网络可达性信息。

在网络启动的时候，不同自治域的相邻路由器（运行 BGP 协议）之间互相打开一个 TCP 连接（保证传输的可靠性）然后交换整个路由信息库。从那以后，只有拓扑结构和策略发生改变时，才会使用 BGP 更新消息发送。一个 BGP 更新消息可以声明或撤销到一个特定网络的可达性。在 BGP 更新消息中也可以包含通路的属性，属性信息可被 BGP 路由器用于在特定策略下建立和发布路由表。

4. 路由协议生成路由表的过程

我们以 OSPF 为例介绍路由表的生成过程，其工作过程如下：

OSPF 的目的是计算出一条经过互联网的最小费用的路由，这个费用基于用户可设置的费用量度。用户可以将费用设置为表示时延、数据率、现金花费或其他因素的一个函数。OSPF 能够在多个同等费用的路径之间平均分配负载。

每个路由器都维护一个数据库，这个数据库反映了该路由器所掌握的所属自治系统的拓扑结构，该拓扑结构拥有有向图表示。

图 8.25 是一个用 6 个路由器将 5 个子网连接起来的互联网示例。网络中的每个路由器都维护一个有向图的数据库，该数据库是通过从互联网的其他路由器上得到的链路状态信息拼凑而成的。路由器使用 Dijkstra 算法对有向图进行分析，计算到所有目的网络的最小费用路径。图 8.25(a)是网络拓扑图，图 8.25(b)是网络有向图。在有向图中，每个路由器接口的输出侧都有一个相关联的费用，这个费用可以由系统管理员配置。图 8.25(b)中的弧被标记为相应的路由器到输出接口的费用，没有标记费用的弧，其费用为 0。从网络到路由器的弧的费用永远为 0（这是一个约定），比如 N1 到 R1、R2、R3，N2 到 R3，N3 到 R4、R5、R6，N4 到 R5 以及 N5 到 R6 的费用始终为 0。（如表 8.4 所示）

表 8.4　**路由器 R1 的路由表**

目的地	下一跳	费 用
N1	——	(R1-N1) 5
N2	R3	(R1-N1-R3-N2) 7
N3	R4	(R1-R4-N3) 10
N4	R2	(R1-N1-R2-R5-N4) 11
N5	R4	(R1-R4-N3-R6-N5) 15

图 8.25 (c)为路由器 1 经过运算得到的生成树。需要注意的是，从 R1 到达 N3 的路由有两条，分别为 R1→R4→N3 和 R1→N1→R2→N5→N3，两条路由的费用分别为 10 和 14，费用为 10 的路由被保留下来，另外一条路由则被删除。

8.5.4　信息“分组数据”在路由器上的转发的工作原理

当路由器收到一个 IP 分组时，路由器的处理软件首先检查该分组的生存时间，如果其生存时间为 0，则丢弃该分组，并给其源点返回一个分组超时 ICMP 消息。如果生存期未到，则从 IP 分组头中提取目的地 IP 地址。目的 IP 地址与网络掩码进行屏蔽操作找出目的地网络

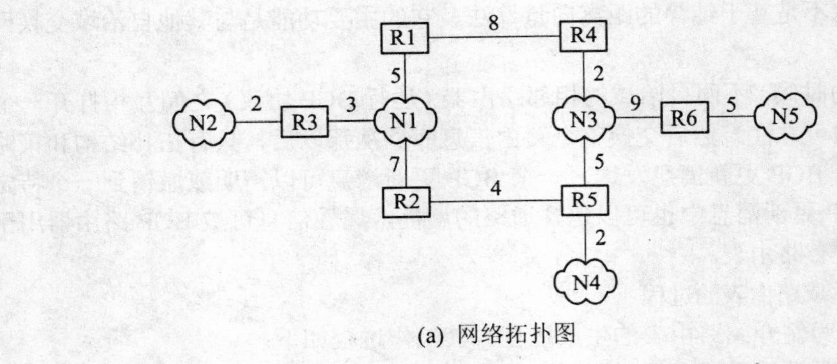

(a) 网络拓扑图

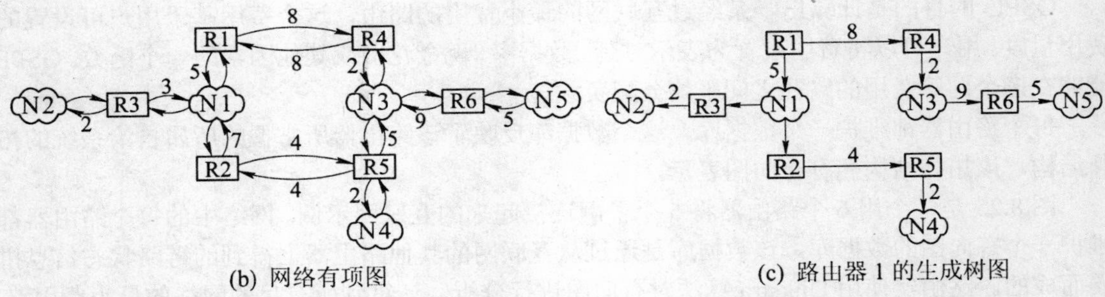

(b) 网络有项图　　　　(c) 路由器 1 的生成树图

图 8.25　简单互联网络最短路径计算过程示意图

号，在路由表中按照最长匹配原则查找与其相匹配的表项。如果在路由表中未找到与其相匹配的表项，则将该分组放入默认的网关对应路由的缓冲区排队输出，并向源端返回不可到达信息；如果找到匹配项，则选择最佳路由进行头校验，TTL 减 1，封装链路层信息，并将该分组放入下一跳对应输出端口的缓冲区进行排队输出。图 8.26 是路由器处理 IP 分组的流程图。

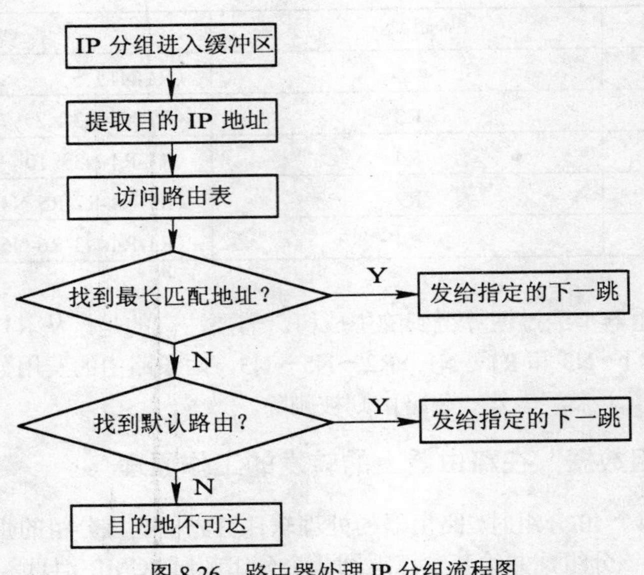

图 8.26　路由器处理 IP 分组流程图

为了进一步理解路由器转发分组的工作原理，图 8.27 给出了一个互联网通信的实例。其通信子网的 IP 编号为 202.56.4.0、203.0.5.0 和 198.1.2.0，路由器 1 与网络 1 和网络 2 直接相连，与网络 1 相连的端口 1 的 IP 地址为 202.56.4.1，与网络 2 相连的端口 3 的 IP 地址为 203.0.5.2；路由器 2 与网络 2 和网络 3 直接相连，与网络 2 相连的端口 5 的 IP 地址为 203.0.5.10，与网络 3 相连的端口 8 的 IP 地址为 198.1.2.3。下面我们来看用户 A 要传送一个数据文件给用户 B 时每个路由器的工作过程。

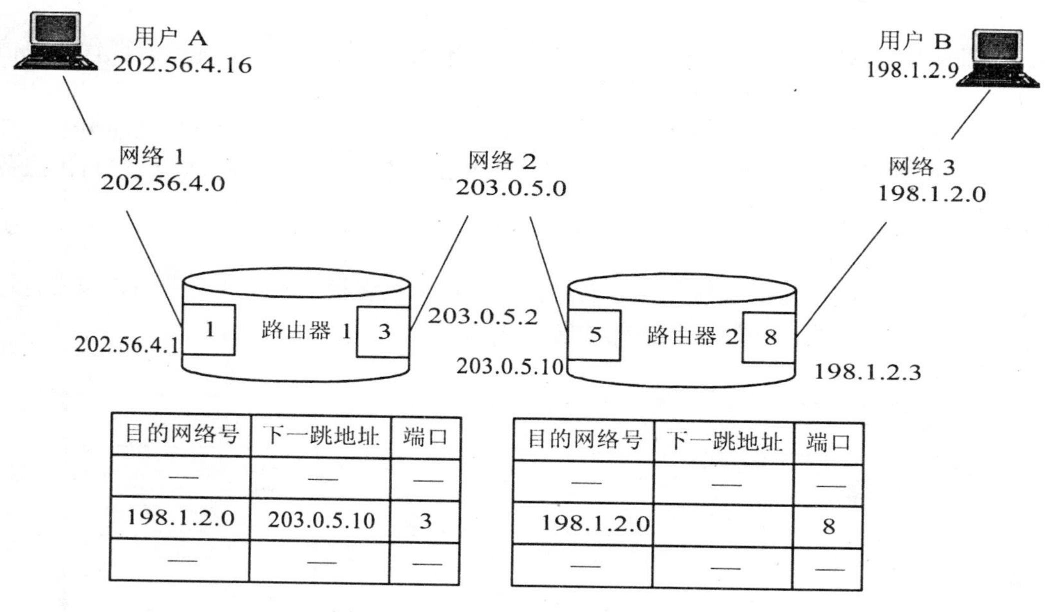

目的网络号	下一跳地址	端口
—	—	—
198.1.2.0	203.0.5.10	3
—	—	—

目的网络号	下一跳地址	端口
—	—	—
198.1.2.0		8
—	—	—

图 8.27 路由器转发分组实例示意图

首先用户 A 把数据文件以 IP 分组的形式送到默认路由器 1，其目的站点的 IP 地址为 198.1.2.9。第一步，分组被路由器 1 接收，通过子网掩码屏蔽操作确定了该 IP 分组的目的网络号为 198.1.2.0。第二步，通过查找路由表（通过运行路由协议维护），路由器 1 在路由表中找到与其匹配的表项，获得输出端口号为 3 和下一跳路由器的 IP 地址为 203.0.5.10（指路由器 2 与网络 2 相连网络端口的 IP 地址）。第三步，路由处理软件将该 IP 分组放入路由器 1 端口 3 的发送缓冲区，并将下一跳 IP 地址递交给网络接口处理软件。第四步，网络接口软件调用 ARP 完成下一跳 IP 地址到物理地址(MAC)的映射。在一个正常运行的路由器高速缓存中，保存其相邻路由器端口的 IP 地址对应的 MAC 地址，不必每接收一个 IP 分组都使用 ARP 来获得下一跳的 MAC 地址。获得下一跳的 MAC 地址后，便将原 IP 分组封装成适合网络 2 传送的数据帧，排队等待发送。

分组被送到路由器 2 后，根据目的 IP 地址确定目的网络号，经过查找路由表获得该目的网络与路由器 2 直接相连。路由处理软件将该 IP 分组放入网络端口 8 的发送缓冲区，并将目的 IP 地址 198.1.2.9 递交给网络端口处理软件。因为分组到达最后一个路由器，所以需调用 ARP 获得目的主机的 MAC 地址，然后对 IP 分组进行封装，封装后的帧直接发送给目的主机 B。

8.6 Internet 互联网基本业务

Internet 互联网最基本的通信业务方式就是“转发电子邮件（E-Mail）”、“远程文件传输(FTP)”、“超文本信息查询 WWW(World Wide Web)”和“远程登录（Telnet）”等四大基本业务功能，这也是 Internet 互联网得到广泛应用的一个重要原因，下面，逐一介绍前 3 种主要的应用原理。

8.6.1 电子邮件 E-mail

电子邮件是一种通过 Internet 与其他用户进行联系的快捷、简便、廉价的现代化通信手段，也是目前 Internet 用户使用最频繁的一种服务功能。

电子邮件系统采用了简单邮件传输协议 SMTP，保证不同类型的计算机之间电子邮件的传送。该协议采用客户机/服务器结构，通过建立 SMTP 客户机与远程主机上 SMTP 服务器间的连接来传送电子邮件。

1. 电子邮件的系统组成

电子邮件系统组成如图 8.28 所示。其中，用户代理负责报文的生成与处理，报文传送代理负责建立与远程主机间的通信和邮件传送。

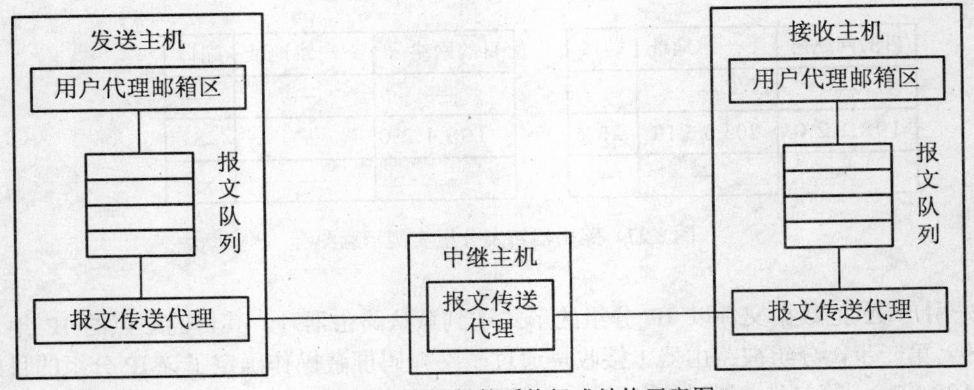

图 8.28 电子邮件系统组成结构示意图

邮件可能在报文传送代理间直接传送，也可能经中继报文传送代理。当邮件被中继时，整个报文全部传输到中间主机（邮件网关），然后伺机转发，即使用存储转发技术。

在接收主机，邮件被放到输入队列中，然后送到用户邮箱存储区。当用户调用用户代理程序时，用户代理通常显示邮箱中到达邮件的总览信息。用户代理的主要功能有：

（1）显示用户邮箱的邮件信息；

（2）将接收到的或要发送的报文存放在本地文件中；

（3）向用户提示报文的接收者或主题；

（4）为用户提供生成报文的编辑器；

（5）对接收到的或要发送的报文进行排队和管理。

由于 Internet 电子邮件系统是建立在面向连接、高可靠的 TCP 基础上的，因此其电子邮件非常可靠，Internet 电子邮件使用客户机/服务器模型。

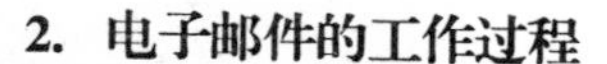

2. 电子邮件的工作过程

（1）写信或留便条；

（2）告诉邮件客户程序将信发至某个人或某些人；

（3）客户程序将 E-mail 发给服务提供者邮件服务器；

（4）邮件服务器使用SMTP（简单邮件传送协议）将邮件在服务器之间传递，邮件在Internet上传递时分成包的形式；

（5）邮件到达目的地服务器；

（6）目的地服务器将邮件放到接收者的邮箱里；

（7）接收者用其邮件客户程序阅读邮件。

8.6.2 远程文件传输 FTP

文件传输协议(FTP：File Transfer Protocol)是 Internet 最早、最重要的网络服务之一。FTP 的主要作用是在不同计算机系统间传送文件，它与两台计算机所处的位置、连接的方式以及使用的操作系统无关。

1. FTP 模型

与电子邮件一样，FTP 也采用客户机/服务器方式，其模型如图 8.29 所示。为了实现文件传送，FTP 在客户与服务器间建立了两个连接：控制连接和数据连接。控制连接用于传送客户机与服务器之间的命令和响应。数据连接用于客户机与服务器间交换数据。FTP 使用 TCP 作为其传输控制协议。

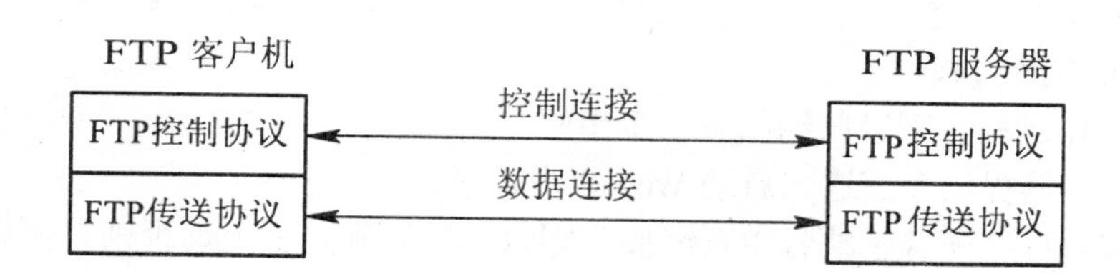

图 8.29 FTP 客户机/服务器模型示意图

FTP 是一个交互式会话的系统，客户机每次调用 FTP，便可与 FTP 服务器建立一个会话，会话由控制连接来维护，直到退出 FTP。使用控制命令，客户可向服务器提出请求，如客户机命令服务器与客户机建立数据连接，一旦数据传送结束，客户机可继续向服务器发送命令，直到退出 FTP 会话。

FTP 使用一组标准命令集来实现不同系统间的文件传送和文件管理。

2. FTP 服务

FTP 服务提供了任意两台 Internet 计算机之间互相传输文件的机制，是广大用户获得丰富的 Internet 资源的重要方法之一。

FTP 服务分为两种：普通 FTP 服务和匿名 FTP 服务。普通 FTP 服务指用户必须在 FTP 服务器进行注册，即建立用户账号，拥有合法的登录用户名和密码时，才能进行有效的 FTP 连接和登录。匿名 FTP 服务指 FTP 服务器的提供者设置了一个特殊的用户名——Anonymous 提供公众使用，任何用户都可以使用这个用户名与提供这种 FTP 服务的主机建立连接，并共享这个主机对公众开放的资源。

8.6.3 万维网 WWW

WWW(World Wide Web)是 Internet 上的一个超文本信息查询工具。WWW 是基于 Internet 的信息查询与管理的系统，是目前 Internet 上最受欢迎、最流行的服务方式和工具。有时将 WWW 建成 Web。

1. 超文本标识语言 HTML

超文本(Hypertext)是一种描述和检索信息的方法，它提供一种友好的信息查询接口，用户仅需提出查询的要求，而到什么地方查询及如何查则由 WWW 自动完成。

HTML 是一种特定类型的超文本。这是一种专门的编程语言，创建、存储在 WWW 服务器上的文件。

WWW 万维网是信息检索和超文本技术的结合，它的出现使 Internet 上传递的不再只是一些单调的文本信息，而是图、文、声齐全的多媒体信息，开创了信息存储与检索的一个新世界。它的影响远远超出了专业技术的范围，并且已进入广告、新闻、销售、电子商务与信息服务等行业。

WWW 服务有如下特点：

（1）以超文本方式组织网络多媒体信息；

（2）用户可以在世界范围内任意查找、检索、浏览及添加信息；

（3）提供生动直观、易于使用、统一的图形用户界面；

（4）网点间可以相互连接，以提供信息查询和漫游的透明访问；

（5）可以访问图像、声音、影像和文本等信息。

由于 WWW 有以上突出特点，大大促进了 Internet 应用的迅猛发展。

2. WWW 的工作过程

WWW 的工作过程，可以归纳如下 9 个步骤：

（1）先和服务器提供者连通，启动 Web 客户程序。

（2）如果客户程序配置了缺省主页链接，则自动链接到主页上。否则它在启动后将等待下一步指示。

（3）输入想查看的 Web 页的地址。

（4）客户程序与该地址的服务器连通，并告诉服务器需要哪一页。

（5）服务器将该页发送给客户程序。

（6）客户程序显示该页内容。

（7）阅读该页。

（8）每页又包含了指向别的页的指针，有时还包含指向本页其他内容的指针，你只需单击该指针就可到达相应的地方。

（9）跟着这些指针，直到完成 Web 上的“旅行”为止。

8.7 内容小结

在当今通信技术的发展过程中，计算机网络通信技术是最重要的系统分支和未来的发展方向；本章是对计算机网络通信技术的全面的、基本的概述，共分为三个部分：8.1 节简述了原有的数据交换传输技术，如 X.25/帧中继/DDN/ATM 等；8.2~8.4 节简述了 2 种基本计算机

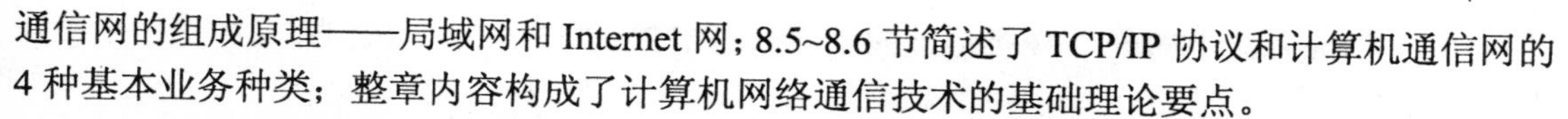

通信网的组成原理——局域网和 Internet 网；8.5~8.6 节简述了 TCP/IP 协议和计算机通信网的 4 种基本业务种类；整章内容构成了计算机网络通信技术的基础理论要点。

8.1 节分组交换数据通信网概论，论述了 X.25/帧中继/DDN/ATM 等原有的数字数据网的系统组成与工作原理；使读者对早期数据通信系统组成及其工作原理建立初步的认识。

8.2 节计算机通信网概述，详细介绍了计算机通信网的发展历史和功能、组成与分类，使读者对计算机通信网建立完整的系统功能认识。要求掌握计算机通信系统的组成与分类；认识计算机通信系统的发展过程与功能情况。

8.3 节计算机局域网概述，系统阐述了计算机局域网的系统结构、以太网的系统组成与工作原理，以及局域网的主要设备工作原理；使读者对计算机局域网通信技术有一个全面的基本的认识。要求认识以太网的系统组成与工作原理以及局域网的主要设备工作原理。

8.4 节 Internet 基本概念，详细介绍了互联网结构及协议模型、IP 网络的编址方式和域名系统的工作原理；使读者对互联网通信系统的基本概念和工作原理有一个基本认识。要求认识互联网结构组成及相关协议模型、IP 网络的编址方式和互联网域名系统的工作原理。

8.5 节 TCP/ IP 协议族概述，详细介绍了互联网 IP 协议、运输层协议和主要的路由协议的结构组成和工作原理，并详细分析了信息“分组数据”在路由器上转发的工作原理。要求认识互联网 IP 协议、运输层协议和主要的路由协议的结构组成和工作原理，正确理解各类信息“分组数据”在路由器上转发的工作原理。

8.6 节 Internet 互联网基本业务，详细介绍了 4 种互联网基本业务功能组成和工作原理，要求正确认识和理解互联网 4 种基本业务的作用和实现方法。

思 考 题

1. 简述我国早期数据通信使用的技术种类。
2. 分别简述 X.25 和帧中继数据传输技术原理。
3. 简述 DDN 数据传输技术原理和使用情况。
4. 简述 ATM 数据传输技术原理和使用情况。
5. 计算机网络由哪几部分组成？计算机网络如何分类？
6. 简述计算机网络的功能，以及计算机网络的发展历史。
7. 局域网的主要特点是什么？为什么说局域网是一个通信网？
8. 简述局域网主要有哪几种网络拓扑结构？
9. IEEE 802 局域网参考模型与 OSI 参考模型有何异同之处？
10. 试比较 IEEE 802.3、IEEE 802.4 和 IEEE 802.5 三种局域网的优缺点。
11. 简述中继器、网桥、路由器的功能，并分别解释它们的工作原理和特点。
12. 局域网的网络操作系统有哪几种方式？它们各有什么特点？
13. 客户机/服务器模式中的服务器和客户机的含义是什么？它们有何区别？
14. IP 地址分为几类？如何表示？IP 地址的主要特点是什么？
15. 当某个路由器发现一分组的校验和有差错时，为什么要采取丢弃的办法而不是要求源站重发此分组？
16. 在 Internet 中分段传送的分组在最后的目的主机进行组装。还可以有另外一种做法，即通过了一个网络就进行一次组装。试比较这两种方法的优劣。

17. 在 Internet 上的一个 B 类地址的子网掩码是 255.255.240.0。试问在其中每一个子网上的主机数量最多是多少？

18. 简述 RIP、OSPF 和 BGP 路由协议的主要特点。

19. 解释什么是无类别域间路由 CIDR。

20. 画图说明 TCP/IP 协议的分层模型与组成情况。

21. 如图 8.30 所示，一台路由器连接三个以太网。根据图中的参数回答下列问题。

（1）该 TCP/IP 网络使用的是哪一类 IP 地址？

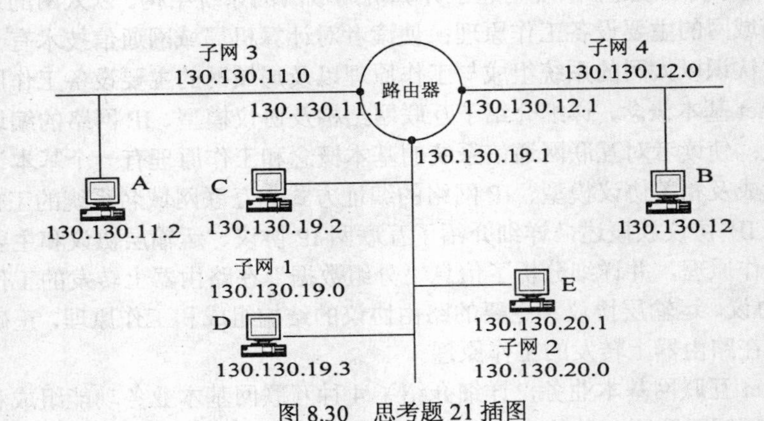

图 8.30 思考题 21 插图

（2）写出该网络划分子网后所采用的子网掩码。

（3）系统管理员将计算机 D 和 E 按照图中所示结构连入网络并使用所分配的地址对 TCP/IP 软件进行常规配置后，发现这两台机器上的应用程序不能够正常通信，这是为什么？

（4）如果你在主机 C 上要发送一个 IP 分组，使得主机 D 和 E 都会接收它，而子网 3 和子网 4 的主机都不会接收它，那么 IP 分组应该填写什么样的目标 IP 地址？

22. 假定 IP 的 B 类地址不是使用 16 位而是使用 20 位作为 B 类地址的网络号部分，那么将会有多少个 B 类网络？

23. 绘图简述转发电子邮件（E-mail）功能的系统结构组成和工作原理。

24. 绘图简述远程文件传输（FTP）功能的系统协议、结构组成和工作原理。

25. 绘图简述万维网（WWW）登录查询功能的系统协议、结构组成和工作原理。

26. 名词解释

根据书中所讲内容，按照“内容、组成（或结构）、作用和特点”4 个方面，解释下列名词。

（1）X.25 分组交换、FR、DDN、ATM、ARPANet、LAN、Ethernet。

（2）MAC、MAC 地址、千兆以太网、宽带交换机、TCP/IP、IP 地址、子网编码、DNS。

（3）UDP、TCP、RIP 协议、OSTP 协议、BGP 协议、E-mail、FTP、Web 模式、HTML。

第9章　有线通信综合接入网技术

现代通信网的组网结构分为“用户接入网”和“城域骨干网+长途广域网”两部分；互联网宽带接入网技术是当前使用最广泛，发展较快的重要通信业务和技术——以“高速以太网+无源光网络 PON”技术为代表的 IP 互联网技术，实际上已经成为现代通信网络（接入网+城域网）的主要组成部分。本章叙述了“基于高速宽带互联网接入技术”的现代通信接入网主流技术和发展的新标准，共分为四个部分：9.1 节概述了通信宽带互联网组网概念与国际规范；9.2 节简述了通信宽带铜线接入技术；9.3 节简述了通信网宽带光纤接入技术；9.4 节简述了用户综合通信网组网技术；其中 9.2~9.4 节均为最新通信接入网技术的发展成果；整章内容构成了通信接入网络的基础理论要点，具有很强的实用性。

9.1　宽带互联网组网技术概论

9.1.1　通信接入网概论

1. 通信接入网的发展与现状

现代通信接入网，是指将各类用户，接入通信业务网络，使之成为“通信用户”的各种通信设施，是城市里，通信网络的主要组成部分。

20 世纪 90 年代之前，由于通信的主要业务是“有线电话”业务，通信用户的数量较少，大多分布在城市中心位置，故此时的城市通信网，主要是以“城市电话网”的方式出现：即“电话通信全塑双绞线电缆+程控交换机”的“单级组网方式”出现：由电信分局直接敷设“电话通信全塑双绞线电缆”进入到居民区，通过“交接配线”的线路敷设方式，连接各类（电话）通信用户，此时的各电信分局的用户主要分布区域，也就是方圆 3~5 公里范围。

进入到 1990 年之后，随着经济的发展，城市化建设的逐渐开展，人们通信的需求日益旺盛，用户家庭安装电话的需求日益高涨，出现了 2 个飞快的发展：第一，是电话用户的数量“飞快”地发展；第二，是电话用户分布的区域“飞快”地扩大——城市的规模迅速扩大。原有的“电信分局单级制”的组网结构，此时已经远远不能满足通信业务增长的需要了。基于原来的配线区域式的“通信线路接入网 + 城市光纤干线网”的两级组网方式，逐渐为人们所重视和采用，如图 9.1 所示。

这种“接入网式”的两级组网的方式，就是在原来的有人值守的“电信分局”和通信用户之间，插入一级“平时无人值守”的“电信节点机房”。这个节点机房，取代了原来的电信分局的作用，以其方圆 2.5~5 公里范围内，原有的通信“电话全塑电缆交接区”为基础，形成的通信用户区域——通常以自然的道路、河流等明显的标志物围城的区域为自己的通信服务区域。

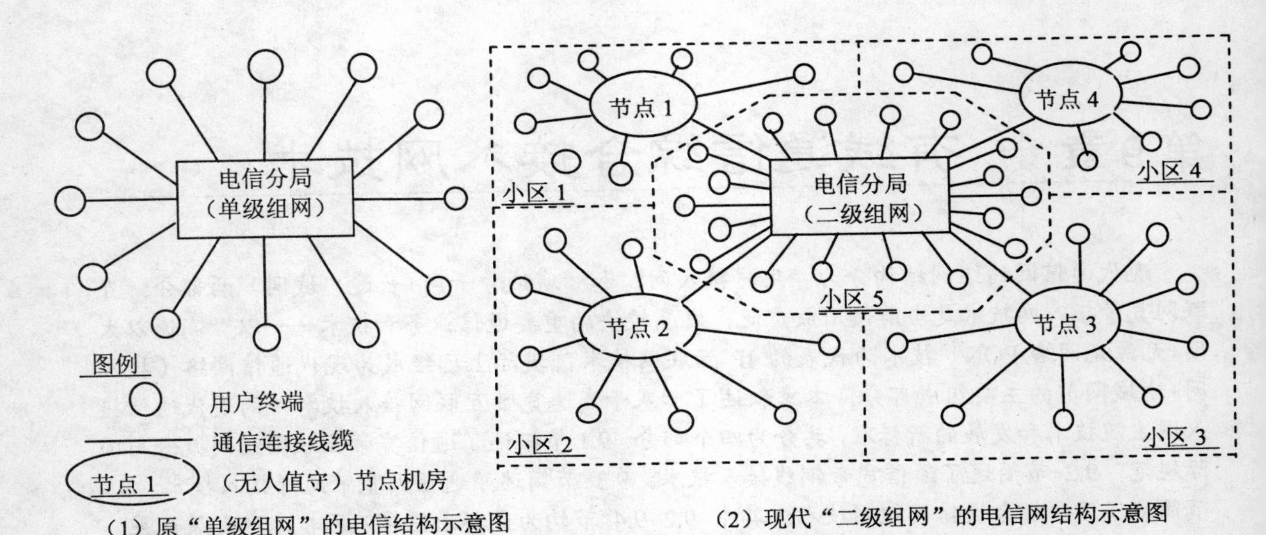

（1）原“单级组网”的电信结构示意图　（2）现代“二级组网”的电信网结构示意图

图 9.1　电信组网的 2 种结构演变示意图

如图 9.1 所示，在这种 2 级通信网络的结构中，可以很好地满足城市通信网络的组网格局。一块块的通信接入网区域，组合形成了城市通信大网的整体格局；而各电信分局与其范围内的节点机房，形成了更高一级的通信骨干网——大容量的光纤通信城域网，用来汇聚、转接用户通信业务，形成畅通的通信“高速公路”——这就是沿用至今的现代城市通信网的两级组网格局。

我国自 20 世纪 90 年代（1990 年之后）开始，大量采用“全塑铜芯双绞线市内电话通信电缆”，传送电话通信业务，主要敷设于通信用户与电信局（交接箱、节点机房等）之间，形成了庞大的基于电话通信业务的“通信电缆（属于“一类双绞线”）接入网”的特点。

2. 现代通信网的组网格局

目前的城市通信格局，是由“城市通信机房+通信传输线路”组成的。而通信机房，一般分为“交换传输中心机房（监控中心）”和“小区节点机房（无人职守）”两大类，每个中心机房统一监管若干个小区节点机房，通过（单模）光纤传输系统，疏导其通信业务量；每个小区节点机房则汇聚其自然地域范围内的所有通信用户。在城市中，一般每个小区节点机房的用户区域半径在 2.5km 以内，最大不超过 5.0km，用户总数一般不超过 2 万户，如图 9.1 所示。

按照本书第 1 章 1.1 节的相关内容：现代通信接入网的范围与组成，是指用户通信接入管线和通信节点机房的设备总和——是由各区域的通信汇聚节点（无人值守机房）；相关通信光缆、电缆；光电缆分线设备；以及用户终端设备等通信设施组成，是组成城市和乡村通信网络的基础部分。一个城市的通信网，就是由若干个“用户接入网”的集合所组合而成的。在市区，一般按照自然道路等形成的区域，组成一个接入网区域，该区域内的所有通信用户，均通过通信线缆，汇接到通信节点（机房）中；常见的城市接入网区域半径为 0.5~3.0km。在乡村，一般是以自然村镇的形式划分用户接入网区块，范围与市区接入网区域类似，该区域内的所有通信用户，也是通过通信线缆，汇接到通信节点（机房）中。

通信接入网的用户组网结构，通常是 “星形连接组网”的网络方式，将该区域中所有

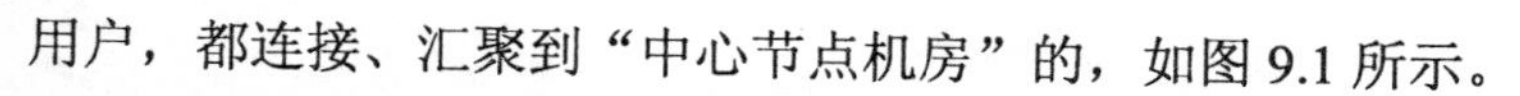

用户，都连接、汇聚到“中心节点机房”的，如图 9.1 所示。

“接入网技术”可以分为有线接入技术和无线接入技术两大类，目前通信用户使用较多的宽带业务接入网技术，主要有基于铜线的 ADSL 技术、基于无源光纤接入的 EPON、GPON 技术和当前大力推行的“FTTH 光纤到户”传输技术，以及移动通信公司大力推行的“宽带无线接入”等各类通信接入方式，而 ADSL 和光纤两种接入方式占了 95%以上的市场份额。本章主要介绍有线通信接入技术。

3. 通信接入网的系统构成

国际电信联盟（ITU-T），于 1995 年 11 月 2 日颁布了第一个“电信接入网”的总体标准：编号为 ITU-T-G.902。其作用，就是重新界定、规范了城市通信网络的“两级组网”格局，该标准，主要是以“电话通信业务”为重点的，并规定了节点系统的作用，明确该节点设备“不具备交换的功能”。其系统网络结构，如图 9.2 所示。

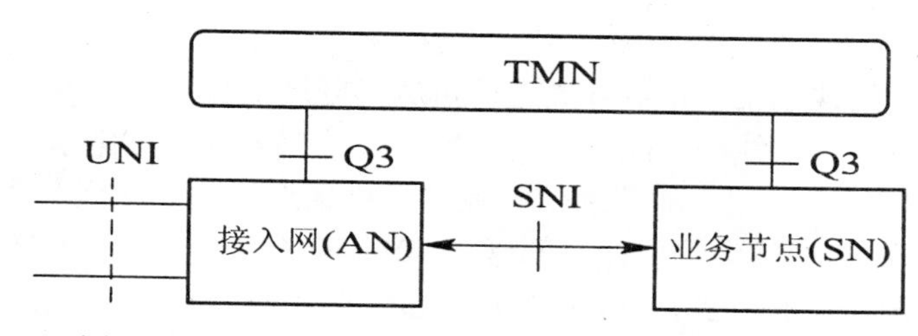

图 9.2　两种业务的“通信接入网”的网络结构示意图

图 9.2 其实是电信网络中，通信接入网 AN、城市骨干网 SN 和电信维护管理网 TMN 这三个网络的“结构组成示意简图”。通信接入网和城市骨干网是 2 个层面的关系，以各类通信业务接口（SNI）相连接。各个业务节点组成了城市骨干通信网。而通信维护管理网（TMN），则通过 Q3 型接口，分别与接入网和城市骨干网的各个节点系统进行连接，完成实时维护、监控的作用。

制订国际“互联网业务标准”的国际互联网“结构标准化委员会（IAB）”，在国际电信联盟（ITU-T）G.902 协议出台后不久，也相应地颁布了“基于 IP 互联网技术的接入网体系结构”的标准协议：编号为 IEEE-Y.1231。该标准主要是以 TCP/IP 互联网技术为对象的通信业务，组成两级网络的结构，其中的局域网通信业务，主要是应用 IEEE 802.3（协议）的以太网技术。其网络结构，与电信网结构是一致的，也如图 9.2 所示。

根据以上通信接入网的定义：通信接入网(AN)是由通信业务节点接口(SNI)和用户网络接口(UNI)之间的一系列通信业务设备、传输设备、通信布线配线系统、配套的通信路由设施（如通信管道、大楼内通信槽道等）以及远端用户设备（如电话机、宽带光猫等）所组成的。该设施受到通信运营商（电信公司）的监控、配置和管理。它主要包括用户终端设备、用户线传输系统和通信业务节点接口设备等三大部分，如图 9.3 所示。

其主要的作用，就是将各种业务的信息（信号），仿佛“透明”似的由各类“通信业务设备”传送到“远端用户设备”中。

（1）局端接入网传输系统，是指从电话交换机、宽带交换机等设备中输出的各类信息，转换成电信号或是光信号后，通过（电话）电缆、通信光缆传输的局内设备；通常指光纤接入网设备（OLT）。该系统可以同时接入不同的通信业务，如图 9.2 所示，也可以接入同一种业务的多套设备。

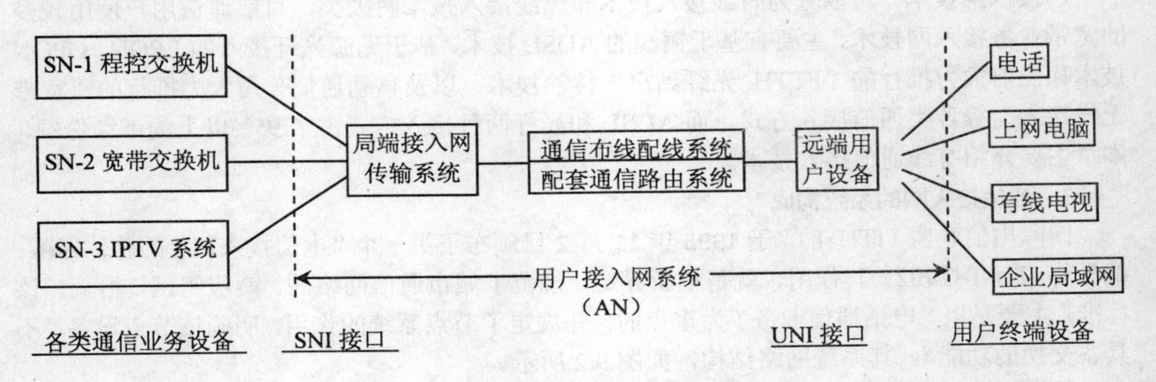

图 9.3　通信接入网的系统组成示意图

（2）通信布线与配线系统，指从各类通信机房（分局、节点机房等）开始敷设的，至电信用户终端之间的各类通信线缆和配线系统。2000 年之前，主要是电话全塑电缆组成的“交接配线区系统”；进入 21 世纪，随着通信行业“光进铜退”政策的逐渐实施，“单模光纤光缆 + 电话线电缆”的格局逐渐形成；时间进入 2011 年（称为“光纤到户”的启动元年）之后，通信接入网逐渐开展光纤到户（FTTH）的通信接入网线缆建设。所以，目前的通信线缆系统，正处在光纤与电缆交替更新的转折期。

该类系统，包括局端机房里的各类配线架（MDF、ODF、IDF 等），外线各类配线箱（或交接箱等），和各建筑物单元、各楼层的分线盒或光缆终端盒、“光纤分支器配线箱”以及建筑物单元综合信息箱等配线设施。

（3）配套的通信路由系统，是指专门用来敷设通信线缆的通信路由设施。分为 2 种情况：第一种，在各种道路上，主要以通信专用管道建设为主，原有的“架空电杆式”通信路由，由于严重影响城市建设、影响市容美观及容量小、保护不力等原因，正处于被淘汰的状态。在各种住宅小区、工矿企业，也以建设各类通信管道为首选路由；第二种，在各类建筑大楼、住宅楼中，主要以“沿楼道走廊敷设的线槽、暗管”为主，少量的通信线缆，也可以采用“钉固敷设”的方式。

（4）远端用户设备，是指在用户侧的各类 ADSL 宽带信号转换器（俗称“宽带猫”）、光纤信号综合转换器（俗称“光猫”）、有线电视机顶盒以及直接接入用户电脑或用户企业网的网线和墙壁插座。最早的通信终端，是一台电话机，随着通信业务的迅速发展，用户端的通信设备越来越丰富：已逐渐形成了“综合业务网关”的形态——通过一个网关设备，为用户提供各种通信业务：电话、宽带和电视等，随着家庭物联网终端系统的不断开发应用，远端用户设备，将发挥越来越多的作用。

ITU-T 通信接入网的主要设计目标如下：

（1）支持各类综合电信业务的接入。将接入网从具体的业务网中剥离出来，成为一种独立于具体业务网的基础接入平台，以支持电话、宽带、IPTV 等各类电信业务接入，有利于降低接入网的建设成本。

（2）开放、标准化 SNI 接口。将接入网与本地交换设备之间的接口，即 SNI 接口由专用接口定义为标准化的开放接口，这样接入网（AN）设备和交换设备就可以由不同的厂商提供，

为大量企业参与接入设备市场的竞争提供了技术保证，有利于设备价格的下降。

（3）独立于各类通信业务（SN）的网络管理系统（TMN）。该网管系统通过标准化的接口连接网管系统（TMN），由TMN实施对接入网的操作、维护和管理。

以上对接入网的定义，既包括了窄带接入网又包括了宽带接入网。通常宽带与窄带的划分标准是用户网络接口上的速率，即将以分组交换方式为基础，把用户网络接口上的最大接入速率超过2 Mb/s的用户接入系统称为"宽带接入"。

9.1.2　接入网的接口与分类

接入网有三种主要接口，即业务节点接口、用户网络接口和维护管理接口等三种。

1. 业务节点接口(SNI)

SNI是接入网和SN之间的接口，可分为支持单一接入的SNI和综合接入的SNI。目前支持单一接入的SNI主要有模拟Z接口和数字V接口两大类，其中Z接口对应于UNI的模拟2线音频接口，可提供模拟电话业务或模拟租用线业务；数字V接口主要包括ITU-T定义的V1-V5，其中V1、V3和V4仅用于N-ISDN，V2接口虽然可以连接本地或远端的数字通信业务，但在具体的使用中其通路类型、通路分配方式和信令规范也难以达到标准化程度，影响了应用的经济性。支持综合接入的标准化接口目前有V5接口。

2. 用户网络接口(UNI)

UNI在用户侧，接入网经由用户网络接口与用户宅用设备(CPE)或用户驻地网(CPN)相连。用户网络接口主要有传统的模拟电话Z接口、ISDN基本速率接口、ISDN基群速率接口、ATM接口、E1接口（即PCM-2Mb/s）、以太网接口，以及其他接口。用户终端可以是计算机、普通电话机或其他电信终端设备。用户驻地网（CPN）可以是局域网或其他任何专用通信网。

3. 维护管理接口(Q3)

维护管理接口是电信管理网与电信网各部分的标准接口。接入网也是经Q3接口与电信管理网(TMN)相连，以方便TMN管理功能的实施。

4. 接入网的分类

根据宽带接入网采用的传输媒介和传输技术的不同，接入网可分为宽带有线接入网和宽带无线接入网两大类。

宽带有线接入网技术主要包括：基于双绞线的xDSL技术、基于HFC网（光纤和同轴电缆混合网）的Cable Modem技术、光纤接入网技术等。

宽带无线接入网技术主要包括：3.5 GHz固定无线接入、LMDS等。

9.1.3　V5接口

1. V5接口概述

V5的概念最初由美国Bellcore（贝尔实验室）提出，它是专为接入网的发展而提出的本地交换机(LE)和接入网之间的新型数字接口，属于SNI范畴。20世纪90年代初，随着通信网的数字化，业务的综合化，以及光纤和数字用户传输系统大量引入，要求LE提供数字用户接入的能力。而ITU-T已经定义的V1~V4接口都不够标准化，很难满足应用中的实际需求。V5接口正是为了适应接入网范围内多种传输媒介、多种接入配置、多种业务并存的情况而提出的，根据速率的不同，V5接口分为V5.1和V5.2接口。

由于这一新接口规范的重要性和迫切性，ITU-T 第 13 组于 1994 年以加速程序分别通过了 V5.1 接口的 G.964 建议和 V5.2 接口的 G.965 建议。与 V5 接口相关的标准还涉及 V5.1 和 V5.2 接口的测试规范、具有 V5 接口的 AN/LE 设备的配置管理、故障管理和性能管理等方面。

我国则在 ITU-T 的 V5 接口技术规范基础上，于 1996 年完成了相应的 V5.1 和 V5.2 接口技术规范的制定，并根据我国电信网络的现状，明确了部分可选参数，指明了适用于我国的 PSTN 协议消息和协议数据单元，并提供适合我国国情的 V5 接口国内 PSTN 协议映射规范技术要求。

如果 AN-SNI 侧和 SN-SNI 侧不在同一地方，则可以使用 V5 接口来实现透明的远端连接。V5 接口协议规定了接入网和 LE 之间互联的信号物理标准、呼叫控制信息传递协议，使得 PSTN/ISDN 用户端口终止于接入网而不是 LE。通过 V5 接口接入网只需要完成对用户端业务的提供，呼叫控制功能仍然留给 LE 完成。这样就各司其职、独立发展，有助于不同网间互联。V5 接口主要的优点如下：

（1）支持接入网通过复用/分路手段实现对大量用户信令和业务流更有效的传输；

（2）支持通过 Q3 接口对接入网进行网络管理；

（3）支持对接入网的资源管理和维护；

（4）支持用户选择 LE；

（5）充分有效地利用网络带宽资源。

2. V5 接口支持的业务

V5 接口的现行标准有 V5.1 和 V5.2 两个，二者的区别如下：V5.1 接口由一条 2.048 Mb/s 的链路构成，一般在连接小规模的接入网时使用，时隙与业务端口一一对应，不支持集线功能，不支持用户端口的 ISDN 基群速率接入，也没有通信链路保护功能。

V5.2 接口按需可以由 1~16 个 2.048 Mb/s 链路构成，用于中大规模的接入网连接。它支持集线功能、时隙动态分配、用户端口的 ISDN 基群速率接入，可以使用大于 E1 速率的链路（最高 16 个 E1 速率）；V5.2 接口能使用承载通路连接(BCC)协议以允许 LE 向接入网发出请求，并完成接入网用户端口和 V5 接口指定时隙间的连接建立和释放，提供专门的保护协议进行通信链路保护。

V5.1 接口可以看成 V5.2 接口的子集，V5.1 接口可以升级为 V5.2 接口（如图 9.4 所示）。

（1）PSTN 业务　V5 接口既支持单个模拟用户的接入，又支持用户小交换机（PABX）的接入，其中用户信令可以是双音多频信号也可以是线路状态信号，二者均对用户附加业务没有影响。在使用 PABX 的情况下，支持用户直接拨入功能。

（2）ISDN 业务　V5.1 接口支持 ISDN-BRI（2B+D，即 144kb/s 速度）接入，而 V5.2 接口既支持 ISDN-BRI 接入，又支持 ISDN-PRI（3B+D，即 2048kb/s 速度）接入。B 通道和 D 通道的承载业务、分组业务和补充业务均不受限制。但 V5 接口不直接支持低于 64 kb/s 的通道速率。

（3）专线业务　专线包括永久租用线、半永久租用线和永久线路(PL)，可以是模拟用户，也可以是数字用户。半永久租用线路通过 V5 接口，可以使用 ISDN 中的一个或两个 B 通道，而永久租用线和永久线路则旁路 V5 接口。

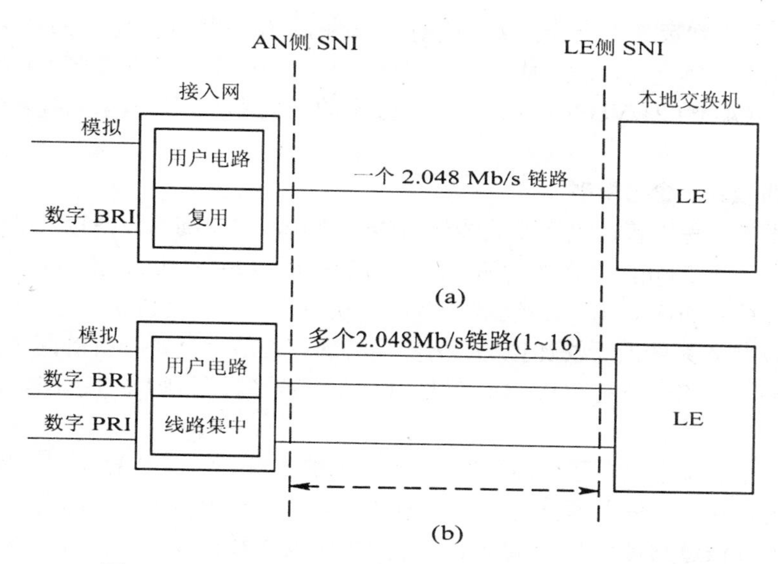

图 9.4　V5 接口连接示意图 (a) V5.1 接口；(b) V5.2 接口

9.2　宽带铜线电缆接入技术

9.2.1　ADSL 接入网技术

1. 系统介绍

到目前为止，全球电信运营商的用户有 70%以上，仍然是通过双绞线电缆接入电信网络的，这部分的总投资达数千亿美元。在“光纤到户”技术（FTTH）短期内还无法完全实现的情况下，开发基于双绞线电缆的宽带接入技术，既可以延长原有双绞线铜缆的寿命，又可以降低接入网的系统建设成本，对电信运营商和用户都极有吸引力。习惯上将各种基于双绞线电缆的宽带接入技术统称为 XDSL，其中 ADSL 技术是目前最有活力的一种宽带接入技术，是大多数传统电信运营商从铜线接入到宽带光纤接入的首选过渡技术。

非对称数字用户线接入技术(ADSL：Asymmetric Digital Subscriber Line)的提出，最初是为了支持基于 ATM 的视频点播(VOD)业务。20 世纪 80 年代末，电信界内认为 VOD 是未来宽带网上的主要应用之一，当时电信网入户的线路资源主要是双绞线电缆，在这种条件下人们自然想到利用双绞线开发宽带接入技术。由于 VOD 信息流具有上下行不对称的特点，而普通电话双绞线的传输能力又毕竟有限，为了把这有限的传输能力尽可能地用于视频信号的传输，因此这种服务于 VOD 的宽带接入技术，应具备上下行不对称的传输能力，即下行速率传输视频流远大于上行速率传输点播命令。自 20 世纪 80 年代末期 ADSL 技术出现后，曾经一度沉寂。

直到 20 世纪 90 年代中后期（我国是自 2000 年之后），互联网 Internet 的应用由专业领域走向大众化，并且戏剧性地飞速增长，彻底打乱了电信行业既定的“以 ATM 技术为主流”的发展方向；互联网上的信息量急剧膨胀，使得传统的窄带接入难以满足大量信息传送的要求，ADSL 作为一种宽带接入技术其传输特点恰好与个人用户和小型企事业用户信息流的特征一致，即下行的带宽远高于上行。这样借助于 Internet 互联网的发展，ADSL 技术不但起死回生，而且从此大规模走向市场，成为目前电信行业的一种主流的宽带接入技术，特别是随着新一代 ADSL（ADSL2+/VDSL2 接入技术）技术的开发应用，为该系列技术的应用打开了新的大门。

2. 工作原理及接入参考模型

ADSL 技术是一种以普通电话双绞线作为传输媒介，实现高速数据接入的一种技术。其最远传输距离可达 4~5 km，下行传输速率理论值最高可达 6~8 Mb/s，上行最高 768 kb/s，因而传输速度比传统的 56 kb/s 模拟调制解调器快 100 多倍，这也是传统的电信窄带 ISDN（传输速率 128kb/s）接入系统所无法比拟的。为实现普通双绞线上互不干扰的同时执行电话业务与高速数据传输，ADSL 采用 FDM（频分复用）和离散多音调制(DMT：Discrete Multitone)技术。

传统电话通信目前仅利用了双绞线 20 kHz 以下的传输频带，20 kHz 以上频带的传输能力处于空闲状态。ADSL 采用频分复用（FDM）技术，将双绞线电缆上的可用频带划分为三部分：其中，上行信道频带为 25~138 kHz，主要用于发送数据和控制信息；下行信道频带为 138~1104 kHz；传统话音业务仍然占用 20 kHz 以下的低频段。就是采用这种方式，利用双绞线的空闲频带，ADSL 才实现了全双工数据通信，如图 9.5 所示。

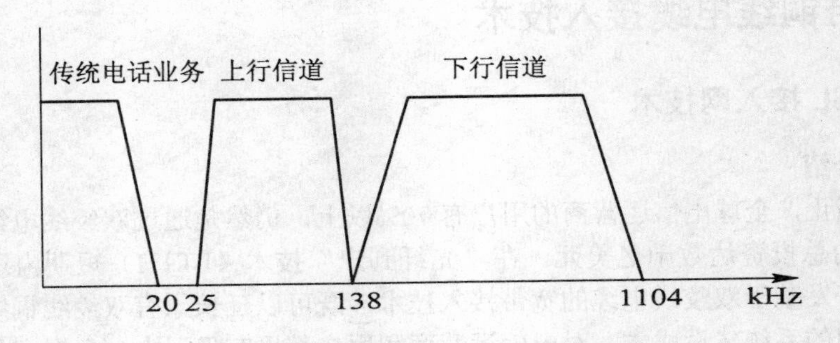

图 9.5 ADSL 频谱安排参考方案示意图

另外为提高频带利用率，ADSL 将这些可用频带又分为一个个子信道，每个子信道的频宽为 4.315 kHz。根据信道的性能，输入数据可以“自适应地”分配到每个子信道上。每个子信道上调制数据信号的效率由该子信道在双绞线中的传输效果决定，背景噪声低、串音小、衰耗低，调制效率就越高，传输效果越好，传输的比特数也就越多。反之调制效率越低、传输的比特数也就越少。这就是 DMT 调制技术。如果某个子信道上背景干扰或串音信号太强，ADSL 系统则可以关掉这个子信道，因此 ADSL 有较强的适应性，可根据传输环境的好坏而改变传输速率。ADSL 下行传输速率最高 6~8 Mb/s，上行最高 768 kb/s，这种最高传输速率只有在线路条件非常理想的情况下才能达到。在实际应用中，由于受到线路长度背景噪声和串音的影响，一般 ADSL 很难达到这个速率。

基于 ADSL 技术的宽带接入网，主要由局端设备和用户端设备组成：局端设备(DSLAM：DSL Access Multiplexer)、用户端设备、话音分离器、网管系统。局端设备与用户端设备完成 ADSL 频带内信号的传输、调制解调，局端设备还完成多路 ADSL 信号的复用，并与骨干网相连。如图 9.6 所示。话音分离器是无源器件，停电期间普通电话可照样工作，它由高通和低通滤波器组成，其作用是将 ADSL 频带信号与话音频带信号合路与分路。这样，ADSL 的高速数据业务与话音业务就可以互不干扰。

3. 应用领域及不足

现在 ADSL 的应用领域主要是个人住宅用户的 Internet 接入，也可用于远端 LAN、小型办公室/企业 Internet 接入等。其主要的缺点是：带宽（传输速率）仍嫌不够快。

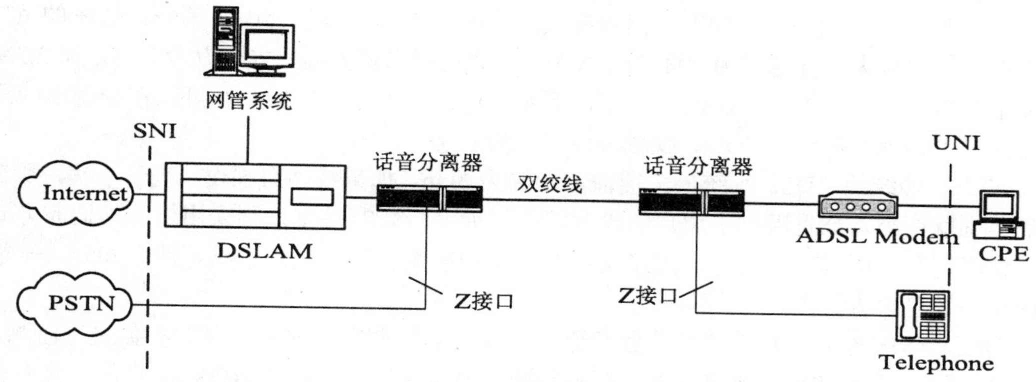

图 9.6 ADSL 系统接入参考模型示意图

9.2.2 新一代 ADSL2+/VDSL2 接入技术

1. ADSL2+ 接入技术

随着ADSL技术在全球范围的大规模推广以及针对DSL技术的应用和服务的不断推出，第二代ADSL技术标准由国际电信联盟(ITU-T)于2003年1月通过的“ADSL2+(G.992.5)”推出，它在第一代 ADSL（G.992.1）的标准基础上进行了全面的、较大的改进，主要是将频谱范围从 1.1MHz 扩展至 2.2MHz，相应地“最大子载波”数目也由 256 个增加至 512 个，如图9.7所示。它支持的净数据速率最小下行速率可达25Mb / s，上行速率可达800kb/s。ADSL2+技术打破了 ADSL 接入方式带宽限制的瓶颈，使其应用范围更加广阔。

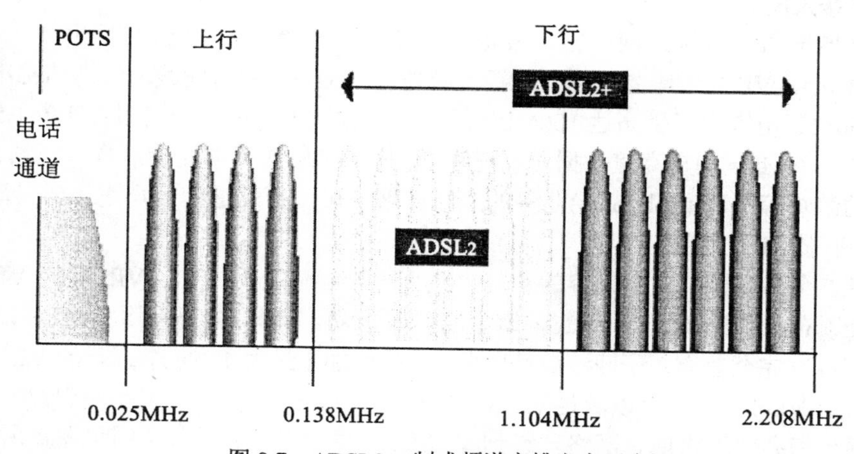

图 9.7 ADSL2+ 制式频谱安排方案示意图

ADSL2+技术的传送模式，在G.992.1标准规定的ATM（异步传送模式）和STM（同步传送模式）的基础上，增加了PTM（分组传送模式），能够更高效率地传送日益增长的以太网业务。ADSL2+技术标准中还增加了话音、全数字模式等方面的规范，即在没有POTS业务时用该话带传送数据，这样可增加256kb的上行带宽。ADSL2+技术标准还新设定了更灵活的帧结构，以支持四种延迟通道、四个承载信道，并支持对信号传输中，对“误码”和“时延”出现时的配置。

与ADSL技术相比，ADSL2+模式在技术和应用上都取得了突破。第一，传统的ADSL系统能提供的最大下行速率为8M；而ADSL2+通过频谱的扩展，实现从26KHz到2.2MZz的频率分布，实现512个子载频，最大下行速率至少可以达到20Mb/s，可以在较宽松的距离内轻松提供如视频电话、VOD、视频会议等宽带业务。

第二，传统的ADSL系统最大覆盖范围约为3km，如果线路有损伤、噪音干扰，那么覆盖的范围就更小，严重限制了用户的接入能力。而ADSL2+技术，则采用增强的调制方式和无缝速率适配，可以更好地降低线路噪声对信号的影响，可将覆盖距离延伸至6km——能接入的用户数量大大提高。

第三，传统的ADSL系统在业务开通前或业务运行期间无法对线路的参数进行监测，对线路是否能开通ADSL业务或发生故障时判断故障点无能为力；而ADSL2+系统，具有强大的线路诊断能力，使得整个接入网系统的线路质量评测和故障定位功能，比从前有了很大提高，使ADSL接入网业务变得更加容易管理和维护。

相当一段时间内，ADSL都将是宽带接入的主流方式，而ADSL2+凭借其技术上的领先性，必将延续ADSL的既有地位，成为市场应用主流。以下的案例也说明ADSL2+具有广泛的应用前景。

2004年浙江杭州电信公司升级了ADSL2+设备后，对于许多远距离无法接入的用户，都进行了覆盖。使6公里范围以内的用户，实现了稳定上网，在3.9公里的情况下，同步速率达到3.5Mb/s；在5.5公里远的情况下，互联网信号速率超过700kb/s。

同时，ADSL2+技术模式将设备使用的频带从4kb－1.1Mb扩展到4Kb－2.2Mb，有效地减小了线间串扰，提高了综合出线率。2006年以后的新一代ADSL设备均采用ADSL2+模式接入用户。

2. VDSL2接入技术

为了进一步推动宽带接入网的技术发展，ITU－T于2005年5月推出了“VDSL2+（G.993.2）”标准，VDSL2是迄今为止最新、最先进的xDSL宽带铜线电缆通信标准；能够在短距离（350M）范围内提供高达100Mb/s的上下对称数据速率，也可以在1.2~1.5公里距离内提供全双工30Mb/s的超高速数据传输速率；因而VDSL2标准支持语音、视频、数据、HDTV和互动游戏等三重(triple-play)业务的广泛部署，可以帮助通信公司逐步、灵活和节省成本地升级现有的xDSL基础架构。

通信业界首个与该标准完全兼容的，是“英飞凌半导体公司”的“VINAX”VDSL2芯片组，于标准颁布的次日（2005-05-28）即宣布研发成功。VDSL2仍使用DMT线路编码，与ADSL系列标准完全兼容，子载波数目也由512个增加至最大4,096个；新的VDSL2解决方案既可以满足VDSL2、也可以满足ADSL 2+设备的要求。因此使用者只需使用一种技术就能平滑、逐步和高效地将现有网络升级到VDSL2，并允许他们用单个网络覆盖所有xDSL业务应用；因而形成了接入系统在0.6km内使用VDSL2标准，在1~3km范围使用ADSL2+

标准，而在 3km 以上使用 ADSL 标准的铜线电缆接入网通信格局。同时用户仍可以继续使用 ADSL MODEM，想升级带宽，接收先进的通信三重业务时，只需简单地升级他们的用户端设备(CPE)就可以了。这样，就实现了更低的设施和维护成本，以及从 ADSL 到 ADSL2+，再到 VDSL2 这三种通信模式的无缝（软件）升级。

9.3　宽带光纤接入技术

9.3.1　光纤宽带接入技术概述

1. 系统介绍

光纤接入网指采用光纤传输技术的接入网，一般指本地交换机与用户之间采用光纤或部分采用光纤通信的接入系统。按照用户端的光网络单元(ONU)放置的位置不同又划分为 FTTC（光纤到路边）、FTTB（光纤到大楼）、FTTH（光纤到户），等等。因此光纤接入网又称为 FTTx 接入网。

光纤接入网的产生，一方面是由于互联网的飞速发展催生了市场迫切的宽带需求，另一方面得益于光纤技术的成熟和设备成本的下降，这些因素使得光纤技术的应用从广域网延伸到接入网成为可能，目前基于 FTTx 的接入网已成为宽带接入网络的研究、开发和标准化的重点，并已成为主要的通信接入网推广技术。

进入 2011 年，中国通信业界开始布局“光纤到户”工程——为每位宽带用户提供 100Mb/s 的带宽的硬件基础，昭示着新一轮网络大发展的序幕，正徐徐拉开。

2. 光纤接入网的参考配置

光纤接入网一般由局端的光线路终端(OLT)、用户端的光网络单元(ONU)以及光配线网(ODN)、光纤分光器（OBD）和单模光纤（G.652 型）组成，其结构如图 9.8 所示。

OLT：具有光电转换、传输复用、数字交叉连接及管理维护等功能，实现接入网到 SN 的连接。

ONU：具有光电转换、传输复用等功能，实现与用户端设备的连接。

ODN：具有光功率分配、复用/分路、滤波等功能，它为 OLT 和 ONU 提供传输手段。

OBD：具有信号的复用特征，将一条光纤“复用”成 32 或 64 条 100Mb/s 的光纤来使用。

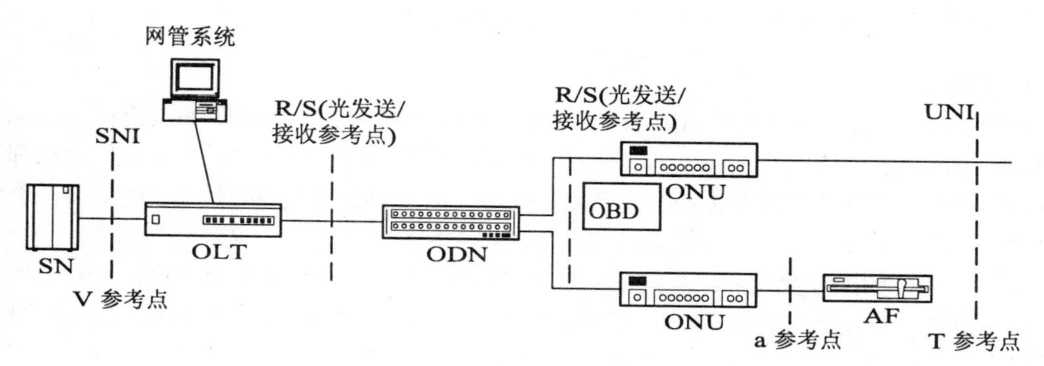

图 9.8　光纤接入网的参考配置示意图

3. 光接入网的类型

按照ODN采用的技术光网络可分为两类：有源光网络(AON：Active Optical Network)和无源光网络(PON：Passive Optical Network)。

有源光网络(AON)：指光配线网ODN含有有源器件（电子器件、电子电源）的光网络，该技术主要用于长途骨干传送网。

无源光网络(PON)接入技术：指ODN不含有任何电子器件及电子电源，ODN全部由光分路器(Splitter)等无源器件组成，不需要贵重的有源电子设备。但在光纤接入网中，OLT及ONU仍是有源的。由于PON具有可避免电磁和雷电影响，设备投资和维护成本低的优点，是目前以及将来光纤接入网的主要技术形式。图9.9所示是PON网的一般结构。

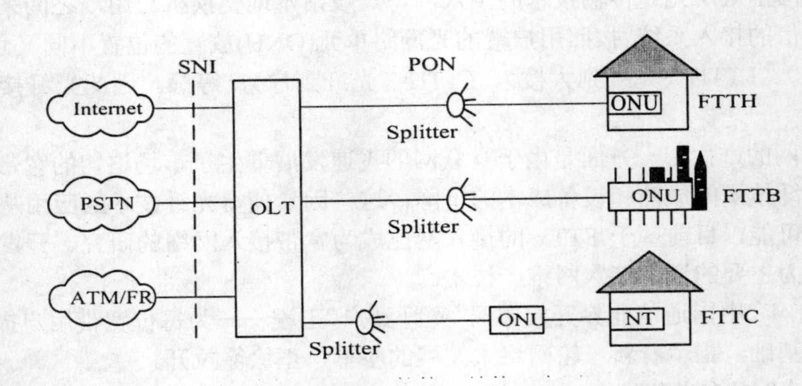

图9.9 PON的接入结构示意图

4. 光纤接入网的特点

光纤接入网具有容量大，损耗低，防电磁能力强等优点，随着技术的进步，其成本最终可以肯定也会低于铜线接入技术。但就目前而言，成本仍然是主要障碍，因此在光纤接入网实现中，ODN设备主要采用无源光器件，网络结构主要采用点到多点方式，具体的实现技术主要有三种：基于ATM技术的APON和基于计算机局域网——千兆以太网（Ethernet）技术的GEPON和目前的新技术GPON。

9.3.2 APON接入技术

1. 系统介绍

ATM与PON技术相结合的APON光纤接入技术，最初由FSAN集团(Full Service Access Network Group)于1995年提出，它被认为是一个理想的解决方案，因为PON可以提供理论上无限的带宽，并降低了接入设备的复杂度和成本，而ATM技术当时是公认的提供综合业务的最佳方式，并保证QoS。APON的ITU-T的相关标准是G.983。

基于APON的光纤接入网，是指在OLT与ONU之间的ODN中采用ATM PON技术。APON的主要设备包括局端的OLT、用户端的ONU、位于ODN的无源光分路器，以及光纤。其结构上的主要特点是：

（1）无源光分路器与ONU之间构成点对多点的结构(目前典型的是1：64)，使得多个用户可以共享一根光纤的带宽，以降低接入成本和设备复杂度。

（2）采用 ATM 传输技术，即 OLT 与 ONU 之间通过 VPI/VCI，直接将 53 字节的 ATM 信元组，转换成光信号传递。

2. 工作原理（如图 9.10 所示）

为在一根光纤上实现全双工通信，APON 的下行数据信道使用 1550 nm 波长，当来自外部网络的数据到达 OLT 时，OLT 采用“广播式-时分复用(TDM)”方式将数据交换至无源光“分路器”，后者简单地采用“广播方式”将下行的 ATM 信元传给每一个 ONU，每个 ONU 根据业务建立时 OLT 分配的 28 bit 的 VPI/VCI 进行 ATM 信元解码过滤，仅接收属于自己的信元。

APON 的上行数据信道使用 1310nm 波长，采用“传输时隙分配（TDMA）”方式实现多址接入。由于用户端 ONU 产生信号是“突发”模式，而不同 ONU 发出的信号是沿不同路径传输的，通常由 OLT 首先测试到 ONU 的距离，测距的目的是补偿 ONU 到 OLT 之间的距离不同而引起的传输时延差异，根据 ONU 到 OLT 的距离，OLT 为 ONU 分配一个合适的时隙，以保证 ONU 之间发送数据时相互不冲突，然后通过 PLOAM 信元分配一个特定的传输时隙，通知 ONU。随后 ONU 必须在指定的时隙内完成光信号的上传发送。

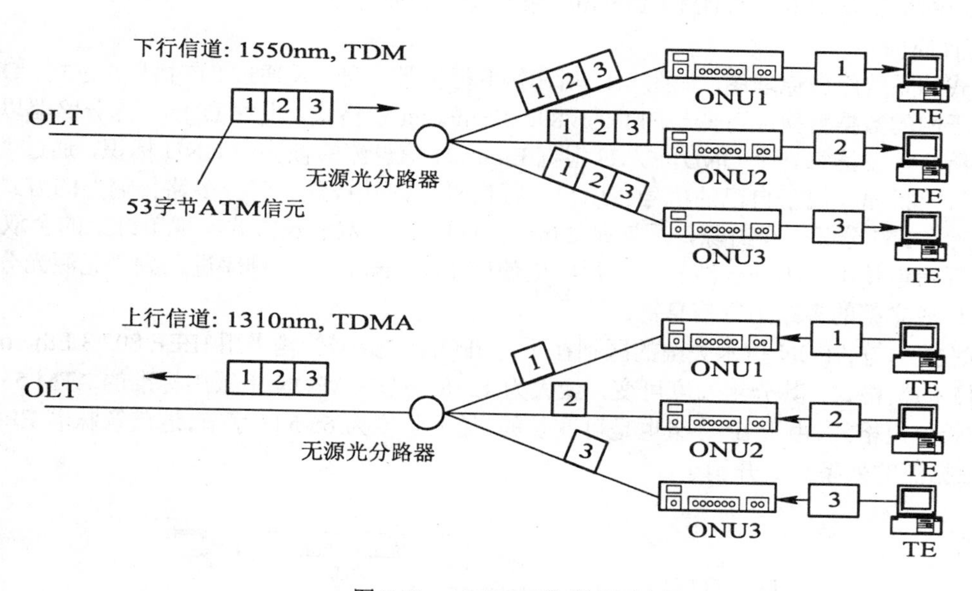

图 9.10 APON 工作原理示意图

3. 技术应用

ATM 化的无源光网络/宽带无源光网络（APON/BPON）可以利用 ATM 的集中和统计复用功能，再结合无源分路器对光纤和光线路终端的共享作用，使性能价格比有很大改进，目前在美国和日本等国已经开始商用，在日本已经敷设了约 50 万线。

然而，目前实际 APON/BPON 的业务适配提供却很复杂，业务提供能力有限，数据传送速率和效率不高，成本较高，其市场前景由于 ATM 的衰落而变得很不确定。从长远的业务发展趋势看，APON 的可用带宽仍然不够。以 FTTC 为例，尽管典型主干下行速率可达 622 Mbit/s，但分路后实际可分到每个用户的带宽将大大减小。按 32 路计算，每一个分支的可用带宽仅剩 19.5 Mbit/s，再按 10 个用户共享计算，则每个用户仅能分到约 2 Mbit/s。显然，这样的性能价格比无法满足网络和业务的长远发展需要。由于我国高速互联网接入开展的时间较晚，该项技术主要是在欧美等信息技术发达国家使用，我国通信接入网领域基本未开展此项技术。

9.3.3 以太网无源光网络(EPON)接入技术

1. 系统介绍

EPON 是 Ethernet PON 的简写，它是在 ITU-T G．983 APON 标准的基础上，由 IEEE 802.3ah 工作组制定的 Ethernet PON(EPON)标准。近年来，由于千兆比特 Ethernet 技术的成熟，和将来 10G 比特 Ethernet 标准的推出以及 Ethernet 对 IP 天然的适应性，使得原来传统的局域网交换技术逐渐扩展到广域网和城域网中。目前越来越多的骨干网采用千兆比特 IP 路由交换机构建，另一方面 Ethernet 在宽带局域网（CPN）中也占据了绝对的统治地位，将 ATM 延伸到 PC 桌面已肯定不可能了。在这种背景下，接入网中采用 APON，其技术复杂、成本高，而且由于要在 WAN/LAN 之间进行 ATM 与 IP 协议的转换，实现的效率也不高。在接入网中用 Ethernet 取代 ATM，符合未来骨干网 IP 化的发展趋势，最终形成从骨干网、城域网、接入网到局域网全部基于 IP、WDM、Ethernet 来实现综合业务宽带网。

2. 工作原理

该模式的系统组成原理图，如图 9.11 所示。下行宽带信号，是通过“广播”的方式，OLT 将来自骨干网的数据转换成可变长的 IEEE 802.3 Ethernet 帧格式，发往 ODN，光分路器以广播方式将所有帧发给每一个 ONU，ONU 根据 Ethernet 信息流的帧头中 ONU 标识，通过“字头识别码”，“挑出”属于自己的信号。用户上行信号，则是按照“时分多路传输”的方式，OLT 为每个 ONU 分配一个时隙，周期是 2 ms。EPON 采用双波长方式实现单纤上的全双工通信，下行信道使用 1510 nm 波长，上行信道使用 1310 nm 波长。排序进入到“无源光分离器”中，形成完整的多路上行信息链。

EPON 技术与 APON 技术关键的区别在于：EPON 中数据传输采用 IEEE 802.3 Ethernet（以太网）的帧格式，其分组长度可变，最大为 1518 字节；APON 中采用标准的 ATM 53 字节的固定长分组格式。由于 IP 分组也是可变长的，最大长度为 65 535 字节，这就意味着 EPON 承载 IP 数据流的效率高、开销小。

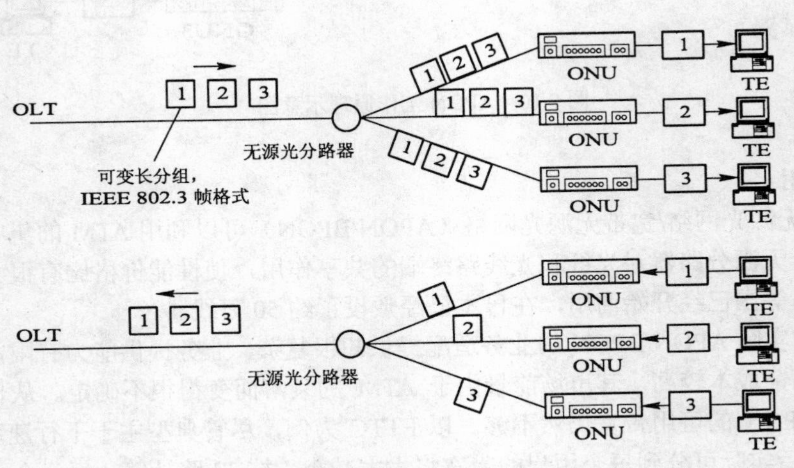

图 9.11 EPON 工作原理示意图

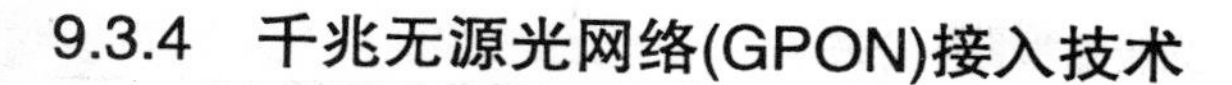

9.3.4　千兆无源光网络(GPON)接入技术

1. 系统介绍

GPON技术是基于ITU-TG.984.x标准的最新一代宽带无源光综合接入标准，具有高带宽，高效率，大覆盖范围，用户接口丰富等众多优点，被大多数运营商视为实现接入网业务宽带化，综合化改造的理想技术。GPON(Gigabit-Capable PON)最早由FSAN组织于2002年9月提出，ITU-T在此基础上于2003年3月完成了ITU-T G.984.1和G.984.2的制定，2004年2月和6月完成了G.984.3的标准化。从而最终形成了GPON的标准协议族。

基于GPON技术的设备基本结构与已有的无源光网络（PON）技术类似，也是由局端的OLT（光线路终端），用户端的ONT/ONU（光网络终端或称作光网络单元），连接前两种设备由单模光纤(SM fiber)和无源分光器(Splitter)组成的ODN（光分配网络）以及网管系统组成。基本结构仍如图9.12所示。

2. 工作原理

对于其他的PON标准而言，GPON标准提供了前所未有的高带宽，下行速率高达2.5Gb/s，其非对称特性更能适应宽带数据业务市场。提供QoS的全业务保障，同时承载ATM信元和（或）GEM帧，有很好地提供服务等级、支持QoS保证和全业务接入的能力。承载GEM帧时，可以将TDM业务映射到GEM帧中，使用标准的8kHz(125μs)帧能够直接提供时分复用（TDMA）业务。作为电信级的技术标准，GPON还规定了在接入网层面上的保护机制和完整的光传输监控管理(OAM)功能。

在GPON标准中，明确规定需要支持的业务类型包括数据业务（Ethernet业务，包括IP业务和MPEG视频流）、PSTN业务（POTS，ISDN业务）、各类专线通信（T1，E1，DS3，E3和ATM）业务和视频业务（数字视频）。GPON中的多业务映射到ATM信元或GEM帧中进行传送，对各种业务类型都能提供相应的QoS保证。GPON技术允许运营商，根据各自的市场潜力和特定的管制环境，有针对性地提供用户。

9.3.5　光纤到户（FTTH）接入技术

1. 系统介绍

如前所述，光纤到户FTTH技术通信模式是自2011年以来通信部门主要推介的新一代通信模式，光纤到户（FTTH：Fiber to The Home），顾名思义就是一根光纤直接敷设到用户家庭。具体说，FTTH是指将光网络单元(ONU)安装在住家用户或企业用户处。其内核采用EPON和GPON二种制式，区别就是二者在传输速度方面的差异。后者传输速度更快，提供的带宽更大。

光纤到户（FTTH）的显著技术特点，一是为用户提供100Mb/s以上的更大的带宽，而且增强了网络对数据格式、速率、波长和协议的透明性，放宽了对环境条件和供电等要求，简化了维护和安装。二是通过新一代“综合性光网络单元（ONU）”，为用户提供宽带上网、电话业务、网络电视（IPTV）业务和家庭无线电话业务等一系列的综合性的通信服务。并且随着“家庭医疗终端”、“家庭学习终端”、“家庭购物终端”等一系列面对家庭服务的各类“物联网终端”的不断涌现，用户坐在家中，通过光纤的强大的通信能力，就可以享受到越来越多的便利的通信网络的各种服务。

基于EPON技术内核的光纤到户FTTH，通信各项传输指标，如表9.2所示。

表 9.2　　EPON 型 FTTH 光传输指标一览表

FTTH 技术信道		EPON 指标
传输技术标准		IEEE 802.3ah
线路速率/光纤波长	下行	1250 Mbit/s / 1490nm，CATV 用 1550 nm
	上行	1250 Mbit/s / 1310nm
线路编码		8B/10B
线路编码效率		80%
PON MAC/TC 层效率		0~98%
可用带宽（Mbit/s）	下行	980
	上行	950

2. 光纤到户 FTTH 的组网原理

与通信全塑电话电缆的“交接配线方式”相类似，光纤到户（FTTH）光分配网(ODN)，分为主干光缆子系统、配线光缆子系统以及入户光缆终端子系统。如图 9.12 所示。

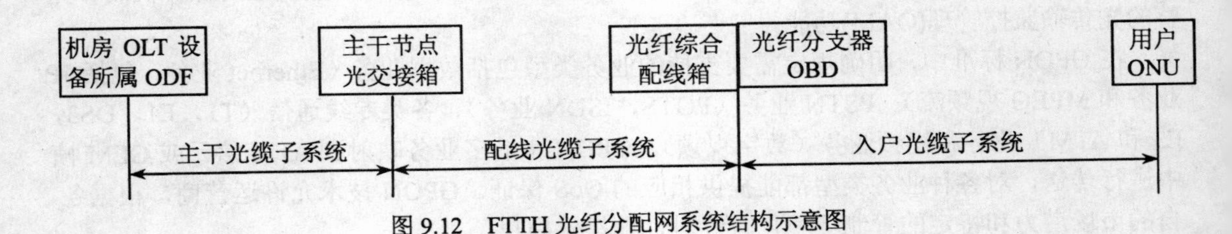

图 9.12　FTTH 光纤分配网系统结构示意图

（1）主干光缆子系统

这是指从连接光纤接入设备 OLT 的局端光分配机架 ODF，连接到用户光缆交接箱之间的光缆分配系统。在这两端的光纤分配设备中，光缆以热熔的方式进行成端，相互之间以光缆尾纤进行跳接。

（2）配线光缆子系统

这是指从光交接箱到用户建筑物内的“光纤综合配线箱”之间的光纤光缆。这是输入光缆与输出光缆“背靠背”直接连接的光配线盘，通常将分光器设备，也安置在其中。如图 9.13（1）图所示。

（3）分光器（ODB）

分光器是将一芯光缆的信道“复用”成多信道的“光纤复用装置”，通常的分线比为 1∶16；1∶32 和 1∶64 三种。在 EPON 模式的 FTTH 系统中，由于传输速率为 1.2Gb/s，故为保证用户带宽达到 30Mb/s 以上，最常用的分线比（又称为“分光比”）为 1∶32。

分光器（OBD）依据所安放的位置可考虑不同类型的分光器，主要有“盒式出纤型分光器”、“托盘式分光器”以及“插片式成端型分光器”三种；其光缆尾纤插头的型号，均为 SC 型“方头”光纤插头。如图 9.14 所示。

（1）带分光器楼宇光分配箱示意图（图左为快速直接头，图右为直熔）

（2）不带分光器楼道光分配箱示意图（图左为直熔，图右为跳接）

图 9.13 两种“光纤综合配线箱”示意照片图

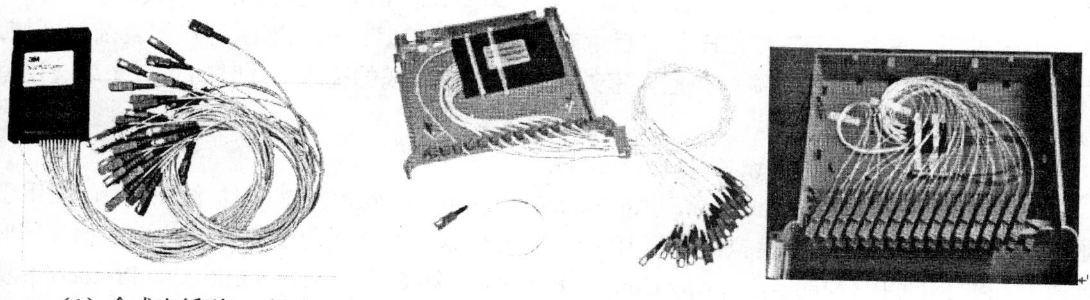

（1）盒式出纤型 SC 插头分光器

（2）托盘式 SC 插头分光器

（3）插片式分光器

图 9.14 三种分光器实物照片示意图

在 ODF 机架上，或是 19 英寸机架上，采用“托盘式分光器”，在其他环境中，可以采用其余 2 种分光器（ODB）。

（4）入户光缆终端子系统

这是指从建筑物的“通信光纤用户单元”引出至用户家中，连接用户综合光电转换器 ONU 的“用户皮线光缆”及其敷设路由系统。进入到用户的光纤，都采用“蝶形皮线光缆”，其实物图如图 9.15 所示。该类光纤光缆，根据敷设环境的不同，分为 3 种类型，即室内型、室外自承式型和管道型。

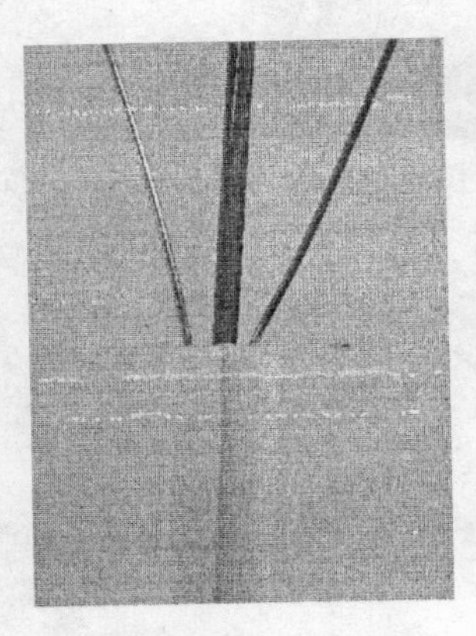

（1）室内蝶形皮线光缆

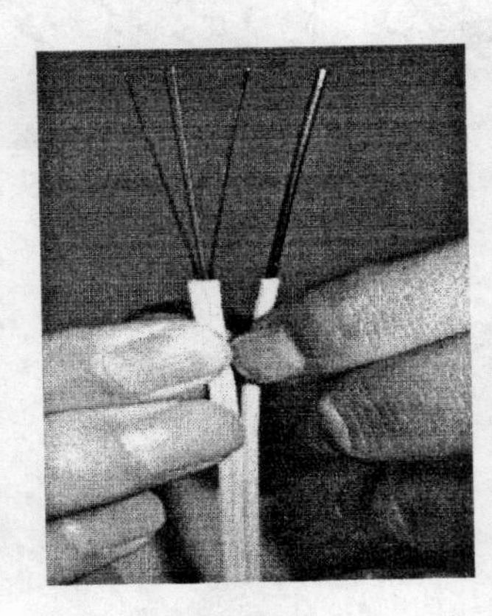

（2）自承式蝶形皮线光缆

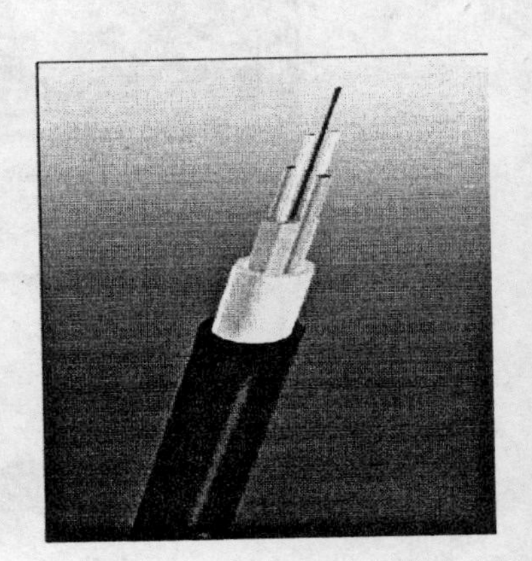

（3）管道蝶形皮线光缆

图 9.15　三种入户通信“蝶形皮线光缆”

大楼住户或商业用户入户光缆采用 GJX(F)V 或 GJX(F)H 型“室内蝶形皮线光缆”；架空入户的情况下，采用 GJYX(F)CH 型“自承式蝶形皮线光缆”；而别墅区等户型复杂的区域，由于位置比较独立，因此可能存在室内室外同时有布放线缆的需求，此时的入户光缆选用室内外两用“管道型皮线光缆”。

（5）用户光纤综合接入设备（ONU+IAD）

综合接入设备（IAD：Integrated Access Device）作为 VoIP/FoIP 媒体接入网关，应用于 NGN 交换机用户侧，完成模拟话音与 IP 包之间的转换，并通过包交换网络传送数据。同时可通过标准 MGCP（Media Gateway Control Protocol）和 SIP（Session Initiation Protocol）协议，软交换设备（SoftSwitch）配合组网，在“软交换设备”的控制下完成主被叫间的话路接续。

“e8-C 型家庭网关 ONU”：当前，最典型的用户侧综合网关 ONU，是深圳华为公司的“e8-C 型家庭网关 ONU”，这是电信公司向家庭用户提供的“家庭智能终端设备”，它支持有线/无线上网，并内置了 SIP 型的“IAD 模块”，向用户提供基于宽带、语音、IPTV 视频应用的“三网合一”（Trip-Play）业务，该设备还具有 DSL、LAN、PON 等多种上行方式，并支持 ITMS（综合终端管理系统）对语音业务的远程配置下发及管理。“e8-C 型家庭网关 ONU”的实物图，如图 9.16 所示。

该设备以“光纤接口”作为上联端口，可直接连到局端 OLT 设备，进行系统维护和管理监控。输出的端口，包括 4 个 LAN 接口、2 部电话接口、1 个家庭存储 USB 接口和无线上网 WLAN 接口。丰富的应用接口，为接入网实现综合业务通信，打下了良好的基础。

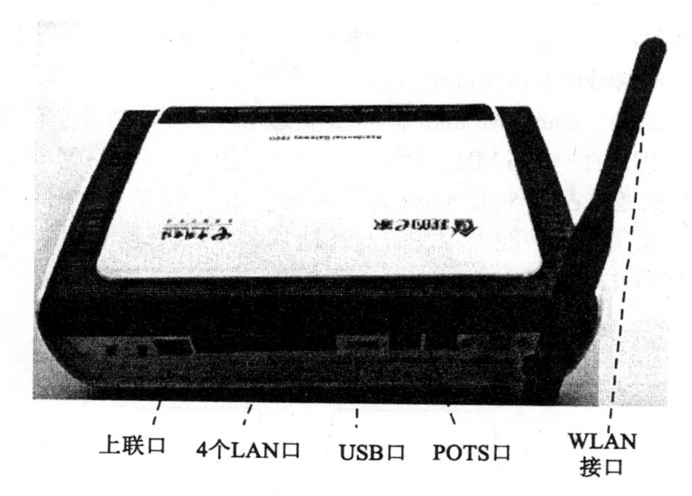

图 9.16 深圳华为公司“e8-C 型家庭网关 ONU”实物照片示意图

9.3.6 HFC 接入技术

1. 系统介绍

光纤和同轴电缆混合网(HFC：Hybrid Fiber/Coax)是从传统的有线电视网络发展而来的，进入 20 世纪 90 年代后，随着光传输技术的成熟和设备价格的下降，光传输技术逐步进入有线电视分配网，形成 HFC 网络，但 HFC 网络只用于模拟电视信号的广播分配业务，浪费了大量的空闲带宽资源。

20 世纪 90 年代中期以后全球电信业务经营市场的开放，以及 HFC 本身巨大的带宽和相对经济性，基于 HFC 网的 Cable Modem 技术对有线电视网络公司很具吸引力。1993 年初，Bellcore 最先提出在 HFC 上采用 Cable Modem 技术，同时传输模拟电视信号、数字信息、普通电话信息，即实现一个基于 HFC+Cable Modem 全业务接入网 FSAN。由于 CATV 在城市很普及，因此该技术是宽带接入技术中最先成熟和进入市场的。

所谓 Cable Modem 就是通过有线电视 HFC 网络实现高速数据访问的接入设备，Cable Modem 的通信和普通 Modem 一样，是数据信号在模拟信道上交互传输的过程，但也存在差异，普通 Modem 的传输介质在用户与访问服务器之间是点到点的连接，即用户独享传输介质，而 Cable Modem 的传输介质是 HFC 网，将数据信号调制到某个传输带宽与有线电视信号共享介质；另外，Cable Modem 的结构较普通 Modem 复杂，它由调制解调器、调谐器、加/解密模块、桥接器、网络接口卡、以太网集线器等组成，它的优点是无需拨号上网，不占用电话线，可提供随时在线连接的全天候服务。目前 Cable Modem 产品有欧、美两大标准体系，DOCSIS 是北美标准，DVB/DAVIC 是欧洲标准。

2. 工作原理及接入参考模型

在 HFC 上利用 Cable Modem 进行双向数据传输时，须对原有 CATV 网络进行双向改造，主要包括配线网络带宽要升级到 860MHz 以上，网络中使用的信号放大器要换成双向放大器，同时光纤段和用户段也应增加相应设备用于话音和数据通信。

Cable Modem 采用副载波频分复用方式将各种图像、数据、话音信号调制到相互区分的不同频段上，再经电光转换成光信号，经馈线网光纤传输，到服务区的光节点处，再光电转换成电信号，经同轴电缆传输后，送往相应的用户端 Cable Modem，以恢复成图像、数据、话音信号，反方向执行类似的信号调制解调的逆过程。

为支持双向数据通信，Cable Modem 将同轴带宽分为上行通道和下行通道，其中下行数据通道占用 50~750 MHz 的一个 6 MHz 的频段，一般采用 64/256 QAM 调制方式，速率可达 30~40 Mb/s；上行数据通道占用 5~42 MHz 之间的一个 200~3200 kHz 的频段，为了有效抑制上行噪音积累，一般采用抗噪声能力较强的 QPSK 调制方式，速率可达 320~10 Mb/s，HFC 频谱安排参考方案如图 9.17 所示。

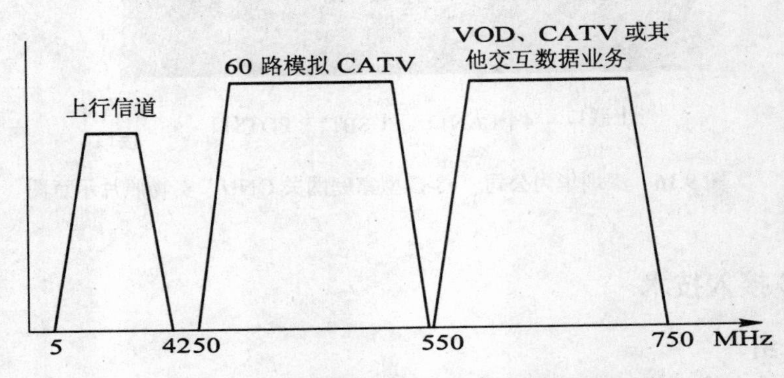

图 9.17　HFC 频谱安排参考方案示意图

所谓 Cable Modem 就是通过有线电视 HFC 网络实现高速数据访问的接入设备，Cable Modem 的通信和普通 Modem 一样，是数据信号在模拟信道上交互传输的过程，但也存在差异，普通 Modem 的传输介质在用户与访问服务器之间是点到点的连接，即用户独享传输介质，而 Cable Modem 的传输介质是 HFC 网，将数据信号调制到某个传输带宽与有线电视信号共享介质；另外，Cable Modem 的结构较普通 Modem 复杂，它由调制解调器、调谐器、加/解密模块、桥接器、网络接口卡、以太网集线器等组成，它的优点是无需拨号上网，不占用电话线，可提供随时在线连接的全天候服务。目前 Cable Modem 产品有欧、美两大标准体系，DOCSIS 是北美标准，DVB/DAVIC 是欧洲标准。

采用 Cable Modem 技术的宽带接入网主要由前端设备 CMTS(Cable Modem Termination System)和用户端设备 CM(Cable Modem)构成。CMTS 是一个位于前端的数据交换系统，它负责将来自用户 CM 的数据转发至不同的业务接口，同时，它也负责接收外部网络到用户群的数据，通过下行数据调制（调制到一个 6 MHz 带宽的信道上）后与有线电视模拟信号混合输出到 HFC 网络。用户端的 CM 的基本功能就是将用户上行数字信号调制成 5~42 MHz 的信号后以 TDMA 方式送入 HFC 网的上行通道，同时，CM 还将下行信号解调为数字信号送给用户计算机，通常 CM 加电后，首先自动搜索前端的下行频率，找到下行频率后，从下行数据中确定上行通道，与 CMTS 建立连接，并通过动态主机配置协议(DHCP)，从 DHCP 服务器上获得分配给它的 IP 地址。如图 9.18 所示为 HFC 系统接入配置图。

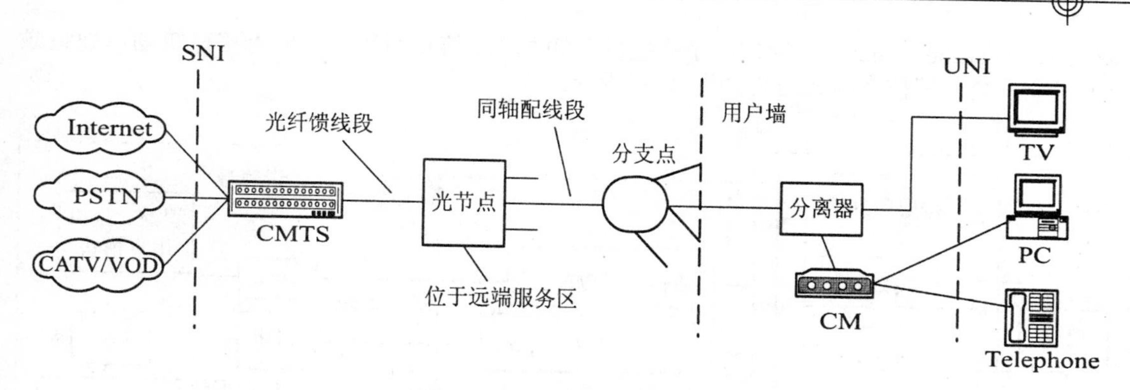

图 9.18　HFC 系统接入配置图

3. 应用领域及缺点

基于 HFC 的 Cable Modem 技术主要依托有线电视网，目前提供的主要业务有 Internet 访问、IP 电话、视频会议、VOD、远程教育、网络游戏等。此外，电缆调制解调器没有 ADSL 技术的严格距离限制，采用 Cable Modem 在有线电视网上建立数据平台，已成为有线电视公司接入电信业务的首选。

Cable Modem 速率虽快，但也存在一些问题，比如 CMTS 与 CM 的连接是一种总线方式。Cable Modem 用户们是共享带宽的，当多个 Cable Modem 用户同时接入 Internet 时，数据带宽就由这些用户均分，从而速率会下降。另外由于共享总线式的接入方式，使得在进行交互式通信时必须要注意安全性和可靠性问题。

9.3.7　光纤接入网技术总结

就目前的国内接入市场而言 EPON 占一定的优势， EPON 能够从运营商的经济成本的角度出发，实现灵活的接入和网络部署，在国内诸多 FTTH 工程中，EPON 模式已成为中坚力量。但是 GPON 在技术上比 EPON 更加完善，GPON 在扰码效率、传输汇聚层效率、承载协议效率和业务适配效率等方面都是最高的，GPON 应该具有更广阔、更长远的应用前景。两种技术必将共存于未来的接入网中，EPON 和 GPON 发展的最佳策略是走向融合，下一代 PON 网络系统 xPON，是一个充分兼容现有标准的高速 PON 网络平台，代表着 PON 网络的发展方向。

9.4　建筑物综合布线通信系统

9.4.1　建筑物综合布线系统（PDS：Premises Distributed System）

1. 系统概述

这是在原有通信接入网线缆系统的基础上，针对“用户信息点密集”特征的“综合办公大楼”等各类高层建筑和综合住宅小区专门设置的，集语音、宽带数据、图像、各类信息系统为一体的新一代“综合通信线缆多媒体”的线缆传输系统，这是一个结构化的信息综合传输系统，但不包括通信设备。其传输的信息包含“建筑物设备自动化系统”（BAS：Building Automation System）、“建筑物办公自动化系统”（OAS：Office Automation System）和“建筑物通信自动化系统”（CAS：Communication Automation System）等三个系统，即所谓 3A 系统；如果再加上智能防火监控系统（FAS：Firie Automation System）、保安自动化系统（SAS：

Safety Automation System)，便构成了完整的建筑物 5A 信息系统；一般每栋建筑物单独组成一个线缆系统，其技术组成结构如图 9.19 所示。

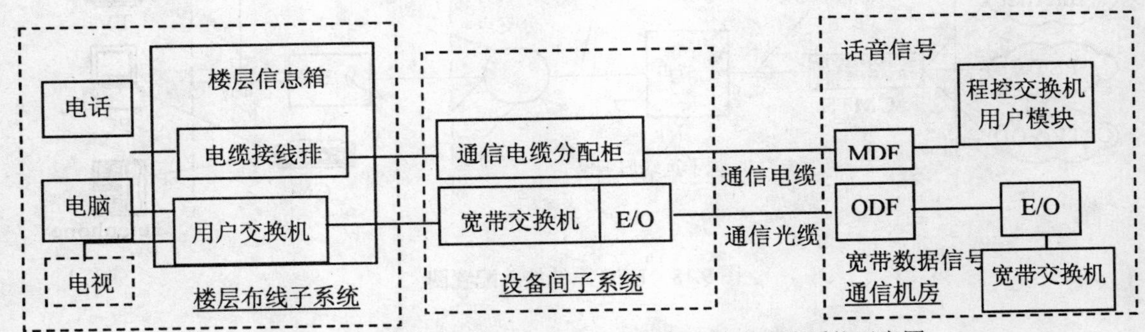

图 9.19 “通信光电缆+LAN 方式”的建筑物综合布线系统示意图

一般来讲，一座建筑物的生命周期要远远长于计算机、通讯及网络技术的发展周期。因此，智能楼宇采用的通讯设施及布线系统一定要有超前性，力求高标准，并且有很强的适应性、扩展性、可靠性和长远效益。综合布线的发展与建筑物自动化系统密切相关，传统布线如电话、计算机局域网都是各自独立的。各系统分别由不同的专业设计和安装，传统布线采用不同的线缆和不同的终端插座。而且，连接这些不同布线的插头、插座及配线架均无法互相兼容。办公布局及环境改变的情况是经常发生的，需要调整办公设备或随着新技术的发展，需要更换设备时，就必须更换布线。其改造不仅增加投资和影响日常工作，也影响建筑物整体环境。随着全球社会信息化与经济国际化的深入发展，人们对信息共享的需求日趋迫切，就需要一个适合信息时代的包含各类信息的综合布线方案。

建筑物综合布线系统 PDS，最早是由美国电话电报(AT&T)公司的贝尔实验室(Bellcore)的专家们经过多年的研究，在办公楼和工厂试验成功的基础上，于 20 世纪 80 年代末期率先推出 SYSTIMATMPDS（建筑与建筑群综合布线系统），经过国际标准化机构的努力，现已推出全球范围的结构化布线系统标准 SCS。

我国国家标准 GB/T50311-2000，将建筑物综合布线命名为“综合布线系统 GCS”(Generic cabling system)。综合布线是一种预布线，犹如智能大厦内的一条信息综合高速公路，我们可在建筑物的土建阶段就将连接 5A 的线缆置于综合布线建筑物内，至于楼内安装或增设什么系统，那么完全可以根据当时的需要、未来的发展和可能的技术来决定。因而能够适应较长一段时间的需求。

2. 综合布线系统的构成

综合布线系统是开放式结构，能支持电话及多种计算机数据系统，还能支持会议电视、监视电视等系统的需要。综合布线系统可划分成六个子系统，工作区子系统；配线（水平）子系统；干线（垂直）子系统；设备间子系统；管理子系统；建筑群子系统。

9.4.2 通信接入网综合布线系统

1. 概述

综合布线系统是建筑物或建筑群内的传输线缆网络，数据信号采用“宽带交换机+五类线接入”的方式为用户提供 10M/100M 带宽的共享接入端口，它能使语音和数据通信设备、

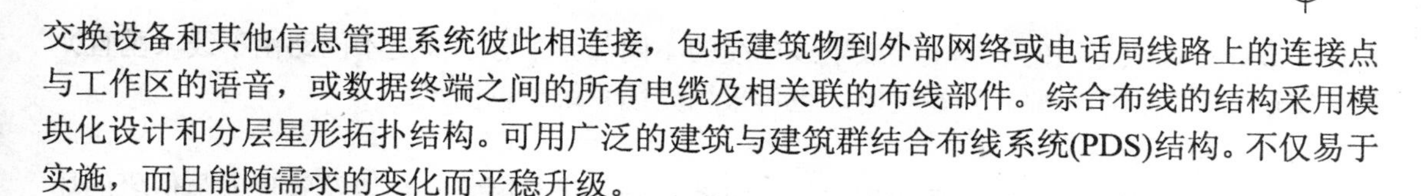

交换设备和其他信息管理系统彼此相连接，包括建筑物到外部网络或电话局线路上的连接点与工作区的语音，或数据终端之间的所有电缆及相关联的布线部件。综合布线的结构采用模块化设计和分层星形拓扑结构。可用广泛的建筑与建筑群结合布线系统(PDS)结构。不仅易于实施，而且能随需求的变化而平稳升级。

根据建筑物的信息化使用需求，综合布线系统的用户类型分为“基本型”、“增强型”和“综合型”三种不同的服务等级。

2. 综合布线系统构成

综合布线系统是开放式结构，能各类信息通信与监控传输系统的需要（3A 或 5A）。从纵向结构来说，建筑物综合布线系统可划分成六个子系统，即工作区子系统、配线（水平）子系统、干线（垂直）子系统、设备间子系统、综合管理子系统以及建筑群子系统。

（1）工作区子系统

一个独立的需要设置用户终端的区域，即一个工作区，工作区子系统由配线（水平）布线系统的信息插座，延伸到工作站终端设备处的连接电缆及适配器组成。一个工作区的服务面积可按 5~10m^2 估算，每个工作区设置一个电话机或计算机终端设备，或按用户要求设置。

综合布线系统的信息插座通常应按下列原则选用：

① 单个连接的 8 芯插座宜用于基本型系统；

② 双个连接的 8 芯插座宜用于增强型系统；

③ 信息插座应在内部做固定线连接；

④ 一个给定的综合布线系统设计可采用多种类型的信息插座。

工作区的每一个信息插座均支持电话机、数据终端、计算机、电视机及监视器等终端的设置和安装。工作区的通信电缆长度应在 10M 以内。

（2）配线（水平）子系统

配线子系统由工作区的信息插座，每层配线设备至信息插座的配线电缆、楼层配线设备和跳线等组成。配线子系统的线缆一般宜选用普通型铜芯双绞线电缆，线缆敷设长度范围是 90m 以内；用户数量应控制在 200 户以内；实际的配置过程中，应根据下列要求进行设计：

① 根据工程提出近期和远期的终端设备要求；

② 每层需要安装的信息插座数量及其位置；

③ 终端将来可能产生移动、修改和重新安排的详细情况；

④ 一次性建设与分期建设的方案比较。

配线子系统应采用 4 对双绞电缆，配线子系统在有高速率应用的场合，应采用光缆。配线子系统根据整个综合布线系统的要求，应在二级交接间、交接间或设备间的配线设备上进行连接，以构成电话、数据、电视系统并进行管理。

（3）干线（垂直）子系统

干线子系统应由设备间的配线设备和跳线以及设备间至各楼层配线间的连接电缆组成。在确定干线子系统所需要的电缆总对数之前，必须确定电缆话音和数据信号的共享原则。对于基本型每个工作区可选定 1 对，对于增强型每个工作区可选定 2 对双绞线，对于综合型每个工作区可在基本型和增强型的基础上增设光缆系统。

选择干线电缆最短、最安全和最经济的路由，选择带门的封闭型通道敷设干线电缆。干线电缆可采用点对点端接，也可采用分支递减端接以及电缆直接连接的方法。如果设备间与计算机机房处于不同的地点，而且需要把话音电缆连至设备间，把数据电缆连至计算机房，则宜在设计中选取不同的干线电缆或干线电缆的不同部分来分别满足不同路由干线（垂直）子系统话音和数据的需要。当需要时，也可采用光缆系统予以满足。

（4）设备间子系统

设备间是在每一幢大楼的适当地点设置进线设备、进行网络管理以及管理人员值班的场所。设备间子系统由综合布线系统的建筑物进线设备、电话、数据、计算机等各种配线成端设备及其保安配线设备等组成。设备间内的所有进线终端应采用色标区别各类用途的配线区，设备间位置及大小根据设备的数量、规模、最佳网络中心等内容，综合考虑确定。综合布线系统的设备间通常与整栋大楼的通信或监控系统设备间合设在一处，以便综合管理与配置。

（5）管理子系统

管理子系统是指整个综合布线系统的布线路由、敷设方式、线对数量与种类、线对成端情况与各类跳线情况的各种文字记录（系统）和实物标记（标签）的总和，通过它，管理人员能够完全掌握整个综合布线系统情况，从而能更好地使用和管理整个系统布线。管理子系统的重点工作是配置各交接间的配线设备，输入/输出设备等，以及设备间子系统的配线等。管理子系统应采用单点管理双交接。交接场的结构取决于工作区、综合布线系统规模和选用的硬件。在管理规模大、复杂、有二级交接间时，才设置双点管理双交接。在管理点，根据应用环境用标记插入条来标出各个端接场。

交接区应有良好的标记系统，如建筑物名称、建筑物位置、区号、起始点和功能等标志。交接间及二级交接间的配线设备宜采用色标区别各类用途的配线区。交接设备连接方式的选用宜符合下列规定：

① 对楼层上的线路进行较少修改、移位或重新组合时，宜使用夹接线方式；

② 在经常需要重组线路时应使用插接线方式。

③ 在交接配线区之间应留出空间，以便容纳未来扩充的交接配线硬件设施。

（6）建筑群子系统

建筑群子系统由两个及两个以上建筑物的电话、数据、电视系统组成一个建筑群综合布线系统，包括连接各建筑物之间的缆线和配线设备(CD)，组成建筑群子系统。建筑群子系统宜采用地下管道敷设方式，管道内敷设的铜缆或光缆应遵循电话管道和入孔的各项设计规定。此外安装时至少应预留 1~2 个备用管孔，以供扩充之用。建筑群子系统采用直埋沟内敷设时，如果在同一沟内埋入了其他的图像、监控电缆，应设立明显的共用标志。电话局引入的电缆应进入一个阻燃接头箱，再接至保护装置。

（7）光缆传输系统

当综合布线系统需要在一个建筑群之间敷设较长距离的线路，或者在建筑物内信息系统要求组成高速率网络，或者与外界其他网络特别与电力电缆网络一起敷设有抗电磁干扰要求时，应采用光缆作为传输媒体。光缆传输系统应能满足建筑与建筑群环境对电话、数据、计算机、电视等综合传输要求，目前宜采用单模光缆。

综合布线系统的交接硬件采用光缆部件时，设备间可作为光缆主交接场的设置地点。干线光缆从这个集中的端接和进出口点出发延伸到其他楼层，在各楼层经过光缆级连接装置沿水平方向分布光缆。

3. 综合布线系统的特点

综合布线技术是从“市话通信全塑电缆配线技术”发展起来的，新一代通信接入网布线系统，经历了非结构化布线系统到结构化布线系统的过程。作为各类智能化建筑物的基础配

套设施，综合布线系统是必不可少的，它可以满足建筑物内部及建筑物之间的所有计算机、通信以及建筑物自动化系统设备的配线要求。综合布线同传统的布线相比较，有着许多优越性是传统布线所无法相比的。其特点主要表现在它具有兼容性、开放性、灵活性、可靠性、先进性和经济性。而且在设计、施工和维护方面也给人们带来了许多方便。

（1）综合性、兼容性好

传统的专业布线方式需要使用不同的电缆、电线、接续设备和其他器材，技术性能差别极大，难以互相通用，彼此不能兼容。综合布线系统具有综合所有系统和互相兼容的特点，采用光缆或高质量的模块化系统布线部件和连接硬件，能满足不同生产厂家终端设备传输信号的需要。

（2）灵活性、适应性强

采用传统的专业布线系统时，如需改变终端设备的位置和数量，必须敷设新的缆线和安装新的设备，且在施工中有可能发生传送信号中断或质量下降，增加工程投资和施工时间，因此，传统的专业布线系统的灵活性和适应性差。在综合布线系统中任何信息点都能连接不同类型的终端设备，当设备数量和位置发生变化时，只需采用简单的插接工序，实用方便，其灵活性和适应性都强、且节省工程投资。

（3）便于今后扩建和维护管理

综合布线系统的网络结构一般采用星型结构，各条线路自成独立系统，在改建或扩建时互相不会影响。综合布线系统的所有布线部件采用积木式的标准件和模块化设计。因此，部件容易更换，便于排除障碍，且采用集中管理方式，有利于分析、检查、测试和维修，节约维护费用和提高工作效率。

（4）技术经济合理

综合布线系统各个部分都采用高质量材料和标准化部件，并按照标准施工和严格检测，保证系统技术性能优良可靠，满足目前和今后通信需要，且在维护管理中减少维修工作，节省管理费用。采用综合布线系统虽然初次投资较多，但从总体上看是符合技术先进、经济合理的要求的。

9.5 现代用户通信系统

9.5.1 现代用户通信网络概述

“用户通信网络”是近几年发展起来的通信概念，特别是各通信运营商都开始了以“为用户提供全方位的通信服务”为己任的向“通信综合服务商”的角色转换；和以“光纤到户（FTTH）”为导向的通信技术的不断发展，对家庭用户网络单元为代表的“用户通信网络”的技术业务的开发越来越受到重视。

“用户通信网络”一般分为 6 种类型：“国有大中型企事业单位”、“中小型企业与商店用户”、“家庭住宅用户”、“学生与职工集体宿舍”、“农村住宅用户”以及“宽带网吧与公共电话群（俗称‘话吧’）用户”。其中，第 1 种“国有大中型企事业单位”原有规模较大的用户通信网络，今后的发展情况有限，而后几种用户，特别是数量庞大的“中小型企业与商店用户”、“农村住宅用户”与“家庭住宅用户”，则是未来发展的重点。

传统的用户网络的组成比较简单，并且是各自分散的：对有线电视而言，一个“视频信号放大分配器”就可以将1路输入电视信号放大分配给用户单元内的各个终端使用；对电信用户来说，也只是1根电话线的接入，通过ADSL-Modem（ADSL用户）分出电话接口和宽带上网接口。随着以“数字家庭系统”、“家庭网关”等为代表的家庭用户通信网络的逐步兴起，新一代数字化家庭网络系统的雏形也逐渐形成，共分为2层结构，该系统以“家庭数字信息处理中心（网关）”为高层（中心枢纽），上联有线电视、电话、宽带互联网双绞线、光纤到户线等各类信息输入端口；将处理后的各类信息流下行传送到用户网络的各类终端上，系统结构如图9.20所示。

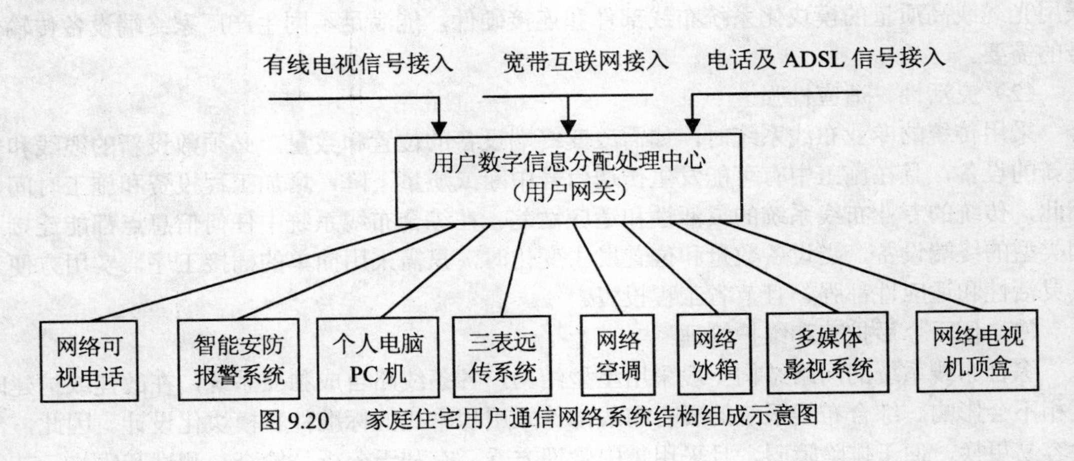

图9.20　家庭住宅用户通信网络系统结构组成示意图

以上是未来的“家庭住宅用户通信网络系统结构组成示意图”，也是未来信息化数字家庭的前景图，目前的“用户网关”还只是一个“输入信息分配单元”：将输入的各类信号放大处理后，分配给各终端使用。

9.5.2　住宅用户通信网络

原有的典型家庭通信终端是电话机和计算机宽带网络接口，随着以“数字家庭系统”、“家庭网关”等为代表的家庭用户通信网络的逐步兴起，新一代数字化家庭网络系统的雏形也逐渐形成，该系统以“家庭数字信息中心（网关）”为中心枢纽，以光纤到户（FTTH）、有线电视接入等各类信息化接入为关口，实现“多媒体影视中心”、“电视网络机顶盒”、“网络空调”、“网络冰箱”、“安防报警系统”、“智能监控系统”、“医疗健康系统”、“电子相框”、“网络可视电话”、“三表收费信息远传”等各子系统的合成信息系统和其他多种产品的集成，我们身临其境将可体验未来家庭生活的简约和高品质——这就是基于各类用户终端的“物联网”的“用户终端网络”。

目前的“物联网型的家庭用户网关”，还只是一个“输入信息分配单元”：将输入的有线电视信号放大分配；将ADSL综合信号分离出来，分别形成“宽带互联网信号”和“电话信号”，经过“家庭综合布线系统”，到达各个墙壁插座，分配给各种终端使用。

未来的“家庭用户网关”应成为“家庭综合信息转换”与“家庭信息调度分配”中心，除了具有现有的电话信息接入与分配、宽带信息接入分配以及电视信息接入分配功能外，还应具有“家庭安全三防（防火、防盗与防水等）信息监测与告警”、“家庭医疗自动检查”、“家庭空气与温湿度检测及自动调节”、“家庭银行与理财系统”等各类家庭综合信息系统的枢纽

中心，能够为我们的以家庭为中心的现代化工作、学习和生活带来充分的便捷和乐趣。甚至大学学习都可以在“家庭远程学习系统”中完成，根据自己的时间与精力，灵活地开始和完成大学学业，取得“电子注册”式的毕业证书。

9.5.3 城市用户通信系统

城市用户主要指“中小型企业与商店用户”、“家庭住宅用户”、“学生与职工集体宿舍”、以及“宽带网吧与公共电话群（俗称‘话吧’）用户”四种。除家庭住宅用户外，其余三种用户的组网情况比较简单，下面分别进行分析介绍。

1. 中小型企业与商店用户

主要指具有2~4间办公室或临街店面的中小型企业用户，由于场地和规模较小，通信业务主要为有线电话、宽带上网、传真，及有线电视信号，用户网关起简单的“通信业务分配”的作用。典型的配置为：“(1~2部电话线) +（1~10Mb/s宽带上网端口）”。

2. 大学生与职工集体宿舍用户

主要指2~6人/间的大学生或单身职工宿舍用户，该类用户以宿舍为单元，通信业务主要为有线电话、宽带上网，用户网关起简单的“宽带通信业务分配”的作用。典型的配置为：“(1部电话线) +（2~6个共2~10Mb/s宽带上网端口）”。

3. 宽带网吧用户

主要指经营性宽带网吧用户，该类用户主要从事电脑互联网业务，通过单模光纤专线提供100~1000 Mb/s宽带上网端口，通过该用户的“路由器”或“代理服务器”接入，用户网关只是一个“光电转换器”，起简单的“宽带互联网连接”的作用。典型的配置为：“(1~2部电话线) +（100~1000Mb/s宽带上网端口）”。

4. 公共电话群（俗称“话吧”）用户

这是一个新的用户种群，是电信企业联合社会力量，在电话业务比较集中的地方，设置的经营性集中电话（特别是IP长途电话）用户，一般是通过简单的“电缆分线盒”接入，起简单的“电话机分配”的作用。典型的配置为：“5~20部电话线”。有时，该类用户也和网吧业务共同设置。

9.5.4 农村用户通信系统

为缩小城乡差别，近几年我国掀起了大力发展农村通信的高潮，力争达到“村村通电话和宽带”的目标；农村通信，主要是以自然村为单元，设立通信节点，通过光纤传输系统，形成农村通信网络的格局。在自然村内，主要以“通信电缆+ADSL”的模式，将电话和宽带互联网综合业务传送到农户家中，将ADSL综合信号分离出来，分别形成“宽带互联网信号”和“电话信号”，分配给各种通信终端使用。

9.6 内容小结

宽带接入网是使用最广泛，发展技术较快的重要通信技术，代表着通信网络的主要组成部分。本章叙述了宽带互联接入网的主流组网技术和发展的新标准，共分为四个部分：9.1节概述了通信宽带互联网组网概念与国际规范；9.2节简述了通信宽带铜线接入技术；9.3节简述了通信网宽带光纤接入技术；9.4节简述了以家庭用户为特征的用户综合通信网技术；其中 9.2~9.4 节均牵涉到目前最新的通信接入网技术的发展成果；整章内容构成了通信接入网络的基础理论要点，具有很强的实用性。

9.1 节宽带互联网组网技术概论，详细介绍了通信接入网的概念、主要功能和协议参考模型、接口与分类以及重要的 V 接口系统情况；使读者对通信接入网的概念及其工作原理建立完整的认识。要求掌握通信接入网的概念，认识通信接入网的主要功能和协议参考模型、接口与分类以及重要的 V 接口系统情况。

9.2 节宽带铜线电缆接入技术，详细介绍了 2 种 ADSL 通信电缆接入网技术的系统工作原理，使读者对目前各种通信电缆接入网技术建立基本的认识。要求掌握 ADSL/ADSL2+通信电缆接入网技术的系统工作原理；认识 VDSL2 通信电缆接入网技术组成情况。

9.3 节宽带光纤接入技术，系统阐述了 APON/EPON（含 GEPON）/GPON/HFC 等光纤接入网的基本概念、系统组成和工作原理；使读者对光纤数字通信接入网信号传输技术有一个全面的基本的认识。要求掌握 EPON、GPON 等光纤数字接入网系统组成结构与工作原理。认识 APON、HFC 等光纤接入网系统组成结构与工作原理。

9.4 节建筑物综合布线通信系统，系统阐述了建筑物综合布线通信系统的基本概念、系统组成、工作原理和特点；使读者对建筑物综合布线通信系统有一个全面的基本的认识。要求掌握建筑物综合布线通信系统的概念、系统组成与分类情况。认识建筑物综合布线通信系统的特点与工作原理。

9.5 节现代用户通信系统，详细介绍了以家庭用户为代表的 3 种现代用户通信系统组成与工作原理，并分析了其未来的技术发展情况；使读者对现代用户通信系统组成与工作原理有一个全面的基本的认识。要求掌握以家庭用户为代表的 3 种现代用户通信系统组成与工作原理。认识家庭用户通信接入网的未来技术发展情况。

思 考 题

1．简述通信接入网的概念、结构，并简述通信接入网的主要功能和协议参考模型。
2．试论通信接入网的接口与分类，并分析 V5 接口的组成与作用。
3．试论 ADSL 接入网的技术原理与组网情况。
4．试述新一代 ADSL2+接入技术的技术原理与组网特点。
5．试述新一代 VDSL2 接入技术的技术原理与组成情况。
6．试论光纤接入网的参考配置、技术原理与组网情况。
7．试论 APON 接入技术的原理与组网情况。
8．试论以太网无源光网络（EPON/ GEPON）接入技术的工作原理与组网情况。
9．试论千兆无源光网络（GPON）接入技术的工作原理与未来发展情况。
10．试论 HFC 接入技术的工作原理与组网情况。
11．简述建筑物综合布线通信系统的概念和系统组成，并介绍其用户服务等级情况。
12．简述建筑物综合布线通信系统的特点.
13．试论现代家庭用户通信网络的组成、工作原理与今后的发展情况。
14．试论现代城市用户通信网络的组成、种类和工作原理，以及今后的发展情况。
15．试论现代农村用户通信网络的组成、种类和工作原理，以及今后的发展情况。
16．名词解释

根据书中所讲内容，按照“内容、组成（或结构）、作用和特点”4个方面，解释下列名词。

（1）城市二级组网格局、通信接入网、通信接入网协议。

（2）ADSL、ADSL2+、VDSL2。

（3）FTTB、FTTH、EPON、GPON、ODN、OBD、HFC。

（4）建筑物5A信息系统、GCS（PDS）、工作区子系统；配线（水平）子系统；干线（垂直）子系统；设备间子系统；管理子系统；建筑群子系统。

（5）用户通信网络、住宅用户通信网络、城市用户通信系统、家庭用户网关。

第二部分　通信技术实践部分

第10章　通信基本原理与技能型实验

10.1 实验　通信公司专家现场讲座

（教材第1章内容，多媒体教室，互动式讲座）

一、实验目的

1．认识了解通信公司的综合通信系统结构与设备组成；

2．认识了解通信公司各类系统设备的工作原理、运营维护流程、通信用户各业务开通使用方式；

3．认识了解通信公司员工的工作方法，公司的招聘方式和要求；

4. 认识了解通信公司的实习要求和方法。

二、实验原理

本项实践项目，是授课教师邀请通信公司的专家，为学生讲述实际的通信系统组成、通信公司情况和如何到通信公司实习、招聘应聘等学生感兴趣的各类事项的“讲座”。具体内容，叙述如下：

1．通信公司的专家的邀请

通过学校的通信业务经理，邀请通信公司的交换专业或是网络数据专业的专家，约定好时间、地点，进行相关的专业知识讲座，具体内容以前述“实验目的”的各条内容为参考。

2．讲座的方式

可以以某次专业授课时间（2 课时）为准，教师事先与专家沟通、交流，请专家随意、畅所欲言式地讲演60分钟左右。

留出20~30分钟时间为师生互动交流时间，由学生提问，专家现场解答学生感兴趣的各类问题，以增强讲座的知识性、针对性和对学生的吸引力。

三、实验注意事项

1．与通信公司的“校企合作办学”，宜采用“专家讲座”、“学生电信公司机房参观”、“学生电信公司实习”、“学生电信公司就业”的“请进来、走出去、为就业铺路”的思路，一步步引导学生走向通信企业。

2．完成规范化的实验报告。

10.2 实验　水准仪的使用与实地测量

（教材第1章工程设计辅助内容；授课时间：4课时；地点：校内为宜）

实验目的：学习高程测量仪器——水准仪的使用方法和实地操作步骤。

1. 水准仪型号：①DS3 型（反向成像）；②DS3-Z 正向（成像）型。

放大率：30 倍；仪器系统误差：3mm/Km ；最短视距：2M；最长视距：约 4km。

2. 水准仪功能键（如图 10.1 所示）

①水平制动手轮：当定位目镜捕捉到刻度测量杆时，旋转固定水准仪角度用；

②水平微动手轮：当“水平制动手轮”固定后，由其微调确定最佳读数角度；

③调焦手轮：确定目镜焦距的清晰度；

④微倾手轮：最后微调确定测量目镜的水平方向；

⑤角螺旋：有 3 个，微调确定测量水平面的基准平面；

⑥三脚架及固定螺旋：水准仪固定支架。

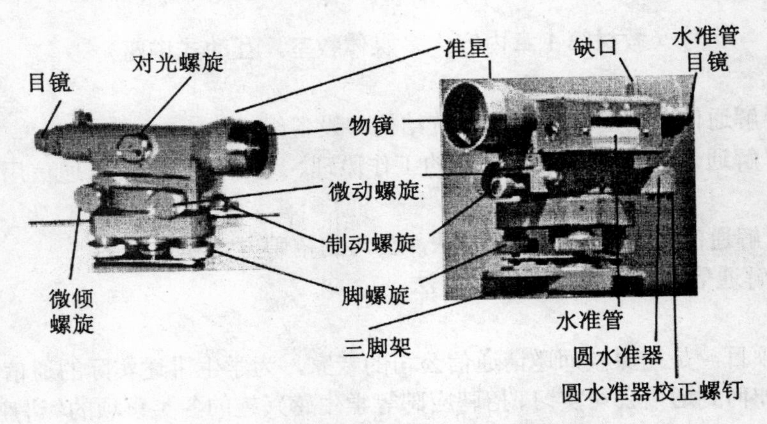

图 10.1　DS-3 型水准仪照片与结构示意图

3. 测量准备

① 温习水准仪的测量原理：在一个水平面上，测量 100M 以内两点间水平高度差（相对高差）；

② 事先规划设计好通信管道路由，需要测量的具体段落，以及测量的具体操作程序和安全事项；

③ 确定人员分工：标尺定点 2 人，水准仪测量读数 2 人，两点间距离测量 2 人，现场记录 1 人，现场协调与安全员 1 人（可由水准仪读数人员兼职）；共 7~8 人组成；确定测量时间；

④ 确定测量设备：水准仪（含三脚架）及测量标尺（2 根）1 套；50M（或 100M）测量皮尺 1 付，测量记录纸及记录表格，指南针（或罗盘仪）1 付；其他现场测量器具若干。

4. 测量步骤

① 测量现场：人员仪器安全抵达测量现场，按照测量程序各自就位，安全员协助全体注意安全；

② 水准仪测量步骤：

<u>第一步</u>：首先将水准仪三脚架在选定地点支架好，其高度，以符合人观测的高度为宜；调整使水准仪的固定平面为水平（人眼观察）（如图 10.2 所示）；

<u>第二步</u>：将水准仪按照三角形的方位固定在支架中心位置，注意固定螺旋不要太紧；

<u>第三步</u>：耐心地微调三脚架的三个支架，使水准仪的水平气泡基本居于中心圆圈中，这一步需要耐心和经验，平时可多次练习完成；

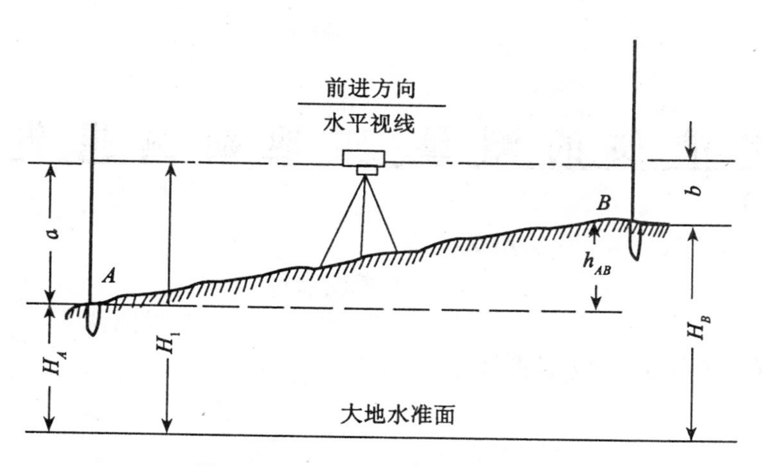

图 10.2　水准仪高程测量原理示意图

<u>第四步</u>：微调水准仪的 3 个角螺旋，使水平气泡完全处于中心位置；

<u>第五步</u>：通过水准仪的“准心装置”找到被测标尺，调整“调焦手轮”使目镜中视物最清晰，找到被测标尺后固定“水平制动手轮”使水准仪方位固定，再微调“水平微动手轮”使被测标尺位于目镜中心的十字线上，此时已可以清晰地读出被测标尺的高度值；

<u>第六步</u>：微调“微倾手轮”确定测量目镜的水平方向，在目镜旁的水平观测孔中准确确定水平位置后才可测量读数；

<u>第七步</u>：迅速、准确地读取目镜上的标尺数据，可精确（最后 1 位估读）到 5mm，每次须 2 人以上同时读数确认，防止人为偏差，并做好记录；

<u>第八步</u>：松开“水平制动手轮”，旋转水准仪目镜的测量角度，捕捉测量下一个标尺数值，注意此时必须保持水准仪的水平面不变，此时若水准仪未能处于水平状态，只能最少限度地微调三个“角螺旋”，使水准仪调整到水平状态，引起的高程误差应在 5mm 之内（想想为什么？）。

③ 点间距离测量：将每个高差测量段的水平距离，用皮尺量出，通信工程专业测量，精确到 0.1m 即可。

④ 场方位测量：用罗盘仪或指南针，将每个高差测量段的“磁子午线”北极（N）或南极（S）偏角测出。

5. 测量人员组织：首先集中讲解、现场练习几遍，然后分“测量小组”分开测量，每组测量 3~4 段（30~80M/段），能结合自己的工程设计项目测量，效果更好。

6. 测量记录表格式：（AB-BC-CD-DE，共 4 段，5 个点）

<table>
<tr><td colspan="2">项　目</td><td>A</td><td colspan="2">B</td><td colspan="2">C</td><td colspan="2">D</td><td>E</td></tr>
<tr><td rowspan="2">高程测量</td><td>读数 M</td><td></td><td></td><td></td><td></td><td></td><td></td><td></td><td></td></tr>
<tr><td>高差 M</td><td colspan="2"></td><td colspan="2"></td><td colspan="2"></td><td colspan="2"></td></tr>
<tr><td colspan="2">两点距离 M</td><td colspan="2"></td><td colspan="2"></td><td colspan="2"></td><td colspan="2"></td></tr>
<tr><td colspan="2">坡度（‰）</td><td colspan="2"></td><td colspan="2"></td><td colspan="2"></td><td colspan="2"></td></tr>
<tr><td colspan="2">现场方位测量</td><td colspan="2"></td><td colspan="2"></td><td colspan="2"></td><td colspan="2"></td></tr>
</table>

水准仪的测量 实地勘测报告

组别：　　　　组长：　　　　组员：　　　　　　　　　　勘测时间：

通信设计项目：　　　　　　　　　　　勘测项目：

勘测器具：　　　　　　　　　　　　　　　　　勘测精度：

勘测原理与步骤（含实地平面方位图）：

项目		A	B	C	D	E
高程	读数 M					
测量	高差 M					
两点距离 M						
坡度（‰）						
现场方位测量						

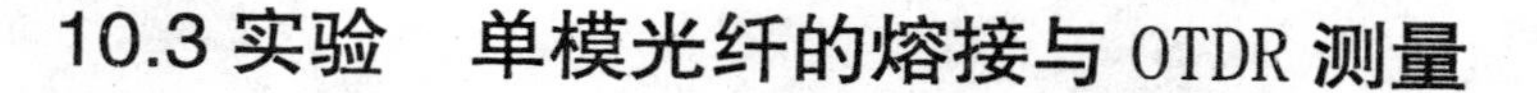

10.3 实验　单模光纤的熔接与 OTDR 测量

（教材第 3 章内容，宜联系当地通信工程公司，在校内指导进行）

一、实验目的

1. 现场学习了解单模光缆的结构、成端组合设备和自动加热熔接方法；
2. 现场学习了解单模光缆的测试（用光时域反射仪 OTDR）原理、方法。

二、实验内容

1. 单模光纤的结构、成端组合设备、和自动加热熔接方法演示；
2. 用光时域反射仪（OTDR）进行单模光纤的长度、衰耗（包括接头衰耗）等参数值的测试演示；
3. 每实验组进行单模光纤的“自动热熔接头”操作 1 次，记录相关步骤和接头参数；
4. 每实验组用 OTDR 进行单模光纤的“长度、衰耗测试”操作 1 次，记录相关步骤和接头参数。

三、实验内容

1. 实地认识光纤光缆的实物与结构组成

光缆结构可分为“中心束管式”、“层绞式”、和“骨架式”三种，我国常用的是前两种。实际的光缆结构如图 10.3 所示。

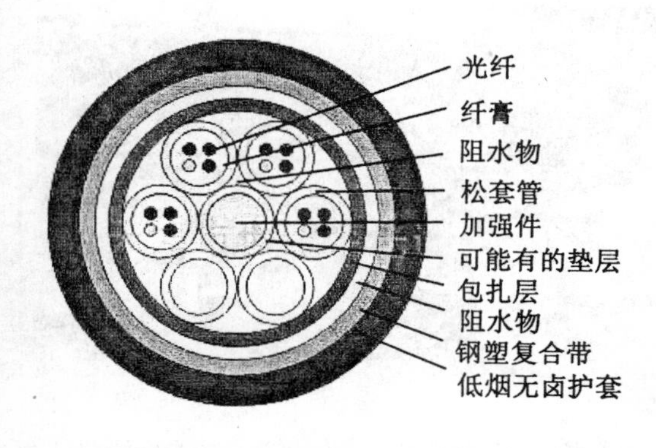

（1）常用的“松套管层绞式”单模通信光缆结构示意图

（2）　光缆实物示意照片图

图 10.3　常用单模光纤光缆结构与实物示意图

2. 实地认识光纤光缆的熔接工具与熔接机

认识设备：以图 10.4（1）为“光纤光缆熔纤盘”和光缆开剥加工工具，自右至左依次为：

（1）光缆外护套开剥“滚刀”：对光缆外护套和金属护套割开口子，开剥光缆外护套。

（2）光纤松套管开剥钳：专门有各种“槽口”，开剥光缆的松套管。

（3）光纤涂覆层专用刮钳：用来刮开光纤外表层的涂覆层，以便裸露出真正的光纤。

（4）上方为“光纤光缆熔纤盘”：两端光缆固定，并在法兰盘上固定熔接好的光纤。

图 10.4（2）是“光纤自动熔接机”的照片示意图，光纤在切割出符合要求的“断面”之后，就用它来进行光纤的自动熔接。所以，图 10.5 显示的是专门的光纤断面切割刀工具，其作用就是将开剥出的光纤，经酒精棉球清洁后，用此刀切出专门的“熔纤端面”。

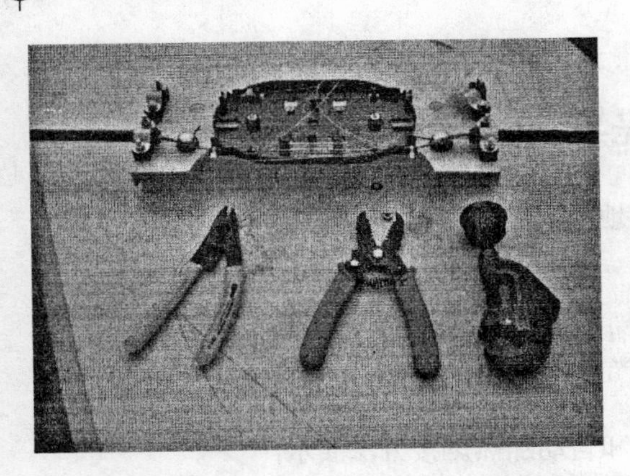

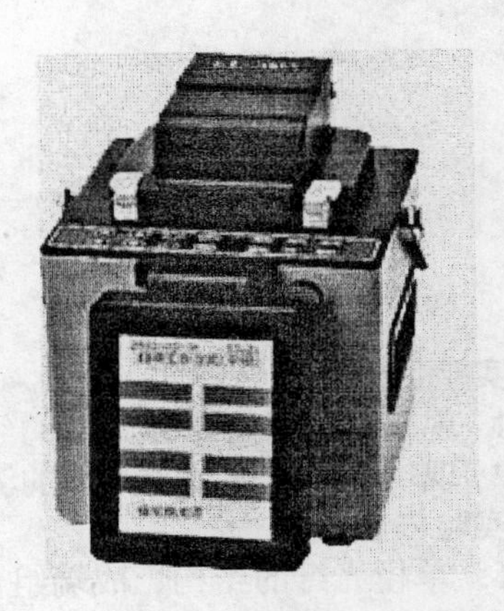

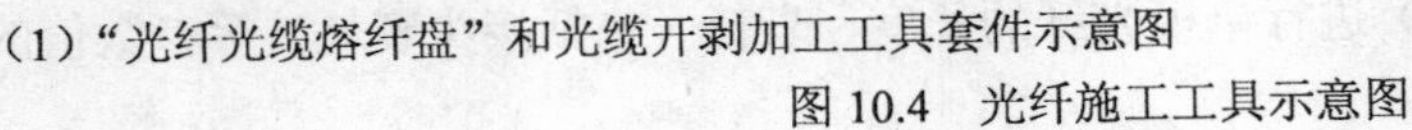

（1）“光纤光缆熔纤盘”和光缆开剥加工工具套件示意图　　（2）光纤自动熔接机照片示意图

图 10.4　光纤施工工具示意图

3. 实地认识光纤光缆的熔接过程与熔接机的使用

图 10.6 展示了剥出来的光纤松套管被固定在光缆接头盒的光纤法兰盘上的情景。下面介绍光纤熔接的方法：

第 1 步是“开剥光缆外护套”：用“滚刀”开剥光缆外护套；然后合力拉开光缆外护套，清洁光缆松套管，剪除光缆多余的填塞管和金属加强芯。

图 10.5　两种光纤熔接断面专用切割刀

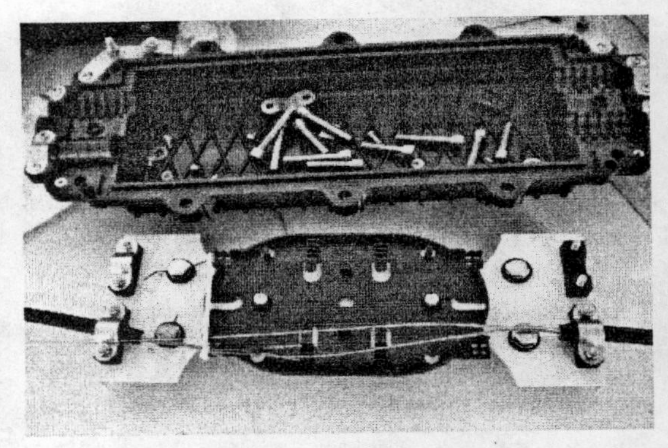

图 10.6　剥出的光纤松套管被固定在光缆接头盒的光纤法兰盘上

第 2 步是“光纤的清洁和切面”：用刮线钳刮掉光纤上的涂覆层（如图 10.7 所示），切割前需用酒精拭擦光纤去除杂污，切割时长度以 16mm 为准。然后光纤小心地放入切割刀，切出符合标准的光纤断面，如图 10.8 所示。

第 3 步是“光纤自动熔纤”：光纤套好“热熔管”，放入光纤熔接机中，进行光纤自动熔纤，直到熔接出衰耗不大于 0.05dB 的接头即可完成。具体的光纤自动熔接机操作过程如下：

（1）打开光纤熔接机的加热盖和左右光纤夹；

（2）打开防风盖取出熔接部位光纤，按下 Reset 开关；

（3）把光纤保护套管(FDS-1)，也就是“光纤热熔管”轻轻移到熔接部位；

（4）轻轻拉直光纤熔接部位，放入加热器中，使左侧光纤夹合上；

（5）轻轻拉直光纤熔接部位，使右侧光纤夹合上，然后关闭加热器盖；

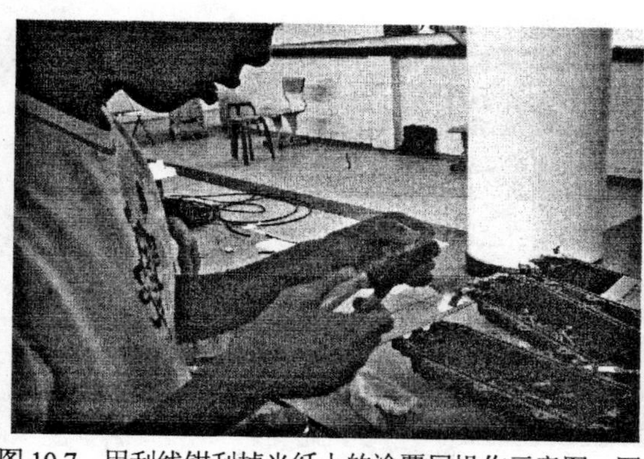

图 10.7 用刮线钳刮掉光纤上的涂覆层操作示意图

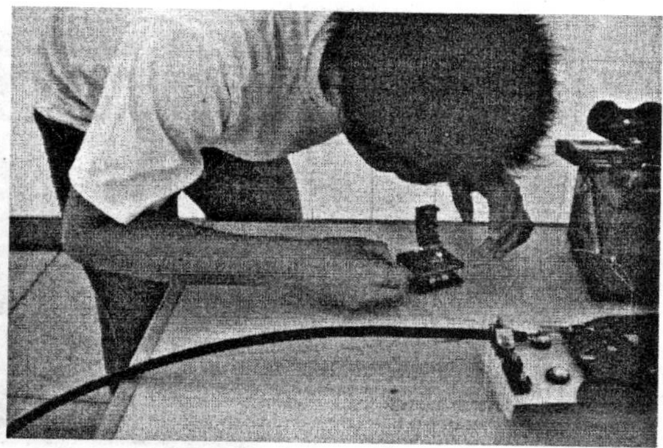

图 10.8 光纤用切割刀切出符合标准的光纤断面操作示意图

（6）按下开关，加热，蜂鸣器响起后，表示熔接完成，即取出接头，熔纤完成；

（7）熔纤质量评估：光纤固定接头熔接损耗≤ 0.05dB；

（8）熔纤过程中注意观察光纤熔接机的屏幕显示。

4. 光纤长度和衰耗测量操作步骤（光时域反射仪（OTDR）测量法）

（1）光时域反射仪 OTDR

这是利用光脉冲信号的“瑞利散射原理”和“菲涅尔反射原理” 测量光纤的插入损耗，反射损耗，光纤链路损耗，光纤长度，光纤故障点的位置及光信号功率沿路由长度的分布情况的专用工程测试仪表，具有功能多、体积小、操作简便、自动存储和打印测试结果等诸多优点，是光纤光缆生产、施工和维护行业不可缺少的重要仪表。

（2）了解 OTDR 功能键的使用

（3）测量使用步骤：

①确定游标，调节相应按扭；②光纤尾端定位；③整条链路损耗测量；④光纤衰减；⑤分析非反射事件的插入损耗和辅助点测试点的确定；⑥添加事件和作标。

5. 光时域反射仪(OTDR)简介

光时域反射仪(OTDR：Opticai Time Domain Refiectometer)，又称后向散射仪或光脉冲测试器，可用来测量光纤的插入损耗、反射损耗、光纤链路损耗、光纤长度、光纤故障点的位置，以及光功率值在光纤路由长度各点的分布情况（即 P-L 曲线）等，具有功能多、体积小、操作简便、自动存储与自带打印机等诸多特点，是光纤光缆的生产、施工及维护工作中不可缺少的重要仪表，被人称为光通信中的“万用表”。下面以常用的惠普公司 Hp-8147 型光时域反射仪(OTDR)为例，介绍该类测量设备的结构组成、工作原理与操作方法。

图 10.9（2）示出了 OTDR 的原理结构框图。图中光源（E/O 转换器）在“脉冲发生器”的驱动下，产生窄光脉冲，经“光定向耦合器”入射到被测光纤中；在光纤传播的过程中，光脉冲会由于“瑞利散射”和“菲涅尔反射”产生反射光脉冲，该反射光沿光纤路径原路返回，经“光定向偶合器”后由光纤检测器（O/E 转换器）收集，并转换成电信号；最后，对该微弱的电信号进行放大，并通过对多次反射信号进行平均化处理以改善信噪比后，由 OTDR 显示屏直观地显示出来。

OTDR 显示屏上所显示的波形，即为通常所称的“OTDR 后向散射曲线”，由该曲线便可确定出被测光纤的长度、衰耗、接头损耗以及判断光纤的故障点或中断点，分析出光纤沿长度的分布情况等参数。（如图 10.10 所示）

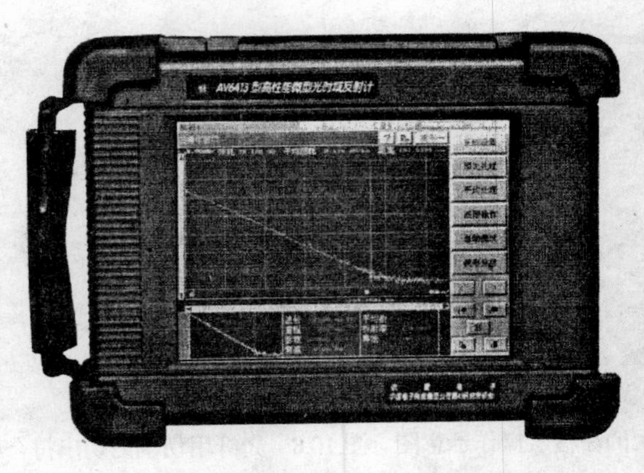

（1） OTDR 实物及测试曲线示意图

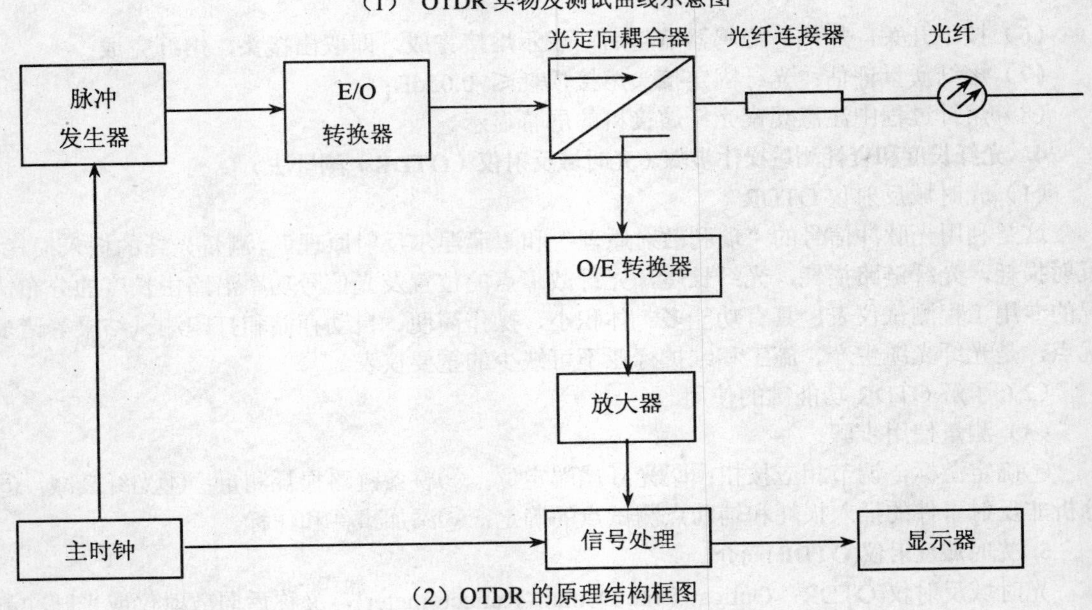

（2）OTDR 的原理结构框图

图 10.9 OTDR 的实物与原理结构示意图

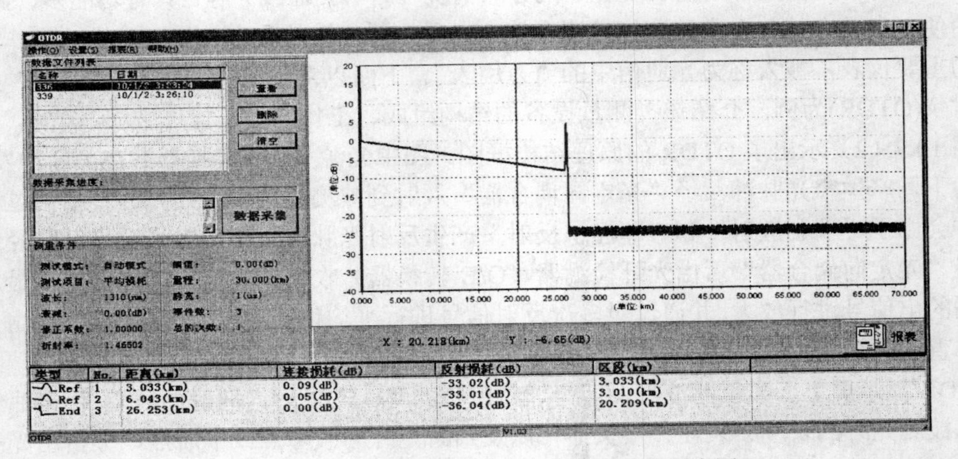

图 10.10 实物 OTDR 显示的光纤测试曲线示意图

在 OTDR 设备上，观察光纤线路的后向散射信号曲线。OTDR 的显示屏上，通常显示如下 4 种情况之一：

（1）显示屏上没有曲线

这说明：光纤故障点在仪表的盲区内，包括局外光缆与局内软光缆的固定接头和活动连接器插件部分。这时可以串接一段(长度应大于 1000m)测试用光纤，并减小 OTDR 输出的光脉冲宽度以减小盲区范围，从而可以细致分辨出故障点的位置。

（2）曲线远端位置与中继段总长明显不符

此时后向散射曲线的远端点即为故障点。如该点在光缆接头点附近，应首先判定为接头处断纤。如故障点明显偏离接头处，应准确测试障碍点与测试端之间的距离，然后对照线路维护明细表等资料，判定障碍点在哪两个标石之间（或哪两个接头之间），距离最近的标石多远，再由现场观察光缆路由的外观予以证实。

（3）后向散射曲线的中部无异常，但远端点又与中继段总长相符

在这种情况下，应注意观察远端点的波形，可能有如下 3 种情况之一出现：

①如图 10.11（1）(a)所示，远端出现强烈的菲涅尔反射峰，提示该处光纤端面与光纤轴垂直，该处应成为端点，不是断点。障碍点可能是终端活动连接器松脱或污染。

②如图 10.11（1）(b)所示，远端无反射峰，说明该处光纤端面为自然断纤面。最大的可能是户外光缆与局内软光缆的连接处出现断纤或活动连接器损坏。

③图 10.11（1）(c)所示，远端出现较小的反射峰，呈现一个小突起，提示该处光纤出现裂缝，造成损耗很大。可打开终端盒或 ODF 架检查，剪断光纤插入匹配液中，观察曲线是否变化以确定故障点。

（4）显示屏上曲线显示高损耗点或高损耗区

高损耗点一般与个别接头部位相对应。它与菲涅尔反射峰明显不同，如图 10.11（2）所示，该点前面的光纤仍然导通，高损耗点的出现表明该处的接头损耗变大，可打开接头盒重新熔接。高损耗区表现为某段曲线的斜率明显增大，提示该段光纤损耗变大，如果必须修理只有将该段光缆更换掉。

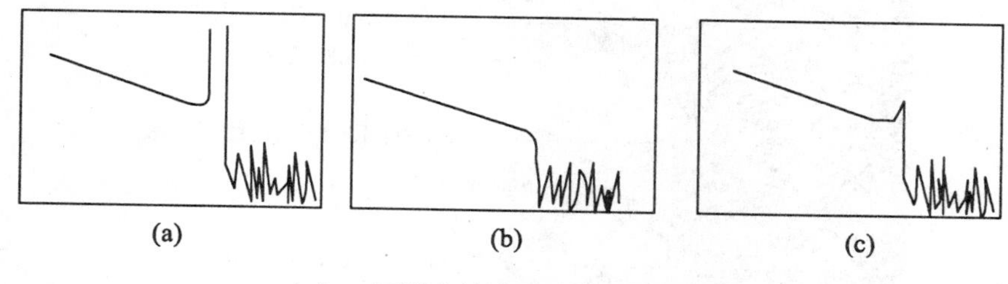

（1）　远端点的波形三种情况示意图

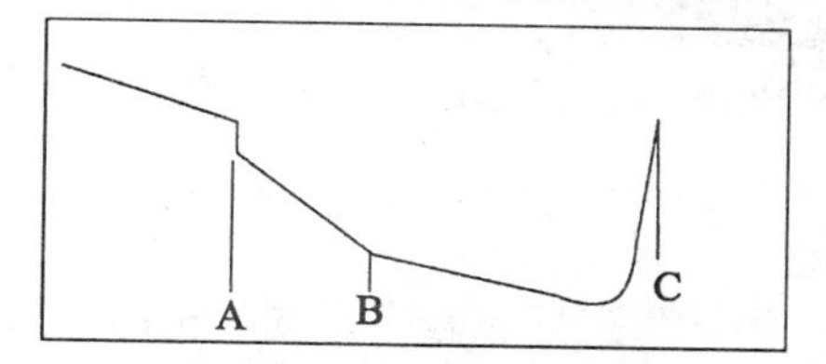

（2）　高损耗点和高损耗区的曲线示意图

图 10.11　OTDR 实测光纤的 4 种情况的曲线示意图

四、实验要求

1. 同学们应事先认真预习相关操作原理与步骤，在实验现场应认真记录、拍照观察教师（或专业工程师）的讲演和操作演示，听取他们的指导。

2. 每组在实验现场应认真作好实验记录：包括设备型号、测量种类与范围、原理演示、实际操作和相关参数记录，任课教师签字确认后离开。

3. 完成规范化的实验报告，要求写出自己光纤接头的衰耗值、测试的光纤长度值和OTDR实测曲线照片。附上自己完成的光纤接头实物，并附有光纤熔接和测试的实际照片等。

10.4 实验　网络通信设备的现场认识

（教材第3章内容，网络工程实验室或通信公司专业机房进行）

一、实验目的

1. 现场认识计算机通信用（4对）3类双绞线，并掌握其制作方法。

2. 现场认识计算机网络机房的线缆成端设备、标准机柜等。

二、计算机局域网“双绞线电缆”系统原理

在计算机通信网络中，“双绞线电缆（习惯简称为“双绞线”）”是最常用的一种传输介质，尤其在星型网络拓扑结构的“综合布线系统”中，双绞线是必不可少的布线材料。典型的双绞线是四对的，也有更多对双绞线放在一个电缆套管里的。双绞线可分为非屏蔽双绞线（UTP）和屏蔽双绞线（STP）两大类。其中，STP又分为3类和5类两种，而UTP分为3类、4类、5类、超5类，以及最新的6类线。从结构上说，双绞线由“铜芯导线”、“聚乙烯（塑料）绝缘层”、“金属屏蔽层”和“聚氯乙烯塑料外护层”等四部分组成。如图10.12所示。

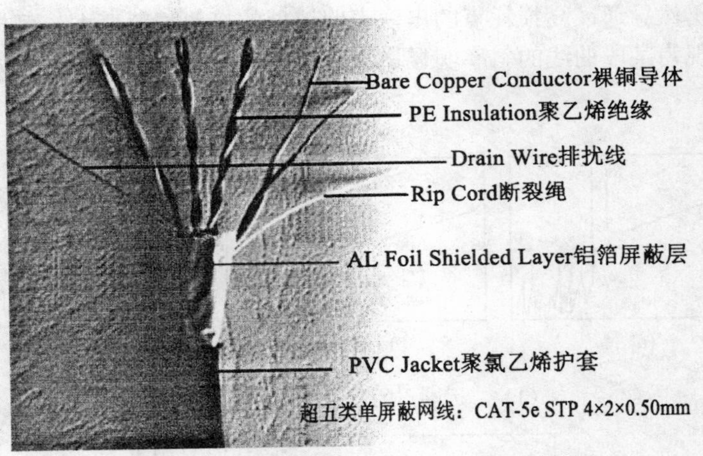

图10.12　超五类屏蔽双绞线（STP）实物图

1. 双绞线的主要技术性能

由于目前市面上双绞线电缆的生产厂家较多，同一标准、规格的产品，可能在使用性能上存在着很大的差异，为了方便大家选用，将计算机双绞线的“主要性能指标”介绍如下：

（1）衰减　衰减是沿线路信号的损失程度。一般用单位长度的衰减量来衡量，单位为

dB/km。衰减的大小对网络传输距离和可靠性影响很大，一般情况下，衰减值随频率的增大而增大。

（2）串扰　串扰主要针对于非屏蔽双绞线电缆而言，分为近端串扰和远端串扰。其中，对网络传输性能起主要作用的是近端串扰。近端串扰是指电缆中的一对双绞线对另一对双绞线的干扰程度，这个量值会随电缆长度的不同而变化，一般电缆越长，其值越小。

（3）阻抗　双绞线电缆中的阻抗主要是指特性阻抗，它包括材料的电阻、电感及电容阻抗。一般分为100欧姆（最常用）、120欧姆及150欧姆几种。

（4）衰减串扰比（ACR）　是指衰减与串扰在某些频率范围内的比例。ACR的值越大，表示电缆抗干扰能力越强。上述性能参数，可参看双绞线电缆的说明书，必要时可通过专用仪器测得。

2. 双绞线的传输特性和用途

（1）3类线　3类电缆的最高传输频率为16MHz，最高传输速率为10Mb/s，用于语音和最高传输速率为10Mb/s的数据传输。

（2）4类线　该类双绞线的最高传输频率为20MHz，最高传输速率为16Mb/s，可用于语音传输和最高传输速率为16Mb/s的数据传输。

（3）5类线　5类双绞线电缆使用了特殊的绝缘材料，使其最高传输频率达到100MHz，最高传输速率达到100Mbps，可用于语音和最高传输率为100Mb/s的数据传输。

（4）超5类线　与5类双绞线相比，超5类双绞线的衰减和串扰更小，可提供更坚实的网络基础，满足大多数应用的需求（尤其支持千兆位以太网1000Base－T的布线），给网络的安装和测试带来了便利，成为目前网络应用中较好的解决方案。超5类线的传输特性与普通5类线的相同，但超5类布线标准规定，超5类电缆的全部4对线都能实现全双工通信。

（5）6类双绞线　该类电缆的传输频率为1MHz~250MHz，6类布线系统在200MHz时综合衰减串扰比（PS-ACR）应该有较大的余量，它提供2倍于超5类双绞线的带宽。六类布线的传输性能远远高于超5类线的标准，最适用于传输速率高于1Gb/s的应用。6类线与超5类线的一个重要的不同点在于：改善了在串扰以及回波损耗方面的性能，对于新一代全双工的高速网络应用而言，优良的回波损耗性能是极重要的。6类线标准中，取消了基本链路模型，布线标准采用星形的拓扑结构，要求的布线距离为：永久链路的长度不能超过90m，信道长度不能超过100m。

3. 以太网标准与物理介质定义表

以太网双绞线的标准，是随着计算机网络通信速度（即网速，俗称的“带宽”）的发展，而不断发展起来的。表10.1，就是从以太网标准设置的时间、标准协议的编号、传输带宽、通信线缆的介质种类、以及组网（拓扑）结构等几个方面，对该标准的不断改进，列表叙述的方式。

由表10.1可以看出，最早是在1983年以太网标准，便推出了10Mb/s的网络传输速度，使用“50Ω粗铜轴电缆”的通信线缆，采用总线型网络结构；而到了2002年，标准发展到了使用“多模/单模光缆”的通信线缆，采用星形网络结构，最大网段长度达到10000米！互联网技术的发展，总是以满足用户需求为宗旨。

表 10.1　　以太网标准与物理介质定义表

MAC 标准(时间)	IEEE-802.3 (1983)	IEEE-802.3a (1989)	IEEE-802.3i (1990)	IEEE-802.3j (1993)
物理层标准	10BASE5	10BASE2	10BASE-T	10BASE-F
最大网段长度 m	500	185	100	500-2000
通信介质	50 Ω 粗铜轴电缆	50 Ω 细铜轴电缆	100 Ω -3 类 UTP 双绞线	多模光缆
拓扑结构	总线型	总线型	星 型	星 型
MAC 标准(时间)	IEEE-802.3u (1995)	IEEE-802.3u (1995)	IEEE-802.3u (1995)	IEEE-802.3x & y(1997)
物理层标准	100BASE-FX	100BASE-TX	100BASE-T4	100BASE-T2
最大网段长度 m	500-10000	100	100	100
通信介质	多模/单模光缆	100 Ω -5 类 UTP 双绞线(RJ-45 水晶头)	100 Ω -3 类 UTP 双绞线(RJ-45 水晶头)	
拓扑结构	星 型			
MAC 标准(时间)	IEEE-802.3 z (1998)	IEEE-802.3 ab (1998)	IEEE-802.3 ae (2002)	
物理层标准	1000BASE- X	1000BASE-T	10G BASE-LR/ LW	10G BASE-ER/ EW
最大网段长度 m	25-10000	100	35-10000	
通信介质	多模/单模光缆	100 Ω -超 5 类 UTP 双绞线	多模/ 单模光缆	
拓扑结构	星 型			

三、计算机局域网“双绞线电缆”的工程应用

★ 计算机双绞线连接制作的 568A/568B 标准

1991 年，由美国电子工业协会（EIA）和美国电信工业协会（TIA）共同制定了“计算机网络双绞线安装标准”，称为“EIA/TIA 568 网络布线标准”。该标准分为 EIA/TIA 568A 和 EIA/TIA 568B 两种。分别对应“RJ45 型号水晶头”的接头网线的 2 种连接标准。

4 对双绞线原始色谱：绿白-1，绿-2，橙白-3，橙-4，蓝白-5，蓝-6，褐白-7，褐-8，如图 10.13 所示。

水晶头连接标准-568A：绿白-1，绿-2，橙白-3，蓝-4，蓝白-5，橙-6，褐白-7，褐-8。

水晶头连接标准-568B：橙白-1，橙-2，绿白-3，蓝-4，蓝白-5，绿-6，褐白-7，褐-8。

直连网线（568A 网线）又称平行网线，主要用在集线器（或交换机）间的级联、服务器与集线器（交换机）的连接、计算机与集线器（或交换机）的连接上，其连接方式如图 10.13（2）所示。交叉网线（568B 网线）主要用在计算机与计算机、交换机与交换机、集线器与集线器之间的连接，如图 10.13（1）所示。

在通常的工程实践中，“T568B 模式”使用得较多。不管使用哪一种标准，一根 5 类线的两端必须都使用同一种标准。这里特别要强调一下，线序是不能随意改动的。例如，从上面的连接标准来看，1 和 2 是一对线，而 3 和 6 又是一对线。但如果我们将以上规定的线序弄乱，例如将 1 和 3 用作发送的一对线，而将 2 和 4 用作接收的一对线，那么这些连接导线

的抗干扰能力就要下降，误码率就可能增大，这样就不能保证以太网的正常工作。网线制作与具体的使用方法如下：

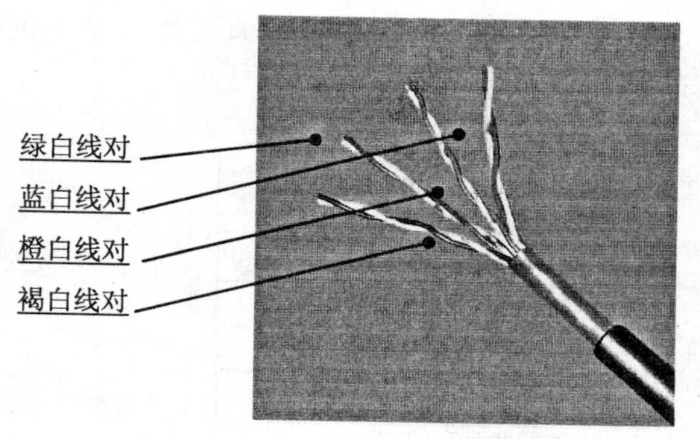

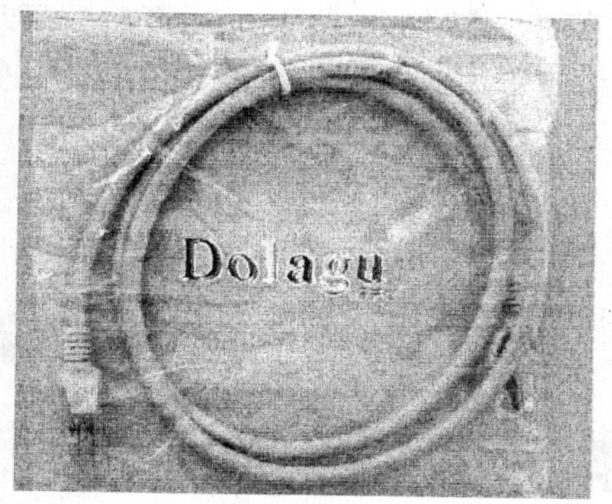

(1) 四对双绞线色谱及成品示意图

Side 1
12345678
12345678
Side 2

Side 1
1=白/橙
2=橙
3=白/绿
4=蓝
5=白/蓝
6=绿
7=白/棕
8=棕

Side 2
1=白/橙
2=橙
3=白/绿
4=蓝
5=白/蓝
6=绿
7=白/棕
8=棕

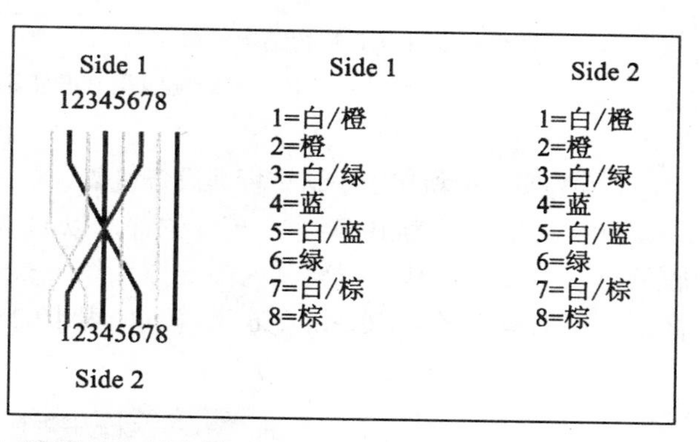

(2) 四对网线“制作头”示意图

图 10.13 四对网线“制作头”及成品示意图

（1）在整个网络布线中应用一种布线方式，但两端都有 RJ45 端头的网络，连线无论是采用端接方式 A，还是端接方式 B，在网络中都是通用的；

（2）实际应用中，大多数都使用 T568B 的标准，通常认为该标准对电磁干扰的屏蔽性能更好；

（3）如果是电脑与交换机或 hub 相连，则两头都做 568A，或两头都做 568B；

（4）如果是两台电脑互连，则需要一头做 568A，另一头做 568B，也就是常说的 1 和 3，2 和 6 互换了。

四、认识标准机架、网线成端配线架

1. 实验室（机房）中认识网线配线架

正面是网线跳线水晶头插座，有 12 孔和 24 孔之分，背面是“110 接线排”结构，用 110 打线刀，将用户端敷设过来的网线，成端在相应的接线排上。计算机双绞线电缆，成端在“网线配线盘”上。网线配线盘，背面是 110 接线排，正面是 24 口的网线水晶头跳线槽，如图 10.14（1）所示。

网线配线盘 IDF 的背面，是各种网线成端的位置，采用“网线打线刀”，将各条网线成端在“110 配线条”上。正面，则是网线的“水晶头跳线”连接交换机、路由器的版面。网线配线盘 IDF，通常是 1 个 U 的宽度。其容量最大为 48-50 个水晶头的插槽位，安装在标准的 19 英寸机架上，如下图 10.14（2）所示，2 个配线盘中间配置 1 个“1U 理线架”，作为正面跳线的走线槽，便于美观的整理各条“水晶头跳线”。

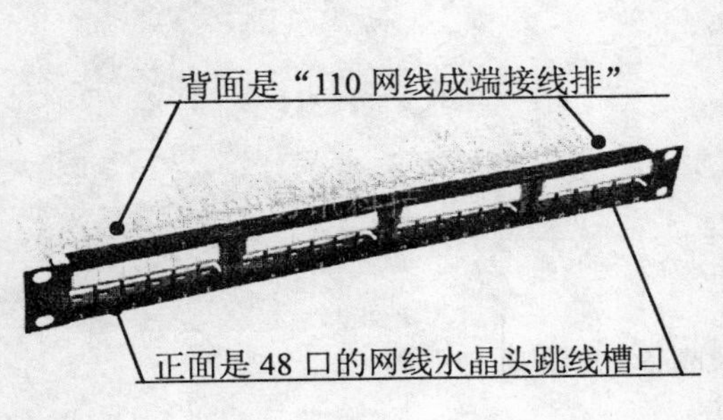

（1）网线配线盘 IDF 实物结构示意图

19 英寸标准机柜（正面）	
48~50 口网线配线盘（1U）	1 个标准单元配置
网线配线盘理线架（1U）	
48~50 口网线配线盘（1U）	
48~50 口网线配线盘（1U）	1 个标准单元配置
网线配线盘理线架（1U）	
48~50 口网线配线盘（1U）	

（2）网线配线盘 IDF 机架安装标准示意图

图 10.14　网线配线盘 IDF 实物与机架安装结构示意图

2.实验室（或机房）中认识标准设备机架

标准机架内宽为 19 英寸，高度位置，以 U 为单位，（1U=4.445cm），标准机柜的结构比较简单，主要包括基本框架、内部支撑系统、布线系统、通风系统等，如图 10.15 所示。其高度常用的有 2 米、1.8 米、1.6 米等，如表 10.2 所示。

（架顶电风扇）
机架电路 1~3U （电源分配、故障监控）
（空机位）
光纤成端 ODF （3~4U）
理线架（1U）
光电转换器 （局用，3~4U）
理线架（1U）
宽带汇聚交换机 1U (Cisco-3550)
理线架（1U）
机架式服务器 A（1U）
机架式服务器 B（1U）
（空机位）
机 架 底 座

图 10.15　通信标准 19 英寸机柜示意图

表 10.2　　常用标准网络机柜生产规格表

序号	规格	高度 mm	宽度 mm	深度 mm	
1	42U	2000	600	800	650
2	37U	1800	600	800	650
3	32U	1600	600	800	650
4	25U	1300	600	800	650
5	20U	1000	600	800	650
6	41U	700	600	450	
7	7U	400	600	450	
8	6U	350	600	420	
9	4U	200	600	420	

标准机柜根据组装形式和材料选用的不同，可以分成很多性能和价格档次。19 寸标准机柜外形有宽度、高度、深度三个常规指标。虽然对于 19 寸面板设备安装宽度为 465.1mm，但机柜的外形宽度，常见的产品为 600mm 和 800mm 两种。高度一般在 0.7~2.4 米范围，根据柜内设备的多少和统一规格而定，通常厂商可以定制特殊的高度，常见的标准 19 寸机柜高度为 1.6M 和 2M。机柜的深度一般是 400~800mm，根据柜内设备的尺寸而定，通常厂商也可以定制特殊深度的产品，常见的成品 19 寸机柜深度为 500mm、600mm、800mm。19 寸标准机柜内，设备安装所占高度，用一个特殊单位“U”表示，1U 为 44.45mm 长度，如图 10.15 所示。

标准 19 英寸机柜，通常是用来安置“计算机宽带通信设备”的机架。现在，许多服务器电脑，都“改头换面”地制造成“机架式服务器”——可在机架内安装的服务器。这种结构的多为“功能型”服务器。在标准 19 英寸机柜中，通常要安装散热风扇，还要安装“架顶电源分配与故障监控机盘”，这是一种 1U~3U 等规格的机架电路。其功能有 2 个，一是为架内设备供电———直流-48V 电源或是交流 220V 电源；二是产生监控信号，传导到机房监控装置上，并传送给“有人值守监控中心”，进行相应地处理。

10.5 实验　通信接入网管线系统的认识

（教材第 1、3 章内容　地点：教师选定的通信小区内　授课课时：2 课时）

一、实验目的

1. 实地认识电缆交接箱、分线盒、综合信息箱、多媒体信息盒等通信接入网主要设施。
2. 实地认识通信管道人手孔、管道引上方式等通信管道主要设施。
3. 实地认识通信接入网的系统组成结构、原理与工程绘图与制图设计方法。
4. 实地认识通信用户组成，并学习通信线路工程现场勘察的 2 大要素与勘测方法。

二、实验内容

1. 通信接入网系统结构概述

新一代通信接入网系统要向用户同时传输电话和宽带互联网 2 种业务，于是产生了 2 种常用的通信接入方式：ADSL 电话电缆接入方式和 FTTx 光电缆综合接入方式。

ADSL 接入方式：是仍然利用原有的电话电缆配线系统，只是在机房和用户端 2 边增加通信设备，在通信机房中增加 ADSL-Dslam（ADSL 局端设备），在用户端增加 ADSL-Modem（用户模块，俗称“猫”），能够达到下行（局端向用户端）20Mb/s 和上行（用户端向局端）1Mb/s 的宽带互联网不对称通信方式，满足大多数普通用户的宽带业务需求。该方式成本低、建设速度快，宽带通信效果较好，所以得到了大多数通信运营商的采用，是现在用户发展最多的一种宽带综合接入通信方式。

FTTx 光电缆综合接入方式：是将宽带互联网业务与电话通信业务分开来传输，电话通信配线系统仍然沿用原来的电话通信全塑电缆的方式——电缆只传输电话业务，而宽带业务是利用局域网（以太网）技术，利用单模光纤光缆延长通信“网线”的距离，利用“光纤进小区（FTTC）”、“光纤进大楼（FTTB）”等方式，在每一个大楼设置一个“建筑物综合信息箱”和若干个“多媒体信息盒（数量由用户单元数确定）”的系统结构，由综合信息箱设置的“用户宽带交换机”直接向单元内用户分配传输宽带互联网业务信道，从而形成新一代的通信综合业务接入网方式。其特点是能为每个用户提供“真正的”高速双向的宽带互联网通信业务，在所有新建的通信小区系统中，都采用这种接入方式，如图 10.16 所示。

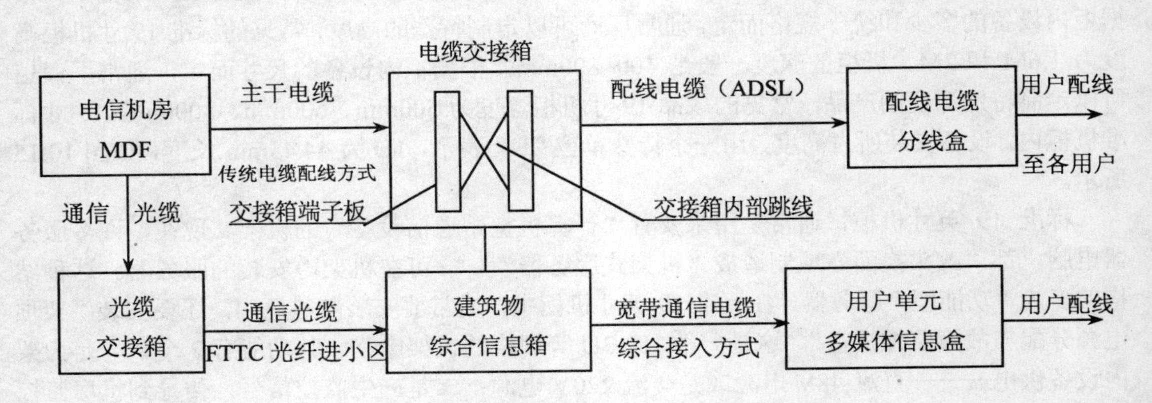

图 10.16　通信交接配线综合业务系统结构示意图

图 10.16 中同时表述了 2 种通信综合接入方式，“电缆交接箱+电缆分线盒”是 ADSL 方式的通信综合接入模式；而“光缆交接箱+ 建筑物综合信息箱+ 多媒体信息盒”的组合则是 FTTx 方式的通信综合接入模式，这也是面向未来发展的、大力提倡的通信接入方式。

2. 认识通信电缆交接箱

通信电缆交接箱是“交接方式”电缆配线系统中的主要设备，连接的是 2 种通信电缆：从电信局或通信节点机房总配线架（MDF）引入的“主干电缆”，和延伸到每个住宅单元或其他配线区域的分线盒的“配线电缆”。二者通过交接箱内部的“跳线”进行连接，如图 10.16 所示。

电缆交接箱的实际安装主要有 2 种，架空电杆式安装和落地式安装。架空式安装具有安全（不易受到人为干扰）、出线方便（2 种出线方式）等优点，但也存在造价高、城市中形象不美观和维护不便等缺点；落地式安装的交接箱具有管道路由出线方便、设备容量大和容易维护等优点，但也存在安全性差（易受到人为干扰）等致命的缺点，故二种建筑方式在实际中都有使用。图 10.17 是二种交接箱的实际建筑及内部结构示意图。

（1）架空式通信电缆交接箱

（2） 落地式通信电缆交接箱

（3）1800对双面落地式电缆交接箱展开示意图

（4）100对“旋转卡接式”电缆端子板与跳线束

（5）落地式交接箱内部电缆引上示意图

（6） 落地式交接箱水泥基座示意图

（7）架空交接箱引上管路由示意图

（8） 架空交接箱引上电缆示意图

图10.17 通信电缆交接箱系统示意照片图

架空电缆交接箱由H型水泥电杆（8~9m）、交接箱支架与站台、交接箱体、引上管和雨篷等设施组成；而落地交接箱则仅由水泥基座和交接箱体2部分组成。

通信电缆交接箱的内部，主要是由便于连线的端子板组成，本次实验中是采用“旋转卡接式”电缆端子板组成，本期采用双面落地式电缆交接箱，实际照片如图10.17所示。图中电缆端子板正面是用来进行“跳线”连接的：将主干电缆与用户电缆通过跳线进行连接，端子板背面则是主干或配线电缆的成端之用。主干电缆的对端是电信机房的总配线架（MDF），而配线电缆的对端就是各用户单元的电缆分线盒（或是“大楼综合信息箱”）。

3. 认识配线光电缆的终端设备系统

配线终端设施有“电缆分线盒”、“建筑物综合信息箱”和“多媒体信息盒”等三种常见的设备，下面分别予以叙述。配线电话电缆的终端是电缆分线盒，是用来成端电缆和为该住宅单元或楼层的用户提供电话线路的分线设施，它不具备“跳线”的功能。直接敷设“用户金属馈线”至用户端，如图10.18所示。

（1）单元住宅用户分线盒与分歧电缆接头

（2）用户分线盒与墙壁钉固通信电缆

图10.18　用户单元电缆分线盒实物示意图

全电话电缆接入的用户，可以使用ADSL方式，利用同1对电话线，分别接入电话业务和宽带互联网业务，通过“用户终端模块（Modem）”分离出电话信号和宽带数据信息。

另一种电话信号和宽带信号分别接入的方式是“LAN 接入方式”，采用电话线和通信单模光纤光缆，分别将电话信号和互联网数据信号接入用户家中。主要采用“建筑物综合信息箱”来成端本建筑物的所有用户通信业务，分为光缆接入和电话电缆接入2种同时接入的方法，光缆进入后，在法兰盘（又称为“光缆熔纤盘”）中与箱内光缆尾纤成端，实物如图10.19所示。

在图10.19（3）和（4）中，外线光缆由黑色法兰盘中接出的光纤尾纤接入到“光电转换器”中（在图10.19（4）中可见到“光电转换器”和“用户宽带交换机”实物），由光电转换器连出的电信号网线则作为宽带用户交换机的共享上联口，然后通过宽带交换机接入大楼内所有用户的宽带业务。多媒体信息盒是用户单元的另一种新型综合业务接入终端，它完成一个用户单元内部的宽带信息业务和电话业务接入作用，如图10.20所示。它的内部，由“110接线排”和“电话电缆接线排”二种电缆分线设备组成，成端该单元的电话电缆，起“用户单元电话分线盒”的作用；同时，“110接线排”成端从“建筑物综合信息箱”引入的宽带业务电缆，并以4对宽带网线的方式，连接至本单元内的所有用户终端。

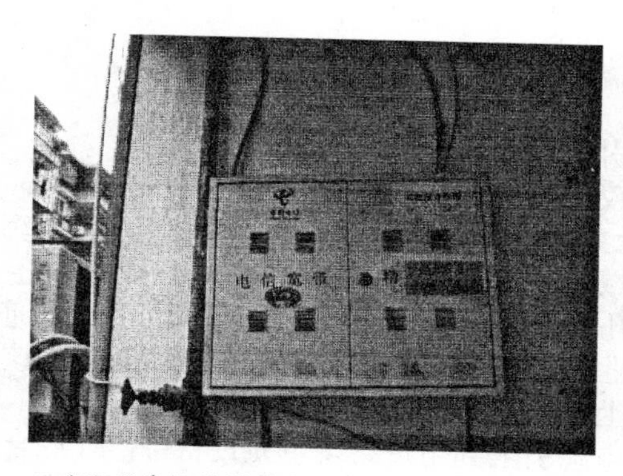

（1）“建筑物综合信息箱”外观示意图

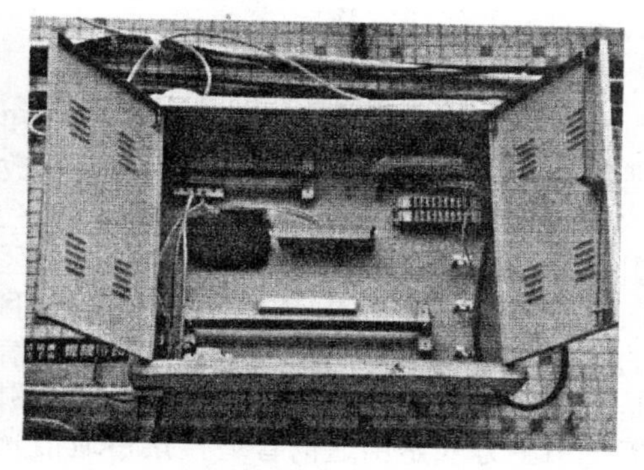

（2）“建筑物综合信息箱”内部示意图 A

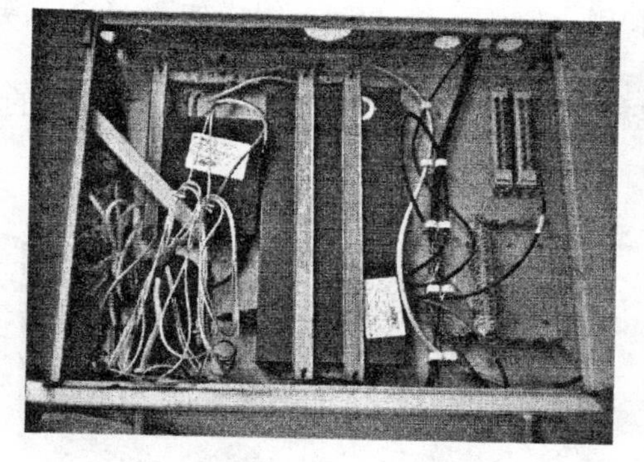

（3）“建筑物综合信息箱”内部示意图 B

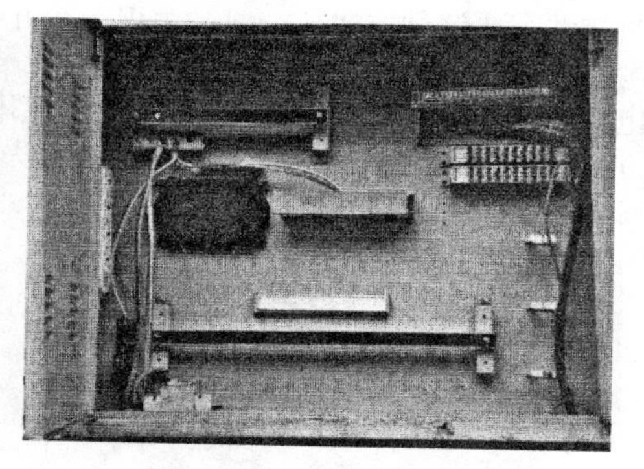

（4）“建筑物综合信息箱”内部示意图 C

图 10.19　“建筑物综合信息箱”实物构成组合示意图

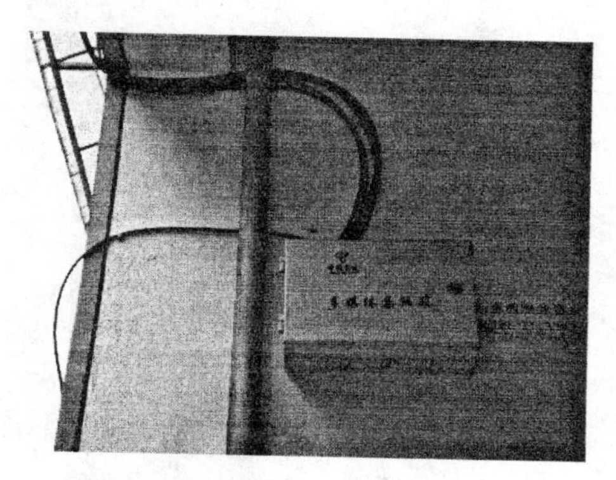

（1）“大楼多媒体信息盒”外观示意图

（2）“大楼多媒体信息盒”内部结构示意图

图 10.20　“大楼多媒体信息盒”实物构成示意图

如上所述，新型的通信用户接入系统是由“建筑物综合信息箱”和“多媒体信息盒”共同组合而成的，“建筑物综合信息箱”通过接入光纤光缆，并转换为高速互联网上联接口，以“共享接口”的方式负责接入整个大楼的宽带互联网业务，同时还要作为本单元的“电话电缆分线盒”，接入本单元的电话业务；而“多媒体信息盒”只负责大楼内其他用户单元的电话和宽带互联网业务接入。用户大楼有 N 个用户单元，就有 N-1 个“多媒体信息盒”和 1 个“建筑物综合信息箱”。采用“全覆盖”的方式，将所有用户都接入通信终端线缆。并且，还应留有20%至50%的线缆富裕度。

4. 认识配线光电缆的管道路由系统

通信光电缆的管道路由是由管道人手孔和引上系统组成的，下面分别叙述。

通信管道的引出主要是圆形人孔（管孔数较多）和方形手孔（管孔数较少）2 种。如图10.21（1）、（2）和图（3）所示，是城市道路上主要的通信光电缆敷设方式。通过墙壁引上、电杆引上等方式引上通信线缆至相应的通信区域。

通信管道引上系统主要是由引上（小）手孔和引上钢管（长2.5m）组成，负责将通信管道内的线缆引上至相应的配线区域，提供通信业务，引上系统如图10.21（4）所示。该系统主要是“墙壁引上”、“电杆引上”和“槽道引上”等几种方式。

墙壁引上方式是由通信管道直接将通信光电缆引上到用户终端单元设备中，如综合信息箱、电缆分线盒等，是最常见的、也是今后继续使用的引上线缆方式。使用范围较广，每一个建筑物都需要这种方式。一般是由引上手孔和引上钢管（长2.5m）组成如图10.21（4）所示。

电杆引上方式是由通信管道沿通信水泥电杆引上至架空路由或架空电缆交接箱的引上建筑方式，随着通信架空电杆路由的逐渐消失，该方式也会逐步消失。

（1）“通信管道旧式人孔”外观示意图

（2）“二盖板通信管道手孔”外观示意图

（3）“通信管道手孔”内部线缆示意图

（4） 通信管道手孔墙壁引上示意图

图10.21 “通信管道系统”实物构成示意图

5. 认识配线光电缆的架空和墙壁钉固路由系统

通信光电缆的架空敷设路由分为“电杆吊线式架空路由”和“墙壁吊线式架空路由”2种，都是沿着电杆或建筑物墙壁架设“镀锌钢绞线”作为通信光电缆吊线，通过“电缆（吊线）挂钩”加挂到该电缆吊线上进行敷设，形成架空线缆路由。这也是过去常用的通信路由方式。但随着城市生态文明建设的发展，市区建筑线缆地下化进程的需要，该方式对城市景观的影响的缺点越来越明显，在未来的建设中，这种方式基本不再使用，原有的架空线缆也要逐步改建进入通信地下管道中，图 10.22 是此类建筑方式照片图。

墙壁钉固电缆也是通信配线电缆中常见的敷设方式，适用于 1~2 根的少量的通信光电缆的敷设环境，采用“膨胀螺栓电缆卡”，将通信光电缆每隔 0.5m 一个，固定在光滑的墙壁上，如图 10.18 中的通信电缆敷设情况所示，有时也将通信线缆先穿入塑料保护管，然后再将该保护管钉固敷设的方法。这类方式施工简单，造型美观，也是通信接入网工程中常用的通信线缆敷设方法。

（1）电杆架空吊线式电缆敷设示意图

（2）电杆架空吊线电缆终端敷设示意图

（3）电杆吊线固定示意图

（4）吊线电缆敷设与电缆挂钩示意图

图 10.22　电杆架空吊线式电缆敷设示意图

6. 认识通信用户与通信接入网线路布局

● 实际小区的通信用户

通常，实际的各类住宅及办公大楼的“住户”，就是通信系统要接入的各类“通信用户”，通信网络建设的主要任务就是“为所有的用户配置他们所需的通信线缆”，以便将其接入通信网络中。按照实际的用途，通信用户群分为“住宅小区用户”、“办公大楼用户”、“单位与大专院校专门用户”、“农村用户”等若干种类。

我们现场观摩的小区，是一个居民住宅小区，所以，我们是按照每栋建筑物的实际住户情况，来考察和区分用户的种类和数量的。住宅小区的“通信用户”主要可分为三类：第一类是各栋建筑物一楼的“商业店铺用户”，一般而言，他们需要电话和宽带上网的通信业务；第二类是楼上的私人住宅用户，按照住宅单元，分为一套套的住宅用户，一般他们的通信需求，也是电话和宽带上网的通信业务；第三类就是小区中的“宽带网吧”和“电话话吧”等“准通信业务客户”，宽带网吧用户，需求大容量的上网带宽（100M 至 1000M）以及少量的电话业务，一般是直接将宽带光纤接入网吧中，由电信部门根据其申请的带宽，配置其容量；而电话话吧用户，则需要较多的电话数量和一定数量的宽带业务，这时可根据其具体申请的情况，预先配置 20 至 50 对的电话通信电缆，设置一个电缆分线盒，终端在其业务点即可，将来可开通电话和 ADSL 型的宽带互联网业务满足其需要。

通信线路在具体的用户小区的分布，通常有二类情况，第一类是在旧的住宅小区中，由通信（节点）机房引出的通信电缆，经过“电缆交接箱”，配置到各个住宅楼的单元中，成端在每个住宅楼单元的“电缆分线盒”中，再由该电缆分线盒，将通信电话线对，一一分配到各家各户。这种方式由于采用的是电话电缆的接入，较多采用 ADSL 综合接入技术，如图 10.23（1）所示。

通信接入网的第二类线缆布局，是“光纤宽带 LAN 方式+电话通信”综合接入线缆结构的方式，如图 10.23（2）所示，宽带线缆（光纤）和电话线缆（电缆）分别由通信机房中引出，各自成端在建筑物（大楼）的“综合信息箱”中，其中宽带光信号，经“光电转换”，成为信息箱中“用户宽带交换机”的上联通道（一般是 100Mb/s 的速率），用户的“上网电脑”，直接通过“4 对宽带网线”，接入“宽带交换机”中，以局域网（LAN）的方式上网。而电话业务，则由专门的电话线通道传输。这时目前新建小区使用的主要通信接入方式，也是目前通信部门推荐的接入方式，它可以进一步保障通信质量，提高通信部门对用户的服务监控能力；并且，对于通信业务的升级换代，也更加方便。

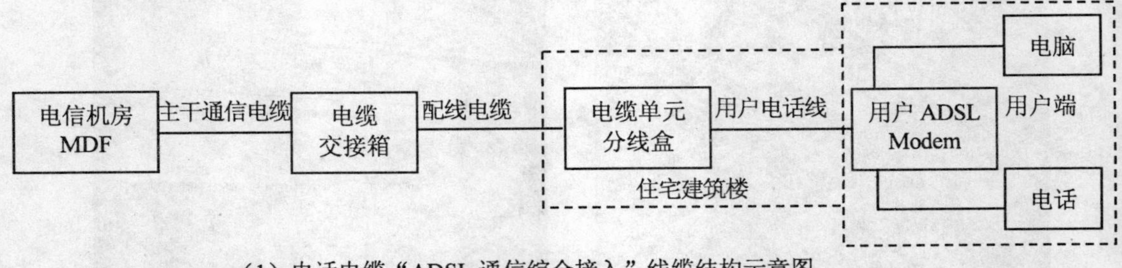

（1）电话电缆“ADSL 通信综合接入”线缆结构示意图

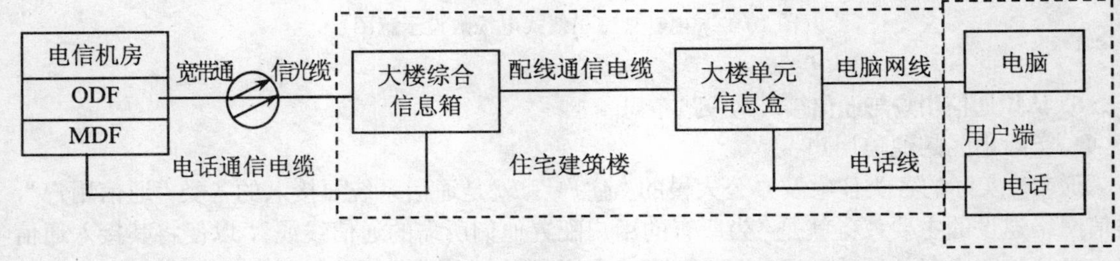

（2）“光纤宽带 LAN 方式+电话通信”综合接入线缆结构示意图

图 10.23　二种通信接入网线缆结构示意图

三、实验的实施情况

1．事先准备：通知全班按时到达教师指定的某通信小区。

2．现场观察讲解通信管道人手孔、引上钢管及穿管光（电）缆。

3．现场介绍电缆落地交接箱

用“大号一字螺丝刀”打开交接箱，讲解主干电缆（来自于机房 MDF）成端在中间的三块端子板上，配线电缆（去每个楼栋单元分线盒）成端在两边的 6 块端子板上，其间用跳线连接起来；小心打开交接箱纵列端子板旋钮，观察讲解电缆的成端情况：电缆开剥，将缆线按照线对排序和端子板的尺寸，编扎成“成端线扎”（就像编辫子一样），然后固定成端在端子班板上；此交接箱规格：双面 1800 对。

4．现场讲解手孔光电缆的分布和“光（电）缆接头盒”：

打开交接箱旁的标准 SK-2 手孔盖，对照实物介绍光电缆的分布与引上情况，介绍“可开启式光电缆接头盒”的原理与使用方法；介绍“一次性光电缆热缩接头套管”的原理与使用方法。

5．现场介绍电缆配线的三种敷设方式

选择合适的地方（有 2 种电缆建设方式处），搭梯子上去，讲解“钉固电缆”、“架空吊线电缆”的组成情况：钉固电缆方式用电缆卡每 0.4M 固定一处，沿光滑的墙壁附设，用钢钉或膨胀螺栓固定在墙壁上，电缆一般较细（100 对及以下）；架空吊线电缆由电缆吊线（7 股 2.0 或 2.2mm 镀锌铁线）、吊线支架（有 L 型中间支架与“三眼单槽夹板”）、电缆挂钩和（光）电缆组成，适合于 100 对以上（光）电缆沿不规则墙壁或水泥电线杆组成的“电缆架空路由”使用；管道电缆，在专业通信管道中附设，在手孔或人孔处引上，到建筑物中。

6．现场介绍“建筑物综合信息箱”的结构与使用方法

电缆的终端设备有“电缆分线盒”与“建筑物综合信息箱”，现场介绍“建筑物综合信息箱”的结构与使用：讲解 3 条引入线：电源线及多孔电源插座，宽带交换机的电源（220V 交流），单模光缆，引入后开剥。与光缆尾纤固定（热溶）连接于黑色“珐兰盘”中，连接处用“热熔套管”保护；电话电缆引入后，固定在“电缆接线排”上；内部还有“光（电）缆理线器”和“电缆接线器”用作建筑物内电缆的固定成端；现场观测 LAN 方式的宽带接入及开通情况，以及“宽带交换机”的设置情况。1 个住宅楼一般由 1 个“综合箱”和 2~3 个配套的单元接线盒组成。要求学生在作业中画出信息箱的结构图。

7．现场讲解“通信接入网设计”的勘察要点

测量每个建筑物的单元之间距离、用户数量、光电缆走向的路由建设方式（管道、架空、钉固），和路由的长度。

8．现场介绍通信管道路由及分组情况

根据开放实验项目的计划分组，现场确定各组管道的路由走向情况、测量要点、现场定点等情况。

9．实际用时：100 分钟 (2 课时)　现场教学用具：梯子、大号一字螺丝刀、信息箱专用钥匙等。

四、扩展训练：通信接入网工程规划设计——现场勘察要点

通信接入网工程现场勘察的要点有 2 个：

第一，是用户调查，就是要调查清楚区域内的所有建筑大楼的用户种类（如 1 楼的各种店面用户、2 楼以上的住宅用户、办公用户等），每种用户的具体数量，各种用户的通信业务

需求情况和合适的配线接入方式等；这是我们配线设计数量的依据，配线的具体数量，应是实际用户数量的1.2~1.5倍。用户调查情况，可以用表格的方式统计出来。

第二，是现场确定通信线缆的路由走向设计，就是要现场调查清楚这些用户线缆的具体路由走向和通信线缆的建筑方式，一般是采用“通信管道+引上钉固”的线缆敷设方式。要现场丈量仔细每段通信路由的具体长度，一般精确到0.5米即可。现场绘制通信路由的草图，以形成“通信线缆路由系统图”，和“通信线缆配线系统图”等相应的线路设计图纸，还有配套的通信管道路由设计图纸。

五、实验作业

1．试绘出“外线通信电缆”的建设系统结构示意图（中继方式图），要求标出“交接箱”、“电缆”、“分线盒”、“用户终端”等部分，说明2种外线光电缆的建设方式（ADSL、LAN方式）的原理与使用场合。

2．说明通信光电缆“接头”的作用、组成结构、使用场合和种类。

3．说明通信“建筑物综合信息箱”的作用、组成结构、使用场合。

10.6 实验　电信接入网节点机房系统的认识

（教材第3章内容，电信节点机房现场参观）

一、实验目的

1. 了解通信接入网节点机房综合通信系统的设备组成；

2. 实地记录和学习机房内交换设备、宽带设备、光传输设备、电源设备和配线设备的工作原理；

3. 实践用坐标纸和Auto-CAD软件按A4图幅，绘制机房平面图等通信工程图的方法。

二、通信节点机房系统组成原理

通信节点机房系统，一般由两种设备组成：“宽带ADSL+电话交换”设备；以及“LAN+电话交换”设备，下面分述如下：

1. 宽带ADSL+电话交换方式（如图10.24所示）

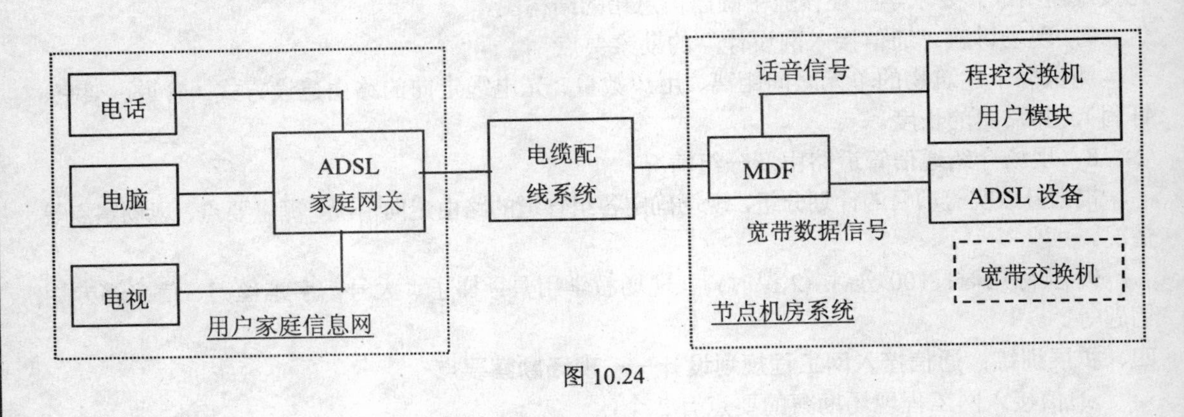

图10.24

2. LAN+电话交换设备方式（如图10.25所示）

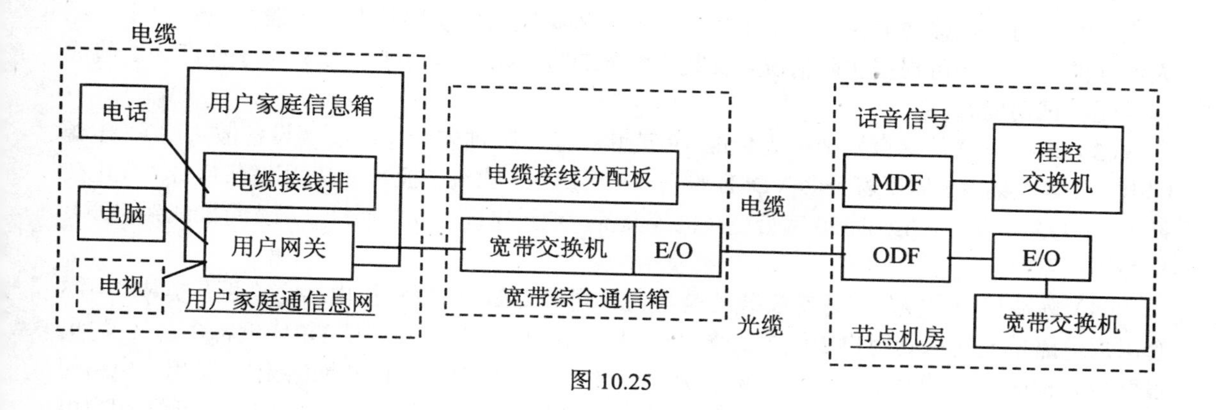

图 10.25

3. 设备工作原理简介：

(1)程控交换远端接入设备：一般分为“远端交换模块(RSM)”和“远端用户模块(RSU)”；

远端交换模块（RSM）

可独立处理和连接本区域内的用户之间的呼叫接续，具有路由选向功能，与上级母局可以 V5.2 接口(标准 PCM)连接，也可以其厂家专有的形式，直接以光纤相连；

远端用户模块（RSU）

通常容量较小（1000 门以下），无路由选向功能，与上级局以“集线器汇聚业务量”的方式连接（V5.2 接口）。

（2）光传输系统

节点机房的 SDH 光传输系统，一般选用可传输话音（2M 系统为单位）业务和宽带业务（IP over SDH）同时开展的 MSTP 设备，如深圳华为公司的 Metro-1000 等产品，根据各节点的业务量，组成相应的 155Mb/s 或 622Mb/s 光环传输网系统。

（3）ADSL 接入网技术：(见教材，略)

三、实验内容

1. 现场参观校内通信节点机房，授课教师现场讲解设备原理、作用；
2. 现场参观学院东校区计算机中心机房，授课教师现场讲解设备原理、作用。

四、实验要点

1. 现场参观校内电信节点机房：

（1）概述：电信局“无人值守节点”综合机房，通常的配置设备是：①电话电缆总配线架（MDF）；②19 英寸通用型宽带综合机架若干；③远端程控交换机；④通信电源设备；⑤光传输机架；⑥宽带 ADSL 机架（DSLAM 机柜），以及⑦线缆走线架；⑧蓄电池（1 组 300Ah）；⑨机房监控设备等接入网通信设备，具有典型的通信节点机房的特征。

（2）用户总配线架（MDF）：其横列（H）收容交换机（1200 对）、宽带 VDSL（200 对）、ADSL 的通信成端电缆（若干对），纵列（V）安装至通信用户的外线通信全塑电话电缆若干条，通过架顶“电缆走线架”连接。纵列容量 800~1200，带保安设施，外线电缆成端（根据机架具体尺寸，将电缆开剥后编成“线把子”，整齐美观地成端于纵列上），内线交换机用户电路的用户线电缆成端与横列端子板上，一般每用户为 4 线（A、B 通话线 2 线、内部测试线 2 线），常用 64 线带测试功能的端子板做成端，内外线之间用跳线连接。该设备一般安装在电信局的“电缆测量室”，两边配移动滑梯，可上下操作，架高根据机房的实际情况，一般 2．2M 以上；无人值守的节点机房可根据实际情况，安装小型 MDF，一般不配滑梯，横列端子板即为 2 线成端（无测试功能）。

（3）通用型宽带综合机架：为标准 19 英寸机架，架顶安装排风扇（设备散热用）、电源配电单元等，架内安装了若干套 VDSL 设备（8 用户 X5 块端子板）、机房用宽带信号“光电转换器（E/O）单元”、Cisco3550 宽带交换机等设备，通过电缆、光缆尾纤（至光纤配线架 ODF）与外界联系。

（4）远端程控交换机：通常安装的是华为公司的 C&C08 型程控电话交换机，实装了 4~5 套用户电路单元（每套用户 302 户，含“被叫号码收号器”32 套，即 DRV 设备 2 套），与集线器单元构成了远端“用户模块”系统 RSA，不具有交换功能（TST 网络无）；其用户电路的电缆接至 MDF 横列端子板，数字集线器输出的 2M 信号通过同轴电缆接至 DDF 单元。用户电路端子板：8~16 用户/板，BORSCHT 功能，系统电路原理（注意防静电，不可用手触摸）；

（5）通信电源设备：为通信专用高频开关电源机架，自上而下，首先是电源分配盘，汇聚了交流电源“输入”分配单元、直流电“输出”分配单元；其次是电流显示单元，显示了当前输入、输出的电流值；再下端是电源转换单元，负责 2 路以上的电源输入的倒换，当市电 220V 停电时，自动倒换至备用的“蓄电池供电”系统，平时则对该系统充电；最后是“高频交/直流转换系统”，将交流 220V 电源转换为-48V 直流电源，该系统按“模块”组合的方式组成，每个模块一般可提供 50A 的输出电流额度电源；本机架安装了 4 个“模块”，但只有 1 个在工作，输出的电流值可从“电流显示单元”中读出。

（6）光传输机架：该机架为非标准传输机架，安装了 3 个单元设备，最上端为 DDF 单元，中间是华为公司生产的 155/622M 光传输单元，下方是 ODF 单元。程控交换机的 2M 传输电缆和光传输单元的同轴电缆均在 DDF 单元成端，通过连接器连接；光传输单元的光缆尾纤和外线光缆均在 ODF 单元成端，外线光缆通过 ODF“法兰盘”接出光缆尾纤（固定接头），通过 ODF 跳纤盘与光传输单元的尾纤连接（活接头）。

（7）列头柜与告警系统：列头柜一般安装在有人职守的大型机房中，每列配 1 架，安装在列首，为该列设备提供各种电源和进行“列告警”，故设备中主要是各种电源保险装置和机架告警连接线，面板上主要装有 2~3 个告警灯，红色为电源告警，为最紧急告警，表示“本列某处电源中断”；后 1~2 种为电信业务告警，分为“紧急告警”和“一般告警”，表示“本列某处设备故障”。

（8）通信机房的告警系统：如上所述，通信机房的告警分为三级：红色电源告警，为最紧急告警；电信业务告警，分为“紧急告警”和“一般告警”；告警设备分为“总告警设施（总告警显示灯、显示器及电铃）”、“机架列告警（列告警显示灯、显示器）”和“机架告警（机架显示灯）”三部分，维护人员可根据这三级告警设备，很快定位告警故障的机架，判断故障点，迅速解决故障。

2．现场参观学院计算机中心机房

（1）概述：该机房属于学院计算机网络的“无人值守中心”机房，安装了①IDF②通用型宽带综合机架③光缆终端箱④通信电源设备（UPS）等计算机网络通信设备，具有典型的计算机中心机房的特征。

（2）五类网线（双绞线）配线架（IDF）：其后端收容宽带交换机的五类双绞线成端电缆，前端则作为 RJ-45 端口跳线，接机房内的各类汇聚交换机（或路由器），至用户的外线通信电缆，通过架顶“电缆走线架”连接。

（3）通用型宽带综合机架：为标准19英寸机架，架顶安装排风扇（设备散热用）、电源插销板等，架内安装了IDF单元设备、机房用E/O单元、Cisco3550/4506等宽带交换机等设备，通过五类双绞线电缆、光缆尾纤（至光缆终端箱）与外界联系。

（4）光缆终端箱：由“光缆引入部分”和“室内光纤（尾纤）连接部分”两部分组成。外线光缆通过金属加强件固定成端，其“松套管光纤”在法兰盘中与光纤（尾纤）固定成端，然后通过“活接头”与机房内光纤连接。

五、教学要求

1．学习各传输系统、接入网交换系统和宽带数据系统的工作原理；

2．学习电话网、宽带网的组网系统，以及通信电源、配线架等辅助系统工作原理；

3．现场勘测了解并绘制机房平面草图（含设备型号、长宽高尺寸等）、设备系统工作原理图和各机架的单元实际安装框图，标出各单元名称，列表说明各单元作用。

4．分别用坐标纸和Auto-CAD软件，按A4图幅，绘制以上三种工程实物图，要求标出“通信光端机”、“ODF”、“DDF”、“程控交换机”、“MDF”、“交接箱”、“分线盒”、“用户终端”等部分，列表说明机房内3种配线架、通信交换机和光端机的工作原理，并配以必要的说明。

5．写出实验报告，介绍①“通信节点机房”的设备系统组成，“通用型宽带综合机架”、“远端程控交换机”、“通信电源设备”“光传输机架”设备实装情况和各自的业务功能；②介绍“学院东校区计算机中心机房”设备系统组成，介绍“通用型宽带综合机架”、“IDF”、“光缆终端箱” 的设备实装情况和各自的业务功能。

6．说明通信机房“列头柜”的作用、组成结构、使用场合。

7．说明通信机房“告警系统”的组成结构和工作原理。

8．说明通信机房的种类、组成系统和主要工作原理。

10.7 实验　电信局机房系统的实地参观认识

（教材第3~6章内容，电信机房现场参观）

一、实验目的

1．现场参观认识电信局“通信测量室（1C）”的设备工作原理和系统组成情况；

2．现场参观认识电信局“交换接入机房（2C）”的设备组成与工作原理情况；

3．现场参观认识电信局“（单模）光传输机房（3C）”的设备组成与工作原理情况；

4．现场参观认识电信局“实时监控系统（5C）”的组成与工作原理情况。

二、实验原理

1．实验的安排

在电信公司的安排下，依次参观各机房：由电信公司专家以讲座和现场指导的方式讲解各专业机房系统情况。实验地点：电信公司通信测量室（1C）、交换接入机房（2C）、光纤传输机房（3C）、系统监控机房（5C）。典型的大型有人值守电信局光电缆进线和传输、交换机房格局安排，如图10.26所示。

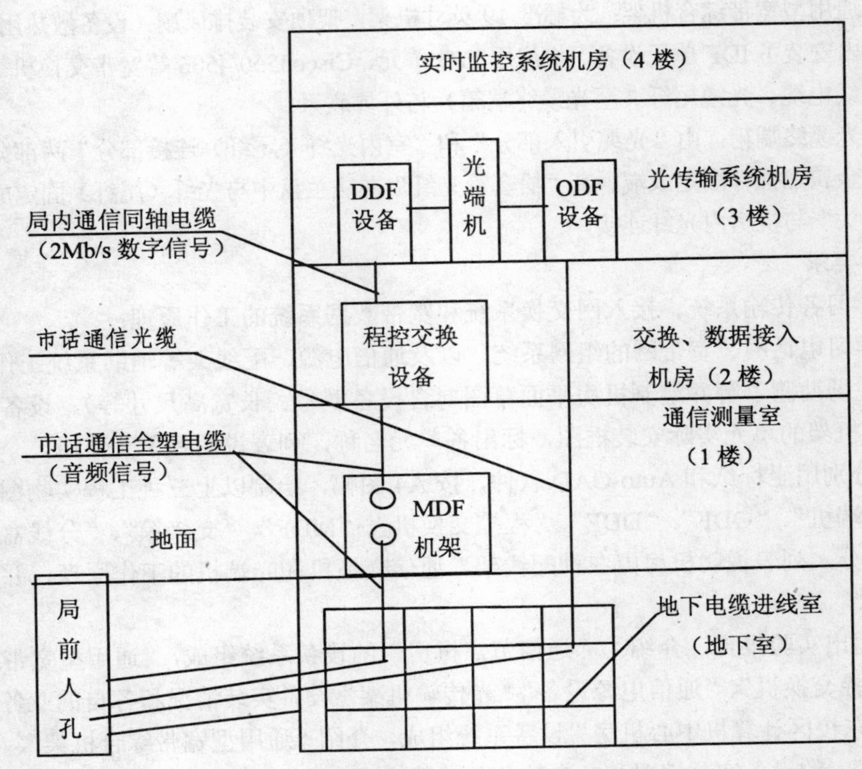

图 10.26 大型有人值守电信局机房组成示意图

2. 实验预习内容

教材相关光传输、程控交换、通信接入网系统知识，具体如下：

（1）通信测量室（1C）

主要由总配线架设备（MDF）、外线电缆监控测量设备以及电缆上线架等组成，是外线用户电话电缆的成端跳线（MDF 机架纵列上）、测量监控机房。电话程控交换设备和 ADSL 设备的局内电缆，也在该机房的总配线架（MDF）横列端子板上成端。内外线用户通过“MDF 跳线”连接。

（2）交换接入机房（2C）

主要由电话交换设备（包括小灵通接入设备）、宽带设备（包括 ADSL /LAN 设备）、电源系统（直流开关电源+蓄电池等）、接入网传输设备、配线设备以及电源系统（直流开关电源+蓄电池等）等组成，对用户提供话音和宽带信号的汇聚集中、交换和传输等功能。将模拟电话信号转换为数字 PCM 信号，经交换处理后，通过“数字中继器”转换为 2M（HDB3 码）PCM 数字信号，经同轴电缆，传送到 3 楼光传输系统机房的数字配线架（DDF）成端。

（3）光传输系统机房（3C）

由光缆引入、光缆配线架成端与法兰盘固定熔接引出、光缆尾纤跳接、设备尾纤、光传输 SDH 设备、2M 数字电信号引出（同轴电缆）、DDF 数字配线架等组成。承担光缆信号引入，光电转换，电信号分配，向程控交换设备传送 2M 数字中继信道的作用。

（4）实时监控系统机房（5C）

对全局各通信系统和各通信网点（节点机房）进行 7×24 小时的实时监控，保证了通信故障在最快时间得到控制和修复，特别是“光环路传输系统”和不断开发的“智能传输系统”，

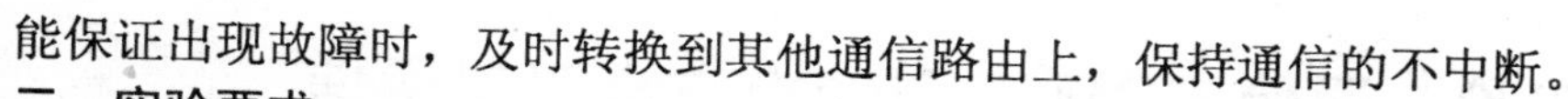

能保证出现故障时，及时转换到其他通信路由上，保持通信的不中断。

三、实验要求

（1）学习各传输系统、接入网交换系统和宽带数据系统的工作原理；

（2）学习电话网、宽带网的组网系统，以及通信电源、配线架等辅助系统工作原理；

（3）绘出机房平面图（含设备型号、比例尺寸等）、设备系统工作原理图；

（4）每实验组在参观现场应认真作好实验记录：包括各机房设备型号、工作原理、系统结构和实时监控机房各种系统性能记录，任课教师签字确认后离开。

10.8 实验　数字信号的产生与多路复用

（教材第4章内容，“通信原理”课实验系统中完成）

一、实验目的

1. 认识单、双极性码、归零码与非归零码等通信数字信号的产生原理和波形特点；

2. 认识和掌握时分复用基带数字通信系统的工作原理，观察了解同步信号在系统中的作用；

3. 熟悉了解实验模块的工作原理和双踪示波器的使用方法。

二、实验器材

1. 四路直流稳压电源1台；
2. 双踪示波器1台；
3. 数字信源编码模块1套；
4. 数字终端模块1套；
5. 实验专用连接线若干；
6. 万用表1付

三、实验内容

1. 观测各类数字信号波形:用示波器观察“数字信源编码模块”输出的时钟信号、单、双极性码、归零码与非归零码等数字信号，分析比较其波形和相位特点；

2. 观测时分复用基带信号波形:用“数字信源模块”和“数字终端模块”，构成1个基本的“时分复用数字通信系统，用示波器的“双综图形”观察“数字终端模块”输出的时钟信号和各类数字信息信号的对应波形，拍照记录下各类信号波形，分析比较其波形和相位特点。

四、实验要求

本次实验，是利用原有的“通信原理”课程的专项实验系统进行的。采用该系统的“数字信源编码模块”和“数字终端模块”两种系统模块，完成对通信线路所传输的码型的感性认识，并加以分析。实验要求如下：

1. 认真完成并记录实验项目和过程。

2. 拍照记录下完成的示波器上的实验波形图，特别是对应的示波器刻度值和对应的横轴、纵轴参数值，求得实际的波形的周期、频率、幅度等各项参数。

3. 对取得的信号波形，进行定性或定量的分析，说明取得的实际效果，并与理论值进行分析比较。说明二者的差别，分析出现差别的原因。

4. 按照老师要求的标准实验格式，完成实验报告。

10.9 实验　通信 PCM 码型转换与全双工通信

（教材第 4 章内容，“通信原理”课实验系统中完成）

一、实验目的

1. 认识 PCM 编译码电路芯片及系统的功能原理；
2. 观测模拟话音信号在 PCM 数字转换系统中的变换情况，理解 A/D 转换的原理；
3. 通过“通话性能实验”，观测认识数字通信系统的性能原理；
4. 进一步熟悉双踪示波器的使用方法。

二、实验器材

1. 四路直流稳压电源 1 台；
2. 双踪示波器 1 台；
3. PCM 编译码与全双工数字通信实验模块 1 套；
4. 信源编码模块 1 套；
5. 数字终端模块 1 套；
6. 耳机话筒 2 套；
7. 万用表 1 付。

三、实验步骤

1. 正确连接电源：PCM 实验模块（箱）使用正负 12V 直流电源，从电源所带的变压器中正确连接，中间为地线；打开实验箱电源开关后，电源指示灯应被点亮，可用万用表（直流电压档）测量其电源电压是否正确。

2. 系统设置及连线：将实验箱的 2kHz 正弦单频信号（模拟话音信号）按照下图接入“模拟音频入”端子：

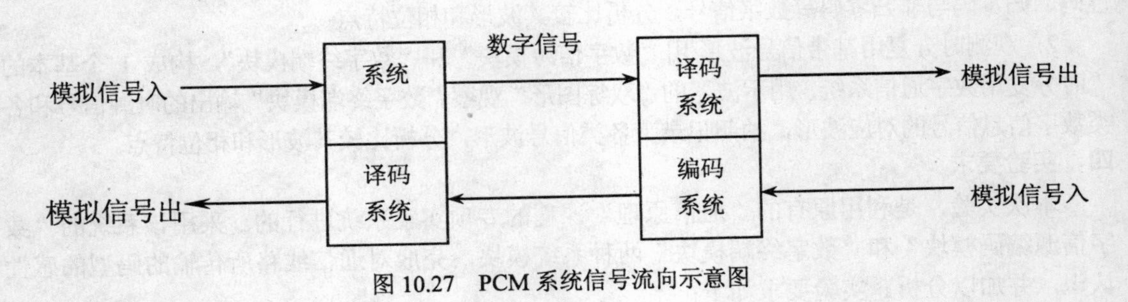

图 10.27　PCM 系统信号流向示意图

3. 信号观察:用示波器同时观察“输入（模拟）/输出（数字）信号”，以及“输入（数字）/输出（模拟）信号”的波形，研究其时间上的对应情况。注意：此时的话音（正弦）信号是 2kHz，而数字信号的抽样频率是 8000 次/秒，所以每个正弦信号 1 个周期内应该出现 4 个编码脉冲。将观察信号波形记录下来。

4. 通话性能测试：用耳机话筒进行通话性能实验，主观定性观测该系统通话效果。

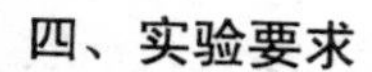

四、实验要求

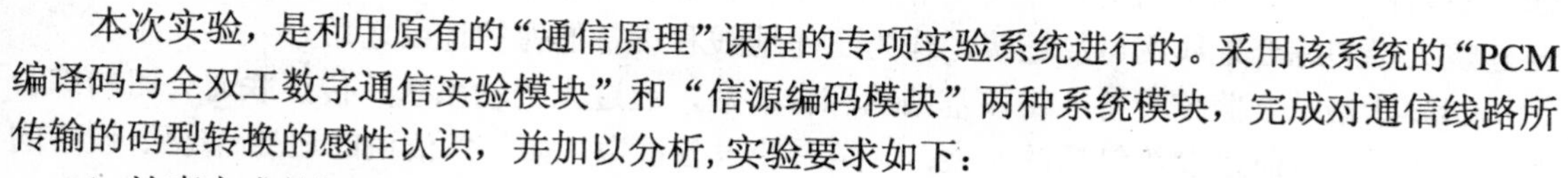

本次实验，是利用原有的“通信原理”课程的专项实验系统进行的。采用该系统的“PCM编译码与全双工数字通信实验模块”和“信源编码模块”两种系统模块，完成对通信线路所传输的码型转换的感性认识，并加以分析，实验要求如下：

1. 认真完成并记录实验项目和过程。

2. 拍照记录下完成的示波器上的实验波形图，特别是对应的示波器刻度值和对应的横轴、纵轴参数值，求得实际的波形的周期、频率、幅度等各项参数。

3. 对取得的信号波形和通话实验效果，进行定性或定量的分析，说明取得的实际效果，并与理论值进行分析比较。说明二者的差别，分析出现差别的原因。

4. 按照老师要求的标准实验格式，完成实验报告。

10.10 实验　移动通信基站系统参观调查

（教材第7章内容，移动通信基站现场参观）

一、实验目的

1．调查了解移动通信基站机房综合通信系统结构与设备组成；

2．实地记录和学习机房内基站设备、天线设备、光传输设备、电源设备和其他设备的工作原理；

3．实践用Auto-CAD软件按A4图幅，绘制机房平面图，系统覆盖范围图等通信工程图的方法。

二、移动通信基站机房系统组成原理

移动通信基站机房系统，一般由机房设备和室外天线两大类设备组成；室外天线是由天线和引入天馈线组成的；机房设备主要由基站无线调制设备（BTS）、（光）传输设备、通信电源设备以及起辅助作用的基站综合监控设备和机房空调设备等组成，分述如下：

1．机房设备简述

（1）基站无线调制设备：将话音和数据信号转换成移动无线制式的数字信号，通过基站天线，与本区域（覆盖小区）内的手机移动用户建立实时监控联系；本基站的无线设备分为三种：

GSM-900MHz系统、DCS-1800MHz（补充）系统和CDMA-900MHz系统设备，前两种均为GSM制式设备，其中DCS系统为GSM的补充设备，本基站采用加拿大北电公司产品，输出功率为8W，GSM和DCS设备均使用8个调制载频，每个载频通过时分复用，提供8路无线信道，故其各有64路信道（其中1个信令信道）；而CDMA系统只有1个载频，由于其优良的调制性能，信道数量达到55个以上，本基站采用美国朗讯（Lucent）公司设备，其天线发射功率为20W或40W。

（2）传输设备：通常均为SDH光传输设备，本基站采用155M的SDH光传输单元，以及配套的光纤分配单元（ODF）和同轴数字电缆分配单元（DDF），合装在1个传输机架中。

（3）通信电源设备：采用通信系统常用的直流-48V供电方式，由开关电源机架和蓄电池组组成；开关设备为北京动力源科技有限公司的高频开关综合电源机架，该机架由交直流配电盘、电源参数显示盘和开关电源转换模块等三部分单元组成，分别起到电源输入输出、电源参数监控显示和电源的交直流转换等三大作用。该系统还包括综合地线（排）装置，一般与建筑大楼的综合地线网可靠连接，作为工作地线和设备的保护地线之用。

（4）基站综合监控设备：将该基站的综合参数，通过光传输系统，传至联通公司的综合监控机房；这些监控参数包括两大类：一是系统设备参数，如每条信道的通/断情况、设备的电源监控、系统的业务告警等监控参数；另一类是环境监控参数，如门禁、温度范围、湿度范围、市电供电监控、烟尘监控告警等。

2. 室外天线简述

城市移动天线均为定向天线，由 3 付各覆盖 120° 角的定向天线组合而成；本基站铁塔上按照“高、中、低”的方位，依次是 CDMA 电子倾角天线、GSM-900MHz 机械倾角天线和 DCS-1800MHz 机械倾角天线。天线倾角，指其与纵轴之间的夹角，应小于 11°，一般在 5°～8° 为好。机械天线的倾角，只能由安装的实际位置确定，而电子天线倾角，可由远端设备人为操作控制，或是软件智能化跟踪控制。

每付天线有 2 根专用馈线，天馈线的总长度根据各系统的不同，具有一定的限度值。本基站有 9 付天线，共有 18 根天馈线。

三、实验要求

1. 分别勘测机房和各设备位置、长宽高尺寸（精确到厘米），现场绘制草图，然后分别用坐标纸或 Auto-CAD 软件按 A4 图幅，绘制机房平面图，天线系统覆盖范围示意图；

2. 用坐标纸或 Auto-CAD 软件，按 A4 图幅，绘制三种基站无线设备（4 架）、光传输机架、电源机架的单元实际安装框图，标出各单元名称，列表说明各单元作用。

3. 完成规范化的实验报告。

10.11 实验　网络工程综合布线与测试

一、实验目的

1. 使学生通过实践，认识体验“综合布线系统”的组成和各项器材组成过程。

2. 使学生认识、掌握综合布线系统的测试内容与方法。

3. 初步锻炼学生的实际动手能力。

二、实验内容、分组与课时安排

1. 布设墙壁走线槽道；

2. 穿放与成端网线——将网线正确连接在终端盒和 110 网络配线架（反面）上；

3. 认识网线的工程测试方法和内容。

4. 实验为分组实践型，每组宜为 3 人，不可超过 4 人；每批次为 8 个组；实验为 4 课时。

三、实验器材、工具

1. 损耗器材：塑料走线槽（每组 5 米计）、网线（每人平均 6 米计）；

2. 循环使用器材：终端盒（每组 2 个）、网线终端模块（每人 1 个）。

3. 小组工具：3-5M 钢卷尺、电工钢锯、110 打线刀、梅花（十字）形螺丝刀、剪刀。

4. 公共工具：12 口 110 网线配线架 6~8 条（正面是网线插口，可固定在机架中）、220V 交流电钻枪 4 把、网线测试器 4 个，568A 型直通网线 8 条，人字形铝合金梯子 2~4 把。

四、实验过程与标准

1. 领材料、工具：每组终端盒 2 个、网线终端模块每人 1 个；3-5M 钢卷尺、电工钢锯、110

打线刀、梅花（十字）形螺丝刀、及剪刀，每组各1件（以上为工具）。

公共工具：220V交流电钻枪4把、测试器4个，568A型直通网线8条，人字形铝合金梯子2把。

2. 施工准备：按照分配的施工场地，拆除原有的各种设施，统一放置到指定纸盒中。然后设计、丈量好布线路由长度，准备好“塑料走线槽”和“网线”的长度。

3. 安装槽道施工：按照丈量好的长度，用电工钢锯锯出合适长度的塑料走线槽，然后将其底部打上洞，用螺丝固定在设计丈量好的工作墙上，弯头处，加上各种弯头，形成合适的转弯。

4. 槽道内布放网线及成端测试：在上述安装好的塑料槽道内，穿放3~4根网线（小组人员每人1根），将网线分别在终端盒的“网线终端模块”和110网线配线架反面，用110打线刀成端，并及时用网线和网线测试器测量好两边的接头是正确接头的。

五、实验测试

正规的测试，是用测试仪进行网线的导通性等10个项目指标的测试，本次测试限于条件共测试2个指标：第一，用测试器测量网线的导通性（8根线一一对应的连接正确性）；第二，用钢卷尺丈量布放的网线的长度（精确到厘米），取3位有效数字即可。

六、实验报告

按照实验小组，每组一份“实验报告”，用列表的形式，明确每人做的具体事情，列表3~4根网线的测试情况与长度数值，要求有实际槽道安装好的实物照片、网线在110配线架上和在终端模块上的连接照片（各1张）及小组成员的工作照片1张，并要附上每个人的实验心得（各正楷手写1段心得内容，并各自签名）。

第11章 综合性设计性实践项目

11.1 实验 通信专业课程论文写作

（多媒体教室、网络机房内组织教学）

一、写作目的

1. 深入了解和认识课程的相关内容。

2. 学习专业化、规范化的科技论文写作技能。

3. 学习针对性地查找资料，以及分析问题、解决问题的写作思想方法。

二、课程论文写作

1. 写作内容要求

论文的内容应是课程学习内容，即通信技术与系统、多媒体通信系统、光传输通信以及现代交换通信的相关概念、内容的引申和扩展。内容和课题可以在以下教师推荐的课题库中确定，也可自拟题目，在教师确认后开始写作。本科生论文应在3000字以上，高职生论文应在2000字以上。

2. 写作的方式要求

写作的程序宜按照下列格式进行：

①引言；②概念的解释；③原理的展开；④实际的应用情况；⑤未来的技术发展情况；⑥结束语。

论文的格式应按照规范的“论文写作” 格式进行，可参阅各类网站上的“科研论文”的格式进行；也可参阅教师推荐的科技杂志上的论文格式进行。必须要有：“标准封面”和“题目与提纲申请表”、英文题目、摘要和关键词等英文内容以及正文后面的“参考文献”（2 篇以上）。

3. 写作的方法要求

课程论文的目的是对课程所学内容的深入理解，重点应放在对通信类课程的某一个内容的概念、原理和实际应用情况的认识与掌握，写出自己的认识与体会，加强对课程深度和广度的深入学习，不必强调“创新”。希望同学们在教师的辅导下，充分利用“通信技术课程精品课网站”的作用，参考期中的教学内容和相关的“通信主流门户网站”，阅览相关的通信专业知识，认真做好相关文章。

4. 课程论文评分标准（如表11.1所示）

表 11.1

序号	项目	分值	评分方法				
			很好	较好	一般	差	无
1	申报计划表	10	9-10	7-8	6-7	4-5	0
2	写作内容的技术先进性	20	18-20	14-17	12-14	8-11	0
3	写作内容的严谨性、条理性	20	18-20	14-17	12-14	8-11	0
4	写作语句的流畅性	10	9-10	7-8	6-7	4-5	0
5	写作格式的规范性	10	9-10	7-8	6-7	4-5	0
6	英文翻译的规范性、准确性	10	9-10	7-8	6-7	4-5	0
7	附录文章的先进性、规范性	10	9-10	7-8	6-7	4-5	0
8	完成时间进度	10	A.提前 15 天 10 分；B.按时完成 6 分；C.超时完成：0 分				

5. 部分写作内容与题目选择(如表 11.2 所示)

表 11.2

序号	课题	内容	备注
1	通信行业的分层系统组成结构分析	1.1 节内容扩展	
2	通信行业的特点分析	1.1 节内容扩展	
3	通信行业的衡量参数指标分析	1.1 节内容扩展	
4	通信行业的现有技术与未来发展分析	1.1 节内容扩展	
5	通信行业的企业分类分析	1.2 节内容扩展	
6	通信行业的企业改制分析	1.2 节内容扩展	
7	通信行业的企业人员组成分析	1.2 节内容扩展	
8	通信行业的传输技术分析	1.3 节内容扩展	
9	通信行业的交换技术系统分析	1.3 节内容扩展	
10	互联网通信交换技术特征分析	1.3 节内容扩展	
11	主要的国际通信标准化组织分析	1.3 节内容扩展	
12	语音电话通信的技术分析	2.2 节内容扩展	
13	宽带互联网通信技术的发展趋势分析	2.3、2.4 节、第 8 章内容扩展	
14	IPTV 网络电视技术分析	2.3.2、2.4 节内容扩展	
15	光纤光缆的测试与接续概述	3.3 节、相关实验内容扩展	
16	光纤光缆的系统组成概述	3.3 节内容扩展	
17	SDH 数字同步传输系统概述	4.1~4.3 节内容扩展	
18	通信话务量原理概述	4.5 节内容扩展	
19	通信质量指标的衡量标准	1.1.6、4.5 节内容扩展	
20	PCM 通信系统原理概述	4.1~4.3 节内容扩展	

续表

序号	课题	内容	备注
21	光纤通信系统组成概论	5.1~5.2 节内容扩展	
22	光纤波分复用系统概述	5.1~5.3 节内容扩展	
23	程控交换系统原理概述	1.3、4.4、6.1~6.4 节内容扩展	
24	程控交换通信组网概述	1.3、4.4、6.1~6.4 节内容扩展	
25	通信工程原理概述	1.4、补充内容扩展	
26	通信工程规划设计概述	1.4、补充内容扩展	
27	通信接入网常见接入方式概述	第 9 章、补充教材内容扩展	
28	通信设计绘图原理概述	补充教材内容扩展	
29	通信工程概预算原理概述	补充教材内容扩展	
30	综合布线系统原理概述	补充教材内容扩展	
31	综合布线的系统组成概述	补充教材内容扩展	
32	NGN 通信系统原理概述	6.5、4.4.2、1.3.3 节内容扩展	
33	通信网络的组网特征——分层结构分析	1.3 节内容扩展	
34	电信服务质量保障协议 SLA 浅析	1.3 节内容扩展	
35	通信工程概论	1.4 节内容扩展	
36	通信工程服务商的操作流程分析	1.4 节内容扩展	
37	通信工程设计概论	1.4 节内容扩展	
38	通信工程设计的现场勘查与分析	1.4 节内容扩展	
39	通信工程设计的绘图要点	1.4 节内容扩展	
40	通信工程设计的概预算分析	1.4 节内容扩展	
41	通信小区接入网工程设计分析	1.4 节内容扩展	
42	我国通信基础运营商构成与运作分析	1.2 节内容扩展	
43	我国通信网基本业务分析	2.1 节内容扩展	
44	通信信号的编码与转换分析	2.1 节内容扩展	
45	固定电话通信业务浅析	2.2 节内容扩展	
46	移动电话通信业务浅析	2.2 节内容扩展	
47	宽带局域网数据业务组网分析	2.3 节内容扩展	
48	多媒体语音编码技术分析	2.4 节内容扩展	
49	多媒体语音与图像编码技术分析	2.4 节内容扩展	
50	通信信号的 PCM 码型转换与多路复用系统分析	4.1、4.2 节内容扩展	
51	通信电缆接入系统的使用分析	3.1、3.2 节内容扩展	
52	通信光缆接入系统的使用情况分析	3.1、3.3 节内容扩展	
53	计算机局域网综合布线系统分析	3.2 节内容扩展	
54	通信线缆常用工程建筑方式分析	3.1、3.4 节内容扩展	
55	数字多路信号的复用方式分析	4.1、4.2 节内容扩展	

续表

序号	课　题	内　容	备 注
56	数字信号 SDH 同步复用传输系统分析	4.1~4.3 节内容扩展	
57	SDH 光纤传输网组网系统分析	4.3、5.1 节内容扩展	
58	数字信号交换系统原理分析	4.4 节内容扩展	
59	通信信号话务量系统分析	4.5 节内容扩展	
60	通信信号的服务质量指标分析	1.1、4.5 节内容扩展	
61	光传输系统的设备组网分析	5.1~5.3 节内容扩展	
62	光纤波分复用系统组网分析	5.1、5.2、5.3、5.5 节内容扩展	
63	光通信系统的综合业务传输与智能化	5.1~5.4 节内容扩展	
64	程控交换机组成系统分析	6.1~6.3 节内容扩展	
65	我国通信交换网络系统分析	6.1~6.4 节内容扩展	
66	下一代通信交换网（NGN）系统简介	6.5 节内容扩展	
67	移动通信系统简介	2.2、7.1 节内容扩展	
68	GSM 移动通信系统原理简介	7.2 节内容扩展	
69	CDMA 移动通信系统原理简介	7.1、7.3 节内容扩展	
70	第 3 代（3G）移动通信系统原理简介	7.5 节内容扩展	
71	卫星移动通信系统原理简介	7.3、7.4 节内容扩展	
72	计算机局域网组网技术分析	8.2、8.3 节内容扩展	
73	计算机 IP 互联网组网技术浅议	8.1~8.6 节内容扩展	
74	铜线电缆通信综合接入网技术浅议	9.1、9.2 节内容扩展	
75	光纤通信综合接入网技术浅议	9.1~9.3 节内容扩展	
76	建筑物综合布线通信系统技术浅议	8.2、8.3、8.4；9.4 节内容扩展	
77	现代用户终端网络技术分析	8.2、8.3；9.2、9.3、9.5 节内容扩展	
78	通信工程光电缆测试技术浅议	光电缆测试实验内容扩展	
79	通信工程的招标-投标流程浅议	1.4 节内容扩展	
80	通信工程设计技术漫谈	1.4 节内容扩展	

11.2 实践　通信技术课程企业实习项目

（附各类实习表格）

一、实验目的

1．实地认识和验证“现代通信技术与系统”在企业的组网情况、工程实施和通信销售情况；

2．巩固、深化所学的现代通信系列理论知识和实践技能，提高分析问题、解决问题的能力；

3．通过项目小组的“项目调查报告”和课程论文写作，培养实地调查、在实际工作中学习和总结规范化、流程化开展工作的能力，以及科学研究的能力，和团队合作精神；

4. 通过实践的过程，切身感受在职场工作的综合知识与素质要求，树立正确的劳动观念，增强专业责任感和敬业精神，并形成“理论联系实际”的学习风气。

5. 培养学生“主动学习与实践”、“就业岗位的认识与体验”以及“通信技术专业使命感”。

二、实习安排

1. 分小组（3~4 人为 1 组），按照联系好的通信企业，在企业工程师的指导下，进行现场实践；

2. 每周定期实习若干半天或全天。

三、实习内容

1. 实地调查了解通信企业的专业机房组成情况和维护操作规程；

2. 实地参与通信企业交给的各类通信操作任务；

3. 完成好每日的实习日记、实习报告和实践过程中的所见所得，并整理成技术报告或论文。

四、实习作业与鉴定

1. 学生分小组，将每组的实习报告、调查报告和实习论文上交企业指导老师，请指导老师手写完成对学生的评价鉴定。

2. 学生分组，将具有企业鉴定的实习作业，装订成册，上交课程教师，作为实习的成绩依据，由课程老师打分，作为课程成绩的组成部分。

3. 学生应该按照课程老师事先公布的成绩评价等级办法，完成实习作业，争取“优等”成绩的内容。

××学院计算机信息工程分院
学生实习手册

班　　级：__________ 姓　名：__________ 学　号：__________

实习日期：__________ 同组者：__________

实习名称：“现代通信技术”课程电信企业实习项目

实习报告内容

项　目	内　容	比 重	得 分
报告封面	①实习信息；②其他	5%	
实习大纲与记录单	①　实习指导书	——	
	②学生实习申请与计划书		
	③实习记录单	5%	
实习报告	①实习总结	10%	
	②实习日志	10%	
各类作业	③专业论文；④专业调查报告	30%	
实习单位鉴定表		40%	
实　习　成　绩			

教师评语：

指导教师：__________ 实习成绩：__________ 批改日期：__________

“现代通信技术”课学生实习指导书

1. 实习名称　学生电信企业“现代通信技术”课程专业实习项目

2. 实习目的

（1）实地认识和验证“现代通信技术与系统”在企业的组网情况、工程实施和通信销售情况；

（2）巩固、深化所学的现代通信系列理论知识和实践技能，提高分析问题、解决问题的能力；

（3）通过项目小组的“项目调查报告”和课程论文写作，培养实地调查、在实际工作中学习和总结规范化、流程化开展工作的能力，以及科学研究的能力和团队合作精神；

（4）通过实践的过程，切身感受在职场工作的综合知识与素质要求，树立正确的劳动观念，增强专业责任感和敬业精神，并形成“理论联系实际”的学习风气。

（5）培养学生“主动学习与实践”、“就业岗位的认识与体验”以及“通信技术专业使命感”。

3. 实习地点

××市电信局系统维护中心所属机构。

4. 实习内容

（1）实际通信系统的认识：在电信企业实习地点，在通信专任教师指导下，认识实际的通信电话业务系统的传输、交换系统设备组成与原理；认识宽带互联网业务系统的实际组网情况与原理；加深对现代通信技术课程的理论学习的重要认识。

（2）实际通信企业的认识：认识电信局企业的组织结构和各职能部门的主要作用，认识各类通信系统的日常维护、技术发展和业务与用户发展的实际方式与业务流程，切身感受在职场工作的综合知识与素质要求，进一步增强对通信专业学科与通信企业的感性认识。

（3）提高实践能力：在不断实践学习的基础上，应用所学过的知识、技能，认识和提高专业企业中分析问题、解决问题的能力，以及不断学习的能力。

（4）培养主动学习能力：要求学生在实践中，根据各自的工作岗位和环境，主动学习通信业务原理与种类、通信传输接入网、城域网和通信交换网以及通信工程的建设内容、流程和工序安排衔接表、工程测试内容等相关的通信专业内容，并完成相应的实习日记、实习论文和实习报告。

5. 实习的组织

（1）实习的组织：在教师宣传的基础上，首先由学生以个人名义提出实习申请，教师根据申请报名情况，协调分组，以学生小组（每组3~4人）的方式赴实习单位，开展实习工作，认真听从实习单位指导教师的指导，及时完成教师布置的各项任务。

（2）时间安排：学生在提出申请时，要根据班级的课程安排情况，计划好业余时间的课程实习安排，应保证每周不少于2次的业余时间实习安排。课程实习一般为2~3个月，总的课程实习次数不宜少于20次，每个月不宜少于8次。

（3）实习经费：课程实习采用“经费自理，酌情补助”的方式，原则上学校不再补贴；对确

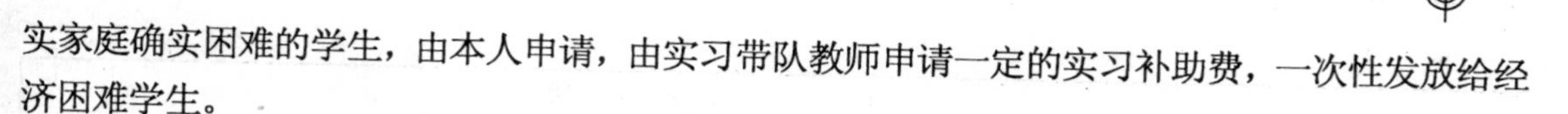

实家庭确实困难的学生，由本人申请，由实习带队教师申请一定的实习补助费，一次性发放给经济困难学生。

6. 学生实习要求

（1）实习的申请：根据教师的宣传，按照自愿的原则，提出课程实习的申请，并做好在课余时间里的实习时间的安排，一般每周不宜少于 2 次（每次半天以上，不含周末）；要认真重视每次的实践机会，提高实习的学习效果，并切实重视安全问题，保证不出各种安全事故。

（2）认真实习：在规定时间内到达实习场所，认真听从通信专业教师的安排与指导，积极认真地做好教师布置的实习任务，不得损坏实习单位设备，不得给实习单位造成各种事故。否则，将承担相应的责任。

（3）写好实习日志：每次实习，事后要认真做好“实习日志”，包括实习内容、过程、结果和心得体会等。必须有电信公司指导老师的签字认可。

（4）做好通信专业调查：按照“电话业务”、“宽带互联网业务”和“网络电视（IPTV）业务”等业务种类的划分，认真调查了解电信局内以上三种通信业务的系统组成情况和维护、监控方式及工作流程；认识各类通信业务的技术发展和业务与用户发展的方式；认识电信局企业的组织结构和各职能部门的主要作用，以及如何进入电信局就业的途径和其岗位职责要求。以上 3 个方面可分别写出调查报告，充分利用企业实习的机会，进一步增强对通信专业的应用与通信企业运作的感性认识。

（5）培养主动学习能力：要求学生在实践中，根据各自的工作岗位和环境，主动学习通信业务原理与种类、通信传输接入网、城域网和通信交换网以及通信工程的建设内容、流程和工序安排衔接表、工程测试内容等相关的通信专业内容，并完成相应的实习日记、实习论文和实习报告。

（6）写好实习论文：根据以上通信专业系统的调查或是根据实际完成的工作项目，撰写出若干篇基于通信专业实践的论文，要有自己的独立思考议题，采用规范的论文写作格式，每篇论文宜在 4000 字以上。可以以个人名义写作，也可以以小组名义写作，集体写作时，要事先按照能力或贡献大小，分出作者顺序；主要执笔人是第一作者。

（7）认真写好就业应聘调查报告：每个实习小组应完成“丽水通信企业就业应聘报告”，选定 2 个以上当地的通信企业，调查了解其招聘方式、专业情况、岗位要求、薪酬情况等，并且每个人必须写出各自的“个人简历 ”和其他附属文件。

（8）认真写好实习总结：实习总结应列出自己完成的全部工作内容和写作内容，应侧重于“现代通信系统的实际组成的认识”、“完成的具体工作”、“工作技能的认识”以及“实习心得”等内容。各类实习作业，鼓励采用电子版的方式，以邮件的方式上交作业。

（9）检查与交流：原则上实习后的每 2 周，由带队教师组织开展“实习检查交流会”，检查实习考勤情况和各种实习作业（日志、报告和论文）写作情况，并加以辅导；时间一般定为周六下午 3:00~5：00，地点由教师安排。各位学生要带好作业到会，接受教师的检查和辅导，并签到。

7. 实习成绩的评定

学生实习成绩，原则上评定为优、良、中、及格和不及格 5 个等级，具体标准如表 11.3。

表 11.3

序号	等 级	成绩评定标准
1	优秀	（1）认真完成预定的实习任务，以饱满的工作热情全勤完成实习活动 （2）坚持每次实习，写出高质量的实习日志，逐步提高写作能力 （3）创造性地认真完成实习单位交给的工作任务，得到实习单位的表彰 （4）按照本大纲要求，认真撰写出高质量的调查报告或论文各 1 篇以上 （5）按照本大纲要求，认真撰写出高质量的实习总结报告
2	良好	（1）完成预定的实习任务，认真、全勤完成实习活动 （2）坚持每次实习，写出实际的实习日志，能提高写作能力 （3）认真完成实习单位交给的工作任务，实习教师比较满意 （4）按照本大纲要求，认真撰写出高质量的调查报告或论文共 1 篇以上 （5）按照本大纲要求，认真撰写出高质量的实习总结报告
3	中等	（1）完成预定的实习任务 90%以上，能完成实习的各项活动 （2）坚持写出 90%以上的实习日志，逐步提高写作能力 （3）认真完成实习单位交给的工作任务，实习教师比较满意 （4）按照本大纲要求，撰写出调查报告或论文共 1 篇以上 （5）按照本大纲要求，认真撰写出高质量的实习总结报告
4	及格	（1）能完成预定的实习任务 80%以上，能完成实习的各项活动 （2）写出 75%以上的实习日志，逐步提高写作能力 （3）能完成实习单位交给的工作任务，表现一般 （4）按照本大纲要求，撰写出调查报告或论文共 1 篇以上 （5）按照本大纲要求，能完成实习总结报告
5	不及格	（1）不能完成预定的实习任务，出勤率在 70%以下 （2）写出的实习日志数量在 50%以下 （3）不能完成实习单位交给的工作任务 （4）不能撰写出调查报告或论文 （5）在规定的实习期内，不能撰写出实习总结报告

“现代通信技术”课-学生实习记录单

时间		总次数	
人员		地 点	
实习内容			
实习效果			
实习心得			
其 他			
电信公司签字		指导教师检查	
备注			

注：每个小组，每次实习填写 1 张本表，需电信公司老师签字方才生效。

学生外出实践安全保障教育承诺单

班级		人数	人	教师		地点	
事由	××电信局，以就业为导向，通信专业实习					课代表	
学生安全教育内容	1.承诺以就业为实习目标，安心××市本地工作，为××市的明天，充分发挥自己的聪明才智。 2.承诺认真学习安全教育相关条款，从思想上重视人身财产安全和目的单位的设备运营生产安全等具体的安全事项。 3.承诺认真听从教师和项目安排，在规定的时间、地点参加项目活动，认真注意交通安全、人身安全和个人财产安全。不迟到，不早退；认真做好活动记录。 4.承诺在活动期间认真遵守目的单位的安全生产规范，不乱动设备器材，愿意承担相应的责任。 5.在拟定时间，按时到电信局自己的岗位认真实习，认真完成电信老师交给的任务。 6.以上各项本人已认真阅读，承诺认真执行。						

序号	学生	性别	电话	考勤							
1											
2											
3											
4											
5											
6											
7											
8											
9											
10											
小计											

序号	学生	性别	电话	考勤							
11											
12											
13											
14											
15											
16											
17											
18											
19											
20											

"现代通信技术"课-学生实习记录单

序号	日期	实习人数、内容摘要
1		
2		
3		
4		
5		
6		
7		
8		
9		
10		注：每组记录至少 20 次以上
11		
12		
13		
14		
15		
16		
17		
18		
19		
20		
21		
22		
23		
24		
25		
26		
27		
28		
29		
30		
31		
32		
33		
34		
35		
36		
37		
38		

“通信专业实习”调查报告

① 调查报告名称（5%）：A ××××公司通信系统参观调查报告

B ××××公司应聘与专业要求调查报告

② 调查目的（10%）：

A1 认识实际的通信电话业务系统的传输、交换系统设备组成与原理

或者：认识宽带互联网业务系统的实际组网情况与原理

A2 认识××××通信公司的企业组成结构与组织功能

A3 学习企业的××××岗位的工作内容与工作流程

B1 认识××××通信公司的应聘方式和流程

B2 学习企业的××××岗位的工作内容与工作流程

③ 调查步骤与过程（30%）

（注：每个小组 2 份以上实习报告和实习论文）

④ 调查结果与分析（30%）：

⑤ 调查项目的认识、提高与建议（25%）：

“通信专业实习”学生日记

1. 学生：　　　　　日期：　　　　　地点：　　　　　岗位：　　　　　天气：

2. 实习内容记录：

（注：每人 5 次以上，以组为单位，集中装订起来）

3. 工作流程总结：

4. 本次实习心得：

实习单位鉴定表

单位名称	
实习单位鉴定意见	实习成绩评定：__________ 实习教师签字：__________ （实习单位公章）

11.3 实验　通信技术课程接入网规划设计项目

一、实验目的

1．分小组（3~4 人为 1 组），对指定区域的通信接入网管线或节点机房，开展专业勘测设计实践；

2．学习实地调查通信接入网用户区域的数量、种类及通信业务接入方式与路由分析；形成专业勘测报告。

3．实地勘测通信接入管线路由及节点机房系统配置；

4．实践按标准图幅，绘制通信管线路由图、通信系统图、机房平面图等通信工程图的方法；实践用 AUTO-CAD 软件绘制通信专业设计图。

二、实验安排

1．分小组（3~4 人为 1 组），按照分配的通信用户区域，进行现场勘测实验，和设计绘图实践；

2．分别写出勘测报告和设计绘图实验报告。

实验地点：教师指定的校内学生宿舍（1~2 栋）和教学大楼区域（每组 1~2 栋）。

实验环境：（1）指定通信区域；（2）教室与 AUTO-CAD 软件机房。

实验教师：任课教师 1 名；网络工程实验指导教师 1 名；AUTO-CAD 软件指导教师 1 名

三、实验内容

1. 在指定区域实地调查用户分布与种类情况；
2. 实地勘察通信管线接入的路由，形成通信用户区域勘测报告；
3. 绘制通信管线路由系统图、机房平面图等通信工程图纸；
4. 在 AUTO-CAD 机房，用 AUTO-CAD 软件绘制通信专业设计图。

四、学时安排（按照 1 个班 12 组计，共 22 课时）

1. 现场勘测：（1）系统讲解：12 组×2 课时；

（2）用户调查：12 组×4 课时；

（3）通信路由现场勘测：12 组×10 课时。

2.设计绘图：（4）工程制图绘图指导：12 组×4 课时；

（5）AUTO-CAD 软件绘图指导：12 组×2 课时。

五、实践步骤

1．实验内容安排计划（表）
2．通信接入网现场勘测调查
3．通信接入网图纸设计与 Auto-CAD 绘图
4．通信接入网概预算编制与设计文件生成（选作）
5．通信接入网工程设计演讲答辩（选作）

11.3.1 通信接入网规划设计“实验内容项目”计划安排表（范例）

<table>
<tr><td>项目类别</td><td>课题组别</td><td>课题设计范围</td><td colspan="4">课 程 设 计 项 目（50人以内）</td></tr>
<tr><td rowspan="6">校园学生宿舍项目</td><td>A</td><td>学生宿舍 1-2#</td><td>A1 组长（LAN 技术）</td><td>A2</td><td>A3</td><td>A4</td></tr>
<tr><td>B</td><td>学生宿舍 3-4#</td><td>B1 组长（LAN 技术）</td><td>B2</td><td>B3</td><td>B4</td></tr>
<tr><td>C</td><td>学生宿舍 5-6#</td><td>C1 组长（LAN 技术）</td><td>C2</td><td>C3</td><td>C4</td></tr>
<tr><td>D</td><td>学生宿舍 7-8#</td><td>D1 组长（LAN 技术）</td><td>D2</td><td>D3</td><td>D4</td></tr>
<tr><td>E</td><td>学生宿舍 9-10#</td><td>E1 组长（LAN 技术）</td><td>E2</td><td>E3</td><td>E4</td></tr>
<tr><td>F</td><td>学生宿舍 11-12#</td><td>F1 组长（LAN 技术）</td><td>F2</td><td>F3</td><td>F4</td></tr>
<tr><td>节点机房</td><td>G</td><td>教学楼 14#</td><td>G1 组长</td><td>G2</td><td>G3</td><td>G4</td></tr>
<tr><td rowspan="4">校园教学大楼项目</td><td>H</td><td>教学楼 1-2#</td><td>H1 组长（LAN 技术）</td><td>H2</td><td>H3</td><td>H4</td></tr>
<tr><td>J</td><td>教学楼 3-4#</td><td>J1 组长（LAN 技术）</td><td>J2</td><td>J3</td><td>J4</td></tr>
<tr><td>K</td><td>教学楼 5-6#</td><td>K1 组长（LAN 技术）</td><td>K2</td><td>K3</td><td>K4</td></tr>
<tr><td>L</td><td>教学楼 7-8#</td><td>L1 组长（LAN 技术）</td><td>L2</td><td>L3</td><td>L4</td></tr>
<tr><td rowspan="2">人员职责</td><td colspan="2">勘测工作职责</td><td>现场协调、安全</td><td>现场绘图</td><td colspan="2">现场测量</td></tr>
<tr><td colspan="2">设计工作职责</td><td>项目组织协调、方案确定、线路设计绘图</td><td>设计绘图</td><td>管道设计绘图</td><td>设计绘图</td></tr>
<tr><td rowspan="5">实践项目流程</td><td colspan="2">实践一 项目组织
（第 1 个月内完成）</td><td colspan="4">1.项目组人员落实；2.项目的范围确定和技术学习；
3.拟定初步的"用户终端"、两种布线方案（ADSL / LAN）和配套路由（管道等）方案等设计方案，做好勘测（图纸、工具）准备</td></tr>
<tr><td colspan="2">实践二 项目勘测
（第 2 个月内完成）</td><td colspan="4">1.初勘：根据预定方案和图纸，①实际确认用户分布情况；②确定分线设备（分线盒、信息箱）的位置；③电缆路由走向和建设方式（管道、架空、墙壁布线）；④丈量距离；⑤现场绘制草图。
2.路由勘测：根据初勘选定的线缆路由，勘测①主干路由（管道、架空等）；②配线路由（墙壁布线）；③用户馈线（墙壁布线）</td></tr>
<tr><td colspan="2">实践三 项目设计
（第 3 个月内完成）</td><td colspan="4">在坐标纸上按标准图幅绘制下列设计图：
①通信系统技术结构设计图（ADSL / LAN 两种）
②通信线缆（光、电缆）路由设计图（ADSL / LAN 两种）
③通信配线系统设计图（ADSL / LAN 两种）
④通信管道路由设计图；⑤通信管道系统设计二视图
⑥通信管孔断面系统示意图；⑦用户单元系统设计图
⑧通信主干线缆路由总体设计图；⑨通信管道路由总体设计图⑩通信节点机房设计图（平面设计图、机架装置图）
在教师的指导审核下完成；并绘制成相应 Auto-CAD 设计图</td></tr>
<tr><td colspan="2">实践四 项目文件生成
（选 做）</td><td colspan="4">在教师的指导审核下完成下列项目：
1.在设计图上列表统计相应工作量，并加以汇总
2.按照定额要求做成概预算表三、四
3.完成概预算表和说明；4.完成设计说明与设计文件</td></tr>
<tr><td colspan="2">实践五 项目会审
（选 做）</td><td colspan="4">每个组代表轮流上台演讲，并回答审核组的问题（每组 10 分钟），现场评判</td></tr>
</table>

注：本表为课程设计项目的“人员分组-区域安排”示范表，教师可以根据自己学院上课班级的具体情况，安排出实际的表格，以供学生课程设计之用。

11.3.2　通信接入网现场勘测调查

（附勘测表格）

1．授课时间：4 课时　　地点：校内通信设计区域　　适用班级：本科、专科

2．实验目的

（1）实地调查通信设计范围内用户种类、分布情况，并设计用户接入技术系统；

（2）实地勘测确定通信外线光电缆的种类、数量、建设方式、路由走向和终端设备；

（3）实地勘测确定通信节点机房的位置、内部系统设计与配套的通信管道的建设情况。

3．实验准备

（1）每组设计项目范围地形平面图，可放大为 A4 或 A3 幅面图纸；

（2）测量器具：30 或 50M 皮尺，滚轮式测量仪，罗盘仪或指南针、便携式绘图板；

（3）绘图工具：A4 绘图纸 2~5 张，钢笔、铅笔、橡皮、绘图尺等文具，便携式绘图板。

4．人员组织与分工

共 4 人：组长 1 名，负责项目组织与协调、安全管理、技术协调管理、器具管理；绘图员 1 名，负责现场绘图；测量员 2 名，负责现场距离测量、方位（罗盘）测量。

5．现场勘测

（1）调查用户情况：实地调查通信设计范围内每栋楼房的用户种类（住宅、学生公寓、办公场所、或网吧等）、建筑物的分布情况，对照平面图纸的情况，加以核实；并设计用户接入技术系统方案（LAN、ADSL），将现场调查情况填入附表（用户调查与通信接入方式设计表）中；

（2）现场路由、距离与方位勘察：现场确定通信外线光电缆的种类、数量、建设方式、路由走向和终端设备等“工程设计元素”；根据设计规范要求，确定光电缆的管道引上点，丈量实地距离与高度，记录在“现场勘测草图”和相关记录表格中，并现场测量小区方位（罗盘）测量；

（3）现场通信管道路由的勘测：根据通信线路的建设情况，确定配套的通信管道建设方式、路由与距离，记录在勘测草图中；

（4）现场节点机房位置的选择：根据用户管线建设情况，现场确定通信业务集中的汇聚点——通信（节点）机房位置，并确定管道的引出情况与机房设备具体的尺寸（长宽高/mm）等情况。

6．工程绘图：所绘图纸如表 11.4 所示。

表 11.4

单项	图　名	内　容
通信线路单项设计	1．通信用户终端接入系统图 A4	用户网关，用户的通信终端（电话、电视、电脑等），及网络连接
	2．通信用户接入系统技术设计图 A4	局端与各种用户之间的通信接入系统设计图（LAN+FTTB 等方式）
	3．通信光电缆路由系统设计图 A4	用户分布、线缆种类、建筑方式、路由走向、“用户分布与通信接入方式设计表”等设计元素
	4．通信光电缆配线系统设计图 A4	通信光电缆配线方式、每段线缆长度、接续系统设计、通信线缆工作量统计表
通信管道设计	5．通信管道路由设计二视图 A3	通信管道路由平面设计图，对应的纵切面与工程建设设计图
	6．通信管道断面设计图 A4	通信管道断面设计图，配套的破路、挖沟土方、回填量等单位长度（米）统计表
机房设备单项设计	7．通信机房管道布局平面设计图 A4	机房位置与整个配线区域的管道路由的总体布局平面图（比例图）
	8．通信机房设备布局平面设计图 A4	通信机房内各种设备的布局平面设计图，含通信设备数量、型号、长宽高尺寸、及生产厂商等参数统计表及设备配置
	9．通信机房电源设备设计图 A4	通信机房各类电源设备配置设计图，含电源设备线缆统计表

通信工程设计实地勘测报告

组别：　　　　组长：　　　　组员：　　　　勘测日期：

通信勘测项目：用户分布与设计方案调查报告（样式）

勘测器具：　50米皮尺等　　　　勘测精度：米

勘测原理与步骤：

现场用户调查与对应的通信接入设计方案汇总表

用户调查					用户接入系统设计					备注
序号	栋号	单元（楼层）	用户种类	用户数量	接入方式	线缆种类	线缆数量	线缆线序	终端设计	
1										
2										
3										
4										
5										
6										
7										
8										
9										
10										
11										
12										
13										
14										
15										
16										
17										
18										
19										
20										
21										

通信工程设计实地勘测报告

组别：　　　　　　　组长：　　　　　组员：　　　　　　　　　　　　勘测日期：

通信勘测项目：通信路由与路面高程设计调查报告（样式）

勘测器具：水准仪、50 米皮尺等　　　　　　　　　　　　　　　　勘测精度：米

勘测原理、步骤与现场草图：

（现场通信路由测量示意图，及勘测说明）

现场路面 ABCDE 共 5 个点的标高距离勘测统计表

<table>
<tr><td colspan="2">项　目</td><td>A</td><td colspan="2">B</td><td colspan="2">C</td><td colspan="2">D</td><td>E</td></tr>
<tr><td rowspan="2">高程测量</td><td>读数 M</td><td></td><td></td><td></td><td></td><td></td><td></td><td></td><td></td></tr>
<tr><td>高差 M</td><td colspan="2"></td><td colspan="2"></td><td colspan="2"></td><td colspan="2"></td></tr>
<tr><td colspan="2">两点距离 M</td><td colspan="2"></td><td colspan="2"></td><td colspan="2"></td><td colspan="2"></td></tr>
<tr><td colspan="2">坡度（‰）</td><td colspan="2"></td><td colspan="2"></td><td colspan="2"></td><td colspan="2"></td></tr>
<tr><td colspan="2">现场方位测量</td><td colspan="2"></td><td colspan="2"></td><td colspan="2"></td><td colspan="2"></td></tr>
</table>

11.3.3 通信接入网图纸设计与 Auto-CAD 绘图

一、实验目的

1. 学习绘制规范化的通信技术系统设计图；
2. 学习绘制规范化的通信线路系统设计系列图；
3. 学习绘制规范化的通信管道系统设计系列图；
4. 学习绘制规范化的通信机房系统设计系列图；
5. 学习规范化的通信设计图纸工作量与器材统计及表示方法。

二、实验内容

1. 通信工程设计的内容

通信工程设计的实质，就是在充分调查工程范围内的各类用户情况（种类、数量、区域分布情况等）的前提下，用最合适的专业技术，以建设通信管线和设备系统的方式，形成新的通信能力的过程；所以，通信接入网工程设计，以下四个方面的设计工作十分重要：

（1）通信技术与系统结构设计：正确认识现代通信管线和设备系统的技术组成，学会在充分调查用户性质和分布情况的前提下，用最经济合理、又面向未来技术发展方向的系统来建立通信的整体系统结构，形成"通信系统结构设计图"（又称为"中继方式图"），反映出"系统技术设计"的特征；

（2）通信用户的分布与通信路由设计：按照现场自然区域，形成"通信路由及配线设计图"，包含通信用户的分布情况、通信缆线的路由走向与敷设方式以及通信节点的位置优选等元素，反映出"现场路由设计"的特征；

（3）通信管线的网络配置设计：根据用户分布与通信缆线路由需要，设计配套的通信管道系统，从管道的平面、纵剖面和横切面三个角度和人手孔的标准化设计，形成"配套的通信管道系统设计"的特征；

（4）通信节点的机房设备配置设计：根据以上通信节点的优选位置与实际环境情况，选定通信节点的实际位置和机房内的系统综合设计等内容，形成"通信机房设备综合配置设计"的特征。

2. 通信工程设计图纸设计内容

一张完整的设计图纸，应包括"设计图形"、"必要的统计表格"、"必要的图纸说明"，以及规范化的图例图标等内容；应采用 AUTO-CAD 软件绘制设计图纸，具体的图纸内容如表 11.5 所示。

表 11.5

设计流程	设计项目	
系统技术设计	图名 1	通信系统技术结构设计图（中继方式图）
	内 容	包括用户类别（住宅用户、校园宿舍用户、单位用户等）、通信线路种类和长度、局端（或接入机房）接入设备的系统组成框图，以及上级通信系统的组成等元素的整体网络组织情况
	图名 2	通信区域位置分布图
	内 容	表示所设计的区域在整个城市通信区块所处的位置，和上级局、周围局所的位置分布、以及上级通信线缆的路由敷设情况

续表

设计流程	设计项目	
通信线缆路由设计	图名 3	通信线缆（光、电缆）路由设计图
	内　容	根据所勘察的设计现场的具体用户分布情况，绘制"通信路由设计图"，包含通信用户（建筑物）的分布位置、通信管线的路由走向与建设方式（管道、架空或直埋、墙壁钉固等）设计以及通信节点的位置和优选设计等元素的系统管线路由总体组网情况；特别是要做出"用户种类、数量与终端情况统计表"，反映出"现场用户与管线路由设计"的特征。该图的关键是路由的建设方式以及具体长度的标注值
	图名 4	通信配线系统设计图
	内　容	根据以上系统设计、用户分布与通信管线路由设计等情况，设计通信线缆（光、电缆）的规模（容量）、种类与配线方式（直接/交接配线），并确定配线设备（配线架、交接箱、分线盒等）的容量和具体的线缆成端图，特别是要做出"主要工程量与器材统计表" 本图反映出通信线缆的"规模（容量）和配置方式设计"的特征
配套通信管道设计	图名 5	通信管道系统设计二视图
	内　容	根据以上用户分布与通信线缆的路由设计等情况，设计配套的通信管道的路由、管孔数量、管材的选择、人手孔的具体位置与规模等诸元素，注意要保证每段管道的斜率在 3‰与 5‰之间。该图的特点就是反映管道路由的平面与纵剖面二视图的运用，以及相关设计表格的配套使用；本图反映出"配套通信管道的路由、规模和配置方式设计"的特征
	图名 6	通信管孔断面系统示意图
	内　容	根据以上"通信管道设计图"和现场勘察情况，设计所用到的管孔的建筑断面、管材的选用、基础设计、包封情况、回填土的方式等设计元素，特别要做出"单位长度（每米）工程量与器材使用统计表"，此表包括破路、挖填土的工作量；以及各类材料（水泥、砂、碎石、管材等）的单位用量
	图名 7	通信管道人（手）孔建设标准图
	内　容	根据以上"通信管道设计图"所需人手孔规格，将相关的行业标准的人手孔建筑图复制后，列为设计图纸
设备机房系统设计	图名 8	通信机房设备系统配置设计图
	内　容	根据以上通信节点的优选位置与实际环境情况，在反复勘察比较，并与建设单位人员协商后，选定通信节点的实际位置和机房内通信设备的安排、机房进线方式、电源系统与机房空调、监控设备等环境的设计等，形成"机房系统配置设计图"
用户终端设计	图名 9	用户单元系统设计图
	内　容	根据用户的种类，设计"用户网关（如 ADSL-modem 模块+有线电视放大器）"、用户终端（电话、电脑、电视）及接口布线等内容
其他配套项目	图名 10	其他专项设计
	内　容	视具体情况，进行系统设计

3. 设计图纸的规范化

规范的设计图纸应包括“内容的专业化”与“格式的规范化”两方面的要求。

（1）内容的专业化：按照图纸的设计内容要求，完成“设计内容”、“相应的统计表格”和“相应的说明”三部分，通信工程设计图纸的核心是反映通信设施的内容。

（2）格式的规范化：指“标准图框”、“规范化的图形符号”和“相应的图形格式”三类元素；设计图纸应该安排在标准的幅面尺寸图框内，按照规范化的绘图格式和符号绘制，常用的“设计图纸幅面尺寸要求表”如表 11.6 所示。

表 11.6

图纸代号	图纸幅面尺寸（mm）	图框尺寸（mm）	使用情况
A0	841×1189	821×1154	
A1	594×841	574×806	
A2	420×594	400×559	常用
A3	297×420	287×390	最常用
A4	297×210	287×180	最常用
A3×3	420×891	400×856	常用
A4×4	420×841	287×811	常用
备 注	上列规格中的图框外留边尺寸为： 1. 装订边（一般为左边）宽度一律为 25mm； 2. 其余三边：A0、A1、A2、A3×3 图框为 10mm；A3、A4、A4×4 图框为 5mm		

设计图纸的“图标”如表 11.7 所示，安排在图纸正面的右下角：

表 11.7

主 管	（手写签字）	设计阶段		（设计单位名称）	
设计总负责	（手写签字）	校 核	（手写签字）		
审 核	（手写签字）	制 图	（手写签字）	（设计图纸名称）	
单项负责	（手写签字）	单位比例			
设 计	（手写签字）	设计日期		图号	

11.3.4 通信接入网概预算编制与设计文件生成

一、实验目的

1. 用专业的方法进行通信工程设计项目概预算的编制；
2. 设计说明的编写；
3. 设计文件的编制生成。

二、实验原理

1. 通信工程量的统计与工程概预算的编制

（1）通信工程量的统计：根据工程设计图纸所反映出的工程量，完成下列统计汇总表：

①通信线路单项工程量统计表（见后页“工程量统计表”）；

②通信管道单项工程量统计表（见后页“工程量统计表”）。

（2）通信工程量的概预算方法，步骤如下：

①根据“通信工程定额”第二册（管线册），在标准概预算表三（甲）中列出各项工程量子目；

②根据各子目，统计出“机械台班汇总表（表三乙）”，并统计汇总，列出“设备材料汇总表（表四甲）”；

③根据以上表三、表四，计列“单项工程量表（表二）”；

④多个单项工程量的统计，由表一进行汇总。

（3）通信预算说明　从下列4个方面进行说明：

①预算名称、各单项投资情况、工程形成的通信业务能力的平均造价：如××元/孔公里（管道）、××元/线对公里（线路）、××元/门（程控交换）、××元/芯公里（光缆）等；以列表说明的方式为好（见说明）。

②概预算依据：设计图纸是第一依据，其他有设计定额、价格依据、概预算文件等。

③各类取费问题说明：主要是取费参数的情况说明，见相关内容；

④工程投资分析：列出“工程投资分析表”，以及“投资回报分析”内容。

2. 通信工程设计说明的编写

（1）概述

①说明工程名称、种类、设计阶段，列表简介工程规模（工程量），增加的通信业务能力、总投资、平均造价等内容；

②工程设计依据：a. 设计委托书（编号）、中标通知书（编号）；
b. 设计指导文件、规范；
c. 项目可行性研究报告；
d. 通信现场勘察报告等。

③设计范围与设计文件分册情况。

（2）技术设计

①设计范围的确定、通信技术方式的选用与确定——反映在“中继方式图”中；

②工程技术设计：设计路由、节点机房位置的选定，设备、线缆材料种类的选定。

（3）工程设计　主要是工程方案、施工技术的说明，主要工程量表。

3. 设计文件的组成

专业设计文件，由下列四个部分组成：

（1）设计图纸：由“专业设计图”与工程中使用到的“通用标准图”（如相关型号的人孔/手孔标准图）组成。

（2）设计概预算：由“预算说明”、“预算总表”、“各单项预算表”三部分组成。

（3）设计说明：由“概述”、“技术设计”、“工程设计说明”等三部分组成，“主要工程量表”也包括在内。

（4）设计封面：由①封面、②封二、③设计单位资质证书（复印件）、④设计文件分发表、⑤设计目录（含“说明”、“概预算”、“设计图名”等内容）等组成，见相关内容。

三、实验步骤

1. 完成通信线路、管道单项的工程量的统计；
2. 完成通信线路、管道单项的工程概预算；
3. 完成通信设计说明；
4. 完成通信工程设计文档的编制。

附件：设计文档模板：

※※※※※※※※※※※※※※※※※※※※※※※※
※　　　　　　　　　　　　　　　　　　　※

※　　学院　　年通信网建设工程　　※

※　　一　阶　段　设　计　　※

※　第　　册：　　※

※　　　　　　　　　　　　　　　　　　　※
※※※※※※※※※※※※※※※※※※※※※※※※

设计编号：　20

建设单位：　　　学院计算机信息工程学院

设计单位：　　　　　　　通信设计研究所

通信设计研究所

二〇　　年　　月

※※※※※※※※※※※※※※※※※※※※
※ ※
※ **学院20　年通信网建设工程** ※
※ **一 阶 段 设 计** ※
※ **第　册:** ※
※ ※
※※※※※※※※※※※※※※※※※※※※

设计所主管:

项目总负责: （教 师）

设计负责人:

预算审核人:

预算资格证: ZJTX-0062（模拟）

预算编制人:

预算资格证: ZJTX-0064（模拟）

通信设计研究所

二O　　年　　月

目　　录

Ⅰ. 设计说明

一　概述
二 设计依据
三 技术设计
四 施工技术要求及注意事项
附件：主要工程量表

Ⅱ. 设计预算

一 预算编制说明	
二 预算表	（2012年01月至07月）
1 预算总表（表一）	2012年01月
2 通信线路预算表（表二至表四）	2012年02月至04月
3 通信管道预算表（表二至表四）	2012年05月至07月

Ⅲ. 设计图纸

一 通信系统中继方式图	2012年01月
二 通信线路路由设计图	2012年02月
三 通信线路配线设计图	2012年03月
四 通信管道平面-纵剖面设计二视图	2012年04月
五 通信管道横断面设计图	2012年05月
六 二盖板（2#）手孔安装标准图	2012年06月

设 计 说 明

一、概述

1.1 概述

本工程为________年度“通信接入网工程课程设计”项目，本单项为______________通信接入网管线单项工程设计，分为电缆通信线路和配套的通信管道项目两个专业，按新建一阶段设计进行；工程概况如下：

<table>
<tr><th colspan="2">项 目</th><th>类别</th><th>工 程 规 模</th><th colspan="2">投资额（元）</th></tr>
<tr><td rowspan="2">通信接入管线综合工程</td><td>电缆线路单项</td><td rowspan="2">四类</td><td>(1)管道电缆　　公里；　电缆　　公里
(2)共计电缆　　　公里；
(3)节点机房引出电缆　　　对</td><td>总投资　　　元
单位造价：
元/对公里</td><td rowspan="2"></td></tr>
<tr><td>配套管道单项</td><td>(1)通信管道路由长度　　　公里；
(2)通信管道管孔长度　　　孔公里；
(3)新建　　手孔　　　　个</td><td>总投资　　　元
单位造价：
元/孔公里</td></tr>
</table>

1.2 设计依据

（1）__________年度“通信接入网工程课程设计”项目于20___年9月9日致__________设计院“关于开展校内小区一阶段课程设计的安排表”等设计要求文件；

（2）____________设计院各项目设计组现场勘察资料，在“项目总负责”教师指导下形成的设计方案资料，以及双方人员现场会商确定的相关事宜；

（3）原邮电部及信息产业部颁布的相关设计、施工规范、文件。

1.3 设计分工及内容

设计内容：(1)光缆线路敷设安装、接续及成端；(2)配套通信管道建设；

设计范围：机房总配线架纵列（不含）以外至用户端的通信线路；配套管道工程项目设计。

1.4 设计分册表

分 册	项 目（编号）	分 册
第一册	学院校区通信接入网管线工程（2012A 至 2012F）	共六分册
第二册	学院校区通信接入网管线工程（2012G 至 2012M）	共六分册

本单项设计是：

1.5 主要工作量表

序号	项　目	单　位	通信电缆单项	配套管道单项	备注
1	施工测量线缆路由	百米			
2	敷设管道电缆	百米			
3	敷设墙壁吊线电缆	百米			
4	敷设楼内穿管电缆	百米			
5	布放配线架成端电缆	条			
6	封焊热可缩套管	个			
7	电缆芯线接续	百对			
8	配线电缆全程测试	百对			
9	施工测量管道路由	百米			
10	开挖水泥路面	平方米			
11	挖 / 填土方	立方米			
12	敷设 4 孔塑管管道	百米			
13	砖砌 3#手孔	个			

二、项目技术设计

2.1　通信项目技术设计

本期设计，为用户同时接入电话和宽带通信业务，用户与接入节点（机房）的距离较近（600M 以内），用户主要是____________________________________，故采用“通信电缆+ADSL /ADSL2+宽带接入技术”，以常规通信电缆的直接配线方式接入该区域内的用户；通信路由采用新建通信管道与沿建筑物墙壁敷设线缆的方式进行。

2.2　通信电缆选型设计

由于实际路由为市内管道和墙壁敷设两种，根据本期通信电缆的使用范围，本工程电缆采用 HYA 型常规市内通信电缆，其电话信号的传输最大距离为________米，宽带数据 20Mb/s 的传输距离为_____米。

2.3　电缆接头

本期工程，电缆接头选用相关的一次性热缩套管，本单项共____个接头；电缆芯线接续，50 对及以下的采用 2 芯扣式接线子，100 对及以上的采用 25 对接线模块。

三、项目工程设计

3.1　通信电缆路由设计

本单项线路工程，在室外交通道路上采用新设通信管道路由的方式，进入建筑物周围、楼内则采用________________　　　　　　　　　　　　　　　　　　　　。

3.2　通信管道设计

本单项工程，专设配套通信管道分项，采用 6 孔硬直塑管（6 米，单端胀口），以及 2 盖板（2#）手孔，共设____个手孔，____段管道，总长________米。

3.3　墙壁吊线设计

本期工程中，考虑到使用电缆对数较小（200 对以下），墙壁吊线统一选用 7/2.0mm 镀锌钢绞线，悬挂光缆的最大重量为 15N/m；墙壁架空路由_________________________________。

3.4 电缆进局方式

本期工程，电缆进局沿新设通信管道，电缆进入节点机房室内的长度，平均按 10 米计列。

3.5 通信电缆技术指标要求

序号	技术指标		指标值（HYA-0.4mm 线径）
1	直流环阻（Ω/ km）		≤148
2	工作电容（nF/ km）		≤61
3	直流电阻不平衡率（%）		≤5
4	绝缘电阻（MΩ/ km）		≥10000
5	衰减指标（dB/ km）	150kHz	≤11.7
6		1024kHz	≤26
7	远端串音防卫度（dB/ km）	非内屏蔽	≥58
8		内屏蔽	≥41
9	芯线断线、混线		芯线不断线、不混线

3.6 通信工程竣工验收标准

按照原邮电部颁《邮电通信建设工程竣工验收办法》执行。

预 算 编 制 说 明

一、概述

本单项为__________________通信接入网管线单项工程设计预算，包括下列二个单项预算:

项　目	类别	规　模	预算投资（元）		单位造价
电缆线路单项	四类	对出局电缆 电缆公里			、 元/对公里
配套管道单项		孔塑管　　米			元/孔公里

二、预算编制依据

2.1　本单项设计图纸;

2.2　原邮电部相关概预算编制文件、预算定额手册;

2.3　相关设备、器材厂商提供的价格，建设单位提供的材料价格，以及设计人员现场咨询相关器材的当地价格和取费标准。

三、工程技术经济分析表

序号	项 目		电缆线路		配套通信管道		合　计	
			费 用	百分比	费 用	百分比	费 用	百分比
1	工程总投资			%		%		%
2	单项工程费			%		%		%
3	其中	1.施工费		%		%		%
4		2.材料费		%		%		%
5		3.税　金		%		%		%
6	设　备　费			%		%		%
7	工程建设其他费			%		%		%
8	预　备　费			%		%		%

四、其他问题的说明

4.1　通信管道的运土费，按照丽水地区单价：20 元 / 立方米，计列在表二中。

4.2　施工队伍调遣费，按照丽水本地施工队，26 公里以内距离计列。

4.3　本期设计，不列“工程建设其他费（表五）”，工程材料不分类，单价及系数按教材相关内容取定。

11.3.5　通信接入网工程设计演讲答辩

一、实验目的

1．使学生认识“通信工程设计项目”的演讲答辩的内容、方法;

2．通过现场上台演讲实践，加强学生的接受能力，提高学习效果。

二、实验内容

1．教师现场讲解“设计项目”的演讲答辩的内容、方法；

2．学生分组，每组派代表，根据老师要求，演讲项目内容，回答教师提问；教师现场讲评，打分。

三、演讲要点

1．演讲的形式建议采用电脑投影辅助讲解的方式，限于条件，也可采用在黑板板书的方式现场进行。

2．演讲的时间，每组一般在8~20分钟。

3．演讲的内容一般分为①项目概述：讲解题目、项目性质、指导教师、项目组成员、项目的组成部分、实施时间（可板书辅助说明）；

②项目内容：设计范围、用户种类与数量、用户的线路接入方式与技术、通信管线种类、数量和路由情况、通信项目的概预算总投资情况与单位造价（可板书绘图辅助说明）。

③项目特点：A结合“综合布线”技术原理，说明采用通信接入技术的先进性与合理性；

B结合现场勘测情况，采用的设计规范文件，说明项目的规范性和实用价值；

C结合工程概预算，采用的设计定额文件，说明项目的具体化和可操作性。

4．演讲的准备：事先准备以上内容演讲稿，演示文件，调整好电脑设备等，或准备好板书内容稿。上台后，不应“读讲稿”，而是在演讲提纲的指导下，在规定时间内以“现场发挥”的方式“演讲”自己的设计项目。

5．问题：①谈通信接入技术；②谈用户接入方式；③谈接入器材的选择与价格；④谈管道路由、作用、建设方式；⑤谈概预算、投资总额、单位造价及投资评价；⑥谈线路图纸（3张）⑦谈管道图纸（2张）⑧项目体会。

四、演讲评分标准（如表11.8所示）

表11.8

项目内容	内容要求	分值
1辅助演讲内容	多媒体为好（Powerpoint软件），板书也可（要求上交演讲稿，作为实验报告的组成部分）	①6~10分，②2~5分（共10分）
2项目概述	①题目；②项目性质；③指导教师；④项目组成员；⑤项目的组成部分；⑥实施时间；⑦其他	每项2分，共15分
3项目内容	①设计范围；②用户种类与数量；③用户的线路接入方式与技术；④通信线路种类、数量和路由情况；⑤通信线路图介绍；⑥通信管道情况；⑦通信管道图介绍；⑧通信项目的概预算；⑨总投资情况，单位造价；⑩设计说明，其他	每项4分，共40分
4项目特点	①项目先进性与合理性；②项目规范性和实用价值；③项目具体化和可操作性；④其他特点	每项4分，共15分
5演讲技巧	①读还是演讲？②语言的流畅性；③上台仪表	①4分②3分③3分（共10分）
6回答问题	以上任意2个问题，抽签或教师指定	每项5分，共10分
合计		100分
注：时间要求：演讲10分钟以内，回答问题5分钟以内		

附 录 爱尔兰B公式表

（对给定呼损概率所确定的流入话务量A）

中继电路数n	呼损概率P 0.001	0.002	0.005	0.01	0.02	0.03	0.05	0.1	0.2	中继电路数n
1	0.001	0.002	0.005	0.010	0.020	0.031	0.053	0.111	0.250	1
2	0.046	0.065	0.105	0.153	0.223	0.282	0.381	0.595	1.00	2
3	0.194	0.249	0.349	0.455	0.602	0.715	0.899	1.27	1.93	3
4	0.439	0.535	0.701	0.869	1.09	1.26	1.52	2.05	2.95	4
5	0.762	0.900	1.13	1.36	1.66	1.88	2.22	2.88	4.01	5
6	1.15	1.33	1.62	1.91	2.28	2.54	2.96	3.76	5.11	6
7	1.58	1.80	2.16	2.50	2.94	3.25	3.74	4.67	6.23	7
8	2.05	2.31	2.73	3.13	3.63	3.99	4.54	5.60	7.37	8
9	2.56	2.85	3.33	3.78	4.34	4.75	5.37	6.55	8.52	9
10	3.09	3.43	3.96	4.46	5.08	5.53	6.22	7.51	9.68	10
11	3.65	4.02	4.61	5.16	5.84	6.33	7.08	8.49	10.9	11
12	4.23	4.64	5.28	5.88	6.61	7.14	7.95	9.47	12.0	12
13	4.83	5.27	5.96	6.61	7.40	7.97	8.83	10.5	13.2	13
14	5.45	5.92	6.66	7.35	8.20	8.80	9.73	11.5	14.4	14
15	6.08	6.58	7.38	8.11	9.01	9.65	10.6	12.5	15.6	15
16	6.72	7.26	8.10	8.88	9.83	10.5	11.5	13.5	16.8	16
17	7.37	7.95	8.83	9.65	10.7	11.4	12.5	14.5	18.0	17
18	8.05	8.64	9.58	10.4	11.5	12.2	13.4	15.5	19.2	18
19	8.72	9.35	10.3	11.2	12.3	13.1	14.3	16.6	20.4	19
20	9.41	10.1	11.1	12.0	13.2	14.0	15.2	17.6	21.6	20
21	10.1	10.8	11.9	12.8	14.0	14.9	16.2	18.7	22.8	21
22	10.8	11.5	12.6	13.7	14.9	15.8	17.1	19.7	24.1	22
23	11.5	12.3	13.4	14.5	15.8	16.7	18.1	20.7	25.3	23
24	12.2	13.0	14.2	15.3	16.6	17.6	19.0	21.8	26.5	24
25	13.0	13.8	15.0	16.1	17.5	18.5	20.0	22.8	27.7	25
26	13.7	14.5	15.8	17.0	18.4	19.4	20.9	23.9	28.9	26
27	14.4	15.3	16.6	17.8	19.3	20.3	21.9	24.9	30.2	27
28	15.2	16.1	17.4	18.6	20.2	21.2	22.9	26.0	31.4	28
29	15.9	16.8	18.2	19.5	21.0	22.1	23.8	27.1	32.6	29
30	16.7	17.6	19.0	20.3	21.9	23.1	24.8	28.1	33.8	30
31	17.4	18.4	19.9	21.2	22.8	24.0	25.8	29.2	35.1	31
32	18.2	19.2	20.7	22.0	23.7	24.9	26.7	30.2	36.3	32
33	19.0	20.0	21.5	22.9	24.6	25.8	27.7	31.3	37.5	33
34	19.7	20.8	22.3	23.8	25.5	26.8	28.7	32.4	38.8	34
35	20.5	21.6	23.2	24.6	26.4	27.7	29.7	33.4	40.0	35

附上表

中继电路数 n	呼损概率 P									中继电路数 n
	0.001	0.002	0.005	0.01	0.02	0.03	0.05	0.1	0.2	
36	21.3	22.4	24.0	25.5	27.3	28.6	30.7	34.5	41.2	36
37	22.1	23.2	24.8	26.4	28.3	29.6	31.6	35.6	42.4	37
38	22.9	24.0	25.7	27.3	29.2	30.5	32.6	36.6	43.7	38
39	23.7	24.8	26.5	28.1	30.1	31.5	33.6	37.7	44.9	39
40	24.4	25.6	27.4	29.0	31.0	32.4	34.6	38.8	46.1	40
41	25.2	26.4	28.2	29.9	31.9	33.4	35.6	39.9	47.4	41
42	26.0	27.2	29.1	30.8	32.8	34.3	36.6	40.9	48.6	42
43	26.8	28.1	29.9	31.7	33.8	35.3	37.6	42.0	49.9	43
44	27.6	28.9	30.8	32.5	34.7	36.2	38.6	43.1	51.1	44
45	28.4	29.7	31.7	33.4	35.6	37.2	39.6	44.2	52.3	45
46	29.3	30.5	32.5	34.2	36.5	38.1	40.5	45.2	53.6	46
47	30.1	31.4	33.4	35.1	37.5	39.1	41.5	46.3	54.8	47
48	30.9	32.2	34.2	36.1	38.4	40.0	42.5	47.4	56.0	48
49	31.7	33.0	35.1	37.0	39.3	41.0	43.5	48.5	57.3	49
50	32.5	33.9	36.0	37.9	40.3	41.9	44.5	49.6	58.5	50
55	36.6	38.1	40.4	42.4	44.9	46.7	49.5	55.0	64.7	55
60	40.8	42.4	44.8	46.9	49.6	51.6	54.6	60.4	70.9	60
65	45.0	46.6	49.2	51.5	54.4	56.4	59.6	65.8	77.1	65
70	49.2	51.0	53.7	56.1	59.1	61.3	64.7	71.3	83.3	70
75	53.5	55.3	58.2	60.7	63.9	66.2	69.7	76.7	89.5	75
80	57.8	59.7	62.7	65.4	68.7	71.1	74.8	82.2	95.7	80
85	62.1	64.1	67.2	70.0	73.5	76.0	79.9	87.7	102.0	85
90	66.5	68.6	71.8	74.7	78.3	80.9	85.0	93.1	108.2	90
95	70.9	73.0	76.3	79.4	83.1	85.8	90.1	98.6	114.4	95
100	75.2	77.5	80.9	84.1	88.0	90.8	95.2	104.1	120.6	100
110	84.1	86.4	90.1	93.5	97.7	100.7	105.5	115.1	133.1	110
120	93.0	95.5	99.4	103.0	107.4	110.7	115.8	126.1	145.6	120
130	101.9	104.6	108.7	112.5	117.2	120.6	126.1	137.1	158.0	130
140	110.9	113.7	118.0	122.0	127.0	130.6	136.4	148.1	170.5	140
150	119.9	122.9	127.4	131.6	136.8	140.6	146.7	159.1	183.0	150
160	129.0	132.1	136.8	141.2	146.6	150.6	157.0	170.2	195.5	160
170	138.1	141.3	146.2	150.8	156.5	160.7	167.4	181.2	207.9	170
180	147.3	150.6	155.7	160.4	166.4	170.7	177.8	192.2	220.4	180
190	156.4	160.8	165.2	170.1	176.3	180.8	188.1	203.3	232.9	190
200	165.4	169.2	174.6	179.7	186.2	190.9	198.5	214.3	245.4	200

参考文献

[1] 本教材（第 1 版）及专用教学网站：http://xdtx.lsxy.com
[2] 达新宇. 现代通信新技术. 西安：西安电子科技大学出版社，2004 年 8 月第 2 版
[3] 鲜继清等. 现代通信系统. 西安：西安电子科技大学出版社，2003 年 2 月第 1 版
[4] 张孝强等.通信技术基础. 北京：中国人民大学出版社，2000 年 4 月第 1 版
[5] 任得齐等. 现代通信技术（高职）. 北京：机械工业出版社，2003 年 2 月第 1 版
[6] 高键. 现代通信系统. 北京：机械工业出版社，2001 年 6 月第 1 版
[7] 叶敏. 程控数字交换与交换网. 北京：北京邮电大学出版社，2003 年 1 月第 2 版
[8] 张中荃. 程控交换与宽带交换. 北京：人民邮电出版社，2003 年 11 月第 2 版
[9] 吕锋等. 信息理论与编码. 北京：人民邮电出版社，2004 年 2 月第 1 版
[10] 谢希仁.计算机网络（第五版）. 大连：大连理工大学出版社，2008 年 2 月第 5 版
[11] 吴功宜等. 计算机网络教程（第二版）. 北京：电子工业出版社，2003 年 2 月第 3 版
[12] 王志强等. 多媒体技术及应用. 北京：清华大学出版社，2004 年 4 月第 1 版
[13] 中国注册咨询工程师（投资）. 中国计划出版社，2003 年 4 月第 1 版
[14] 全国监理工程师培训考试教材. 北京： 知识产权出版社，2004 年 1 月第 1 版
[15] 林密. 土木工程监理概论. 北京：科学出版社，2004 年 6 月第 1 版
[16] 陈昌海. 通信电缆线路. 北京：人民邮电出版社，2005 年 2 月第 1 版
[17] 李立高. 通信工程概预算. 北京：人民邮电出版社，2004 年 8 月第 1 版
[18] 李伟章. 现代通信网概论（第 2 版）. 北京：人民邮电出版社，2003 年 7 月第 1 版
[19] 张杰等. 自动交换光网络 ASON. 北京：人民邮电出版社，2009 年 2 月第 1 版
[20] 余少华等. 城域网多业务传送理论与技术. 北京：人民邮电出版社，2004 年 12 月第 1 版
[21] 尹树华等. 光纤通信工程与工程管理. 北京：人民邮电出版社，2005 年 2 月第 1 版
[22] 刘强等. 通信管道与线路工程设计. 北京：国防工业出版社，2006 年 1 月第 1 版
[23] 陆立等. NGN 协议原理与应用. 北京：机械工业出版社，2004 年 8 月第 1 版
[24] 华为公司. 华为 C&C08 数字程控交换系统. 北京：人民邮电出版社，1997 年 1 月第 1 版
[25] 王鸿滨. 华为公司-光网络技术教程. 深圳华为公司，2001 年 11 月内部出版
[26] 杨武军等.现代通信网概论. 西安：西安电子科技大学出版社，2006 年 2 月第 1 版
[27] 鲜继清等.现代通信系统与信息网. 北京：高等教育出版社，2005 年 8 月第 1 版
[28] 顾春华等.Web 程序设计. 上海：华东理工大学出版社，2006 年 2 月第 1 版
[29] 陆韬. 现代通信技术与系统. 武汉：武汉大学出版社，2008 年 7 月第 1 版
[30] 中国通信行业现行工程技术部分标准：

1．有线接入网设备安装工程设计规范（YD/T 5139-2005）

2．本地通信线路工程设计规范　　　　（YD/T 5137-2005）
3．本地通信线路工程验收规范　　　　（YD/T 5138-2005）
4．通信管道与地下通道工程设计规范（YD/T 5007-2003）
5．通信管道与地下通道工程验收规范（YD/T 5103-2003）
6．通信工程概预算编制办法与费用定额；工程施工定额（第 1，2 册）；电子工程定额（2）
[31] 专业网站：信息产业部门户网站；中国电信网站；华为公司、武邮烽火网络公司网站等.
[32] 专业网络转载文章：共 18 篇（见作者个人博客：http://lt.jsj.lsxy.com/user1/lt p3）

第2版后记

距本教材出版第1版时的2008年7月，时间已匆匆过去了4年。在这期间，通信技术和系统的发展，仍然是“一日千里”——新一代的综合通信交换系统逐渐登上了通信系统的舞台，面向用户的FTTH，也于2011年度在全国、特别是沿海经济发达地区，渐渐拉开了进入千家万户的序幕。通信基础运营商，终于在政策的引导下，由“七国争雄”进入到了“三国纷争”的更加健康的局面。预计随着“广电总局”的合并，终将打破广电领域和通信领域各自的藩篱，为解放通信行业的“新的生产力”，带来良好的发展机遇。特别是基于CNGI的新一代互联网的发展，各类基于云计算、物联网应用的通信增值运营商，如腾讯公司、阿里巴巴公司等，业务规模越来越大，经营规模得到了长足的发展。通信行业的未来和希望，就寄托在不断创新的应用之中。

要全面地，深入地反映通信新技术，本人深切地感到心有余而力不足。只能根据本人的实际工作、教学经历，加上不断地学习，尽量从内容和方法上加以完善、努力做到以下4点：

作为“书”，就要使读者能够“阅读”下去，所以第一点就是要“深入浅出、图文并茂；讲清楚事物的来龙去脉”。作者首先在这一点上下了一些工夫：从专业的角度，认真修改了第1版时感觉“没讲清楚”或是“表述不太合适”的地方，还增加了不少技术发展史的内容以及相关的绘图与图片，并分析通信技术的未来发展趋势，使读者从时间的角度，领略相关技术的来龙去脉，且着重讲述“当前的”通信主流技术和具体的使用情况。

第二点，这是一本教材，本人努力遵循“教材”的“教育专业”的功能，从“建立基本概念、展示基本技术系统原理、练习基本技能应用”的3个方面，用通俗易懂、深入浅出、循序渐进的写作方式，为读者展示专业概念、专业技术原理；并且设计了思考题、名词概念解释、基本通信实验和综合性设计性实践项目等，使同学们通过各种练习和专业实践，能加深掌握通信专业的技术理论和技能。为学生们进入到通信行业的实践和未来的工作，打下坚实的基础。

第三点，努力打造一本有线通信专业的“百科全书”，形成通信领域的系统性、概论型、普及型的专业系统的知识读物，为从事通信行业的各类人士的知识“充电”而准备的。特别是在“内容”选取上，很下了一番工夫，努力选取当前通信行业的主流技术与系统，和面向未来发展方向的技术内涵。第一次发表并梳理清楚了“基于CNGI的新一代互联网技术与系统，就是现代通信行业的新一代（升级版）的技术与系统组成”的二者关系结论。

第四点，本书配有专门的教学网站，记录了作者教授这门课程的各类教学内容，也便于与读者的相互交流。

本书成稿之际，适逢母校“南京邮电大学建校80华诞”。回想在学校里的学习、生活的“青葱岁月”，以及三十余年来各位师友的鼎力相助和大力鼓励，我深知是亲爱的母校培养教育我，让我走上了通信专业的工作岗位。

谨以此不成熟的“作业”，呈现给我的母校——南京邮电大学。

由于本人水平有限，时间仓促，错误与不足在所难免，敬请广大读者不吝批评指教。以促使本书在今后的版本中，进一步地改进与提高。谢谢大家的支持。

陆 韬

于浙江丽水学院 2012 年 10 月